Praxisnahe Lohn- und Gehaltsabrechnung

mit DATEV Lohn und Gehalt comfort

Aktualisierte Version 2024

Günter Lenz

Verlag:
BILDNER Verlag GmbH
Bahnhofstraße 8
94032 Passau

http://www.bildner-verlag.de
info@bildner-verlag.de

ISBN: 9978-3-8328-0653-8
Bestellnummer: 100669

Autor: Günter Lenz, Betriebswirt und Fachbereichsleiter kaufmännische Qualifizierung,
Kölner Wirtschaftsfachschule - Wifa-Gruppe - GmbH
Koblenzer Straße 29
57072 Siegen
www.wifa.de
Aktualisierung 2024: Christa Pfeifer und Nicole Zimmermann, Kölner Wirtschaftsfachschule

Herausgeber: Christian Bildner

Druck: CPI Clausen & Bosse GmbH, Birkstr. 10, 25917 Leck

Bildquellen:
Cover: © sepy - stock.adobe.com
Kapitelbild: © sasapanchenko - Fotolia.com

Vorabinformationen

Voraussetzungen

Dieses Lernbuch eignet sich speziell als Fundament, um dem Anwender in DATEV Lohn und Gehalt comfort die praxisorientierte Lohnbuchhaltung mit dem Programm zu vermitteln.

Es werden kaufmännische und buchhalterische Kenntnisse vorausgesetzt, ebenso theoretische Grundlagen zur Lohnabrechnung. Sie sollten also eine Lohnabrechnung manuell erstellen und alle Bezüge und Abzüge mit Hilfe der Steuertabelle und den Beitragssätzen zur Sozialversicherung korrekt ermitteln können. Ist dies nicht der Fall, empfehlen wir Ihnen, sich unbedingt zuvor mit diesem Thema näher zu befassen.

Inhalte

Im Buch werden praktische Übungen mit DATEV Lohn und Gehalt comfort umgesetzt und anschaulich dargestellt, mit dem Ziel, sowohl dem Neuanwender als auch dem Anwender mit Vorkenntnissen, das Programm umfassend näher zu bringen. Dabei wird systematisch der komplette Aufbau der Arbeitsabläufe in der Lohnbuchhaltung durchgeführt und anhand verschiedener Beispiele dargestellt.

Für die Übungsteile haben wir uns für die fiktive Firma „PC Perm GmbH" entschieden. In dieser Firma soll die Lohnbuchhaltung für das Personal mit dem Programm DATEV Lohn und Gehalt comfort durchgeführt werden. Anhand des Übungsbeispiels werden das Programm und seine Bedienung praxisnah und anschaulich erklärt. Auch die Abläufe in der Lohnbuchhaltung werden mit dem Programm Schritt für Schritt näher gebracht und übungsmäßig trainiert. Wiederholungen bei den Abrechnungen sind durchaus beabsichtigt und zur Steigerung des Lernerfolgs beitragen.

Das Lehrbuch enthält den aktuellen Rechtsstand 2024. Aus didaktischen Gründen wird in diesem Buch ein ganzes Geschäftsjahr mit den gängigen Themen der Lohn- und Gehaltsabrechnung bis hin zum Jahresabschluss und zur Entgeltabrechnung des Folgejahres abgerechnet. Es beginnt mit der Gründung des Unternehmens im Januar des Vorjahres und schließt mit der Januarabrechnung des aktuellen Geschäftsjahres ab. Damit ein vollständiges Buchungsjahr einschließlich der Januarabrechnung des Folgejahres dargestellt werden kann, muss in diesem Buch als Geschäftsjahr das Vorjahr, also 2023 verwendet werden.

Spezielle Themen, wie z. B. Urlaubsgeld, Direktversicherungen etc., werden im Rahmen der monatlichen Abrechnungen behandelt. Auch Auswertungen, Listen, Abschlüsse und Meldungen sind Gegenstand des Buches.

Version und Kontenrahmen

Dieses Buch wurde mit den DATEV Versionen 14.21 (LuG 12.61) und 14.31 (LuG 13.04) erstellt, sowie Institutionsdaten mit dem Stand 01.02.2024. Sollten Sie eine ältere oder neuere Version oder andere Institutionsdaten verwenden, kann es zu Abweichungen bei der Lohnsteuer- und Sozialversicherungsberechnung kommen.

Im Buch wird der Standardkontenrahmen SKR04 verwendet.

DATEV-Rechenzentrum

Die Lohnbuchhaltung wird vorrangig am PC über eine simulierte Anbindung an das DATEV- Rechenzentrum durchgeführt. Das DATEV-Rechenzentrum wird als Instanz von DATEV natürlich themenmäßig an den entsprechenden Stellen erwähnt und deren Umsetzung dargestellt.

Schreibweise

Alle Programmbeschriftungen, wie z. B. Befehle, Schaltflächen und die Bezeichnung von Dialogfenstern sind zur besseren Unterscheidung farbig und kursiv gesetzt. Beispiel: *Datei* ▶ *Beenden*. Von Ihnen einzugebende Angaben sind in anderer Farbe und abweichender Schrift hervorgehoben. Beispiel: Geben Sie das Datum 02.01.2024 ein.

Themen mit dem Zusatz Info sind Löschvorgänge und werden nur informativ dargestellt. Sie sollten übungstechnisch nicht durchgeführt werden.

Verwendete Symbole

Wichtige Sachverhalte, die Sie unbedingt beachten sollten, sind mit diesem Symbol gekennzeichnet.

Nützliche Hinweise und Tipps erkennen Sie an diesem Symbol.

Fragen zu einem Thema und praktische Übungsteile sind mit diesem Symbol gekennzeichnet.

Musterlösungen

Soweit Übungsaufgaben bzw. deren Lösungen auch ausgedruckte Listen und Auswertungen umfassen, können Sie die Musterlösungen im PDF-Dateiformat kostenlos herunterladen unter

www.bildner-verlag.de/00669

Lösungsbuch

Die Lösungen zu den Übungsaufgaben sind im PDF-Dateiformat verfügbar und können ebenfalls unter **www.bildner-verlag.de/00669** kostenlos heruntergeladen werden.

Inhalt

Vorbereitende Überlegungen

Ausgangssituation
In einem Meeting des mitwirkenden Steuerberaters, Herrn Wichtig, wurden Eckpunkte für die Lohn- und Gehaltsbuchhaltung zur Übungsfirma PC Perm GmbH festgelegt. Diese Vorüberlegungen sind sowohl für den Übungsfall als auch allgemein gültig.

Thema	Übungsfirma
Existieren für die Firma Tarifverträge oder Betriebsvereinbarungen?	Für die Firma Perm GmbH existiert eine Betriebsvereinbarung, ein „kollektiver Arbeitsvertrag" zwischen Arbeitgeber und Betriebsrat. In ihr sind betriebliche Regelungen, wie z. B. Arbeitszeiten, Gleitzeit, Fahrtkostenzuschüsse etc., festgelegt.
Woher stammen die Daten für die Mitarbeiter?	Alle Arbeitsverträge und die Stammdaten für die einzelnen Mitarbeiter wurden Ihnen von der Geschäftsleitung verantwortlich übergeben.
Gibt es besondere Regelungen, die für die Firma relevant sind, z. B. Altersteilzeit, geringfügig Beschäftigte, Zeitlohnempfänger?	Ja, in der Firma Perm GmbH sind geringfügig beschäftigte Mitarbeiter angestellt. Bezahlte Feiertags-, Urlaubs- und Krankheitsstunden werden laut Betriebsvereinbarung bei Zeitlohnempfängern mit Normalstundenlohn abgerechnet.
Mit welchem Geschäftsjahr wollen Sie beginnen?	Geschäftsjahr 2023: Beginn 01.01.2023, Ende 31.12.2023.
Mit welchem Kontenrahmen für die Übergabe der Lohn- und Gehaltsabrechnungen für die Buchhaltung soll gearbeitet werden? (Unter Umständen beim Steuerberater nachfragen)	In unserem Fall mit dem Standardkontenrahmen DATEV SKR04.
Werden die Auswertungen der Lohnbuchhaltung im DATEV-Rechenzentrum vorgenommen?	Nein, Auswertungen der Lohnbuchhaltung werden intern durchgeführt.
Woher kommen die Stammdaten für die neue Firma?	Die Stammdaten der Firma Perm GmbH wurden von der Geschäftsleitung und dem mitwirkenden Steuerberater, Herrn Wichtig, zur Verfügung gestellt.

Thema	Übungsfirma
Werden Daten aus Lohn und Gehalt comfort an andere Programme exportiert?	Ja, es erfolgt eine Übergabe der Daten an DATEV Kanzlei-Rechnungswesen.
Wie wird die Datensicherung realisiert?	Die Datensicherung wird benutzerseitig durchgeführt und archiviert.

Zuletzt zu den Vorüberlegungen ein wichtiger Grundsatz

!

Je besser Sie die Geschäftsabläufe im Unternehmen kennen, umso leichter fällt es Ihnen, die Informationen zur Firma richtig einzuordnen und vor allem richtig abzurechnen. Dazu ist es wichtig, dass ...

- Sie sich mit dem Unternehmen vertraut machen,
- Sie wissen, was das Unternehmen genau macht,
- Sie sich mit dem Unternehmen identifizieren,
- Sie wissen, welche Arbeitszeiten üblich sind und
- Sie wissen, ob Mitarbeiter Zusatzleistungen erhalten.

1 Allgemeines zu DATEV und DATEV Lohn und Gehalt comfort

In diesem Kapitel erfahren Sie, ...

- wie DATEV als Dienstleister für die Personalwirtschaft arbeitet,
- welche DATEV Software für die Personalwirtschaft entwickelt wurde,
- welche Bedeutung die Institutionsverwaltung in der Personalwirtschaft hat,
- was man unter dem Programm RZ-Kommunikation versteht,
- welche Bedeutung das Programm Zahlungsverkehr hat.

1.1 DATEV und die Personalwirtschaft

Was ist DATEV?

DATEV ist eine Genossenschaft eG, bei der sich Angehörige des Berufsstandes von Steuerberatern, Wirtschaftsprüfern und Rechtsanwälten zusammengeschlossen haben, um im Verbund die vielfältigen Aufgaben in der Datenverarbeitung durch zentral bereitgestellte Dienstleistungen nachzukommen.

Diese Dienstleistungen werden nicht nur den o. a. Berufsständen bereitgestellt, sondern auch Mandantenbetriebe können im Rahmen eines Mandantschaftsverhältnisses zum Steuerberater diese Dienste von DATEV in Anspruch nehmen.

Das Dienstleistungsangebot DATEV eG zur Personalwirtschaft

DATEV unterhält in Nürnberg eines der größten Rechenzentren für IT-Dienstleistungen in Europa, welches unter vielen anderen Merkmalen mehrere Millionen Lohn- und Gehaltsabrechnungen pro Monat durchführt. Als Spezialisten in diesem Bereich werden alle üblichen Abrechnungsformen bis hin zur komplexen Baulohnabrechnung durchgeführt.

Die Abrechnungen können natürlich auch direkt im Unternehmen durchgeführt werden. Dafür stellt DATEV ein leistungsfähiges Lohnabrechnungsprogramm als so genannte „In-House-Lösung" zur Verfügung.

Diese Programme heißen

- Lohn und Gehalt comfort, mit diesem Programm wird im vorliegenden Buch gearbeitet.
- Lohn und Gehalt classic
- Lohn und Gehalt compact.

Änderungen und Neuerungen im Programm werden schnell und zuverlässig eingearbeitet. Die Pflege der Beitragssätze zur Krankenversicherung für alle Krankenkassen ist selbstverständlich. Zusätzlich bietet DATEV vielfältige Programmlösungen an, wie z. B. Datenübermittlungen an Institutionen oder elektronische Archivierung von Daten. Dem Nutzer bietet dies organisatorische Vorteile bei der Erstellung der Lohnabrechnung.

Außerdem stehen leistungsfähige, individuell konfigurierbare Personal-Managementsysteme zur Verfügung.

Zusätzlich können auch Zusatzbereiche, wie z. B. die Erstellung von Lohn-Bescheinigungen und individuelle statistische Auswertungsmöglichkeiten abgedeckt werden.

1.2 DATEV Software Personalwirtschaft

Dem Anwender stehen grundsätzlich zwei unabhängige Programmlösungen für die Lohnabrechnungserstellung zur Verfügung:

Lohn im Rechenzentrum
mit
LODAS
classic/comfort/compact

(LODAS = Lohn Datenerfassungs-und Dialogsystem)

oder

Lohn und Gehalt als
in-house-Lohn
mit
Lohn und Gehalt
classic/comfort/compact

Dieses Buch ist konzipiert für die Anwendung Lohn und Gehalt comfort. Lohn und Gehalt comfort unterstützt Sie umfassend bei der Lohnabrechnung. Dazu zählen die Erfassung, Verwaltung und Speicherung der Stamm-, Bewegungs- und Abrechnungsdaten am Arbeitsplatz, wie auch die Verwaltung der Auswertungen und das einfache Erstellen von Bescheinigungen.

Außerdem haben Sie mit Lohn und Gehalt comfort zusätzliche Möglichkeiten, auf einfache Art und Weise Berichte und Statistiken zu erstellen. Welche Programme noch für die Erstellung der Lohnabrechnung von Bedeutung sind, wie Anhängigkeiten und Zusammenhänge zueinander bestehen, soll in der folgenden Abbildung verdeutlicht werden.

Kanzlei / Mandant

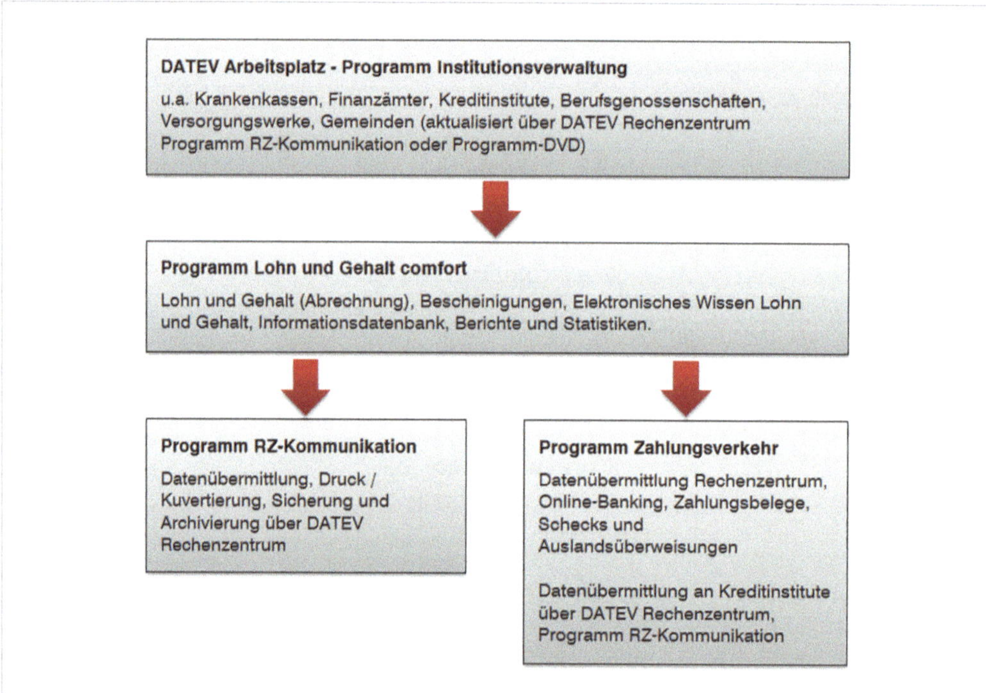

Bild 1.1 Zusammenhänge Lohn- und Gehaltsabrechnung

Hinweise

RZ = Rechenzentrum

Das Programm RZ-Kommunikation ist eine Schnittstellensoftware, um die Datenübermittlung zur Aktualisierung der Daten vom Rechenzentrum als auch zur Datenübertragung zum DATEV Rechenzentrum zu realisieren.

In unserem Übungsfall wird mit einer simulierten Anbindung für Schulungszwecke an das DATEV Rechenzentrum gearbeitet. In der Praxis müssen RZ-Aufträge natürlich an das DATEV Rechenzentrum gesendet werden.

1.3 Die Institutionsverwaltung

Die Institutionsverwaltung dient der zentralen Verwaltung von Stammdaten diverser Institutionen. Diese Stammdaten werden im Programm Lohn und Gehalt comfort benötigt. Es handelt sich um folgende Stammdaten:

- Krankenkassen
- Landesverbände der Krankenkassen
- Kreditinstitute
- Finanzämter

- Gemeinden
- Berufsgenossenschaften
- Versorgungswerke

Alle Institutionsdaten, die für die Lohnabrechnungen angewendet werden, übernimmt das Programm Lohn und Gehalt comfort aus dem DATEV Arbeitsplatz. Dort können die Institutionsverwaltung, Beitragssätze und alle gespeicherten Werte eingesehen werden.

Die Institutionsdaten werden über das DATEV Rechenzentrum gepflegt und können durch Anbindung auf den lokalen PC übertragen werden. Wird ohne die Anbindung an das Rechenzentrum gearbeitet, werden die Institutionsdaten über die Programm-DVD aktualisiert oder manuell gepflegt.

1.4 Weitere Zusatzprogramme

Das Programm RZ-Kommunikation

Das Programm RZ-Kommunikation übernimmt die Datenfernübertragung (DFÜ) zwischen dem lokalen Anwender-PC und dem DATEV Rechenzentrum. Mit Hilfe des Programms können sowohl Sendevorgänge zum DATEV-Rechenzentrum als auch Holvorgänge aus dem DATEV-Rechenzentrum ausgeführt werden.

DFÜ = Datenfernübertragung

Die Daten werden entweder sofort im Rahmen von Einzelschaltungen oder gesammelt in einer Anschaltung (DFÜ-Sammler) übertragen.

Das Programm Zahlungsverkehr

Mit dem Programm Zahlungsverkehr können Zahlungsdaten übergeben, bearbeitet und ausgegeben werden. Es ist möglich, die Zahlungsbelege zu drucken, Datenträger zu erstellen oder die Daten im Rahmen der Datenübermittlung über das Rechenzentrum an das entsprechende Kreditinstitut weiterzuleiten. Auch Auslandsüberweisungen sind natürlich möglich.

Dieses Programm ist zwingend erforderlich, damit Zahlungsbelege und Schecks gedruckt werden können.

Notizen

2 Grundbedienung DATEV Arbeitsplatz

In diesem Kapitel lernen Sie, wie ...

- Sie den DATEV Arbeitsplatz starten und beenden,
- Menüs aufgerufen und bedient werden,
- das Programm aufgebaut ist,
- Symbolleisten ein- und ausgeblendet werden,
- Sie mit DATEV Arbeitsplatz allgemein umgehen,
- Sie einen Mandanten im DATEV Arbeitsplatz anlegen.

2.1 Programm starten und beenden

DATEV Arbeitsplatz starten

Sie befinden sich auf der Windows Desktop Oberfläche:

1 Klicken Sie im Windows-Startmenü auf *DATEV* ▶ *DATEV Arbeitsplatz*.

Tipp: Alternativ können Sie das Programm mit einem Doppelklick auf das Symbol auf der Desktop-Oberfläche starten.

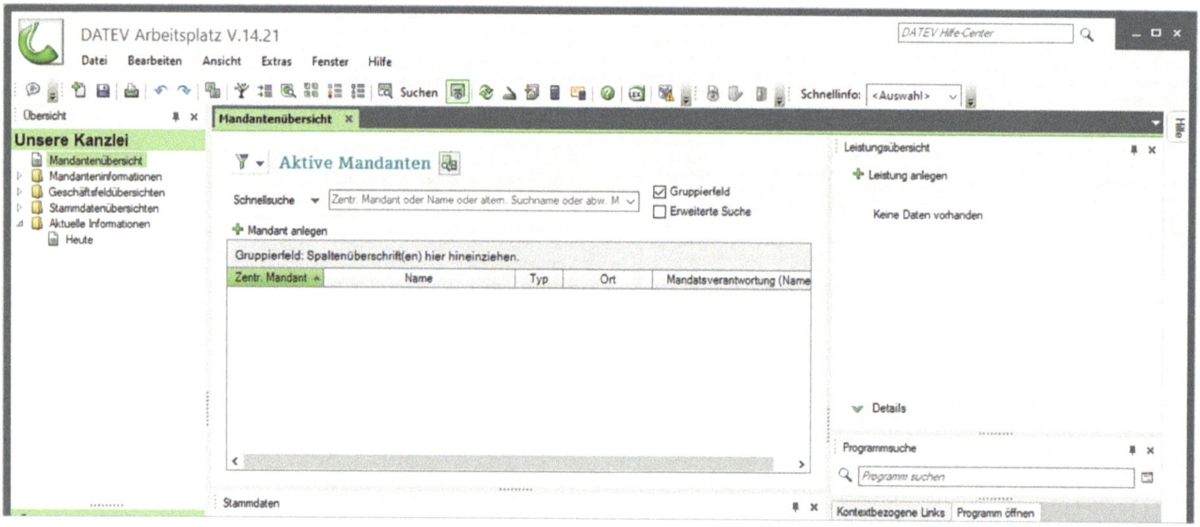

Bild 2.1 DATEV Arbeitsplatz

Programm beenden

Das Programm beenden Sie, indem Sie in der oberen Ecke auf das Symbol *Schließen* klicken oder Sie wählen den Menüpunkt *Datei* ▶ *Beenden* oder drücken die Tastenkombination Alt + F4. Falls ein Hinweisfenster erscheint, ob Sie das Programm wirklich beenden möchten, bestätigen Sie mit Klick auf die Schaltfläche *Ja*.

Bild 2.2 Programm wirklich beenden

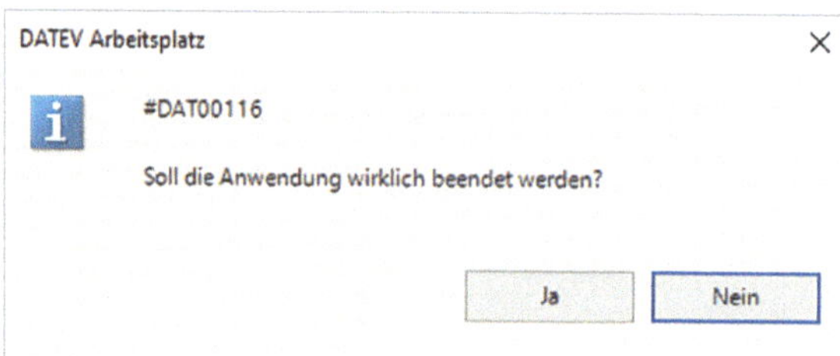

Übung: DATEV Arbeitsplatz starten und beenden:

✎ Beenden und starten Sie das Programm DATEV Arbeitsplatz erneut.

2.2 Das Konzept DATEV Arbeitsplatz

Mit der Einführung der DATEV Software DATEV Arbeitsplatz erhalten Sie einen zentralen Einstieg in das gesamte DATEV Software-Angebot. Hier werden Ihnen aktuelle Informationen zu einem Mandanten angezeigt. Darüber hinaus unterstützt es prozessorientiert die Arbeitsabläufe in einer Kanzlei.

Vorteile

- Alle mit dem Mandanten (Firma) vereinbarten Leistungen (z. B. Buchführung) und die wichtigsten Informationen dazu werden in einem Überblick angezeigt.
- Der Buchhalter findet in der Übersicht nach Leistungen sortiert seine zu bearbeitenden Mandanten.
- Durch eine zentrale Stammdatenpflege müssen Stammdaten lediglich einmal im Arbeitsplatz angelegt werden.

Daraus folgt

- Ein einheitlicher Zugriff auf die Daten aus allen Programmen heraus,
- Änderungen und Verfügbarkeiten werden in allen Programmen integriert,
- eine Erhöhung der Datensicherheit,
- Mandantenanfragen lassen sich durch einfache Filter- und Suchfunktionen schneller beantworten.

2.3 Grundbegriffe Kanzlei, Mandant und Leistung

Kanzlei

Mit dem Begriff Kanzlei bezeichnet man die Steuerkanzlei eines Steuerberaters. Um eine Kanzlei anzulegen, müssen im Programm die DATEV-Beraternummer der Kanzlei und das aktuelle Geschäftsjahr angegeben werden. Sie sind Stammdaten, die übergreifend für alle Mandanten Gültigkeit haben.

Mandant

Als Mandant bezeichnet man die Kunden eines Steuerberaters, z. B. ein Unternehmen. In DATEV Arbeitsplatz ist also der Mandant das Unternehmen.

Leistung

Als Leistung bezeichnet man Dienstleistungen, die Sie in Ihrer Kanzlei für Ihren Mandanten erbringen, z. B. die Buchhaltung oder weitere Leistungen wie Lohnbuchhaltung, die über den Befehl *Leistung anlegen* ausgeführt werden (Bild 2.3 auf der nächsten Seite).

Bild 2.3 Leistung Lohnabrechnung 2023

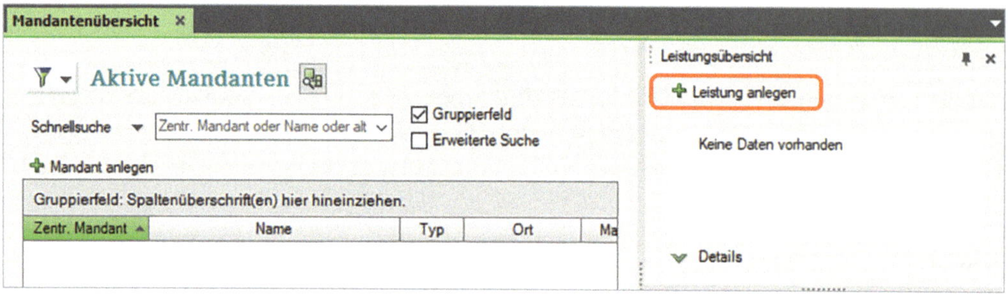

2.4 Programmbedienung DATEV Arbeitsplatz

Nachdem Sie das Programm erneut gestartet haben, folgt hier Grundsätzliches zur Bedienung. DATEV Arbeitsplatz verfügt über folgende vier Bereiche:

Bild 2.4 Programmaufbau DATEV Arbeitsplatz

1. **Titelleiste:** Sie zeigt den Programmnamen und die installierte Version.
2. **Menüleiste**
3. **Symbolleisten:** Über die Symbole können Programmfunktionen durch Anklicken schnell ausgeführt werden. Sie lassen sich ein- und ausblenden. Im Bild werden die Symbolleisten Standard und Schnellinfo angezeigt.
4. **Statusleiste:** Sie zeigt Informationen sowie Meldungen an, die Ihnen Auskunft über den aktuellen Programmstatus geben.

Menübedienung

Wie in fast jedem Windows-Programm lassen sich die Menüpunkte sowohl mit einem Klick auf das entsprechende Menü als auch über Tastaturbefehle aufrufen.

Bild 2.5 Menüleiste

Mit den folgenden Möglichkeiten können Sie Menüpunkte aufrufen

Mit der Maus	Klicken Sie auf einen Menüpunkt und anschließend auf den entsprechenden Befehl, z. B. Menü *Extras* ▶ *Einstellungen*
Tastatur, in Verbindung mit der Taste Alt	Dazu benutzen Sie die Alt-Taste in Verbindung mit dem unterstrichenen Buchstaben. Drücken Sie zuerst die Alt-Taste und anschließend bei gedrückter Alt-Taste den unterstrichenen Buchstaben. Zum Beispiel Alt+X für Extras, anschließend E für Einstellungen
Funktionstaste F10	Drücken Sie die Funktionstaste F10 und anschließend die entsprechenden Cursorpfeiltasten auf der Tastatur bis zum Menüpunkt *Extras*. Dann drücken Sie Pfeil nach unten bis *Einstellungen* und abschließend die Enter-Taste.
Tastenkombination (Shortcut)	Manche Menübefehle lassen sich auch über entsprechende Shortcuts aktivieren, z. B. Strg+F5 für den integrierten Taschenrechner. Der entsprechende Shortcut steht neben dem Befehl. Beenden Sie anschließend den Taschenrechner, indem Sie auf das Symbol x klicken.

Übung: Menübedienung

Wählen Sie nacheinander die unten aufgeführten Befehle aus.

Tipp: Ein Dialogfenster schließen Sie entweder durch Drücken der Esc-Taste auf der Tastatur oder durch Klick auf das Symbol ×.

- *Extras* ▶ *Taschenrechner…*
- *Ansicht* ▶ *Einstellungen Liste…*
- *Hilfe* ▶ *Info…*
- *Ansicht* ▶ *Programm öffnen*

Umgang mit Symbolleisten

Nach der ersten Installation von DATEV Arbeitsplatz werden automatisch die Symbolleisten *Standard* und *Schnellinfo* angezeigt. Mit dem aktiven Symbol *Neu* können bereits grundlegende Befehle ausgeführt werden. Wenn Sie den Mauszeiger über die Symbole führen, erscheint eine Kurzinformation zum jeweiligen Symbol. Außerdem lassen sich die Symbolleisten ein- und wieder ausblenden. Um beispielsweise die Symbolleiste *Schnellinfo* auszublenden, wählen Sie den Menübefehl *Ansicht* ▶ *Symbolleisten*. Hier kann per Mausklick eine Symbolleiste im Programmfenster angezeigt (Häkchen) oder ausgeblendet werden.

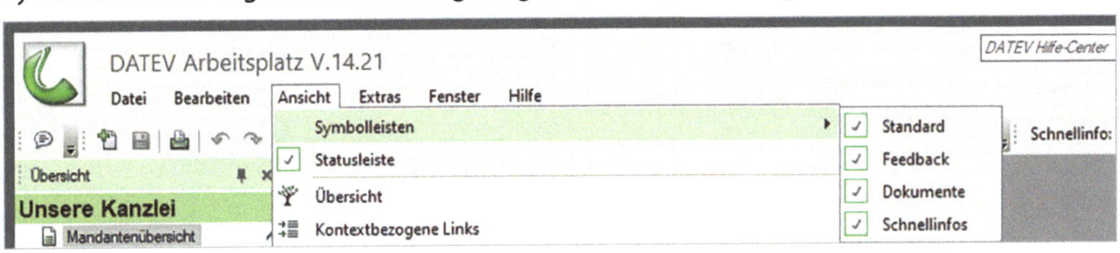

Bild 2.6 Symbolleisten ein- und ausblenden

Über die Anfasser ⁞ an ihrem linken Rand (❶ und ❷) lassen sich die Symbolleisten durch Ziehen mit gedrückter Maustaste frei platzieren.

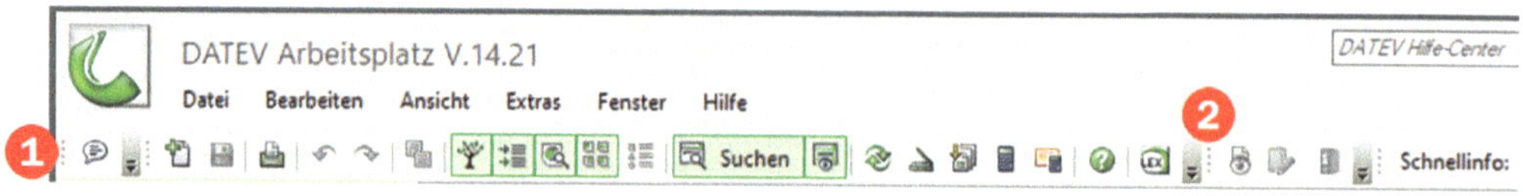

Bild 2.7 Symbolleiste verschieben

Der DATEV Arbeitsplatz

Der DATEV Arbeitsplatz wird in die drei Bereiche Navigationsbereich (A), Arbeitsbereich (B) und Zusatzbereich (C) aufgeteilt.

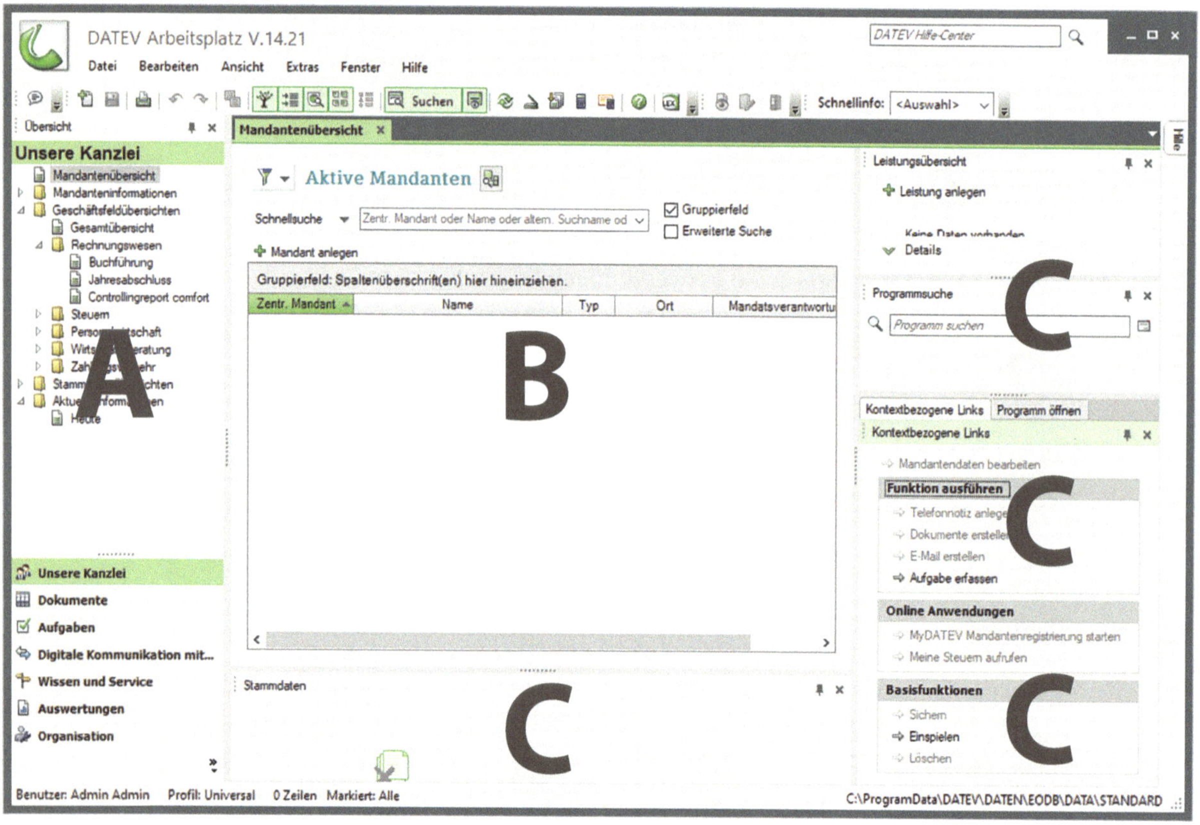

Bild 2.8 DATEV Arbeitsplatz

A. Der Navigationsbereich

Auf der linken Seite befindet sich der Navigationsbereich. Standardmäßig werden hier zunächst die Kanzlei ❶ und die Mandantenübersicht ❷ (siehe Bild 2.9) angezeigt. Es werden alle Mandanten der Kanzlei aufgeführt, unabhängig davon, welche Leistung für den Mandanten erbracht wird. Die Mandantenübersicht ermöglicht Ihnen einen mandantenbezogenen Einstieg. Darüber hinaus können Sie über den Ordner *Mandanteninformationen* Unternehmens- und Vollmachtsdetails sowie Geburtstage und Jubiläen zu einem ausgewählten Mandanten (Firma) einsehen bzw. erfassen.

Aus den Geschäftsfeldübersichten können Sie direkt die Bearbeitung eines Mandanten leistungsbezogen starten. Dazu gehen Sie wie folgt vor:

1 Klicken Sie, wie in Bild 2.10 dargestellt, auf das Ordnersymbol *Geschäftsfeldübersichten* ❸, dann auf *Personalwirtschaft* ❹ und auf *Lohnabrechnung* ❺. Mit Klick auf das Dreiecksymbol ⊿ können die Ordner auch wieder geschlossen werden.

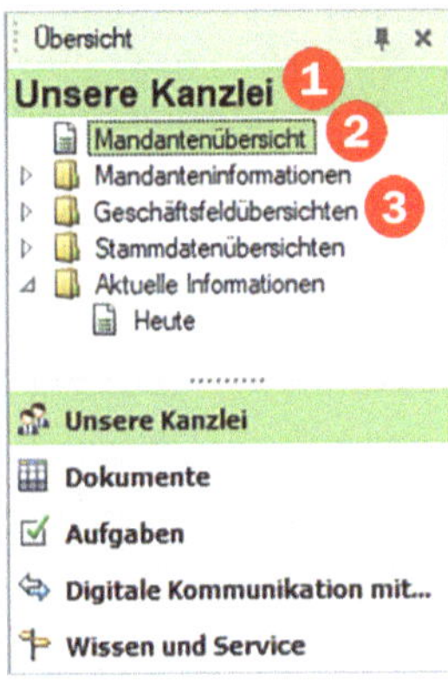

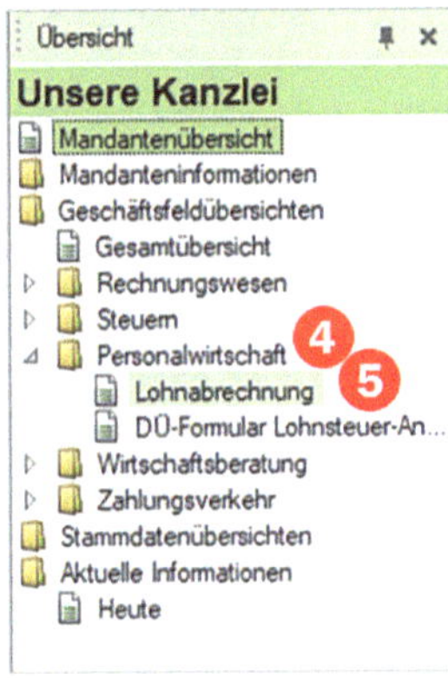

Bild 2.9 Kanzlei- und Mandantenübersicht

Bild 2.10 Lohnabrechnung anzeigen

2 Lassen Sie sich nun mit Doppelklick auf den Eintrag *Lohnabrechnung* im Arbeitsbereich zusätzlich das gleichnamige Arbeitsblatt anzeigen.

3 Schließen Sie dann das Arbeitsblatt *Lohnabrechnung* wieder, indem Sie auf das Symbol *x* klicken ❻ (Bild 2.11).

Bild 2.11 Arbeitsblatt Lohnabrechnung

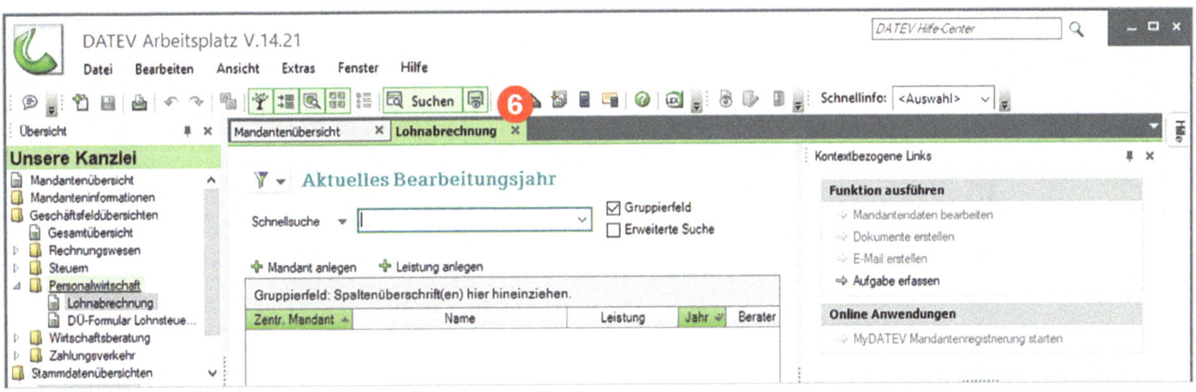

Über den Ordner *Stammdatenübersichten* stehen Ihnen die zentralen Adressdaten der Mandanten sowie die integrierte Institutionsverwaltung von DATEV zur Verfügung.

4 Klicken Sie im geöffneten Ordner *Stammdatenübersichten* auf den Ordner *Institutionen* und anschließend doppelt auf den Eintrag *Krankenkasse*. Das Arbeitsblatt *Krankenkasse* wird geöffnet und zeigt alle hinterlegten Krankenkassen aus der Institutionsverwaltung (Bild 2.12) an. **Tipp**: Über das Eingabefeld *Schnellsuche* ❼ kann schnell nach einer bestimmten Krankenkasse gesucht werden.

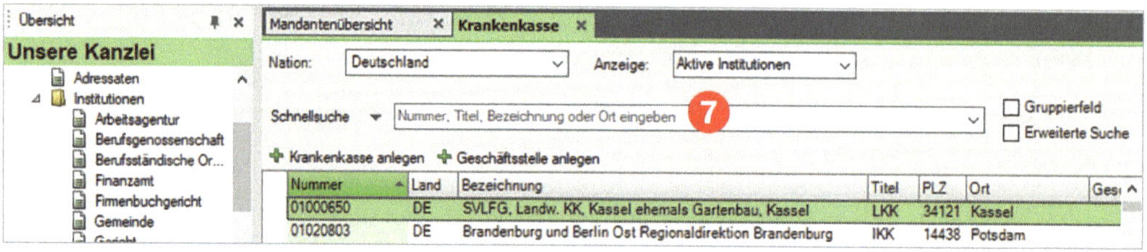

Bild 2.12 Arbeitsblatt Krankenkasse

5 Schließen Sie das Arbeitsblatt *Krankenkasse* mit dem *x*-Symbol.

Im Ordner *Aktuelle Informationen* können Sie sich verschiedene aktuelle Informationen anzeigen lassen, darunter z. B. Fälligkeiten, Aufgaben und Termine, Zahlungsverkehr sowie Online-Informationen von DATEV und News über das, auf dem DATEV RZ liegende Nachschlagewerk „lexinform/Info Datenbank pro". Diese sind über eine spezielle Hardware geschützt.

6 Klicken Sie im geöffneten Ordner *Aktuelle Informationen* doppelt auf den Eintrag *Heute*, um das Arbeitsblatt *Heute* anzuzeigen. Das nachfolgende Hinweisfenster bestätigen Sie mit *OK*.

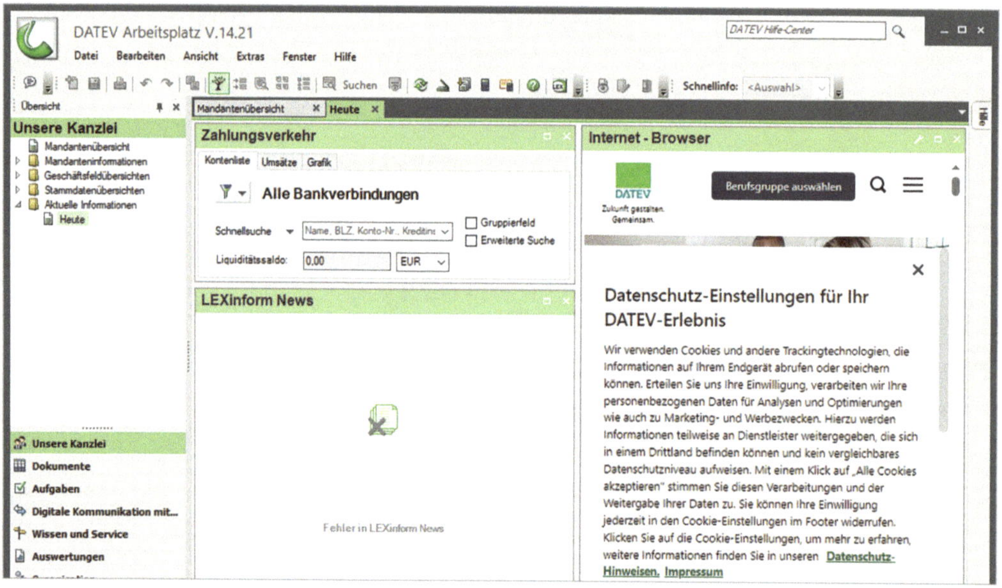

Bild 2.13 Arbeitsblatt Heute

Tipp: Über den Link *+ Inhalt einfügen* können Sie weitere aktuelle Informationen wie z. B. Fristen und Bescheide, Abgleichinformationen, Aufgaben, Zahlungsverkehr usw. anzeigen lassen. Sollte der Bildschirm bereits komplett mit Informationsfenstern belegt sein, können Sie ein beliebiges Informationsfenster schließen und kommen somit zum Link *+ Inhalt einfügen*, um ein anderes Informationsfenster anzeigen zu lassen.

7 Schließen Sie dann das Arbeitsblatt *Heute*, indem Sie auf das Symbol *x* klicken.

Darüber hinaus befinden sich in der Übersicht *Unsere Kanzlei* noch die Ordner *Zeiten und Kosten*, *Steuer- und Beitragszahlungen* sowie *Übergreifenden Funktionen*. Diese sind für den Programmbereich DATEV Eigenorganisation vorgesehen und für den Bereich Lohn und Gehalt weniger relevant.

Hinweis: Das Programm DATEV Eigenorganisation ermöglicht der Kanzlei eine bequeme und schnelle Rechnungsschreibung unter Berücksichtigung von erfassten Zeiten und Kosten, Sicherheit in punkto Dokumentation geschäftsrelevanter Korrespondenz durch ein integriertes Posteingangs- und -ausgangsbuch sowie eine Fristenüberwachung. Im Zuge der Digitalisierung können Dokumente und Belege mandantenorientiert mit einem integrierten Dokumenten-Managementsystem organisiert werden.

Im Navigationsbereich finden Sie unterhalb des Eintrags *Unsere Kanzlei* noch folgende weitere Abschnitte:

Bild 2.14 Abschnitte

- *Aufgaben* sind zusätzliche Werkzeuge für den Programmbereich DATEV Eigenorganisation.
- Unter *Digitale Kommunikation mit Institutionen* finden Sie Übersichten zu elektronischen Einsprüchen und elektronischen Übermittlungen.
- *Wissen und Service* bietet zum einen über eine spezielle Zugangsberechtigung Zugriff auf das auf dem DATEV RZ liegende Nachschlagewerk „lexinform/Info Datenbank pro" zum anderen können Sie z. B. über den webbasierten DATEV-Shop Produkte und Dienstleistungen bestellen.
- *Auswertungen*: „Auskunftssystem" und „Daten-Analyse-System" werden angezeigt.
- *Organisation*: Bereiche, die nicht für die tägliche Arbeit bestimmt sind, z. B. der Installationsmanager, die Rechteverwaltung und weitere.

B. Der eigentliche Arbeitsbereich

Öffnen Sie mit Doppelklick, wie in Bild 2.15, das Arbeitsblatt *Lohnabrechnung*. Der Arbeitsbereich zeigt die geöffneten Einträge in Form von Arbeitsblättern an. Diese werden nebeneinander in Registern angeordnet. Mit Klick auf die entsprechenden Register können Sie zu einem anderen Arbeitsblatt wechseln. Das aktive Arbeitsblatt wird durch einen grünen Reiter hervorgehoben. Bild 2.15 unten zeigt das Beispiel *Geschäftsfeldübersichten* ▶ *Personalwirtschaft* ▶ *Lohnabrechnung*.

Bild 2.15 Der Arbeitsbereich

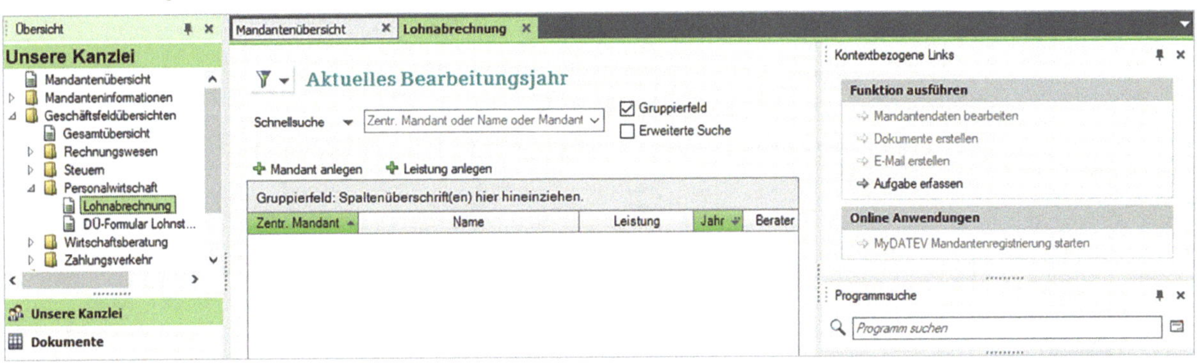

Tipp: Über den Menüpunkt *Fenster* können Sie zu weiteren Arbeitsblättern wechseln sowie einzelne oder alle Arbeitsblätter schließen.

C. Der Zusatzbereich

1. Klicken Sie im Arbeitsbereich in das Arbeitsblatt *Lohnabrechnung*.
2. Am rechten Rand erscheint nun der Zusatzbereich. Hier finden Sie die Abschnitte *Kontextbezogene Links* ❶, *Programmsuche* ❷ und *Programm öffnen* ❸ (Bild 2.16).

Bild 2.16 Mandantenübersicht - Zusatzbereich

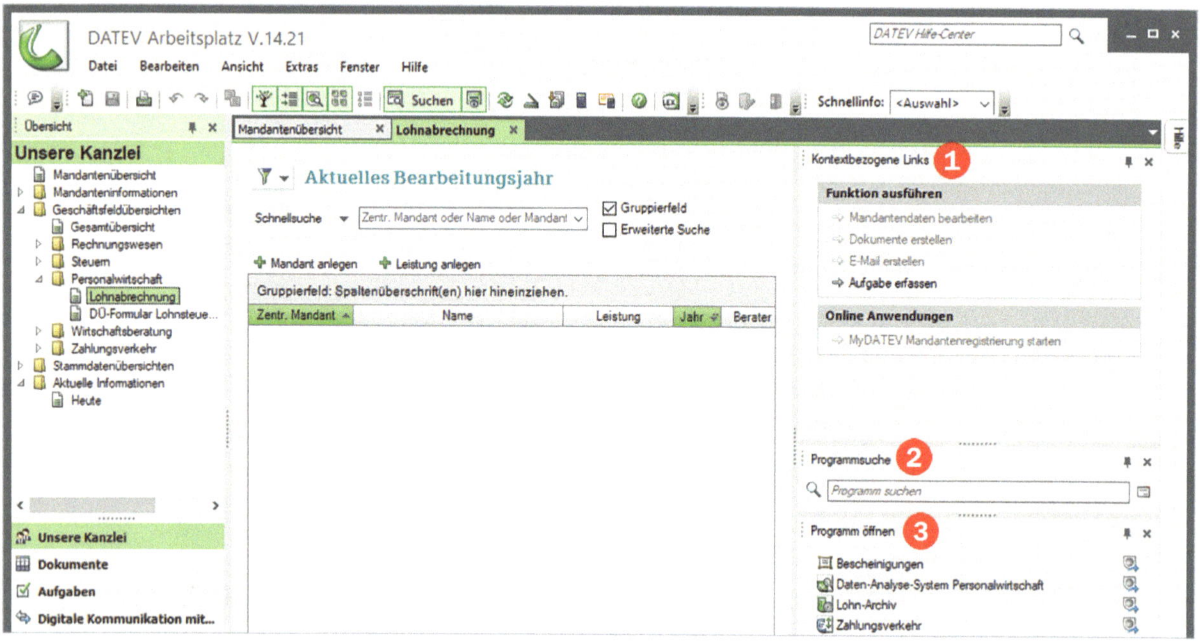

2.5 DATEV Arbeitsplatz anpassen

Der DATEV Arbeitsplatz lässt sich nach individuellen Wünschen anpassen. Dazu stehen Ihnen im Programm mehrere Möglichkeiten zur Verfügung.

Einzelne Bereiche lassen sich über Symbole (Bild 2.17) in der Symbolleiste ein- und ausblenden. Alternativ verwenden Sie das Menü *Ansicht*.

Bild 2.17 Bereiche ein- und ausblenden

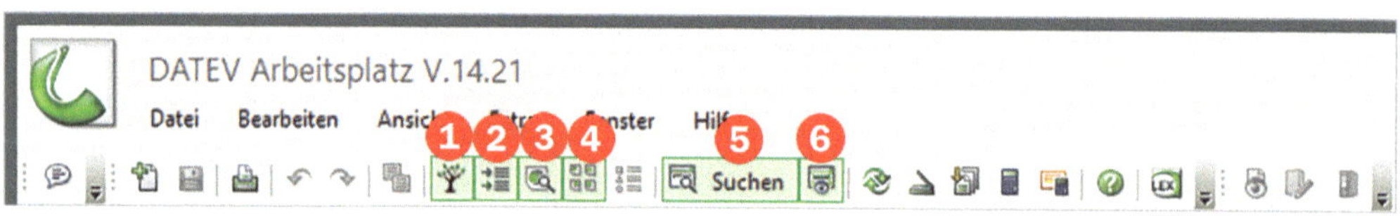

❶ Navigationsbereich: Übersicht
❷ Zusatzbereich: Kontextbezogene Links
❸ Zusatzbereich: Programmsuche
❹ Zusatzbereich: Programm öffnen
❺ Arbeitsbereich: Suchen
❻ Arbeitsbereich: Gruppierfeld

Bereiche ein- und ausklappen

Sie können auch einzelne Bereiche mittels des Pin-Symbols ❶ automatisch einklappen. Klicken Sie auf ein Pin-Symbol und der Bereich wird reduziert. Um einen Bereich wieder einzublenden, klicken Sie auf das entsprechende Register mit dem Namen des Bereichs (Bild 2.18) ❷. Die Möglichkeiten für das Ein- und Ausklappen stehen Ihnen auch für alle Zusatzbereiche zur Verfügung.

Um einen Bereich wieder dauerhaft auszuklappen, klicken Sie nach dem Einblenden erneut auf das Pin-Symbol.

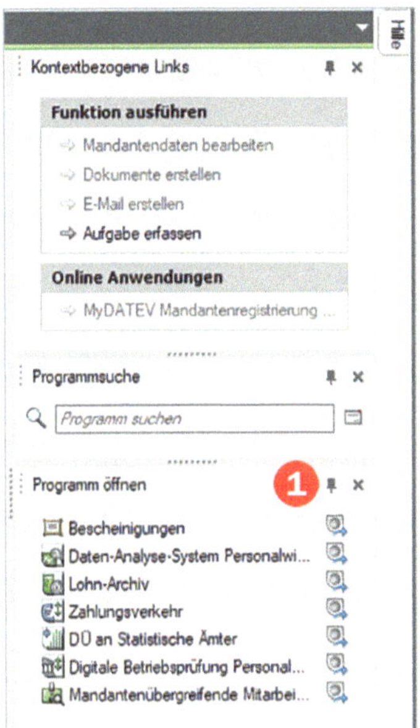

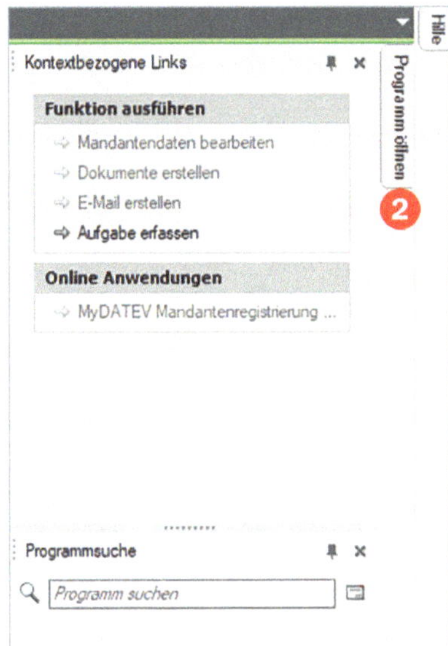

Bild 2.18 Programm öffnen: ausgeklappt

Bild 2.19 Eingeklappt

Tipp: Über den Menüpunkt *Extras* ▶ *Einstellungen... Allgemeine Einstellungen* können Sie mit Klick auf die Schaltfläche *Fenstereinstellungen auf Standard zurücksetzen* alle Einstellungen zurücksetzen. Beim nächsten Programmstart wird dann das Programm wieder mit den Standardeinstellungen der Grundkonfiguration gestartet.

Übungen: Grundbedienung DATEV Arbeitsplatz

Aufgabe 1

Schließen Sie alle zurzeit geöffneten Arbeitsblätter.

Aufgabe 2

Öffnen Sie aus der Übersicht *Unsere Kanzlei* das Arbeitsblatt *Stammdatenübersichten* ▶ *Institutionen* ▶ *Berufsgenossenschaft.*

Suchen Sie über die Schnellsuche die BG Holz und Metall in Mainz.

Aufgabe 3

- Öffnen Sie aus der Übersicht *Unsere Kanzlei* das Arbeitsblatt *Personalwirtschaft / Lohnabrechnung*.

Aufgabe 4

- Öffnen Sie aus der Übersicht *Unsere Kanzlei* das Arbeitsblatt *Stammdatenübersichten* ▶ *Institutionen* ▶ *Krankenkasse*.
- Suchen Sie über die Schnellsuche die Techniker-Krankenkasse.

Aufgabe 5

- Schließen Sie im Arbeitsbereich die Arbeitsblätter *Lohnabrechnung*, *Berufsgenossenschaft* und *Krankenkasse.*

Aufgabe 6

- Öffnen Sie aus der Übersicht *Unsere Kanzlei* das Arbeitsblatt *Mandantenübersicht*.
- Klappen Sie im Arbeitsblatt *Mandantenübersicht* den Zusatzbereich *Kontextbezogene Links* aus.
- Lassen Sie die Übersicht *Unsere Kanzlei* automatisch einklappen.
- Setzen Sie die Einstellungen wieder auf die Standardeinstellungen zurück.

Aufgabe 7

- Beenden und starten Sie das Programm DATEV Arbeitsplatz.

Aufgabe 8

- Blenden Sie die Übersicht *Unsere Kanzlei* wieder dauerhaft ein.

2.6 Zentrale Mandantendaten im DATEV Arbeitsplatz anlegen

Durch eine zentrale Stammdatenpflege müssen Stammdaten im DATEV Arbeitsplatz lediglich einmal angelegt werden. Dazu sind zumindest die zentrale Mandantennummer, die Mandantenbezeichnung und der Mandantentyp erforderlich.

Die zentrale Mandantennummer ist einem Mandanten fest zugeordnet und kommt nur ein einziges Mal vor. Über sie ist jeder Datensatz bzw. jeder Mandant eindeutig identifizierbar. Darüber hinaus ist für den Mandanten mindestens eine Leistung anzugeben.

Ausgangssituation

Nach Rücksprache mit dem Steuerberater Herrn Wichtig, sind für die Lohn- und Gehaltsabrechnung lediglich folgende zentralen Mandantendaten im Programm DATEV Arbeitsplatz anzulegen:

Zentrale Mandantennummer:	480
Mandantentyp:	Unternehmen / Vereinigung
Mandant seit:	01.01.2023
Unternehmensname:	Perm GmbH
Unternehmensform:	GmbH

Darüber hinaus ist die Leistung Lohnabrechnung für das Jahr 2023 festzulegen.

Mandant anlegen

So gehen Sie beim Anlegen der zentralen Mandantendaten für die Firma Perm vor:

1 Klicken Sie im DATEV Arbeitsplatz auf *Geschäftsfeldübersichten* ▶ *Personalwirtschaft* und klicken Sie doppelt auf den Eintrag *Lohnabrechnung*. Das Arbeitsblatt *Lohnabrechnung* wird im Arbeitsbereich geöffnet.

2 Klicken Sie auf den Link *Mandant anlegen* ❶ (Bild 2.20).

Bild 2.20 Arbeitsblatt Lohnabrechnung - Mandant anlegen

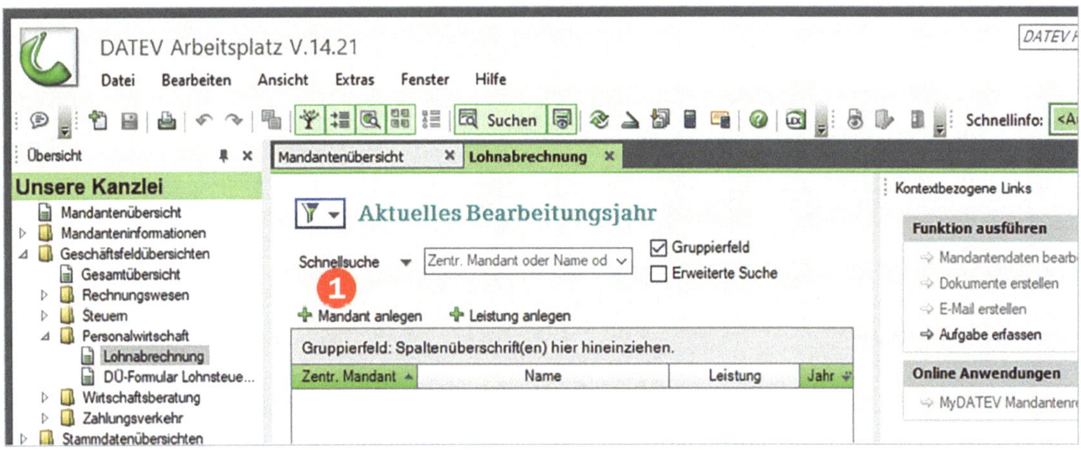

Es öffnet sich das Programmfenster *Neuen Mandanten anlegen - Stammdaten - Mandant*. Zusätzlich wird das Arbeitsblatt *Mandat* angezeigt.

3 Im nächsten Schritt müssen die zentralen Mandatsdaten angegeben werden. Geben Sie im Feld *Zentrale Mand.-Nr.* die Mandantennummer 480 ein (Bild 2.21 Folgeseite) und im Feld *Mandant seit* das Datum 01.01.2023. Im Feld *Status* ist *aktiv* bereits voreingestellt.

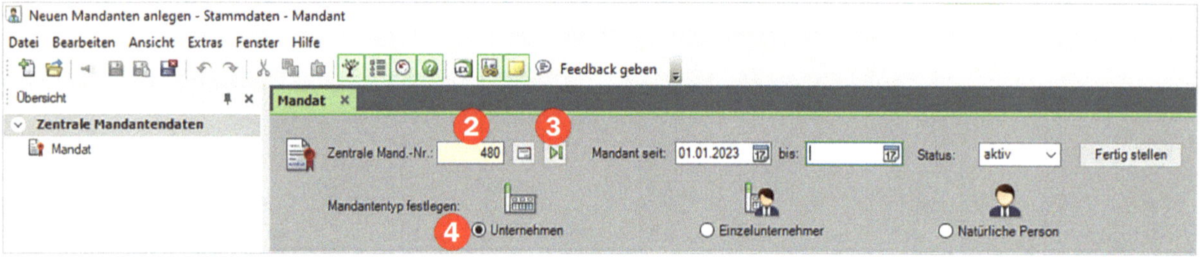

Bild 2.21 Neuen Mandanten anlegen

❷ Mandantennummer

❸ Mit Hilfe des Symbols *Nächste freie Nummer ermitteln* kann die nächste freie zentrale Mandantennummer vorgeschlagen werden.

❹ Als Mandantentyp kann über die Optionsgruppe *Mandantentyp festlegen* ein Unternehmen, ein Einzelunternehmer oder eine natürliche Person gewählt werden. Die Standardeinstellung *Unternehmen* kann für die Firma Perm übernommen werden.

4 Die weiteren Angaben geben Sie wie folgt ein (Bild 2.22) und beachten Sie:

- Felder, in denen zwingend eine Eingabe erforderlich ist, sind mit gelbem Hintergrund dargestellt.
- Felder, in denen im aktuellen Zusammenhang keine Daten erfasst werden können, sind grau hinterlegt und dadurch als gesperrt gekennzeichnet.

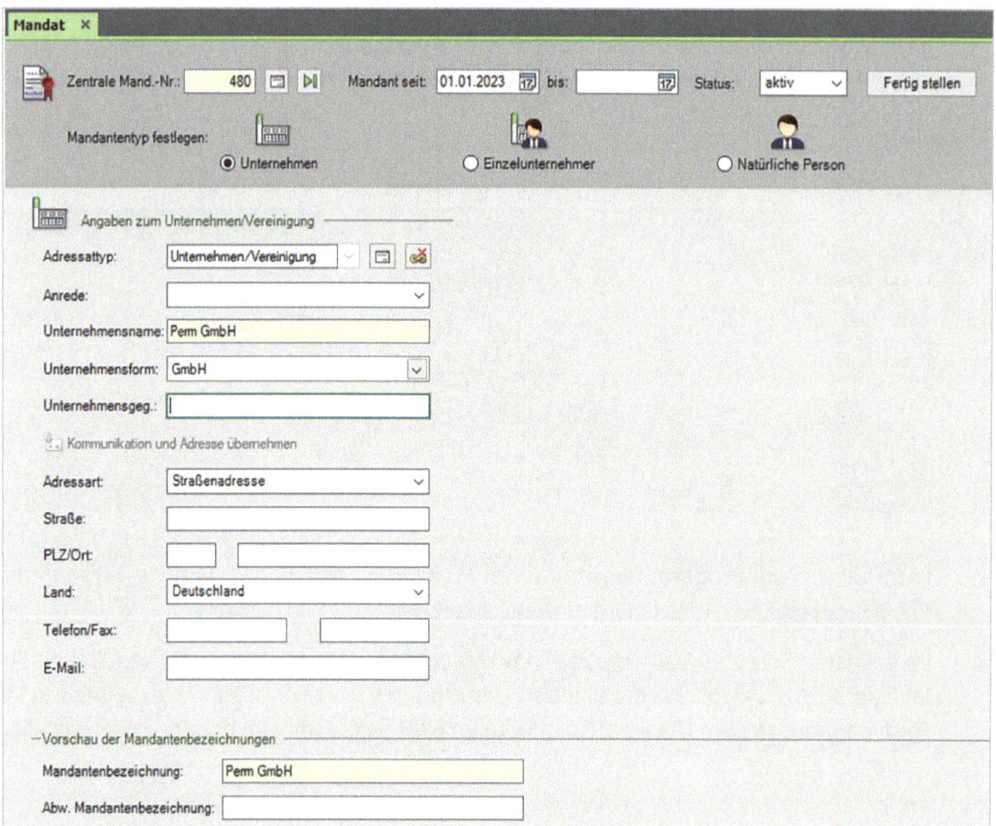

Bild 2.22 Die zentralen Mandantendaten

5 Im Feld *Unternehmensname* muss der Mandantenname eingegeben werden, geben Sie hier Perm GmbH ein.

6 Wählen Sie mit Klick auf den Dropdown-Pfeil des Feldes *Unternehmensform* den Typ GmbH aus. Die Mandantenbezeichnung wird automatisch aus dem eingegebenen Unternehmensnamen gebildet.

7 Die zentralen Mandantendaten für die Firma Perm GmbH sind damit angelegt. Klicken Sie abschließend auf die Schaltfläche *Fertig stellen*.

Leistung festlegen

Im nächsten Schritt wird die eigentliche Leistung zur Firma Perm GmbH festgelegt.

1 Scrollen Sie mit Hilfe der Bildlaufleiste bis zum Bereich *Personalwirtschaft*. Hier aktivieren Sie das Kontrollkästchen *Lohnabrechnung*.

Zusätzlich werden jetzt das aktuelle Jahr, die Beraternummer, die Mandantennummer und der Datenpfad angezeigt. Die DATEV-Beraternummer wird der Steuerkanzlei bzw. dem Mandanten von DATEV mitgeteilt. Die Mandanten-Nr. kann frei zugeordnet werden, sofern Sie noch nicht vergeben wurde.

2 Geben Sie die Daten wie in Bild 2.23 ein. Da wir in unserem Übungsfall mit dem Geschäftsjahr 2023 beginnen, muss unbedingt das Jahr 2023 angegeben werden, als Beraternummer geben Sie die Nummer 129805 ein.

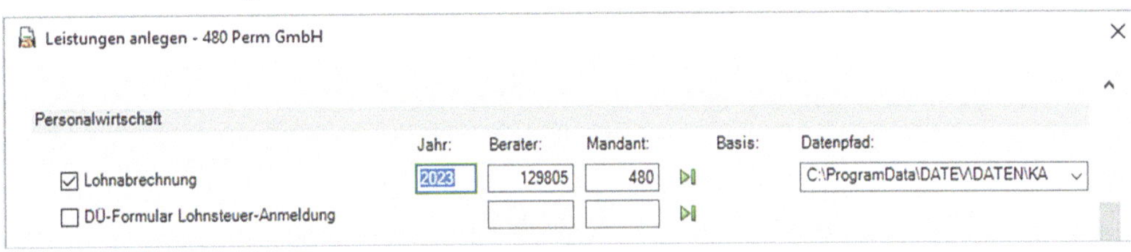

Bild 2.23 Leistung anlegen; Ausschnitt Personalwirtschaft

3 Klicken Sie abschließend auf die Schaltfläche *OK*. Damit wurden die zentralen Mandantendaten für DATEV Arbeitsplatz und für den Mandanten 480 Perm GmbH mit der Leistung Lohnabrechnung angelegt.

Mandantendaten anzeigen

1 Über die Übersicht ❶ (siehe Bild 2.24) können mit einem Doppelklick zusätzlich jeweils die *Leistungsübersicht* und die *Änderungshistorie* in einem Arbeitsblatt angezeigt werden.

- Über die Änderungshistorie können die hinterlegten zentralen Mandantendaten ausgedruckt werden.
- Über das Arbeitsblatt *Leistungsübersicht* wird die angegebene Leistung angezeigt und es können ggf. zusätzliche Leistungen für den Mandanten angelegt werden.
- Im Arbeitsblatt *Unternehmen/Vereinigungen* können über die Register ❷ zusätzliche Mandantendaten eingetragen werden.

Alle weiteren Einträge in der Übersicht sind für den Programmbereich DATEV Eigenorganisation vorgesehen.

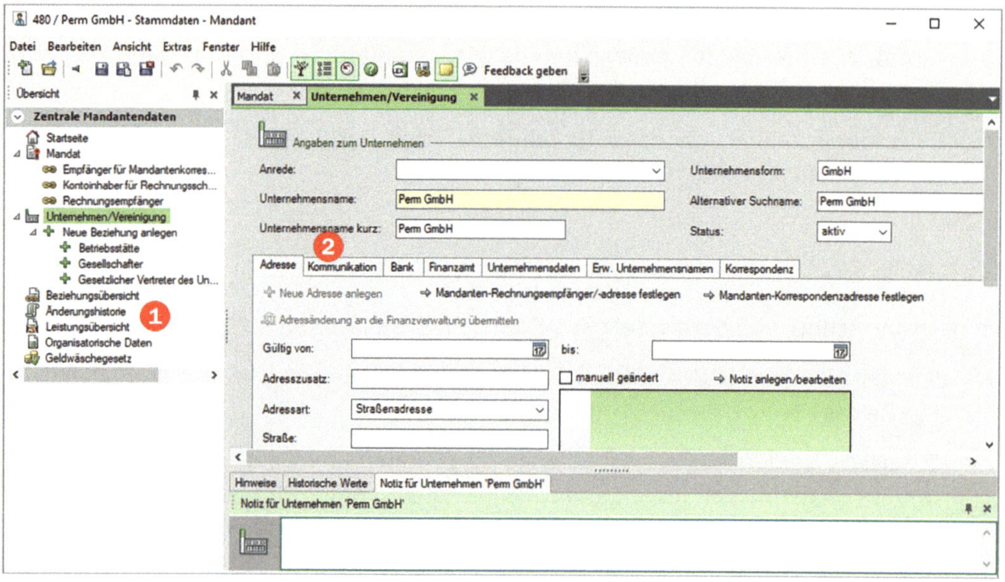

Bild 2.24 Arbeitsblatt Unternehmen/Vereinigung

Wichtig: Da die mandantenspezifischen Stammdaten für die Lohnabrechnung im Programm DATEV Lohn und Gehalt anzulegen sind, müssen für die Leistung Lohnabrechnung keine zusätzlichen Stammdaten wie Adresse usw. im Arbeitsblatt *Unternehmen/Vereinigung* erfasst werden.

2 Klicken Sie zuletzt auf das Symbol *Speichern und Schließen* . Die Firma Perm GmbH mit der zentralen Mandantennummer 480 wird nun im Arbeitsblatt *Lohnabrechnung* angezeigt (Bild 2.25).

Tipp: Über den Link *Mandantendaten bearbeiten* ❸ können die zentralen Mandantendaten eingesehen und ggf. geändert werden.

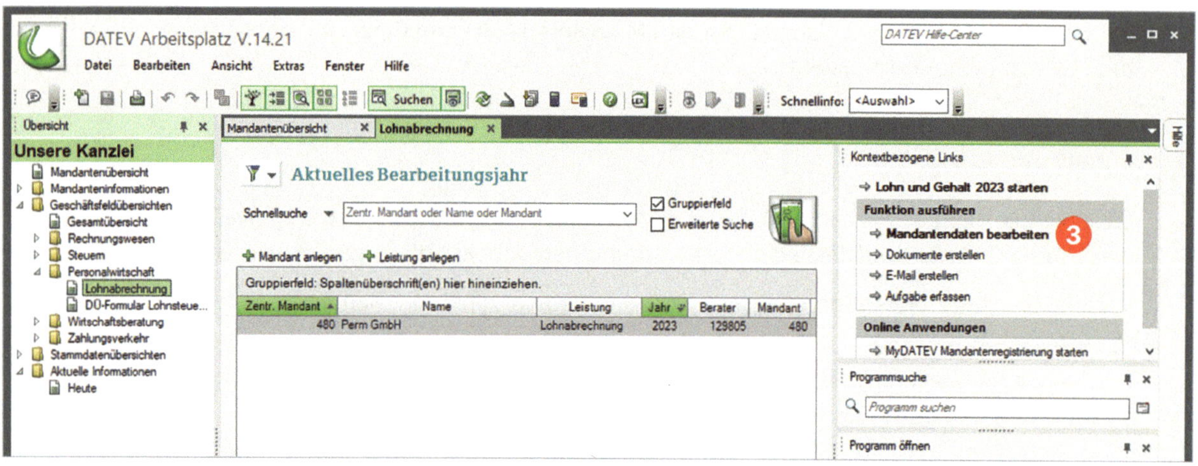

Bild 2.25 Die Firma Perm GmbH

3 Die Institutionsverwaltung

In diesem Kapitel erfahren Sie, ...

- welche Bedeutung dem Programm Institutionsverwaltung zukommt,
- wie Sie die Institutionsverwaltung starten und beenden,
- wie Sie Institutionsdaten aufrufen, prüfen und ggf. ergänzen,
- wie Krankenkassendaten geprüft werden.

Die Bedeutung der Institutionsverwaltung

Das in DATEV Arbeitsplatz integrierte Programm Institutionen beinhaltet wichtige Stammdaten für die Lohn- und Gehaltsabrechnung. Hier werden die für die Lohnabrechnung erforderlichen Institutionen zur Verfügung gestellt. Im Programm Lohnabrechnung DATEV Lohn und Gehalt comfort kann anschließend auf die entsprechenden Institutionen zugegriffen werden. Die Institutionen, wie z. B. Krankenkassen, Kreditinstitute, Gemeinden, Berufsgenossenschaften usw., können sowohl den einzelnen Mandanten (Firmen) als auch den Mitarbeitern der Firma zugeordnet werden.

3.1 Institutionsdaten überprüfen

Hausbanken

Ausgangssituation
Herr Wichtig, unser mitwirkender Steuerberater, hat eine Prüfliste für die Personalabteilung der Firma Perm GmbH erstellt. Sie enthält wichtige Stammdaten zur Firma Perm GmbH.

Teil 1 Bankverbindungen
Die Firma Perm hat zwei verschiedene Hausbankkonten. Es handelt sich um die Sparkasse Koblenz und um die PSD Bank Koblenz. Die Bankdaten:

Bankbezeichnung:	Sparkasse Koblenz
Bankleitzahl:	57050120
Bankbezeichnung:	PSD Bank Koblenz
Bankleitzahl:	57090900

Bild 3.1 Stammdatenübersichten - Institutionen

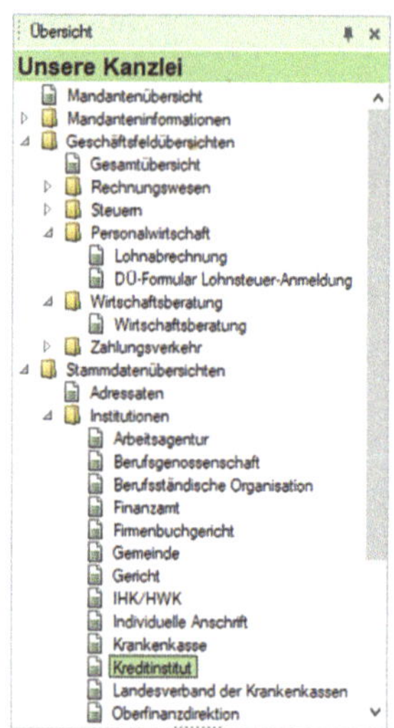

Diese Institutionsdaten sollen nun über DATEV Arbeitsplatz - Institutionen geprüft werden, dazu gehen Sie wie folgt vor:

1. Öffnen Sie im DATEV Arbeitsplatz den Ordner *Stammdatenübersichten* und anschließend den Ordner *Institutionen*.
2. Klicken Sie doppelt auf *Kreditinstitut*. Das Arbeitsblatt *Kreditinstitut* mit allen hinterlegten Kreditinstitutionen der Institutionsverwaltung wird geöffnet.

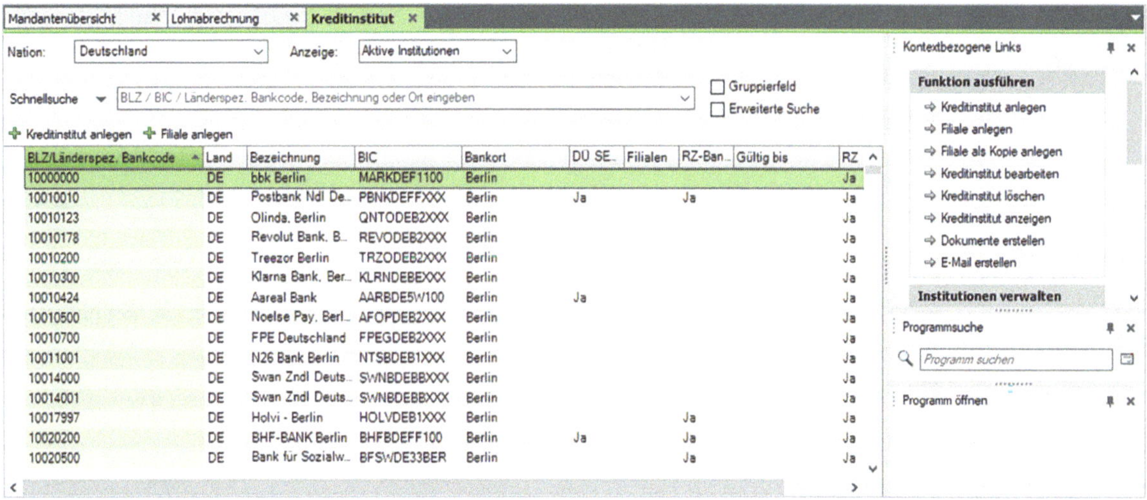

Bild 3.2 Das Arbeitsblatt Kreditinstitut

3 Geben Sie im Feld *Schnellsuche* die Bankbezeichnung Sparkasse Koblenz ein. Die Sparkasse Koblenz wird angezeigt und markiert. Alternativ kann ein Kreditinstitut auch über Bankleitzahl, BIC oder den Ort gesucht werden.

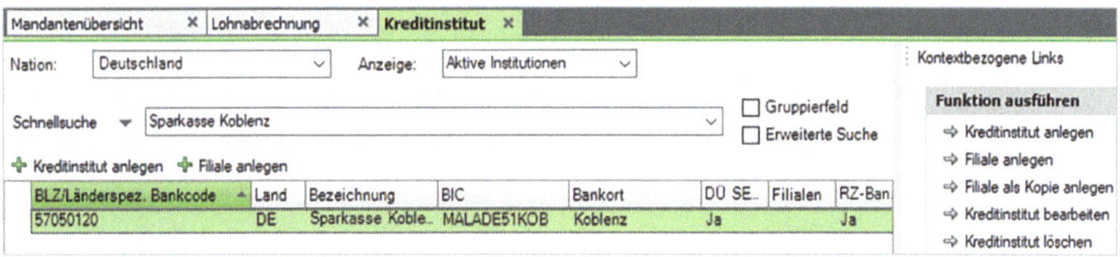

Bild 3.3 Schnellsuche

4 Klicken Sie doppelt auf den Eintrag *Sparkasse Koblenz*. Die gespeicherten Bankdaten zur Sparkasse Koblenz werden angezeigt und können ggf. ergänzt werden. Schließen Sie dann das Fenster mit Klick auf das Symbol × wieder.

Bild 3.4 Bankdaten Sparkasse Koblenz

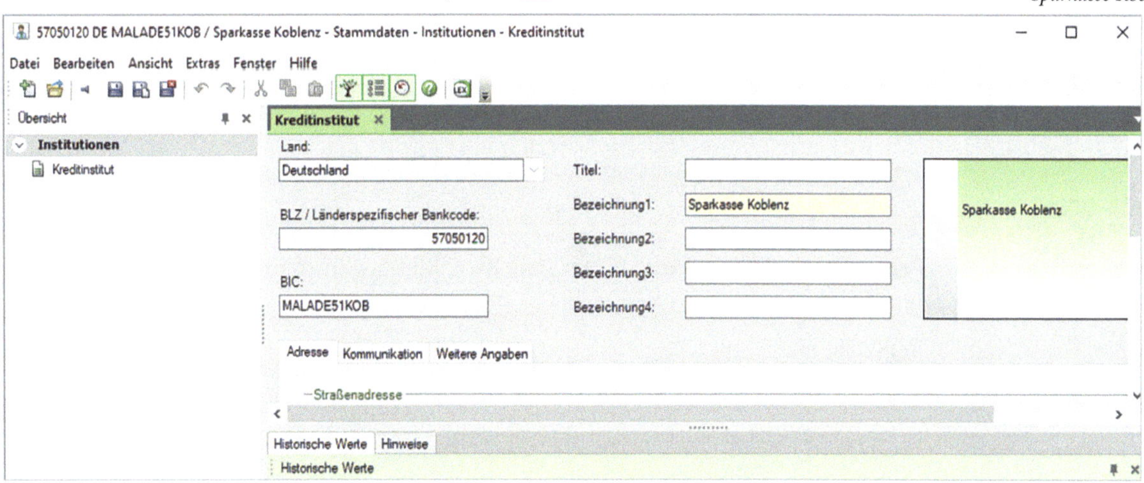

Tipp: Alternativ können die gespeicherten Daten zur Sparkasse Koblenz auch über den unteren Zusatzbereich und die Register *Adresse*, *Kommunikation* und *Weitere Angaben* eingesehen und ggf. ergänzt werden. Über den rechten Zusatzbereich *Kontextbezogene Links* können z. B. neue Bankfilialen angelegt werden, die nicht in der Institutionsverwaltung vorhanden sind (Bild 3.5).

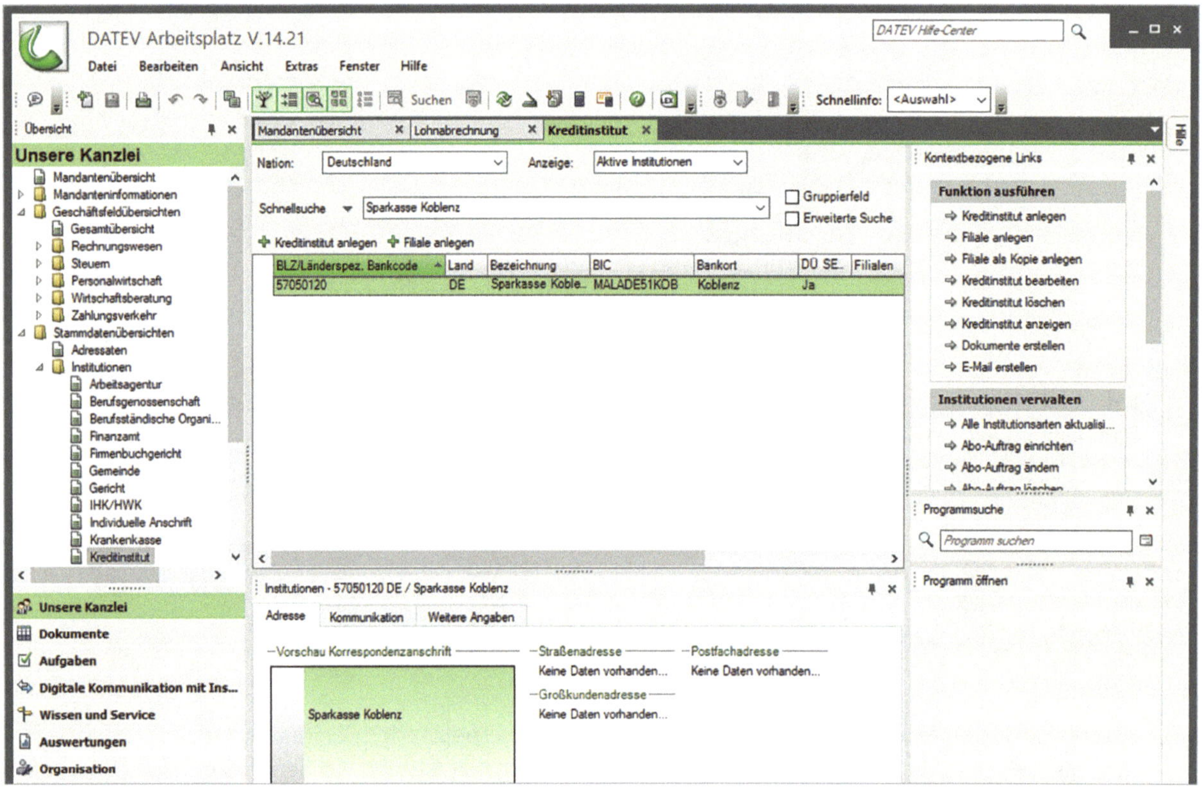

Bild 3.5 Bankdaten über Zusatzbereich einsehen, neue Bankfilialen anlegen

Hinweis: Im weiteren Verlauf dieser Schulungsunterlage kann die Bank im Programm Lohn und Gehalt comfort als Hausbank für die Firma Perm GmbH hinterlegt werden.

Die Lösung zur Übung finden Sie im Lösungsbuch

Übung: Hausbanken prüfen

? Prüfen Sie, ob die Bankdaten der PSD Bank Koblenz in der Institutionsverwaltung hinterlegt sind.

Bankleitzahl: ....

BIC: ....

Finanzamt und Berufsgenossenschaft

Ausgangssituation 2
Herr Wichtig hat uns weitere wichtige Stammdaten für die Lohn- und Gehaltsabrechnung vorgelegt. Es handelt sich hierbei um die Berufsgenossenschaft und das Betriebsstättenfinanzamt. Diese Stammdaten müssen ebenfalls in der Institutionsverwaltung überprüft werden.

Teil 2 Betriebsstättenfinanzamt
Betriebsstättenfinanzamt der Firma Perm GmbH ist das Finanzamt Koblenz.

Teil 3 Berufsgenossenschaft
Die Berufsgenossenschaft ist die Berufsgenossenschaft für Handel und Warendistribution mit Sitz in Mannheim.

1 Um das Betriebsstättenfinanzamt zur Firma Perm GmbH zu suchen, klicken Sie im Ordner *Institutionen* doppelt auf den Eintrag *Finanzamt*. Das Arbeitsblatt *Finanzamt* mit allen, in der Institutionsverwaltung hinterlegten Finanzämtern wird geöffnet (Bild 3.6).

Bild 3.6 Finanzämter anzeigen

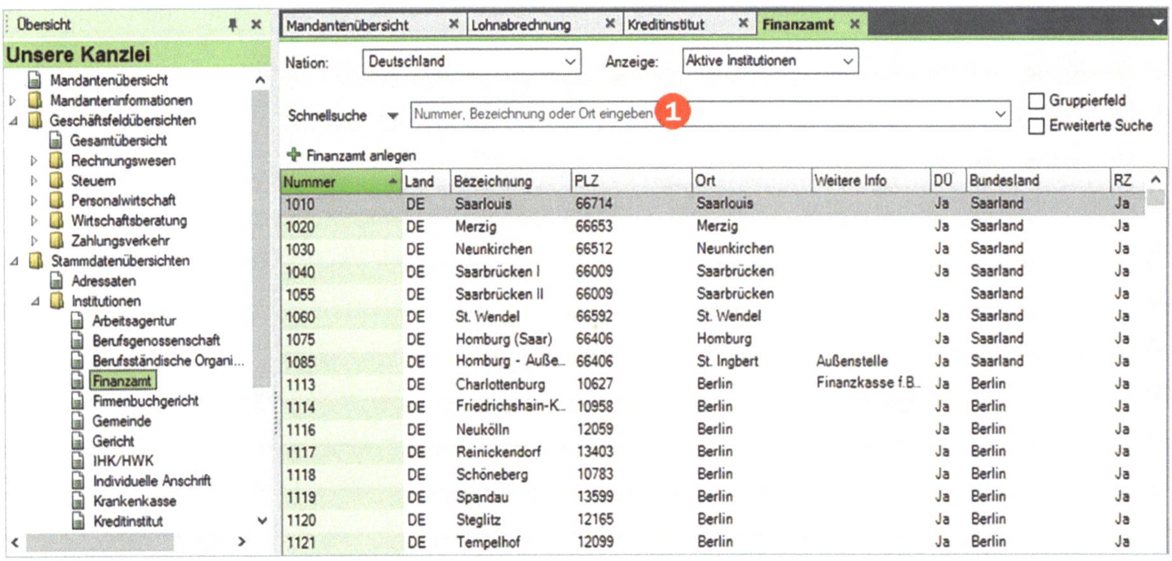

2 Geben Sie im Feld *Schnellsuche* ❶ die Bezeichnung Koblenz ein. Das gefundene Finanzamt Koblenz wird aufgelistet und markiert. **Tipp**: Das Finanzamt kann auch über die amtliche Finanzamt-Nummer 2722 gesucht werden.

3 Um die gespeicherten Daten zum Finanzamt Koblenz einzusehen, klicken Sie doppelt auf den Namen des Finanzamts. Die Daten können ggf. auch ergänzt werden (Bild 3.7).

Über die Register *Kommunikation* und *Bank* ❷ können die programmseitig hinterlegten Kommunikations- und die Bankdaten des Finanzamts Koblenz eingesehen werden.

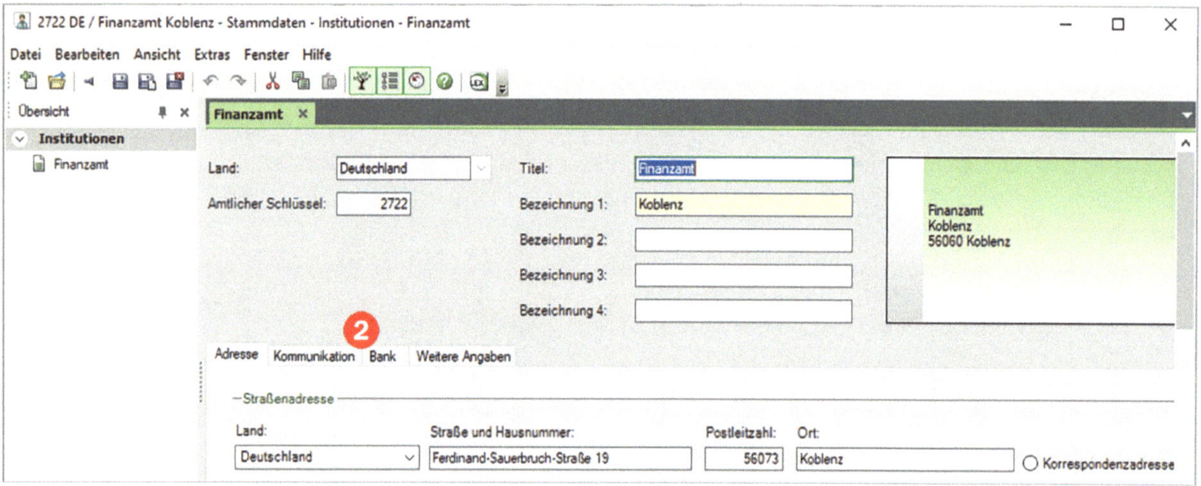

Bild 3.7 Finanzamtdaten

Bild 3.8 Register Kommunikation

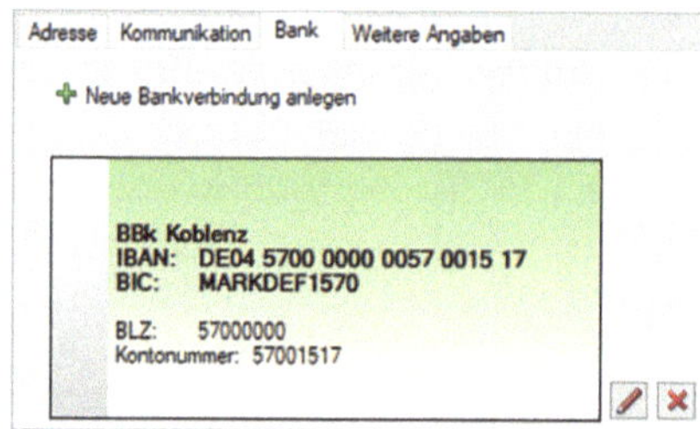

Bild 3.9 Register Bank

4 Klicken Sie auf das Register *Weitere Angaben*. Hier können die Zuständigkeiten, Zuordnungen und Informationen zur Prüfung der Steuernummern des Finanzamts Koblenz eingesehen werden (Bild 3.10).

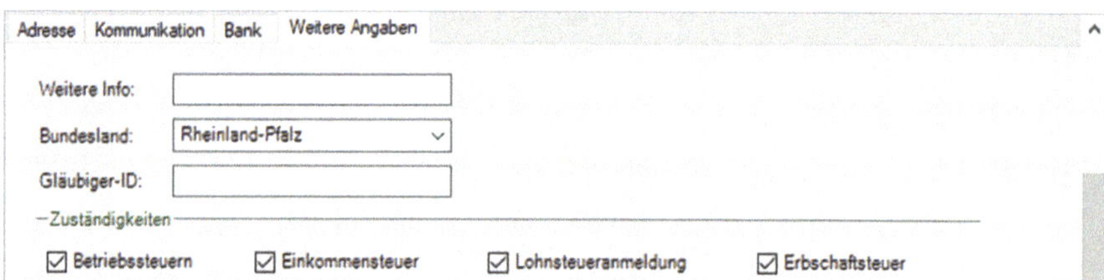

Bild 3.10 Weitere Angaben prüfen

5 Schließen Sie das Fenster für das Finanzamt Koblenz, indem Sie auf das Symbol *Schließen* oder auf den Menüpunkt *Datei* ▶ *Beenden* klicken.

Auch über den unteren Zusatzbereich und die Register *Adresse*, *Kommunikation* und *Weitere Angaben* (Bild 3.11) können die gespeicherten Daten zum Finanzamt Koblenz eingesehen und ggf. ergänzt werden. Über den rechten Zusatzbereich *Kontextbezogene Links* können z. B. neue Finanzämter angelegt werden, die nicht in der Institutionsverwaltung vorhanden sind.

Hinweis: Im weiteren Verlauf dieser Schulungsunterlage erfahren Sie auch, wie im Programm Lohn und Gehalt comfort das Finanzamt als Betriebsstättenfinanzamt der Firma Perm GmbH zugewiesen wird.

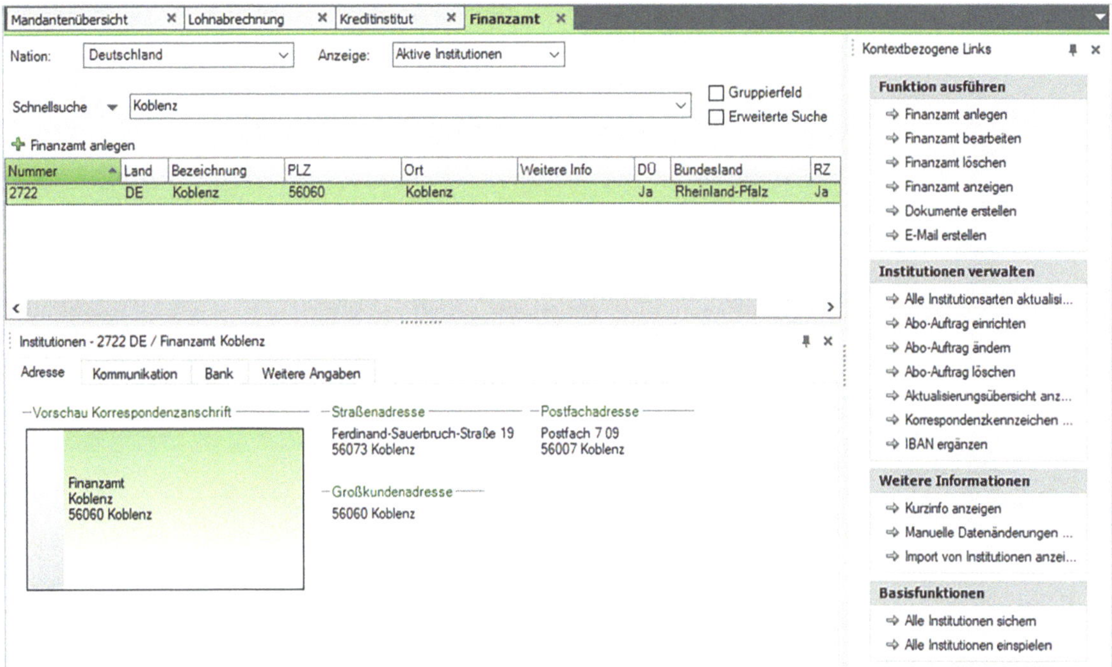

Bild 3.11 Finanzamt - unterer Zusatzbereich

Übung: Institutionsdaten suchen

Aufgabe 1

? Suchen Sie in den Institutionen die zuständige Berufsgenossenschaft für die Firma Perm GmbH.

Bezeichnung: BGHW
Sitz: Mannheim

Nummer: 30

Betriebsnummer: 820 64 004

Die Lösungen zu den Aufgaben finden Sie im Lösungsbuch

Aufgabe 2

? Wie hoch ist die Höchstverdienstgrenze für das Jahr 2023 bei dieser Berufsgenossenschaft?

Seit 2019 84.000,00

Aufgabe 3

? Welcher Strukturschlüssel ist für den Bereich Elektro/Verlag ohne Ausl./Pharma/ Orthopädiewaren hinterlegt?

04

6 Schließen Sie abschließend mit Klick auf das Symbol *Schließen* x die Arbeitsblätter *Kreditinstitut*, *Finanzamt*, *Berufsgenossenschaft* sowie die *Mandantenübersicht*.

3.2 Krankenkassen prüfen

Ausgangssituation 3

Zum Schluss legt uns Herr Wichtig die Stammdaten für die Krankenkassen der Mitarbeiter zur Firma Perm GmbH vor. Die Krankenkassen sind zu prüfen.

Teil 4: Krankenkassen

Krankenkasse	Betriebsnummer
BARMER	42938966
IKK Südwest	55811201
KKH	29137937
BKK Continentale	33865367
Knappschaft Hauptverw.	98000006

Zunächst sind die Krankenkassen in der Institutionsverwaltung aufzurufen und zu überprüfen. Dazu gehen Sie wie folgt vor:

1 Klicken Sie im Ordner *Institutionen* doppelt auf den Eintrag *Krankenkasse* ❶.

2 Über das Feld *Schnellsuche* können Sie jetzt die Krankenkasse suchen: Geben Sie die Betriebsnummer der BARMER 42938966 ein ❷. Die gesuchte Krankenkasse BARMER (vormals Barmer GEK) wird angezeigt und markiert (Bild 3.12).

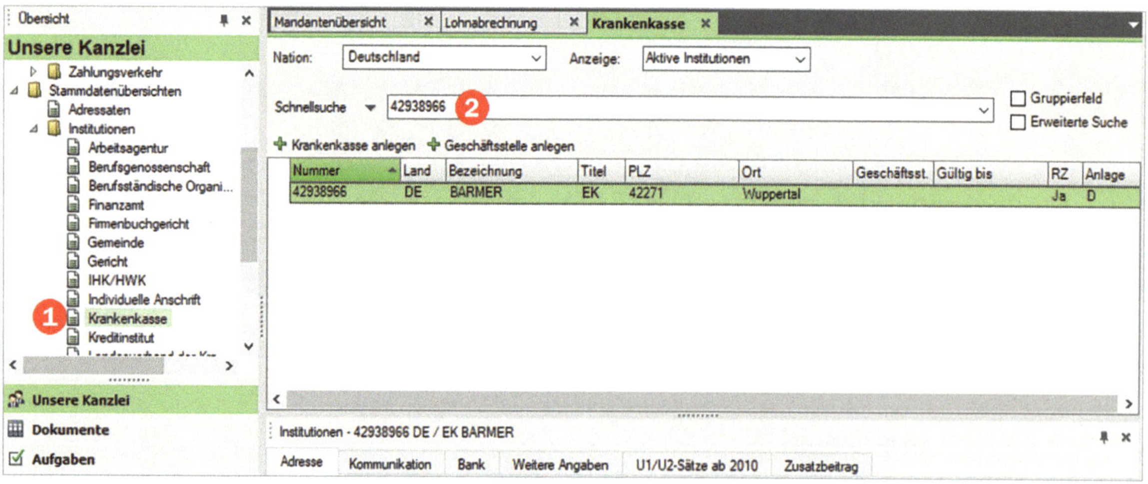

Bild 3.12 Krankenkasse suchen

3 Zum Anzeigen der Krankenkassendaten zur BARMER klicken Sie doppelt auf die Krankenkasse *BARMER* (vormals Barmer GEK). Die Daten werden in einem gesonderten Fenster angezeigt und können ggf. ergänzt werden.

Es werden die gewohnten Informationen wie Anschrift, Kommunikations- und Bankdaten sowie Weitere Angaben angezeigt.

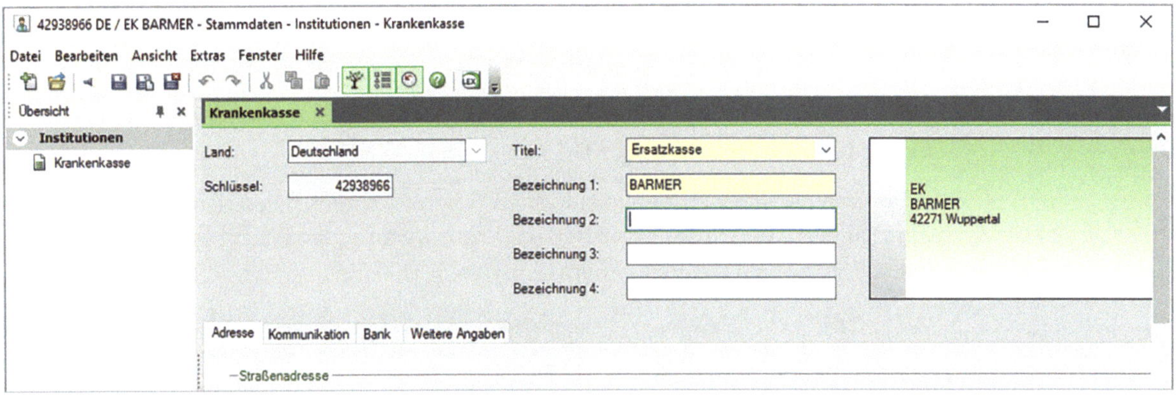

Bild 3.13 Krankenkasse anzeigen

4 Schließen Sie das Fenster für die BARMER indem Sie auf das Symbol *Schließen* oder auf den Menüpunkt *Datei* ▶ *Beenden* klicken.

Umlagen und Erstattungssätze zu Umlagen kontrollieren

Alternativ können die gespeicherten Daten zur Krankenkasse BARMER Koblenz auch über den unteren Zusatzbereich und die Register *Adresse*, *Kommunikation* und *Weitere Angaben* eingesehen und ggf. ergänzt werden. Darüber hinaus werden hier zusätzlich die Register *U1/U2-Sätze ab 2010* und *Zusatzbeitrag* angezeigt (Bild 3.14).

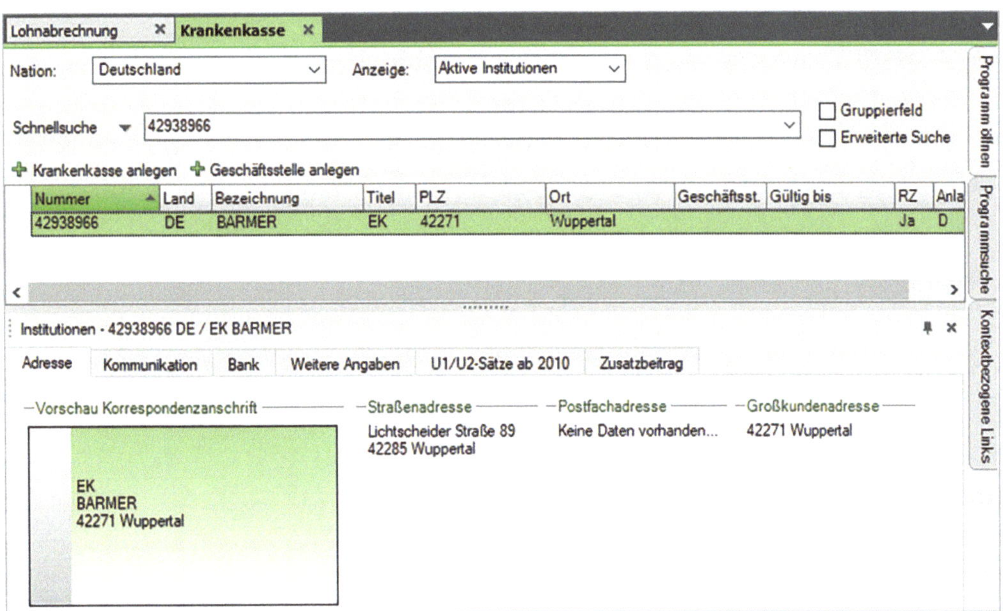

Bild 3.14 Krankenkasse Zusatzbereich

Um die Umlagen U1 und U2 sowie die dazugehörenden Erstattungssätze zur BARMER (vormals Barmer GEK) zu kontrollieren, gehen Sie wie folgt vor:

1 Klicken Sie auf das Register *U1/U2-Sätze ab 2010*.

2 Damit Sie die Details zum Eintrag *U1/U2 ab 2010* besser einsehen können, lässt sich der Anzeigebereich vergrößern. Zeigen Sie mit der Maus auf die obere Trennlinie, bis als Mauszeiger ein Doppelpfeil erscheint. Ziehen Sie dann mit gedrückter Maustaste und vergrößern Sie den Anzeigebereich nach oben, bis alle Details ersichtlich sind.

Es werden alle hinterlegten Sätze zur Umlage U1 und U2 und die Erstattungssätze zu U1 und U2 zur BARMER angezeigt (Bild 3.15).

3 Im unteren Bereich werden die einzelnen Gültigkeitsbereiche ab dem Jahr 2010 angezeigt. Diese können mit Klick auf den nach rechts weisenden Pfeil ▷ eingeblendet werden. Klicken Sie auf das Pfeilsymbol *gültig ab: 01/2023* ❶.

Bild 3.15 Register U1 U2 ab 2010 BARMER

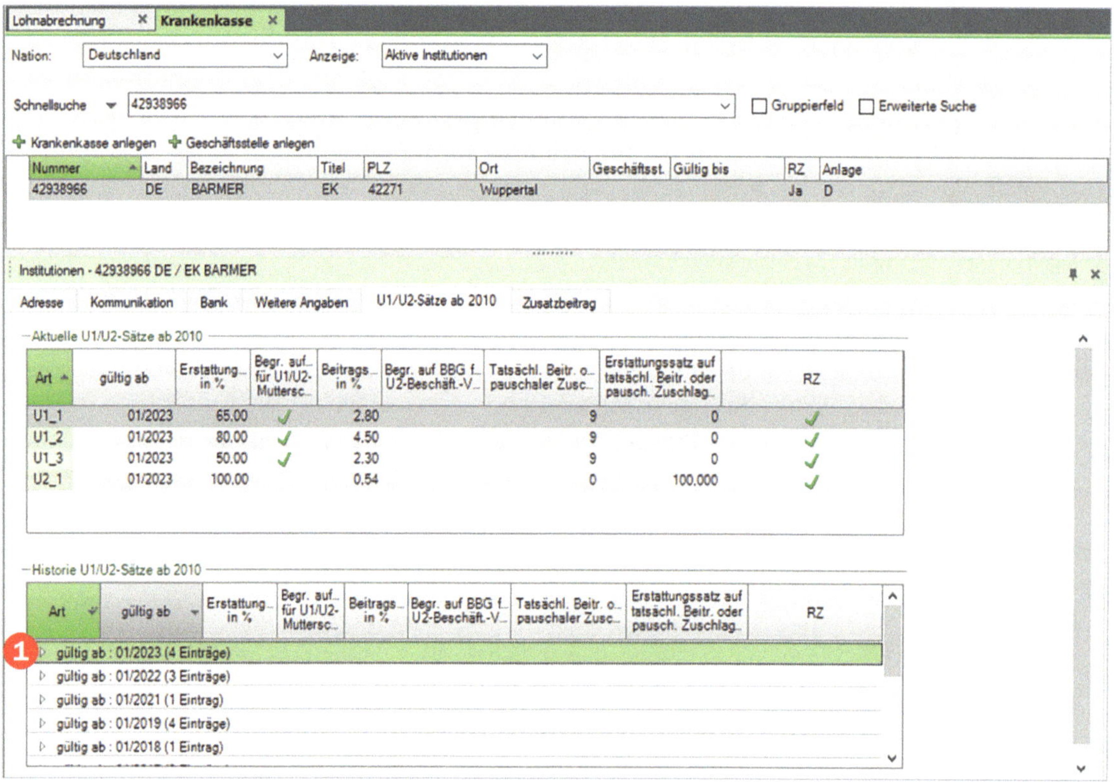

Es werden Ihnen die aktuelle Gültigkeit der Umlagen U1_1; U1_2; U1_3 und U2_1 angezeigt (Bild 3.16).

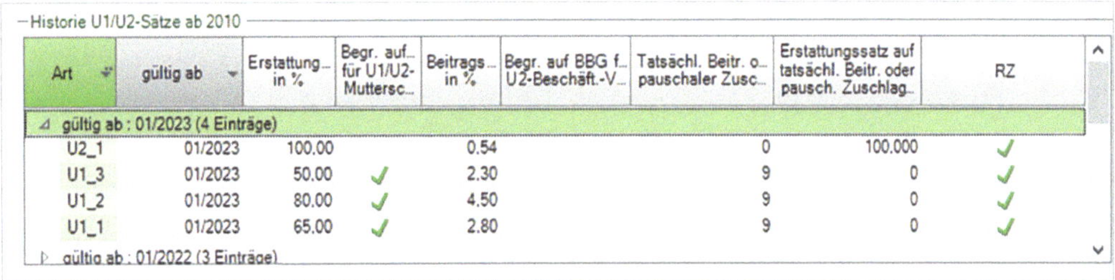
Historie U1/U2-Sätze ab 2010

Art	gültig ab	Erstattung... in %	Begr. auf... für U1/U2-Muttersc...	Beitrags... in %	Begr. auf BBG f... U2-Beschäft.-V...	Tatsächl. Beitr. o... pauschaler Zusc...	Erstattungssatz auf tatsächl. Beitr. oder pausch. Zuschlag...	RZ
gültig ab : 01/2023 (4 Einträge)								
U2_1	01/2023	100,00		0,54		0	100,000	✓
U1_3	01/2023	50,00	✓	2,30		9	0	✓
U1_2	01/2023	80,00	✓	4,50		9	0	✓
U1_1	01/2023	65,00	✓	2,80		9	0	✓
gültig ab : 01/2022 (3 Einträge)								

Bild 3.16 Gültig ab: 01/2023

Für die Umlage 1 gibt es für die Krankenkassen bis zu 4 verschiedene Erstattungssätze U1_1 bis U1_4 und für jeden Erstattungssatz einen eigenen Beitragssatz.

Welche Kombination für die Firma am günstigsten ist, hängt davon ab, wie viele Mitarbeiter in der Firma krank sind. Je höher der Krankenstand, desto besser kommt man mit einem hohen Erstattungswert weg. Sind es wenige, dann eher ein niedriger Erstattungswert. Dazu gehören die tatsächliche oder pauschale Erstattung der Arbeitgeberbeiträge und die Angaben zur Begrenzung auf die Beitragsbemessungsgrenze BBG. Ab dem 01.01.2011 müssen Erstattungsanträge nach dem Aufwendungsausgleichsgesetz (AAG) maschinell erstellt und an die zuständige Krankenkasse elektronisch übermittelt werden.

Die Bedeutung der Kürzel

U1_1	=	normal
U1_2	=	erhöht
U1_3	=	ermäßigt1
U1_4	=	ermäßigt2
U2_1	=	normal

Für die Umlage U2_1 (Lohnfortzahlung bei Mutterschutz) gibt es für jede Krankenkasse nur einen einzigen Beitragssatz. Die Erstattung liegt bei 100%.

Bei der Umlage gibt es seit dem 01.01.2006 zwei wesentliche Änderungen. Seit diesem Datum müssen alle Unternehmen, unabhängig von Ihrer Größe, die Umlage U2 für Mutterschutz bezahlen. Es besteht eine Umlagepflicht. Die Umlage U1 (Lohnfortzahlung im Krankheitsfall) gilt nun auch für Angestellte (betrifft Unternehmen mit bis zu 30 Mitarbeitern, die auch vor dieser Änderung schon umlagepflichtig waren).

Zur BARMER gelten für das Jahr 2023 folgende Erstattungssätze:

U1_1 normal	65 %	bei 2,80 %	Gültig ab: 01/2023
U1_2 erhöht	80 %	bei 4,50 %	Gültig ab: 01/2023
U1_3 ermäßigt 1	50 %	bei 2,30 %	Gültig ab: 01/2023
U2_1 normal	100 %	bei 0,54 %	Gültig ab: 01/2023

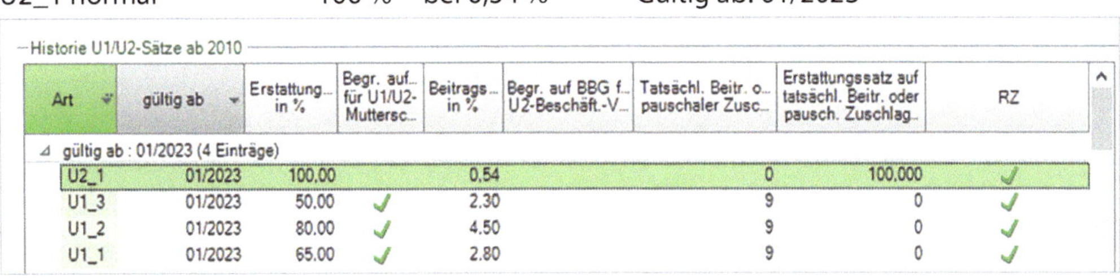
Historie U1/U2-Sätze ab 2010

Art	gültig ab	Erstattung... in %	Begr. auf... für U1/U2-Muttersc...	Beitrags... in %	Begr. auf BBG f... U2-Beschäft.-V...	Tatsächl. Beitr. o... pauschaler Zusc...	Erstattungssatz auf tatsächl. Beitr. oder pausch. Zuschlag...	RZ
gültig ab : 01/2023 (4 Einträge)								
U2_1	01/2023	100,00		0,54		0	100,000	✓
U1_3	01/2023	50,00	✓	2,30		9	0	✓
U1_2	01/2023	80,00	✓	4,50		9	0	✓
U1_1	01/2023	65,00	✓	2,80		9	0	✓

Bild 3.17 Barmer: U2_1 ab 01/2023

4 Klicken Sie abschließend auf das Register *Zusatzbeitrag*. Es wird Ihnen der Zusatzbeitrag zur Krankenkasse BARMER ab Gültigkeit: 01/2016 1,1 % und ab 01/2021 1,5 % angezeigt.

Bild 3.18 Zusatzbeitrag

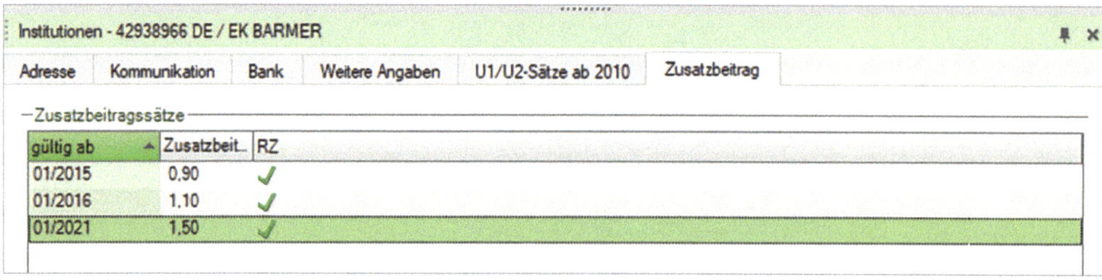

Hinweis: Seit dem 01.01.2015 wurde der gesetzlich vorgegebene, vom Arbeitnehmer allein zu tragende Zusatzbeitrag von 0,9 % abgeschafft. Der einheitliche Beitragssatz beträgt dann 14,6 %. Er wird je hälftig von Arbeitgeber und Arbeitnehmer getragen. Dabei wird der gesetzlich festgelegte Arbeitnehmeranteil auf 7,3 % gesenkt. Falls allerdings eine Krankenkasse mit dem Beitrag von 14,6 % nicht auskommt, kann sie gem. § 242 SGB V einen Zusatzbeitrag erheben. Dieser Zusatzbeitrag wurde bis zum Jahr 2018 allein vom Arbeitnehmer getragen. Seit dem 01.01.2019 wird der krankenkassenindividuelle Zusatzbeitrag jeweils zur Hälfte vom Arbeitgeber und vom Arbeitnehmer getragen. Er ist einkommensabhängig und wird prozentual bemessen.

Die Lösungen finden Sie im Lösungsbuch

Übung: Krankenkassen überprüfen

Suchen Sie in der Institutionsverwaltung über die Betriebsnummern die nachfolgenden Krankenkassen und tragen Sie die Erstattungssätze für die Umlage U1 und U2 sowie den Zusatzbeitrag in die nachfolgenden Tabellen ein.

IKK Südwest	Betriebsnummer: 55811201
KKH	Betriebsnummer: 29137937
Continentale	Betriebsnummer: 33865367
Bundesknappschaft HVW	Betriebsnummer: 98000006

Aufgabe 1: IKK Südwest, Betriebsnummer 55811201

Umlage U1

U1_1 normal:	10,00 %	bei	3,20	% (ab 10/2022)
U1_1 normal:	10,00 %	bei	3,50	% (ab 05/2023)
U1_2 erhöht:	80,00 %	bei	3,70	% (ab 10/2022)
U1_2 erhöht:	80,00 %	bei	4,90	% (ab 05/2023)
U1_3 ermäßigt:	50,00 %	bei	1,70	% (ab 10/2022)
U1_3 ermäßigt:	50,00 %	bei	2,20	% (ab 05/2023)

Umlage U2
U2_1 normal: 100 % bei 0,65 % (ab 10/2022)
Zusatzbeitrag 1,65 % (ab 01/2023)

Aufgabe 2: KKH Kaufmännische Krankenkasse, Betriebsnummer 29137937

Umlage U1
U1_1 normal: 70 % bei 3,00 % (ab 01/2023)
U1_2 erhöht: 50 % bei 2,3 % (ab 01/2023)
U1_3 ermäßigt: 80 % bei 4,50 % (ab 01/2023)

Umlage U2
U2_1 normal: 100,00 % bei 0,44 % (ab 01/2023)
Zusatzbeitrag 1,50 % (ab 01/2019)

Aufgabe 3: BKK Continentale, Betriebsnummer 33865367

Umlage U1
U1_1 normal: 60 % bei 2,70 % (ab 01/2023)
U1_2 erhöht: 80 % bei 5,10 % (ab 01/2023)
U1_3 ermäßigt: 50 % bei 2,20 % (ab 01/2023)

Umlage U2
U2_1 normal: 100 % bei 0,40 % (ab 01/2023)
Zusatzbeitrag 1,25 % (ab 01/2022)
Zusatzbeitrag 1,40 % (ab 01/2023)

Aufgabe 4: Bundesknappschaft HVW, Betriebsnummer 98000006

Umlage U1
U1_1 normal: 80 % bei 1,10 % (ab 01/2023)

Umlage U2
U2_1 normal: 100 % bei 0,24 % (ab 01/2023)
Zusatzbeitrag 1,60 % (ab 01/2021)

Die Institutionen, die für unsere Firma Perm GmbH genutzt werden sollen, sind jetzt geprüft.

Die Institutionsverwaltung bietet breit gefächert auch weitere Institutionen an, die vor allem auch informativ genutzt werden können:

- Es können Daten eingesehen werden, wie z.B. Arbeitsagenturen, Gemeinden, Versorgungswerke, IHK/HWK und viele weitere mehr.
- Aktualisiert wird die Institutionsverwaltung über die Programm DVD oder über die Aktualisierung durch das DATEV Rechenzentrum.

Notizen:

4 Grundbedienung DATEV Lohn und Gehalt

In diesem Kapitel erfahren Sie, ...

- wie Sie das Programm starten und beenden,
- wie Sie Menüs aufrufen und bedienen,
- wie Symbolleisten ein- und ausgeblendet werden,
- wie Sie mit dem Hilfesystem in DATEV umgehen.

4.1 Programm starten und beenden

Aus DATEV Arbeitsplatz starten

Aus dem DATEV Arbeitsplatz heraus starten Sie Lohn und Gehalt wie folgt.

1. Öffnen Sie im DATEV Arbeitsplatz links den Ordner *Personalwirtschaft* und aktivieren Sie hier mit Doppelklick auf *Lohnabrechnung* ❶ das Arbeitsblatt *Lohnabrechnung*. Das Arbeitsblatt wird mit dem Mandanten Perm GmbH und mit dem Zusatzbereich für die Lohnabrechnung angezeigt ❷ (Bild 4.1).
2. Klicken Sie im rechten Zusatzbereich auf den Link *Lohn und Gehalt 2023* ❸, um das Programm DATEV Lohn und Gehalt zu starten.

Bild 4.1 DATEV Arbeitsplatz

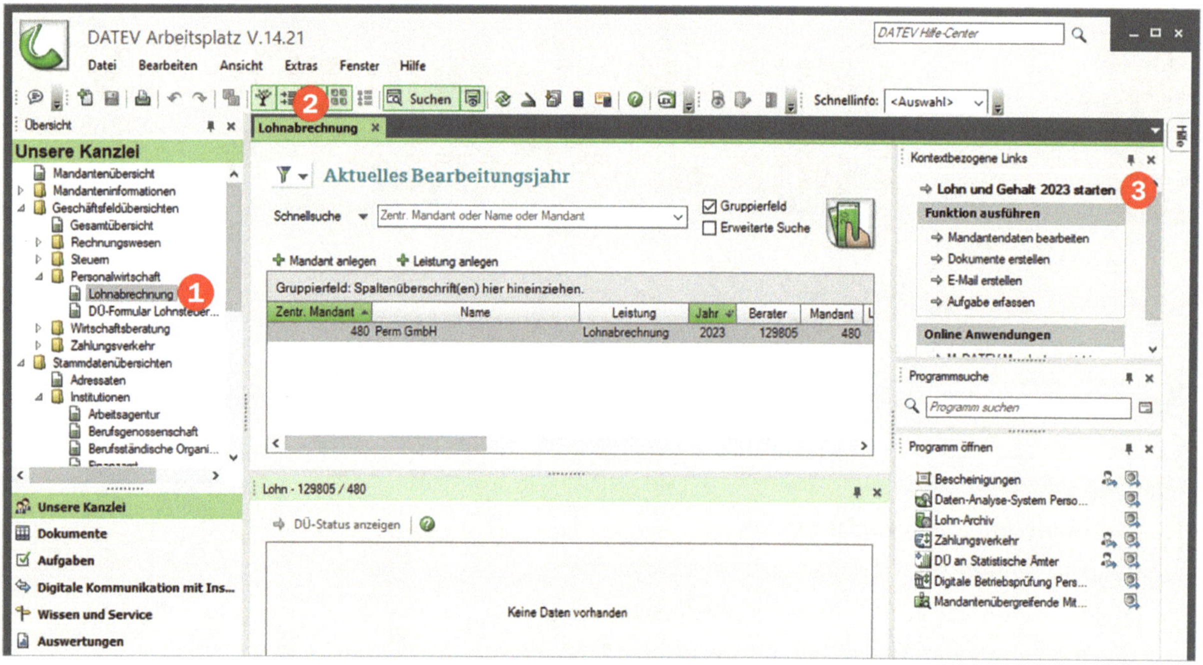

3. Das Programm DATEV Lohn und Gehalt wird gestartet und das Dialogfenster *Lohn und Gehalt* geöffnet. Da wir zum jetzigen Zeitpunkt den Mandanten noch nicht anlegen werden, klicken Sie auf die Schaltfläche *Abbrechen* oder klicken Sie im Dialogfenster auf das Symbol *x*.

Bild 4.2 Das Programm Lohn und Gehalt

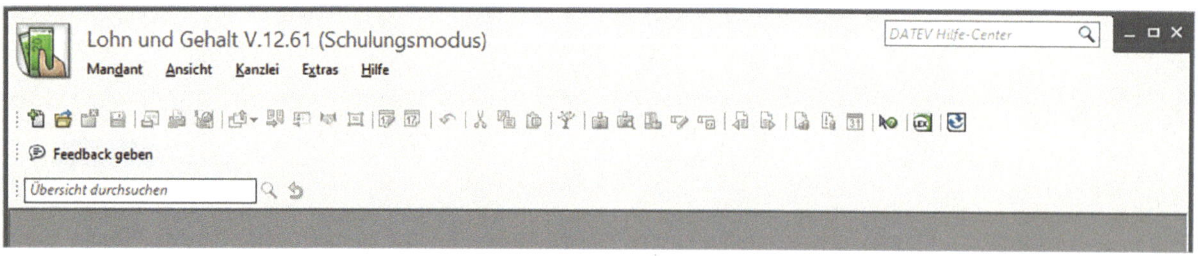

Hinweise zum Programmstart

- Je nach Einstellung und Installation können beim Programmstart Neuerungen im Programm erscheinen, die sich allerdings ausblenden lassen.
- Das Programm DATEV Lohn und Gehalt kann auch außerhalb vom DATEV Arbeitsplatz über eine Programmverknüpfung auf dem Desktop gestartet werden. Diese Programmverknüpfung kann von einem Administrator bzw. Dozenten auf den Desktop hinterlegt werden.

Beenden von DATEV Lohn und Gehalt

Das Programm DATEV Lohn und Gehalt können Sie mit einer der folgenden Methoden wieder beenden:

- Menüpunkt *Mandant* ▶ *Beenden*,
- Tastenkombination Alt+F4,
- Klick auf das Symbol *Schließen* ☒.

Übung: Programm DATEV Lohn und Gehalt starten

- Beenden und starten Sie das Programm DATEV Lohn und Gehalt erneut.
- Da wir zum jetzigen Zeitpunkt noch keinen Mandanten neu anlegen werden, klicken Sie auf die Schaltfläche *Abbrechen*.

4.2 Programmaufbau

Programmbereiche

Der Programmaufbau in Lohn und Gehalt unterteilt sich in folgende Bereiche (Bild 4.3):

- Die Titelleiste zeigt den Programmnamen und die installierte Version an ❶.
- Die Menüleiste ❷
- Die Symbolleisten ❸, hier können Programmfunktionen durch Anklicken von Symbolen schnell ausgeführt werden. Die Symbolleisten lassen sich ein- und ausblenden.
- Die Statusleiste ❹ zeigt Informationen und Meldungen an, die Auskunft über den aktuellen Programmstatus geben.

Bild 4.3 Programmbereiche

Wichtiger Hinweis: Für Schulungszwecke wird in der Titelleiste zusätzlich der Vermerk Schulungsmodus (Bild 4.3) angezeigt. Dies bedeutet, dass Rechenzentrumsaufträge nicht wirklich zum DATEV Rechenzentrum gesendet werden, sondern lediglich simuliert werden. In der Version für die Praxis erscheint der Vermerk Schulungsmodus nicht. Sollte der Vermerk nicht angezeigt werden, informieren Sie sofort Ihren Dozenten oder informieren Sie sich auf der DATEV Internetseite über das Einrichten des Schulungsmodus für Unterrichtszwecke.

Umgang mit Symbolleisten

Nach der ersten Installation von Lohn und Gehalt wird automatisch die Symbolleiste *Standard* angezeigt. Wenn Sie mit der Maus kurz auf ein Symbol zeigen, erscheint eine Kurzinformation zum Symbol. Die Symbolleiste *Standard* lässt sich ein- und wieder ausblenden. Dazu klicken Sie auf *Ansicht* ▶ *Symbolleisten*; hier können Sie nun die Symbolleiste ein- und ggf. ausblenden (Bild 4.4).

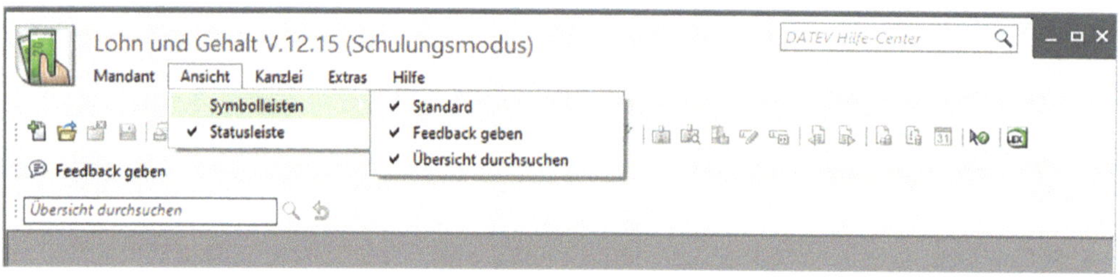

Bild 4.4 Symbolleisten ein- und ausblenden

Über die Anfasser am linken Ende (Bild 4.6) lässt sich die Symbolleiste mit gedrückter Maustaste verschieben und frei platzieren.

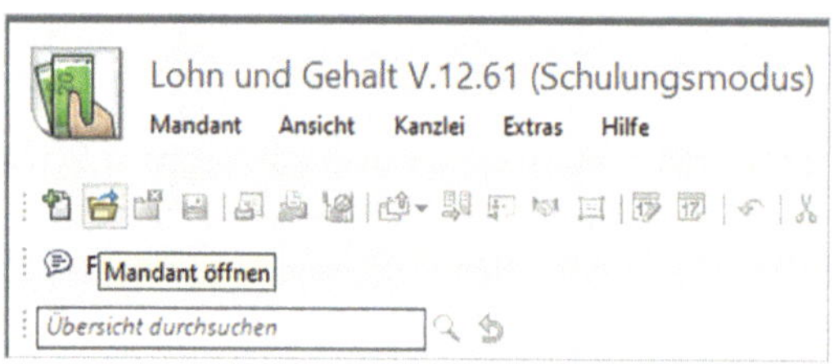

Bild 4.5 Kurzinfo

Bild 4.6 Anfasser

Übung: Symbolleiste

Aufgabe 1

Blenden Sie die Symbolleiste *Standard* aus.

Aufgabe 2

Blenden Sie die Symbolleiste *Standard* wieder ein.

Aufgabe 3

Platzieren Sie die Symbolleiste *Standard* frei im Programmfenster.

Aufgabe 4

Stellen Sie die Symbolleiste wieder so her, dass diese wieder unterhalb der Menüleiste angezeigt wird.

4.3 Programmhilfe DATEV Lohn und Gehalt

DATEV unterstützt eine Vielzahl von Hilfemöglichkeiten. Sie können von jeder beliebigen Programmstelle aktiviert und in Anspruch genommen werden. Die Hilfe unterteilt sich in folgende Bereiche:

- Hilfe-Center,
- Kontextbezogene Hilfe in Dialogfenstern,
- Lexinform/Info-Datenbank

Das Hilfe-Center

Das Hilfe-Center öffnen Sie über den Befehl *Hilfe* ▶ *Hilfecenter*.

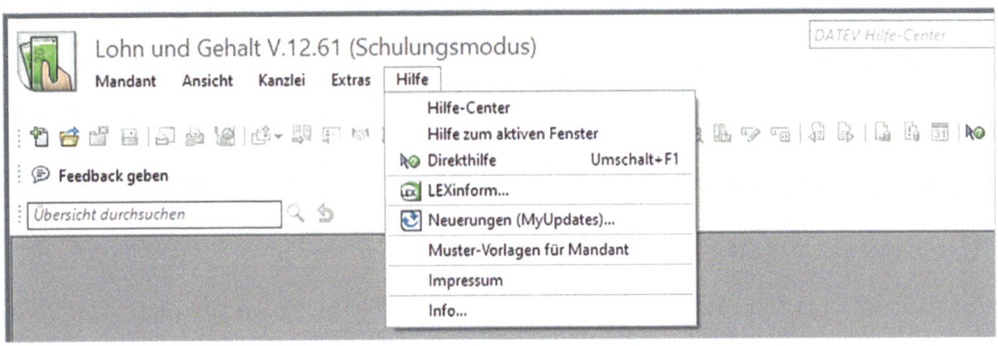

Bild 4.7 Hilfe öffnen

Startseite Hilfe-Center

Auf der Startseite im Hilfe-Center können Sie in der Suchleiste einen beliebigen Begriff eingeben um weitere Informationen zu dem gewünschten Thema zu erhalten. (Bild 4.8)

Bild 4.8 Hilfe-Center Startseite

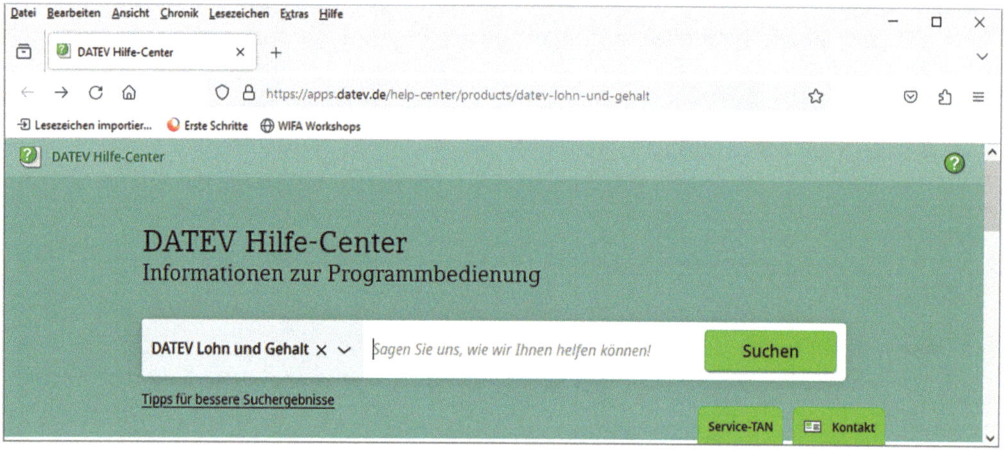

Bild 4.9 Suchergebnisse

Beispiel: Öffnen Sie das Hilfe-Center und suchen Sie nach *Mandantenmanger*. (Bild 4.9)

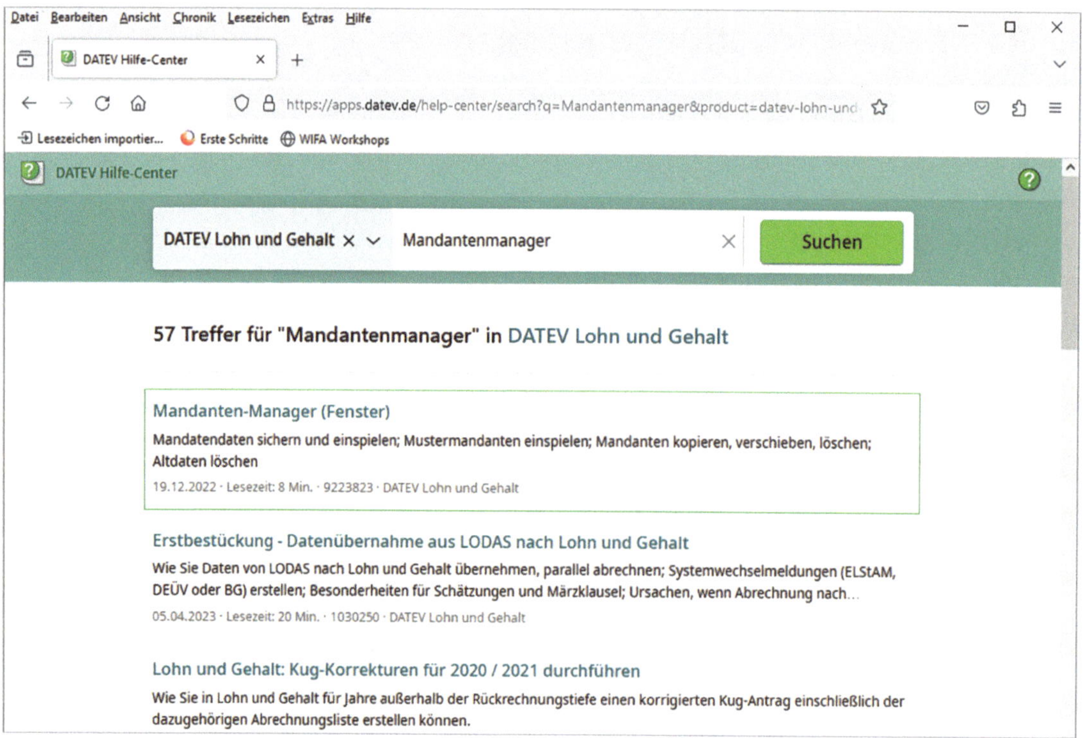

Klicken Sie anschließend auf den ersten Treffer in den Suchergebnissen, um weitere Informationen zu erhalten. (Bild 4.10)

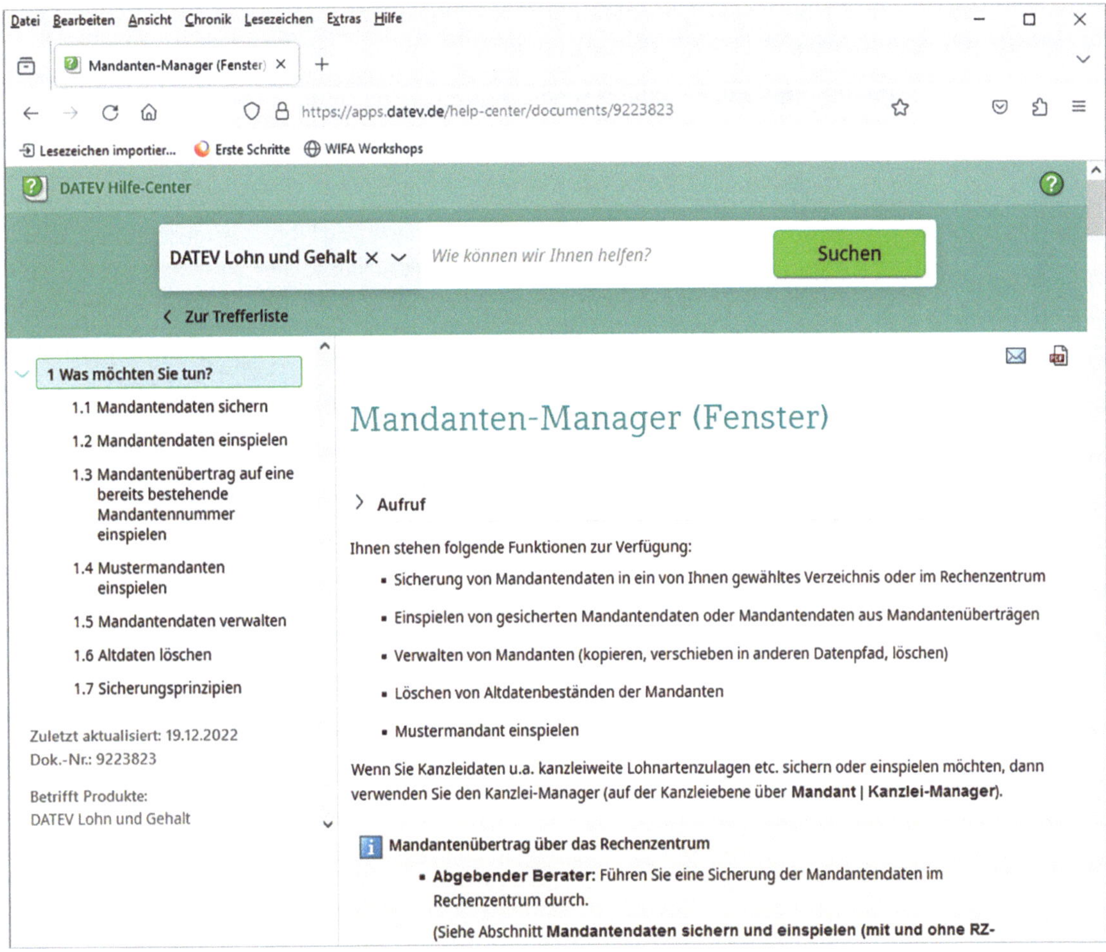

Bild 4.10 Beispiel für Informationen zu einem Suchergebnis

LEXinform/Info-Datenbank

LEXinform/Info-Datenbank unterstützt Sie dabei, Informationen in der Datenbank von *LEXinform, Elektronisches Wissen* und über die *Informations-Datenbank* zu finden. Sie können zielgenau Informationen und Dokumente suchen, LEXinform fungiert hierbei auch als Nachschlagewerk (Lexika).

Achtung: DATEV hatte bis zum Ende des Jahres 2017 auf Bestellung für Bildungsträger die LEXinform-DVD kostenlos ausgeliefert. Seit Januar 2018 ist diese Hilfefunktion nur noch über das DATEV Rechenzentrum (mit Legitimation über eine Smartcard und Pin) nutzbar. Benutzer ohne Smartcard können allerdings über die DATEV Onlinehilfe auf verschiedene angebotene Hilfethemen zu LEXinform/El. Wissen und der Info-Datenbank zugreifen.

In den DATEV-Programmen kann LEXinform über das Symbol bzw. die Informationsdatenbank über das Symbol gestartet werden, wenn Sie eine Anbindung an das DATEV Rechenzentrum besitzen. Da Sie höchstwahrscheinlich keinen direkten Zugang zum Rechenzentrum besitzen, können Sie lediglich auf die Onlinehilfe über einen Internet-Browser auf Informationen zu LEXinform/Info-Datenbank zurückgreifen.

Um die Hilfemöglichkeit von LEXinform online anzeigen zu lassen, gehen Sie wie folgt vor:

1 Starten Sie Ihren Internet-Browser und geben Sie die folgende URL ein: https://www.datev.de/dnlexom/client/app/index.html#/start

Die Onlinehilfe zu LEXinform/Info-Datenbank online wird Ihnen angezeigt. Auf dieser Internetseite haben Sie jetzt die Möglichkeit, nach Hilfetexten zu einem bestimmten Thema über die Kategorien oder über Suchbegriffe zu suchen. Achtung: Die Inhalte können aufgrund der Onlinepräsenz natürlich variieren.

Bild 4.11 Onlinehilfe LEXinform/Info-Datenbank

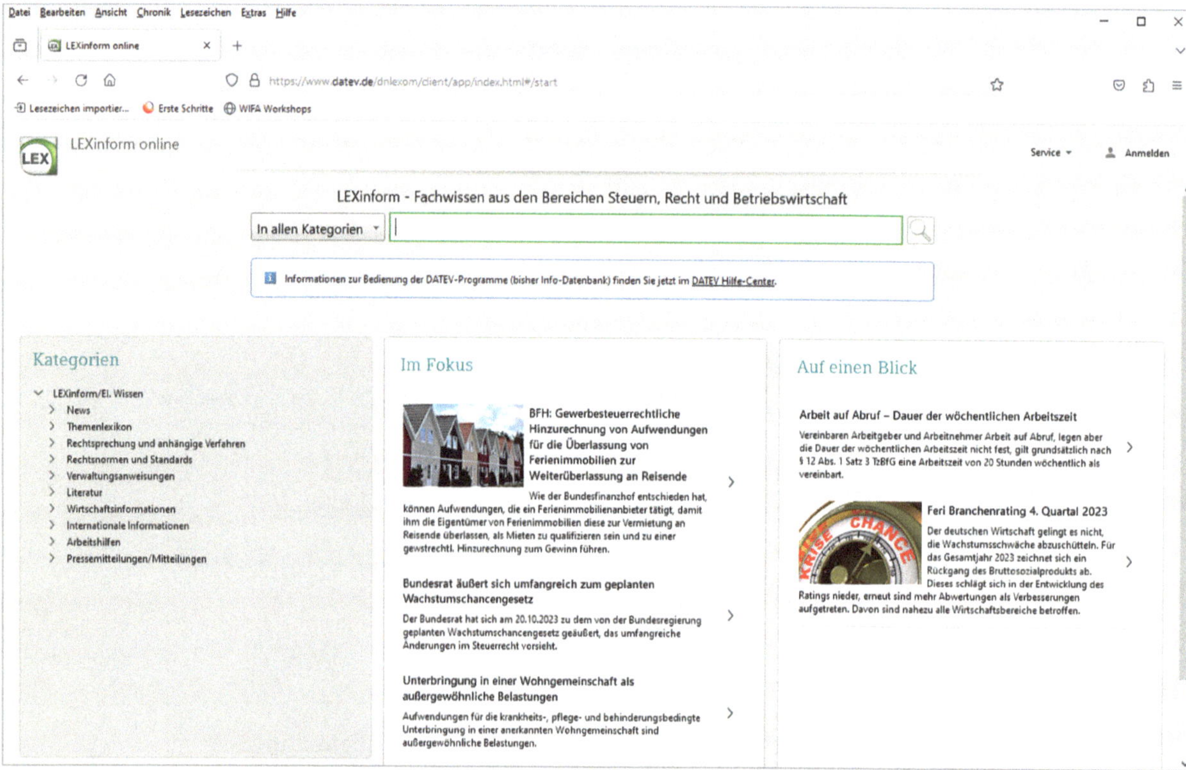

Hinweis: Sollte der Link aufgrund einer Umstellung nicht mehr funktionieren, rufen Sie über die Adresse www.datev.de die Startseite von DATEV auf und suchen dort nach dem Begriff LEXinform.

2 Schließen Sie anschließend den Internet-Browser, indem Sie rechts oben auf das Schließen-Symbol × klicken.

5 Mandantenübergreifende Stammdaten (Kanzleiebene)

In diesem Kapitel erfahren Sie, ...

- was man unter dem Begriff mandantenübergreifende Stammdaten versteht,
- wie Lohnarten geprüft werden,
- wie Lohnveränderungen und Zulagen zu Lohnarten geprüft werden,
- wie Sie den hinterlegten FIBU - Kontenrahmen kontrollieren,
- wie Auswertungseigenschaften hinterlegt werden können.

5.1 Kanzleiweite Stammdaten

Sobald Sie das Programm DATEV Lohn und Gehalt, ohne einen Mandanten zu öffnen, gestartet haben (Bild 5.1), befinden Sie sich auf der Kanzleiebene von DATEV Lohn und Gehalt. Einstellungen, die in dieser Ebene vorgenommen werden, gelten kanzleiweit und für alle hinterlegten Mandanten (Firmen).

Bild 5.1 Kanzleiebene Lohn und Gehalt

Befehle in Form von Symbolen stehen Ihnen auf der Kanzleiebene von DATEV Lohn und Gehalt nur bedingt zur Verfügung. Es handelt sich um folgende Symbole:

- Mandant anlegen
- Mandant öffnen
- Kontextbezogene Hilfe, Neuerungen (My Updates)/LEXinform

Definition

Unter kanzleiweiten Stammdaten versteht man zentrale Daten, auf die bei der Anlage der Mandanten (Firmen) und deren Mitarbeiter zugegriffen werden kann. Diese Stammdaten werden zentral in Lohn und Gehalt zur Verfügung gestellt.

Für jeden Mandanten (Firma) kann auf die, von DATEV vorgegebenen, Standard-Lohnarten zugegriffen werden. Diese Lohnarten decken alle gängigen Abrechnungsfälle ab.

Lohnarten kanzleiweit prüfen

Ausgangssituation

Herr Wichtig, unser Steuerberater, legt uns eine Liste mit Standardlohnarten vor, die für die Firma Perm GmbH genutzt werden sollen.

Er möchte, dass mit folgenden Lohnarten gearbeitet wird, diese Lohnarten sollen nun kanzleiweit geprüft werden.

Brutto-Bezüge der Arbeitnehmer:	Gehalt Ausbildungsvergütung, kfm Stundenlohn Feiertagslohn Aushilfslohn AG-Anteil VWL, lfd
Netto Be- und Abzüge der Arbeitnehmer:	VWL Vorschuss

Lohnarten prüfen

Um die Lohnart Gehalt kanzleiweit zu prüfen, gehen Sie - wie nachfolgend dargestellt - vor:

1 Wählen Sie den Menüpunkt *Kanzlei* ▶ *DATEV-Standardlohnarten anzeigen....*

Alle DATEV-Standardlohnarten werden im gleichnamigen Fenster angezeigt (s. Bild 5.2).

Hinweis: Seit 2018 ist die Bearbeitung von Lohnarten in der Kanzleiebene nicht mehr möglich. Änderungen von Lohnarten können daher nur noch in der Mandantenebene im Programm DATEV Lohn und Gehalt durchgeführt werden.

Bild 5.2 Alle Standardlohnarten

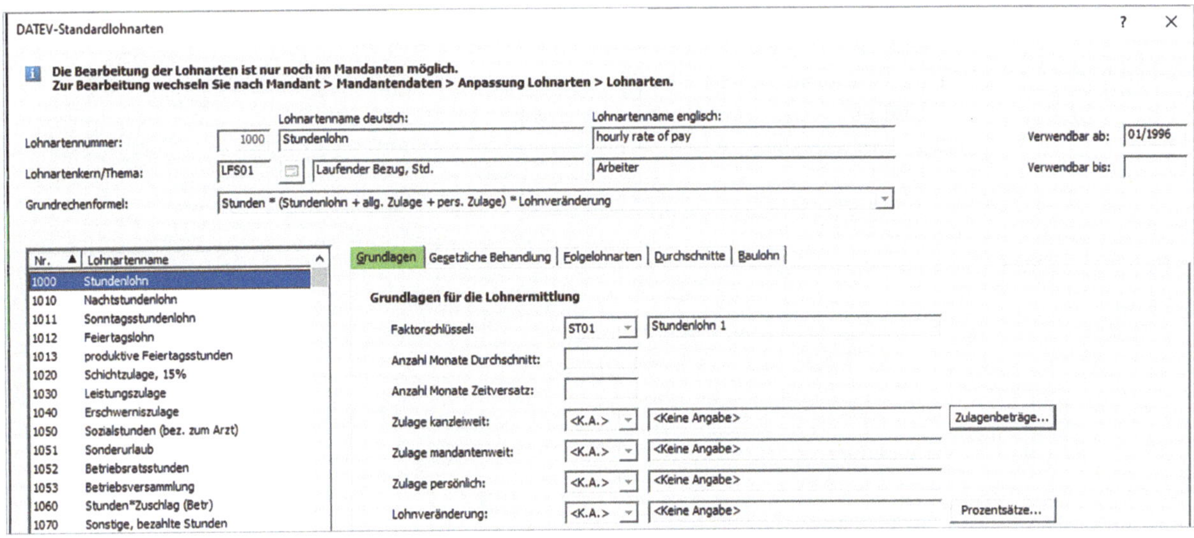

2 Um eine bestimmte Lohnart, in unserem Fall die Lohnart *Gehalt* zu suchen, klicken Sie in der linken Übersicht auf den Spaltenkopf *Lohnartenname* ❶.

Die Lohnarten werden nun alphabetisch nach Namen aufsteigend bzw. durch nochmaliges anklicken absteigend sortiert.

3 Geben Sie den Anfangsbuchstaben der Lohnart *Gehalt* also G über die Tastatur ein.

Die Lohnart *2000 Gehalt* wird im Fenster *DATEV-Standardlohnarten* angezeigt. Alle Eigenschaften dieser Lohnart sind in den einzelnen Registern ❷ ersichtlich.

Bild 5.3 Lohnart Gehalt

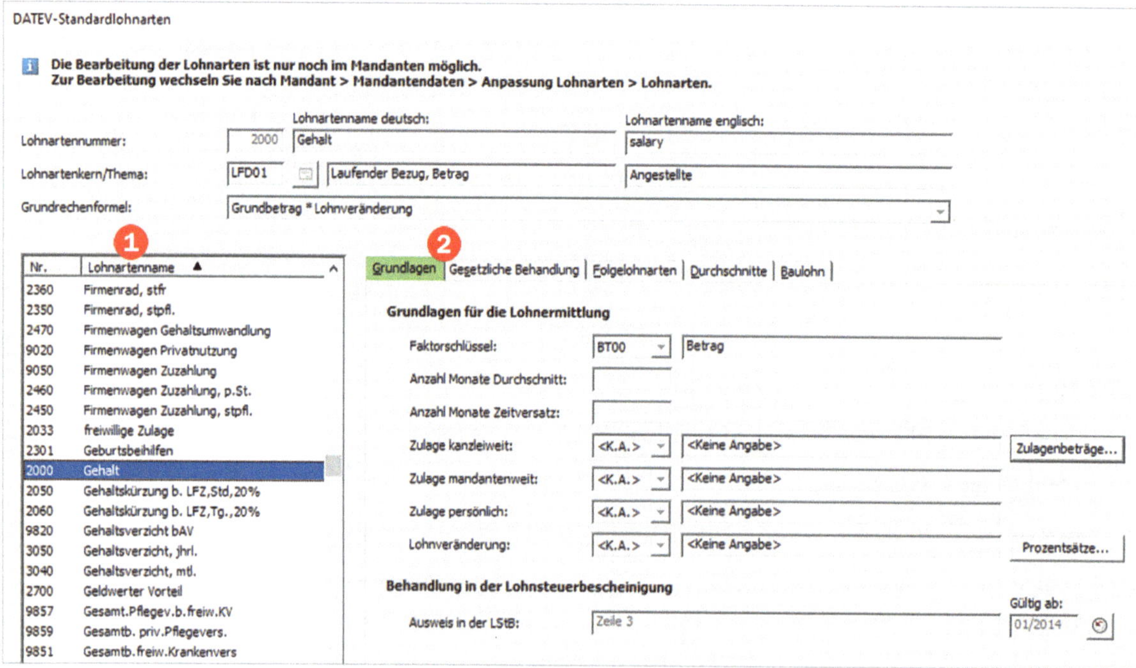

Bild 5.4 Nach Lohnartennummer sortieren

Tipp: Wenn Sie den Spaltenkopf *Nr.* anklicken, werden die Lohnarten nummerisch nach Lohnartennummer entweder aufsteigend oder durch nochmaliges Anklicken absteigend sortiert angezeigt.

Übung: Lohnarten prüfen

Prüfen Sie, ob alle nachfolgenden Lohnarten kanzleiweit hinterlegt sind und tragen Sie hier die Lohnartennummer ein.

Die Lösungen finden Sie im Lösungsbuch

Brutto-Bezüge der Arbeitnehmer

Gehalt	Lohnart-Nr. 2000
Ausbildungsvergütung, kfm.	Lohnart-Nr. 2010
Stundenlohn	Lohnart-Nr. 1000
Feiertagslohn	Lohnart-Nr. 1012
Aushilfslohn, Std.	Lohnart-Nr. 2200
AG-Anteil VWL, lfd	Lohnart-Nr. 3100

Netto Be- und Abzüge der Arbeitnehmer

VWL	Lohnart-Nr. 9840
Vorschuss	Lohnart-Nr. 8000

Tipp: Im Hilfe-Center von DATEV Lohn und Gehalt sind alle Standardlohnarten über die Suchfunktion auffindbar. Klicken Sie dazu auf den Menüpunkt *Hilfe* ▶ *Hilfe-Center* und geben Sie *Standardlohnarten* in der Suchleiste ein.

Bild 5.5 Hilfe-Center: Tabelle der Standardlohnarten

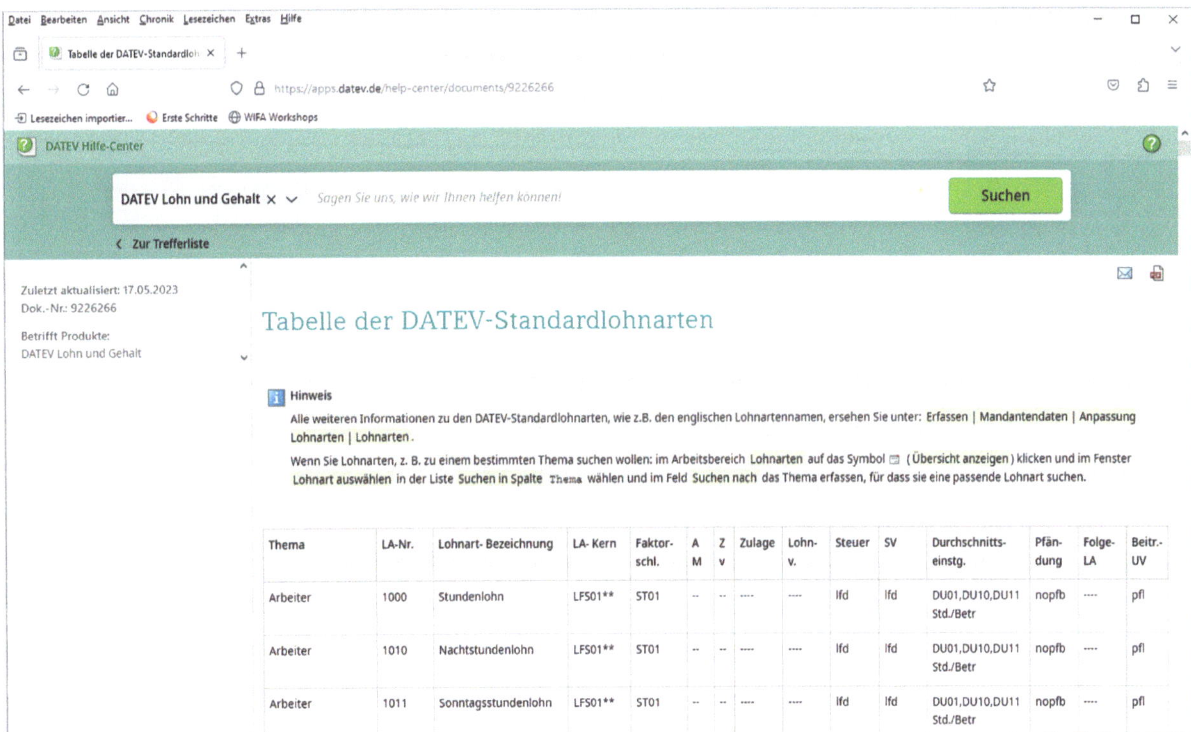

Tabelle der DATEV-Standardlohnarten

Hinweis

Alle weiteren Informationen zu den DATEV-Standardlohnarten, wie z.B. den englischen Lohnartennamen, ersehen Sie unter: Erfassen | Mandantendaten | Anpassung Lohnarten | Lohnarten.

Wenn Sie Lohnarten, z. B. zu einem bestimmten Thema suchen wollen: im Arbeitsbereich Lohnarten auf das Symbol (Übersicht anzeigen) klicken und im Fenster Lohnart auswählen in der Liste Suchen in Spalte Thema wählen und im Feld Suchen nach das Thema erfassen, für dass sie eine passende Lohnart suchen.

Thema	LA-Nr.	Lohnart- Bezeichnung	LA- Kern	Faktor-schl.	A M	Z v	Zulage	Lohn-v.	Steuer	SV	Durchschnitts-einstg.	Pfän-dung	Folge-LA	Beitr.-UV
Arbeiter	1000	Stundenlohn	LFS01**	ST01	--	--	----	----	lfd	lfd	DU01,DU10,DU11 Std./Betr	nopfb	----	pfl
Arbeiter	1010	Nachtstundenlohn	LFS01**	ST01	--	--	----	----	lfd	lfd	DU01,DU10,DU11 Std./Betr	nopfb	----	pfl
Arbeiter	1011	Sonntagsstundenlohn	LFS01**	ST01	--	--	----	----	lfd	lfd	DU01,DU10,DU11 Std./Betr	nopfb	----	pfl

5.2 Lohnveränderungen und Zulagen zu Lohnarten prüfen

Lohnveränderungen

Wenn Sie in den Lohnarten nach Lohnarten suchen, werden Sie Lohnkonten finden, die mit einer Lohnveränderung versehen sind.

Suchen Sie beispielsweise die Lohnart *1200, Überstundenzuschlag, 25%*. Diese Lohnart ist mit dem Lohnveränderungsschlüssel LV14 versehen ❶ (Bild 5.6). Das bedeutet, dass Beträge mit einem Überstundenzuschlag von 25% multipliziert werden.

Bild 5.6 Lohnart mit Lohnveränderungsschlüssel

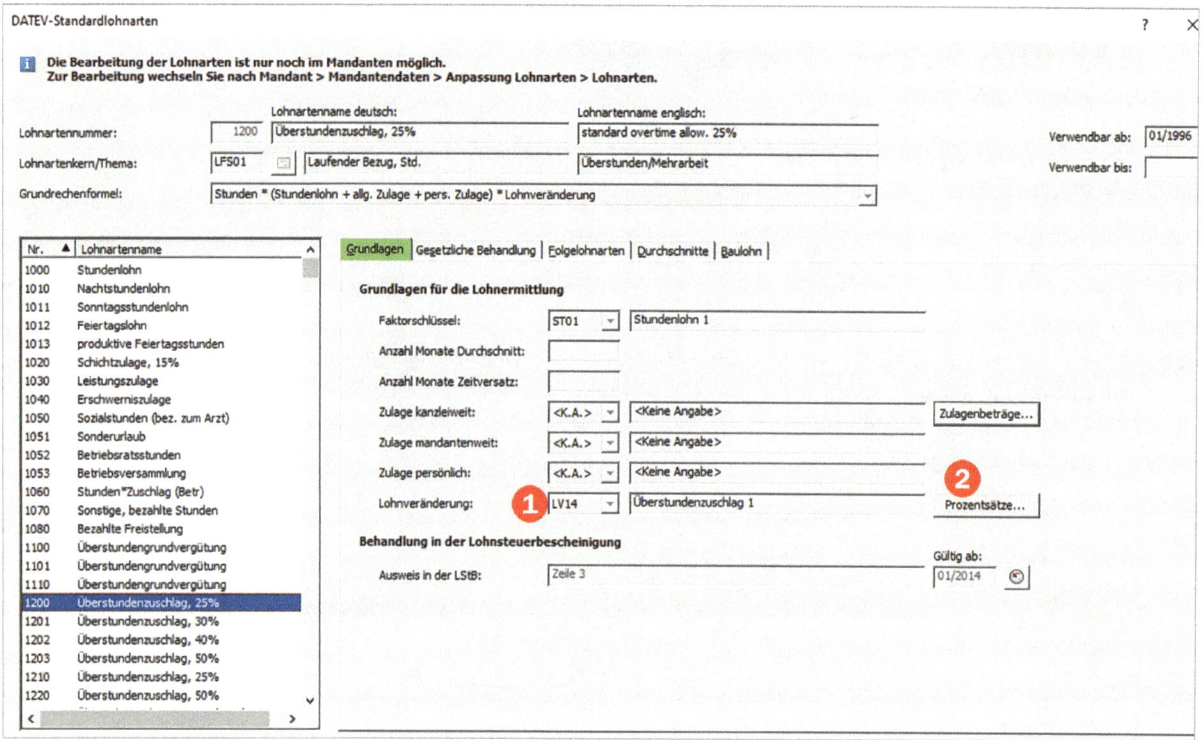

Lohnveränderungsschlüssel prüfen

Um den Lohnveränderungsschlüssel LV14 zu prüfen, klicken Sie auf die Schaltfläche *Prozentsätze* ❷. Das Fenster *Lohnveränderungen* öffnet sich und Sie sehen, dass der Lohnveränderungsschlüssel LV 14 den Zuschlagssatz von 25 % beinhaltet (Bild 5.7). Die Gültigkeit ist ab 01/1999 festgesetzt.

Neben den Standardlohnveränderungen können Sie selbst auch eigene Lohnveränderungen festlegen. Hierfür stehen Ihnen freie Eingabefelder zur Verfügung, die Sie für diese Zwecke nutzen können. Diese Einstellungen gelten dann ebenfalls kanzleiweit.

Schließen Sie das Fenster *Lohnveränderungen* wieder, indem Sie auf die Schaltfläche *Schließen* klicken.

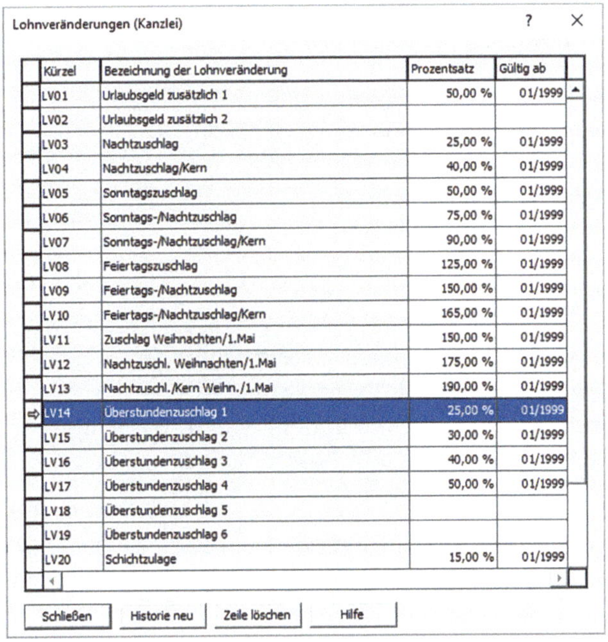
Lohnveränderungen (Kanzlei)

Kürzel	Bezeichnung der Lohnveränderung	Prozentsatz	Gültig ab
LV01	Urlaubsgeld zusätzlich 1	50,00 %	01/1999
LV02	Urlaubsgeld zusätzlich 2		
LV03	Nachtzuschlag	25,00 %	01/1999
LV04	Nachtzuschlag/Kern	40,00 %	01/1999
LV05	Sonntagszuschlag	50,00 %	01/1999
LV06	Sonntags-/Nachtzuschlag	75,00 %	01/1999
LV07	Sonntags-/Nachtzuschlag/Kern	90,00 %	01/1999
LV08	Feiertagszuschlag	125,00 %	01/1999
LV09	Feiertags-/Nachtzuschlag	150,00 %	01/1999
LV10	Feiertags-/Nachtzuschlag/Kern	165,00 %	01/1999
LV11	Zuschlag Weihnachten/1.Mai	150,00 %	01/1999
LV12	Nachtzuschl. Weihnachten/1.Mai	175,00 %	01/1999
LV13	Nachtzuschl. /Kern Weihn. /1.Mai	190,00 %	01/1999
LV14	Überstundenzuschlag 1	25,00 %	01/1999
LV15	Überstundenzuschlag 2	30,00 %	01/1999
LV16	Überstundenzuschlag 3	40,00 %	01/1999
LV17	Überstundenzuschlag 4	50,00 %	01/1999
LV18	Überstundenzuschlag 5		
LV19	Überstundenzuschlag 6		
LV20	Schichtzulage	15,00 %	01/1999

Schließen | Historie neu | Zeile löschen | Hilfe

Bild 5.7 Lohnveränderungen anzeigen

Lohnzulagen

Unter Umständen kommt es auch vor, dass für die Berechnung von Lohnartenbeträgen Zulagen verwendet werden. Genauso wie bei den Lohnveränderungen können auch eigene Zulagen, z. B. Zuschläge für Stückgeldakkorde, Erschwerniszulagen usw. kanzleiweit oder mandantenbezogen hinterlegt werden.

1 **Beispiel**: Suchen Sie in den Lohnarten die Lohnart *1850, Stücklohn*. Standardmäßig ist dieser Lohnart unter *Zulage kanzleiweit ZUST* zugeordnet ❶.

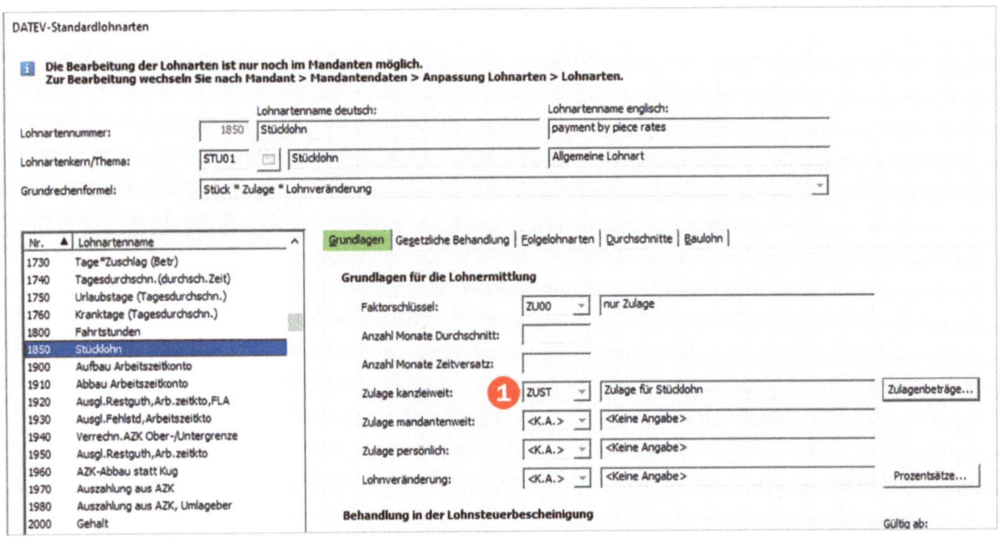

Bild 5.8 Lohnart Stücklohn

Hinweis: Anstatt der kanzleiweiten Zulage können später auch mandantenbezogene oder persönliche Zulagen hinterlegt werden.

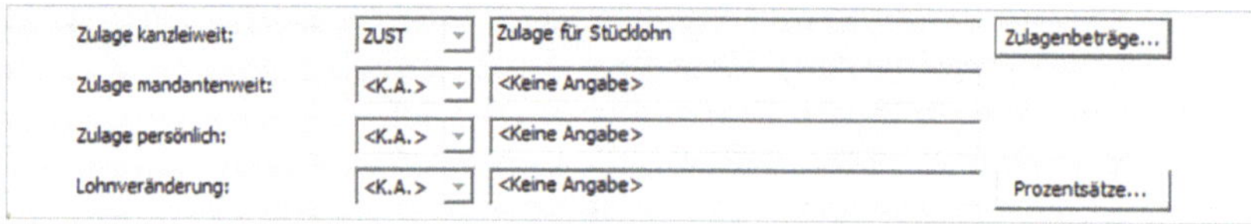

Bild 5.9 Mandantenbezogene oder persönliche Zulage

Zulagen prüfen

2 Um die standardmäßig hinterlegten Zulagen zu prüfen, klicken Sie auf die Schaltfläche *Zulagenbeträge....* Im Fenster *Zulagen (Kanzlei)* sehen Sie, dass für die Lohnart 1850 Stücklohn kanzleiweit mit einem Stücklohn von 0,10 EUR gerechnet wird (Bild 5.10). In den entsprechenden Eingabezeilen lassen sich nun kanzleiweit, mandantenbezogen oder persönliche Zulagen über *Historie neu* definieren.

3 Schließen Sie das Fenster *Zulagen*, indem Sie auf die Schaltfläche *Schließen* klicken.

Bild 5.10 Zulagen (Kanzlei)

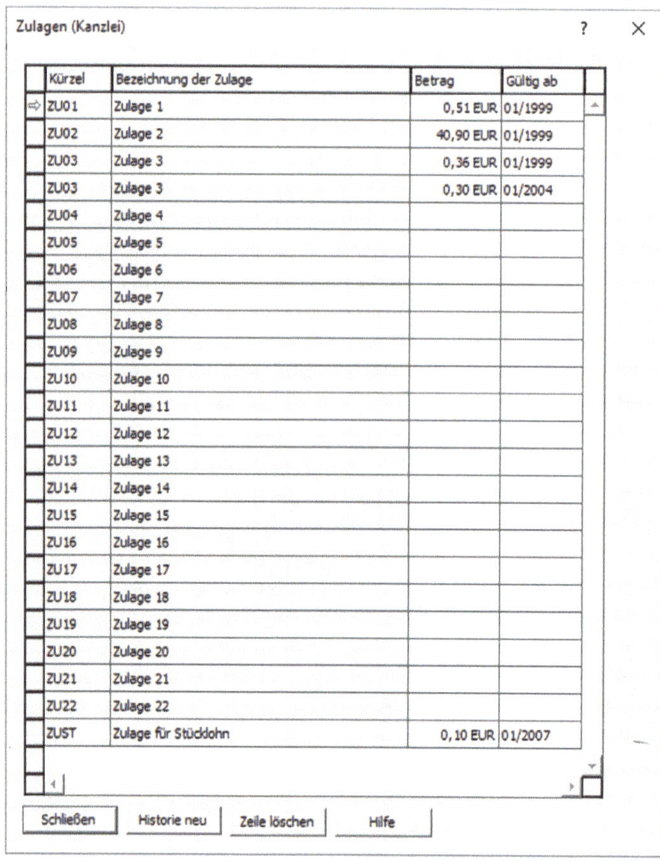

Kürzel	Bezeichnung der Zulage	Betrag	Gültig ab
ZU01	Zulage 1	0,51 EUR	01/1999
ZU02	Zulage 2	40,90 EUR	01/1999
ZU03	Zulage 3	0,36 EUR	01/1999
ZU03	Zulage 3	0,30 EUR	01/2004
ZU04	Zulage 4		
ZU05	Zulage 5		
ZU06	Zulage 6		
ZU07	Zulage 7		
ZU08	Zulage 8		
ZU09	Zulage 9		
ZU10	Zulage 10		
ZU11	Zulage 11		
ZU12	Zulage 12		
ZU13	Zulage 13		
ZU14	Zulage 14		
ZU15	Zulage 15		
ZU16	Zulage 16		
ZU17	Zulage 17		
ZU18	Zulage 18		
ZU19	Zulage 19		
ZU20	Zulage 20		
ZU21	Zulage 21		
ZU22	Zulage 22		
ZUST	Zulage für Stücklohn	0,10 EUR	01/2007

Hinweis: Lohnveränderungsschlüssel können Sie auch außerhalb des Dialogfensters *Lohnarten* über den Menüpunkt *Kanzlei* ▶ *Lohnveränderungen...* einsehen. Die standardmäßig hinterlegten Zulagen lassen sich außerhalb des Dialogfensters *Lohnarten* auch über den Menüpunkt *Kanzlei* ▶ *Zulagen...* anzeigen.

Übung: Lohnveränderungen und Zulagen prüfen

Prüfen Sie bei folgenden Lohnarten, welche Lohnveränderungen bzw. Zulagen dort hinterlegt sind und tragen Sie die Ergebnisse hier ein. Zwei Beispiele:

Die Lösungen finden Sie im Lösungsbuch

Lohnartennummer	Lohnart	Zulage	Lohnveränderung
1203	Überstundenzuschlag, 50%	KA	LV17
			Zuschlagssatz von 50 %

Lohnartennummer	Lohnart	Zulage	Lohnveränderung
1730	Tage * Zuschlage (Betr)	ZU02	KA
		40,90	Keine Angabe

Aufgabe 1

Lohnartennummer	Lohnart	Zulage	Lohnveränderung
1020	Schichtzulage, 15%	KA	LV20
			15 %

Aufgabe 2

Lohnartennummer	Lohnart	Zulage	Lohnveränderung
1060	Stunden * Zuschlag (Betr)	ZU01	KA
		0,51	

Aufgabe 3

Lohnartennummer	Lohnart	Zulage	Lohnveränderung
2042	%-Satz aus Festbetrag, lfd.	KA	LV21
			10%

5.3 FIBU - Kontenrahmen kontrollieren

Die Kontenrahmen DATEV SKR03 und DATEV SKR04 sind, neben branchenspezifischen Kontenrahmen wie z. B. SKR45 soziale Einrichtungen, allgemein hinterlegt und werden im Rahmen der Aktualisierungen von DATEV mit den Jahreswechsel-DVDs regelmäßig aktualisiert. Der bzw. die hinterlegten Kontenrahmen können kanzleiweit geprüft werden.

1 Um die Kontenrahmen zu prüfen, wählen Sie den Menüpunkt *Kanzlei ▶ Finanzbuchführung ▶ Kontenrahmen....*

Über die diversen Register lassen sich im Fenster *Kanzleiweite Finanzbuchführung* die Konten kontrollieren und evtl. anpassen. Die Buchungen aus der Lohnbuchhaltung können beim Monatsabschluss über Schnittstellen an die Finanzbuchführung übergeben werden.

2 Wählen Sie über das Dropdown-Feld den Kontenrahmen *DATEV SKR04* aus ❶ (Bild 5.11) und klicken Sie dann auf das Register *Kontierung Lohnarten* ❷. Hier werden die Lohnarten und das jeweils zugeordnete FIBU-Konto angezeigt.

Bild 5.11 Kanzleiweite Finanzbuchführung

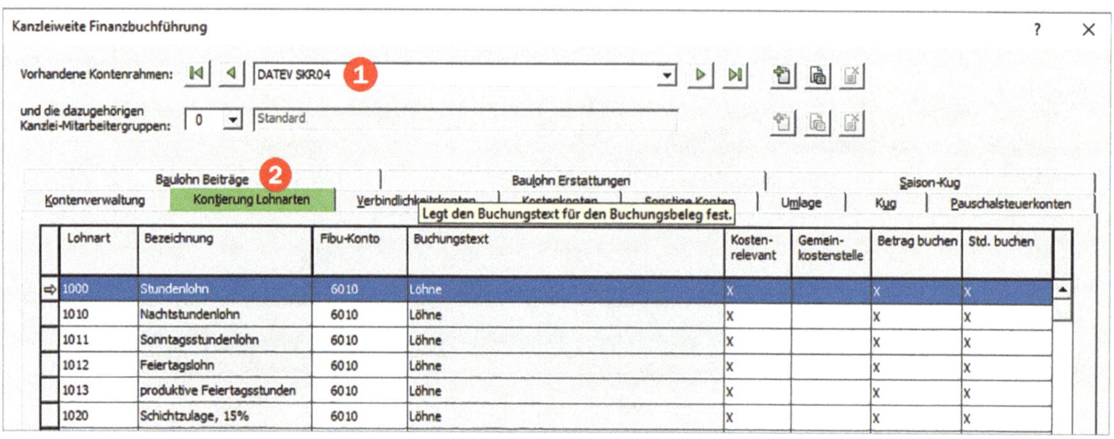

Übung: Kontierung Lohnarten prüfen

Prüfen Sie bei folgenden Lohnarten, welches FIBU-Konto im Register *Kontierung Lohnarten* hinterlegt ist.

Die Lösungen finden Sie im Lösungsbuch

Lohnart:

1000 Stundenlohn	FIBU-Konto: 6010
1200 Überstundenzuschlag, 25%	FIBU-Konto: 6010
2000 Gehalt	FIBU-Konto: 6020
4000 Urlaubsgeld	FIBU-Konto: 6000
9840 VWL	FIBU-Konto: 3770

5.4 Auswertungseigenschaften kanzleiweit hinterlegen

Über den Menüpunkt *Extras* ▶ *Auswertungseigenschaften...* haben Sie die Möglichkeit, Ausgabeparameter kanzleiweit zu hinterlegen.

Ausgangssituation
Firma Perm möchte, dass die Abrechnungen nicht nur im Original, sondern automatisch auch als Duplikat ausgedruckt werden.

Dazu gehen Sie wie folgt vor:

1. Wählen Sie den Menüpunkt *Extras* ▶ *Auswertungseigenschaften....* Im gleichnamigen Fenster werden die Druckparameter alphabetisch angezeigt.
2. Klicken Sie mehrmals auf das Symbol *Pfeil nach unten* ❶ bis zur Zeile *Brutto/Netto* ❷.

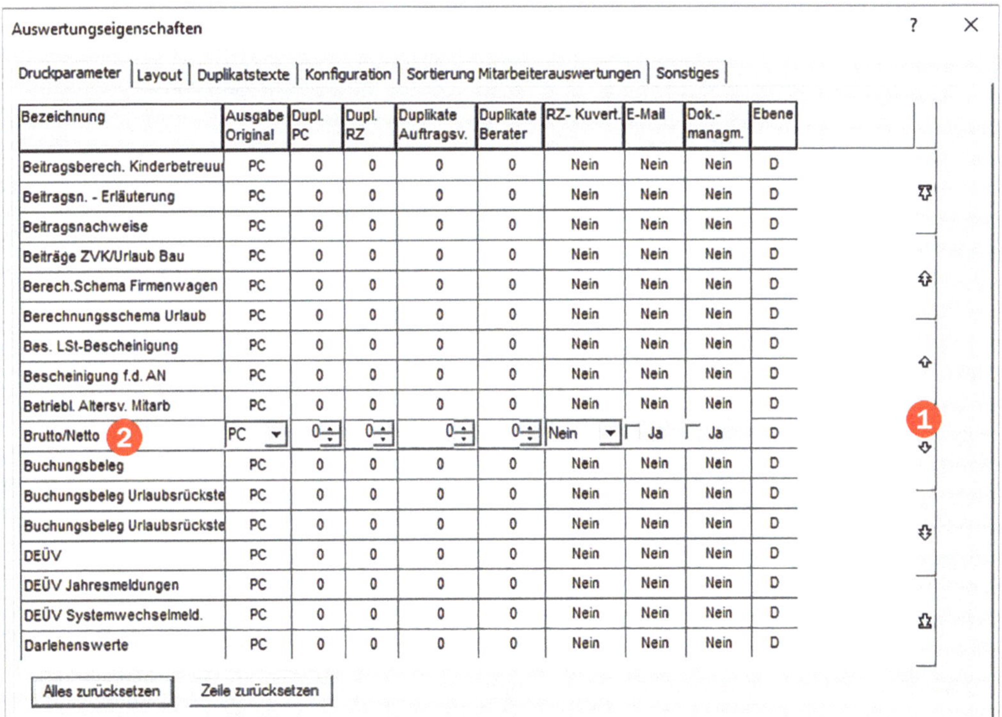

Bild 5.12 Auswertungseigenschaften

3. Geben Sie - wie in Bild 5.13 - in der Spalte *Dupl. PC* (Duplikate PC) die Zahl *1* ein und bestätigen Sie dies mit Klick auf die Schaltfläche *OK*. Die Lohn- bzw. Gehaltsabrechnung aller Mitarbeiter dieser Kanzlei wird nun ab sofort in zweifacher Ausfertigung ausgedruckt.

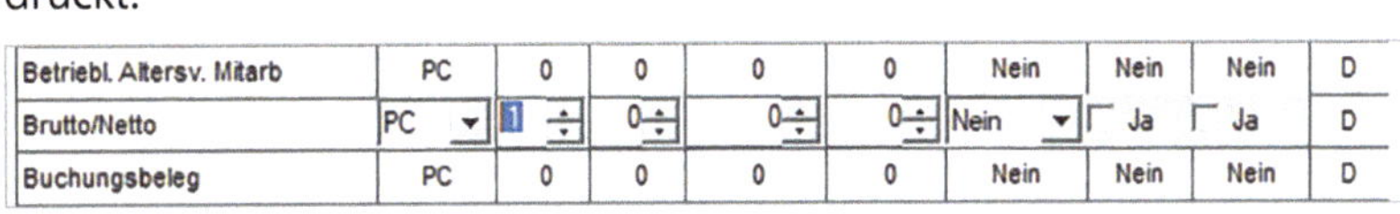

Bild 5.13 Anzahl Ausdrucke eingeben

Hinweis: Über die Schaltfläche *Alles zurücksetzen* können Sie die Einstellungen auf die Standardeinstellung zurücksetzen. Über die Schaltfläche *Zeile zurücksetzen* setzen Sie die Einstellungen für die aktuell ausgewählte Zeile zurück (Bild 5.14).

Über die diversen Register können Sie zusätzlich weitere Einstellungen vornehmen.

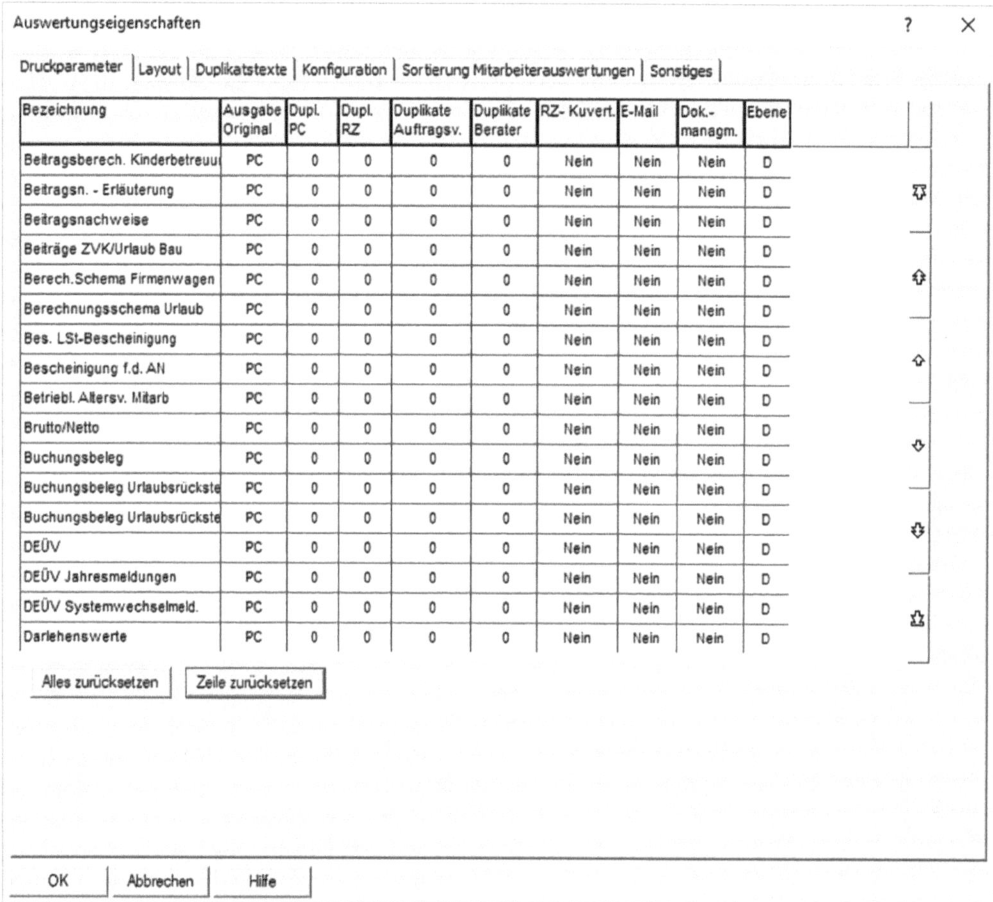

Bezeichnung	Ausgabe Original	Dupl. PC	Dupl. RZ	Duplikate Auftragsv.	Duplikate Berater	RZ- Kuvert.	E-Mail	Dok.-managm.	Ebene
Beitragsberech. Kinderbetreuu	PC	0	0	0	0	Nein	Nein	Nein	D
Beitragsn. - Erläuterung	PC	0	0	0	0	Nein	Nein	Nein	D
Beitragsnachweise	PC	0	0	0	0	Nein	Nein	Nein	D
Beiträge ZVK/Urlaub Bau	PC	0	0	0	0	Nein	Nein	Nein	D
Berech.Schema Firmenwagen	PC	0	0	0	0	Nein	Nein	Nein	D
Berechnungsschema Urlaub	PC	0	0	0	0	Nein	Nein	Nein	D
Bes. LSt-Bescheinigung	PC	0	0	0	0	Nein	Nein	Nein	D
Bescheinigung f.d. AN	PC	0	0	0	0	Nein	Nein	Nein	D
Betriebl. Altersv. Mitarb	PC	0	0	0	0	Nein	Nein	Nein	D
Brutto/Netto	PC	0	0	0	0	Nein	Nein	Nein	D
Buchungsbeleg	PC	0	0	0	0	Nein	Nein	Nein	D
Buchungsbeleg Urlaubsrückste	PC	0	0	0	0	Nein	Nein	Nein	D
Buchungsbeleg Urlaubsrückste	PC	0	0	0	0	Nein	Nein	Nein	D
DEÜV	PC	0	0	0	0	Nein	Nein	Nein	D
DEÜV Jahresmeldungen	PC	0	0	0	0	Nein	Nein	Nein	D
DEÜV Systemwechselmeld.	PC	0	0	0	0	Nein	Nein	Nein	D
Darlehenswerte	PC	0	0	0	0	Nein	Nein	Nein	D

Bild 5.14 Auswertungseigenschaften - weitere Register

6 Mandanten-Stammdaten in Lohn und Gehalt anlegen

In diesem Kapitel erfahren Sie, wie ...

- Sie einen Mandanten (Firma) anlegen, den Mandant öffnen und schließen sowie am PC sichern,
- Mandantenadresse und mandantenbezogene Stammdaten angelegt werden,
- Sie Sozialversicherungsdaten und Krankenkassen des Mandanten hinterlegen,
- die Finanzamtsdaten und Daten für die Berufsgenossenschaft erfasst werden,
- Arbeitszeiten und Feiertage hinterlegt werden können,
- Kostenstellen für die Abrechnung angelegt werden und wie Sie die Finanzbuchhaltungsdaten und Teilmonatsberechnungen prüfen,
- Lohnartenbezeichnungen geändert werden,
- Sie die Urlaubs- und Stunden-/Tagesstatistik festlegen können.

Auf Mandantenebene im Programm Lohn und Gehalt werden alle firmenspezifischen Stammdaten (Mandantenstammdaten) erfasst. Die Erfassung von Abweichungen in den kanzleibezogenen Stammdaten ist hier ebenfalls möglich.

6.1 Mandanten (Firma) im Programm Lohn und Gehalt neu anlegen

Mandanten anlegen

Ausgangssituation
Unser mitwirkender Steuerberater, Herr Wichtig, legt Ihnen für das Anlegen der Firma Perm GmbH im Programm Lohn und Gehalt weitere Daten vor. Diese Stammdaten müssen jetzt angelegt werden.

Im ersten Schritt ist die Übungsfirma Perm GmbH als Mandant in Lohn und Gehalt anzulegen. Folgende Stammdaten werden dazu benötigt:

- die zentralen Mandantendaten aus dem DATEV Arbeitsplatz,
- der erste Abrechnungsmonat für die Lohn- und Gehaltsabrechnung,
- der FIBU-Kontenrahmen DATEV SKR04.

Bild 6.1 Lohn und Gehalt

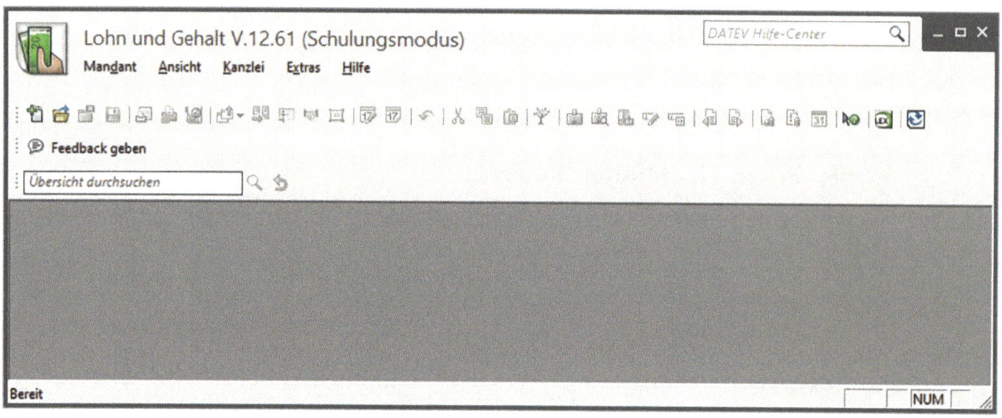

Um den Mandanten im Programm Lohn und Gehalt anzulegen, gehen Sie wie folgt vor:

1. Klicken Sie auf den Befehl *Mandant* ▶ *Neu...* oder auf das Symbol *Mandant anlegen* oder drücken Sie die Tastenkombination Strg+N.
2. Das Fenster *Mandant Neu* öffnet sich. Da der Mandant bereits im DATEV Arbeitsplatz zentral angelegt wurde (siehe Kap. 2.6), können über das Symbol *Zentrale Mandanten-Auswahl* (Bild 6.2) der Mandantenname, die Beraternummer und die Mandantennummer übernommen werden. Klicken Sie auf das Symbol *Zentrale Mandanten-Auswahl* ❶.

Bild 6.2 Mandant neu

3 Klicken Sie - wie in Bild 6.3 dargestellt - auf den Mandanten *480 Perm GmbH* ❷ und anschließend auf die Schaltfläche *OK*.

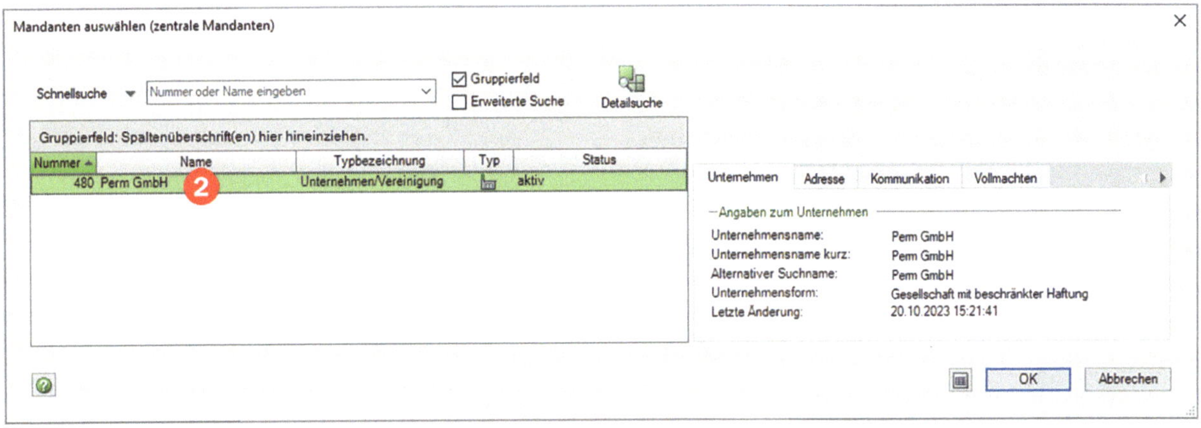

Bild 6.3 Mandanten übernehmen

Hinweis: Durch die Angabe der Ordnungsbegriffe über die zentrale Mandanten-Auswahl ist der Mandant Perm GmbH im Programm Lohn und Gehalt jetzt mit dem DATEV Arbeitsplatz verknüpft. Das bedeutet, dass Sie künftig die Lohnabrechnung für den Mandanten Perm GmbH über das Programm Lohn und Gehalt comfort sowie auch direkt über den DATEV Arbeitsplatz und das Programm Lohn und Gehalt durchführen können. Mit Klick auf das Symbol *Schnellinformationen ein-* bzw. *ausblenden* können Details zum zentralen Mandanten wie z. B. Letzte Änderung usw. angezeigt werden.

4 Der Mandantenname Perm GmbH, die Beraternummer 129805 und die zentrale Mandantennummer 480 wurden übernommen. Als nächster Eingabewert ist der erste Abrechnungsmonat anzugeben: Geben Sie hier 01/2023 ein (01 für den Monat Januar, 2023 für das Abrechnungsjahr 2023 (siehe Bild 6.4 auf der nächsten Seite).

Hinweis: Falls es sich beim neuen Mandanten um einen Baulohn-Mandanten handelt, kann das Kästchen *Baulohnabrechnung* aktiviert werden. Dadurch werden die Lohnarten für die Baulohnabrechnung in den neuen Mandanten übernommen. Standardmäßig werden alle kanzleiweiten DATEV Standardlohnarten aktiviert und könnten ggf. von einem bereits bestehenden Mandanten übernommen werden.

5 Aktivieren Sie in der Optionsgruppe *Übernahme Kontenrahmen (mit allen Fibu-Mitarbeitergruppen)* die Option *Von Kanzleikontenrahmen* mit DATEV SKR04 ❸. Alternativ kann auch der DATEV SKR03 oder spezifische Kontenrahmenpakete (wie z. B. DATEV BP Ärzte/Zahnärzte, Basis SKR04, 6-stellig und weitere) ausgewählt werden.

Hinweis: Genau wie bei den DATEV Standardlohnarten können Sie ggf. einen Kontenrahmen aus einem bereits bestehenden Mandanten übernehmen.

Bild 6.4 Einstellungen Mandant

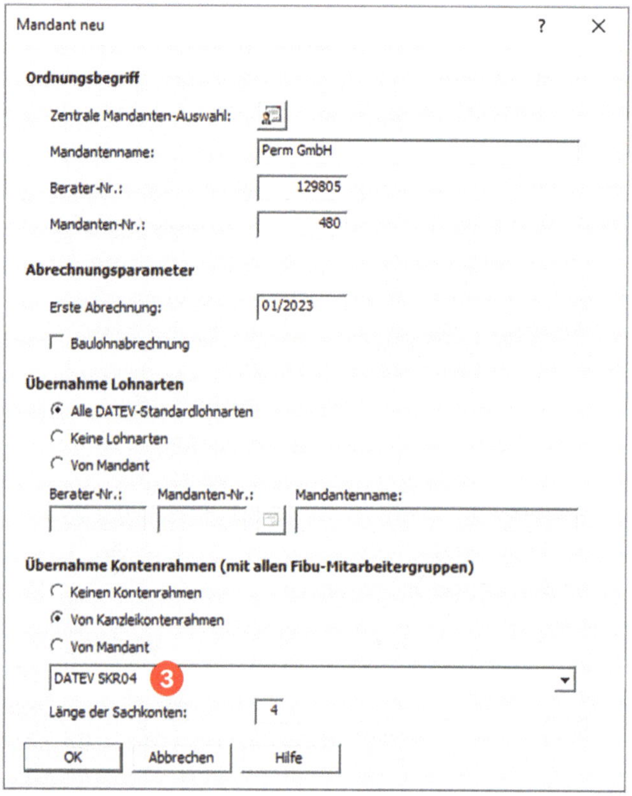

6 Alle Angaben für das Anlegen der Firma Perm GmbH sind hinterlegt. Klicken Sie abschließend auf die Schaltfläche *OK*. Der Mandant Perm GmbH wird jetzt im Programm DATEV Lohn und Gehalt angelegt.

7 Klicken Sie zuletzt zum Abgleichen der zentralen Stammdaten vom DATEV Arbeitsplatz mit dem Programm DATEV Lohn und Gehalt comfort nochmals auf die Schaltfläche *OK* (Bild 6.5).

8 **Hinweis**: Sollten Sie vergessen haben, an dieser Stelle den Kontenrahmen zu hinterlegen, kann der Kontenrahmen auch später noch in den Mandantenstammdaten hinzugefügt werden.

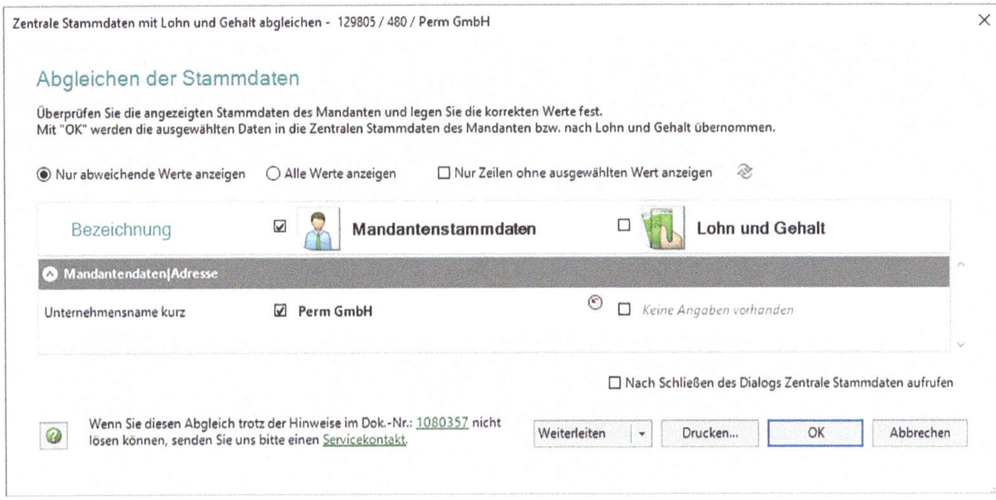

Bild 6.5 Abgleichen der zentralen Stammdaten

Der Mandant Perm GmbH ist jetzt im Programm Lohn und Gehalt angelegt. In der Titelleiste sind die DATEV-Beraternummer, die zentrale Mandantennummer, die Mandantenbezeichnung, der Abrechnungsmonat, das Abrechnungsjahr sowie Mandanten-Stammdaten ersichtlich (Bild 6.6).

Im Verarbeitungsprotokoll erhalten Sie darüber hinaus Hinweise zur Übernahme der Lohnarten und dem Kanzlei-Kontenrahmen DATEV SKR04.

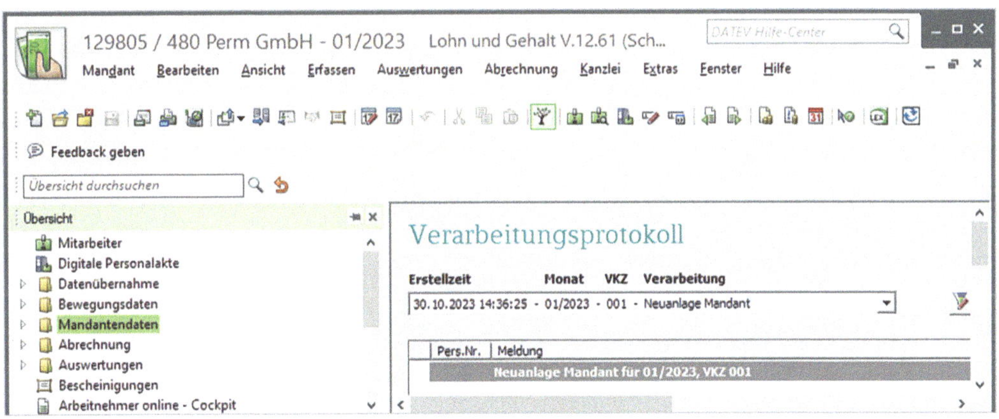

Bild 6.6 Titelleiste und Verarbeitungsprotokoll

Brennpunkte anzeigen

Außerdem können Sie in der Übersicht mit einem Doppelklick auf den Eintrag *Brennpunkte* ❶ (Bild 6.7 auf der nächsten Seite) aktuelle gesetzliche Neuerungen anzeigen lassen. Für das Jahr 2023 stehen wichtige gesetzliche Neuerungen an, wie z. B. Steuerberechnung ab 07/2023, Änderung der Beiträge zur gesetzlichen Pflegeversicherung für Kinderlose und Berücksichtigung von Abschlägen bei Kindern, sowie das Datenübermittlungsverfahren der Arbeitgeberkonten bei den Krankenkassen. Darüber hinaus beinhaltet der Brennpunkt Neuerungen hinsichtlich der elektronischen Arbeitsunfähigkeitsbescheinigung sowie Arbeitnehmer online.

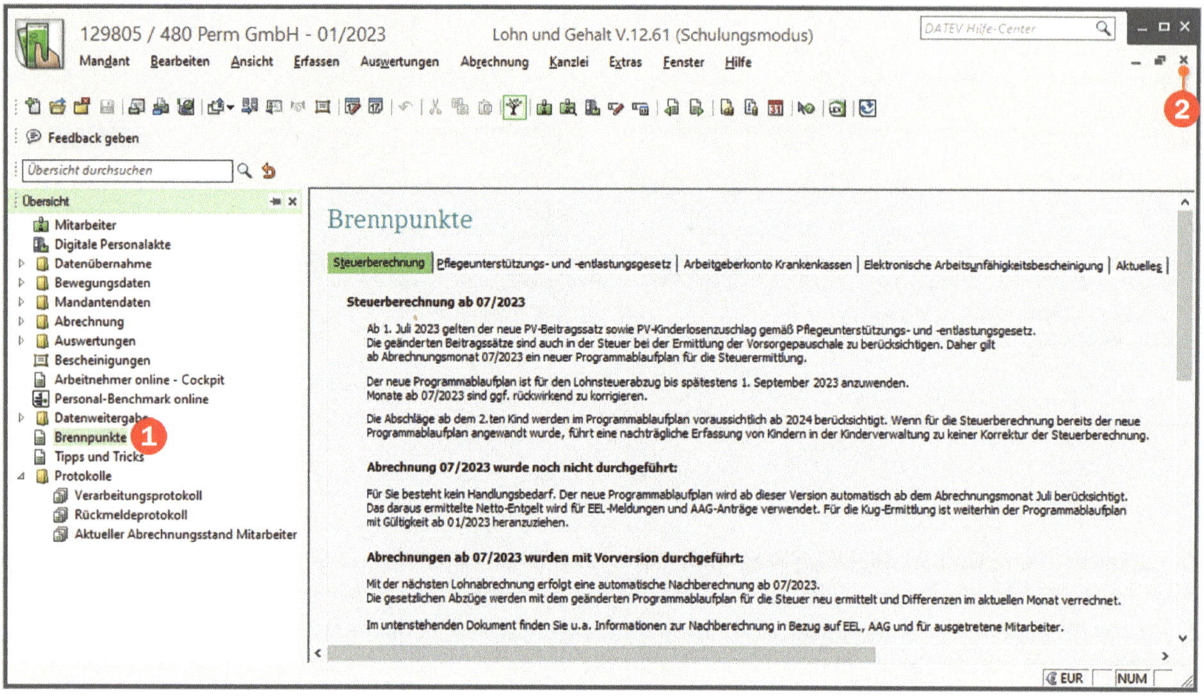

Bild 6.7 Brennpunkte

Wenn die Brennpunkte beim Start des Programms nicht angezeigt werden sollen, dann können Sie dies über ein Kontrollkästchen deaktivieren. Scrollen Sie im Fenster *Brennpunkte* mit Hilfe der Bildlaufleiste ganz nach unten. Am Ende finden Sie das Kontrollkästchen *Brennpunkte beim Öffnen dieses Mandanten nicht mehr anzeigen* (Bild 6.8) ❸. Deaktivieren Sie dieses Kontrollkästchen, damit das Fenster nicht wieder angezeigt wird. Das Fenster *Brennpunkte* schließen Sie mit Klick auf das *Schließen*-Symbol (Bild 6.7) rechts oben ❷.

Hinweis: Die aktuellen Brennpunkte lassen sich jederzeit in der Übersicht über den Eintrag *Brennpunkte* einsehen.

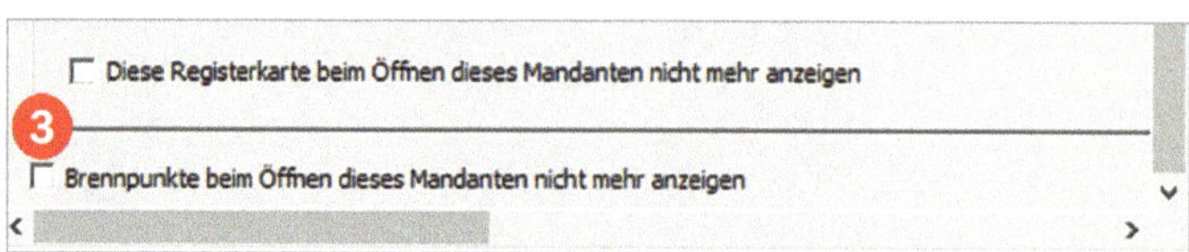

Bild 6.8 Fenster beim Öffnen deaktivieren

Die Lösungen zu den Fragen finden Sie im Lösungsbuch.

Fragen: Mandanten anlegen

Beantworten Sie die nachfolgenden Fragen:

Frage 1

? Mit welcher Tastenkombination können Sie einen neuen Mandanten anlegen?

Strg+N

Frage 2

? Welche Stammdaten werden zum Anlegen eines Mandanten in DATEV Lohn und Gehalt comfort unbedingt benötigt?

Mandanten nr / Erst Abrechnungs monat
Berater nr. / Fibu Kontenrahmen

Frage 3

? Welche Informationen können Sie in der Titelleiste nach dem Anlegen eines Mandanten in DATEV Lohn und Gehalt Comfort ersehen?

129805 / Beraternummer / Mandantennummer /
Abrechnungsmonat / Mandantenbezeichnung

Mandanten öffnen und schließen

Mandant schließen

Um den Mandanten zu schließen, wählen Sie den Menüpunkt *Mandant* ▶ *Schließen* oder klicken Sie auf das Symbol *Mandant schließen* .

Hinweis: Der aktuelle Bestand des Mandanten muss geschlossen werden, um z. B. Datensicherungen des Mandanten durchzuführen.

Mandant öffnen

Zum Öffnen eines Mandanten wählen Sie den Menüpunkt *Mandant* ▶ *Öffnen...*, oder klicken Sie auf das Symbol *Mandant öffnen* oder drücken Sie die Tastenkombination Strg+O. Klicken Sie auf den Mandantennamen *Perm GmbH* (Bild 6.9) und anschließend auf die Schaltfläche *OK*.

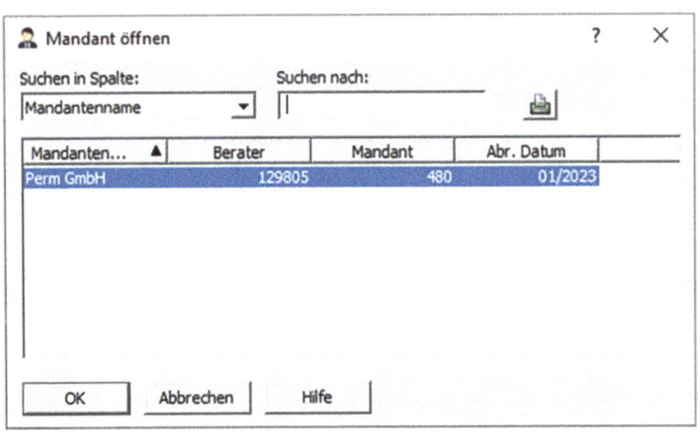

Bild 6.9 Mandant öffnen / Mandant auswählen

Tipps

- Über den Menüpunkt *Mandant 1 129805/480/Perm GmbH* können die zuletzt genutzten Mandanten schnell geöffnet werden. Standardmäßig werden vier Einträge angezeigt.
- Auf Kanzlei- und Mandantenebene können Sie die Anzahl der Einträge über den Menüpunkt *Extras* ▶ *Kanzlei-Einstellungen...*, Register *Technische Einstellungen* auf maximal 9 Einträge erweitern.
- Da der Mandant über die zentrale Mandantennummer angelegt wurde, können Sie diesen Mandanten jetzt auch zusätzlich über DATEV Arbeitsplatz, Arbeitsblatt *Lohnabrechnung* für den Mandant Perm GmbH öffnen. Klicken Sie dazu im Zusatzbereich *Kontextbezogene Links* auf *Lohn und Gehalt 2023 starten* (Bild 6.10). Alternativ können Sie den Mandanten aus dem DATEV Arbeitsplatz im Arbeitsblatt *Lohnabrechnung* auch mit Doppelklick öffnen.

Bild 6.10 DATEV Arbeitsplatz: Mandant öffnen

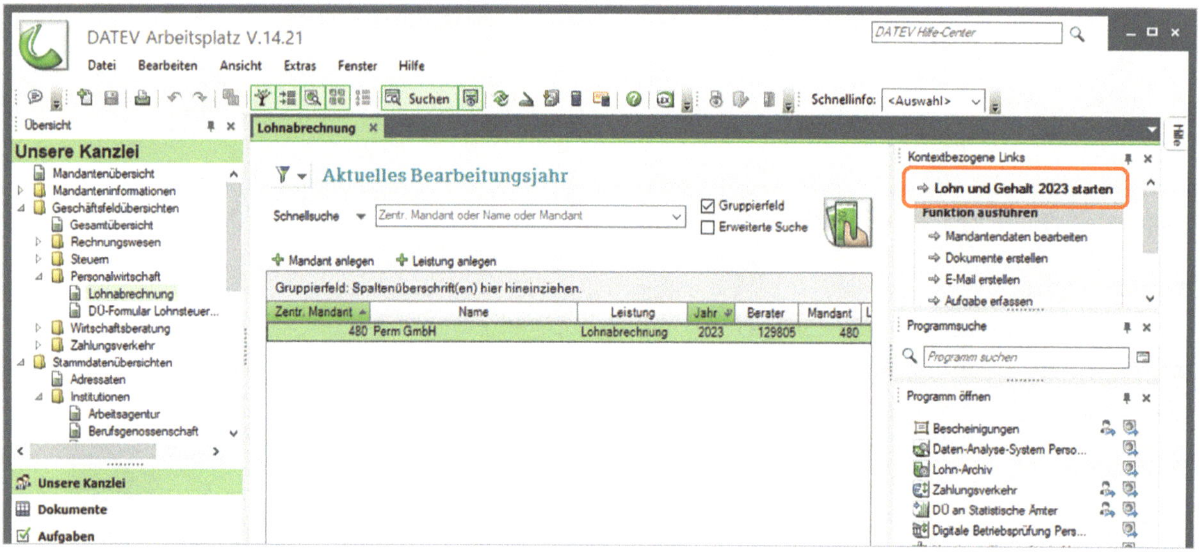

Übung: Mandanteneinstellungen

Die Lösungen zu den Aufgaben finden Sie im Lösungsbuch.

Aufgabe 1

✎ Öffnen Sie die Lohnabrechnungsebene im Mandanten Perm GmbH.

Aufgabe 2

✎ Wählen Sie den Menüpunkt *Extras* ▶ *Kanzlei-Einstellungen* ▶ Register *Technische Einstellungen*. Erweitern Sie die Liste der angezeigten Mandanten auf insgesamt 6 Einträge.

Das Fenster Übersicht auf Mandantenebene

Im linken Fenster des Mandantenfensters ist die Übersicht zu sehen (Bild 6.11). Über die Übersicht lassen sich leicht weitere mandantenbezogene Stammdaten für die Lohn- und Gehaltsabrechnung erfassen. Zudem erhalten Sie einen Überblick über sämtliche Stammdaten. Über den Menüpunkt *Ansicht* ▶ *Übersicht* oder mit Klick auf das Symbol *Übersicht ein- und ausblenden* lässt sich die Übersicht ein- und ausblenden.

Die Übersicht ist als Baumstruktur aufgebaut. Links von den Ordnern befinden sich Pfeilsymbole mit geöffneten ◿ oder geschlossenen Ordnern ▷ . Mit einem Klick auf ein Pfeilsymbol eines geschlossenen Ordners ▷ wird dieser geöffnet und die dazu gehörenden Unterpunkte und/oder Unterordnern werden eingeblendet. Möchten Sie einen geöffneten Ordner wieder schließen, klicken Sie auf das Symbol des geöffneten Ordners ◿ . Der Ordner wird geschlossen und die dazugehörenden Unterpunkte und/oder Unterordner wieder ausgeblendet.

Beispiel: Klicken Sie auf das Pfeilsymbol links vom Ordner *Mandantendaten*. Der Ordner *Mandantendaten* wird geöffnet (Bild 6.11) und Unterpunkte für die Erfassung von Mandantendaten bzw. weitere Unterordner sind ersichtlich.

Bild 6.11 Übersicht: Unterpunkte ein- und ausblenden

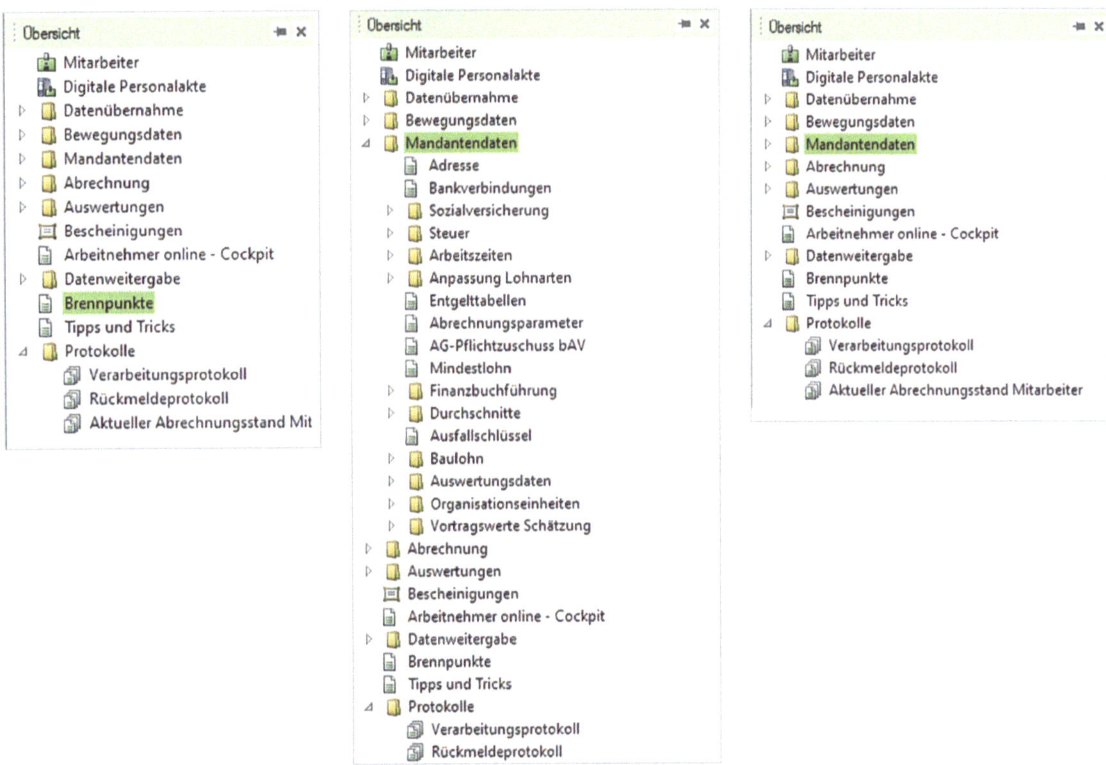

Tipp: Das Fenster *Übersicht* lässt sich durch Ziehen mit gedrückter Maustaste nach rechts verbreitern, damit sind die Einträge in den Untermenüs besser lesbar. Dazu zeigen Sie mit der Maus auf die rechte Trennlinie, bis als Mauszeiger ein Doppelpfeil erscheint. Nun ziehen Sie in die gewünschte Richtung.

Übung: Grundbedienung Übersicht

Aufgabe 1

Öffnen Sie den Ordner *Mandantendaten*.

Aufgabe 2

Öffnen Sie im Ordner *Mandantendaten* den Unterordner *Sozialversicherung*.

Aufgabe 3

Öffnen Sie den Unterordner *Arbeitszeiten*.

Aufgabe 4

Schließen Sie die Unterordner *Arbeitszeiten* und *Sozialversicherung*.

Aufgabe 5

Öffnen Sie den Ordner *Bewegungsdaten*.

Aufgabe 6

Schließen Sie abschließend die Ordner *Bewegungsdaten* und *Mandantendaten* wieder.

6.2 Mandantenadresse und Bankdaten anlegen

Ausgangssituation

Weitere Stammdaten für die Firma Perm GmbH sind die Adressdaten, der verantwortliche Mitarbeiter für die Lohnabrechnung und die Bankdaten der Firma. Diese Stammdaten sind jetzt einzugeben.

Die Adressdaten

Unternehmensgegenstand:	Hard- und Software
Anschrift:	Löhrstraße 45, 56068 Koblenz

Lohnabrechnung

Ansprechpartner:	Herr Robert Münchbacher	Frau Sabine Müller
E-Mail Adresse:	robert.muenchbacher@perm.de	sabine.mueller@perm.de
Telefon:	0261 1225360	0261 1225365
Telefax:	0261 1225390	0261 1225390

Ausgangssituation - Fortsetzung

Bankdaten

Bank1

Bankbezeichnung:	Sparkasse Koblenz
Bankleitzahl:	57050120
BIC:	MALADE51KOB
Kontonummer:	138443106
IBAN:	DE29 5705 0120 0138 4431 06

Bank2

Bankbezeichnung:	PSD Bank Koblenz
Bankleitzahl:	57090900
BIC:	GENODEF1P12
Kontonummer:	13315025
IBAN:	DE56 5709 0900 0013 3150 25

Zahlungsweise für Lohn/Gehalt/Abschlag per Banküberweisung

Mandantenadressdaten erfassen

Um die Mandantenadressdaten einzugeben, gehen Sie wie folgt vor:

1 Wählen Sie den Menüpunkt *Erfassen* ▶ *Mandantendaten* ▶ *Adresse* oder klicken Sie in der Übersicht im Ordner *Mandantendaten* doppelt auf den Eintrag *Adresse*.

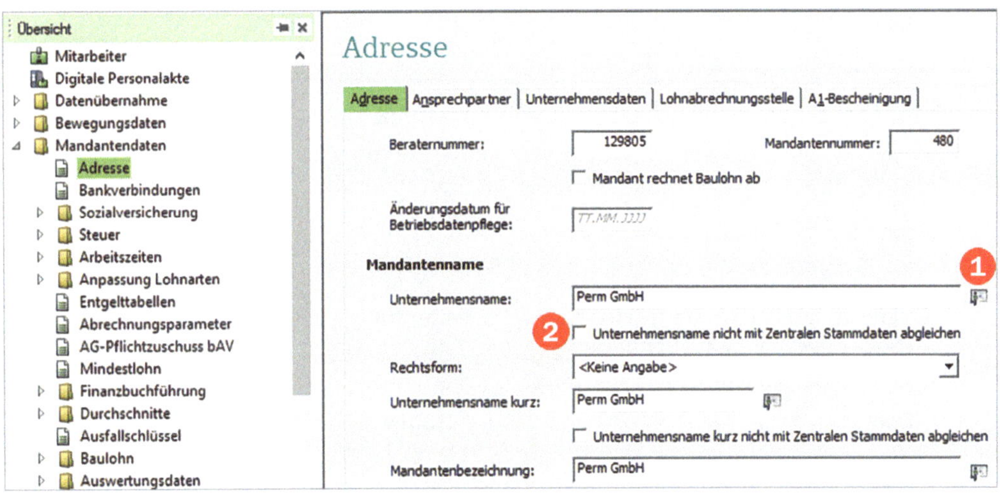

Bild 6.12 Adresse: Unternehmensname

Abgleich mit den zentralen Stammdaten aktivieren/deaktivieren ❷.

Berater- und Mandantennummer sowie der Unternehmensname wurden bei der Neuanlage des Mandanten im Programm DATEV Lohn und Gehalt aus den zentralen Stammdaten von DATEV Arbeitsplatz übernommen (Bild 6.12).

Achtung: Damit die zentralen Stammdaten in DATEV Arbeitsplatz und im Programm DATEV Lohn und Gehalt konsistent sind, ist es empfehlenswert, die Daten untereinander abgleichen zu lassen. Ob ein Feld zum Abgleich vorgesehen ist, erkennen Sie am Symbol ❶, siehe Bild 6.12.

2 Geben Sie im Feld *Straße* die Straßenadresse Löhrstraße 45 ein. Sie erhalten anschließend die Abfrage, ob die Adresse in das Feld gekürzte Absenderadresse übernommen werden soll. Klicken Sie auf die Schaltfläche *Ja*.

3 Geben Sie anschließend Postleitzahl und Ort der Firma Perm GmbH ein. Zur gekürzten Absenderadresse übernehmen Sie diese jeweils mit Klick auf die Schaltfläche *Ja*.

Bild 6.13 Adresse erfassen

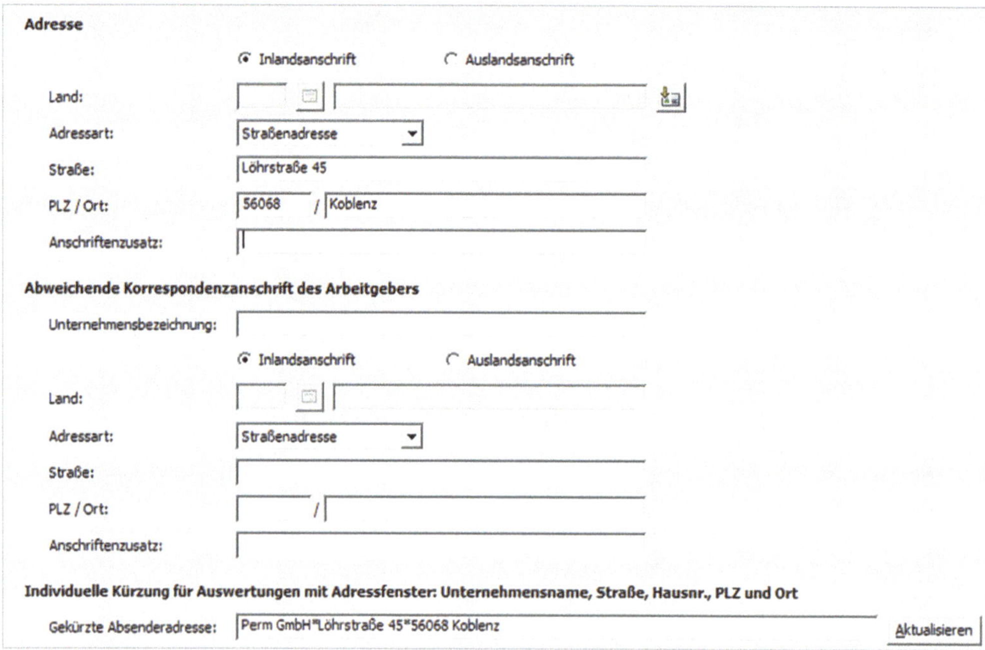

4 Klicken Sie anschließend auf das Register *Ansprechpartner*.

5 Geben Sie die Daten für den Ansprechpartner, Herrn Münchbacher und die dazugehörigen Kommunikationsdaten ein, siehe Bild 6.14.

6 Zusätzlich muss ein verantwortlicher Mitarbeiter für die Entgeltabrechnung in der Firma angegeben werden. Die Angaben werden z. B. mit den Erstattungsanträgen U1/U2 an die entsprechenden Krankenkassen übermittelt. Verantwortliche Mitarbeiterin in unserer Übungsfirma ist Frau Sabine Müller. Tragen Sie unter *Ansprechpartner Lohnabrechnung* die Daten von Frau Müller ein (Bild 6.14).

Hinweis: Über die Schaltfläche *Daten von Ansprechpartner Mandant in Ansprechpartner Lohnabrechnung verschieben* kann der, unter *Ansprechpartner Mandant* angegebene Ansprechpartner nach *Ansprechpartner Lohnabrechnung* verschoben werden. Ändert sich der Ansprechpartner, müssen diese seit Juli 2019 im Feld *Änderungsdatum* der Betriebsdatenpflege mit dem Änderungsdatum eingetragen werden.

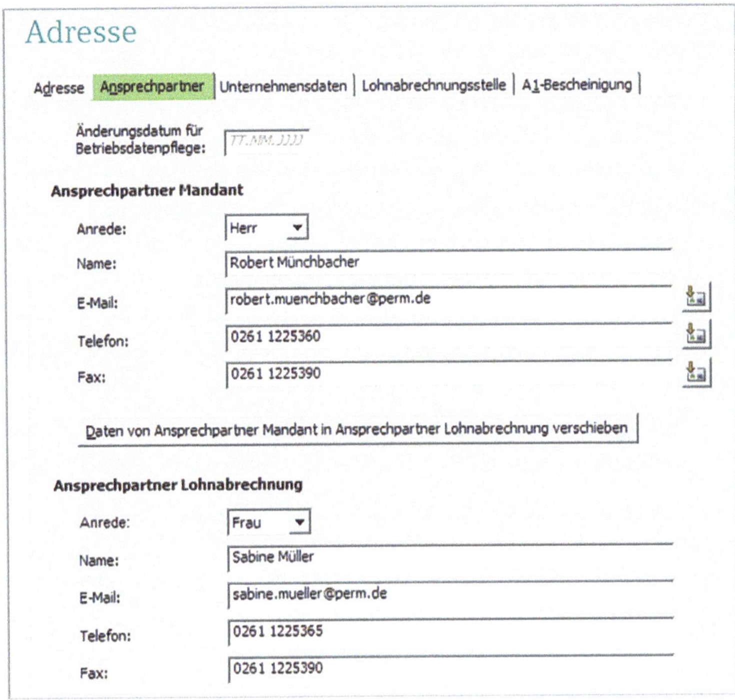

Bild 6.14 Ansprechpartner

7 Klicken Sie auf das Register *Unternehmensdaten*.

8 Geben Sie im Feld *Unternehmensgegenstand* Hard- und Software ein (Bild 6.15).

Im Feld *Gewerbsmäßige Arbeitnehmerüberlassung* muss angegeben werden, ob ihre Arbeitnehmer als Zeitarbeiter eingesetzt werden. Dies gilt für Zeitarbeitsunternehmen mit einer Erlaubnis zur gewerbsmäßigen Arbeitnehmerüberlassung. Die Standardeinstellung ist *Nein - keine Arbeitnehmerüberlassung, gültig ab 01/2023*.

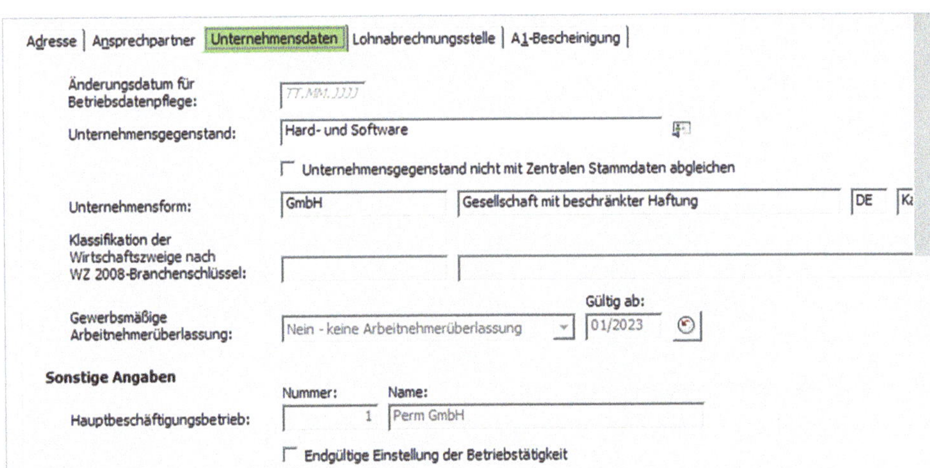

Bild 6.15 Unternehmensdaten

Hinweis: Wird die Betriebstätigkeit der Hauptbetriebsstätte eingestellt, muss das Kontrollkästchen *Endgültige Einstellung der Betriebstätigkeit* aktiviert werden.

9 Klicken Sie auf das Register *Lohnabrechnungsstelle* (Bild 6.16) und wählen Sie im Feld *Lohnabrechnende Stelle* den Eintrag *Unternehmen* aus ❶.

Über das Register *A1-Bescheinigung* können Einstellungen für eine vorübergehende Tätigkeit im europäischen Ausland A1-Bescheinigung hinterlegt werden. Seit dem Jahr 2019 können Sie diese Anträge auf Ausstellung von A1-Bescheinigungen elektronisch übermitteln. Für einen Arbeitnehmer, der in Deutschland beschäftigt ist und vorübergehend im EU-Ausland eingesetzt wird, gelten weitestgehend die deutschen Rechtsvorschriften zur sozialen Sicherheit. Die A1-Bescheinigung dient als Bescheinigung über die Sozialversicherungsvorschriften, die für die entsandte Person gelten und als Bestätigung, dass für sie in einem anderen Staat keine Beiträge zu zahlen sind. Für unseren Übungsfall Perm GmbH sind keine EU-Auslandstätigkeiten von Arbeitnehmern vorgesehen.

10 Speichern Sie abschließend Ihre Angaben, indem Sie den Menüpunkt *Mandant* ▶ *Fensterinhalt speichern* wählen oder auf das Symbol *Fensterinhalt speichern* klicken.

11 Schließen Sie dann das Fenster, indem Sie im Fenster rechts oben auf das Symbol *Schließen* klicken ❷ (Bild 6.16).

Bild 6.16 Lohnabrechnungsstelle

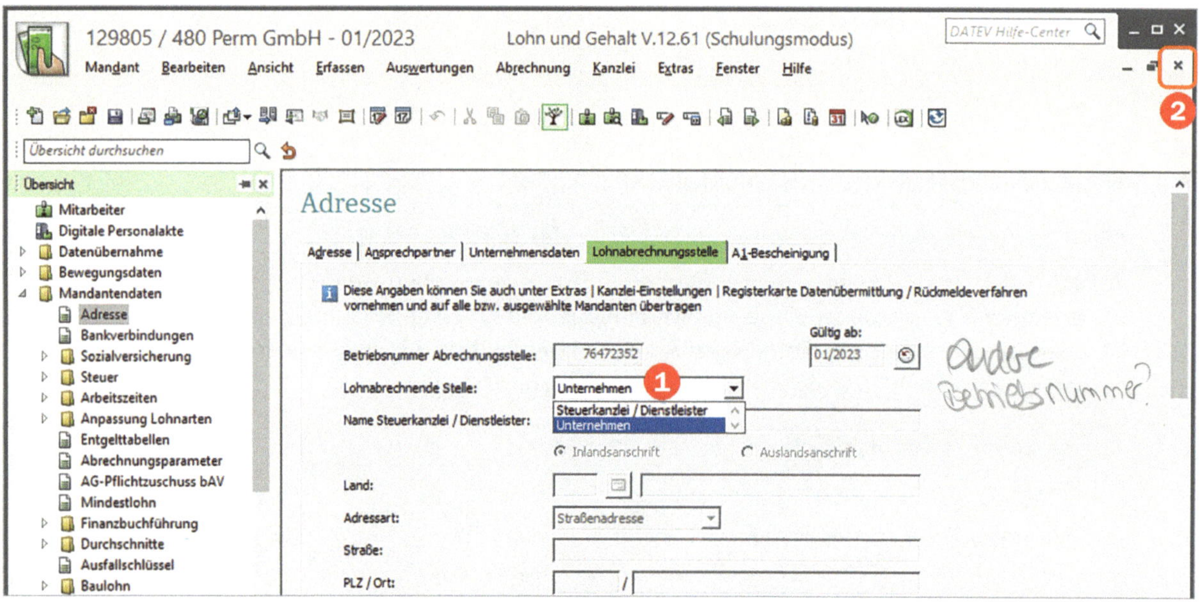

!	**Achtung**: Falls Sie einmal vergessen sollten, die Eingaben zu speichern, gilt als Grundeinstellung: Wenn Sie ein Fenster verlassen, in dem Änderungen vorgenommen haben, werden die Werte auf programminterne Gültigkeit überprüft und automatisch abgespeichert.

Abgleich mit den zentralen Stammdaten

Beim Beenden des Programms können diverse Feldinhalte, z. B. der Unternehmensgegenstand in die zentralen Stammdaten des Mandanten Perm GmbH im DATEV Arbeitsplatz übernommen werden. Dazu darf das Kontrollkästchen *... nicht mit den zentralen Stammdaten abgleichen* nicht aktiviert sein, siehe Bild 6.16. Ob ein Feldinhalt in die zentralen Mandantenstammdaten übernommen werden kann, erkennen Sie am Symbol .

Fragen: Adressdaten erfassen

Beantworten Sie die nachfolgenden Fragen:

Frage 1

? Über welchen Menüpunkt können Sie die Adressdaten eingeben?

....

Frage 2

? Weshalb ist es Vorschrift, einen Ansprechpartner für die Lohnabrechnung anzugeben?

....

Die Lösungen finden Sie im Lösungsbuch

Bankverbindung erfassen

Im nächsten Schritt sind die Bankdaten zu erfassen, dabei gehen Sie wie folgt vor:

1 Wählen Sie den Menüpunkt *Erfassen* ▶ *Mandantendaten* ▶ *Bankverbindungen* oder klicken Sie in der Übersicht im Ordner *Mandantendaten* doppelt auf den Eintrag *Bankverbindungen*.

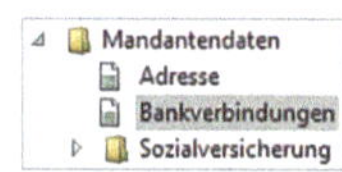

2 Klicken Sie auf das Symbol *Neue Bankverbindung* ❶ (Bild 6.17).

3 Geben Sie im Feld *Kontonummer* die Kontonummer 138443106 für die Sparkasse Koblenz ein. Zur Angabe der Bankleitzahl klicken Sie neben dem Feld *Bankleitzahl* auf das Symbol *Bank auswählen* ❷.

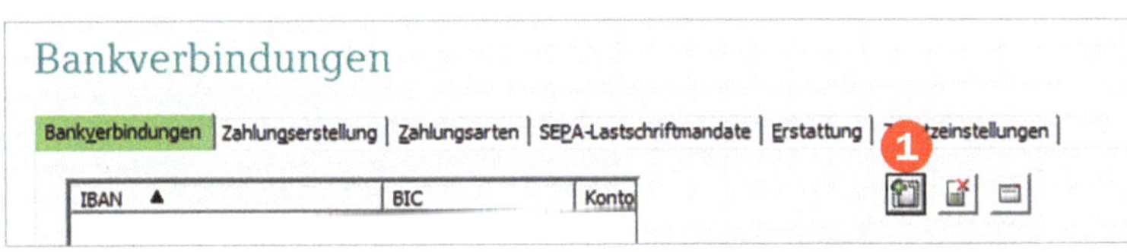

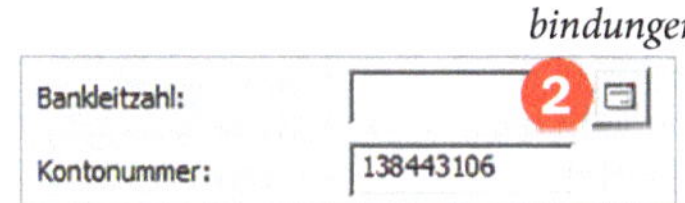

Bild 6.17 Bankverbindungen erfassen

4 Das Fenster *Kreditinstitut auswählen* öffnet sich und Sie können die Bank nach Bankleitzahl, Bezeichnung oder Ort suchen. Geben Sie im Feld *Schnellsuche* die ersten Stellen der Bankleitzahl der Sparkasse Koblenz, 57050120 ein.

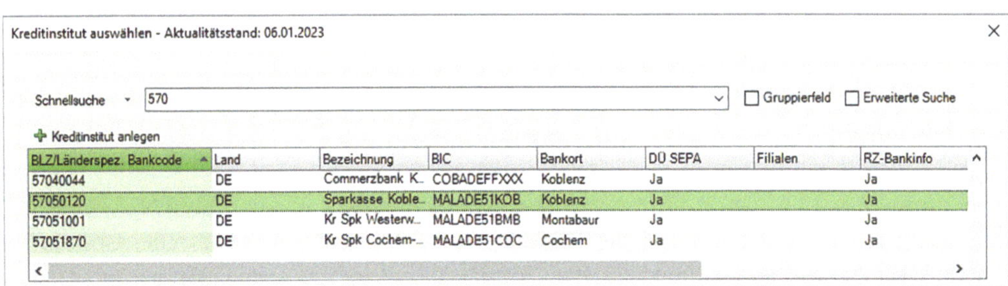

Bild 6.18 Bank suchen und übernehmen

5 Die Sparkasse Koblenz aus den Institutionen von DATEV Arbeitsplatz wird angezeigt (Bild 6.18). Bankbezeichnung, Bankleitzahl, BIC und Ort können nun ausgewählt und mit Klick auf die Schaltfläche *OK* übernommen werden.

Als Ergebnis ermittelt das Programm aus den Angaben von Kontonummer und Bankleitzahl automatisch die IBAN. Die BIC (Bank Identifier Code) der Sparkasse Koblenz, MALADE51KOB wird durch die Übernahme der Bank aus der Institutionsverwaltung automatisch eingetragen. Über das Pfeilsymbol *IBAN ermitteln* können aus Bankleitzahl und Kontonummer BIC und IBAN übernommen werden, falls dies nicht automatisch passiert. Umgekehrt können aus IBAN und BIC über das Pfeilsymbol Bank und Kontonummer ermittelt werden.

Hinweis: Falls beim Anlegen des Mandanten im DATEV Arbeitsplatz die Bankdaten zur Firma erfasst wurden, können diese mit Klick auf das Symbol *Bankverbindung aus den zentralen Stammdaten auswählen* übernommen werden.

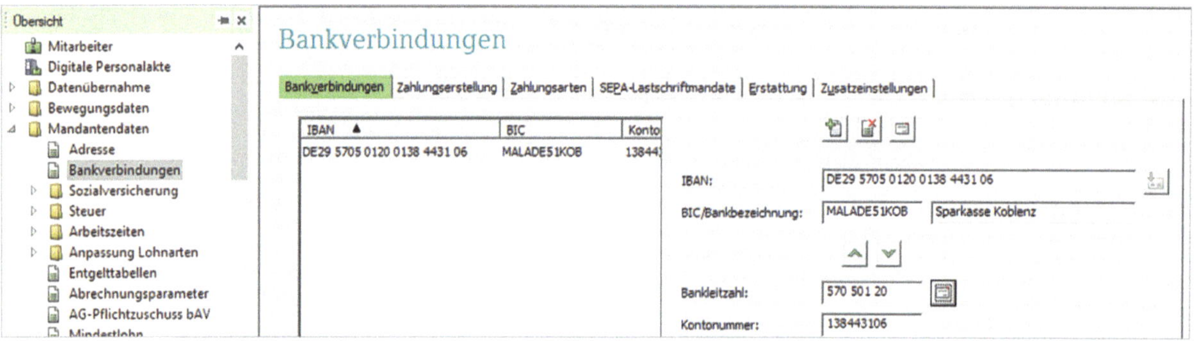

Bild 6.19 IBAN und BIC

6 Um die Bankdaten zu speichern, wählen Sie den Menüpunkt *Mandant* ▶ *Fensterinhalt speichern* oder klicken Sie auf das Symbol *Fensterinhalt speichern*.

Der Hintergrund zu IBAN und BIC

Die IBAN (International Bank Account Number) ist eine standardisierte internationale Kontonummer für grenzüberschreitende Zahlungen innerhalb Europas. Der BIC (Bank Identifier Code) - auch SWIFT-Code genannt - ist der international standardisierte Bankcode, damit Kreditinstitute eindeutig identifiziert werden können.

Im Zuge der Realisierung dieses einheitlichen europäischen Zahlungsraumes wurde seit Anfang 2008 auch die bis dahin für Auslandsüberweisungen zu benutzende EU-Standardüberweisung durch die so genannte SEPA-Überweisung (Single Euro Payments Area) oder Euro-Überweisung abgelöst. Das Besondere an der SEPA-Überweisung ist, dass mit ihr sowohl Inlandsüberweisungen als auch internationale Überweisungen innerhalb der EU möglich sind. Diese Internationalisierung bedeutet aber auch, dass die bisher bei Überweisungen verwendeten nationalen Kontonummern und Bankleitzahlen durch einheitliche Formate ersetzt werden mussten.

Zu diesem Zweck hat das ECBS, das European Committee for Banking Standards bzw. Europäisches Normierungsgremium, die IBAN als neue europäische Kontonummer eingeführt. An die Stelle der bisherigen Bankleitzahlen tritt der BIC (Bank Identifier Code = internationale Bankleitzahl), welcher von der SWIFT festgelegt wird und daher oftmals auch als SWIFT-Code bezeichnet wird. Zur problemlosen Nutzung dieses Systems sind alle Unternehmen und Organisationen dazu angehalten, ihre Kontoangaben auf IBAN und BIC umzustellen. Seit 01.02.2014 bzw. 01.08.2014 ist die SEPA-Überweisung mit BIC und IBAN Pflicht.

Bankdaten bearbeiten

Um die Bankdaten zu überarbeiten, klicken Sie in die entsprechenden Eingabefelder und ändern dort die Eingaben bzw. verwenden Sie die folgenden Symbole.

- Neue Bankverbindung anlegen
- Bankverbindung löschen
- Übersicht der hinterlegten Banken anzeigen

Übung: Bankverbindung erfassen

Legen Sie als zweite Hausbank die PSD Bank Koblenz an.

Bank 2

Bankbezeichnung:	PSD Bank Koblenz
Kontonummer:	13315025
Bankleitzahl:	57090900
BIC:	GENODEF1P12
IBAN:	DE56 5709 0900 0013 3150 25

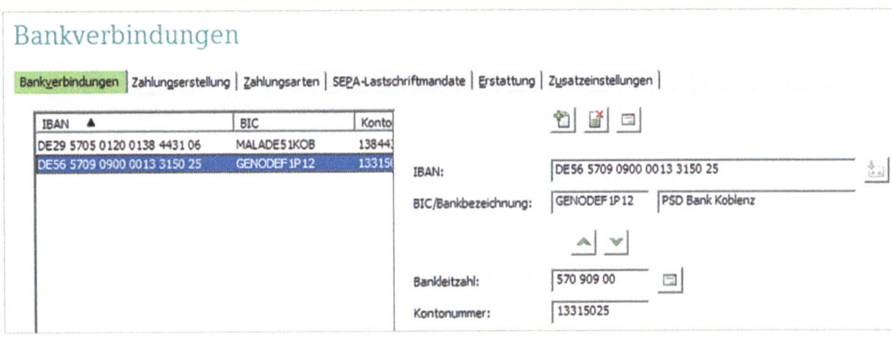

Bild 6.20 Bank 2 anlegen

Zahlungsweise festlegen

Nachdem die beiden Hausbanken hinterlegt sind, müssen noch wichtige Einstellungen für die Lohn- und Gehaltsabrechnung vorgenommen werden. Hierbei handelt es sich um die Zahlungsweise. Die Zahlungen werden entweder durch die Firma selbst per Überweisung oder durch das DATEV-Rechenzentrum vorgenommen. Um die Zahlungsweise festzulegen, benutzen Sie folgende Vorgehensweise:

1 Wählen Sie den Menüpunkt *Erfassen* ▶ *Mandantendaten* ▶ *Bankverbindungen* oder klicken Sie in der Übersicht im Ordner *Mandantendaten* doppelt auf den Eintrag *Bankverbindungen*.

2 Klicken Sie auf das Register *Zahlungserstellung* und klicken Sie hier auf das Symbol *Bankverbindung auswählen* ❶ (Bild 6.21).

3 Markieren Sie mit einem Klick die Bank *Sparkasse Koblenz* und klicken Sie auf die Schaltfläche *OK*. Die Sparkasse Koblenz wird damit als aktive Bankverbindung hinterlegt.

Bild 6.21 Register Zahlungserstellung

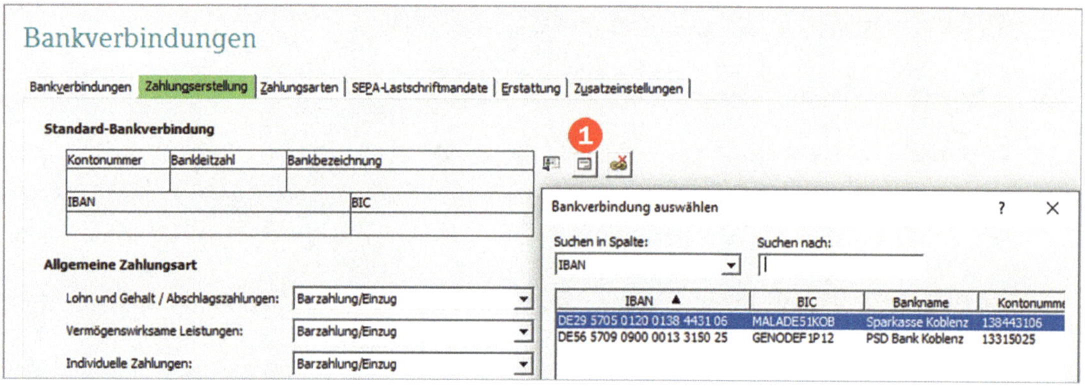

4 Im Bereich *Allgemeine Zahlungsart* (Bild 6.22) können jetzt die Zahlungsarten zugewiesen werden. Klicken Sie nacheinander auf den Dropdown-Pfeil der Felder *Lohn-/Gehalts-, Abschlagszahlung*, *Vermögenswirksame Leistungen* und *individuelle Zahlungen* und wählen Sie die Zahlungsart *SEPA-Überweisung* aus ❸. Im Feld *Sonstige Zahlungen* wird die Einstellung *Barzahlung/Einzug* beibehalten.

Bild 6.22 Angaben zur Zahlungserstellung

❷ Die ausgewählte Bankverbindung

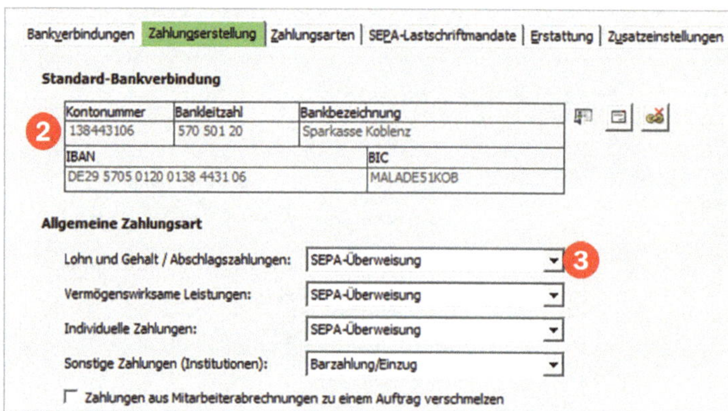

Standardmäßig ist der Übermittlungsweg *Erstellung am PC (Übergabe der Daten an Zahlungsverkehr oder Datei-Export)* vorgegeben. Natürlich kann auch *Übermittlung an das DATEV Rechenzentrum (RZ)* unter Angabe weiterer Einstellungen bzw. Termine ausgewählt werden. **Hinweis**: Im Bereich *Zusatzangaben für SEPA Überweisung* können besondere Einstellungen für den Übermittlungsweg definiert werden.

5 Klicken Sie abschließend auf das Symbol *Fensterinhalt speichern* 💾.

Zahlungsarten hinterlegen

Ausgangssituation
Herr Münchbacher, der Gesellschafter der Firma Perm GmbH, möchte, dass die Zahlungen vermögenswirksamer Leistungen über die PSD Bank Koblenz ausgeführt werden.

Um die PSD Bank als Zahlungsart für vermögenswirksame Leistungen zu hinterlegen, gehen Sie wie folgt vor:

1 Klicken Sie auf das Register *Zahlungsarten*.

2 Hier kann jeweils für die Bereiche Lohn- und Gehaltszahlungen, vermögenswirksame Leistungen, individuelle Mitarbeiterzahlungen, Zahlungen an Sozialversicherungsträger und Zahlungen an das Finanzamt eine abweichende Mandantenbank zugewiesen werden.

   Wurde keine Mandantenbank angegeben, erfolgen für die Übungsfirma Perm GmbH die Zahlungen über die aktive Bankverbindung der Sparkasse Koblenz.

3 Klicken Sie im Bereich *Abweichende Mandantenbankverbindung für folgende Zahlungen festlegen* bei *Vermögenswirksame Leistungen* auf das Symbol *Bankverbindung auswählen* ❶ (Bild 6.23).

4 Das gleichnamige Fenster wird geöffnet. Klicken Sie auf die *PSD Bank Koblenz* (siehe Bild 6.23) und anschließend auf die Schaltfläche *OK*.

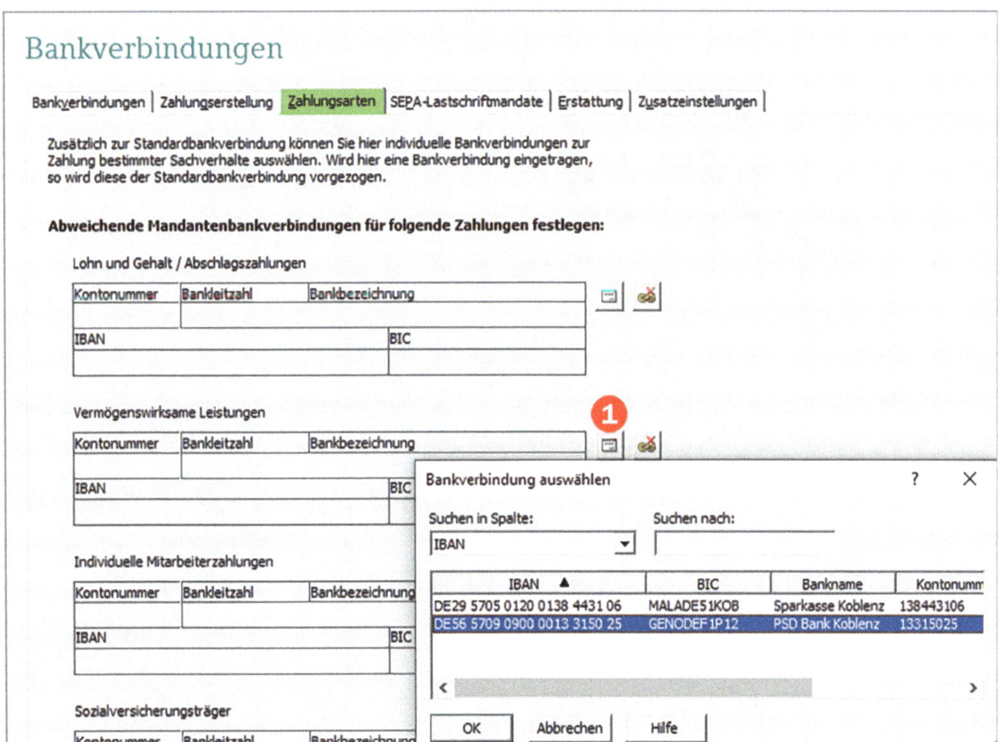

Bild 6.23 Bankverbindung zuweisen

5 Um die Einstellungen zu speichern, klicken Sie auf den Menüpunkt *Mandant* ▶ *Fensterinhalt speichern* oder auf das Symbol *Fensterinhalt speichern*.

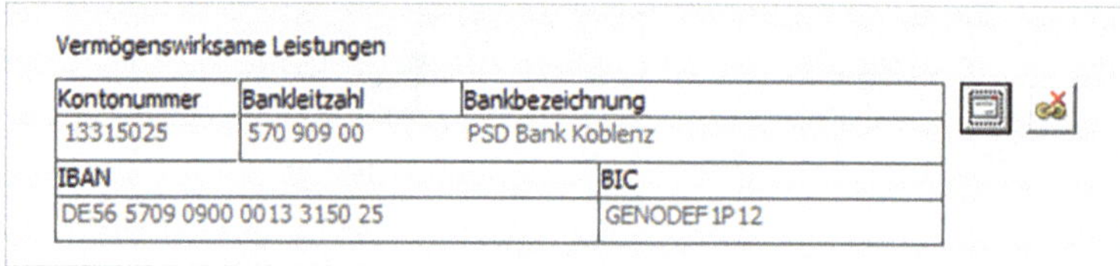

Bild 6.24 Bankverbindung für die Zahlungen von vermögenswirksamen Leistungen

Bankverbindung für die Erstattungsbeträge U1/U2

Ferner wählen Sie, wie die Erstattungsbeträge Ihrer Erstattungsanträge nach dem Aufwendungsausgleichsgesetz (AAG) erstattet werden sollen. Sie haben die Wahl zwischen Überweisung durch die Krankenkasse und Gutschrift auf das Beitragskonto.

- Mit der Auswahl *Überweisung durch Krankenkasse* werden Ihnen die Erstattungsbeträge von der Kasse auf Ihr Konto überwiesen.
- *Gutschrift auf das Beitragskonto* muss ausgewählt werden, wenn die Kasse den Erstattungsbetrag intern verrechnen und beim nächsten Beitragseinzug einen um den Erstattungsbetrag verminderten Beitrag von Ihnen einziehen soll.

1 Klicken Sie auf das Register *Erstattung*. Standardmäßig sind als Erstattungsart *Überweisung durch Krankenkasse* und im Feld *Gültig ab* der *01/2023* angegeben (Bild 6.25).

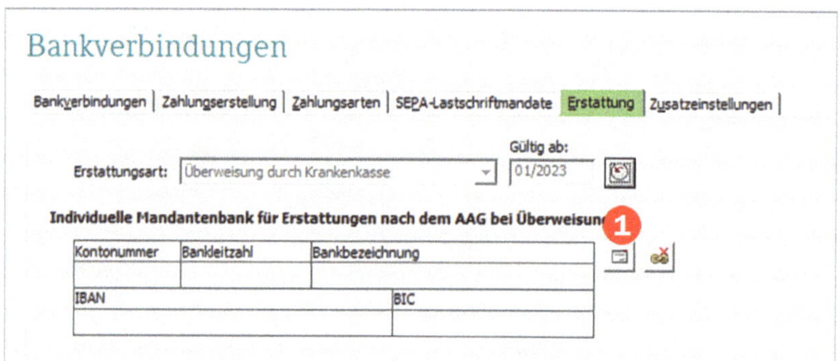

Bild 6.25 Standardeinstellung Register Erstattung

2 Um als Bankverbindung für die Erstattung das Geschäftskonto bei der Sparkasse Koblenz anzugeben, klicken Sie auf das Symbol *Bankverbindung auswählen* ❶ und wählen die *Sparkasse Koblenz* aus. Klicken Sie dann zum Speichern der Einstellungen auf den Menüpunkt *Mandant* ▶ *Fensterinhalt speichern* oder auf das Symbol *Fensterinhalt speichern*.

Tipp: Mit Klick auf das Symbol *Historie bearbeiten* kann die Standardeinstellung *Überweisung durch Krankenkasse* in *Gutschrift auf das Beitragskonto* geändert werden. Über das Register *Zusatzeinstellungen* können ggf. Angaben zur Darstellung von Sammelüberweisungen auf dem Bankkontoauszug des Mandanten festgelegt werden.

3 Damit sind die bankspezifischen Daten für die Firma Perm GmbH gespeichert. Schließen Sie das Fenster mit Klick auf das Symbol *Schließen* ❷.

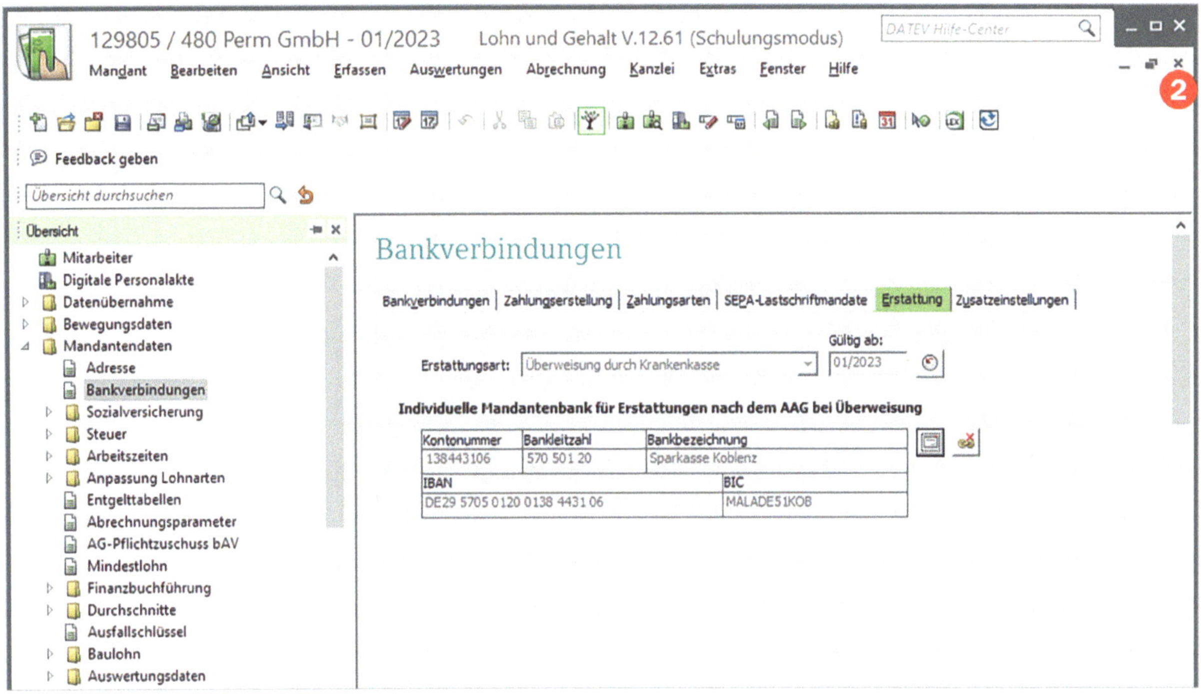

Bild 6.26 Bankverbindung Erstattung

Übung: Zahlungserstellung und Zahlungsarten

Aufgabe 1

Ändern Sie für individuelle Zahlungen die Zahlungsart auf *Barzahlung/Einzug*.

Aufgabe 2

Herr Münchbacher weist Sie darauf hin, dass Zahlungen an das Finanzamt über die Bankverbindung der PSD Bank Koblenz erfolgen sollen.

Geben Sie für Zahlungen an das Finanzamt die Bankverbindung PSD Bank Koblenz als Zahlungsart an.

Die Lösungen zu den Aufgaben finden Sie im Lösungsbuch

6.3 Sozialversicherungsdaten hinterlegen

Ausgangssituation

Nachdem die Adressdaten und die Bankdaten hinterlegt sind, müssen natürlich noch weitere wichtige Mandantenstammdaten für die Lohn- und Gehaltsabrechnung erfasst werden. Dazu gehören die Sozialversicherungsdaten.

Herr Wichtig, der mitwirkende Steuerberater, legt uns folgende Sozialversicherungsdaten bzw. Stammdaten für die Firma Perm GmbH vor:

Betriebsnummer:	76472352
SV-Meldungen gem. DEÜV:	Voll-DEÜV
Umlagepflichtig:	Umlage U1 und U2

Diese Sozialversicherungsdaten müssen jetzt eingegeben werden, so gehen Sie vor:

1 Wählen Sie den Menüpunkt *Erfassen* ▶ *Mandantendaten* ▶ *Sozialversicherung* ▶ *Allgemeine Daten* oder klicken Sie in der Übersicht im Ordner *Sozialversicherung* doppelt auf den Eintrag *Allgemeine Daten*.

2 Im Feld *Betriebsnummer (lt. BA)* geben Sie die Betriebsnummer 76472352 ein (Bild 6.27), die Betriebsnummer wird von der Agentur für Arbeit vergeben. Das Feld *Gültig ab* wird automatisch mit 01/2023 befüllt.

Bild 6.27 Sozialversicherung - Allgemeine Daten: Betriebsnummer eingeben

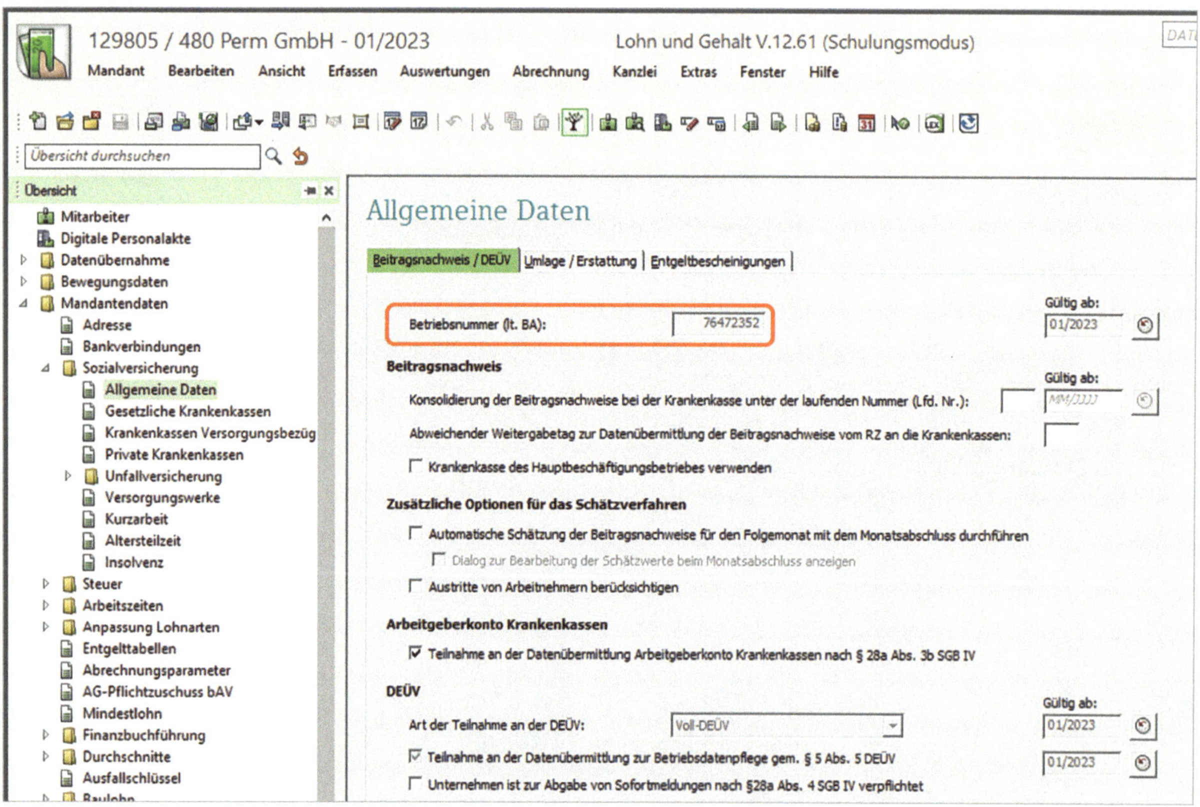

3 Im selben Register muss auch die Art der Teilnahme am DEÜV angegeben werden. Das Meldewesen nach der Datenerfassungs- und Übermittlungsverordnung (DEÜV) ist die Grundlage der Sozialversicherungsträger für die Führung von Mitgliedschaften und die Berechnung von Leistungen. Der Arbeitgeber ist verpflichtet, die Meldungen zu erstellen und bei den zuständigen Krankenkassen einzureichen.

Standardmäßig sind die Auswahl *Voll-DEÜV* und *Teilnahme an der Datenübermittlung zur Betriebsdatenpflege* bereits voreingestellt. Im Feld *Gültig ab* wurde automatisch der *01/2023* eingetragen (Bild 6.27).

Über das Symbol *Historie bearbeiten* können die Standardeinstellungen ggf. angepasst werden. Die Auswahlmöglichkeiten im Feld *Art der Teilnahme*:

keine Teilnahme an der DEÜV	Es wird keine Liste der meldepflichtigen Tatbestände erstellt.
Voll-DEÜV	Es wird eine Liste der meldepflichtigen Tatbestände erstellt. Alle meldepflichtigen Tatbestände werden über das RZ an die Sozialversicherungsträger übermittelt.

Im nächsten Schritt müssen die Einstellungen für die Berechnung von Umlage 1 und Umlage 2 festgelegt werden. Für unsere Firma Perm GmbH sind - gemäß Angabe des Steuerberaters Herrn Wichtig - Umlage 1 und Umlage 2 anzugeben.

4 Klicken Sie auf das Register *Umlage/Erstattung*.

5 Wählen Sie über das Auswahlfeld *Umlagepflicht (ab 2006)* den Eintrag *Umlage 1 und 2* aus (siehe Bild 6.28). Das Datum *01/2023* im Feld *Gültig ab* ist vom Programm automatisch vorbelegt und kann ggf. geändert werden.

6 Standardmäßig ist die Einstellung *Teilnahme am maschinellen Erstattungsverfahren nach dem AAG* vorbelegt. Das Gesetz ist seit 01.01.2011 Pflicht. Lohn und Gehalt erstellt in diesem Fall im Rahmen der Abrechnung die Erstattungsanträge bei Arbeitsunfähigkeit sowie Beschäftigungsverbot und Zuschuss zum Mutterschaftsgeld. Die Daten werden an die jeweils zuständige Stelle übermittelt.

Hinweis zur Insolvenzgeldumlage

Grundsätzlich sind alle Unternehmen insolvenzgeldumlagepflichtig. Nur Arbeitgeber der öffentlichen Hand und private Haushalte bleiben von der Zahlung ausgenommen. Die Umlagepflicht wird vom Programm automatisch vorbelegt.

Über das Register *Entgeltbescheinigungen* können Mandantenangaben zum Datenaustausch von Entgeltersatzleistungen (EEL) und elektronische Bescheinigungen angegeben werden. Die Teilnahme ist zwingend erforderlich und wird daher automatisch mit Gültigkeitsdatum 01/2023 vorbelegt. Darüber hinaus können Angaben bei Erkrankung bzw. Verletzung eines Kindes (Kinderkrankengeld) hinterlegt werden.

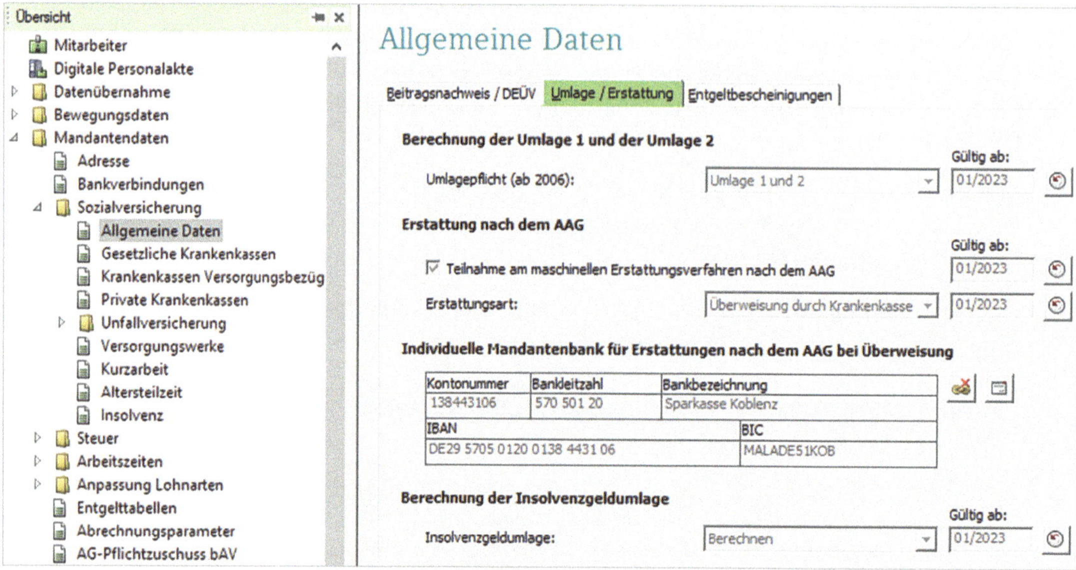

Bild 6.28 Umlage 1 und Umlage 2

7 Die wichtigsten Sozialversicherungsdaten für das Unternehmen Perm GmbH sind angelegt. Zum Speichern der Einstellungen klicken Sie auf das Menü *Mandant* ▶ *Fensterinhalt speichern* oder auf das Symbol *Fensterinhalt speichern* 💾.

Die Lösungen finden Sie im Lösungsbuch

Fragen: Sozialversicherungsdaten festlegen

Beantworten Sie die nachfolgenden Fragen:

Frage 1

? Was bedeutet Voll-DEÜV?

....

....

Frage 2

? Woher erhält Firma Perm GmbH die Betriebsnummer?

....

6.4 Krankenkassen hinterlegen

Als nächste wichtige Stammdaten sind die Krankenkassen der Arbeitnehmer als Stammdaten auf Mandantenebene im Programm Lohn und Gehalt zu hinterlegen.

Ausgangssituation
Die Krankenkassen für die Firma Perm GmbH wurden in Zusammenhang mit der Institutionsverwaltung in DATEV Arbeitsplatz bereits behandelt und sind jetzt im Mandantenstamm festzulegen. Es handelt sich um folgende Krankenkassen, diese sind jetzt zu hinterlegen.

Krankenkasse	Betriebsnummer	Beitragskonto – Nr.
IKK Südwest	55811201	16825/05
BARMER	42938966	85062320
KKH	29137937	85215820/1
Continentale	33865367	1254230/05
Knappschaft Hauptverwaltung	98000006	5856752-07

Um als erste Krankenkasse die IKK Südwest einzustellen, gehen Sie wie folgt vor:

1 Wählen Sie den Menüpunkt *Erfassen* ▶ *Mandantendaten* ▶ *Sozialversicherung* ▶ *Gesetzliche Krankenkassen* oder klicken Sie in der Übersicht im Ordner *Sozialversicherung* doppelt auf den Eintrag *Gesetzliche Krankenkassen* ❶.

Bild 6.29 Sozialversicherung - Krankenkassen

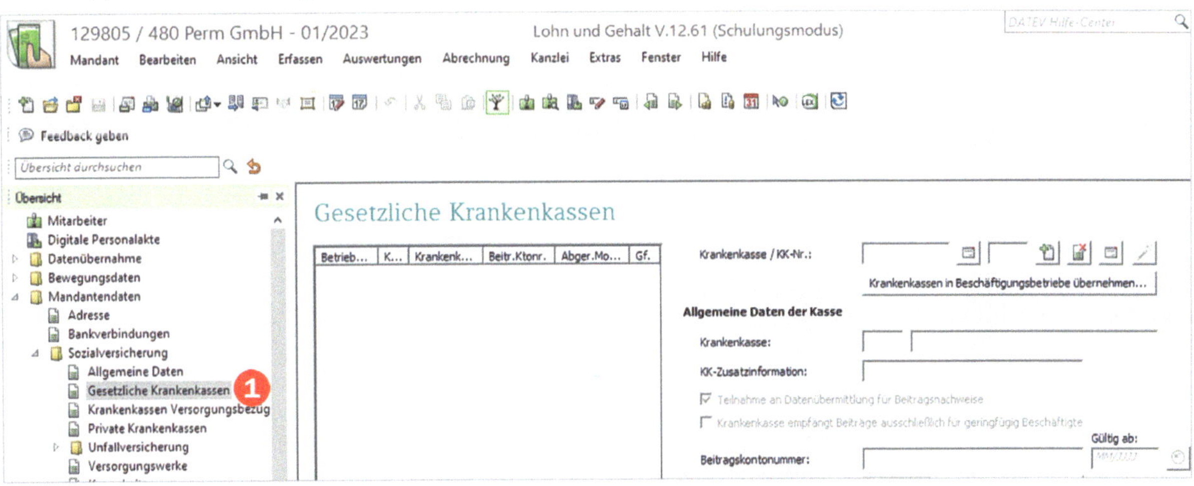

2 Geben Sie im Feld *Krankenkasse* die Betriebsnummer der IKK Südwest 55811201 ein ❷ (Bild 6.30 auf Seite 96). Die Krankenkasse kann außerdem über das Symbol *Krankenkassen-Betriebsnummer auswählen* gesucht und anschließend übernommen werden.

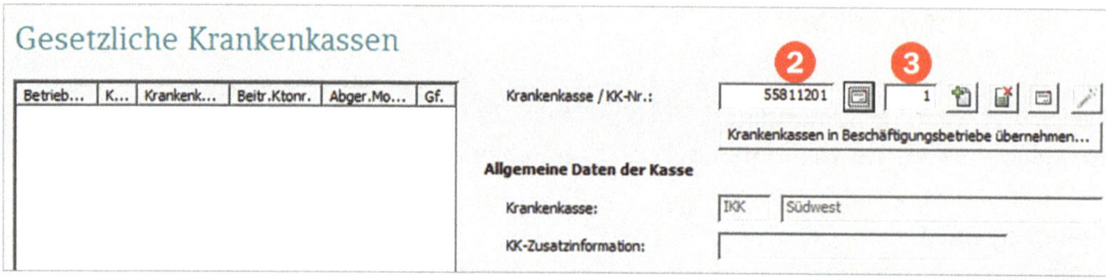

Bild 6.30 Krankenkasse

Beim Neuanlegen einer Krankenkasse wird nur noch die Betriebsnummer der Krankenkasse aus den Institutionen übernommen. Die KK-Nummer (vormals Geschäftsstellennummer) wird bei der Neuanlage automatisch vergeben. Ist die Krankenkasse noch nicht vorhanden, wird das Feld *KK-Nr* mit der Nr. 1 vorbelegt ❸, ansonsten mit der nächsten freien Nummer. Das Feld *KK-Zusatzinformationen* kann optional zur Identifikation der Krankenkasse verwendet werden.

3 Das Kontrollkästchen *Teilnahme an Datenübermittlung für Beitragsnachweise* ist bereits standardmäßig aktiviert (Bild 6.31).

!

Achtung: Bei der Datenübermittlung für Beitragsnachweise wird in unserem Übungsfall Perm GmbH mit einer simulierten Anbindung für Schulungszwecke an das DATEV Rechenzentrum gearbeitet. In der Praxis müssen die Betragsnachweise über RZ-Aufträge an das DATEV-Rechenzentrum gesendet werden.

4 Im Feld *Beitragskontonummer* geben Sie die Beitragsnummer 16825/05 für die IKK Südwest ein. Das Feld *Gültig ab* wird automatisch mit *01/2023* vorbelegt.

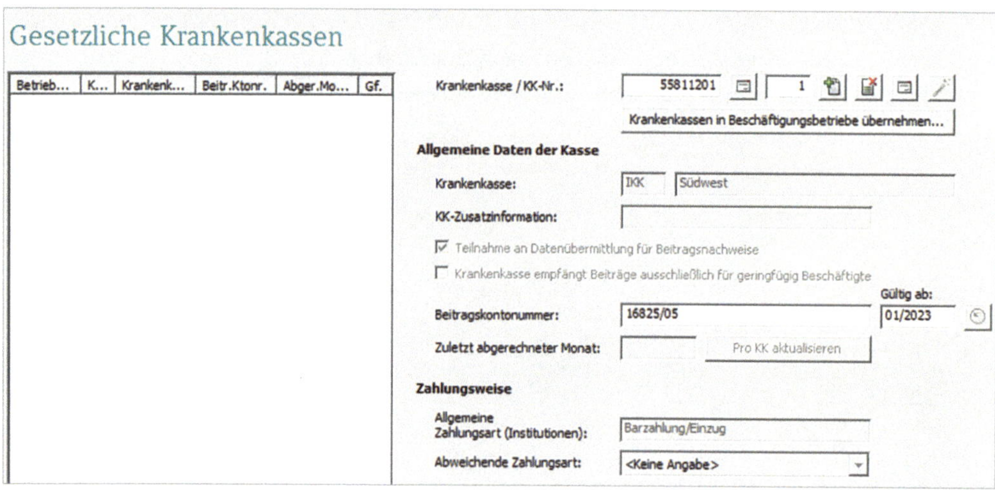

Bild 6.31 Datenübermittlung und Beitragskontonummer

5 Als letzte Einstellung muss für die IKK Südwest der Umlageprozentsatz für die Umlageart U1 angegeben werden. Umlageprozentsatz Normal = U1_1 seit 10/2022, 70 % Erstattung bei 3,2 % Umlagesatz, ab 05/2023 70 % Erstattung bei 3,5 % Umlagesatz. Klicken Sie im Feld *Umlageart der Krankenkasse* auf das Symbol *Umlageart auswählen* und wählen Sie den *Umlagesatz U1_1* (normal) aus (Bild 6.32). Übernehmen Sie die Auswahl mit *OK*.

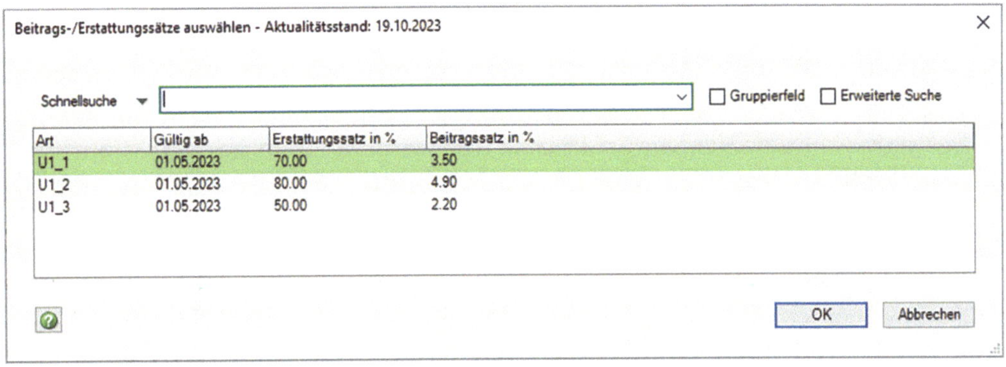

Bild 6.32 Umlagesatz auswählen

6 Im Feld *Gültig ab* ist automatisch der *01/2023* eingetragen. Dieses Datum kann ggf. geändert werden.

7 Um die Einstellungen zu speichern, klicken Sie auf den Menüpunkt *Mandant* ▶ *Fensterinhalt speichern* oder auf das Symbol *Fensterinhalt speichern* . Im Bild unten sehen Sie nochmals alle Angaben im Überblick.

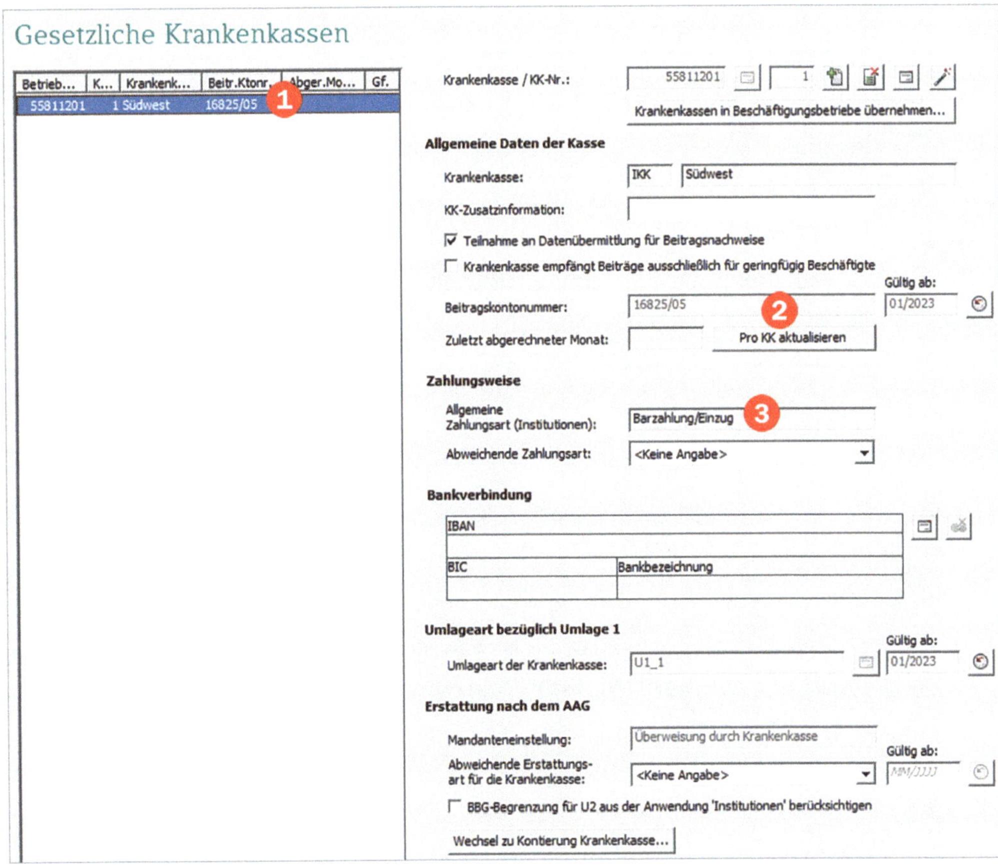

Bild 6.33 Alle Einstellungen IKK Südwest im Überblick

❶ Krankenkasse ist angelegt

❷ Zuletzt abgerechneter Monat pro KK aktualisieren

❸ Standardeinstellung

Weitere Angaben sind nicht notwendig, da sie bereits in den allgemeinen Sozialversicherungsdaten angegeben wurden.

Die Bedeutung der weiteren Symbole:

	Neuen Datensatz anlegen
	Datensatz löschen
	Übersicht anzeigen
	Assistent Krankenkassenfusion

De Lösungen finden Sie im Lösungsbuch

Fragen: Krankenkassen festlegen

Beantworten Sie die nachfolgenden Fragen:

Frage 1

? Über welchen Menüpunkt werden die Krankenkassen eines Unternehmens erfasst?

....

Frage 2

? Woher stammen die Daten für die Krankenkasse IKK Südwest?

....

Frage 3

? Welche Bedeutung hat das Kontrollkästchen *Teilnahme an Datenübermittlung für Beitragsnachweise*?

....

....

Als nächste Krankenkasse soll die Knappschaft Hauptverw. angelegt werden. Dazu gehen Sie wie folgt vor:

1 Klicken Sie auf das Symbol *Neuen Datensatz anlegen*.

2 Im Feld *Krankenkasse/ KK-Nr.* geben Sie die Betriebsnummer 98000006 der Knappschaft Hauptverwaltung ein. Die KK-Nr. 1 wird vom Programm automatisch vergeben.

3 Klicken Sie im nächsten Schritt auf das Symbol *Übersicht anzeigen* und wählen die Knappschaft aus. Übernehmen Sie danach die Einstellungen, indem Sie auf die Schaltfläche *OK* klicken (Bild 6.34 aus der nächsten Seite).

4 Klicken Sie im nächsten Schritt auf das Symbol *Fensterinhalt Speichern*.

Hinweis: Dieser Zwischenschritt ist notwendig, damit das Kontrollkästchen *Krankenkasse empfängt Beiträge ausschließlich für geringfügig Beschäftigte* aktiviert werden kann.

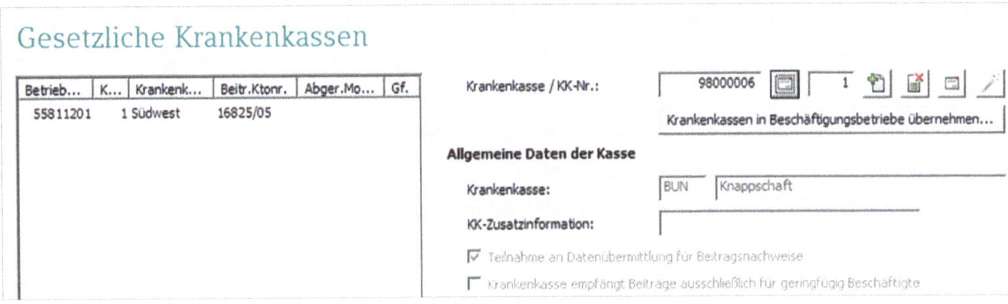

Bild 6.34 Knappschaft Hauptverwaltung - Zwischenspeichern

5 Das Kontrollkästchen *Teilnahme an Datenübermittlung für Beitragsnachweise* ist standardmäßig bereits aktiviert. Da die Bundesknappschaft in unserem Fall nur für geringfügig Beschäftigte genutzt wird, aktivieren Sie auch noch das Kontrollkästchen *Geschäftsstelle empfängt Beiträge ausschließlich für geringfügig Beschäftigte* (Bild 6.35). Geben Sie im Feld *Beitragskontonummer* die Nummer 5856752-07 ein. Das Feld *Gültig ab* wird automatisch mit *01/2023* vorbelegt.

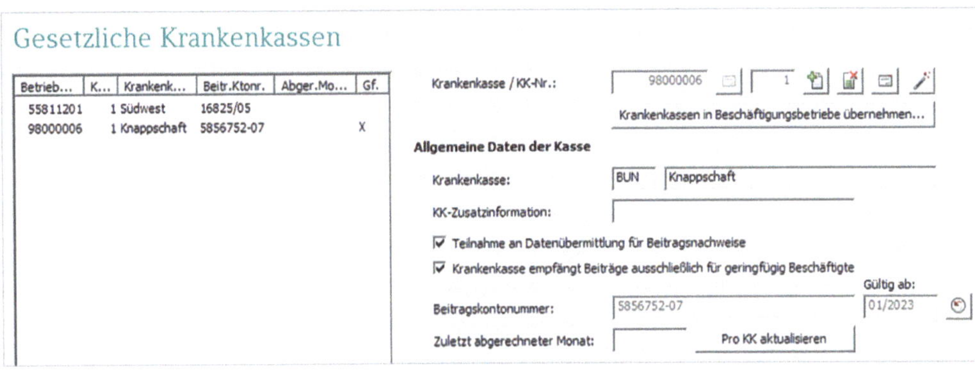

Bild 6.35 Weitere Angaben

6 Im nächsten Schritt muss der Umlagesatz U1 für die Knappschaft Hauptverwaltung angegeben werden. Umlageprozentsatz normal = U1_1 (seit 01/2022 80 % Erstattung bei 0,90 % Umlagesatz), ab 01/2023 80 % Erstattung bei 1,10 % Umlagesatz. Klicken Sie im Feld *Umlageart der Krankenkasse* auf das Symbol *Umlageart auswählen* und wählen Sie den *Umlagesatz U1_1 (normal)* aus. Klicken Sie dann zum Übernehmen auf die Schaltfläche *OK*. Das Feld *Gültig ab* ist mit dem *01/2023* automatisch vorbelegt und kann ggf. geändert werden.

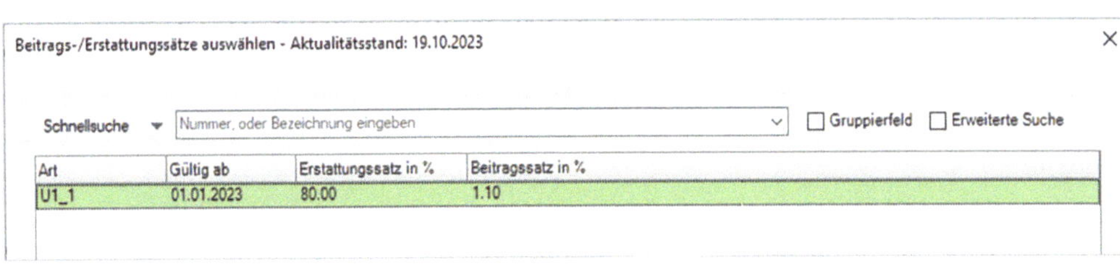

Bild 6.36 Umlagesatz auswählen

7 Zum Speichern klicken Sie auf den Menüpunkt *Mandant* ▶ *Fensterinhalt speichern* oder auf das Symbol *Fensterinhalt speichern*. Die Bundesknappschaft ist jetzt als weitere Krankenkasse für geringfügig Beschäftigte angelegt.

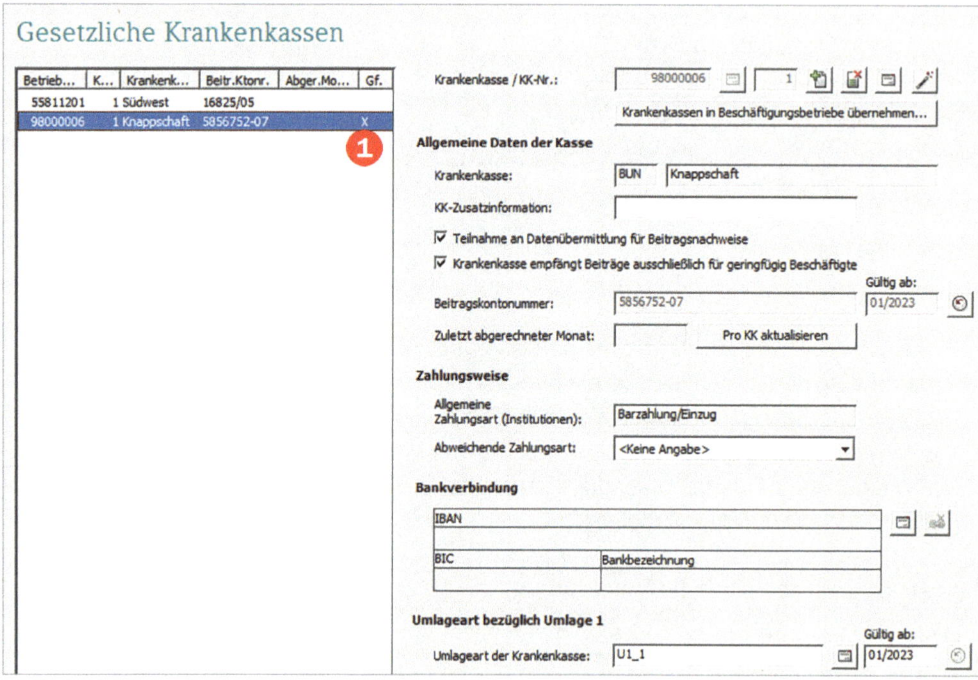

Bild 6.37 Die angelegte Krankenkasse

❶ Gf = Geringfügig Beschäftigte

Die Lösungen zu den Aufgaben 1 - 3 finden Sie im Lösungsbuch.

Übung: Krankenkassen hinterlegen

Legen Sie die weiteren Krankenkassen zur Firma Perm GmbH an:

Aufgabe 1

Krankenkasse:	BARMER
Betriebsnummer:	42938966
KK-Nr.:	1
Beitragskontonummer:	85062320
Umlagesatz U1:	U1_1

Aufgabe 2

Krankenkasse:	KKH
Betriebsnummer:	29137937
KK-Nr.:	1
Beitragskontonummer:	85215820/1
Umlagesatz U1:	U1_1

Aufgabe 3

Krankenkasse:	BKK Continentale
Betriebsnummer:	33865367
KK-Nr.:	1
Beitragskontonummer:	1254230/05
Umlagesatz U1:	U1_1

6.5 Berufsgenossenschaft erfassen

Ausgangssituation
Herr Wichtig legt uns im nächsten Schritt die Daten für die zuständige Berufsgenossenschaft vor. Folgende Daten sind für die Berufsgenossenschaft von Bedeutung:

Berufsgenossenschaft	Berufsgenossenschaft BGHW Sparte Einzelhandel (30)
Unternehmensnummer	1234 5678 9123 001
Mitgliedsnummer	1523-52631
PIN	10500
Strukturschlüssel	04 Elektro/Verlag ohne Ausl./Met.-kurzwar., Pharma
Gültigkeitszeitraum der Mitgliedschaft	01/2023
Verfahren zur Stundenermittlung	Stunden anhand des Vollarbeiterrichtwertes
Betriebsnummer des lohnverantwortenden Beschäftigungsbetriebes	76472352 ab 01/2023
Betriebsnummer der Abrechnungsstelle	76472352 ab 01/2023

Seit dem Jahr 2009 entstehen durch das Unfallversicherungsmodernisierungsgesetz (UVMG) neue Meldepflichten zur Unfallversicherung. In jeder DEÜV-Meldung mit meldepflichtigem Entgelt sind auch die Daten zur Unfallversicherung zu melden Darüber hinaus sind Sie als Arbeitgeber seit Januar 2016 gesetzlich dazu verpflichtet, neue Regelungen für das Lohnnachweisverfahren im Bereich der Unfallversicherung zu beachten. Neben der bisher gültigen Regelung eines manuellen Lohnnachweises müssen Sie zusätzlich einen digitalen Lohnnachweis übermitteln. Dafür ist ein spezieller Stammdatendienst im Programm zu hinterlegen. Der digitale Lohnnachweis darf erst dann versendet werden, wenn Sie vorab über den Stammdatendienst die richtigen Unfallversicherungsdaten (z. B. Gefahrentarife) bei der zuständigen Berufsgenossenschaft abgerufen und mit den Angaben im Programm DATEV Lohn und Gehalt abgeglichen haben.

Achtung: Um sich bei der Abfrage eindeutig zu identifizieren, muss eine 5-stellige PIN eingegeben werden. Diese PIN wird Ihnen von ihrer zuständigen Berufsgenossenschaft mitgeteilt. Nur mit dieser PIN ist es möglich, an diesem neuen Verfahren teilzunehmen. !

Um die Berufsgenossenschaft zu erfassen, gehen Sie wie folgt vor:

1 Wählen Sie den Menüpunkt *Erfassen* ▶ *Mandantendaten* ▶ *Sozialversicherung* ▶ *Unfallversicherung* ▶ *Mitgliedschaften* oder klicken Sie in der Übersicht im geöffneten Ordner *Sozialversicherung* auf den Ordner *Unfallversicherung* und anschließend doppelt auf den Eintrag *Mitgliedschaften* ❶ (Bild 6.38).

2 Klicken Sie zunächst auf das Symbol *Neuer Datensatz* ❷, um eine neue Mitgliedschaft anzulegen.

Bild 6.38 Mitgliedschaft erfassen

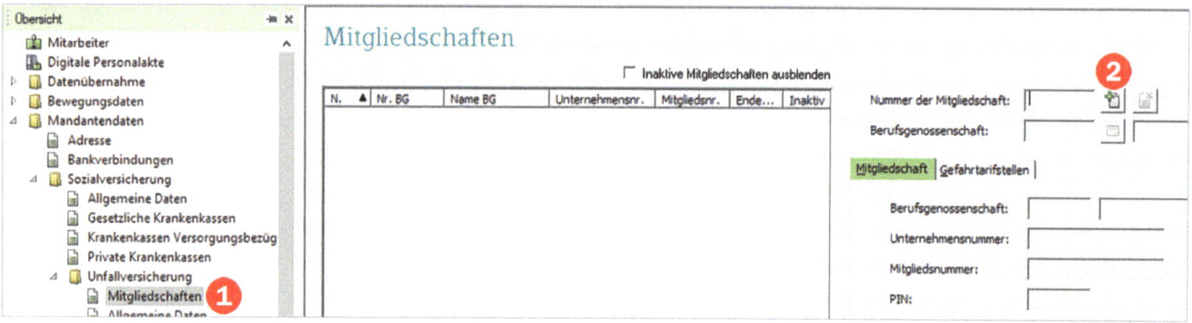

3 Klicken Sie im Dialogfenster *Neuanlage einer Mitgliedschaft* auf das Symbol *Berufsgenossenschaften*. Das Dialogfenster *Berufsgenossenschaft auswählen* wird geöffnet.

4 Geben Sie hier im Feld *Schnellsuche* die Berufsgenossenschaftsnummer 30 für die BGHW ein ❸ (Bild 6.39). Das Programm sucht nun aus den hinterlegten Berufsgenossenschaften die entsprechenden Nummern. Klicken Sie auf die Berufsgenossenschaft *30 BGHW* ❹ und übernehmen Sie diese mit Klick auf die Schaltfläche *OK*.

Bild 6.39 Berufsgenossenschaft auswählen

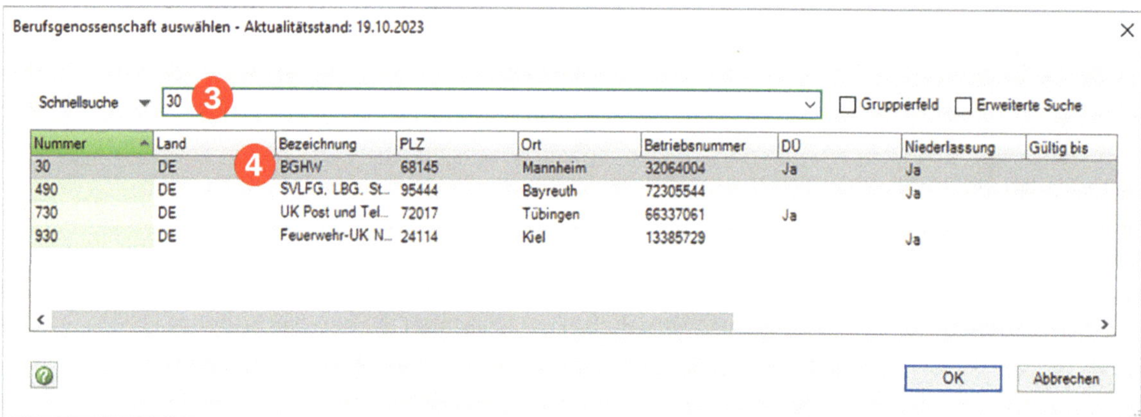

5 Geben Sie im Feld *Unternehmensnummer* die Nr. 1234 5678 9123 001 ein. Im Feld *Mitgliedsnummer* geben Sie die Mitgliedsnummer 1523-52631 sowie im Feld *PIN* die Zahl 10500 ein.

Im Feld *Beginn der Mitgliedschaft (MM/JJJJ):* geben Sie 01/2023 ein (Bild 6.40 auf der nächsten Seite).

6 Geben Sie im Feld *Betriebsnummer des lohnverantwortenden Beschäftigungsbetrieb* und im Feld *Betriebsnummer der Abrechnungsstelle* jeweils die Nr. 76472352 ein (Bild 6.40).

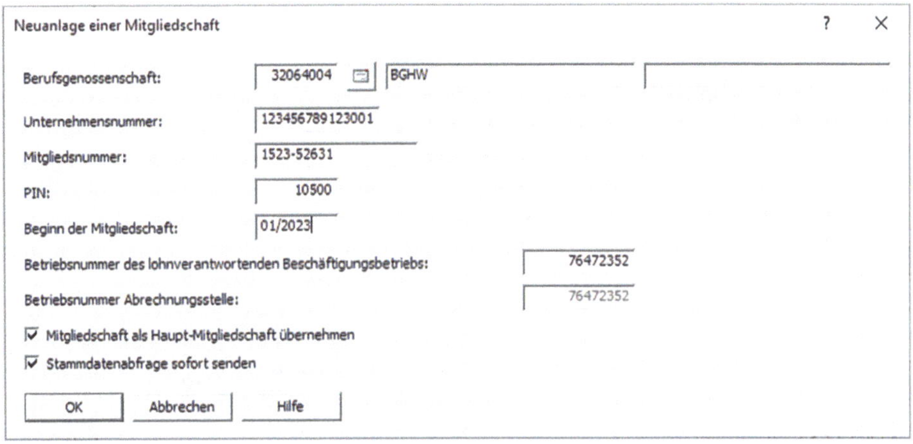

Bild 6.40 Mitgliedsnummer - Gültig ab und Betriebsnummer

Die Kontrollkästchen *Mitgliedschaft als Haupt-Mitgliedschaft* und *Stammdatenabfrage sofort senden* sind standardmäßig aktiviert.

Wichtiger Hinweis: In unserem Übungsfall können wir natürlich nicht elektronisch am Rückmeldeverfahren teilnehmen und müssen daher die Gefahrtarifstelle manuell hinterlegen.

7 Deaktivieren Sie daher das Kontrollkästchen *Stammdatenabfrage sofort senden* (Bild 6.41) und klicken anschließend auf die Schaltfläche *OK*.

Bild 6.41 Stammdatenabfrage sofort senden deaktivieren

Achtung: In der Praxis muss das Kontrollkästchen natürlich aktiviert werden!

Gefahrtarifstellen hinterlegen

Wenn Sie die Unfallversicherungsstammdaten elektronisch abgerufen haben, stehen Ihnen im Register *Gefahrtarifstellen* die, für den Mandanten gültigen, Gefahrtarifstellen zur Verfügung. Im Feld *Haupt-Gefahrtarifstelle* (Bild 6.42) können diese dem Mandanten zugeordnet werden, die dann anschließend für die meisten Arbeitnehmer im Unternehmen gültig sind. Falls nur eine Gefahrtarifstelle aus der elektronische Rückmeldung vorhanden ist, wird diese automatisch als Haupt-Gefahrtarifstelle hinterlegt.

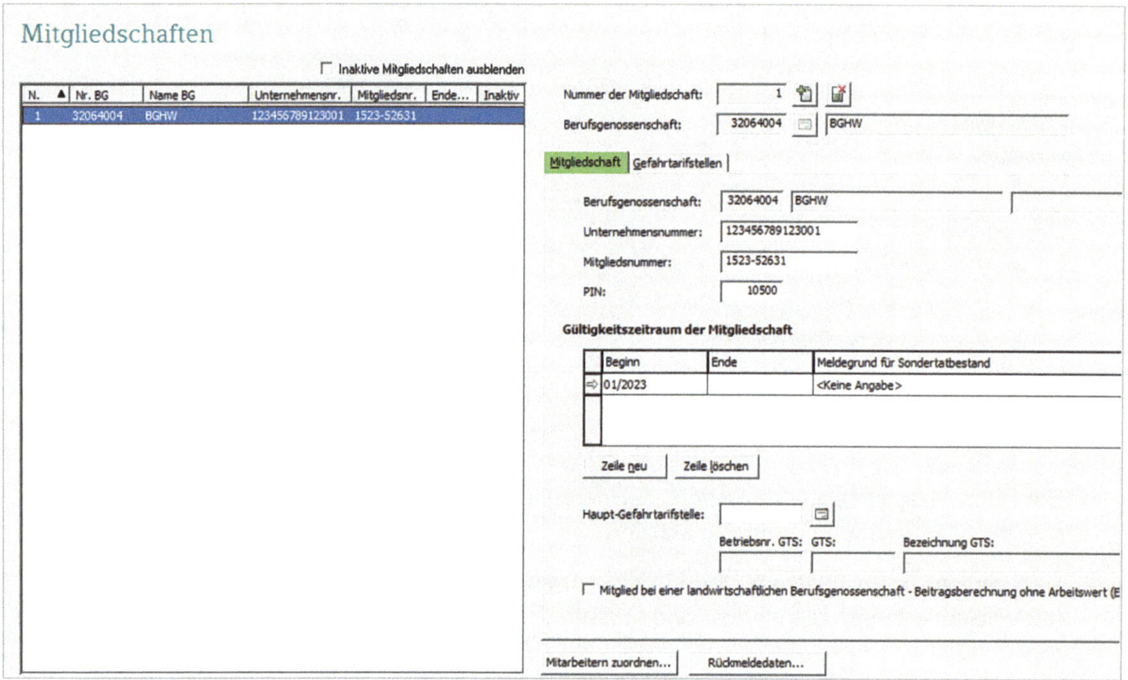

Bild 6.42 Mitgliedschaften

Um die Gefahrtarifstelle manuell zu hinterlegen, gehen Sie wie folgt vor:

1 Klicken Sie auf das Register *Gefahrtarifstellen* und anschließend auf die Schaltfläche *Neue Gefahrtarifstelle anlegen*.

Die Mitgliedschaft und die hinterlegte Berufsgenossenschaft werden angezeigt. In der Tabelle sehen Sie in der Praxis die elektronisch rückgemeldeten Gefahrtarifstellen.

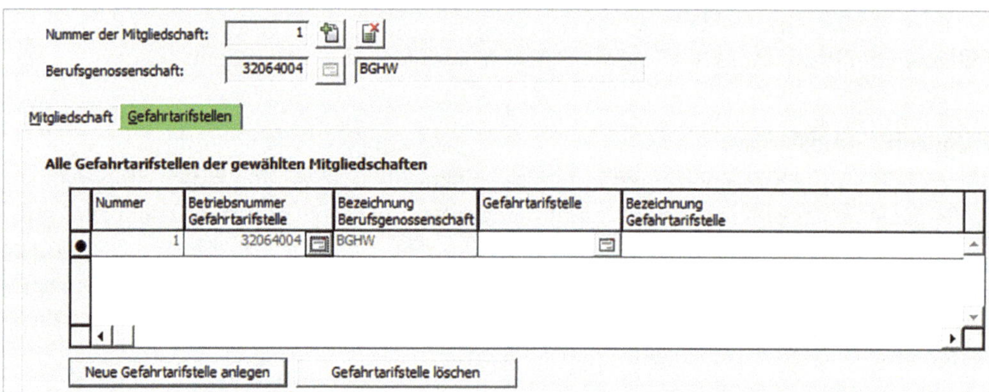

Bild 6.43 Gefahrtarifstellen

2 Im nächsten Schritt muss jetzt der Strukturschlüssel manuell angeben werden. Klicken Sie dazu im Feld *Gefahrtarifstelle* auf das Symbol *Strukturschlüssel auswählen*. Geben Sie im Feld *Schnellsuche* den Schlüssel 04 für Elektro/Verlag ohne Ausl./Pharma/Orthopädiewaren (Bild 6.44) und übernehmen Sie die markierte Auswahl mit Klick auf die Schaltfläche *OK*.

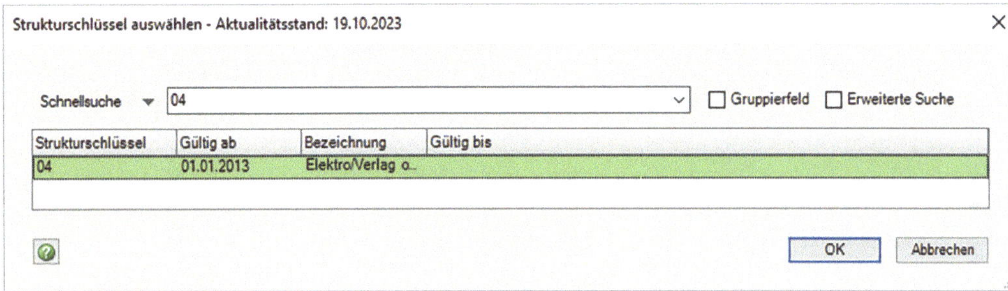

Bild 6.44 Strukturschlüssel

3 Der Strukturschlüssel ist damit hinterlegt. Jetzt muss noch der Gültigkeitszeitraum angeben werden. Klicken Sie in der Rubrik *Gültigkeitszeiträume* der oben ausgewählten Gefahrtarifstellen auf die Schaltfläche *Neuen Gültigkeitszeitraum anlegen* und geben Sie im Feld *von (MM/JJJJ)* 01/2023 ein (Bild 6.45).

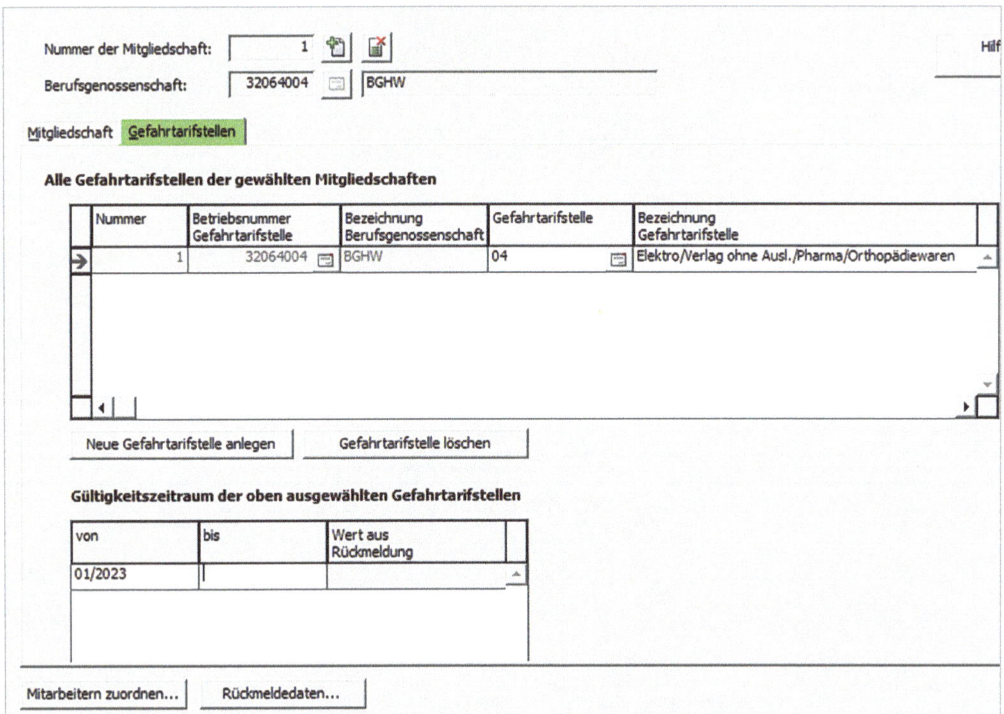

Bild 6.45 Gültigkeit ab

4 Im letzten Schritt muss in Bezug auf die Mitgliedschaft die Haupt-Gefahrtarifstelle zugeordnet werden. Klicken Sie auf das Register *Mitgliedschaft*.

5 Klicken Sie beim Feld *Haupt-Gefahrtarifstelle* auf das Symbol *Strukturschlüssel auswählen* ❶ (Bild 6.46 auf der nächsten Seite).

6 Übernehmen Sie anschließend den markierten Schlüssel 1 ❷, indem Sie auf die Schaltfläche *OK* klicken.

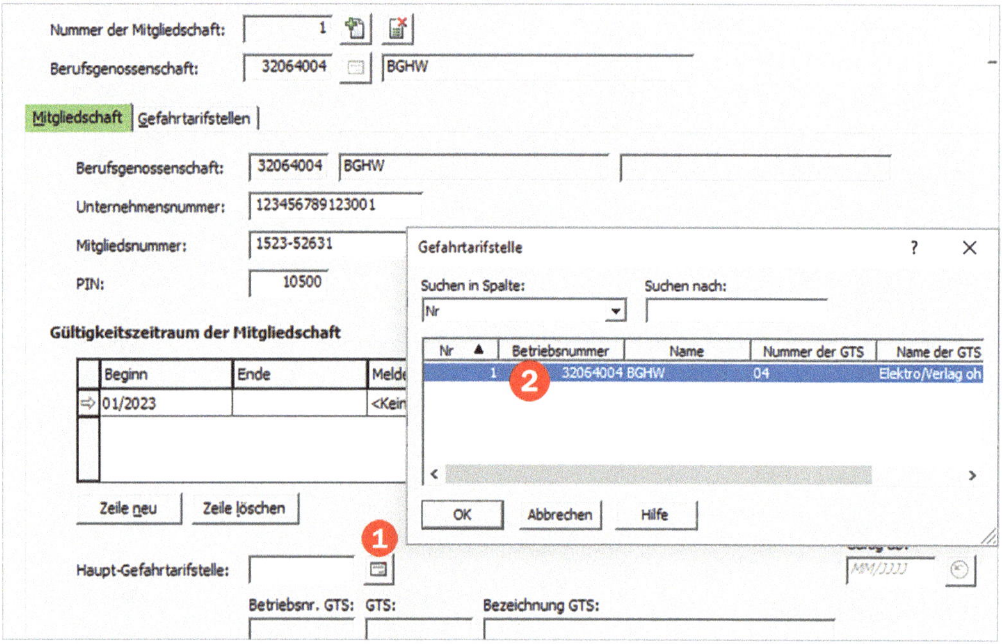

Bild 6.46 Haupt-Gefahrtarifstelle auswählen

Alle Angaben zur Mitgliedschaft sind damit erfasst.

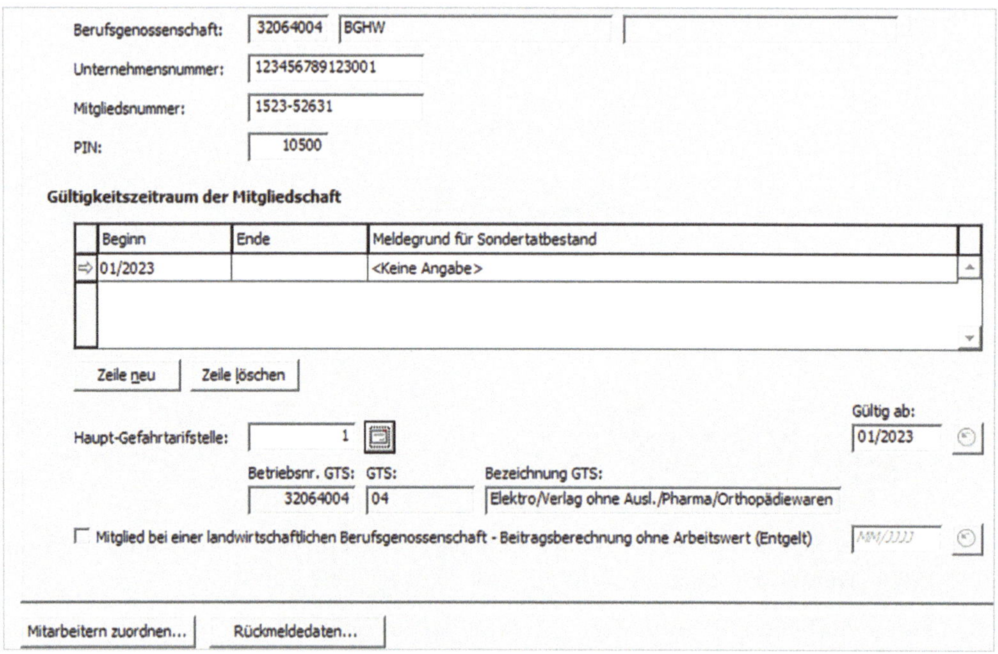

Bild 6.47 Alle Angaben zur Mitgliedschaft erfasst

Tipps

- Über das Symbol können Sie eine Mitgliedschaft löschen.
- Über die Schaltfläche *Mitarbeitern zuordnen...* können Sie bei Veränderungen von Gefahrentarifstellen diese mehreren Mitarbeitern gleichzeitig zuordnen. Da zurzeit noch

keine Mitarbeiter angelegt sind, ist diese Schaltfläche noch ohne Bedeutung. Mit Klick auf die Schaltfläche *Rückmeldedaten...* können Rückmeldungen zu den UV-Stammdaten eingesehen werden.

Stundenermittlung und Hauptmitgliedschaft

Darüber hinaus sind im nächsten Schritt die allgemeingültigen Daten z. B. das Verfahren zur Stundenermittlung sowie die Hauptmitgliedschaft des Mandanten (lohnverantwortenden Beschäftigungsbetrieb) zu überprüfen. Dazu gehen Sie wie folgt vor:

1 Klicken Sie in der Übersicht doppelt auf den Eintrag *Allgemeine Daten* oder wählen Sie den Menüpunkt *Erfassen* ▶ *Mandantendaten* ▶ *Sozialversicherung* ▶ *Unfallversicherung* ▶ *Allgemeine Daten*.

Im Feld *Stundenermittlung* ist standardmäßig der Schlüssel *Stunden anhand des Vollarbeiterrichtwertes* für das Verfahren zur Stundenermittlung zugewiesen. Für den Fall Perm GmbH kann dieser Standard übernommen werden (Bild 6.48).

Für das Stundenermittlungsverfahren stehen Ihnen in DATEV Lohn und Gehalt vier verschiedene Verfahren zur Verfügung. Die Stunden selbst sind im Lohnnachweis und in den DEÜV-Meldungen geleistete Stunden anzugeben.

- **Anwesenheitsstunden:** Es werden die tatsächlichen Anwesenheitsstunden gemeldet.
- **Stunden gemäß abgerechneter Lohnarten:** Werden bei den Mitarbeitern die geleisteten Stunden mit Stundenlohnarten gebucht, so kann die Stundenermittlung anhand der Stunden gemäß abgerechneten Lohnarten erfolgen.
- **Stunden anhand des Vollarbeiterrichtwertes:** Bei Anwendung des Vollarbeiterrichtwertes werden die geleisteten Stunden aus einem jährlichen Durchschnittssatz für einen vollbeschäftigten Arbeitnehmer (Vollarbeiterrichtwert) ermittelt.
- **(tarif-)vertraglich vereinbarte Sollarbeitsstunden (abzgl. Fehlzeit):** Bei einer regelmäßigen Beschäftigung werden auf Basis der regelmäßigen wöchentlichen Arbeitszeit des Mitarbeiters die jährlichen Sollarbeitsstunden berechnet.

Bild 6.48 Allgemeine Daten

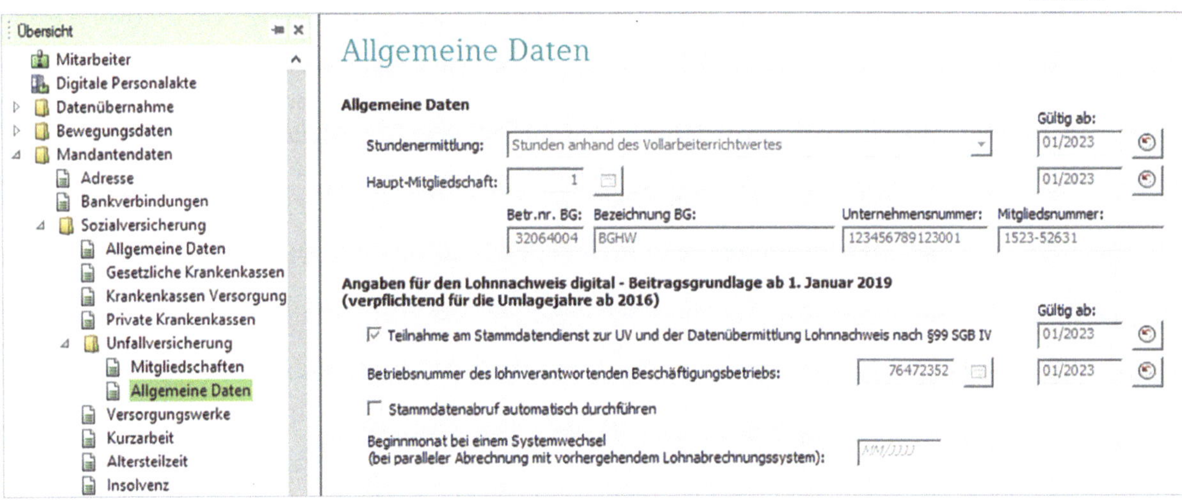

Hinweis: Mit Klick auf das Symbol *Historie bearbeiten* kann über ein Dialogfenster ggf. ein anderes der oben genannten Verfahren dem Mandanten zugewiesen werden.

2 Im nächsten Schritt ist die Betriebsnummer zu prüfen. In unserem Fall die Betriebsnummer der Firma Perm GmbH. Im Feld *Betriebsnummer des lohnverantwortenden Beschäftigungsbetriebes* muss die Nummer 76472352 (siehe Bild 6.49) eingetragen sein. Das Feld *Gültig ab* ist automatisch mit *01/2023* belegt.

Hinweis: Mit Klick auf das Symbol *Historie bearbeiten* können der Gültigkeitszeitraum und ggf. die Betriebsnummer angepasst werden.

3 Aktivieren Sie ggf. über das Symbol *Historie bearbeiten* das Kontrollkästchen *Teilnahme am Stammdatendienst zur UV und der Datenübermittlung nach §99 SGB IV* und deaktivieren Sie das Kontrollkästchen *Stammdatenabruf automatisch durchführen* (Bild 6.49).

Bild 6.49 Alle Angaben zur Unfallversicherung

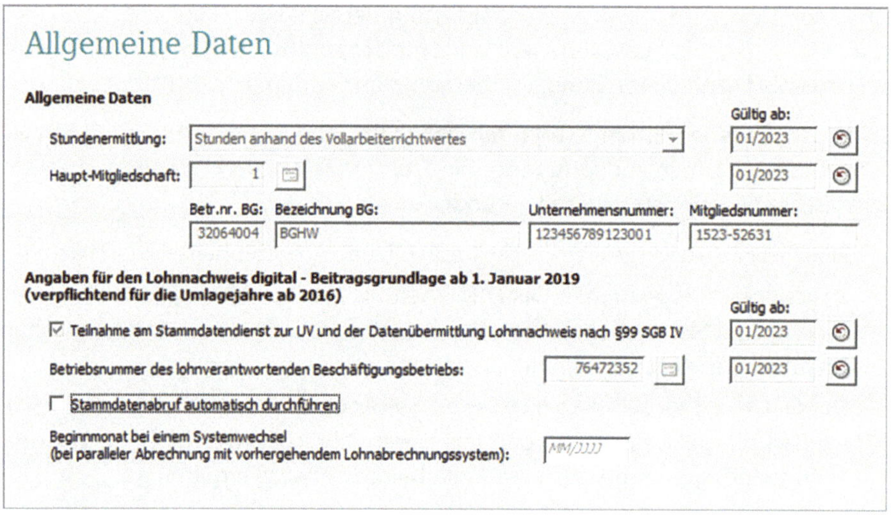

4 Die Betriebsnummer der Firma Perm GmbH ist darüber hinaus für das elektronische Meldeverfahren nochmals zusätzlich in den allgemeinen Daten zur Sozialversicherung zu prüfen. Klicken Sie dazu in der Übersicht im geöffneten Ordner *Sozialversicherung* doppelt auf den Eintrag *Allgemeine Daten* ❶.

5 Im Register *Beitragsnachweis / DEÜV* ❷ kann nun für das Datenübermittlungsverfahren die Betriebsnummer der Abrechnungsstelle überprüft werden. Im Feld *Betriebsnummer Abrechnungsstelle* muss die Nummer 76472352 (siehe Bild 6.50) eingetragen sein ❸. Das Feld *Gültig ab* ist automatisch mit *01/2023* belegt.

Hinweis: Mit Klick auf das Symbol *Historie bearbeiten* können der Gültigkeitszeitraum und ggf. die Betriebsnummer angepasst werden.

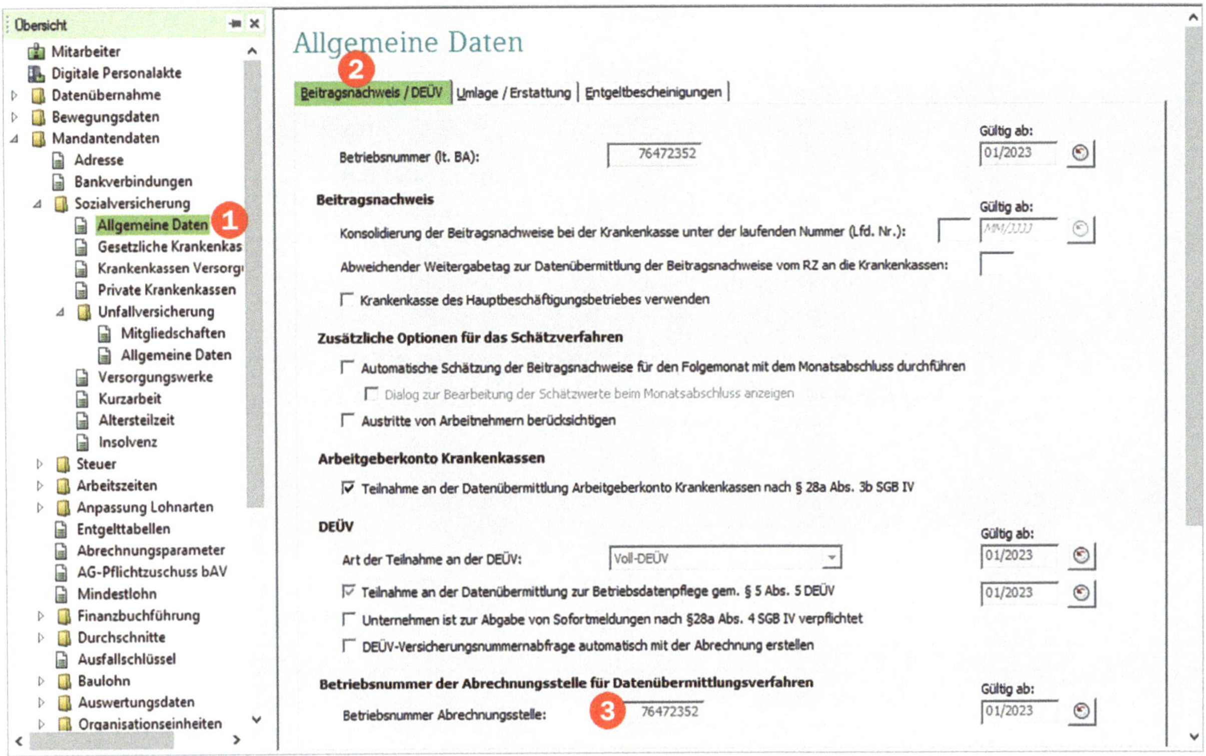

Bild 6.50 Betriebsnummer Abrechnungsstelle

6 Klicken Sie abschließend ggf. auf das Symbol *Fensterinhalt speichern* oder auf den Menüpunkt *Mandant* ▶ *Fensterinhalt speichern*.

Fragen: Angaben zur Berufsgenossenschaft festlegen

Beantworten Sie die folgenden Fragen:

Frage 1

? Was bedeutet bei der Stundenermittlung Stunden anhand des Vollarbeiterrichtwertes?

....

....

Frage 3

? Woher stammen in DATEV Lohn und Gehalt comfort die Daten zur zuständigen Berufsgenossenschaft?

....

Die Lösungen zu den Fragen finden Sie im Lösungsbuch.

6.6 Steuerdaten erfassen

Ausgangssituation
Herr Wichtig legt uns wichtige Steuerdaten zur Firma Perm GmbH vor.

Bundesland:	Rheinland-Pfalz
Finanzamt:	Koblenz
Steuernummer:	2212731666
Zeitraum Lohnsteuer-Anmeldung:	monatlich

Zunächst müssen die Allgemeinen Daten zu den Steuerdaten und anschließend die Daten für die Lohnsteueranmeldung angegeben werden. Um die Steuerdaten anzulegen, gehen Sie - wie nachfolgend dargestellt - vor:

Teil 1 Bundesland und Finanzamtsdaten erfassen

1 Wählen Sie den Menüpunkt *Erfassen* ▶ *Mandantendaten* ▶ *Steuer* ▶ *Allgemeine Daten* oder klicken Sie in der Übersicht im Ordner *Steuer* doppelt auf den Eintrag *Allgemeine Daten*.

2 Im Auswahlfeld *Bundesland* wählen Sie das Bundesland *Rheinland-Pfalz* aus ❶. Das Datum *01/2023* im Feld *Gültig ab* wird automatisch eingetragen.

Bild 6.51 Allgemeine Daten

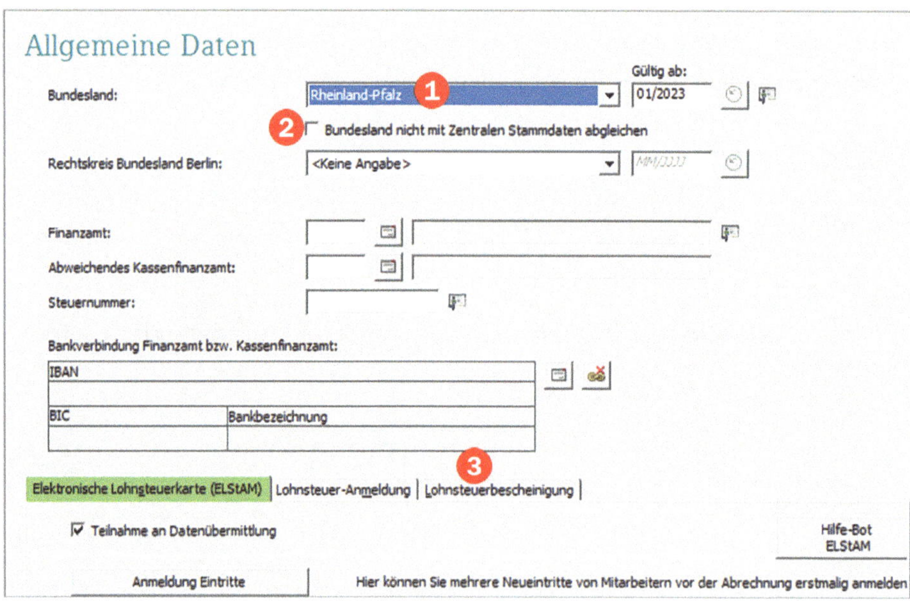

!

Achtung: Ohne Angabe des Bundeslandes kann die Steuernummer nicht geprüft und die Berechnung der Kirchensteuer nicht durchgeführt werden. Es ist daher unbedingt notwendig, für die Abrechnung in Lohn und Gehalt das Bundesland anzugeben. Beim Beenden des Programms kann über den Abgleich der zentralen Stammdaten das Bundesland in die zentralen

Stammdaten des Mandanten Perm GmbH in DATEV Arbeitsplatz übernommen werden. Dazu darf das Kontrollkästchen *Bundesland nicht mit zentralen Stammdaten abgleichen* nicht aktiviert sein ❷ (Bild 6.51).

3 Klicken Sie auf das Register *Lohnsteuerbescheinigung* ❸.

Datenübermittlung der Lohnsteuerbescheinigung (ElsterLohn)

Unter *Lohnsteuerbescheinigung (LStB)* ist das Kontrollkästchen *Teilnahme an Datenübermittlung* automatisch bereits aktiviert (siehe Bild 6.52). Dadurch legen Sie fest, dass der Mandant am Datenübermittlungsverfahren *ElsterLohn (Lohnsteuerbescheinigung)* teilnimmt. Mit der Dezember-Abrechnung, bei Austritt während des Kalenderjahres oder bei einem Wechsel der steuerlichen Behandlung usw. werden die Daten der elektronischen Lohnsteuerbescheinigung aufbereitet und zur Weitergabe an das RZ übergeben. Ist das Kontrollkästchen nicht aktiviert, erhalten Sie einen Ausdruck der Lohnsteuerbescheinigung.

Beachten Sie, dass die elektronische Übermittlung der Daten gesetzlich vorgeschrieben ist und nur in Ausnahmefällen eine manuelle LStB erteilt werden darf.

Bei der Datenübermittlung der Lohnsteuerbescheinigungen wird in unserem Übungsfall Perm GmbH mit einer simulierten Anbindung für Schulungszwecke an das DATEV Rechenzentrum gearbeitet. In der Praxis müssen die Lohnnachweise über RZ-Aufträge an das DATEV-Rechenzentrum gesendet werden.

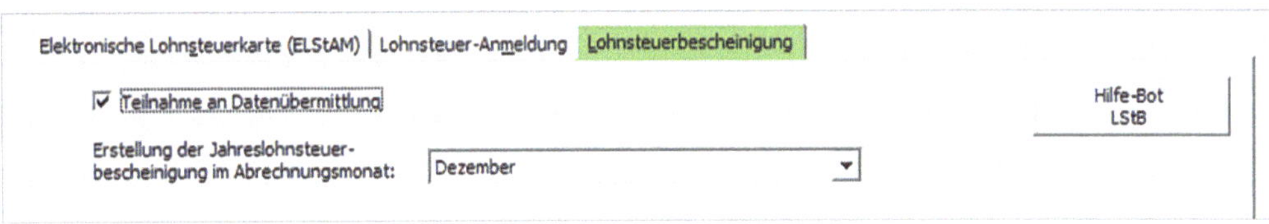

Bild 6.52 Datenübermittlung

4 Klicken Sie anschließend auf das Register *Elektronische Lohnsteuerkarte (ELStaM)*.

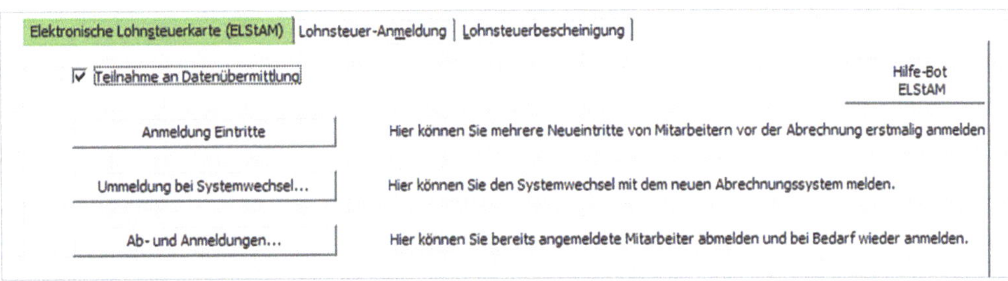

Bild 6.53 Elektronische Lohnsteuerkarte

Elektronische Lohnsteuerkarte

Seit dem 01.01.2013 ist das ELStAM-Verfahren anzuwenden. Bei diesem Verfahren empfängt und sendet der Arbeitgeber die Steuerdaten der Arbeitnehmer zur Finanzverwaltung. Bereits seit Dezember 2012 können die Steuerdaten der Arbeitnehmer von der Finanzverwaltung elektronisch direkt abgerufen werden. Darüber hinaus können auch Änderungen der Arbeitnehmerdaten dorthin zurück übermittelt werden.

ELStAM = elektronische Lohnsteuerabzugsmerkmale

Arbeitgeber sind seit dem 01.01.2013 zur Nutzung von ELStAM verpflichtet. Auch hier ist das Kontrollkästchen *Teilnahme an Datenübermittlung* bereits automatisch aktiviert (Bild 6.52).

Für die Teilnahme an diesem Verfahren ist eine Erstanmeldung der beschäftigten Arbeitnehmer über einen Erstabruf notwendig. Über das elektronische Rückmeldeverfahren der Finanzbehörde erhalten Sie die ELStAM der angemeldeten Arbeitnehmer.

Hinweis: In der Praxis werden durch das automatische Rückmeldeverfahren die im unter dem Menüpunkt *Erfassen* ▶ *Mandantendaten* ▶ *Steuer* ▶ *ELStAM Statusübersicht* oder in der Übersicht im Ordner *Steuer* über den Eintrag *ELStAM Statusübersicht* eine Übersicht aller elektronischen Lohnsteuerabzugsmerkmale (ELStAM) je Mitarbeiter des Mandanten angezeigt. Die ELStAM-Daten sind in einer Datenbank bei der Finanzverwaltung gespeichert und werden zum elektronischen Abruf für die Arbeitgeber bereitgestellt.

Teil 2 Lohnsteuer-Anmeldung

1. Wählen Sie beim Feld *Finanzamt* mit Klick auf das Symbol *Finanzamt auswählen* das *Finanzamt Koblenz* aus (Bild 6.54). Wenn das Inkasso des Mandanten über ein Finanzamt abgewickelt wird, geben Sie unter *Abweichendes Kassenfinanzamt* die Nummer des Finanzamts ein. Durch die Auswahl des Finanzamts Koblenz wird automatisch das abweichende Kassenfinanzamt *Landesfinanzkasse Daun* eingetragen.
2. Im Feld *Steuernummer* geben Sie die Steuernummer 2212731666 der Firma Perm GmbH ein (Bild 6.54).

Bild 6.54 Lohnsteuer-Anmeldung

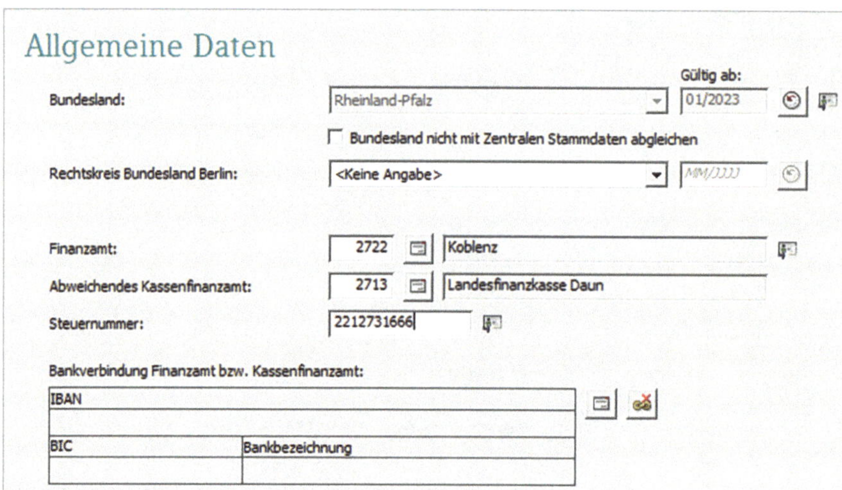

Hinweis: Die Steuernummer wird vom zuständigen Finanzamt vergeben. Sie muss entsprechend den Vorschriften in den einzelnen Bundesländern unterschiedlich eingegeben werden. Bei fehlerhaft gespeicherten Steuernummern erfolgt keine Datenübermittlung an das Finanzamt und die Lohnsteuer-Anmeldung wird auf einem Vordruck ausgegeben. Wenn die Datenübermittlung an das Finanzamt elektronisch erfolgen soll, ist daher eine Eingabe unbedingt erforderlich.

Die Lohnsteueranmeldung muss für die Firma Perm GmbH monatlich durchgeführt werden. Sie ist in Höhe der im Vorjahr angemeldeten Lohnsteuer bindend und kann auf versetzte Abrechnung vierteljährlich (mehr als 1.080 EUR bis 5.000 EUR) oder jährlich (bis 1.080 EUR) geändert werden.

3 Klicken Sie auf das Register *Lohnsteuer-Anmeldung* und wählen Sie im Auswahlfeld *Anmeldungszeitraum* den Eintrag *monatlich* (Bild 6.55) aus. Das Feld *Gültig ab* wird automatisch mit *01/2023* vorbelegt. Im Auswahlfeld *Energiepreispauschale für Monat* wählen Sie in diesem Übungsfall *Keine Auszahlung*. In der Praxis muss geprüft werden, ob Auszahlungen der Energiepreispauschale erfolgen sollen.

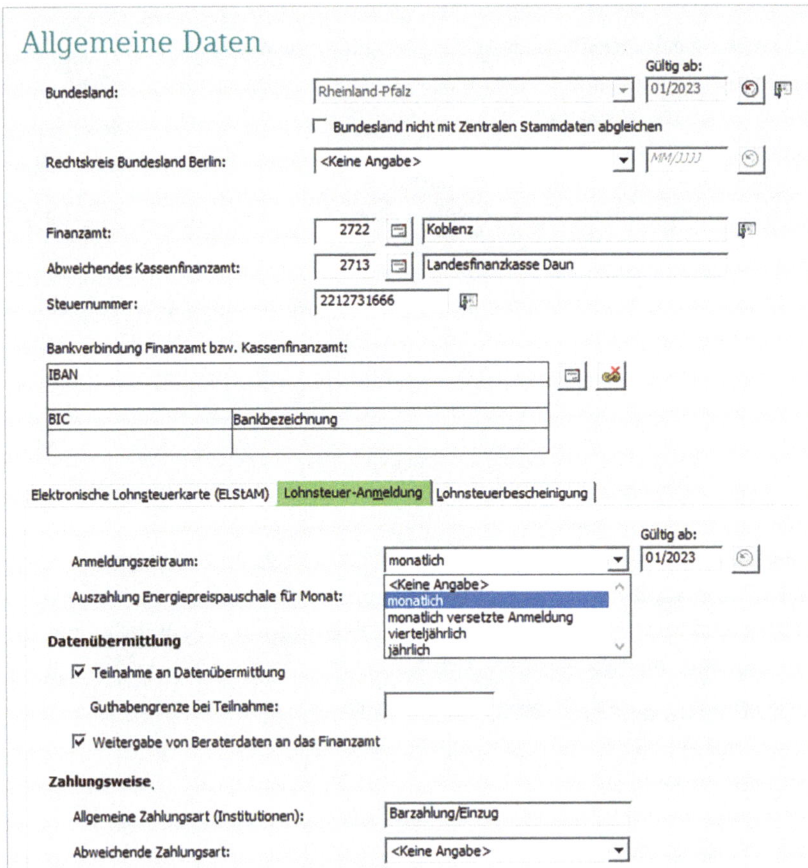

Bild 6.55 Anmeldezeitraum monatlich

Die Teilnahme an der elektronischen Datenübermittlung und die Zahlungsweise *Einzug* sind ebenfalls als Standardeinstellung vorgegeben und können ggf. geändert werden.

4 Speichern Sie die Einstellungen mit Klick auf das Symbol *Fensterinhalt speichern* oder wählen Sie den Menüpunkt *Mandant* ▶ *Fensterinhalt speichern*.

Damit sind alle Mandanteneinstellungen bezüglich der Steuerdaten erfasst. Über den Menüpunkt *Berechnung* können weitere Angaben zur Berechnung der Steuer auf Mandantenebene z. B. zum Lohnsteuerjahresausgleich hinterlegt werden und über den Menüpunkt *Pauschalsteuer* abweichende Angaben des Mandanten zur Pauschalsteuer hinterlegt werden.

Fragen: Steuerdaten erfassen

Beantworten Sie die nachfolgenden Fragen:

Die Lösungen finden Sie im Lösungsbuch

Frage 1

? Über welchen Menüpunkt geben Sie die Allgemeinen Daten für die Steuer ein?

....

Frage 2

? Weshalb muss das Bundesland unbedingt angegeben werden?

....

Frage 3

? Wann kann der Anmeldezeitraum für die Lohnsteueranmeldung auf vierteljährlich geändert werden?

....

6.7 Arbeitszeiten und Feiertage hinterlegen

Ausgangssituation

Als nächste wichtige Stammdaten für die Firma Perm GmbH werden uns die Arbeitszeiten lt. Betriebsvereinbarung und die zusätzlichen Feiertage für das Bundesland Rheinland-Pfalz angegeben. Sie liegen wie folgt vor:

Wöchentliche Arbeitszeit:	40 Stunden
Tägliche Arbeitszeit Mo – Fr:	8 Stunden
Urlaubsanspruch pro Jahr:	24 Tage
Relevante Feiertage:	Fronleichnam und Allerheiligen

Arbeitszeiten

Um die Arbeitszeit festzulegen, gehen Sie wie folgt vor:

1 Wählen Sie den Menüpunkt *Erfassen* ▶ *Mandantendaten* ▶ *Arbeitszeiten* ▶ *Regelmäßige/Feste Arbeitszeiten* oder klicken Sie in der Übersicht im Ordner *Arbeitszeiten* doppelt auf den Eintrag *Regelmäßige/Feste Arbeitszeiten*.

2 Geben Sie im Feld *Wöchentl. Arbeitszeit* die wöchentliche Arbeitszeit von 40,00 Stunden ein ❶. Die wöchentliche Arbeitszeit von 40 Stunden wird durch das Programm automa-

tisch auf die 5 Werktage von montags bis freitags verteilt. Das Feld *Gültig ab* ist mit dem *01/2023* vorbelegt. Die tägliche Arbeitszeit lässt sich natürlich individuell anpassen.

Bild 6.56 Arbeitszeiten

3 Die Einstellungen speichern Sie, indem Sie auf das Symbol *Fensterinhalt speichern* klicken oder wählen Sie den Menüpunkt *Mandant* ▶ *Fensterinhalt Speichern*.

Tipp: Über das Symbol *Historie bearbeiten* lassen sich die Eingaben jederzeit auch nachträglich ändern.

Feiertage, Urlaubstage und AU-Bescheinigung

Anschließend müssen noch die Urlaubstage und die für das Bundesland Rheinland-Pfalz zusätzlichen Feiertage angegeben werden. Dazu gehen Sie wie folgt vor:

1 Wählen Sie den Menüpunkt *Erfassen* ▶ *Mandantendaten* ▶ *Arbeitszeiten* ▶ *Feiertage/Urlaub/AU-Bescheinigung* oder klicken Sie in der Übersicht im Ordner *Arbeitszeiten* doppelt auf den Eintrag *Feiertage/Urlaub/AU-Bescheinigung*.

2 Klicken Sie auf das Register *Feiertage* (1) (Bild 6.57).

3 Die Firma Perm GmbH hat ihren Firmensitz in Koblenz (Bundesland Rheinland-Pfalz). Für das Bundesland sind neben den bundeseinheitlichen Feiertagen noch die Feiertage Fronleichnam und Allerheiligen relevant. Geben Sie die zusätzlichen Feiertage wie in Bild 6.57 an:

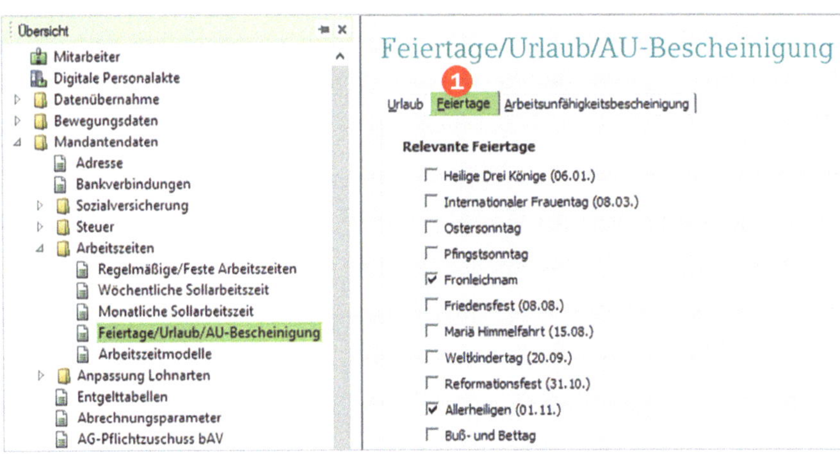

Bild 6.57 Feiertage aktivieren

4 Im nächsten Schritt ist der Urlaubsanspruch einzutragen, dazu klicken Sie auf das Register *Urlaub* ❷ und anschließend auf das Symbol *Kopieren des Datensatzes auf ein neues Kalenderjahr* ❸.

5 Für die Arbeitnehmer ist der allgemeine Urlaubsanspruch auf 24 Tage (2 Tage pro Monat) festgesetzt. Geben Sie mit Klick auf das Symbol im Feld *Gültig ab Kalenderjahr* das Jahr 2023 und im Feld *Grundurlaubsanspruch* den Wert 24,00 ein, siehe Bild 6.58.

6 Falls es in einer Firma vertragliche Regelungen für den Urlaubsanspruch aus dem Vorjahr gibt, können diese über die Felder *Im Kalenderjahr nicht genommener Urlaub* und *Verfällt nach Monat (bei Verfall im Folgejahr)* hinterlegt werden.

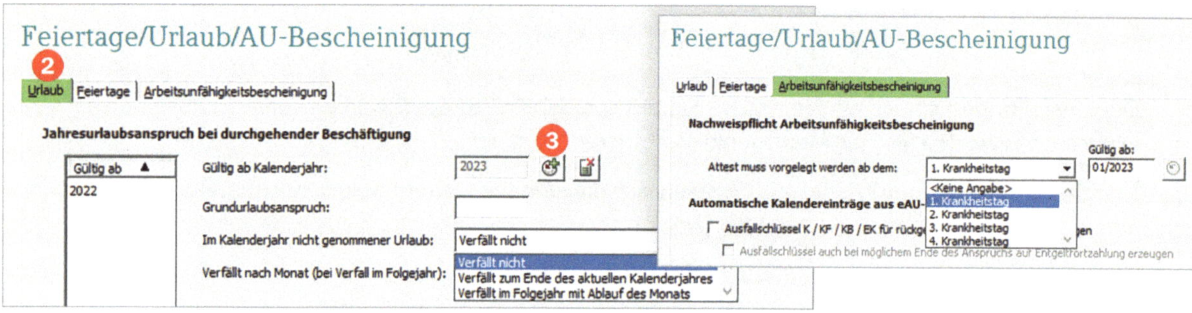

Bild 6.58 Urlaubsanspruch und Nachweispflicht Arbeitsunfähigkeitsbescheinigung

7 Im nächsten Schritt ist die Nachweispflicht Arbeitsunfähigkeitsbescheinigung einzutragen: Klicken Sie auf das Register *Arbeitsunfähigkeitsbescheinigung* (Bild oben). Wählen Sie im Feld *Attest muss vorgelegt werden ab dem* 1. Krankheitstag. Falls es in einer Firma vertragliche Regelungen zur Abgabe der AU-Bescheinigung gibt, kann dies über die Felder *1.* bis *4. Krankheitstag* hinterlegt werden.

8 Zum Speichern der Einstellungen klicken Sie auf das Symbol *Fensterinhalt speichern* oder wählen Sie den Menüpunkt *Mandant* ▶ *Fensterinhalt speichern*.

Hinweise

- Bei der manuellen bzw. automatischen Buchung von Zeiträumen werden Feiertage von sich widersprechenden Buchungen ausgeschlossen. Von Seiten des Programms Lohn und Gehalt wird keine automatische Buchung von Feiertagslohn vorgenommen.
- Der grundsätzliche Urlaubsanspruch wird erst beim Jahreswechsel als Basis verwendet. Für das erste Abrechnungsjahr ist bei jedem Mitarbeiter der Urlaubsanspruch des aktuellen Jahres einzutragen.

Fragen: Arbeitszeiten, Feiertage und Urlaubsanspruch hinterlegen

Beantworten Sie die nachfolgenden Fragen:

Die Lösungen finden Sie im Lösungsbuch

Frage 1

? Wie kann die regelmäßige Arbeitszeit geändert werden?

....

Frage 2

? Wie müssten die Einstellungen der Feiertage geändert werden, wenn der Firmensitz in Rosenheim/Bayern wäre?

....

Frage 3

? Über welchen Menüpunkt können Sie den allgemeinen Urlaubsanspruch der Mitarbeiter einer Firma hinterlegen?

....

6.8 Kostenstellen einrichten

Kostenstellen werden angelegt, um die Kostensituation im Betrieb genauer analysieren zu können. Sie werden häufig in Produktionsbetrieben aber auch in bestimmten Branchen, z. B. bei Bauunternehmen auf einzelnen Baustellen, erfasst. Die einzelne Baustelle ist dann die entsprechende Kostenstelle. Die Kostenstellen werden für die Verarbeitung in DATEV Kanzlei-Rechnungswesen auf der Buchungsliste für die Finanzbuchhaltung ausgegeben. Zusätzlich wird eine Kostenstellenliste in Lohn und Gehalt erstellt.

Ausgangssituation

Herr Münchbacher, der Gesellschafter der Firma Perm GmbH, möchte, dass für folgende Bereiche Kostenstellen angelegt werden.

Personal	Kostenstelle	Bezeichnung
Verkauf	1000	Verkauf
Verwaltung	2000	Verwaltung
Technik	3000	Technik

Einstellungen Finanzbuchhaltung

Bevor die Kostenstellen angelegt werden, müssen zunächst in der Finanzbuchhaltung Einstellungen vorgenommen werden:

1 Wählen Sie den Menüpunkt *Erfassen* ▶ *Mandantendaten* ▶ *Finanzbuchführung* ▶ *Allgemeine Angaben* oder klicken Sie in der Übersicht im Ordner *Finanzbuchführung* doppelt auf den Eintrag *Allgemeine Angaben*.

2 Klicken Sie auf das Register *Buchungsbeleg*. Damit später mit den Monatsabrechnungen der Lohnbeleg an die Finanzbuchhaltung übergeben werden kann, muss an dieser Stelle die entsprechende Einstellung vorgenommen werden. Aktivieren Sie das Kontrollkästchen *Buchungsbeleg beim Monatsabschluss automatisch erstellen* ❶ (Bild 6.59).

3 Aktivieren Sie außerdem das Kontrollkästchen *Kostenstellen in Bewegungsdaten berücksichtigen* ❷ (Bild 6.59). Damit legen Sie fest, ob die Erfassungsfelder zur Kostenstellenrechnung in den Bewegungsdaten angezeigt werden sollen. Ist das Kontrollkästchen aktiviert, so wird in der Stapelerfassung, im Dialogfenster für die Zeitwirtschaft, in der Monatserfassung und im Kalender ein Feld für die Erfassung der Kostenstelle angezeigt.

4 Damit sind die Standardeinstellungen aktiviert. Klicken Sie auf *Fensterinhalt speichern* .

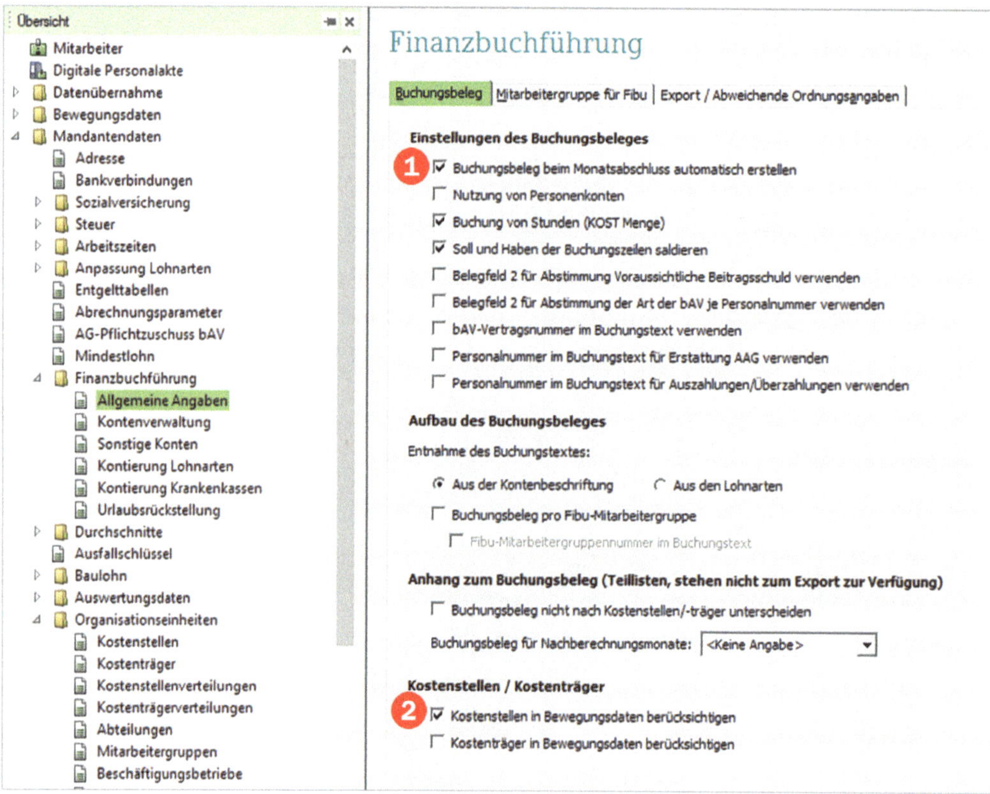

Bild 6.59 Einstellungen Finanzbuchhaltung

Kostenstellen anlegen

Im nächsten Schritt werden die Kostenstellen angelegt, dazu gehen Sie wie folgt vor:

1 Wählen Sie den Menüpunkt *Erfassen* ▶ *Mandantendaten* ▶ *Organisationseinheiten* ▶ *Kostenstellen* oder klicken Sie in der Übersicht im Ordner *Organisationseinheiten* doppelt auf den Eintrag *Kostenstellen*.

2 Geben Sie im Feld *Kostenstellennummer* die erste Kostenstelle 1000 ein, im Feld *Bezeichnung* tragen Sie Verkauf ein (Bild 6.60).

Bild 6.60 Kostenstelle Verkauf anlegen

Damit ist die erste Kostenstelle 1000 Verkauf angelegt. Ansprechpartner und Baustelle sind für unseren Übungsmandanten ohne Bedeutung.

Hinweise: Über die Schaltfläche *Zeile neu* (Bild 6.60) können Sie eine neue Kostenstelle anlegen. Mit der Schaltfläche *Zeile löschen* kann eine bestehende Kostenstelle gelöscht werden. Wenn Sie auf die Schaltfläche *Importieren* klicken, können Kostenstellen aus dem Programm DATEV Kostenrechnung übernommen werden. Über die Schaltfläche *Mitarbeiter zuordnen* können Sie die Mitarbeiter der Firma den hinterlegten Kostenstellen zuordnen.

Übung: Kostenstellen anlegen

Erfassen Sie die Kostenstelle 2000, Verwaltung und die Kostenstelle 3000, Technik. Damit sind die Kostenstellen für die Firma Perm GmbH angelegt und können verwendet werden.

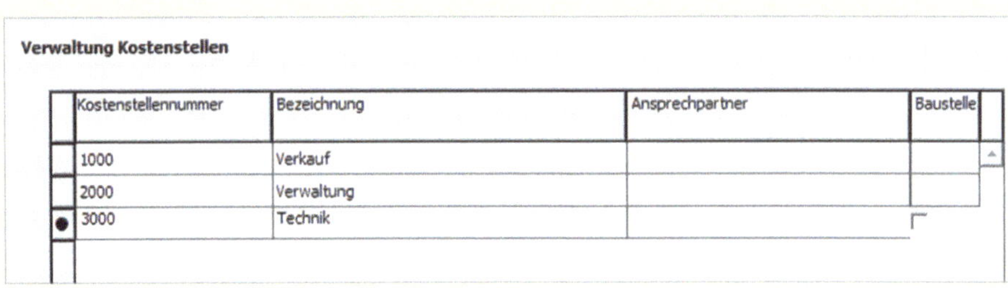

6.9 Urlaubs- und Stunden-/Tagesstatistik

Urlaubs- und Stunden-/Tagesstatistik ausweisen

Ausgangssituation
Die Stammdaten für die Firma Perm GmbH sind jetzt fast alle angelegt. Herr Wichtig möchte, dass bestimmte statistische Werte mit aufgeführt werden.

Er möchte, dass eine Urlaubs- und Stunden-/Tagesstatistik auf dem Brutto/Netto-Formular und dem Lohnkonto ausgegeben wird.

Dazu gehen Sie wie folgt vor:

1 Wählen Sie den Menüpunkt *Erfassen* ▶ *Mandantendaten* ▶ *Auswertungsdaten* ▶ *Gestaltung* oder klicken Sie in der Übersicht im Ordner *Auswertungsdaten* doppelt auf den Eintrag *Gestaltung*.

2 Klicken Sie auf das Register *Lohnkonto* ❶.

3 Aktivieren Sie die Kontrollkästchen *Ausweis der Urlaubsstatistik* und *Ausweis der Stunden-/Tagesstatistiken* ❷ (Bild 6.61).

4 Speichern Sie die Einstellungen mit Klick auf das Symbol *Fensterinhalt speichern* 💾 oder über den Menüpunkt *Mandant* ▶ *Fensterinhalt speichern*.

Bild 6.61 Register Lohnkonto

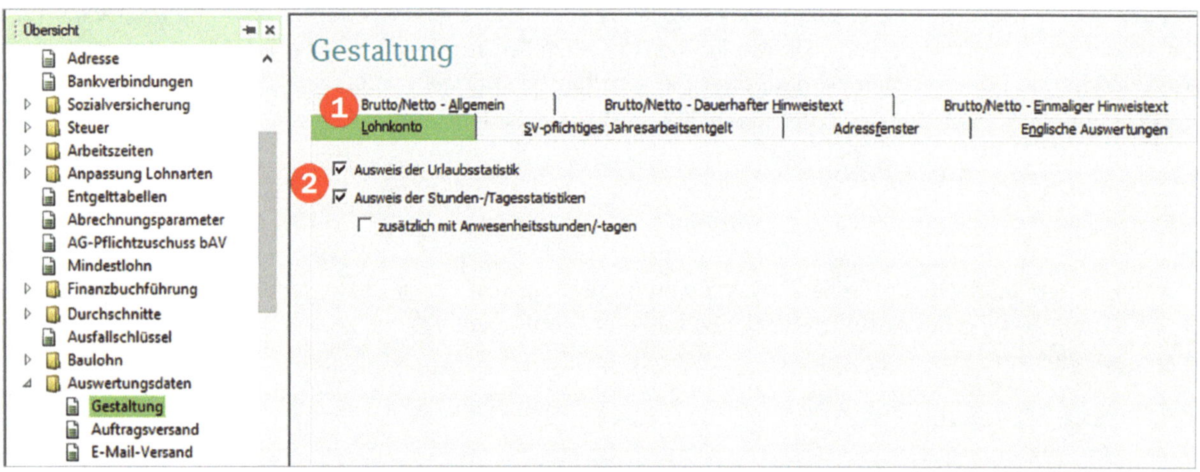

Hinweis: Mit dem Ausweis der Urlaubsstatistik werden im Lohnkonto der Urlaubsanspruch (Tage), der monatlich genommene Urlaub, der genommene Urlaub insgesamt und der Resturlaub ausgegeben. Zusätzlich werden mit dem Ausweis der Stunden-/Tagesstatistiken im Lohnkonto die bezahlten Stunden, die Zeitlohnstunden, die Urlaubsstunden, die Krankheitsstunden, die Fehlstunden und die Überstunden ausgegeben.

Hinweistexte für Mitarbeiter anlegen

Ausgangssituation
Herr Münchbacher hat von Herrn Wichtig erfahren, dass in den Lohnabrechnungsformularen dauerhafte Hinweistexte für die Mitarbeiter eingetragen werden können. Er möchte, dass die Mitarbeiter ihre Jahresurlaubsplanung bis zum 31.03.2023 der Personalabteilung vorlegen.

Um den dauerhaften Hinweistext einzutragen, gehen Sie wie folgt vor:

1 Klicken Sie auf das Register *Brutto/Netto - Dauerhafter Hinweistext* (Ordner *Auswertungsdaten - Gestaltung*, siehe Urlaubs- und Stunden-/Tagesstatistik).

2 Im Feld *Gültig ab* geben Sie das Datum 01/2023 ein und drücken anschließend die Tabulator-Taste.

3 Geben Sie in den Zeilen 1 bis 3 die Hinweistexte wie in Bild 6.62 ein.

4 Speichern Sie mit Klick auf das Symbol *Fensterinhalt speichern*.

Hinweis: Über die Registerkarte *Brutto/Netto - Einmaliger Hinweistext* können Sie einen Hinweistext erfassen, der für jeden Mitarbeiter nur einmal zu einem bestimmten Monat auf dem Brutto-/Netto-Formular ausgegeben werden soll.

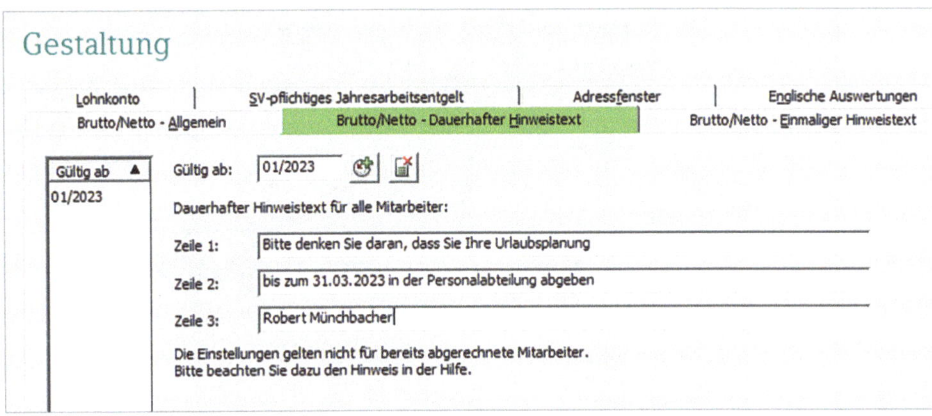

Bild 6.62 Register Dauerhafter Hinweistext

Das Brutto/Netto-Formular anpassen

Um das Brutto/Netto-Formular individuell anzupassen, gehen Sie wie folgt vor:

1 Klicken Sie auf das Register *Brutto/Netto - Allgemein* ❶. Das Feld *Gültig ab* wird automatisch mit *01/2023* vorbelegt (Bild 6.63).

Hinweis: Sollte bei Ihrer Version das Datum nicht vorbelegt sein, geben Sie im Feld *Gültig ab* 01/2023 ein und drücken anschließend die Tabulator-Taste.

2 Aktivieren Sie die Kontrollkästchen *Urlaubsstatistik ausgeben*, *Stunden/Tagesstatistik ausgeben* ❷ und *Austrittsdatum nur im Austrittsmonat ausgeben* ❸ (Bild 6.63).

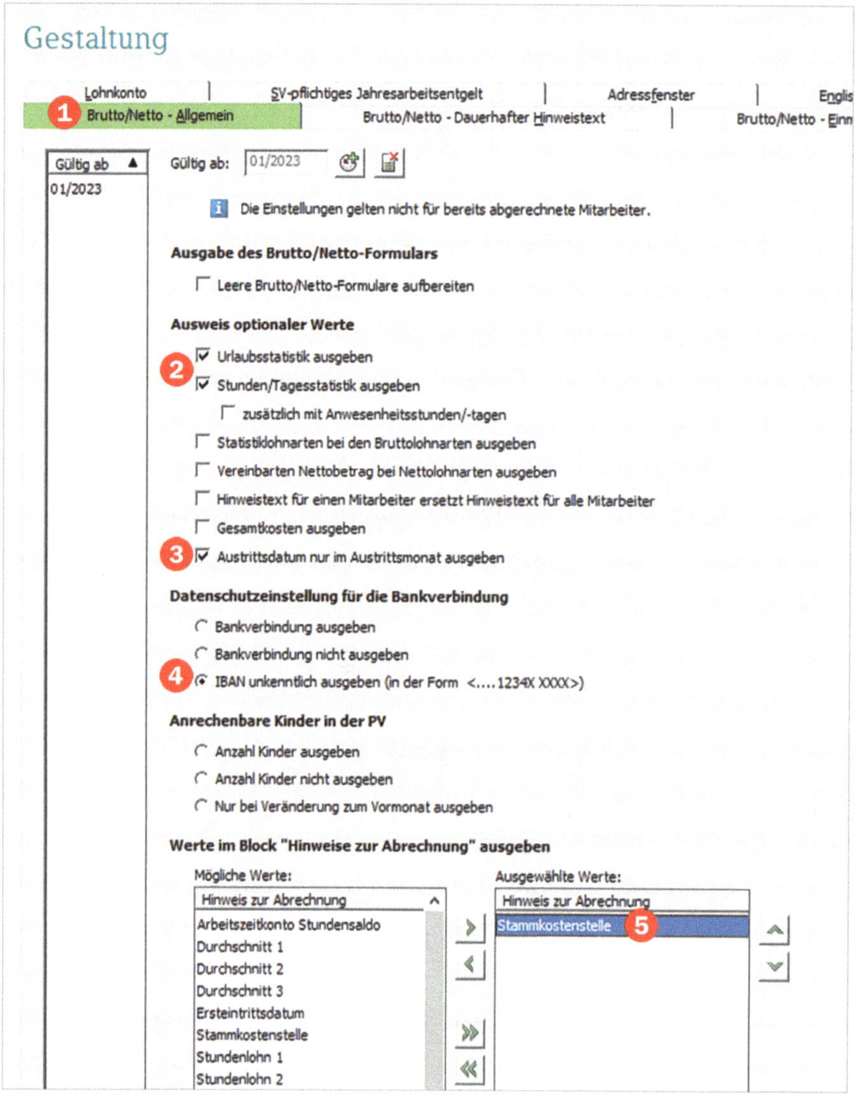

Bild 6.63 Brutto/ Netto-Formular anpassen

Über das Kontrollkästchen *Urlaubsstatistik ausgeben* werden auf dem Brutto/Netto-Formular der Mitarbeiterabrechnung der Urlaubsanspruch (Tage), der monatlich genommene Urlaub, der genommene Urlaub gesamt und der Resturlaub ausgegeben.

Über das Kontrollkästchen *StundenTagesstatistik ausgeben zusätzlich mit Anwesenheitsstunden/-tagen* werden auf dem Brutto/Netto-Formular Urlaubstage, Krankheitstage, bezahlte Fehltage, Urlaubsstunden, Krankheitsstunden, bezahlte Fehlstunden, bezahlte Stunden, Zeitlohnstunden und Überstunden ausgegeben.

3 In der Rubrik *Datenschutzeinstellung für die Bankverbindung* ist standardmäßig ausgewählt, dass die Bankverbindung auf dem Brutto/Netto-Formular ausgegeben wird (siehe Bild 6.63). Nach telefonischer Rücksprache mit dem Steuerberater sollen die Kontonummer bzw. IBAN unkenntlich ausgegeben werden. Klicken Sie auf die Option *Kontonummer IBAN unkenntlich ausgeben (in der Form <....1234XXXXX>)* ❹ (Bild 6.63).

4 Unter *Hinweise zur Abrechnung* können im Brutto/Netto-Formular vielfache Informationen zur Abrechnung erfasst werden.

Markieren Sie mit einem Klick den Eintrag *Stammkostenstelle* und klicken Sie auf die Schaltfläche *Auswählen*. Die Kostenstelle erscheint unter *Ausgewählte Werte* ❺ (Bild 6.63) und wird bei jeder Mitarbeiterabrechnung mit ausgegeben.

Hinweis: Über das Symbol *Entfernen* können Sie einen ausgewählten Wert aus der Liste löschen. Über das Symbol *Alle auswählen* können alle möglichen Werte in die Liste übernommen werden und über das Symbol *Alle entfernen* können alle ausgewählten Werte aus der Liste gelöscht werden.

Übung: Brutto-/Nettoformular anpassen

Übernehmen Sie, wie in der nachfolgenden Abbildung dargestellt, die Felder *Ersteintrittsdatum*, *Wöchentliche Arbeitszeit* und *Stundenlohn 1* in die Hinweise zur Abrechnung.

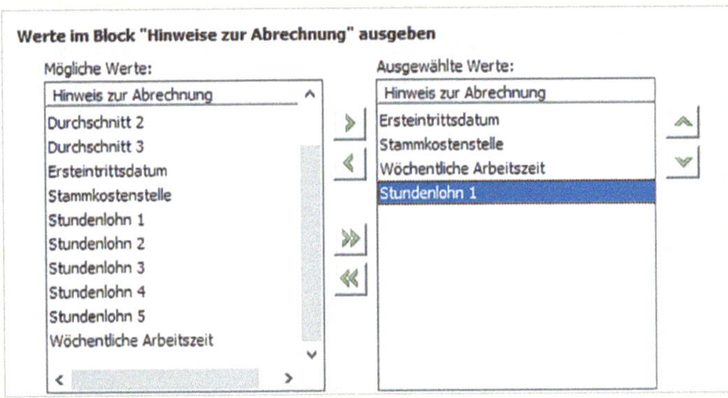

Tipp: Über die Schaltfläche *Nach oben* bzw. *Nach unten* können Sie die Reihenfolge der Felder ändern.

5 Speichern Sie zuletzt alle Einstellungen, indem Sie auf das Symbol *Fensterinhalt speichern* klicken oder wählen Sie den Menüpunkt *Mandant* ▶ *Fensterinhalt speichern*.

Die Stammdaten auf Mandantenebene zur Lohn- und Gehaltsabrechnung für die Firma Perm GmbH sind jetzt angelegt. Zum Ende dieses Kapitels sollen jetzt noch bestimmte Standardeinträge kontrolliert, Lohnarten individuell auf den Mandanten angepasst und der Mandant gesichert werden.

6.10 Prüfen von Finanzbuchhaltungsdaten

Die Konten für den späteren Buchungsbeleg für die Finanzbuchführung sollen jetzt kontrolliert werden. Dazu gehen Sie wie folgt vor:

Lohnbuchhaltungskonten

Wählen Sie den Menüpunkt *Erfassen* ▶ *Mandantendaten* ▶ *Finanzbuchführung* ▶ *Kontenverwaltung* oder klicken Sie in der Übersicht im Ordner *Finanzbuchführung* doppelt auf den Eintrag *Kontenverwaltung*. Hier werden alle für die Lohnbuchhaltung relevanten FIBU - Konten angezeigt (Bild 6.64).

Bild 6.64 Kontenverwaltung

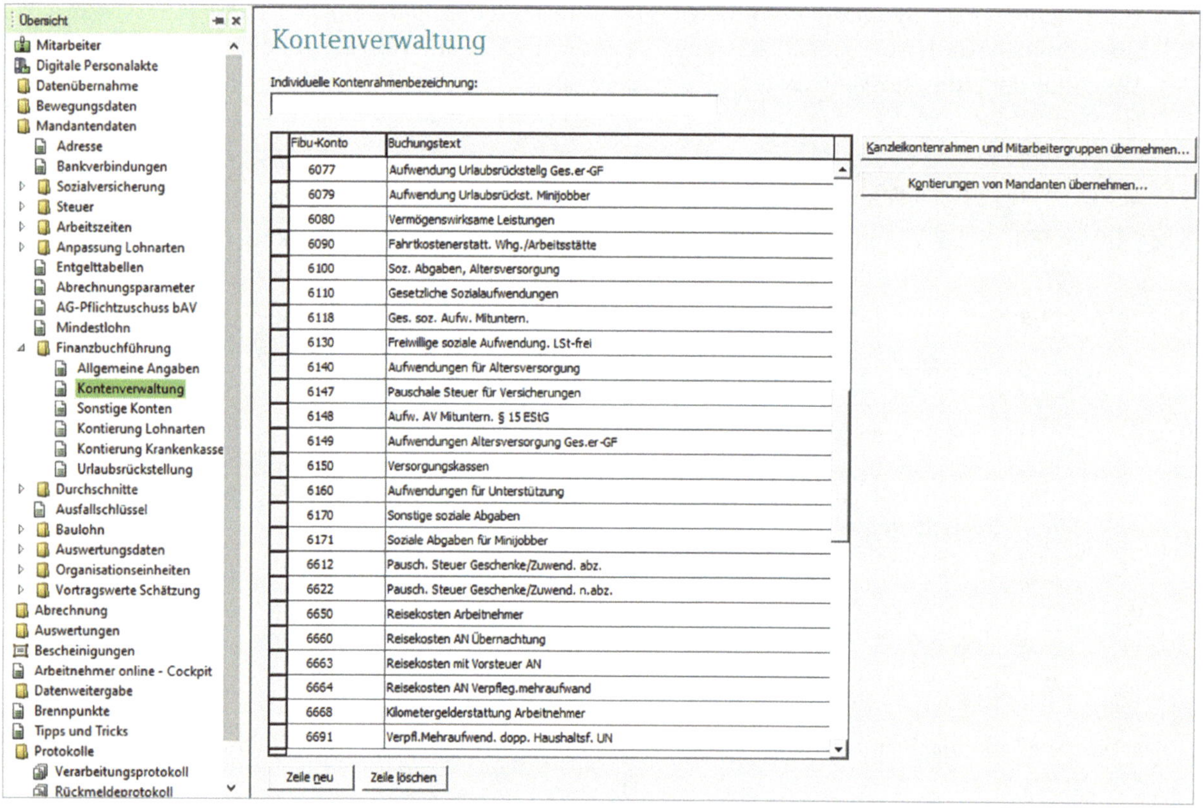

Hinweise

- Sollten Sie die FIBU-Kontenübernahme beim Anlegen des Mandanten (Seite 74) vergessen haben, können Sie über die Schaltfläche *Kanzleikontenrahmen und Mitarbeitergruppen übernehmen* die Konten und Mitarbeitergruppen nachträglich übernehmen.
- Über die Schaltfläche *Kontierungen von Mandanten übernehmen…* können Sie die den Kontenplan und die Mitarbeitergruppen von einem bereits hinterlegten Mandanten übernehmen.

Weitere FIBU-Konten

Um weitere FIBU-Konten zu prüfen, wählen Sie den Menüpunkt *Erfassen* ▶ *Mandantendaten* ▶ *Finanzbuchführung* ▶ *Sonstige Konten* oder klicken Sie in der Übersicht im Ordner *Finanzbuchführung* doppelt auf den Eintrag *Sonstige Konten*.

Zunächst werden die Verbindlichkeitskonten für die Finanzbuchhaltung im entsprechenden Register angezeigt (Bild 6.65).

Bild 6.65 Sonstige Konten - Verbindlichkeitskonten

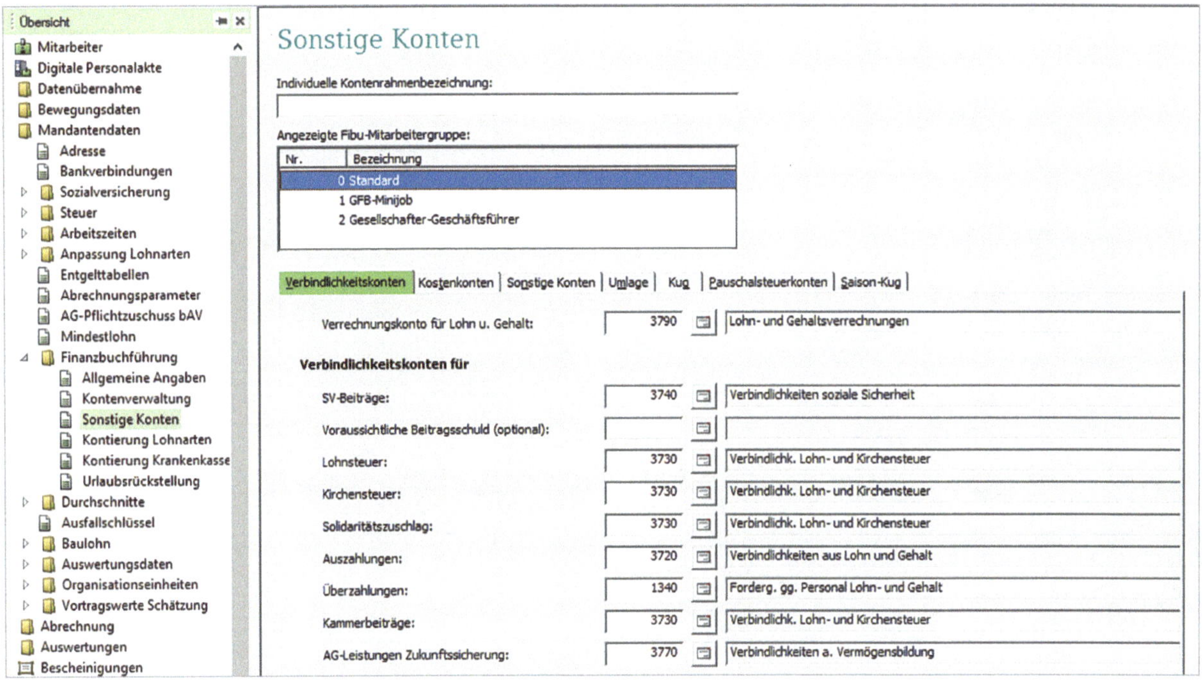

Über die Registerkarten *Kostenkonten*, *Umlage*, *Kurzarbeitergeld Kug und Pauschalsteuern* können Sie weitere Fibu-Konten für die Lohn- und Gehaltsabrechnung einsehen (Bild 6.66).

Bild 6.66 Beispiel: Register Kostenkonten

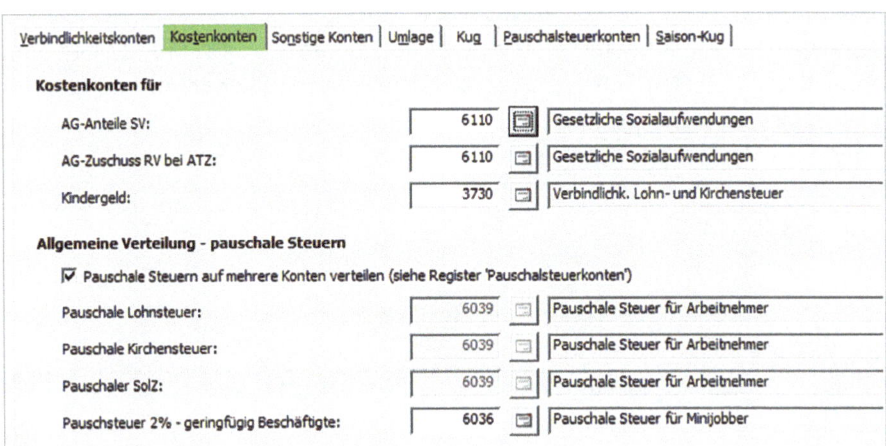

Zuordnung Lohnarten zu den FIBU-Konten

Zuletzt soll noch die Zuordnung der Lohnarten zu den FIBU-Konten geprüft werden. Klicken Sie auf den Menüpunkt *Erfassen* ▶ *Mandantendaten* ▶ *Finanzbuchführung* ▶ *Kontierung Lohnarten* oder klicken Sie in der Übersicht im Ordner *Finanzbuchführung* doppelt auf den Eintrag *Kontierung Lohnarten*. Es werden Ihnen alle Lohnarten und die entsprechende FIBU-Kontierung angezeigt (Bild 6.67).

Bild 6.67 Kontierung Lohnarten prüfen

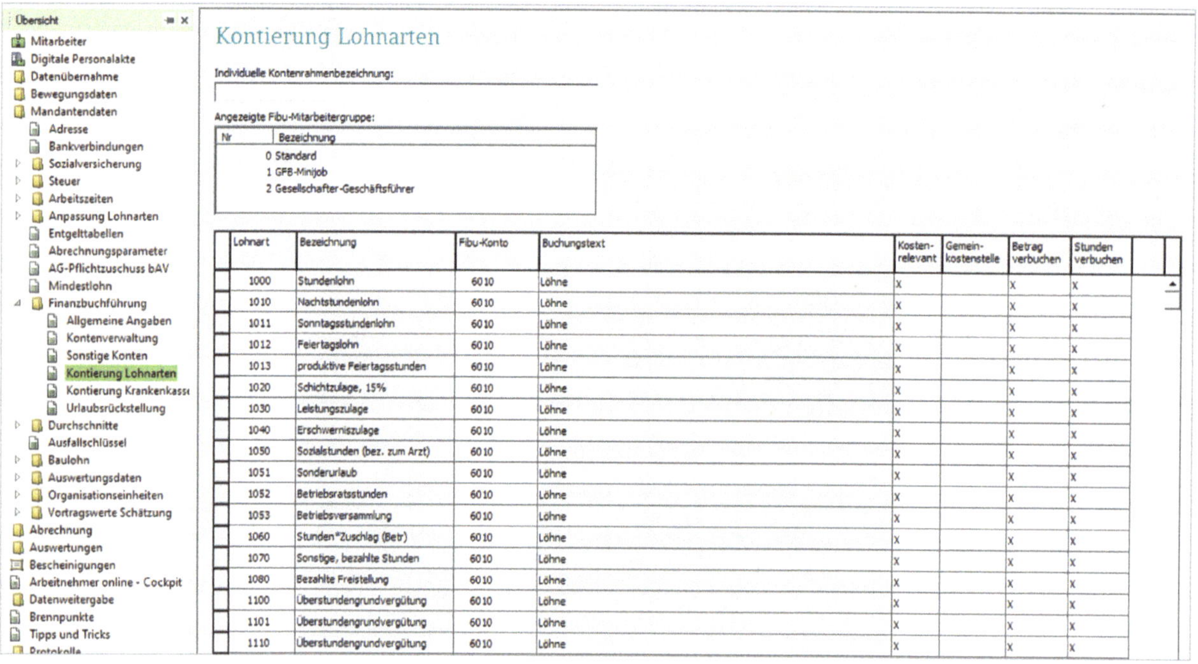

FIBU-Konten Krankenkassen

Über den Befehl *Erfassen* ▶ *Mandantendaten* ▶ *Finanzbuchführung* ▶ *Kontierung Krankenkasse* können für jede Krankenkasse individuelle Buchungstexte und FIBU - Konten hinterlegt werden. Im Buchungsbeleg werden dann die Krankenkassen später getrennt aufgeführt. Dies ist vor allem für Abstimmzwecke sehr hilfreich.

Bild 6.68 FIBU-Konten Krankenkassen

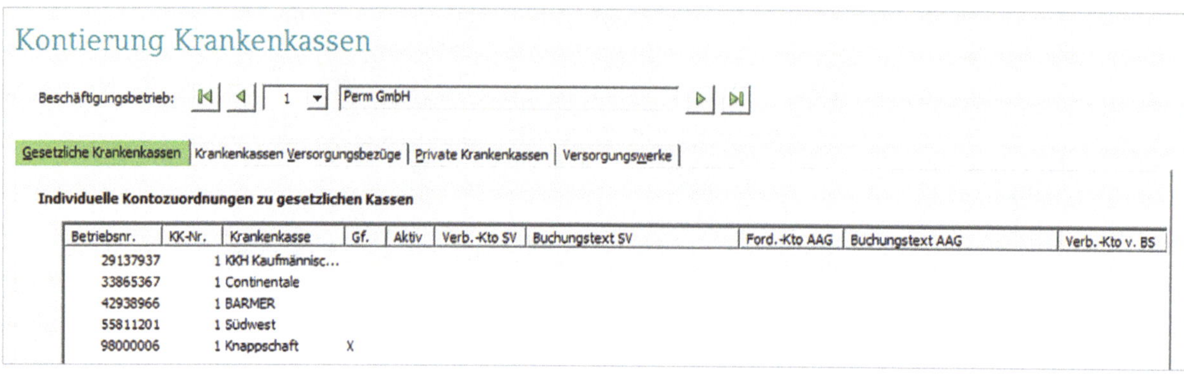

Übung: Prüfen von Finanzbuchhaltungskonten

Die Lösungen finden Sie im Lösungsbuch

Geben Sie die folgenden Konten an.

Frage 1

? Welches FIBU- Konto wird für die Auszahlung der Verbindlichkeiten aus Lohn und Gehalt genutzt?

....

Frage 2

? Welches Fibu-Konto wird für die Lohnart Erschwerniszulage genutzt?

....

Frage 3

? Welches Fibu-Konto wird für pauschale Lohnsteuern für geringfügig Beschäftigte benutzt?

....

6.11 Prüfen der Umrechnungsformeln bei Teilmonaten

Um die Umrechnungsformel bei Teilmonaten zu überprüfen, wählen Sie den Menüpunkt *Erfassen* ▶ *Mandantendaten* ▶ *Abrechnungsparameter* oder klicken Sie in der Übersicht im Ordner *Mandantendaten* doppelt auf das Symbol *Abrechnungsparameter*.

Überprüfen Sie die Formel für die Teilmonatsberechnung aus den Listen *Ausfall von vollen Tagen* und *Ausfall von Stunden*. Für die Firma Perm GmbH sind die hinterlegten Standardformeln vollkommen ausreichend (Bild 6.69).

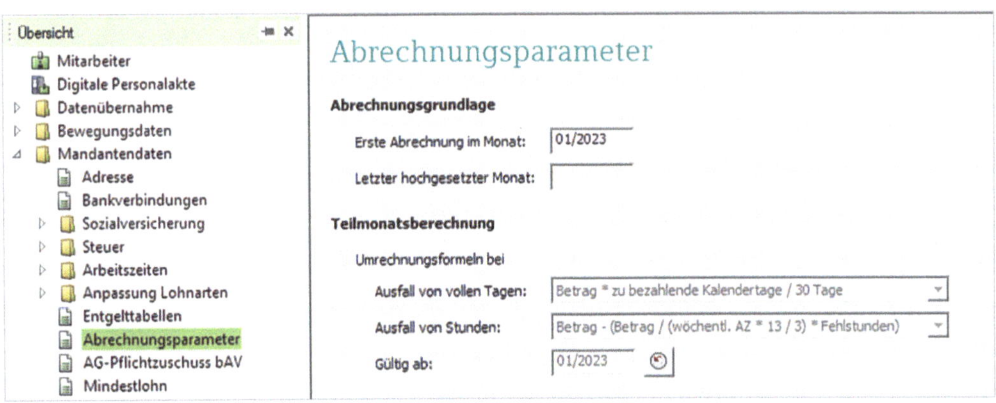

Bild 6.69 Die Standardeinstellungen zu Teilmonatsberechnungen

6.12 Lohnarten anpassen

Für jeden Mandanten (Firma) kann auf die, von DATEV vorgegebenen, Standard-Lohnarten zugegriffen werden. Diese Lohnarten decken alle gängigen Abrechnungsfälle ab. Darüber hinaus haben Sie auf der Mandantenebene (Firmenebene) die Möglichkeit, die Lohnarten auf den Mandanten bezogen anzupassen. Der Name der Lohnart lässt sich somit individuell ändern.

Lohnartennamen ändern

Ausgangssituation

Herr Wichtig, unser mitwirkender Steuerberater, legt uns eine Liste mit Lohnarten vor, die für die Firma Perm angepasst werden sollen.

Er möchte, dass folgende Bezeichnungen der Lohnarten geändert werden sollen:

- Der Lohnartenname Gehalt soll in Grundgehalt geändert werden.
- Für die Lohnart Stundenlohn soll der Lohnartenname in Stundenlohn lt. Tarif geändert werden.
- Die Lohnart Ausbildungsvergütung, kfm. soll in den Lohnartennamen Ausbildungsvergütung geändert werden.

Um den Namen der Lohnart Gehalt in Grundgehalt zu ändern, gehen Sie wie folgt vor:

1 Wählen Sie den Menüpunkt *Erfassen* ▶ *Mandantendaten* ▶ *Anpassung Lohnarten* ▶ *Lohnarten* oder klicken Sie in der Übersicht im Ordner *Anpassung Lohnarten* doppelt auf den Eintrag *Lohnarten*.

2 Klicken Sie auf das Symbol *Übersicht anzeigen* ❶. Klicken Sie danach auf den Dropdown-Pfeil des Feldes *Suchen in Spalte* ❷ und wählen Sie *Name* aus. Geben Sie im Feld *Suchen nach* ❸ den Begriff Gehalt ein und klicken auf die Schaltfläche *OK*.

Bild 6.70 Lohnart Gehalt suchen

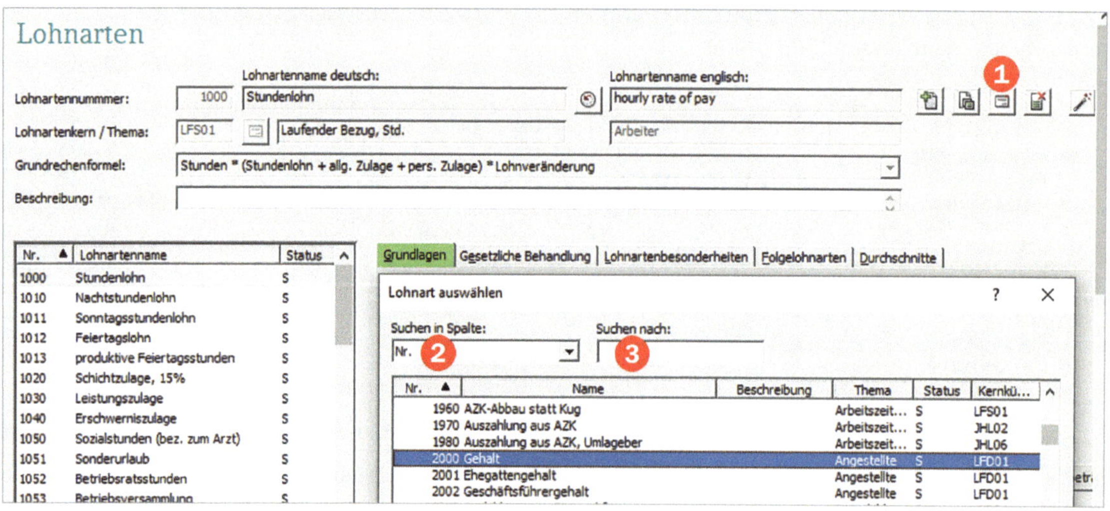

3 Die Lohnart Gehalt wird nun in der Liste der Lohnarten markiert (Bild 6.71).

4 Um die Bezeichnung zu ändern, klicken Sie auf das Symbol *Historie des Lohnartennamens* ④.

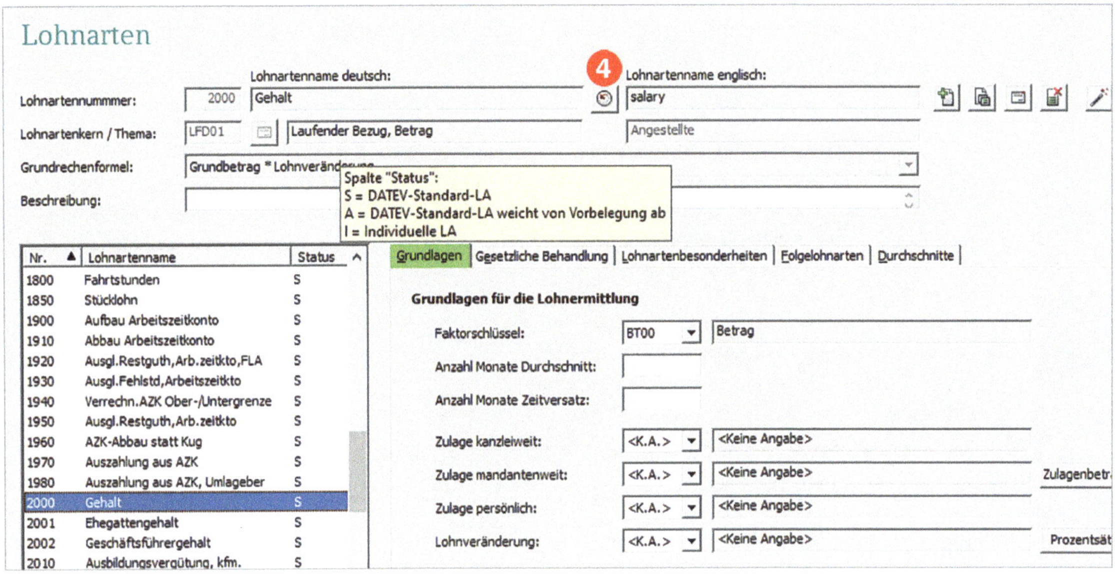

Bild 6.71 Lohnart Gehalt

5 Das Fenster *Historischer Verlauf der Lohnartennamen* wird geöffnet. Geben Sie die neue Bezeichnung Grundgehalt und im Feld *Gültig ab* 01/2023 ein ⑤ (Bild 6.72).

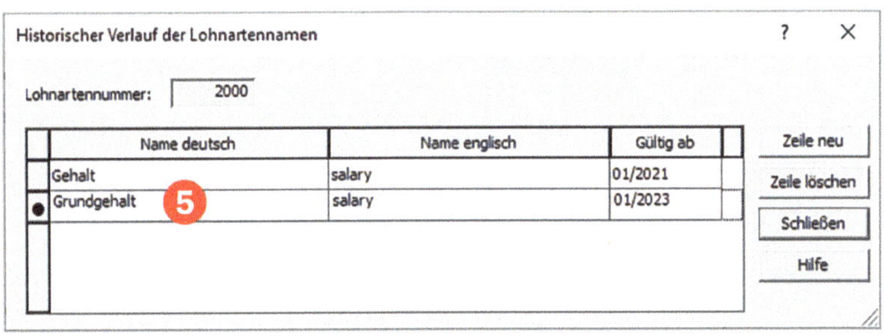

Bild 6.72 Grundgehalt

Hinweis: Im Feld *Name englisch* kann die englische Bezeichnung und im Feld *Gültig ab* das Gültigkeitsdatum angepasst werden.

6 Klicken Sie anschließend auf die Schaltfläche *Schließen*. Der Lohnartenname wurde in Grundgehalt geändert.

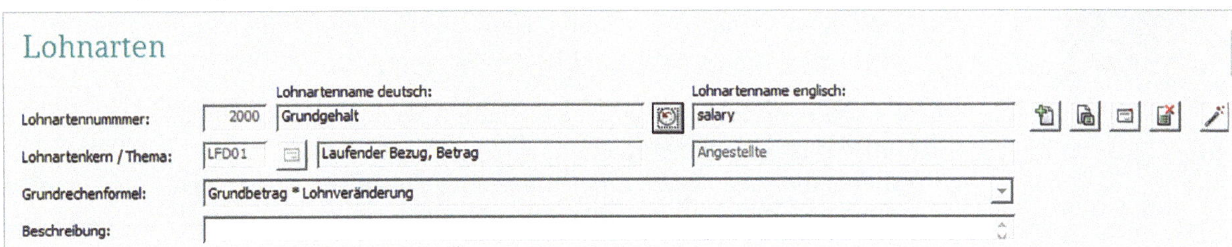

Bild 6.73 Neuer Lohnartenname

Neben dem Symbol *Übersicht anzeigen* finden Sie im Fenster *Lohnarten* noch folgende wichtige Symbole:

	Neue Lohnart anlegen
	Lohnart kopieren (empfehlenswert für neue Lohnarten, da die Eigenschaften der kopierten Lohnart übernommen werden)
	Lohnart löschen
	Assistent Lohnarten (mithilfe dieses Symbols haben Sie die Möglichkeit Lohnarten von einem anderen Mandanten oder die Standardlohnarten von der Kanzlei erneut zu übernehmen, die Lohnarten an einen anderen Mandanten zu übertragen und nicht verwendete Lohnarten zu löschen)

Übung: Lohnartennamen ändern

Die Lösungen finden Sie im Lösungsbuch

Aufgabe 1

Ändern Sie den Lohnartennamen der Lohnart Stundenlohn in Stundenlohn lt. Tarif, Gültig ab: 01/2023.

Aufgabe 2

Ändern Sie den Lohnartennamen der Lohnart Ausbildungsvergütung, kfm. in Ausbildungsvergütung, Gültig ab: 01/2023.

6.13 Mandanten am PC sichern und rücksichern

Mandanten sichern

Ein zentrales und wichtiges Element von DATEV Lohn und Gehalt comfort ist die Datensicherung. Diese Arbeitsschritte sollte man sicher beherrschen, denn sie werden in der Praxis täglich durchgeführt - mindestens jedoch vor Monatsabschlüssen und vor Jahresabschlüssen natürlich.

!

1 **Beachten Sie**: Damit ein Mandant gesichert werden kann, ist es unbedingt notwendig, den Mandanten vorher zu schließen. Dazu wählen Sie den Menüpunkt *Mandant* ▶ *Schließen* oder klicken auf das Symbol *Mandant schließen*.

Hinweis: Beim Schließen des Mandanten werden Sie automatisch aufgefordert, die hinterlegten Stammdaten im Programm DATEV Lohn und Gehalt comfort mit den zentralen Stammdaten vom DATEV Arbeitsplatz abzugleichen. Die zentralen Daten werden anschließend in den zentralen Mandantendaten Perm GmbH im DATEV Arbeitsplatz eingetragen.

2 Aktivieren Sie das Kontrollkästchen *Lohn und Gehalt* ❶ und bestätigen Sie anschließend den Abgleich, indem Sie auf die Schaltfläche *OK* klicken.

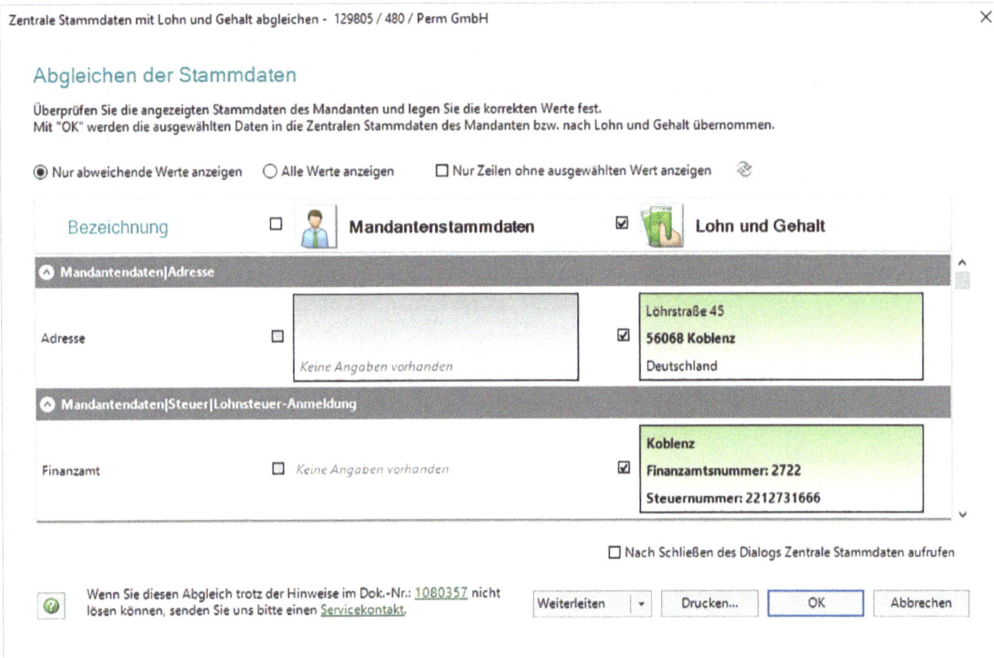

Bild 6.74 Zentrale Stammdaten mit Lohn und Gehalt abgleichen

3 Im nächsten Schritt klicken Sie auf den Menüpunkt *Mandant* ▶ *Mandanten-Manager…*.. Der Mandanten-Manager mit dem Mandanten Perm wird geöffnet.

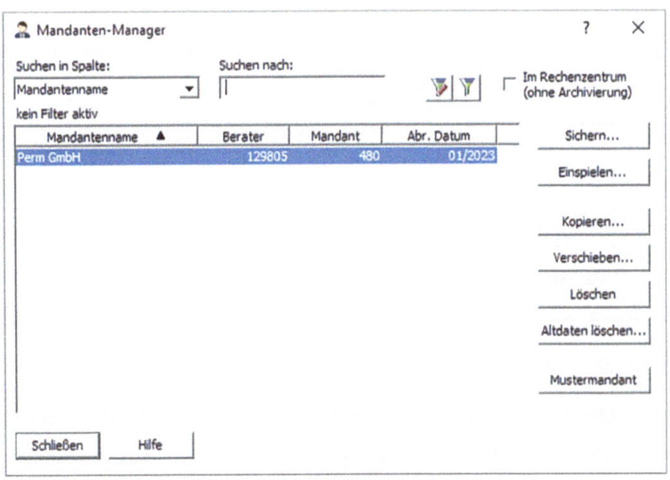

Bild 6.75 Mandanten-Manager: Sichern

4 Klicken Sie auf den Mandanten Perm GmbH und anschließend auf die Schaltfläche *Sichern*. Das Dialogfenster *Mandanten sichern* wird angezeigt.

5 Im Feld *Name* geben Sie den Namen der Sicherung ein sowie optional darunter eine Beschreibung (Bild 6.76).

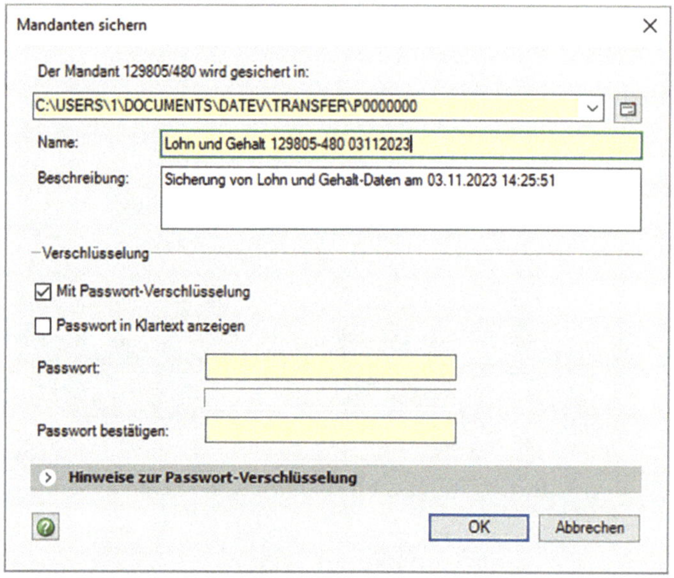

Bild 6.76 Mandanten sichern: Speicherort wählen und Passworteingabe

6 Über das Symbol *Ordner suchen* können Sie einen anderen Speicherort wählen. Wählen Sie in unserem Fall als Speicherort den Ordner *Eigene Dokumente* auf der Festplatte.

Optional können Sie eine Verschlüsselung der Daten mit Passwort festlegen. Geben Sie dazu im Feld *Passwort* ein Passwort für die Sicherung ein, dieses müssen Sie im Feld *Passwort bestätigen* ein zweites Mal eingeben. Möchten Sie keine Passwort-Verschlüsselung durchführen, dann deaktivieren Sie das Kontrollkästchen *Mit Passwort-Verschlüsselung*.

Hinweis: Über das Kontrollkästchen *Passwort in Klartext anzeigen*, wird Ihnen das Passwort während der Eingabe angezeigt.

7 Für unseren Übungsfall ist die Vergabe des Passwortes bei der Sicherung nicht notwendig, in der Praxis ist dies jedoch durchaus üblich. Deaktivieren Sie das Kontrollkästchen *Mit Passwort-Verschlüsselung* und klicken anschließend auf die Schaltfläche *OK*.

Hinweise zum Speicherort

- Im angegebenen Ordner bzw. am angegebenen Speicherort wird eine Datei mit der Dateinamenerweiterung *.dvsdpws gespeichert. Diese Datei wird beim Rücksichern wieder eingespielt.
- Die Speicherung sollte möglichst auf einem externen Datenträger erfolgen. Als Speicherort kann zwar auch ein beliebiger Speicherort auf der Festplatte angegeben werden, die Sicherungsdateien sollten aber dann in der Praxis auf einen externen Datenträger kopiert bzw. gebrannt werden.

8 Klicken Sie anschließend auf die Schaltfläche *Schließen*.

Mandanten rücksichern

In der Praxis sichern Sie die Daten eines Mandanten zurück, wenn Daten zerstört wurden oder Sie einen bestimmten Datenstand rücksichern wollen. Das Rücksichern von Mandanten wird in Lohn und Gehalt als „Einspielen" bezeichnet. Bei der Rücksicherung gehen Sie wie folgt vor:

1 Rufen Sie über den Menüpunkt *Mandant* ▶ *Mandanten-Manager...* den Mandanten-Manager auf.

2 Markieren Sie im *Mandanten-Manager* per Mausklick den Mandanten und klicken Sie auf die Schaltfläche *Einspielen...* (Bild 6.77).

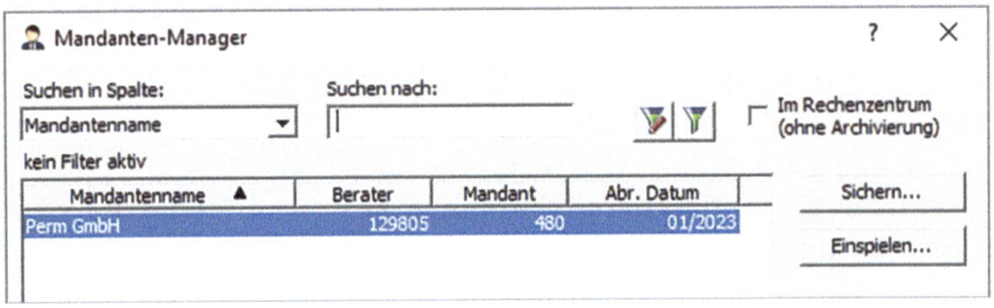

Bild 6.77 Mandanten-Manager: Einspielen

3 Wählen Sie anschließend im Fenster *Mandanten einspielen* (Bild 6.78) den Mandanten 480 Perm GmbH im entsprechenden Datenpfad bzw. Sicherungsverzeichnis aus und klicken Sie auf die Schaltfläche *Einspielen*.

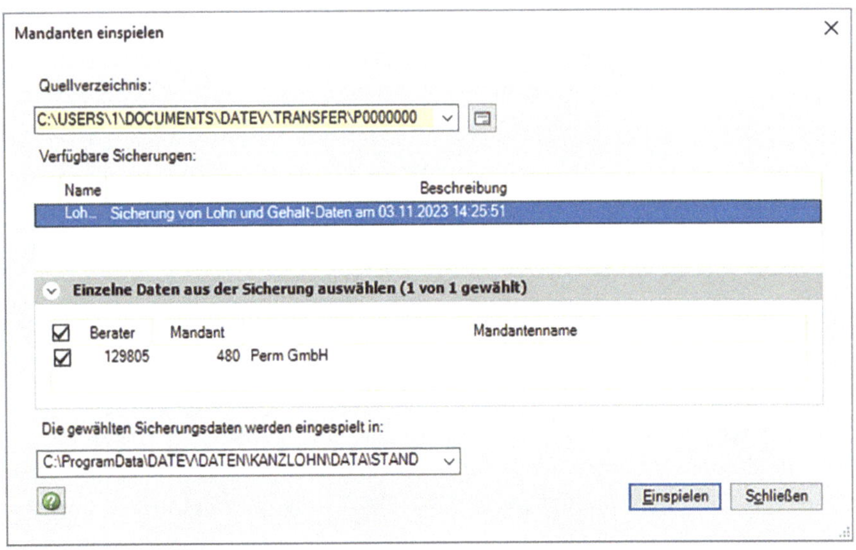

Bild 6.78 Mandanten einspielen: Sicherungsauftrag auswählen

4 Beim Einspielen wird der bestehende Datenbestand überschrieben. Sie erhalten daher einen Hinweis, den Sie mit der Schaltfläche *Ja* bestätigen (Bild 6.79). Anschließend erscheint eine Fortschrittsanzeige und zuletzt eine Meldung über die erfolgte Rücksicherung, die Sie mit *OK* bestätigen.

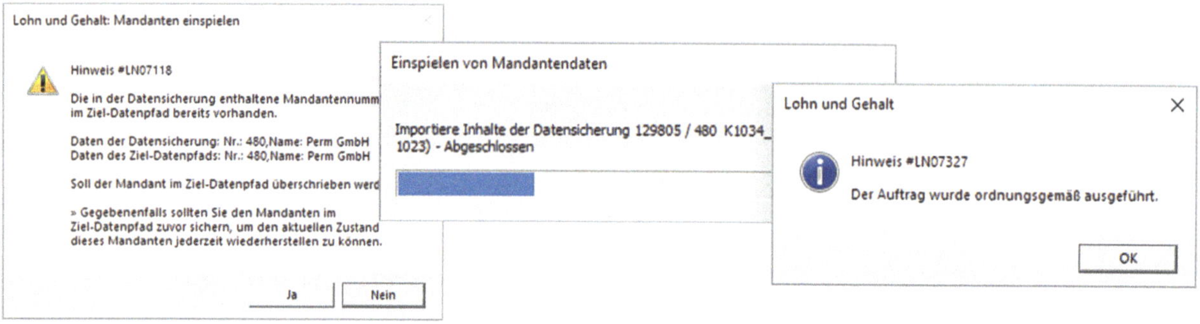

Bild 6.79 Meldungen Rücksicherung

Mandantenverwaltung

Der Mandanten-Manager bietet Ihnen nicht nur die Möglichkeit der Sicherung und der Rücksicherung, sondern auch zusätzliche Möglichkeiten, wie z. B. Kopieren, Löschen und Verschieben, über die entsprechenden Schaltflächen an.

Bild 6.80 Mandanten-Manager: Weitere Möglichkeiten

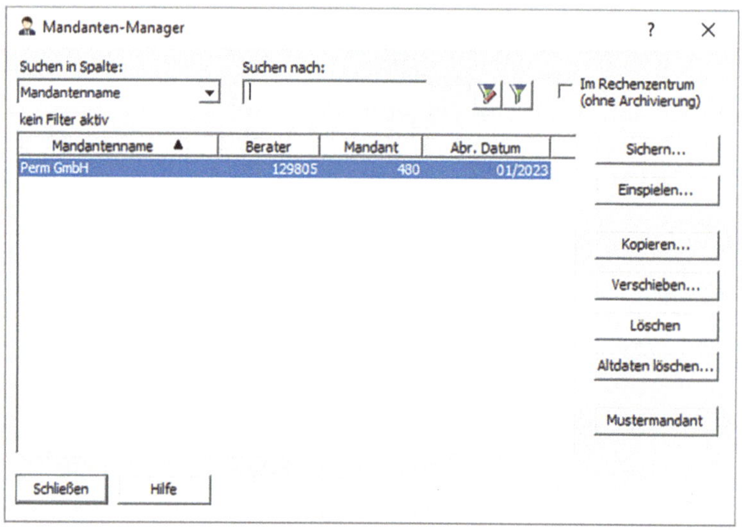

- **Kopieren oder Verschieben**
  Die Schaltflächen *Kopieren...* und *Verschieben...* kopieren bzw. verschieben den markierten Mandanten in eine andere Datenbank. Dazu müssen folgende Voraussetzungen erfüllt sein:
  - Das Kontrollkästchen *Rechenzentrum* muss deaktiviert sein.
  - Der Ziel-Datenbankpfad, in den Sie Mandanten kopieren oder verschieben möchten, muss auf Kanzleiebene im Dialogfenster *Auswahl des Datenbankpfades* vorhanden sein.
- **Löschen**
  Die Schaltfläche *Löschen* löscht den ausgewählten Mandanten. Dazu muss das Kontrollkästchen *Rechenzentrum* deaktiviert sein.

- **Altdaten löschen**
  Die Schaltfläche *Altdaten löschen...* öffnet das Dialogfenster *Altdaten löschen*. Dort legen Sie das Jahr fest, bis zu dem die Altdatenbestände (Personaldaten, Bewegungsdaten, Abrechnungsergebnisse usw.) des gewählten Mandanten gelöscht werden sollen. Außerdem können Sie die Personaldaten der Mitarbeiter löschen, die seit dem gewählten Jahr nicht mehr abgerechnet wurden.

  Damit die Altdatenbestände gelöscht werden können, muss das Kontrollkästchen *Rechenzentrum* deaktiviert sein.

- **Mustermandant einspielen**
  Über die Schaltfläche *Mustermandant* können Sie einen standardmäßig hinterlegten Beispielmandanten einspielen.

Übung: Datensicherung

Aufgabe 1

Spielen Sie den Mustermandanten ein.

Aufgabe 2

Öffnen Sie den Mustermandanten „Musterfirma“ und prüfen Sie in den Firmenstammdaten, welche Unfallversicherung für diesen Mandanten hinterlegt ist.

....

Aufgabe 3

Schließen Sie anschließend den Mandanten.

Die Lösung zu Aufgabe 2 finden Sie im Lösungsbuch

6.14 Wiederholungsübungen Mandantenstammdaten

Nachdem unser Übungsmandant mit den kompletten Stammdaten angelegt wurde, soll in einer Wiederholungsübung das Anlegen eines zweiten Mandanten mit den zugehörigen Stammdaten wiederholt und geübt werden. Dies ist notwendig, um den Lernerfolg zu steigern. Das Anlegen eines Mandanten und dessen Stammdaten werden später in diesem Lehrbuch nicht nochmals behandelt.

Die Lösungen finden Sie im Lösungsbuch

Übung Nr. 1

Legen Sie im DATEV Arbeitsplatz im Arbeitsblatt *Lohnabrechnung* die nachfolgende Firma mit folgenden zentralen Mandantendaten neu an.

Zentrale Mandantennummer	630
Mandantentyp	Unternehmen
Mandant seit	01.01.2024
Unternehmensname	Halbach GbR
Unternehmensform	Gesellschaft des bürgerlichen Rechts
Leistung	Lohnabrechnung für das Jahr 2024
Beraternummer	129805

Übung Nr. 2

Institutionen Krankenkassen prüfen

Prüfen Sie, ob folgende Krankenkassen in den Institutionen hinterlegt sind:

Aufgabe 1

Bezeichnung	Debeka
Betriebsnummer	52156763

Aufgabe 2

Bezeichnung	DAK Gesundheit
Betriebsnummer	48698890

Übung Nr. 3

Aufgabe 1

Klicken Sie im Arbeitsblatt *Lohnabrechnung* auf den Mandanten Halbach GbR und starten Sie anschließend über den Link *Lohn und Gehalt 2024 starten* das Programm *DATEV Lohn und Gehalt comfort*.

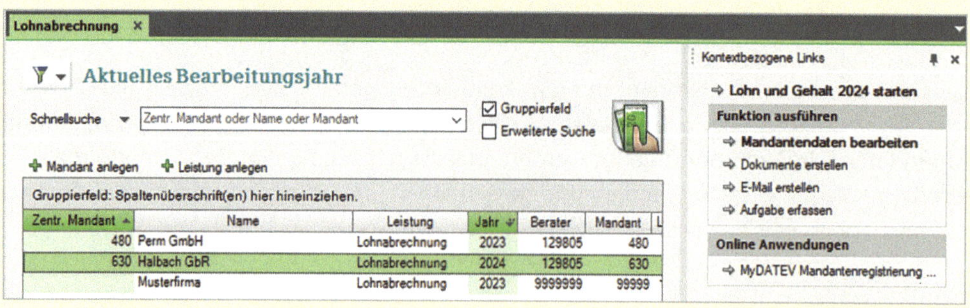

Aufgabe 2

- Geben Sie den Abrechnungsmonat und die Angaben für die Übernahme des Kanzleikontenrahmens wie folgt an:
  Erster Abrechnungsmonat: 01/2024
  FIBU - Kontenrahmen DATEV SKR03
- Aktivieren Sie darüber hinaus die Option *Alle DATEV-Standardlohnarten*.

Übung Nr. 4

- Die Mandantenadressdaten und die Bankverbindung sind nach den folgenden Vorgaben anzulegen:

Adressdaten	
Unternehmensgegenstand	Großhandel
Anschrift	Seehauser Landstraße 17 B, 28197 Bremen
Ansprechpartner Mandant	Herr Peter Halbach
E-Mail Adresse	p.halbach@halbach.com
Telefon	0421 9521520
Ansprechpartner Lohnabrechnung	Frau Stefanie Neubert
E-Mail-Adresse	s.neubert@halbach.com
Telefon	0421 9521528
Bankdaten	
Bankbezeichnung	Sparkasse Bremen
IBAN	DE79 2905 0101 0001 0065 43
BIC	SBREDE22XXX
Zahlungserstellung	
Standard-Bankverbindung	Sparkasse Bremen
Allgemeine Zahlungsarten	
Lohn-/Gehalts, Abschlagszahlung	SEPA-Überweisung
Vermögenswirksame Leistungen	Barzahlung / Einzug
Individuelle Zahlungen	SEPA-Überweisung
Sonstige Zahlungen (Institutionen)	Barzahlung / Einzug
Erstattungsbeiträge U1/U2	
Überweisung durch Krankenkasse	über Sparkasse Bremen

Übung Nr. 5

Legen Sie im nächsten Schritt die Stammdaten „allgemeine Sozialversicherungsdaten“ an.

Sozialversicherungsdaten Halbach GbR:

Betriebsnummer (lt. BA)	51857309	ab 01/2024
SV-Meldungen gem. DEÜV	VOLL_DEÜV	
Betriebsnummer Abrechnungsstelle	51857309	ab 01/2024
Umlagepflichtig	Umlage U1 und U2 ab 01/2024	

Übung Nr. 6

Hinterlegen Sie die Krankenkassen wie in folgender Tabelle:

Krankenkasse	Betriebsnummer	KK-Nr.	Beitrags-konto-Nr.	Umlagesatz
Debeka	52156763	1	52362/52	U1_1
DAK Gesundheit	48698890	1	HB12563/14	U1_1

Denken Sie bitte daran, dass Sie bei allen Kassen die Teilnahme an der Datenübermittlung für Beitragsnachweise zu aktivieren.

Übung Nr. 7

Hinterlegen Sie die Berufsgenossenschaft BGHW für den Mandanten Halbach OHG wie folgt:

Berufsgenossenschaft	Berufsgenossenschaft BGHW
Unternehmensnummer	1234 1234 1234 001
Mitgliedsnummer	5211-10155
PIN	20300
Strukturschlüssel	02 Drogerie/Textil/Haushalt/Sport/Metallkurzwaren
Gültigkeitszeitraum Mitgliedschaft	01/2024
Verfahren zur Stundenermittlung	Stunden anhand d. Vollarbeiterrichtwertes
Betriebsnummer des lohnverantwortenden Beschäftigungsbetriebs	51857309
Kontrollkästchen	*Stammdaten sofort senden* deaktivieren

Übung Nr. 8

Als Steuerdaten der Firma Halbach OHG sind folgende Daten zu erfassen.

Bundesland	Bremen
Datenübermittlung Teilnahme	aktivieren
Lohnsteuerjahresausgleich	keine
Finanzamt	Bremen
Steuernummer	06012806173
Zeitraum Lohnsteuer-Anmeldung	monatlich

Übung Nr. 9

Geben Sie die Arbeitszeiten, den Urlaubsanspruch und die zusätzlichen Feiertage für das Bundesland wie folgt an:

Wöchentliche Arbeitszeit	42 Stunden
Tägliche Arbeitszeit Mo – Sa	7 Stunden
Grundurlaubsanspruch pro Jahr	30 Tage
Relevante Feiertage	Reformationsfest (31.10.)
AU-Bescheinigung	ab 1. Krankheitstag

Übung Nr. 10

Hinterlegen Sie über die Auswertungsdaten Gestaltung, Register Lohnkonto die nachfolgenden Bearbeitungsvorschriften für den Mandanten Halbach GbR.

Urlaubsstatistik erstellen	aktivieren
Stunden-/Tagesstatistik erstellen	aktivieren

Übung Nr. 11

Sichern Sie abschließend den Mandanten Halbach GbR.

7 Mitarbeiterstammdaten

In diesem Kapitel erfahren Sie, ...

- wie Sie Mitarbeiter auf Mandantenebene neu anlegen und zwischen Mitarbeiter- und Mandantenebene wechseln,
- welche Möglichkeiten die Mitarbeiterübersicht bietet,
- wie personenrelevante Stammdaten und Angaben zur Tätigkeit hinterlegt werden,
- wie Sie Sozialversicherungsdaten und Krankenkasse des Mitarbeiters hinterlegen,
- wie die Steuerdaten des Mitarbeiters erfasst werden,
- wie Arbeitszeit und Urlaub von Mitarbeitern eingegeben werden,
- wie Sie Entlohnungsdaten und vermögenswirksame Leistungen hinterlegen,
- wie Sie Mitarbeiter über die Schnellerfassung hinterlegen und Mitarbeiterstammdaten ausdrucken.

Auf der Mitarbeiterebene im Programm DATEV Lohn und Gehalt comfort sind alle Stammdaten für den Arbeitnehmer zu erfassen.

Ausgangssituation

Die Firma Perm GmbH beschäftigt sechs Mitarbeiter: Zwei kaufm. Angestellte, zwei gewerbliche Arbeitnehmer, einen Auszubildenden und eine Aushilfe auf 520 Euro Basis. Die Stammdaten der Mitarbeiter sind jetzt im Programm anzulegen.

Als erster Arbeitnehmer ist Herr Walther Vogel anzulegen. Herr Vogel ist kaufm. Angestellter in der Verwaltung, folgende Grundstammdaten sind laut Herrn Wichtig - unserem mitwirkenden Steuerberater - erforderlich:

Mitarbeiternummer:	1
Familienname:	Vogel
Vorname:	Walther
Eintrittsdatum:	01.08.1998
Erster Monat der Abrechnung:	01/2023
Sozialversicherungsnummer:	50150267V495

7.1 Auf Mandantenebene Mitarbeiter neu anlegen

Um den Mitarbeiter anzulegen, gehen Sie wie nachfolgend dargestellt vor:

1. Öffnen Sie den Mandanten Perm GmbH.
2. Wählen Sie den Menüpunkt *Erfassen* ▶ *Mitarbeiter…* oder klicken Sie auf das Symbol *Mitarbeiter öffnen* oder klicken Sie in der Übersicht doppelt auf den Eintrag *Mitarbeiter*.
3. Das Dialogfenster *Mitarbeiter-Übersicht* wird geöffnet. Klicken Sie auf die Schaltfläche *Neu*, um einen neuen Mitarbeiter anzulegen (Bild 7.1).

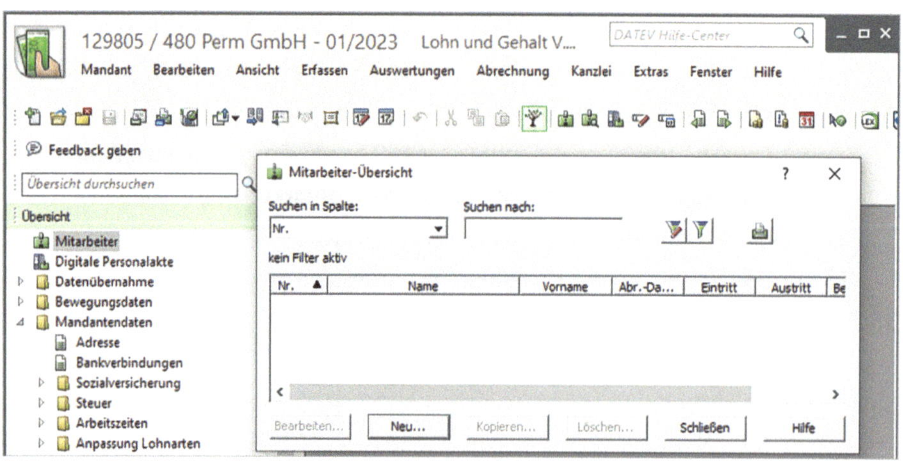

Bild 7.1 Mitarbeiter-Übersicht: Neu

Es werden Ihnen zunächst Beschäftigungsbetrieb (Perm GmbH) und die Betriebsnummer des Beschäftigungsbetriebes angezeigt. Falls der Mitarbeiter in einer Zweigniederlassung beschäftigt ist, muss diese als Beschäftigungsbetrieb ausgewählt und zugewiesen werden. In diesem Fall muss allerdings zunächst die Zweigniederlassung in den Mandantenstammdaten hinterlegt werden. In unserem Übungsfall arbeiten wir ohne Zweigniederlassungen als Beschäftigungsbetrieb.

4 Erfassen Sie die Felder *Mitarbeiternummer*, *Familienname*, *Vorname*, *Eintrittsdatum* und im Feld *Versicherungsnummer* die Sozialversicherungsnummer von Herrn Vogel wie in Bild 7.2. Als erster Monat der Abrechnung wird automatisch *01/2023* eingetragen.

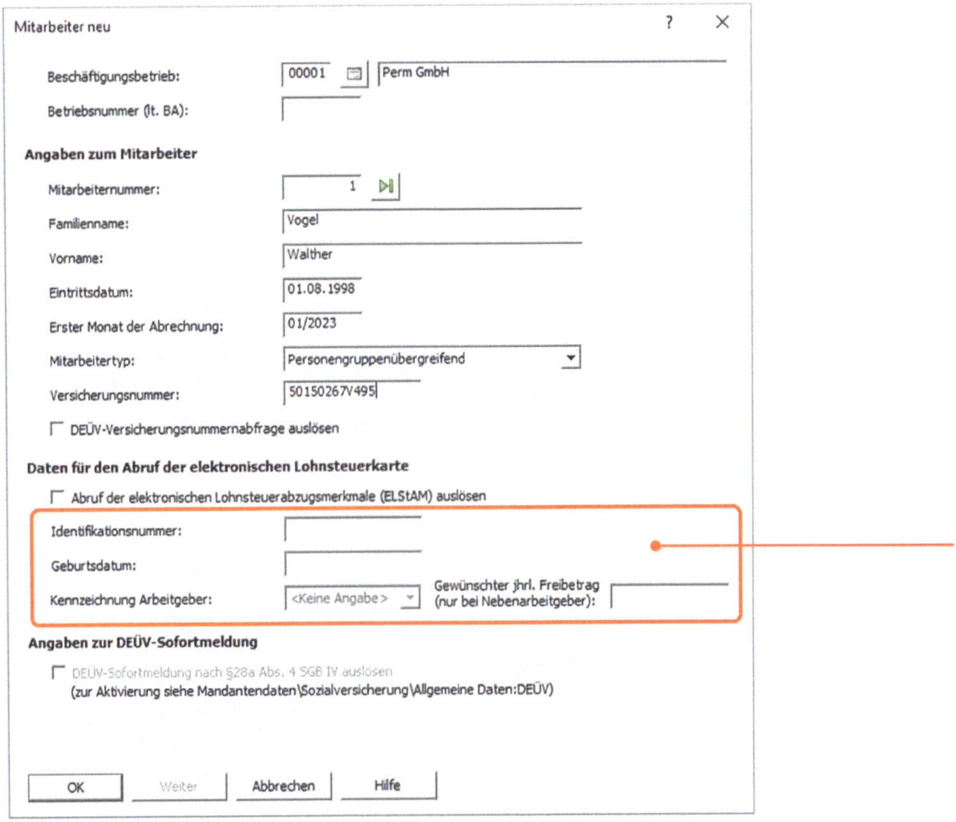

Bild 7.2 Mitarbeiter neu erfassen

Historie: Seit Januar 2013 steht Ihnen die elektronische Lohnsteuerkarte zur Verfügung. Arbeitgeber sind ab dem 01.01.2013 zur Nutzung von ELStAM (elektronische Lohnsteuerkarte) verpflichtet. Im Rahmen einer Kulanzregelung musste spätestens mit der Lohn- und Gehaltsabrechnung Dezember 2013 (gestreckte Einführung) bzw. spätestens Juni 2014 (verzögerte Anwendung) die ELStAM erstmalig abgerufen werden. Natürlich können wir in unserem Übungsfall nicht am ElStAM-Verfahren teilnehmen. Daher wird das Kontrollkästchen für die Elektronische Lohnsteuerkarte nicht aktiviert. In der Praxis ist dies allerdings erforderlich.

Über das Feld *Mitarbeitertyp* kann eine besondere Personengruppe, Geringfügig Beschäftige oder Werkstudent ausgewählt werden. Die Standardeinstellung ist natürlich eine steuer- und sozialversicherungspflichtige Beschäftigung in Form eines personengruppenübergreifenden Mitarbeitertyps.

5 Im Feld *Versicherungsnummer* geben Sie die Sozialversicherungsnummer des Mitarbeiters ein. Die Nummer entnehmen Sie dem Sozialversicherungsausweis des Mitarbeiters.

Ist die Sozialversicherungsnummer nicht bekannt, kann über das Kontrollkästchen eine DEÜV-Versicherungsnummernabfrage ausgelöst werden. In diesem Fall können für die Versicherungsnummernabfrage über die Schaltfläche *Weiter* zusätzliche Angaben wie z. B. Geburtsangaben erfasst werden.

6 Klicken Sie nach Eingabe der Daten auf die Schaltfläche *OK*. Sie erhalten anschließend ein Verarbeitungsprotokoll (Bild 7.3), dass der Mitarbeiter mit einem ersten Dienstverhältnis vorbelegt wurde. Falls es sich um ein weiteres Dienstverhältnis handelt, kann dieses über den Menübefehl *Stammdaten* ▶ *Beschäftigung* ▶ *Tätigkeit* im Register *Status* hinterlegt werden.

Bild 7.3 Protokoll Mitarbeiter mit erstem Beschäftigungsverhältnis

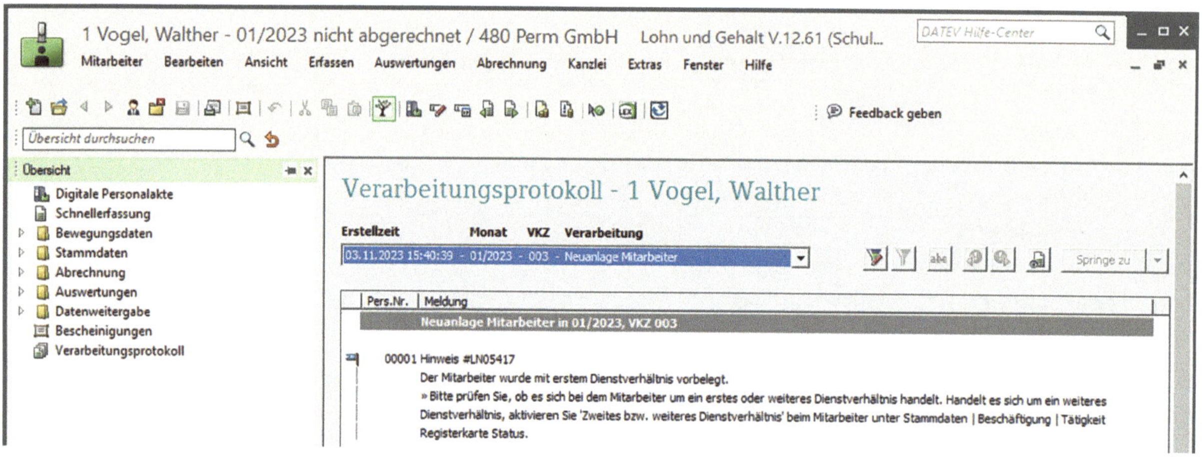

7 Schließen Sie danach das Verarbeitungsprotokoll, indem Sie auf das Symbol *Schließen* ✖ klicken.

8 Der Mitarbeiter Walther Vogel ist mit den Grundstammdaten in der Mitarbeiterebene des Programms DATEV Lohn und Gehalt comfort zum Mandanten Firma Perm GmbH angelegt. Schließen Sie die Mitarbeiterebene, indem Sie den Menüpunkt *Mitarbeiter* ▶ *Beenden* wählen.

Bild 7.4 Der erste angelegte Mitarbeiter

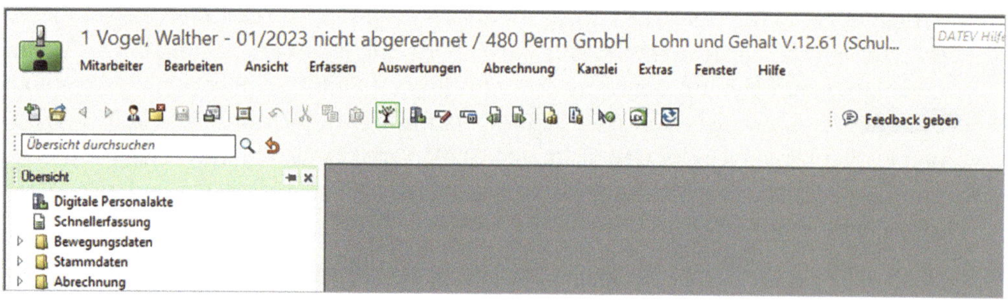

Übung: Mitarbeiter anlegen

Die Lösung zur Übung finden Sie im Lösungsbuch

Legen Sie als zweite Arbeitnehmerin Frau Sabine Müller an. Frau Müller ist kaufm. Angestellte in der Verwaltung. Folgende Grundstammdaten sind laut Herrn Wichtig - unserem mitwirkenden Steuerberater - erforderlich:

Mitarbeiternummer:	2
Familienname:	Müller
Vorname:	Sabine
Eintrittsdatum:	01.02.2006
Erster Monat der Abrechnung:	01/2023
Sozialversicherungsnummer:	58020385W525

Schließen Sie die Mitarbeiterebene und öffnen Sie die Mitarbeiter-Übersicht. Die Grundstammdaten müssen wie unten abgebildet vorliegen. Klicken Sie anschließend auf die Schaltfläche *Schließen*.

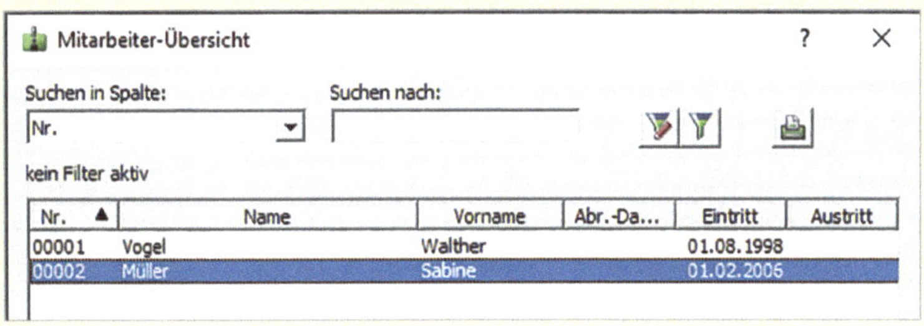

7.2 Zwischen Mitarbeiter- und Mandantenebene wechseln

In Punkt 7.1 haben Sie gelernt, wie man einen neuen Mitarbeiter aus der Mandantenebene heraus anlegt. Mandanten- und Mitarbeiterebene stehen in direktem Bezug zueinander. Ein Mitarbeiter kann natürlich auch in der Mitarbeiterebene neu angelegt werden. Dabei ist es wichtig zu wissen, wie man zwischen Mitarbeiter- und Mandantenebene wechselt, ohne die Mitarbeiterebene zu schließen.

Mitarbeiter auf Mandantenebene öffnen

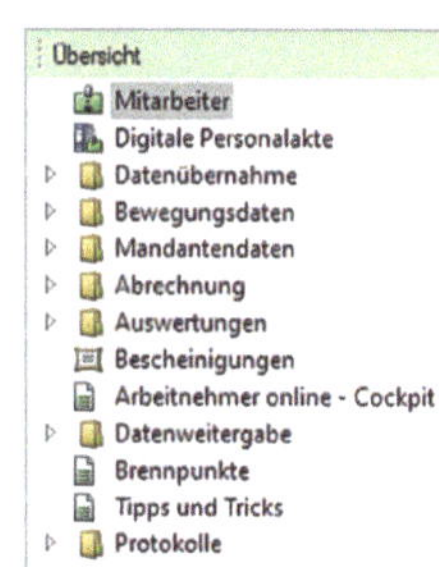

Dies soll nun am Beispiel des bereits erfassten Mitarbeiters Walther Vogel gezeigt werden. Dazu öffnen Sie zuerst den Mitarbeiter wie folgt:

1 Wählen Sie den Menüpunkt *Erfassen* ▶ *Mitarbeiter...* oder klicken Sie doppelt auf das Symbol *Mitarbeiter öffnen* oder klicken Sie in der Übersicht doppelt auf den Eintrag *Mitarbeiter*.

2 Wählen Sie in der *Mitarbeiter-Übersicht* den Mitarbeiter Walther Vogel aus und klicken Sie auf die Schaltfläche *Bearbeiten* (Bild 7.5). Alternativ können Sie einen Mitarbeiter auch per Doppelklick öffnen.

Bild 7.5 Mitarbeiter-Übersicht: Mitarbeiter öffnen

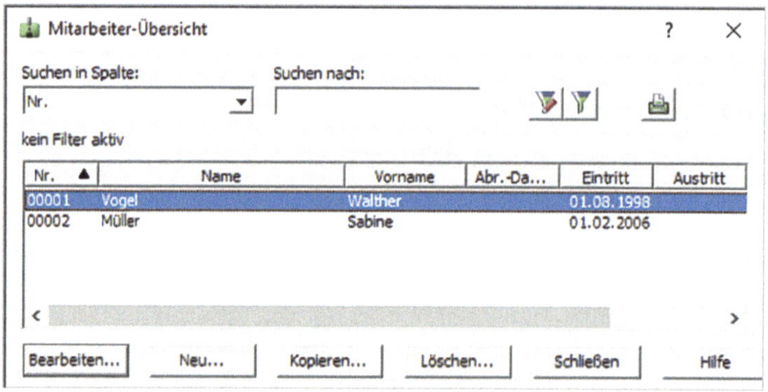

Zwischen Mitarbeiter- und Mandantenebene wechseln

Die Taskleiste verwenden

Der Mitarbeiter Walther Vogel wird in der Mitarbeiterebene von DATEV Lohn und Gehalt comfort geöffnet. In der Taskleiste von Windows sehen Sie, dass der DATEV Arbeitsplatz, die Mandantenebene und die Mitarbeiterebene geöffnet sind (Bild 7.6). Mit Klick auf das entsprechende Symbol (siehe Tabelle unten) wird zur jeweiligen Ebene gewechselt. Alternativ können Sie auch mit den Tastenkombinationen Alt+Tab bzw. Windows Taste+Tab zwischen den Programmen wechseln.

Bild 7.6 Taskleiste mit den geöffneten Programmen (Windows 10)

	DATEV Arbeitsplatz
	Mandantenebene: DATEV Lohn und Gehalt comfort, hier der Mandant Perm GmbH, siehe Bild 7.8.
	Mitarbeiterebene: DATEV Lohn und Gehalt comfort, Mandant Perm GmbH, Mitarbeiter Walther Vogel, siehe Bild 7.7.

Wechseln Sie mit Klick auf die Symbole der Taskleiste zwischen der Mandantenebene Perm GmbH und der Mitarbeiterebene von Herrn Walther Vogel.

Menübefehle und Symbole verwenden

In der Mitarbeiterebene (Bild 7.7) können Sie über Menübefehle bzw. Symbole ebenfalls zur Mandantenübersicht wechseln.

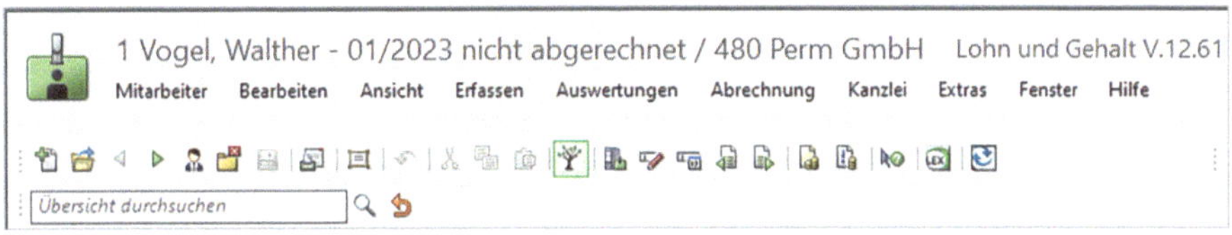

Bild 7.7 Mitarbeiterebene

Wählen Sie in der Mitarbeiterebene von Herrn Vogel den Menüpunkt *Mitarbeiter* ▶ *Zum Mandanten wechseln* oder klicken Sie auf das Symbol *Zum Mandanten wechseln*. Es wird die Mandantenebene der Firma Perm GmbH geöffnet (Bild 7.8).

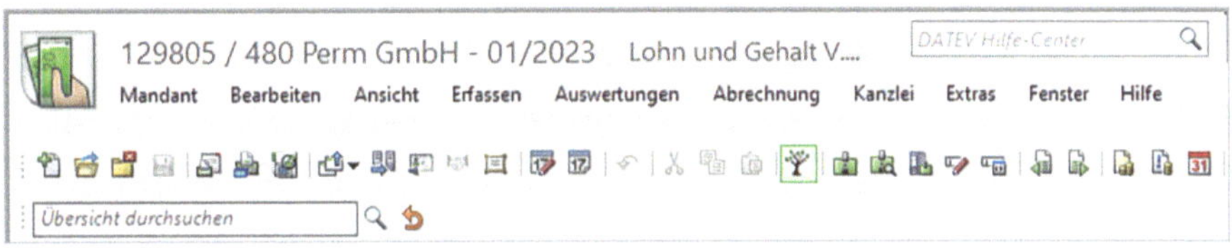

Bild 7.8 Mandantenebene

Hinweis: Falls das Fenster minimiert bzw. als inaktives Fenster im Hintergrund geöffnet werden sollte, erkennen Sie dies am blinkenden Symbol in der Taskleiste. Klicken Sie dann einfach auf das Symbol.

Übung: Wechseln zwischen Mitarbeiter- und Mandantenebene

- Schließen Sie die Mitarbeiterebene.
- Öffnen Sie aus der Mandantenebene die Mitarbeiterin Sabine Müller.
- Wechseln Sie anschließend wieder zur Mandantenebene.
- Öffnen Sie jetzt den Mitarbeiter Walther Vogel.
- Schließen Sie die Mitarbeiterebene von Herrn Walther Vogel.
- Schließen Sie die Mitarbeiterebene von Frau Sabine Müller.

Zwischen Mitarbeitern wechseln

Genauso wie Sie zwischen Mitarbeiter- und Mandantenebene wechseln können, kann in der Mitarbeiterebene zwischen den Mitarbeitern gewechselt werden. Dies soll nun am Beispiel der beiden bereits angelegten Mitarbeiter gezeigt werden.

1. Öffnen Sie aus der Mandantenebene die Mitarbeiterin Frau Sabine Müller.
2. Wählen Sie den Menüpunkt *Mitarbeiter* ▶ *Vorheriger Mitarbeiter* oder klicken Sie auf das Symbol *Vorheriger Mitarbeiter anzeigen* (Bild 7.9) oder drücken Sie die Tastenkombination Strg+Umschalt+F8. Das Programm wechselt sofort zum vorherigen Mitarbeiter, in unserem Fall Herrn Walther Vogel.

3 Um zur Mitarbeiterebene von Frau Müller zurückzukehren, wählen Sie den Menüpunkt *Mitarbeiter* ▶ *Nächster Mitarbeiter* oder klicken Sie auf das Symbol *Nächster Mitarbeiter anzeigen* ▷ ❶ (Bild 7.9) oder drücken Sie die Tastenkombination Strg+F8. Den vorherigen Mitarbeiter zeigen Sie mit dem Symbol *Vorheriger Mitarbeiter* ❷ an.

Alternativen

Sie können einen Mitarbeiter aus der Mitarbeiterebene auch wie folgt öffnen:

- Über den Menüpunkt *Mitarbeiter* ▶ *Öffnen…*
- oder über das Symbol *Mitarbeiter öffnen*
- oder die Tastenkombination Strg + O.
- Alternativ auch über die Schnellstartmöglichkeit, Menüpunkt *Mitarbeiter* (Bild 7.10). Über den Menüpunkt *Extras* ▶ *Einstellungen* können Sie die Anzeige bis auf max. 9 Mitarbeiter erweitern.

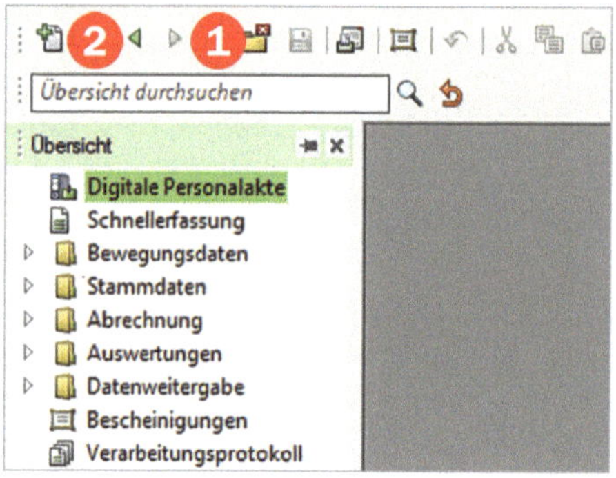

Bild 7.9 Mit den Pfeilen zwischen Mitarbeitern wechseln

Bild 7.10 Menü Mitarbeiter

7.3 Auf Mitarbeiterebene Mitarbeiter anlegen und verwalten

Mitarbeiter anlegen

Selbstverständlich können Sie neue Mitarbeiter auch über die Mitarbeiterebene neu anlegen. Dies ist vor allem dann sinnvoll, wenn gleichzeitig mehrere Mitarbeiter angelegt werden müssen.

Ausgangssituation

Zur Erinnerung: Die Firma Perm GmbH beschäftigt sechs Mitarbeiter; zwei kaufm. Angestellte, zwei gewerbliche Arbeitnehmer, einen Auszubildenden und eine Aushilfe auf 520 Euro Basis. Die vier noch verbleibenden Mitarbeiter sollen nun angelegt werden.

Als nächste Mitarbeiterin soll Frau Marion Wegmann angelegt werden. Frau Wegmann ist gewerbliche Arbeitnehmerin in der Abteilung Technik. Folgende Grundstammdaten sind laut Herrn Wichtig - dem mitwirkenden Steuerberater - erforderlich:

Mitarbeiternummer:	3
Familienname:	Wegmann
Vorname:	Marion
Eintrittsdatum:	01.03.2006
Erster Monat der Abrechnung:	01/2023
Sozialversicherungsnummer:	58251183W653

Um die Arbeitnehmerin anzulegen, gehen Sie auf der Mitarbeiterebene wie folgt vor:

1. Wählen Sie den Menüpunkt *Mitarbeiter* ▶ *Neu…* oder klicken Sie auf das Symbol *Mitarbeiter anlegen* oder drücken Sie die Tastenkombination Strg+N.
2. Geben Sie - wie in Bild 7.11 dargestellt - die Daten von Frau Wegmann ein und klicken Sie anschließend auf die Schaltfläche *OK*.

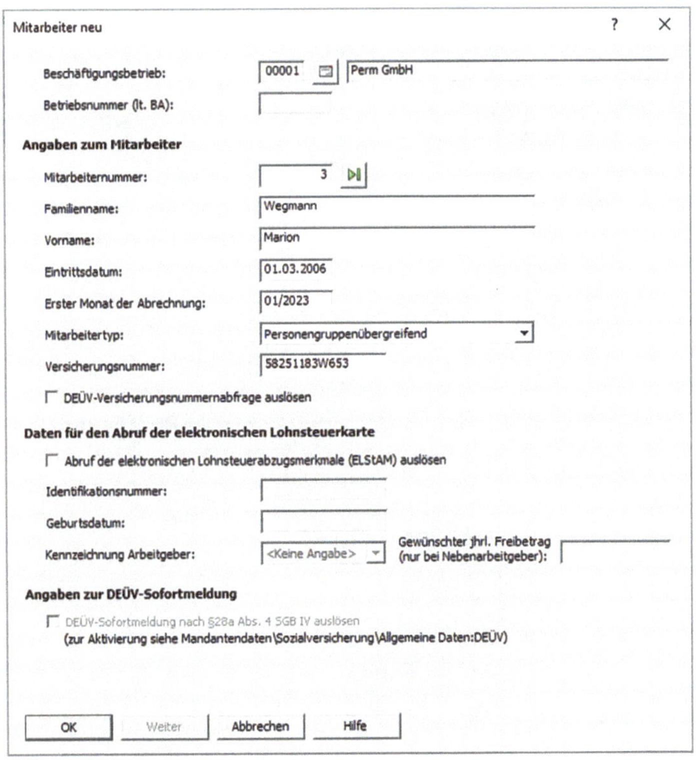

Bild 7.11 Mitarbeiterin Marion Wegmann neu anlegen

3. Es erscheint erneut das Verarbeitungsprotokoll, dass der Mitarbeiter mit einem ersten Dienstverhältnis vorbelegt wurde. Schließen Sie danach das Verarbeitungsprotokoll mit Klick auf das Symbol *Schließen* ✖. Die Mitarbeiterin Marion Wegmann wurde nun aus der Mitarbeiterebene neu angelegt.

4 Schließen Sie die Mitarbeiterin, indem Sie auf das Symbol *Schließen* klicken oder den Menüpunkt *Mitarbeiter* ▶ *Schließen* wählen.

Übung: Mitarbeiter über die Mitarbeiterebene von Lohn und Gehalt anlegen

Legen Sie jetzt die weiteren Mitarbeiter der Firma Perm GmbH an:

Die Lösungen finden Sie im Lösungsbuch

Aufgabe 1

Als nächster Mitarbeiter ist Herr Wolfgang Weber anzulegen. Herr Weber ist gewerblicher Angestellter in der Abteilung Technik. Folgende Grundstammdaten sind laut Herrn Wichtig - unserem mitwirkenden Steuerberater - erforderlich.

Mitarbeiternummer:	4
Familienname:	Weber
Vorname:	Wolfgang
Eintrittsdatum:	01.03.2010
Erster Monat der Abrechnung:	01/2023
Sozialversicherungsnummer:	63250473S226

Aufgabe 2

Als nächste Mitarbeiterin ist Frau Jeanette Beier anzulegen. Frau Beier ist kaufm. Auszubildende in der Verwaltung.

Mitarbeiternummer:	5
Familienname:	Beier
Vorname:	Jeanette
Eintrittsdatum:	01.08.2022
Erster Monat der Abrechnung:	01/2023
Sozielversicherungsnummer:	15050105B525

Aufgabe 3

Als letzter Mitarbeiter ist Herr Thomas Rumpenhorst anzulegen. Herr Rumpenhorst ist als kaufm. Aushilfe auf 520 Euro-Basis im Verkauf tätig.

Mitarbeiternummer:	6
Familienname:	Rumpenhorst
Vorname:	Thomas
Eintrittsdatum:	01.10.2019
Erster Monat der Abrechnung:	01/2023
Mitarbeitertyp:	Geringfügig entlohnt Beschäftigte/r
Sozialversicherungsnummer:	56150570R222

Sie erhalten nach dem Anlegen den, auf der nächsten Seite abgebildeten, Hinweis, den Sie mit der Schaltfläche *Nein* bestätigen. In der Praxis könnten selbstverständlich für einen geringfügig Beschäftigten die entsprechenden Vorbelegungen in die Stammdaten des Mitarbeiters übernommen werden.

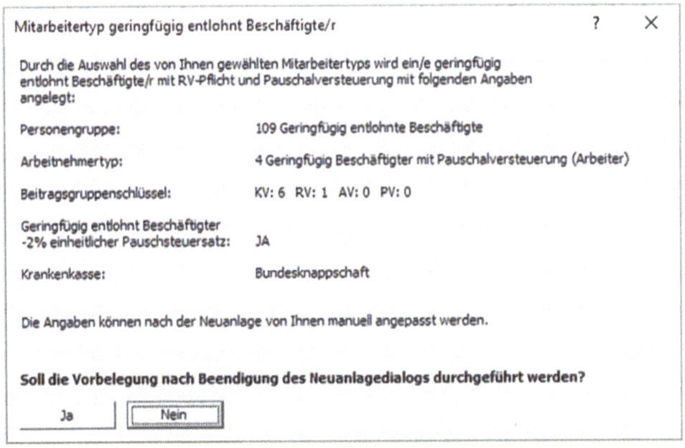

Bild 7.12 Geringfügig Beschäftigten Mitarbeiter anlegen

Aus lerntechnischen Gründen sollen Sie natürlich auch das Anlegen von geringfügig Beschäftigten Schritt für Schritt erlernen. In diesem Lehrbuch erfahren Sie dies in Kapitel 7.6.

Die Mitarbeiter-Übersicht

In der Mitarbeiterebene sowie auf der Mandantenebene von DATEV Lohn und Gehalt comfort ist die Mitarbeiter-Übersicht verfügbar. Sie erscheint, wenn ein Mitarbeiter geöffnet, neu angelegt, kopiert oder gelöscht werden soll.

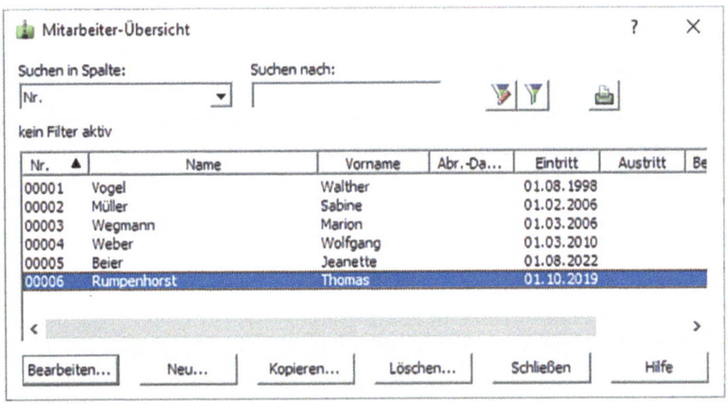

Bild 7.13 Die Mitarbeiter-Übersicht mit den angelegten Mitarbeitern

- **Mitarbeiter-Übersicht öffnen**
  - Aus der Mitarbeiterebene wählen Sie den Menüpunkt *Mitarbeiter* ▶ *Öffnen...* oder klicken Sie auf das Symbol *Mitarbeiter öffnen* oder drücken Sie die Tastenkombination Strg+O.
  - In der Mandantenebene wird die Mitarbeiter-Übersicht über den Menüpunkt *Erfassen* ▶ *Mitarbeiter...* oder mit Klick auf das Symbol *Mitarbeiter öffnen* oder mit Doppelklick in der Übersicht auf das Symbol *Mitarbeiter* aktiviert.
- **Mitarbeiter bearbeiten**
  Um die Stammdaten eines Mitarbeiters anzusehen bzw. zu ergänzen, markieren Sie den zu bearbeitenden Mitarbeiter per Mausklick und klicken anschließend auf die Schaltfläche *Bearbeiten...* (Bild 7.13). Mit Doppelklick kann ein Mitarbeiter ebenfalls zur Bearbei-

tung geöffnet werden. Unabhängig von welcher Ebene Sie den Mitarbeiter aufgerufen haben, wird immer die Mitarbeiterebene geöffnet.

- **Mitarbeiter neu**
  Über die Schaltfläche *Neu…* können Sie aus der Mitarbeiter-Übersicht einen neuen Mitarbeiter in der Mitarbeiterebene anlegen.

- **Mitarbeiter kopieren**
  Sie können einen neuen Mitarbeiter auch als Kopie eines bereits angelegten Mitarbeiters anlegen. Dazu markieren Sie den zu kopierenden Mitarbeiter und klicken auf *Kopieren…*. Beim Kopieren werden grundsätzlich die Stammdaten der zu kopierenden Personalnummer übernommen. Bewegungsdaten sowie Berechnungsergebnisse, wie etwa das Lohnkonto, werden nicht kopiert. Das Datum für den ersten abzurechnenden Monat wird an den Abrechnungsstand des Mandanten angepasst.

  Mit der Standardkopie werden die Stammdaten ohne weitere Besonderheiten in die neue Personalnummer übertragen. Eine Verknüpfung zwischen der alten und der neuen Personalnummer erfolgt nicht. Eine Verknüpfung erfolgt ausschließlich in den weiteren Kopiervarianten. Diese Variante ist nützlich, wenn sich die Stammdaten eines bestehenden Mitarbeiters und eines neu anzulegenden Mitarbeiters ähneln. Dann können Sie sich durch die Kopie ggf. Eingabearbeit sparen, da Sie nur noch die unterschiedlichen Daten erfassen müssen.

- **Mitarbeiter löschen**
  Über die Schaltfläche *Löschen…* können Sie einen Mitarbeiter löschen. Das Löschen von Mitarbeitern ist aber nur möglich, wenn diese noch nicht abgerechnet wurden.

- **Mitarbeiterübersicht schließen**
  Schließen Sie die Mitarbeiter-Übersicht mit Klick auf die Schaltfläche *Schließen*.

- **Mitarbeiter suchen und Öffnen**
  Mit Klick auf das Symbol *Mitarbeiter suchen und öffnen* aus der Mandantenebene oder in der Mitarbeiterebene über den Befehl *Mitarbeiter Schnellsuche* oder der Tastenkombination Strg+Umschalt+0 können Sie Mitarbeiter suchen und öffnen.

  Beispiel: Sabine Müller

Bild 7.14 Mitarbeiter-Schnellsuche

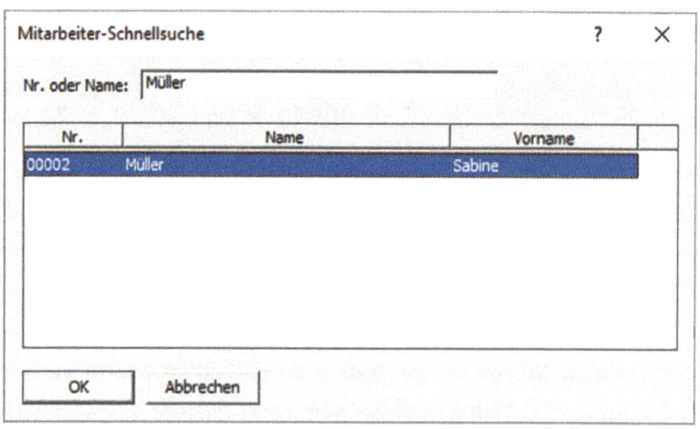

7.4 Personalstammdaten

Bisher haben wir in unserem Übungsfall lediglich die Grundstammdaten für das Anlegen eines Mitarbeiters kennen gelernt. Die Personalstammdaten sind natürlich wesentlich umfangreicher. Als Personalstammdaten bezeichnet man alle persönlichen, für die Steuer und für die Sozialversicherung relevanten Daten des Mitarbeiters. Bevor ein Mitarbeiter angelegt wird, sollten folgende Daten vorliegen:

- **Der Sozialversicherungsausweis**
  Aus ihm kann die Sozialversicherungsnummer entnommen werden.
- **Elektronische Lohnsteuerbescheinigung des Arbeitnehmers**
  Auf der elektronischen Lohnsteuerbescheinigung finden Sie die Steuerklasse, die Steuer-ID, die Religion, den Familienstand, evtl. Steuerfreibeträge und den bisherigen Verdienst.
- **Die Personaldaten**
  Diese umfassen die vollständige Anschrift, Bankverbindung und weitere personenrelevante Daten des Mitarbeiters.
- **Der Anstellungsvertrag**
  Neben dem Verdienst sind im Anstellungsvertrag auch die Arbeitszeiten und sonst. Leistungen, wie z. B. Zuschüsse zu den vermögenswirksamen Leistungen, Fahrgeld oder Urlaubsanspruch und weiteres geregelt.
- **Weitere Verträge**
  Dazu gehören z. B. Direktversicherungen, vermögenswirksame Leistungen und weitere.

  Hinweis: Über den Eintrag digitale Personalakte in der Mandanten- sowie in der Mitarbeiterebene haben Sie in DATEV Lohn und Gehalt die Möglichkeit für jeden Mitarbeiter eine digitale Personalakte anzulegen. Die digitale Personalakte ist ein selbstständiges Dokumenten-managementsystem, in der beliebige Dokumente zum Mitarbeiter wie z. B. Arbeitsverträge und weitere Dokumente online archiviert werden können.

  Damit haben Sie die Möglichkeit, online auf diese Dokumente über den Dienst *Belege online* zuzugreifen. Die Daten dazu werden im DATEV Rechenzentrum archiviert. Technisch wird dies über einen zusätzlichen Dienst (DATEV Unternehmen online) realisiert. Darüber hinaus muss zwischen der Kanzlei und dem Mandanten ein Vertrag für die Nutzung von *DATEV Unternehmen online* vorhanden sein. Der Zugang dazu ist demzufolge durch datevspezifische Sicherheitselemente geschützt. Für Bildungsträger ist dies leider noch nicht möglich und sollte an dieser Buchstelle erwähnt sein.
- **Krankenkasse**
  Die Krankenkasse, bei dem der Mitarbeiter versichert ist oder zuletzt versichert war.

Sollten Informationen fehlen, können Sie einen Mitarbeiter nicht vollständig anlegen. In der Praxis ist es hilfreich, ein selbst entwickeltes Personalstammblatt anzulegen, indem die wichtigsten Informationen erfasst sind. Dies erleichtert das Erfassen der Daten, da Sie nicht jedes Mal wieder Unterlagen zusammensuchen müssen.

Download

Die Formulare mit den Stammdaten sämtlicher Mitarbeiter sind zum Download verfügbar. Kap07_Stammdaten_Mitarbeiter. Drucken Sie die Checkliste aus.

Ausgangssituation

In unserem Übungsfall hat uns Herr Wichtig ein selbst entwickeltes Formular für die Stammdaten der Mitarbeiter zur Firma Perm GmbH bereitgestellt. Im ersten Teil des Formulars sind die Personaldaten der Mitarbeiter ersichtlich.

Personalblatt: Teil 1 - Personenrelevante Daten

		Erfasst
Mitarbeiternummer	1	☑
Familienname	Vogel	☑
Vorname	Walther	☑
Eintrittsdatum	01.08.1998	☑
Straße	Himmelsweg 5	☐
PLZ	56068	☐
Wohnort	Koblenz	☐
Geburtsdatum	15.02.1967	☐
Sozialversicherungsnummer	50150267V495	☑
Bankbezeichnung	Sparkasse Koblenz	☐
BIC	MALADE51KOB	☐
IBAN	DE68 5705 0120 0100 4214 11	☐
Familienstand	verheiratet	☐
Staatsangehörigkeit	Deutsch	☐

Personenrelevante Stammdaten erfassen

Auf die personenrelevanten Daten des Arbeitnehmers wird beim Drucken der einzelnen Auswertungen in DATEV Lohn und Gehalt comfort zurückgegriffen, z. B. der Gehaltsabrechnung, beim Lohnkonto oder auch der Sozialversicherungsbescheinigung. Aus diesem Grunde ist es wichtig, diese Daten immer aktuell zu halten. Die Mitarbeiternummer bleibt dem Unternehmen dabei selbst überlassen. Die Schlüsselung der Nationalität ist für die Bescheinigung der Sozialversicherung nötig. Um die personenrelevanten Stammdaten von Herrn Walther Vogel zu erfassen, gehen Sie wie folgt vor.

1 Öffnen Sie aus der Mandanten- oder der Mitarbeiterebene den Mitarbeiter Walther Vogel (siehe Kap. 7.3).

2 Wählen Sie den Menüpunkt *Erfassen* ▶ *Stammdaten* ▶ *Personaldaten* oder öffnen Sie in der Übersicht den Ordner *Stammdaten* und klicken anschließend doppelt auf *Personaldaten*.

3 Die bisher erfassten Grundstammdaten von Herrn Vogel werden angezeigt. Geben Sie die Adressdaten von Herrn Vogel wie in Bild 7.15 ein.

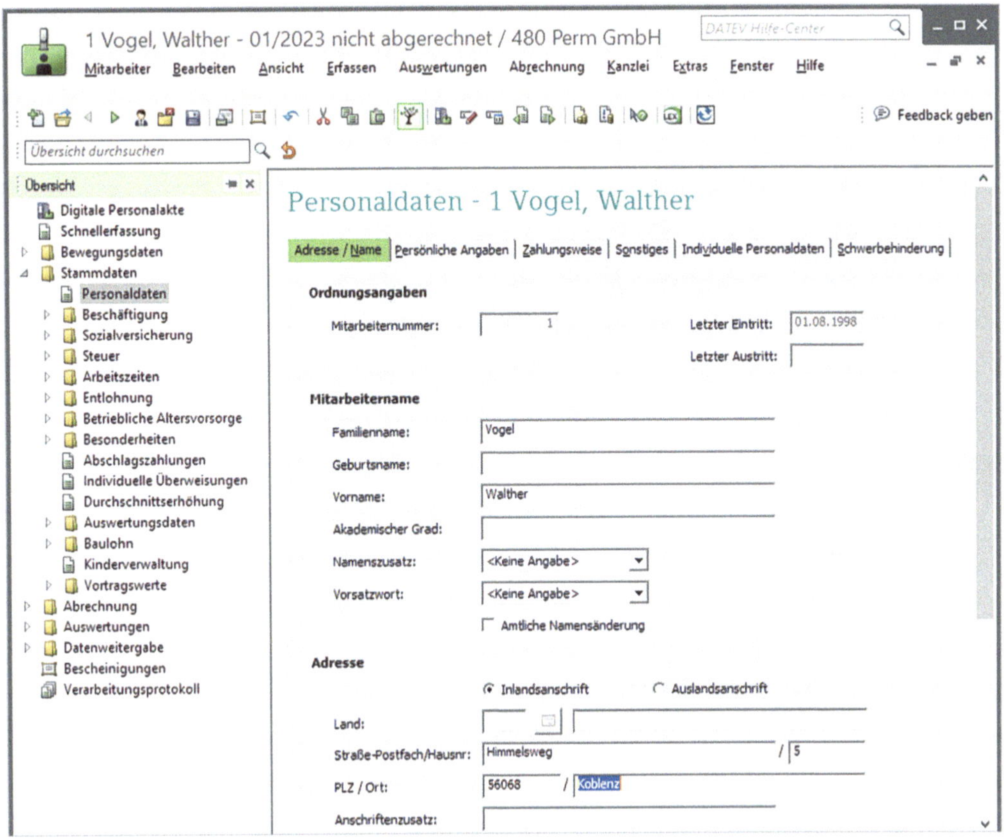

Bild 7.15 Register Adresse / Name

4 Klicken Sie im nächsten Schritt auf das Register *Persönliche Angaben* und erfassen Sie die Geburtsdaten und die sonstigen Daten von Herrn Vogel (Bild 7.16).

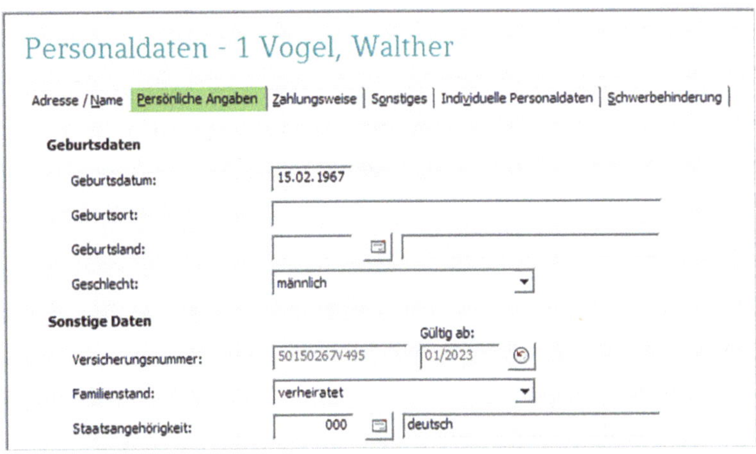

Bild 7.16 Register Persönliche Angaben

Hinweis: Die Staatsangehörigkeit *deutsch* wählen Sie mit Klick auf das Symbol *Staatsangehörigkeit auswählen* aus oder geben 0 für Deutschland ein.

5 Klicken Sie zuletzt auf das Register *Zahlungsweise* und geben Sie im Feld *IBAN* die IBAN-Nummer von Herrn Vogel ein. Die BIC der Sparkasse Koblenz MALADE51KOB wird durch Eingabe der IBAN automatisch ermittelt.

Tipp: Die Bankbezeichnung wird durch die Eingabe der BIC automatisch gebildet. Liegen Ihnen von einem Mitarbeiter nur die Kontonummer und die Bankleitzahl vor, können Sie über die Schaltfläche *IBAN-Erfassungshilfe* aus Bankkontonummer und Bankleitzahl die IBAN und BIC ermitteln lassen.

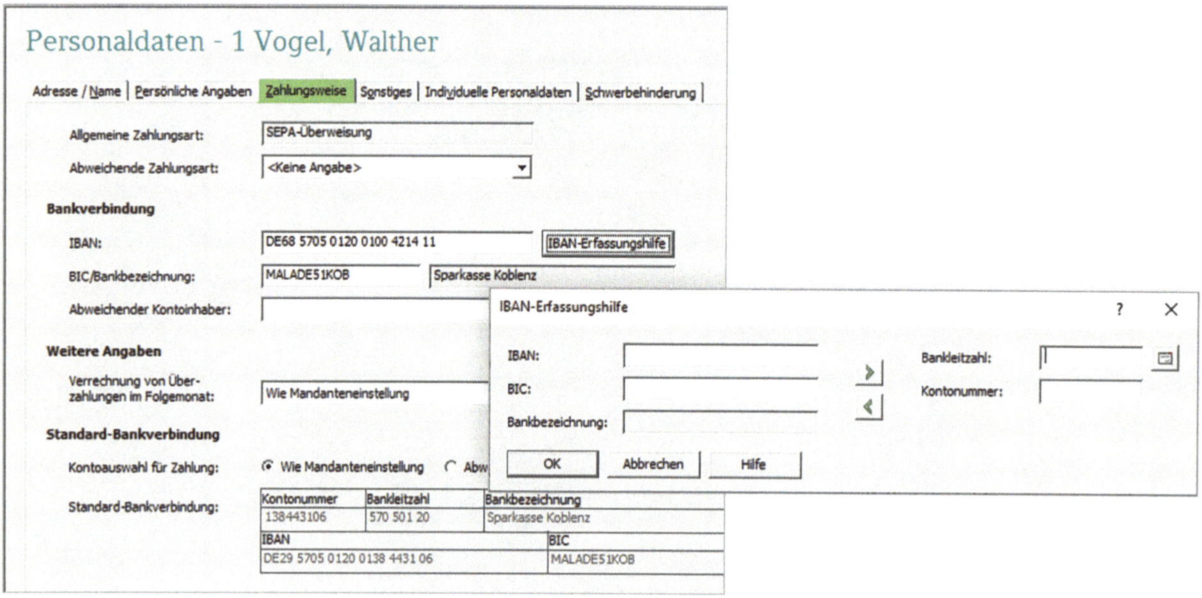

Bild 7.17 Bankdaten erfassen

Bild 7.18 IBAN-Erfassungshilfe

Die allgemeine Zahlungsart wurde bereits bei den mandantenbezogenen Daten hinterlegt. Die Eingabe einer abweichenden Zahlungsart ist nur notwendig, wenn beim Mitarbeiter von der allgemeinen Zahlungsart des Mandanten abgewichen wird.

Hinweise

- Das Register *Arbeitnehmer online* bietet den Arbeitnehmern einer Firma die Möglichkeit, Dokumente Ihrer Lohnabrechnung, zum Beispiel die Brutto/Netto-Abrechnung oder die Lohnsteuerbescheinigung, online einzusehen, zu speichern oder auch auszudrucken. Darüber hinaus kann der Arbeitgeber in dem Portal Informationen bereitstellen, die beispielsweise die Lohn- oder Reisekostenabrechnung betreffen.
- Im Register *Individuelle Personaldaten* können mitarbeiterbezogene Daten für informative oder statistische Zwecke (z. B. Führerscheinbesitz u. ä.) erfasst werden. Wird ein Mitarbeiter mit Schwerbehinderung beschäftigt, können über das gleichnamige Register Angaben zur Schwerbehinderung hinterlegt werden.
- Zuletzt kann über das Register *Sonstiges* eine betriebliche Personalnummer für den Mitarbeiter erfasst und angegeben werden, ob der Arbeitnehmer an der elektronischen Übermittlung von Arbeits- und Nebeneinkommensbescheinigungen an die BA nach § 313a SGB III widersprochen hat.

6 Speichern Sie abschließend die Daten von Herrn Vogel, indem Sie auf das Symbol *Fensterinhalt speichern* klicken.

Alle Punkte der Checkliste von Seite 154 sind erfasst, haken Sie diese in der Checkliste ab.

		Erfasst
Mitarbeiternummer	1	☑
Familienname	Vogel	☑
Vorname	Walther	☑
Eintrittsdatum	01.08.1998	☑
Straße	Himmelsweg 5	☑
PLZ	56068	☑
Wohnort	Koblenz	☑
Geburtsdatum	15.02.1967	☑
Sozialversicherungsnummer	50150267V495	☑
Bankbezeichnung	Sparkasse Koblenz	☑
BIC	MALADE51KOB	☑
IBAN	DE68 5705 0120 0100 4214 11	☑
Familienstand	verheiratet	☑
Staatsangehörigkeit	Deutsch	☑

Hinweis: Für das Meldewesen sind in der Regel Sozialversicherungsnummer und Staatsangehörigkeit ausreichend. Wird erstmalig eine Sozialversicherungsnummer beantragt, sind weitere Angaben erforderlich (dazu gehören Geburtsname, Geburtsort und Geburtsland).

Übung: Personenrelevante Mitarbeiterstammdaten erfassen

Aufgabe 1

Erfassen Sie die personenrelevanten Daten von Frau Sabine Müller und von Frau Marion Wegmann.

Personalblatt Frau Müller

Teil 1 - Personenrelevante Daten

		Erfasst
Mitarbeiternummer	2	☑
Familienname	Müller	☑
Geburtsname	Wehner	☐
Vorname	Sabine	☑
Eintrittsdatum	01.02.2006	☑
Straße	Hohlweg 80	☐

Die Formulare mit den Stammdaten sämtlicher Mitarbeiter sind zum Download verfügbar.

PLZ	56070	☐
Wohnort	Koblenz	☐
Geburtsdatum	02.03.1985	☐
Geschlecht	weiblich	☐
Sozialversicherungsnummer	58020385W525	☑
Familienstand	verheiratet	☐
Staatsangehörigkeit	Deutsch	☐
Bankbezeichnung	Commerzbank Koblenz	☐
BIC	DRESDEFF570	☐
IBAN	DE55 5708 0070 0005 2632 50	☐

Personalblatt Frau Wegmann

Teil 1 - Personenrelevante Daten

		Erfasst
Mitarbeiternummer	3	☑
Familienname	Wegmann	☑
Geburtsname	Wegmann	☑
Vorname	Marion	☑
Eintrittsdatum	01.03.2006	☑
Straße	Engerser Landstr. 218	☐
PLZ	56564	☐
Wohnort	Neuwied	☐
Geburtsdatum	25.11.1983	☐
Geschlecht	weiblich	☐
Sozialversicherungsnummer	58251183W653	☑
Familienstand	ledig	☐
Staatsangehörigkeit	Deutsch	☐
Bankbezeichnung	VR-Bank Rhein-Mosel	☐
BIC	GENODED1NWD	☐
IBAN	DE78 5746 0117 0075 0600 10	☐

Aufgabe 2

!

- Kontrollieren Sie nochmals anhand der Checkliste, ob alle Daten von Frau Müller und Frau Wegmann erfasst sind.
- Kennzeichnen Sie in der Checkliste die Daten als erfasst.

Angaben zur Tätigkeit erfassen

Unter Tätigkeit versteht man Angaben zur Berufsbezeichnung, der Schulbildung, der beruflichen Ausbildung, Arbeitnehmerüberlassung (Ja/Nein), zum Arbeitsverhältnis und der Personengruppe. Das Tätigkeitsmerkmal ist wie folgt definiert:

- **Berufsbezeichnung**
  Sie ist eine Schlüsselzahl, die die tatsächlich ausgeübte Tätigkeit des Mitarbeiters angibt. Beispiel: Schlüsselnummer 71402 für Kauffrau Büromanagement. In DATEV Lohn und Gehalt comfort kann das Tätigkeitsmerkmal über ein Auswahlfeld ausgewählt werden.
- **Schulabschluss**
  Der zweite Schlüssel zeigt den höchsten Schulabschluss des Mitarbeiters an. Beispiel: Schlüssel 4 für Abitur/Fachabitur.
- **Ausbildungsabschluss**
  Der dritte Schlüssel zeigt die höchste Ausbildung des Mitarbeiters an. Beispiel: Schlüssel 2 für Abschluss einer anerkannten Berufsausbildung.
- **Arbeitnehmerüberlassung**
  Der vierte Schlüssel zeigt Angaben zu einer Arbeitnehmerüberlassung. Beispiel: Schlüssel 1 für keine Arbeitnehmerüberlassung.
- **Vertragsform Arbeitsverhältnis**
  Der fünfte und letzte Schlüssel zur Tätigkeit zeigt an, ob das Arbeitsverhältnis befristet/unbefristet in Teilzeit oder Vollzeit besteht. Beispiel: Schlüssel 1 für unbefristet in Vollzeit.
- **Steuerrechtliche Behandlung - Personengruppe**
  Die Personengruppe gibt an, wie der Arbeitnehmer sozialversicherungsrechtlich zu behandeln ist. Die häufigste verwendete Gruppe ist die Gruppe 101 (sozialversicherungspflichtig ohne besondere Merkmale). Die Personengruppe lässt sich über ein Kombinationsfeld auswählen.

  Hinweis: Wenn Sie bei der Auswahl der Personengruppe unsicher sind, fragen Sie am besten bei der zuständigen Krankenkasse, bei der dieser Arbeitnehmer versichert ist. Dasselbe gilt für die Auswahl der richtigen Beitragsgruppe.

Ausgangssituation
In unserem Übungsfall hat uns Herr Wichtig ein selbst entwickeltes Formular für die Stammdaten der Mitarbeiter zur Firma Perm GmbH bereitgestellt.

Im zweiten Teil des Formulars sind die tätigkeitsbezogenen Daten der Mitarbeiter ersichtlich. Anhand des Personalblatts von Frau Marion Wegmann sollen diese jetzt erfasst werden. Teil 1, die personenrelevanten Daten, sind lt. Checkliste bereits erfasst.

Die Formulare mit den Stammdaten sämtlicher Mitarbeiter sind zum Download verfügbar.

Teil 2 - Tätigkeitsbezogene Daten

Ersteintrittsdatum im Brutto-Netto-Formular und Erstattungsantrag nach dem AAG verwenden		☐
Personengruppenschlüssel	101 Sv - Beschäftigung ohne bes. Merkmale	☐
Arbeitnehmertyp	Arbeiter	☐
Ausgeübte Tätigkeit	26312 - IT-System-Elektroniker	☐
Höchster Schulabschluss	4 - Abitur	☐
Höchste Ausbildung	2 - Abschluss einer anerkannten Berufsausb.	☐
Arbeitnehmerüberlassung	1 - Nein keine Arbeitnehmerüberlassung	☐
Vertragsform	1 - unbefristet Vollzeit	☐
Kostenstelle	Gültig ab: 01/2023 Technik	☐
Berufsbezeichnung	IT Systemelektronikerin	☐
Standardentlohnung	Stundenlohn	☐
Beschäftigungsbetrieb	Perm GmbH	☐

Hinweis: Das Eintrittsdatum wurde bereits beim Anlegen des Arbeitnehmers erfasst.

Um die tätigkeitsbezogenen Daten von Frau Wegmann zu erfassen, gehen Sie - wie nachfolgend dargestellt - vor:

Öffnen Sie die Mitarbeiterin Frau Marion Wegmann.

Zeitraum angeben

1. Wählen Sie den Menüpunkt *Erfassen* ▶ *Stammdaten* ▶ *Beschäftigung* ▶ *Zeitraum* oder öffnen Sie in der Übersicht den Ordner *Beschäftigung* und klicken dann doppelt auf den Eintrag *Zeitraum*.
2. Aktivieren Sie das Kontrollkästchen *Ersteintrittsdatum im Brutto-Netto-Formular und Erstattungsantrag nach dem AAG verwenden* (Bild 7.19).

Hinweise zum Zeitraum

- Ersteintrittsdatum und erster Abrechnungsmonat wurden bereits mit den Grunddaten von Frau Wegmann erfasst und könnten ggf. angepasst werden.
- Im Feld *Besonderheiten bei Austritt* sind Angaben zu erfassen, ob mit dem Ausscheiden des Mitarbeiters ein Eintritt in den Ruhestand oder der Beginn eines Altersrentenbezugs verbunden ist oder der Austritt aus organisatorischen Gründen/Betriebsübergang erfolgt.
- Im Feld *Arbeitsverhältnis* wählen Sie, ob das Beschäftigungsverhältnis befristet bzw. zweckbefristet ist oder nicht. Standardeinstellung ist *Unbefristet*.

- Wenn das Arbeitsverhältnis befristet ist, sollten Sie ein Austrittsdatum erfassen. Bereits vier Monate vor dem Austritt werden Sie dann mit einem Hinweis im Verarbeitungsprotokoll auf die Erfassung der noch benötigten Befristungsangaben hingewiesen.

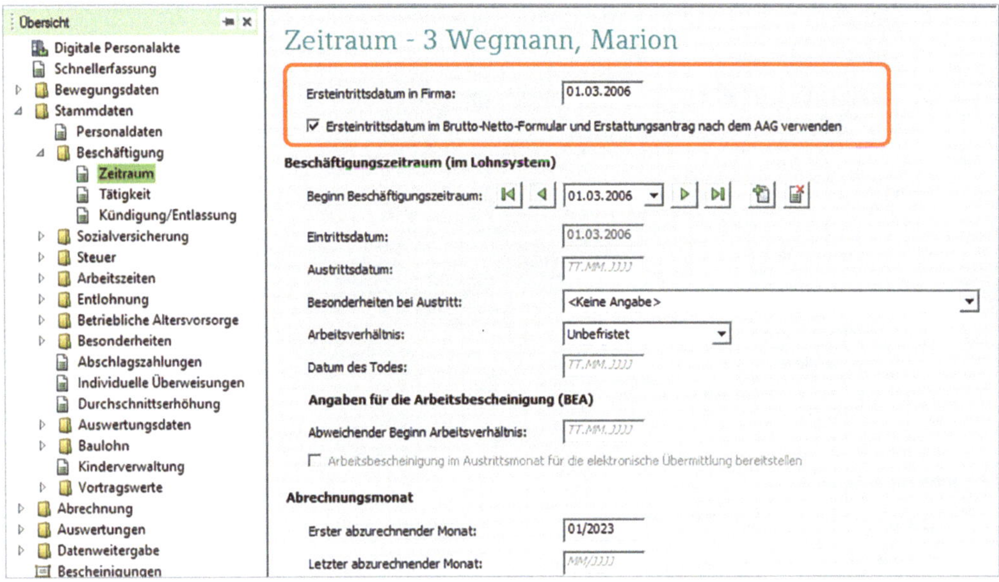

Bild 7.19 Beschäftigung - Zeitraum

Tätigkeit, Status

1 Wählen Sie den Menüpunkt *Erfassen* ▶ *Stammdaten* ▶ *Beschäftigung* ▶ *Tätigkeit* oder klicken Sie in der Übersicht, Ordner *Beschäftigung*, doppelt auf den Eintrag *Tätigkeit*. Zunächst wird das Register *Status* angezeigt.

2 Klicken Sie beim Feld *Personengruppenschlüssel* auf den Dropdown-Pfeil und wählen Sie den Schlüssel *101 Sozialversicherungspflichtig Beschäftigte* aus (Bild 7.20). Das Feld *Gültig ab* wird automatisch mit *01/2023* vorbelegt.

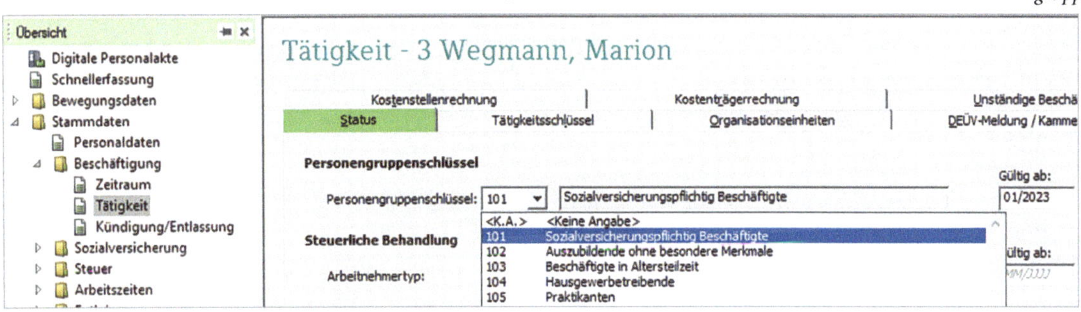

Bild 7.20 Personengruppenschlüssel

3 Im Auswahlfeld *Arbeitnehmertyp* wählen Sie den Eintrag *0 Arbeiter* aus ❶ (Bild 7.21).

Hinweise

- Ist der Arbeitnehmertyp Auszubildender, müssen unter *Angaben zum Ausbildungsverhältnis* ❷ (Bild 7.21) in den Feldern Details zur Ausbildung erfasst werden.

- Im Bereich *Angaben zum Dienstverhältnis* kann ein zweites oder weiteres Dienstverhältnis angegeben werden.

Bild 7.21 Arbeitnehmertyp und Ausbildungsverhältnis

Angaben zur Tätigkeit

1 In den nächsten Schritten sind die Angaben zur Tätigkeit zu hinterlegen. Klicken Sie auf das Register *Tätigkeitsschlüssel*. Klicken Sie dann beim *Feld Ausgeübte Tätigkeit* auf das Symbol *Berufskennziffer* (Bild 7.22).

Bild 7.22 Register Tätigkeitsschlüssel

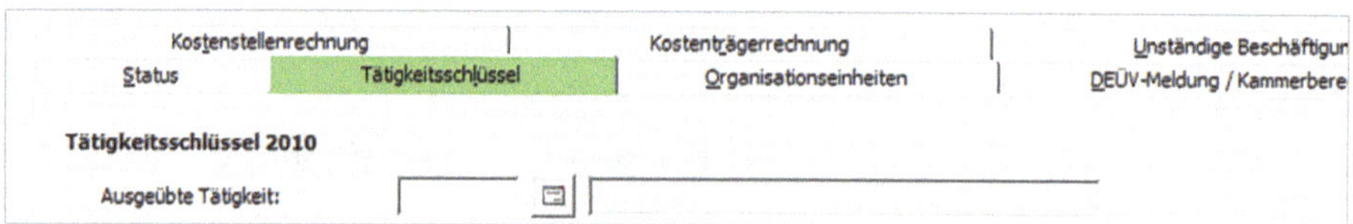

Im Dialogfenster *Berufskennziffer auswählen* kann der ausgeübte Beruf ermittelt werden. Über das Auswahlfeld *Suchen in Spalte* kann nach Berufsbezeichnung oder nach Kennziffer oder nach Gültigkeit gesucht werden:

2 Geben Sie im Feld *Suchen nach* den Suchbegriff IT-System ein. Unter anderem wird auch die Kennziffer *26312* für *IT-System-Elektroniker/in* angezeigt (Bild 7.23). Markieren Sie den Eintrag und übernehmen Sie ihn mit der Schaltfläche *OK*.

Bild 7.23 Berufskennziffer auswählen bzw. suchen

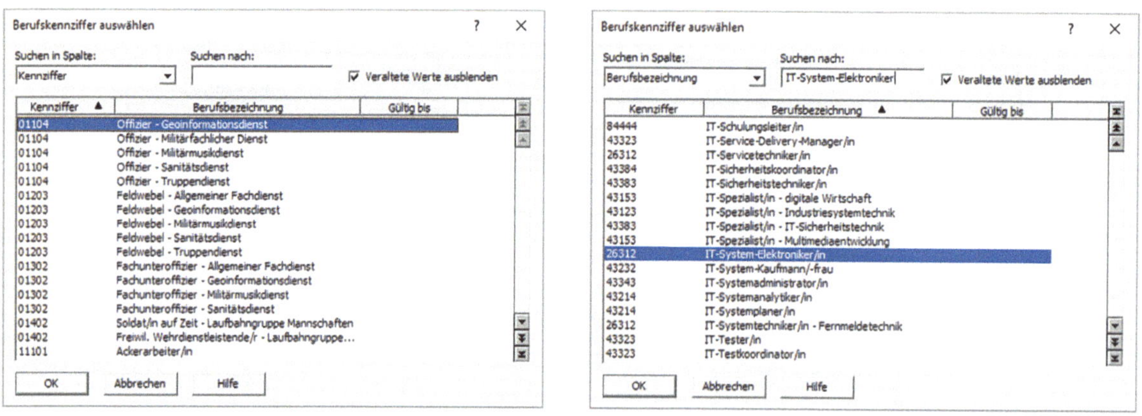

3 Die folgenden Schlüssel werden über den Dropdown-Pfeil der jeweiligen Felder ausgewählt, siehe Bild 7.24.

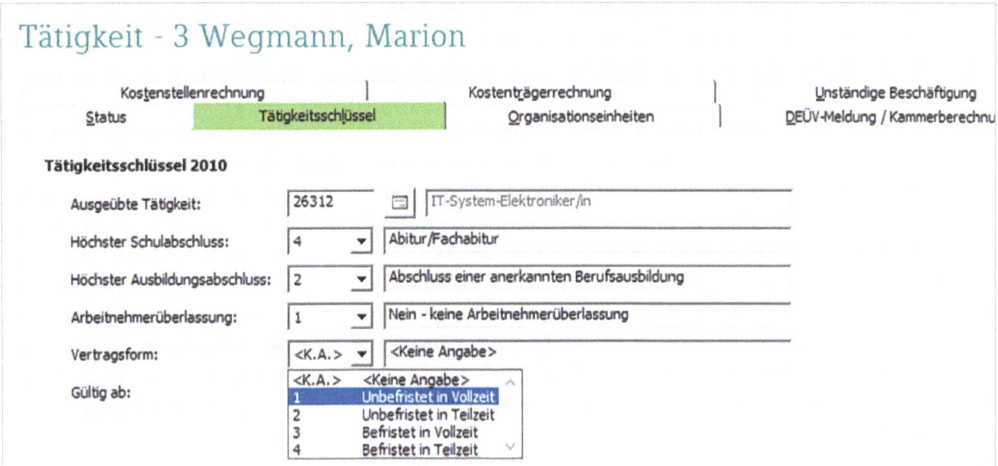

Bild 7.24 Tätigkeitsschlüssel angeben

- Wählen Sie bei *Höchster Schulabschluss* den Schlüssel *4 Abitur/Fachabitur* aus.
- Unter *Höchster Ausbildungsabschluss* wählen Sie für Frau Wegmann den Schlüssel *2 Abschluss einer anerkannten Berufsausbildung* aus.
- Im Feld *Arbeitnehmerüberlassung* muss angegeben werden, ob die Firma Arbeitnehmer im Leiharbeitsverhältnis beschäftigt. Firma Perm GmbH arbeitet bisher ohne Leiharbeiter. Wählen Sie hier den Schlüssel *1 Nein – keine Arbeitnehmerüberlassung* aus.
- Im Feld *Vertragsform* muss angegeben werden, ob der Mitarbeiter im befristeten Arbeitsverhältnis VZ/TZ oder im unbefristeten Arbeitsverhältnis VZ/TZ beschäftigt ist. Geben Sie den Schlüssel *1 = Unbefristet in Vollzeit* an.

Damit ist der Tätigkeitsschlüssel für die Mitarbeiterin Frau Marion Wegmann erfasst. Das Feld *Gültig ab* wird automatisch mit *01/2023* vorbelegt.

Wichtiger Hinweis: Wenn Sie einen Arbeitnehmer gespeichert haben, sind Änderungen nur noch über die Historie möglich.

Zum Schluss sind für die tätigkeitsbezogenen Stammdaten von Frau Wegmann noch folgende Angaben zu hinterlegen.

Kostenstelle

1 Klicken Sie auf das Register *Kostenstellenrechnung*, geben Sie hier im Feld *Gültig ab* das Datum 01/2023 ein und drücken Sie dann die Tabulator-Taste.

2 Wählen Sie mit Klick auf das Symbol *Kostenstelle auswählen* die Kostenstelle *3000 Technik* aus und übernehmen Sie diese mit der Schaltfläche *OK* (Bild 7.25).

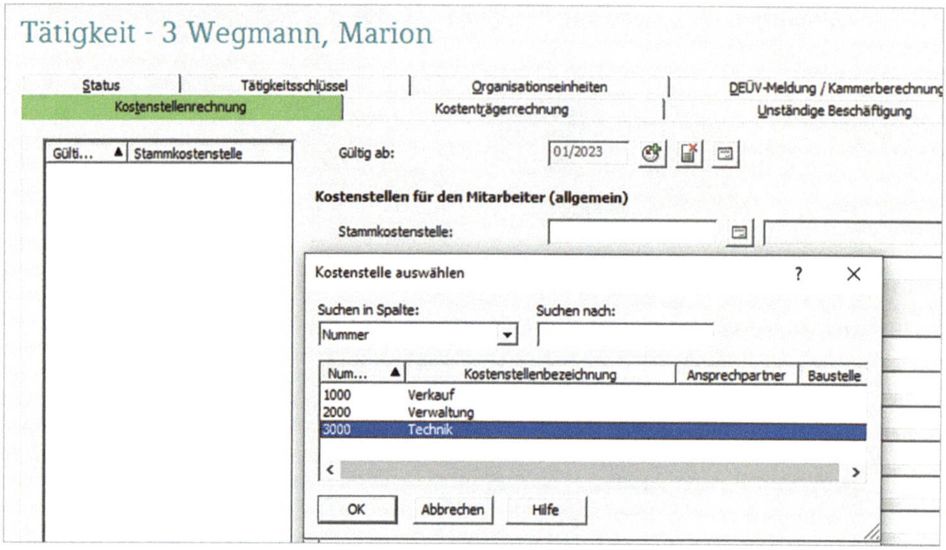

Bild 7.25 Kostenstelle auswählen

Berufsbezeichnung und Beschäftigungsbetrieb

1 Klicken Sie auf das Register *Organisationseinheiten*.

2 Geben Sie im Feld *Berufsbezeichnung* IT-Systemelektronikerin ein und wählen Sie dann im Feld *Standardentlohnung* den Eintrag Stundenlohn aus (Bild 7.26). Das Feld *Gültig ab* wird automatisch mit dem Datum *01/2023* belegt.

Der Beschäftigungsbetrieb Perm GmbH wurde automatisch durch das Programm zugewiesen. Über das Symbol *Historie bearbeiten* kann evtl. ein abweichender Beschäftigungsbetrieb zugewiesen werden.

3 Damit sind alle tätigkeitsbezogenen Daten von Frau Marion Wegmann erfasst. Klicken Sie abschließend auf das Symbol *Fensterinhalt speichern*.

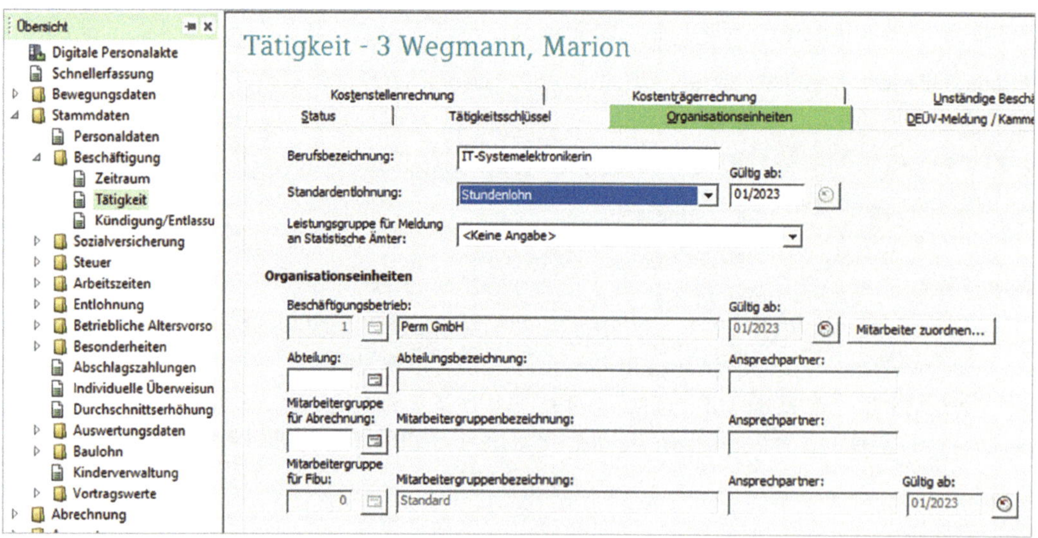

Bild 7.26 Berufsbezeichnung und Standardentlohnung

Übung: Tätigkeitsbezogene Mitarbeiterstammdaten erfassen

Aufgabe 1

Erfassen Sie die tätigkeitsrelevanten Daten von Frau Sabine Müller und Herrn Walther Vogel.

Die Formulare mit den Stammdaten sämtlicher Mitarbeiter sind zum Download verfügbar.

Personalblatt Frau Sabine Müller: Teil 2 - Tätigkeitsbezogene Daten

Ersteintrittsdatum im Brutto-Netto-Formular und Erstattungsantrag nach dem AAG verwenden		☐
Personengruppenschlüssel	101 Sv - Beschäftigung ohne bes. Merkmale	☐
Arbeitnehmertyp	Angestellter	☐
Ausgeübte Tätigkeit	71402 - Kauffrau Büromanagement	☐
Höchster Schulabschluss	2 - Haupt-/Volksschulabschluss	☐
Höchste Ausbildung	2 - Abschluss einer anerkannten Berufsausb.	☐
Arbeitnehmerüberlassung	1 - Nein keine Arbeitnehmerüberlassung	☐
Vertragsform	1 - unbefristet Vollzeit	☐
Kostenstelle	Gültig ab: 01/2023 Verwaltung	☐
Berufsbezeichnung	Kauffrau Büromanagement	☐
Standardentlohnung	Gehalt	☐
Beschäftigungsbetrieb	Perm GmbH	☐

Personalblatt Herr Walther Vogel: Teil 2 - Tätigkeitsbezogene Daten

Ersteintrittsdatum im Brutto-Netto-Formular und Erstattungsantrag nach dem AAG verwenden		☐
Personengruppenschlüssel	101 Sv - Beschäftigung ohne bes. Merkmale	☐
Arbeitnehmertyp	Angestellter	☐
Ausgeübte Tätigkeit	61204 - Betriebswirt (Hochschule)	☐
Höchster Schulabschluss	4 - Abitur/Fachabitur	☐
Höchste Ausbildung	5 - Diplom/Magister/Master/Staatsexamen	☐
Arbeitnehmerüberlassung	1 - Nein keine Arbeitnehmerüberlassung	☐
Vertragsform	1 - unbefristet Vollzeit	☐
Kostenstelle	Gültig ab: 01/2023 Verwaltung	☐
Berufsbezeichnung	Betriebswirt	☐
Standardentlohnung	Gehalt	☐
Beschäftigungsbetrieb	Perm GmbH	☐

Aufgabe 2

- Kontrollieren Sie nochmals anhand der Checkliste, ob alle Daten von Frau Müller und Herrn Vogel erfasst sind.
- Kennzeichnen Sie in der Checkliste die Daten als erfasst.

Hinweis

Wenn Sie Änderungen an den Statusdaten durchführen möchten, ist dies nur über die Historie ⟲ möglich. Beispiel Tätigkeitsschlüssel Herr Vogel: Fügen Sie wie in Bild 7.27 eine weitere Zeile mit den neuen Daten und Gültigkeitsangabe hinzu.

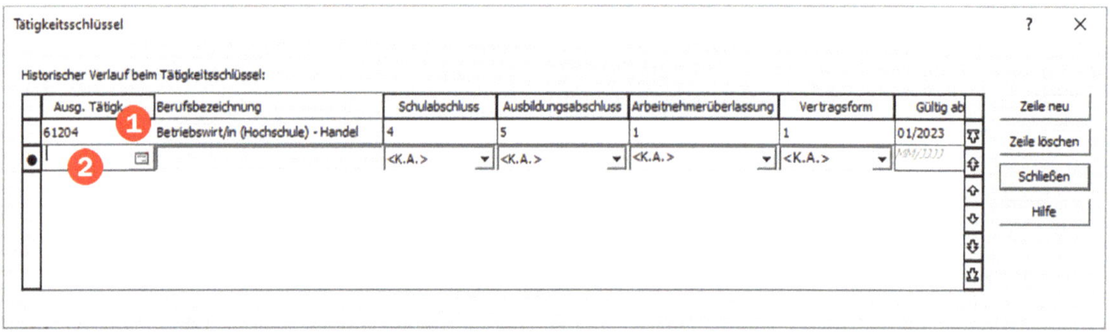

Bild 7.27 Beispiel Tätigkeitsschlüssel ändern

❶ Zeile 1 mit den bisherigen Daten

❷ Geben Sie in Zeile 2 die neuen Daten ein

Sozialversicherungsdaten und Krankenkasse hinterlegen

Bei den Sozialversicherungsdaten muss angegeben werden, um welche Art von Beiträgen es sich, bezogen auf Krankenversicherung, Rentenversicherung, Arbeitslosenversicherung und Pflegeversicherung, handelt. Außerdem muss angegeben werden, ob Umlagepflicht in U1 und U2 anzugeben ist. Zuletzt muss die Mitgliedschaft zur gewählten Krankenkasse angegeben werden.

Über eine Schlüsselauswahl können Sie die Sozialversicherungsdaten des Mitarbeiters hinterlegen. Bei einer normalen sozialversicherungspflichtigen Beschäftigung sind Angaben in allen vier Zweigen der Sozialversicherung sowie in der Umlage und in der Unfallversicherung zu erfassen.

Ausgangssituation

Im dritten Teil des von Herrn Wichtig entwickelten Formulars sind die sozialversicherungsbezogenen Daten der Mitarbeiter ersichtlich. Anhand des Personalblatts von Frau Sabine Müller sollen diese nun erfasst werden.

Personalblatt Frau Müller

Teil 1 und Teil 2 sind lt. Checkliste bereits als erfasst gekennzeichnet.

Teil 1 - personenrelevante Daten ☑

Teil 2 - tätigkeitsbezogene Daten ☑

Teil 3 - Sozialversicherungsbezogene Daten

Krankenversicherung	1 = Allgemeiner Beitrag	☐
Rentenversicherung	1 = Voller Beitrag	☐
Arbeitslosenversicherung	1 = Voller Beitrag	☐
Pflegeversicherung	1 = Voller Beitrag	☐
kein Zuschlag zur Pflegevers.	Elterneigenschaft	☐
Für PV-Abschlag zu berücksichtigende Kinder	1 Kind Davina Müller, geb. 27.06.2009	☐
Umlage	U1 und U2	☐
Unfallversicherung	Unfallversicherungspflichtig	☐
Krankenkasse	BARMER	☐

Die Formulare mit den Stammdaten sämtlicher Mitarbeiter sind zum Download verfügbar.

Um die sozialversicherungsbezogenen Daten von Frau Sabine Müller zu erfassen, öffnen Sie die Mitarbeiterin Frau Sabine Müller und gehen wie folgt vor:

Beitragsguppenschlüssel

1 Wählen Sie den Menüpunkt *Erfassen* ▶ *Stammdaten* ▶ *Sozialversicherung* ▶ *Allgemeine SV-Daten* oder öffnen Sie in der Übersicht den Ordner *Sozialversicherung* und klicken dann doppelt auf den Eintrag *Allgemeine SV-Daten* (Bild 7.28).

Bild 7.28 Sozialversicherung erfassen

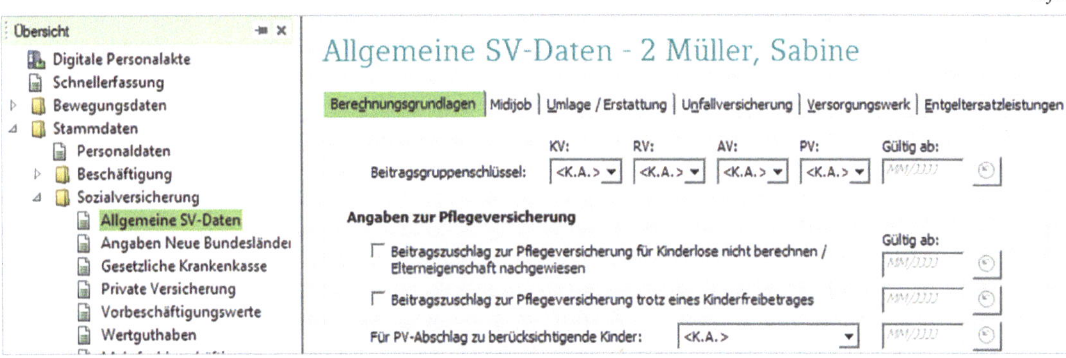

2 Im Register *Berechnungsgrundlagen* ist zunächst der Beitragsgruppenschlüssel zu hinterlegen. Klicken Sie auf den jeweiligen Dropdown-Pfeil der Felder *KV*, *RV*, *AV* und *PV* und wählen Sie für Frau Müller die Beitragsschlüssel wie folgt aus:

- Krankenversicherung (*KV*): *1 = Allgemeiner Beitrag*
- Rentenversicherung (*RV*): *1 = Voller Beitrag*

- Arbeitslosenversicherung (*AV*): *1 = Voller Beitrag*
- Pflegeversicherung (*PV*): *1 = Voller Beitrag*

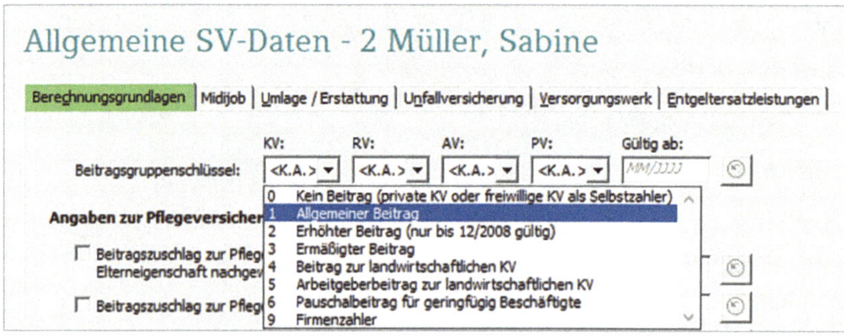

Bild 7.29 Beitragsschlüssel Krankenversicherung

Damit ist der Beitragsgruppenschlüssel für Frau Sabine Müller hinterlegt. Das Feld *Gültig ab* wird automatisch mit *01/2023* vorbelegt (Bild 7.30).

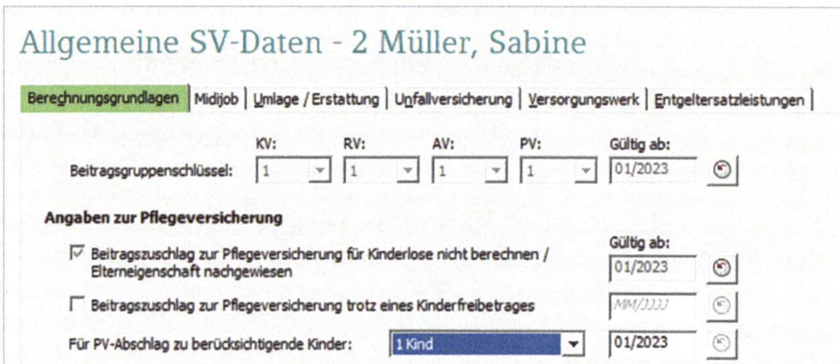

Bild 7.30 Der vollständige Beitragsschlüssel Sabine Müller

3 Frau Müller hat 1 Kind und hat ihre Elternschaft nachgewiesen. Sie ist daher nicht zur Zahlung des Beitragszuschlags für Kinderlose verpflichtet. Aktivieren Sie daher das Kontrollkästchen *Beitragszuschlag zur Pflegeversicherung für Kinderlose nicht berechnen/Elterneigenschaft nachgewiesen*. Das Feld *Gültig ab* ist automatisch mit *01/2023* vorbelegt.

Wählen Sie im Feld *Für PV-Abschlag zu berücksichtigende Kinder* über den Dropdown-Pfeil 1 Kind aus. Das Feld *Gültig ab* wird automatisch mit *01/2023* vorbelegt

Hinweis zum Beitragszuschlag zur Pflegeversicherung für Kinderlose

Hier geben Sie an, dass der Beitragszuschlag zur Pflegeversicherung für Kinderlose nicht berechnet werden soll und die Elterneigenschaft des Arbeitnehmers bzw. die sonstige Ausnahmebedingung nicht automatisch erkannt werden kann. Dies gilt für folgende Fälle:

- Wehr- oder Zivildienstleistende,
- Arbeitnehmer, die wegen des Bezuges von Arbeitslosengeld II versicherungspflichtig in der Pflegeversicherung sind,
- Arbeitnehmer, die ihre Elterneigenschaft nachgewiesen haben.

Hinweis: Falls der Beitragszuschlag zur Pflegeversicherung trotz eines Kinderfreibetrages zu zahlen ist, ist das entsprechende Kontrollhäkchen zu setzen.

Umlage

Klicken Sie auf das Register *Umlage / Erstattung*. Frau Müller ist U1- und U2-pflichtig. Die U1- und U2-Pflicht wurde bereits auf Mandantenebene hinterlegt und kann ggf. an dieser Stelle für die Mitarbeiterin geändert werden (Bild 7.31).

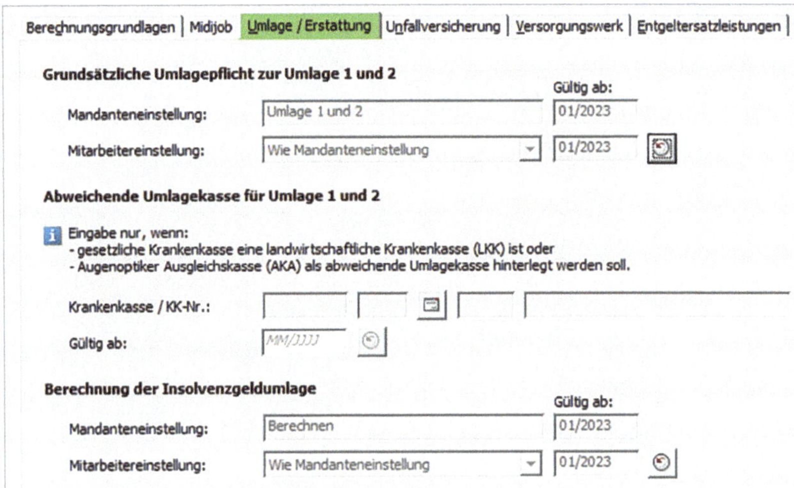

Bild 7.31 Umlagepflicht wurde auf Mandantenebene angelegt und Berechnung der Insolvenzgeldumlage

Hinweis: Im Bereich *Berechnung der Insolvenzumlage* sind Einstellungen für die Insolvenzgeldumlage definiert. Dabei gilt, dass alle sozialversicherungspflichtigen Mitarbeiter zur Insolvenzgeldumlage verpflichtet sind. Dies wurde ebenfalls bereits in der Mandantenebene definiert und könnte hier ggf. für den Mitarbeiter geändert werden.

Unfallversicherung

Klicken Sie auf das Register *Unfallversicherung*. Frau Müller ist unfallversicherungspflichtig. Die Unfallversicherung wurde ebenfalls auf Mandantenebene bereits hinterlegt und könnte an dieser Stelle angepasst werden.

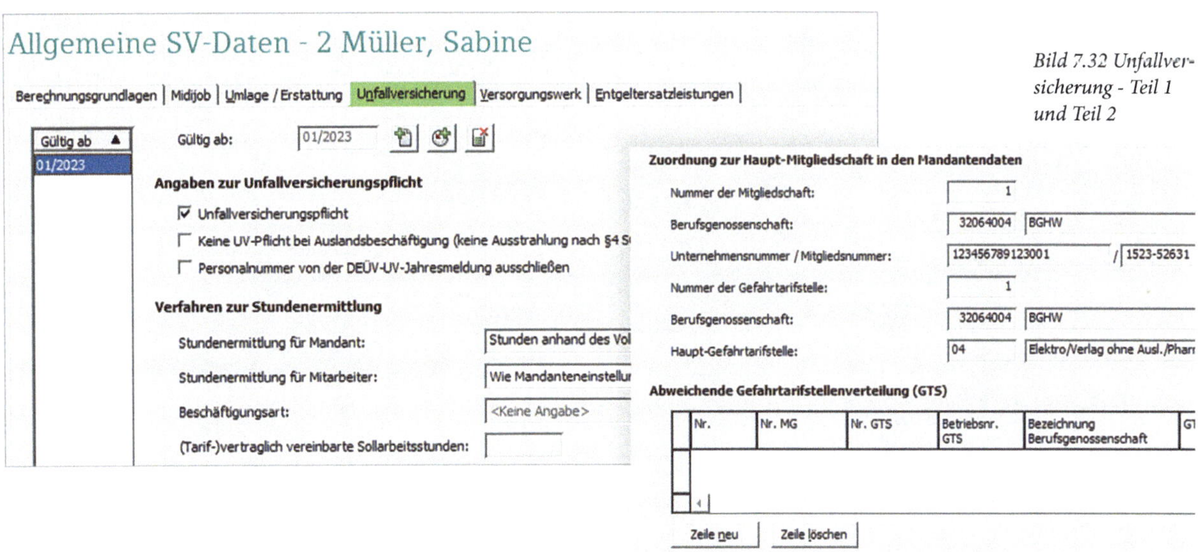

Bild 7.32 Unfallversicherung - Teil 1 und Teil 2

Kinderverwaltung

1 Im nächsten Schritt müssen noch die Angaben zu Kindern vervollständigt werden. Wählen Sie den Menüpunkt *Erfassen* ▶ *Stammdaten* ▶ *Kinderverwaltung* oder klicken Sie in der Übersicht im Ordner *Stammdaten* doppelt auf den Eintrag *Kinderverwaltung* (siehe Bild 7.33).

2 Frau Müller hat 1 Tochter – Davina Müller, geb. am 27.06.2009. Ergänzen Sie die Angaben zu Kind Davina wie in Bild 7.33 angegeben.

3 Speichern Sie abschließend die Eingaben, indem Sie auf das Symbol *Fensterinhalt speichern* 💾 klicken.

Bild 7.33 Kinderverwaltung

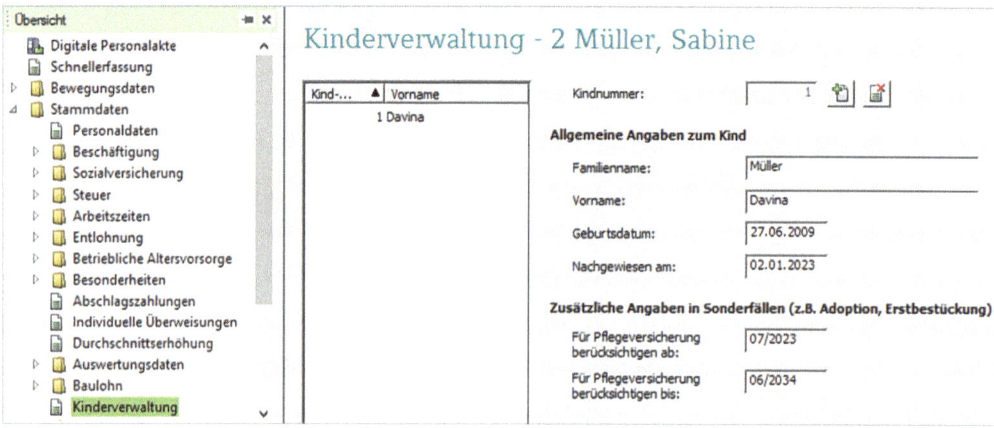

Krankenkasse

1 Im nächsten Schritt muss der Mitarbeiterin die Krankenkasse zugewiesen werden. Wählen Sie den Menüpunkt *Erfassen* ▶ *Stammdaten* ▶ *Sozialversicherung* ▶ *Gesetzliche Krankenkasse* oder klicken Sie in der Übersicht im Ordner *Sozialversicherung* doppelt auf den Eintrag *Gesetzliche Krankenkasse* ❶.

Bild 7.34 Angaben zur Krankenkasse

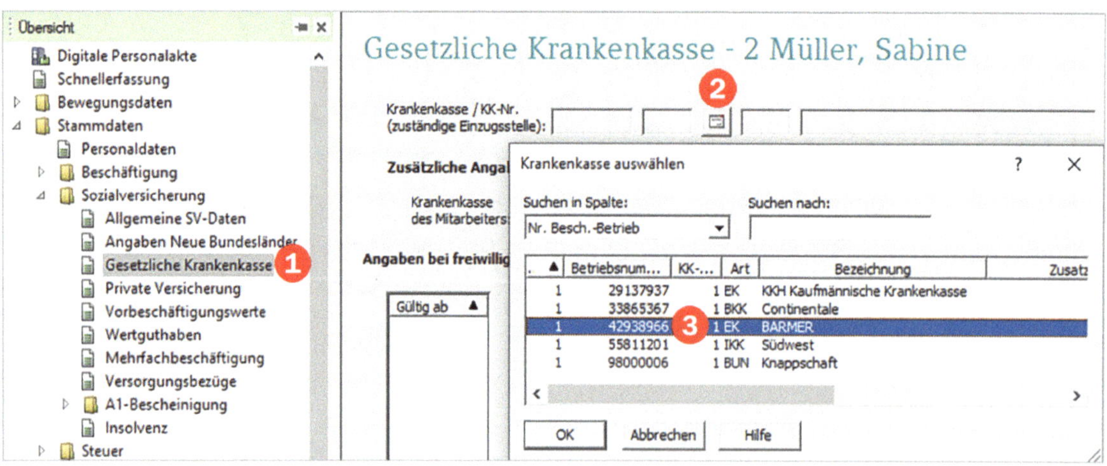

2 Frau Sabine Müller ist bei der BARMER krankenversichert. Klicken Sie beim Feld *Krankenkasse / KK-Nr.:* auf das Symbol *Krankenkasse auswählen* ❷. Klicken Sie auf die BARMER (vormals Barmer GEK) ❸ und übernehmen Sie diese mit Klick auf die Schaltfläche *OK* (Bild 7.34).

3 Die Krankenkasse BARMER ist damit ausgewählt und der Mitarbeiterin zugewiesen. Das Feld *Gültig ab* wird automatisch mit *01/2023* vorbelegt (Bild 7.35).

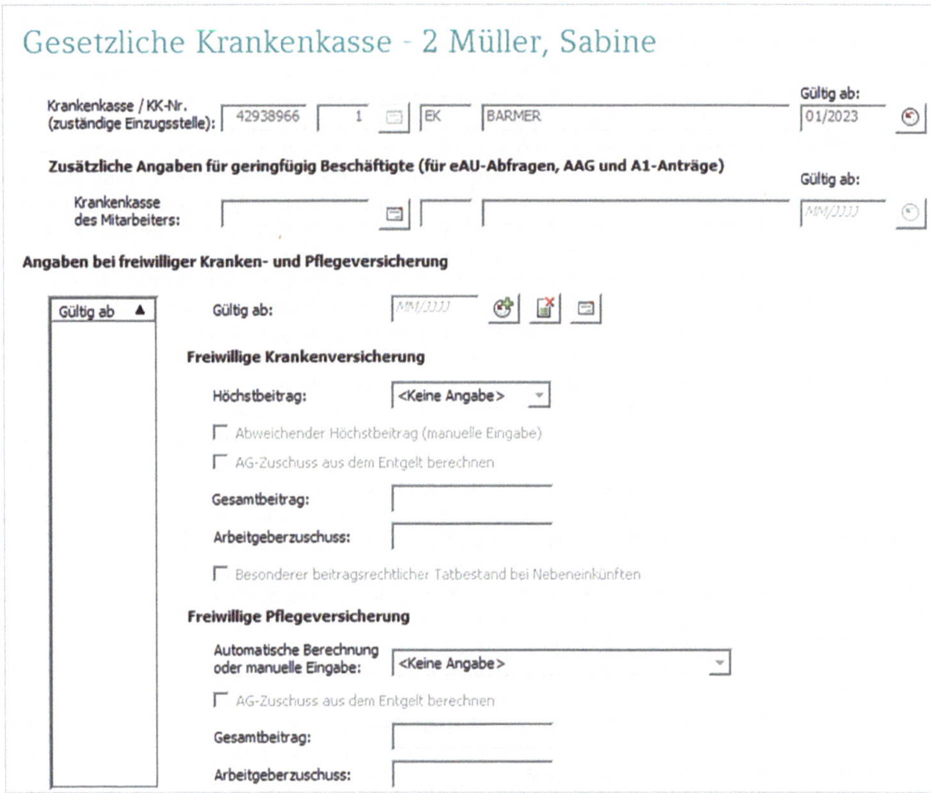

Bild 7.35 Krankenkasse BARMER - die erfassten Daten zur Krankenkasse

4 Speichern Sie abschließend die Eingaben, indem Sie auf das Symbol *Fensterinhalt speichern* klicken.

Beachten Sie

!

- Das Erfassen der Krankenkasse auf der Mitarbeiterebene ist sehr wichtig, da ohne diese Angaben keine Abrechnung in DATEV Lohn und Gehalt comfort vorgenommen werden kann.
- Wenn ein neuer Mitarbeiter eingestellt wird, muss unbedingt geprüft werden, ob die zuständige Krankenkasse in den Institutionen im DATEV Arbeitsplatz hinterlegt ist.

Die Formulare mit den Stammdaten sämtlicher Mitarbeiter sind zum Download verfügbar.

Übung: Sozialversicherungsrelevante Daten von Mitarbeitern erfassen

Aufgabe 1

Erfassen Sie die sozialversicherungsrelevanten Daten von Frau Marion Wegmann.

Personalblatt Frau Wegmann

Teil 3 - Sozialversicherungsbezogene Daten

Krankenversicherung	1 = Allgemeiner Beitrag	☐
Rentenversicherung	1 = Voller Beitrag	☐
Arbeitslosenversicherung	1 = Voller Beitrag	☐
Pflegeversicherung	1 = Voller Beitrag	☐
Zuschlag zur Pflegevers.	Keine Elterneigenschaft	☐
Umlage	U1 und U2	☐
Unfallversicherung	Unfallversicherungspflichtig	☐
Krankenkasse	IKK Südwest	☐

Aufgabe 2

Erfassen Sie die sozialversicherungsrelevanten Daten von Herrn Walther Vogel.

Personalblatt Herr Vogel

Teil 3 - Sozialversicherungsbezogene Daten

Krankenversicherung	9 = Firmenzahler	☐
Rentenversicherung	1 = Voller Beitrag	☐
Arbeitslosenversicherung	1 = Voller Beitrag	☐
Pflegeversicherung	1 = Voller Beitrag	☐
kein Zuschlag zur Pflegevers.	Elterneigenschaft	☐
Für PV-Abschlag zu berücksichtigende Kinder	2 Kinder Katharina Vogel, geb. 27.02.2002 Robin Vogel, geb. 08.07.2005	☐
Umlage	U1 und U2	☐
Unfallversicherung	Unfallversicherungspflichtig	☐
Krankenkasse	BKK Continentale	☐

Achtung: Herr Vogel ist freiwilliges Mitglied in einer gesetzlichen Krankenkasse. Der Arbeitgeber führt die Beiträge an die Kasse ab. Bei freiwillig Versicherten sind weitere Eingaben im Bereich der Krankenkasse des Mitarbeiters zu hinterlegen.

Aufgabe 3

Geben Sie für Herrn Vogel im Bereich *Angaben bei freiwilliger Kranken- und Pflegeversicherung* die folgenden zusätzlichen Einstellungen an (siehe Bild unten).

- *Gültig ab* 01/2023
- *Freiwillige Krankenversicherung:* Höchstbeitrag allgemein
- *Freiwillige Pflegeversicherung:* Höchstbeitrag automatisch berechnen

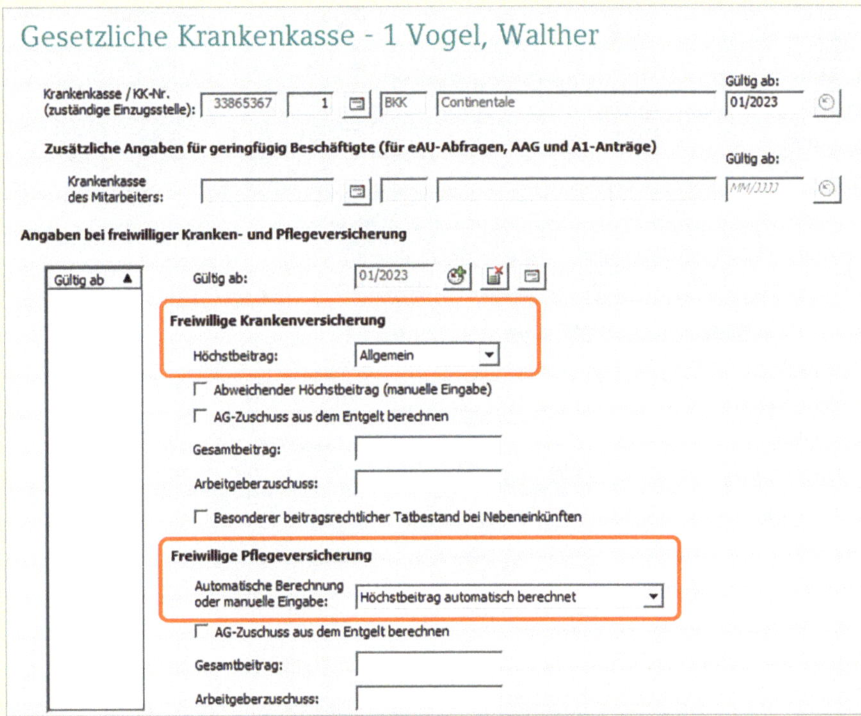

Bild 7.36 Freiwillige Krankenversicherung

Hinweis: Bei *KV-Beitrag der Kasse* wird mit der Auswahl *Höchstbeitrag Allgemein* der Krankenversicherungsbeitrag aus der Institutionsverwaltung übernommen. Bei der Pflegeversicherung kann bei freiwilliger Krankenversicherung zwischen automatischer Berechnung und manueller Eingabe gewählt werden.

Aufgabe 4

Herr Vogel hat 2 Kinder – Katharina Vogel, geb. am 27.02.2002 und Robin Vogel, geb. am 08.07.2005.

Erfassen Sie in den *Stammdaten* ▶ *Kinderverwaltung* die Kinderdaten (Bild 7.37).

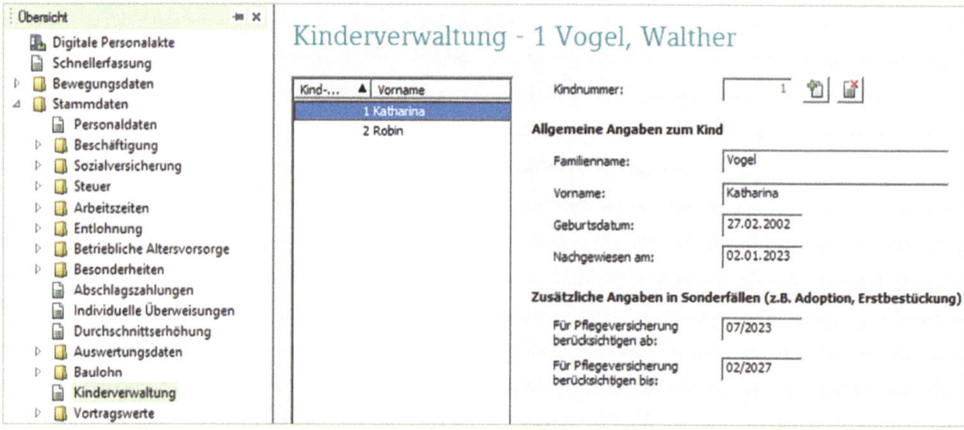

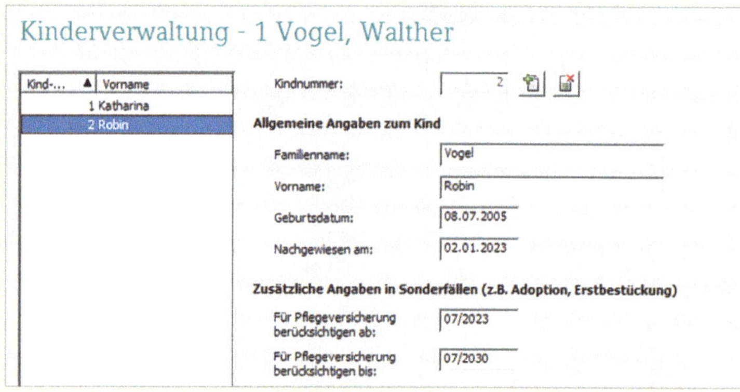

Bild 7.37 Kinderverwaltung Walter Vogel

Aufgabe 5

- Kontrollieren Sie nochmals anhand der Checkliste, ob alle sozialversicherungsbezogenen Daten von Frau Wegmann und Herrn Vogel erfasst sind.
- Kennzeichnen Sie in der Checkliste die Daten als erfasst.

Besonderheiten zur freiwilligen Krankenversicherung

Der Beitragsgruppenschlüssel für freiwillige Krankenversicherte lautet 9 – 1 – 1 – 1.

Seit 2005 wird im Beitragsgruppenschlüssel zur Rentenversicherung nicht mehr nach Angestellten und Arbeitern unterschieden. Für freiwillig krankenversicherte Mitglieder einer gesetzlichen Krankenkasse ist der Pflegeversicherungsschlüssel PV mit *1 = Voller Beitrag* zu erfassen. Bei der Pflegeversicherung kann zwischen automatischer Berechnung und manuelle Eingabe gewählt werden. Bei der Auswahl des KV-Beitrags der Kasse oder bei der manuellen Eingabe stehen Ihnen verschiedene Eingabemöglichkeiten zur Verfügung:

- **Höchstbeitrag allgemein:** Der Krankenversicherungsbeitrag wird aus der Institutionsverwaltung übernommen.
- **Höchstbeitrag erhöht:** Beitrag wird aus der Institutionsverwaltung übernommen.
- **Höchstbeitrag ermäßigt:** Der Beitrag wird aus der Institutionsverwaltung übernommen.
- **Abweichender Höchstbeitrag (manuelle Eingabe):** Beiträge müssen entweder in den anschließenden Feldern Gesamtbeitrag und Arbeitgeberzuschuss hinterlegt werden oder in den Bewegungsdaten/Monatsdaten.

Steuerliche Daten der Mitarbeiter erfassen

An dieser Stelle sind die Daten für die elektronische Lohnsteuerkarte des Mitarbeiters zu erfassen.

Ausgangssituation

Im nächsten Teil des von Herrn Wichtig entwickelten Formulars, sind die steuerlichen Daten der Mitarbeiter ersichtlich. Anhand des Personalblatts von Herrn Walther Vogel sollen diese nun erfasst werden.

Personalblatt Herr Vogel

Teil 1, Teil 2 und Teil 3 sind lt. Checkliste bereits als erfasst gekennzeichnet.

Teil 1 - personenrelevante Daten ☑

Teil 2 - tätigkeitsbezogene Daten ☑

Teil 3 - sozialversicherungsbezogene Daten ☑

Teil 4 - Steuerliche Daten

Identifikationsnummer	89607512376	☐
Arbeitgeber	Hauptarbeitgeber	☐
Steuerklasse Kinderfreibetrag	Klasse 4 / Kinder: 2	☐
Konfession Arbeitnehmer	römisch-katholisch	☐
Konfession Ehepartner	römisch-katholisch	☐
Freibeträge jährlich	6.000,00 EUR	☐
Freibeträge monatlich	500,00 EUR	☐

Die Formulare mit den Stammdaten sämtlicher Mitarbeiter sind zum Download verfügbar.

Um die steuerlichen Daten von Herrn Vogel einzutragen, gehen Sie wie folgt vor:

1. Öffnen Sie den Mitarbeiter Herrn Walther Vogel.
2. Wählen Sie den Menüpunkt *Erfassen* ▶ *Stammdaten* ▶ *Steuer* ▶ *Steuerkarte* oder klicken Sie doppelt in der Übersicht auf den Ordner *Steuer* und dann doppelt auf den Eintrag *Steuerkarte* (Bild 7.38).

3 Im ersten Abschnitt sind die Angaben für den Abruf der elektronischen Lohnsteuerkarte zu erfassen. Geben Sie im Feld *Identifikationsnummer* die 11-stellige Steueridentifikationsnummer 89607512376 von Herrn Vogel ein. (Bild 7.38).

4 Im nächsten Schritt ist eine Angabe zum Beschäftigungsverhältnis erforderlich. Es muss angeben werden, ob es sich bei der Beschäftigung um eine Haupt- oder Nebenbeschäftigung handelt. Für die Teilnahme am Verfahren der elektronischen Lohnsteuerkarte ist eine Angabe unter Kennzeichnung Arbeitgeber zwingend erforderlich. Wählen Sie hier - wie in Bild 7.38 dargestellt - *Hauptarbeitgeber* aus. Das Feld *Gültig ab* wird automatisch mit *01/2023* vorbelegt.

Bild 7.38 Steuerkarte: Identfikationsnummer und Kennzeichnung Arbeitgeber

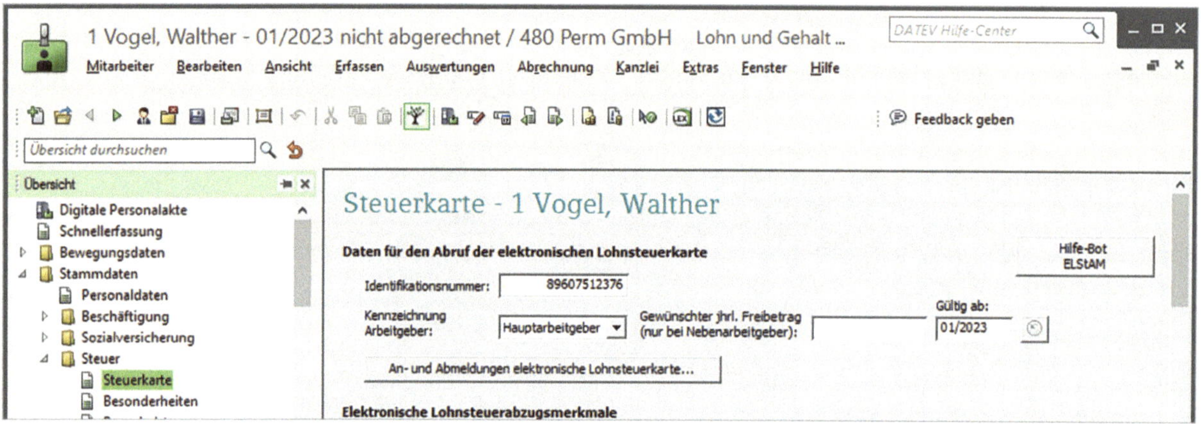

Hinweis: Über die Schaltfläche *An- und Abmeldungen elektronische Lohnsteuerkarte* kann bei Bedarf eine manuelle Meldung zum Verfahren der elektronischen Lohnsteuerkarte für den geöffneten Mitarbeiter erzeugt werden.

In der Rubrik *Elektronische Lohnsteuerabzugsmerkmale* sind Einträge zur Steuerklasse, Konfession und ggf. Freibeträge zu hinterlegen. In der Praxis werden diese Daten durch die Finanzverwaltung im elektronischen Rückmeldeverfahren in Lohn und Gehalt eingespielt und müssen vom Lohnbuchhalter überprüft werden. Da wir in unserem Übungsfall keine Daten abrufen können, müssen diese individuell eingetragen werden. Herr Vogel hat Steuerklasse 4 und 2 Kinder.

5 Geben Sie im Feld *Steuerklasse* die Steuerklasse 4 und im Feld *Kinderfreibetrag* den Wert 2,0 ein. *01/2023* im Feld *Gültig ab* wird automatisch eingetragen (Bild 7.39).

Hinweis: Verheiratete können seit dem Jahr 2015 anstelle des klassischen Lohnsteuerklassen-Kombination III/V oder IV/IV auch die Kombination „Lohnsteuerklasse IV mit Faktor" wählen.

6 Herr Vogel und seine Ehegattin gehören der Konfession römisch-katholisch an. Wählen Sie diese unter *Konfessionszugehörigkeit* aus (siehe Bild 7.39).

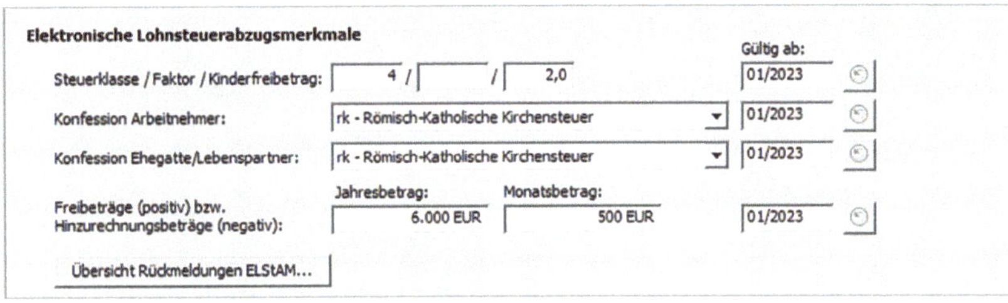

Bild 7.39 Steuerklasse

7 Herr Vogel hat sich durch das Finanzamt eine Bescheinigung über Freibeträge für das Jahr 2023 ausstellen lassen. Diese Freibeträge sind nun abschließend zu erfassen. Geben Sie die Freibeträge wie in Bild 7.40 ein.

Tipp: Über die Schaltfläche *Übersicht Rückmeldungen ELSTAM...* können Sie für den geöffneten Mitarbeiter die von der Finanzbehörde zurückgemeldeten elektronischen Lohnsteuerabzugsmerkmale einsehen. Falls für einen Mitarbeiter kein Abruf der elektronischen Lohnsteuerabzugsmerkmale (ELStAM) erfolgen soll, kann diese über die Rubrik *Besonderheiten elektronische Lohnsteuerkarte* vorgenommen werden.

8 Damit sind alle steuerlichen Daten von Herrn Walther Vogel eingetragen (Bild unten). Speichern Sie abschließend die Eingaben, indem Sie auf das Symbol *Fensterinhalt speichern* klicken.

Bild 7.40 Alle Steuerangaben Walther Vogel

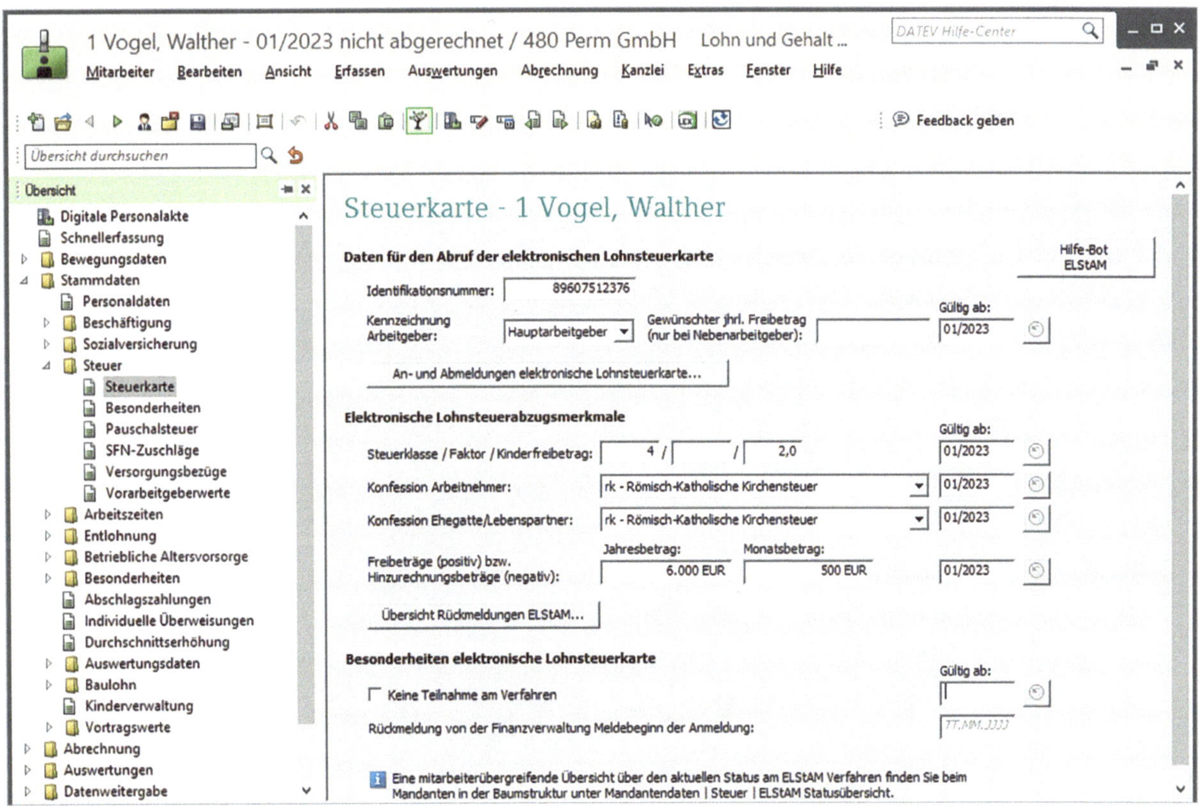

Achtung: Wenn Sie Änderungen an den steuerlichen Daten vornehmen möchten, können diese nur über den historischen Stand ⊙ geändert werden. Beispiel Steuerklasse und Kinderfreibetrag:

Bild 7.41 Beispiel Steuerklasse und Kinderfreibetrag

Zeile 1: Bisherige Steuerklasse und Kinderfreibetrag

Zeile 2: Eingabe der neuen Steuerklasse mit der Angabe ab wann gültig

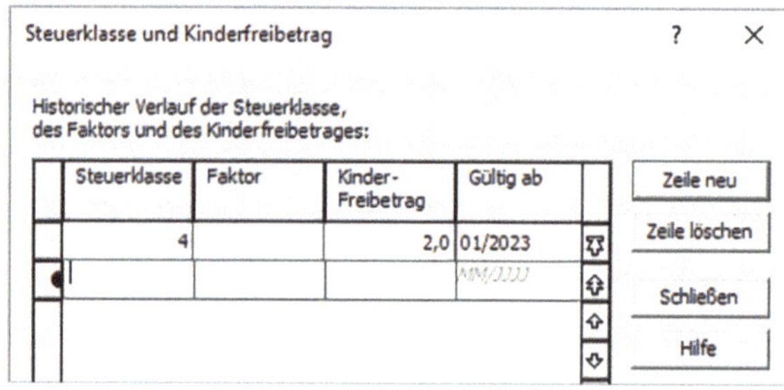

Übung: Steuerrelevante Daten von Mitarbeitern erfassen

Aufgabe 1

✐ Erfassen Sie die steuerrelevanten Daten von Frau Sabine Müller und von Frau Marion Wegmann.

Die Formulare mit den Stammdaten sämtlicher Mitarbeiter sind zum Download verfügbar.

Personalblatt Frau Sabine Müller

Teil 4 - Steuerliche Daten

Identifikationsnummer	92634845100	☐
Arbeitgeber	Hauptarbeitgeber	☐
Steuerklasse Kinderfreibetrag	Klasse 4 / Kinder: 0,5	☐
Konfession Arbeitnehmer	evangelisch	☐
Konfession Ehepartner	keine Angabe	☐
Freibeträge jährlich	keine Angabe	☐
Freibeträge monatlich	keine Angabe	☐

Personalblatt Frau Marion Wegmann

Teil 4 - Steuerliche Daten

Identifikationsnummer	53410876827	☐
Arbeitgeber	Hauptarbeitgeber	☐
Steuerklasse Kinderfreibetrag	Klasse 1 / Kinder: keine Angabe	☐
Konfession Arbeitnehmer	keine Angabe	☐
Freibeträge jährlich	keine Angabe	☐
Freibeträge monatlich	keine Angabe	☐

Aufgabe 2

Kontrollieren Sie nochmals anhand der Checkliste, ob alle steuerlichen Daten von Frau Müller und Frau Wegmann erfasst sind und kennzeichnen Sie diese in der Checkliste als erfasst.

Arbeitszeit und Urlaubsanspruch von Mitarbeitern erfassen

Als nächste Stammdaten sind die Arbeitszeiten und der Urlaubsanspruch der Mitarbeiter laut Betriebsvereinbarung oder laut Arbeitsvertrag zu erfassen.

Auf Mandantenebene wurden die Arbeitszeiten laut Betriebsvereinbarung bereits hinterlegt. In der Betriebsvereinbarung ist eine 40 Stunden Woche vereinbart mit einer täglichen Arbeitszeit von Montag bis Freitag mit jeweils 8 Stunden. Der Urlaubsanspruch der Mitarbeiter beträgt 24 Tage pro Jahr.

Ausgangssituation

Im nächsten Teil des von Herrn Wichtig entwickelten Formulars sind die Arbeitszeiten und der Urlaubsanspruch der Mitarbeiter ersichtlich. Am Beispiel des Personalblatts von Frau Marion Wegmann sollen diese jetzt erfasst werden.

Personalblatt Frau Wegmann

Teil 1, Teil 2, Teil 3 und Teil 4 sind lt. Checkliste bereits als erfasst gekennzeichnet.

Teil 1 - personenrelevante Daten	☑
Teil 2 - tätigkeitsbezogene Daten	☑
Teil 3 - sozialversicherungsbezogene Daten	☑
Teil 4 - steuerliche Daten	☑

Teil 5 - Arbeitszeiten und Urlaub

laut Arbeitsvertrag		
wöchentliche Arbeitszeit	40 Stunden / 6-Tage Woche	☐
tägliche Arbeitszeit	Mo 7 Std. Di 7 Std. Mi 7 Std. Do 7 Std. Fr. 7 Std. Sa 5 Std.	☐
laut Betriebsvereinbarung		
Urlaubsanspruch lfd. Jahr	29 Tage	☐
Urlaubsanspruch Vorjahr	1 Tag	☐

Die Formulare mit den Stammdaten sämtlicher Mitarbeiter sind zum Download verfügbar.

Um Arbeitszeiten und Urlaubsanspruch von Frau Marion Wegmann zu erfassen, öffnen Sie die Mitarbeiterin Frau Marion Wegmann. Anschließend gehen Sie wie folgt vor:

Arbeitszeiten

1 Wählen Sie den Menüpunkt *Erfassen* ▶ *Stammdaten* ▶ *Arbeitszeiten* ▶ *Regelmäßige/Feste Arbeitszeiten* oder öffnen Sie in der Übersicht den Ordner *Arbeitszeiten* und klicken dann doppelt auf den Eintrag *Regelmäßige/feste Arbeitszeiten*.

Es werden Ihnen zunächst die mandantenbezogenen wöchentlichen Arbeitszeiten angezeigt. Darüber hinaus können über die Mitarbeitereinstellung individuelle wöchentliche Arbeitszeiten für den einzelnen Mitarbeiter hinterlegt werden.

2 Geben Sie im Feld *Wöchentl. Arbeitszeit* für eine 40 Stunden Woche den Wert 40,00 ein. Das Programm verteilt die Stunden automatisch auf eine 5 Tage Woche mit jeweils 8 Stunden. Gültig ab *01/2023* wird ebenfalls automatisch gesetzt.

Bild 7.42 Marion Wegmann: Regelmäßige Arbeitszeiten

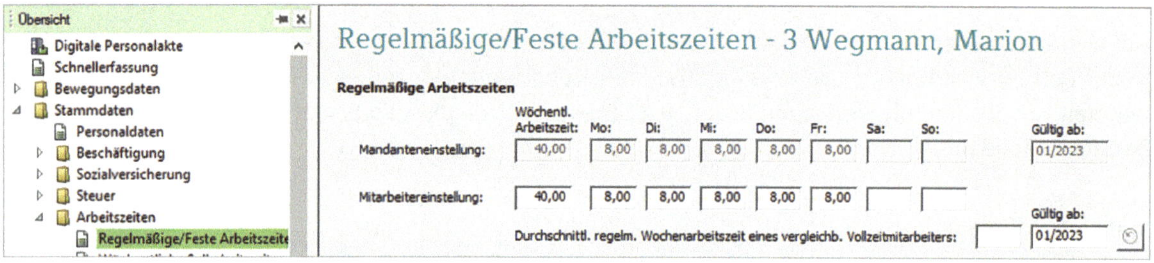

3 Die Arbeitszeiten von Frau Wegmann sind laut Arbeitsvertrag zu erfassen. Diese weichen von der Betriebsvereinbarung bei ihr wie folgt ab:

Mo	Di	Mi	Do	Fr	Sa
7,00	7,00	7,00	7,00	7,00	5,00

Ändern Sie die Arbeitszeiten in den Feldern *Mo - Fr* auf je 7,00 Stunden. Für den Samstag geben Sie den Wert 5,00 ein. Damit sind die wöchentliche Arbeitszeit und die täglichen Arbeitszeiten von Frau Wegmann erfasst.

Bild 7.43 Zusammenfassung Arbeitszeit

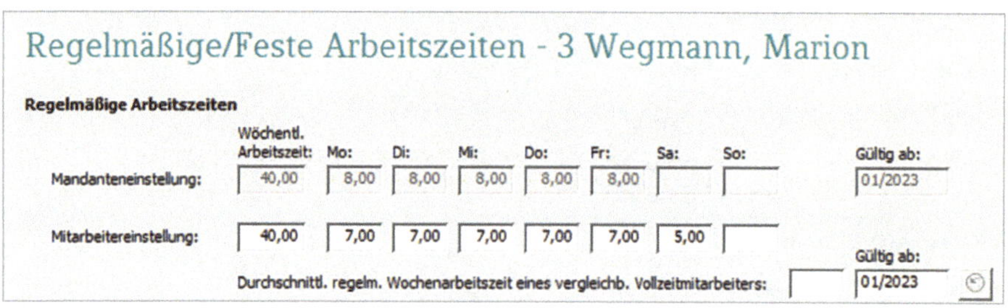

Hinweis: Das Feld *Durchschnittl. regelm. Wochenarbeitszeit eines vergleichb. Vollzeitmitarbeiters* wird für optionale Bescheinigungen verwendet. Unter *Zusatzangaben zur regelmäßigen Arbeitszeit* können Sie im Feld *Grund für die Änderung der Wochenarbeitszeit* auch noch eine Begründung auswählen, siehe Bild 7.44.

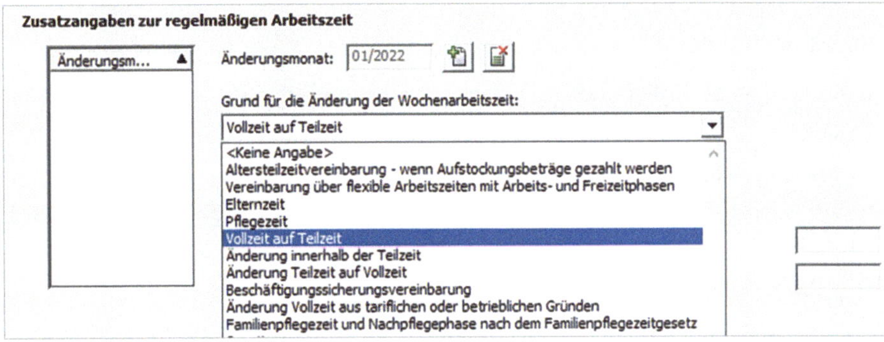

Bild 7.44 Änderung der Wochenarbeitszeit

Urlaubsanspruch

Im nächsten Schritt ist der Urlaubsanspruch von Frau Wegmann einzutragen. Dazu gehen Sie - wie nachfolgend dargestellt - vor:

1. Wählen Sie den Menüpunkt *Erfassen* ▶ *Stammdaten* ▶ *Arbeitszeiten* ▶ *Urlaubsanspruch* oder klicken Sie in der Übersicht doppelt auf *Urlaubsanspruch*.
2. Frau Wegmann hat laut Betriebsvereinbarung einen Urlaubsanspruch von 29 Tagen, geben Sie daher im Feld *Urlaubsanspruch* den Wert 29,0 ein (Bild 7.45).
3. Frau Wegmann hat noch 1 Tag Resturlaub aus dem Vorjahr. Geben Sie im Feld *Aus dem Vorjahr übernommene Resturlaubstage* den Wert 1,0 ein.

Bild 7.45 Urlaubsanspruch Marion Wegmann

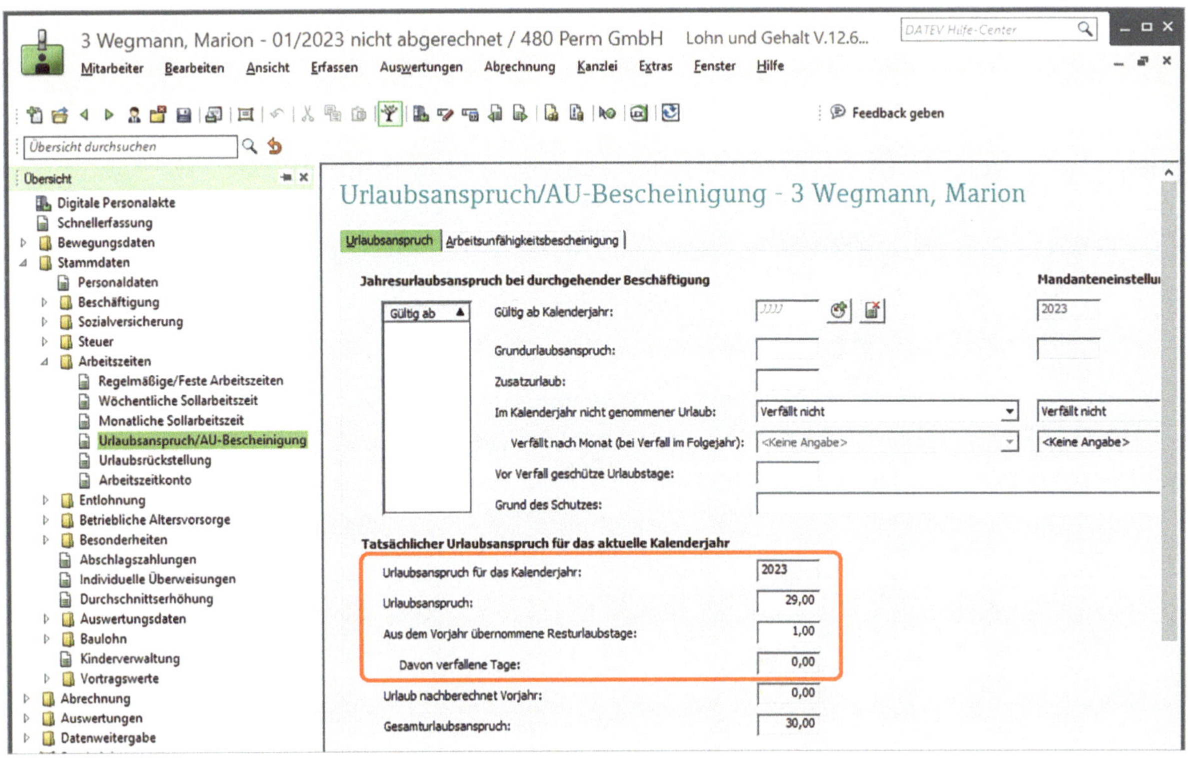

Das Programm errechnet nun automatisch den gesamten Urlaubsanspruch für das Jahr 2023. Damit ist der Urlaubsanspruch von Frau Marion Wegmann erfasst.

4 Speichern Sie abschließend die Angaben mit Klick auf das Symbol *Fensterinhalt speichern* .

Hinweis: Oberhalb der Anzeige des aktuellen Urlaubsanspruchs können Grundurlaubsansprüche für das Kalenderjahr, Zusatzurlaubsregelungen und Verfallregelungen für den Jahresurlaub festgelegt werden. Die Mandantengrundeinstellungen zur Urlaubsregelung werden ebenfalls angezeigt.

Achtung: Beim Umstieg auf das Programm DATEV Lohn und Gehalt comfort ist im ersten Jahr generell - auch bei Beginn der Januar-Abrechnung - der Urlaubsanspruch laufendes Jahr und - sofern vorhanden - der Resturlaub aus Vorjahr zu erfassen. Die Summe aus Urlaubsanspruch pro Jahr und Zusätzlicher Sonderurlaub pro Jahr wird erst beim Monatsabschluss Dezember in den Urlaubsanspruch laufendes Jahr übernommen.

Übung: Arbeitszeiten und Urlaubsanspruch von Mitarbeitern erfassen

Aufgabe 1

Erfassen Sie die Arbeitszeiten und den Urlaubsanspruch von Frau Sabine Müller und von Herrn Walther Vogel.

Die Formulare mit den Stammdaten sämtlicher Mitarbeiter sind zum Download verfügbar.

Personalblatt Frau Sabine Müller: Teil 5 - Arbeitszeiten und Urlaub

laut Arbeitsvertrag		
wöchentliche Arbeitszeit	40 Stunden/ 5-Tage Woche	☑
tägliche Arbeitszeit	Mo 8 Std. Di 8 Std. Mi 8 Std. Do 8 Std. Fr. 8 Std.	☑
laut Betriebsvereinbarung		
Urlaubsanspruch lfd. Jahr	24 Tage	☑
Urlaubsanspruch Vorjahr	0 Tage	☐

Personalblatt Herr Walther Vogel: Teil 5 - Arbeitszeiten und Urlaub

laut Arbeitsvertrag		
wöchentliche Arbeitszeit	42 Stunden/ 6-Tage Woche	☑
tägliche Arbeitszeit	Mo 7 Std. Di 7 Std. Mi 7 Std. Do 7 Std. Fr. 7 Std. Sa 7 Std.	☑
laut Betriebsvereinbarung		
Urlaubsanspruch lfd. Jahr	29 Tage	☑
Urlaubsanspruch Vorjahr	1 Tag	☑

Aufgabe 2

Kontrollieren Sie nochmals anhand der Checkliste, ob alle Arbeitszeiten und die Urlaubsansprüche von Frau Müller und Herrn Vogel erfasst sind und kennzeichnen Sie diese in der Checkliste als erfasst.

Vermögenswirksame Leistungen erfassen

Bei einigen Mitarbeitern der Firma Perm GmbH liegen VL-Verträge vor. Laut Betriebsvereinbarung unterstützt der Arbeitgeber VL-Verträge und gibt einen Zuschuss zu den jeweiligen Verträgen.

VL = Vermögenswirksame Leistungen

Ausgangssituation

Im nächsten Teil des von Herrn Wichtig entwickelten Formulars sind die vermögenswirksamen Leistungen der Mitarbeiter ersichtlich. Am Beispiel des Personalblatts von Frau Sabine Müller sollen diese nun erfasst werden.

Personalblatt Frau Sabine Müller

Teil 6 - Vermögenswirksame Leistungen

Anlageinstitut	AXORIA Versicherung	☐
Vertrag-Nr.	85236SW2014	☐
Vertragsende	02/2026	☐
Bankbezeichnung	Stadtsparkasse Oberhausen	☐
BIC	WELADED1OBH	☐
IBAN	DE69 3655 0000 0012 1083 95	☐
VWL-Beitrag	40 EUR (monatlich)	☐
Arbeitgeber-Zuschuss	20 EUR	☐
Abrechnungsintervall	Monatlich	☐

Die Formulare mit den Stammdaten sämtlicher Mitarbeiter sind zum Download verfügbar.

Um den VL-Vertrag von Frau Sabine Müller zu hinterlegen, gehen Sie - wie nachfolgend beschrieben - vor:

1 Öffnen Sie die Mitarbeiterin Frau Sabine Müller.

2 Wählen Sie den Menüpunkt *Erfassen* ▶ *Stammdaten* ▶ *Entlohnung* ▶ *Vermögenswirksame Leistungen* oder öffnen Sie in der Übersicht den Ordner *Entlohnung* und klicken dann doppelt auf den Eintrag *Vermögenswirksame Leistungen*. Das Eingabeformular für VL-Verträge wird angezeigt (Bild 7.46).

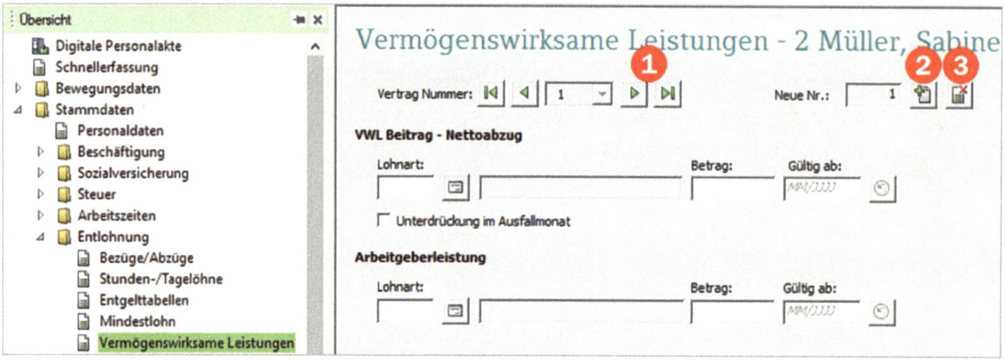

Bild 7.46 VWL-Verträge

❶ Mit den Navigationsschaltflächen können Sie zwischen mehreren vorhandenen VL-Verträgen des Mitarbeiters wechseln.

❷ Über das Symbol *VWL anlegen* kann ein neuer Vertrag erfasst werden.

❸ Mit dem Symbol *VWL löschen* kann ein bestehender Vertrag gelöscht werden.

3 Zunächst ist die Lohnart für den VWL Beitrag - Nettoabzug zu erfassen: Klicken Sie unter *VWL Beitrag - Nettoabzug* auf das Symbol *Lohnart auswählen* und wählen Sie im Fenster *Lohnart auswählen* die Lohnart *9840 VWL* aus (Bild 7.47). Übernehmen Sie die Lohnart mit der Schaltfläche *OK*.

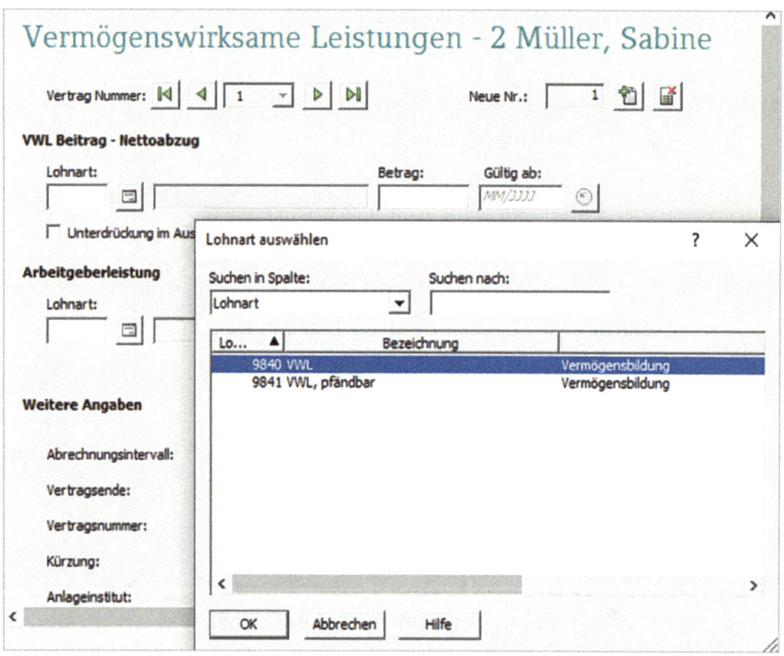

Bild 7.47 Lohnart VWL Beitrag auswählen

4 Im Feld *Betrag* geben Sie den VWL - Nettoabzugsbetrag von 40,00 EUR ein (Bild 7.48). Das Feld *Abrechnung* wird mit *mtl.* und *Gültig ab* mit *01/2023* automatisch vorbelegt.

Das Kontrollkästchen *Unterdrückung im Ausfallmonat* (siehe Bild 7.48) legt fest, ob der Nettoabzug eines VWL-Vertrags im Ausfallmonat in die Abrechnung einfließen soll. Bei aktiviertem Kontrollkästchen wird kein Nettoabzug abgerechnet und auch kein Zahlungsträger erstellt.

5 Als nächste Eingabe ist der Arbeitgeberzuschuss zu erfassen: Klicken Sie unter *Arbeitgeberleistung* auf den Pfeil *Lohnart* ❶, wählen Sie die Lohnart *3100 AG-Anteil VWL, lfd* aus (Bild 7.48) und übernehmen Sie die Lohnart mit Klick auf die Schaltfläche *OK*. Im Feld *Betrag* geben Sie den Arbeitgeberzuschussbetrag von 20,00 EUR ein. Das Feld *Gültig ab* wird vom Programm automatisch mit *01/2023* vorbelegt.

6 Der Abrechnungsmodus kann über den Dropdown-Pfeil des Feldes *Abrechnungsintervall* ausgewählt werden. Wählen Sie das Abrechnungsintervall *monatlich* aus. Das Feld *Gültig ab* wird automatisch mit *01/2023* vorbelegt.

Hinweis: Neben dem *Abrechnungsintervall monatlich* kann auch *wiederkehrend* ausgewählt und die Monate, in denen die Abrechnung erfolgen soll, explizit festgelegt werden.

7 Geben Sie zum Schluss die Vertragsdaten wie im Bild unten ein.

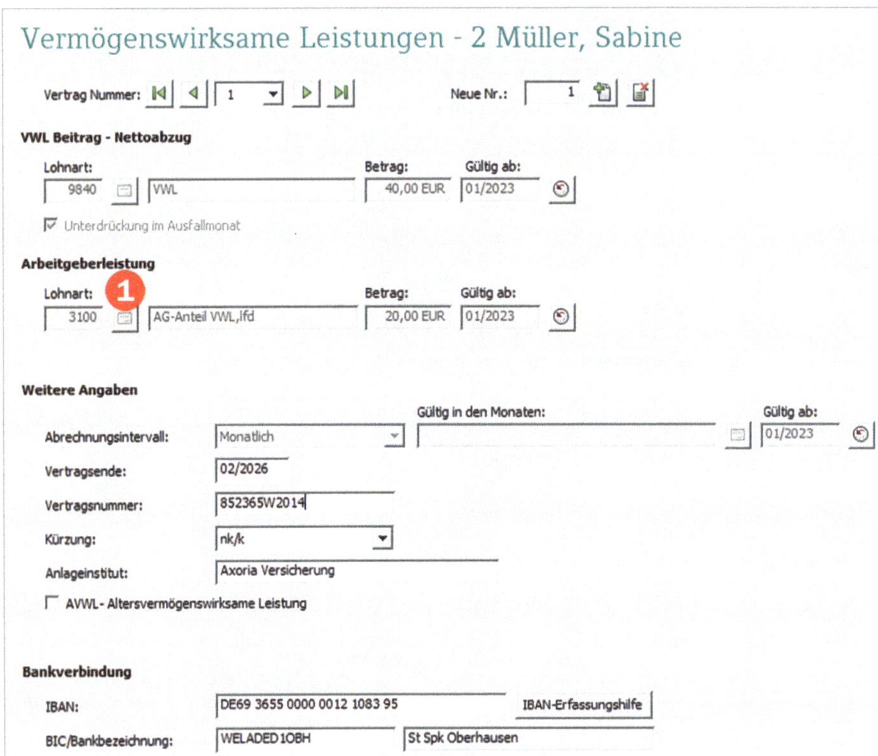

Bild 7.48 VL-Beiträge erfassen

Hinweise

- Falls es sich bei dem VWL-Vertrag um eine altersvermögenswirksame Leistung handelt, die im Arbeitsvertrag oder tarifrechtlich vereinbart und dem Aufbau einer zusätzlichen betrieblichen oder privaten Altersvorsorge dient, kann das Kontrollhäkchen *AVWL-Altersvermögenswirksame Leistung* aktiviert werden.

- Im Feld *Kürzung* wählen Sie die Kürzungsformel für Unterbrechungs- und Ausfallzeiten. Diese bestimmt, wie der Arbeitgeberanteil in Teilmonaten bzw. voll unterbrochenen Monaten abzurechnen ist. Hierfür gibt es folgende Auswahlmöglichkeiten:

Angabe	Wirkung
k/k	Teilmonat kürzen/Ausfallmonat kürzen: Im Teilmonat wird gekürzt, im voll unterbrochenen Monat wird nicht abgerechnet.
nk/nk	Teilmonat nicht kürzen/Ausfallmonat nicht kürzen: Im Teilmonat wird nicht gekürzt, im voll unterbrochenen Monat wird weiter abgerechnet.
nk/k	Teilmonat nicht kürzen/Ausfallmonat kürzen: Im Teilmonat wird nicht gekürzt, im voll unterbrochenen Monat wird nicht abgerechnet.

Standardmäßig ist *Kürzung* mit *nk/k* vorbelegt, dies bedeutet im Fall von Frau Müller: Teilmonat nicht kürzen, im Ausfallmonat kürzen.

8 Speichern Sie zuletzt die Eingaben mit Klick auf das Symbol *Fensterinhalt speichern*. Der VWL-Vertrag von Frau Sabine Müller ist damit erfasst.

Übung: VL-Vertrag von Mitarbeitern erfassen

Aufgabe 1

Erfassen Sie den VWL-Vertrag von Frau Marion Wegmann.

Die Formulare mit den Stammdaten sämtlicher Mitarbeiter sind zum Download verfügbar.

Personalblatt Frau Marion Wegmann: Teil 6 - Vermögenswirksame Leistungen

VWL-Beitrag	36 EUR (monatlich)	☐
Arbeitgeber-Zuschuss	10 EUR	☐
Abrechnungsintervall	Monatlich	☐
Vertragsende	12/2026	☐
Vertrag-Nr.	JKM-201652367	☐
Anlageinstitut	PLUSMINUS Bausparen	☐
Bankbezeichnung	Donner & Reuschel	☐
BIC	CHDBDEHHXXX	☐
IBAN	DE43 2003 0300 0356 3254 00	☐

Aufgabe 2

Kontrollieren Sie nochmals anhand der Checkliste, ob alle Angaben zu den vermögenswirksamen Leistungen von Frau Wegmann erfasst sind und kennzeichnen Sie diese in der Checkliste als erfasst.

Entlohnungsdaten erfassen

Zuletzt sind die Entlohnungsdaten der Mitarbeiter zu erfassen. Dabei muss zwischen Gehaltsempfängern und Stundenlohnempfängern unterschieden werden.

Entlohnungsdaten Gehaltsempfänger

Ausgangssituation
Im letzten Teil des von Herrn Wichtig entwickelten Formulars, sind die Entlohnungsdaten der Mitarbeiter ersichtlich.

Personalblatt Frau Sabine Müller: Teil 7 - Entlohnungsdaten

laut Arbeitsvertrag		
Grundgehalt	2.850,00 EUR	☐

Um das Gehalt von Frau Müller zu hinterlegen, gehen Sie wie folgt vor:

1. Öffnen Sie die Mitarbeiterin Frau Sabine Müller.
2. Wählen Sie den Menüpunkt *Erfassen* ▶ *Stammdaten* ▶ *Entlohnung* ▶ *Bezüge/Abzüge* oder klicken Sie im geöffneten Ordner *Entlohnung* doppelt auf den Eintrag *Bezüge/Abzüge* (Bild 7.49).
3. Klicken Sie im mittleren Teil des Fensters auf die Schaltfläche *Neue Be-/Abzug anlegen*. Anschließend wird eine neue Zeile angezeigt, in dieser Zeile kann jetzt das Grundgehalt erfasst werden.

Bild 7.49 Sabine Müller: Bezüge/Abzüge

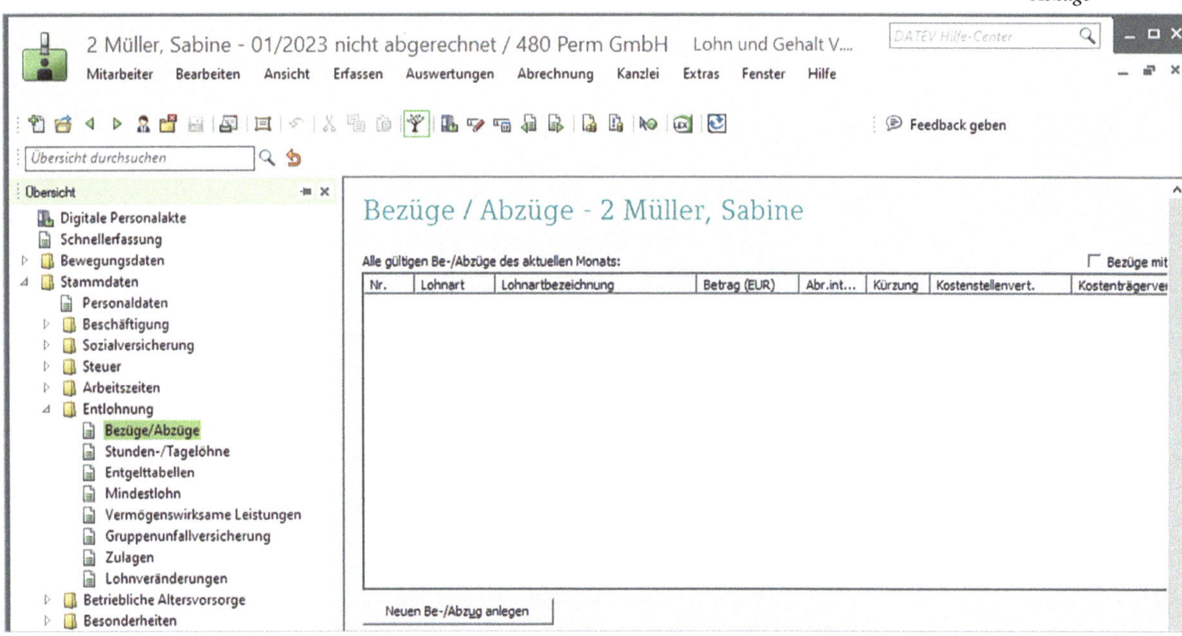

4 Klicken Sie in dieser neuen Zeile im Feld *Lohnart* auf das Symbol *Lohnart auswählen* ❶ und wählen Sie die *Lohnart 2000 Grundgehalt* aus ❷ (Bild 7.50). Übernehmen Sie anschließend die Lohnart, indem Sie auf die Schaltfläche *OK* klicken.

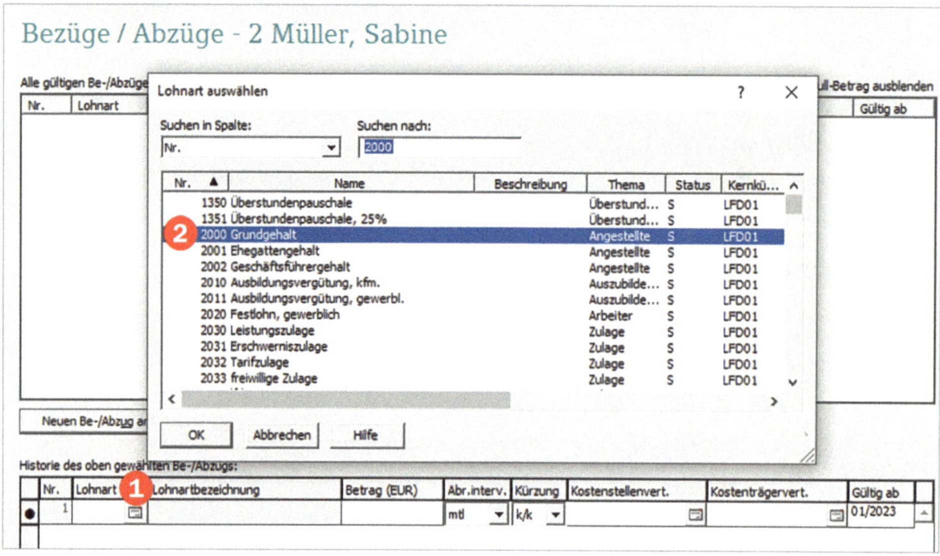

Bild 7.50 Lohnart auswählen

5 Im Feld *Betrag* geben Sie das Gehalt von Frau Müller in Höhe von 2.850,00 EUR ein. Die Felder *Abrechnungsintervall* und *Gültig ab* werden automatisch mit *mtl.* (= monatlich) und dem *01/2023* vorbelegt (Bild 7.51).

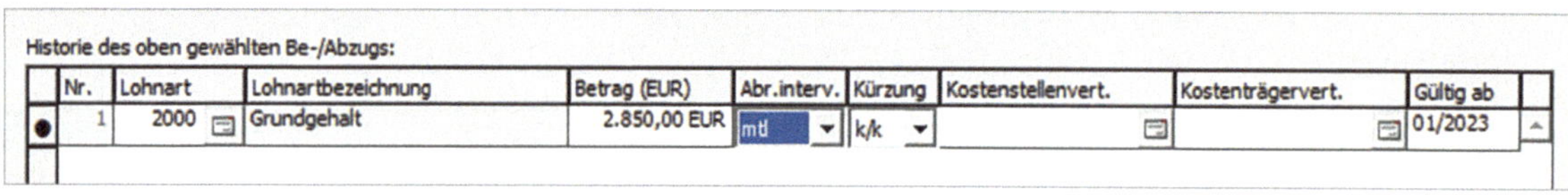

Bild 7.51 Sabine Müller: Grundgehalt erfassen

Wenn der Bezug/Abzug bei der Abrechnung von Teilmonaten (bei Ein- oder Austritt bzw. bei Unterbrechung der Beschäftigung) gekürzt werden soll, stehen im Feld *Kürzung* folgende Einträge zur Auswahl:

- k/k Teilmonat kürzen/Ausfallmonat kürzen (Standardeintrag)
- nk/nk Teilmonat nicht kürzen/Ausfallmonat nicht kürzen
- nk/k Teilmonat nicht kürzen/Ausfallmonat kürzen

Kostenstellenverteilung und Kostenträgerverteilung sind in unserem Beispielfall keine vorhanden und werden nicht genutzt.

6 Speichern Sie abschließend die Eingaben mit Klick auf das Symbol *Fensterinhalt speichern*. Das Grundgehalt von 2.850,00 EUR von Frau Sabine Müller ist damit erfasst und gespeichert.

Die Elemente des Fensters Bezüge/Abzüge

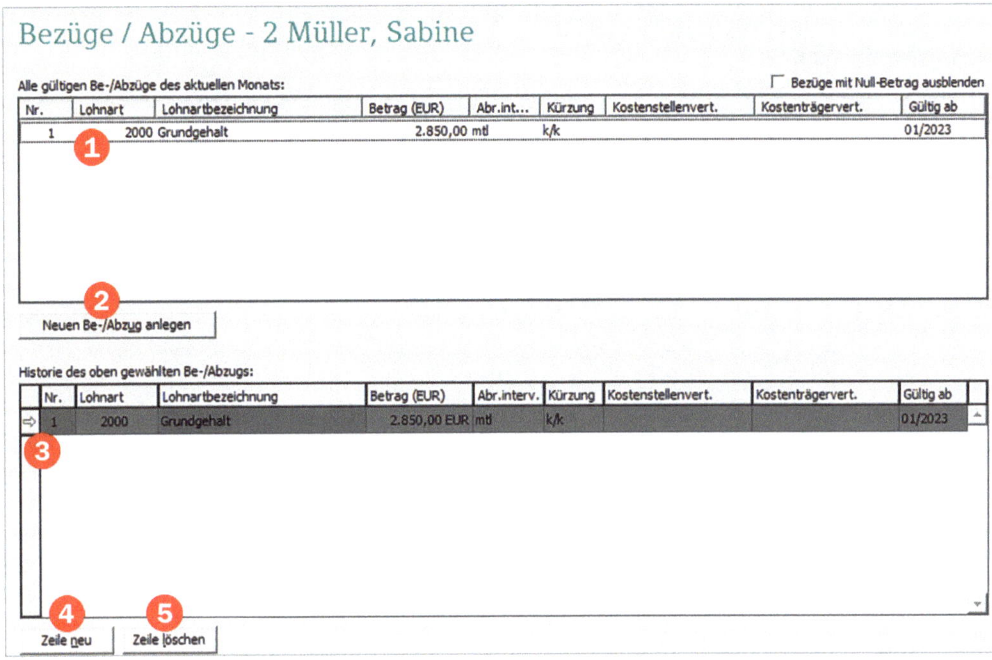

Bild 7.52 Das Fenster Bezüge/Abzüge

1. Liste aller erfassten und gültigen Festbezüge
2. Neuen Bezug oder Abzug erfassen
3. Markierten Bezug oder Abzug ändern
4. Eingabe Bezüge und Abzüge
5. Markierten Bezug oder Abzug löschen

Übung: Grundgehalt erfassen

Erfassen Sie das Grundgehalt von Herrn Walther Vogel.

Personalblatt Herr Walther Vogel: Teil 7 - Entlohnungsdaten

laut Arbeitsvertrag		
Grundgehalt	6.100,00 EUR	☑

Entlohnungsdaten Lohnempfänger

Ausgangssituation

Der Stundenlohn von Lohnempfängern ist genauso wie bei den Gehaltsempfängern in den Stammdaten der Mitarbeiter zu hinterlegen. Anhand des Personalblatts von Frau Marion Wegmann soll dieser jetzt erfasst werden.

Personalblatt Frau Marion Wegmann: Teil 7 - Entlohnungsdaten

laut Betriebsvereinbarung Tarif		
Stundenlohn	24,85 EUR	☐

Um den Stundenlohn von Frau Marion Wegmann zu erfassen, gehen Sie wie folgt vor:

1. Öffnen Sie die Mitarbeiterin Frau Marion Wegmann.
2. Wählen Sie den Menüpunkt *Erfassen* ▶ *Stammdaten* ▶ *Entlohnung* ▶ *Stunden-/Tagelöhne* oder klicken Sie in der Übersicht im Ordner *Entlohnung* doppelt auf den Eintrag *Stunden-/Tagelöhne*.
3. Erfassen Sie - wie in Bild 7.53 - den Stundenlohn von 24,85 EUR für Frau Marion Wegmann in der Zeile *ST01*, Stundenlohn 1. Das Feld *Gültig ab* wird mit *01/2023* automatisch vorbelegt.
4. Speichern Sie abschließend die Eingaben, indem Sie auf das Symbol *Fensterinhalt speichern* klicken. Der Stundenlohn von 24,85 EUR der Mitarbeiterin Frau Marion Wegmann ist damit hinterlegt.

Bild 7.53 Stundenlohn erfassen

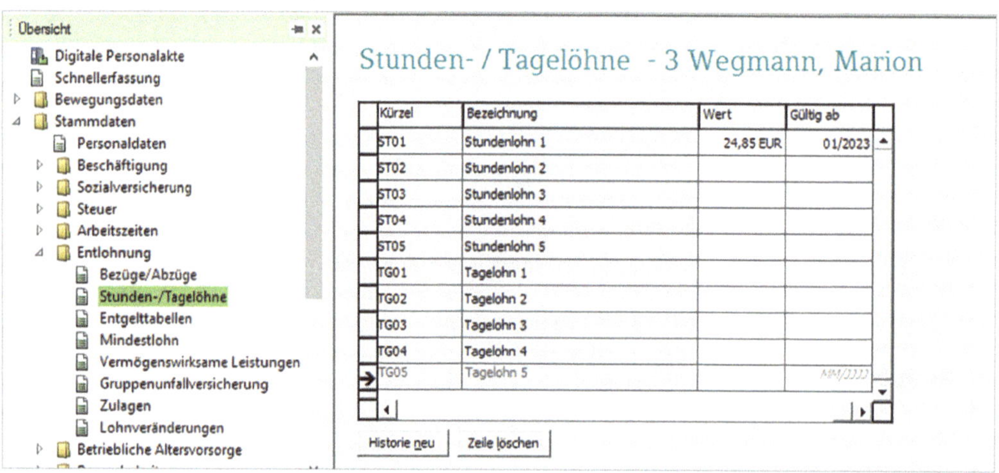

!

Achtung: Je nach Arbeitnehmer können hier bis zu 5 Stundenlöhne und 5 Tagelöhne erfasst werden. Im Faktorschlüssel der Lohnarten zur Abrechnung von Stunden- und Tagelöhnen, wird mit dem entsprechenden Kürzel (z. B. *ST01*) die Berechnungsgrundlage festgelegt. Wenn ein Stundenlohn oder Tagelohn zu ändern ist, so muss der entsprechende Stunden- oder Tagelohn ausgewählt werden und mit Klick auf die Schaltfläche *Historie neu* der geänderte

Stunden-/Tagelohn eingetragen werden. Einträge vorangegangener Abrechnungsmonate dürfen grundsätzlich nicht gelöscht werden.

7.5 Wiederholungsübung: Stammdaten Mitarbeiter erfassen

In einer Wiederholungsübung sollen Sie anhand einer Checkliste alle Stammdaten des nächsten Mitarbeiters hinterlegen.

✎ Erfassen Sie anhand der Checkliste die Mitarbeiterstammdaten von Herrn Wolfgang Weber.

Die Formulare mit den Stammdaten sämtlicher Mitarbeiter sind zum Download verfügbar.

Personalblatt Herr Wolfgang Weber, Abteilung Technik

Teil 1 - Personenrelevante Daten

Mitarbeiternummer	4	☑
Familienname	Weber	☑
Geburtsname	Scholz	☐
Vorname	Wolfgang	☑
Eintrittsdatum	01.03.2010	☑
Straße	Hoher Weg 5	☐
PLZ	56626	☐
Wohnort	Andernach	☐
Geburtsdatum	25.04.1973	☐
Geschlecht	männlich	☐
Sozialversicherungsnummer	63250473S226	☑
Familienstand	verheiratet	☐
Staatsangehörigkeit	Deutsch	☐
Bankbezeichnung	Postbank Ndl Deutsche Bank	☐
BIC	PBNKDEFFXXX	☐
IBAN	DE28 3701 0050 0500 5201 00	☐

Teil 2 - Tätigkeitsbezogene Daten

Ersteintrittsdatum im Brutto-Netto-Formular und Erstattungsantrag nach dem AAG verwenden		☐
Personengruppenschlüssel	101 SV - Beschäftigung ohne bes. Merkmale	☐
Arbeitnehmertyp	Arbeiter	☐
Ausgeübte Tätigkeit	26312 - IT-System-Elektroniker	☐
Höchster Schulabschluss	3 - Mittlere Reife	☐

Höchste Ausbildung	2 - Abschluss einer anerkannten Berufsausb.	☐
Arbeitnehmerüberlassung	1 - Nein keine Arbeitnehmerüberlassung	☐
Vertragsform	1 - unbefristet Vollzeit	☐
Kostenstelle	Gültig ab: 01/2023 Technik	☐
Berufsbezeichnung	IT-Systemelektroniker	☐
Standardentlohnung	Stundenlohn	☐
Beschäftigungsbetrieb	Perm GmbH	☐

Teil 3 - Sozialversicherungsbezogene Daten

Krankenversicherung	1 = Allgemeiner Beitrag	☐
Rentenversicherung	1 = Voller Beitrag	☐
Arbeitslosenversicherung	1 = Voller Beitrag	☐
Pflegeversicherung	1 = Voller Beitrag	☐
kein Zuschlag zur Pflegevers.	Elterneigenschaft	☐
Für PV-Abschlag zu berücksichtigende Kinder	2 Kinder: Leon Weber, geb. am 07.02.2009 Theresa Weber, geb. am 27.04.2010	☐
Umlage	U1 und U2	☐
Unfallversicherung	Unfallversicherungspflichtig	☐
Krankenkasse	BKK Continentale	☐

Teil 4 - Steuerliche Daten

Identifikationsnummer	81649307293	☐
Arbeitgeber	Hauptarbeitgeber	☐
Steuerklasse Kinderfreibetrag	Klasse 3 / Kinder: 2,0	☐
Konfession Arbeitnehmer	evangelisch	☐
Konfession Ehepartner	evangelisch	☐
Freibeträge jährlich	keine Angabe	☐
Freibeträge monatlich	keine Angabe	☐

Teil 5 - Arbeitszeiten und Urlaub

laut Arbeitsvertrag		
wöchentliche Arbeitszeit	40 Stunden / 6-Tage Woche	☐
tägliche Arbeitszeit	Mo 7 Std. Di 7 Std. Mi 7 Std. Do 7 Std. Fr. 7 Std. Sa 5 Std.	☐

Teil 5 - Arbeitszeiten und Urlaub

laut Betriebsvereinbarung		
Urlaubsanspruch lfd. Jahr	29 Tage	☐
Urlaubsanspruch Vorjahr	2 Tage	☐

Teil 6 - Vermögenswirksame Leistungen

VWL-Beitrag	20 EUR (monatlich)	☐
Arbeitgeber-Zuschuss	10 EUR	☐
Abrechnungsintervall	Monatlich	☐
Vertragsende	06/2025	☐
Vertrag-Nr.	52315872019	☐
Anlageinstitut	Procordia Versicherung	☐
Bankbezeichnung	BayernLB München	☐
BIC	BYLADEMMXXX	☐
IBAN	DE14 7005 0000 0130 2500 10	☐

Teil 7 - Entlohnung

laut Betriebsvereinbarung Tarif		
Stundenlohn	22,75 EUR	☐

7.6 Geringfügig Beschäftigte über die Schnellerfassung hinterlegen

Die schnellere Alternative zur Erfassung der Stammdaten eines Mitarbeiters ist die Schnellerfassung. Nachteil der Schnellerfassung ist allerdings, dass unter Umständen nicht alle Eingaben erfasst werden können und verschiedene Angaben über die Menüpunkte bzw. Einträge aus der Übersicht erfasst werden müssen. Am Beispiel des Mitarbeiters Thomas Rumpenhorst sollen die Stammdaten des Mitarbeiters über die Schnellerfassung eingetragen werden.

Personenrelevante Daten

Ausgangssituation
Die Stammdaten des Mitarbeiters Thomas Rumpenhorst wurden in das vom Steuerberater Wichtig entwickelte Formular eingetragen und sollen jetzt nach und nach über die Schnellerfassung erfasst werden. Herr Rumpenhorst ist als geringfügig Beschäftigter auf 520 EUR Basis stundenweise im Verkauf angestellt.

Die Formulare mit den Stammdaten sämtlicher Mitarbeiter sind zum Download verfügbar.

Personalblatt Herr Thomas Rumpenhorst

Teil 1 - Personenrelevante Daten

Mitarbeiternummer	6	☑
Familienname	Rumpenhorst	☑
Vorname	Thomas	☑
Eintrittsdatum	01.10.2019	☑
Straße	Schultheiswiesenweg 17	☐
PLZ	56072	☐
Wohnort	Koblenz-Rübenach	☐
Geburtsdatum	15.05.1970	☐
Geschlecht	männlich	☐
Sozialversicherungsnummer	56150570R222	☑
Familienstand	ledig	☐
Staatsangehörigkeit	Deutsch	☐
Bankbezeichnung	VB RheinAhrEifel	☐
BIC	GENODED1BNA	☐
IBAN	DE10 5776 1591 7071 8405 00	☐

Um die personenrelevanten Daten und die Bankdaten von Herrn Rumpenhorst über die Schnellerfassung einzugeben, gehen Sie wie folgt vor:

1 Öffnen Sie den Mitarbeiter Herrn Thomas Rumpenhorst.

2 Wählen Sie den Menüpunkt *Erfassen* ▶ *Schnellerfassung* oder klicken Sie in der Übersicht doppelt auf den Eintrag *Schnellerfassung* (Bild 7.54).

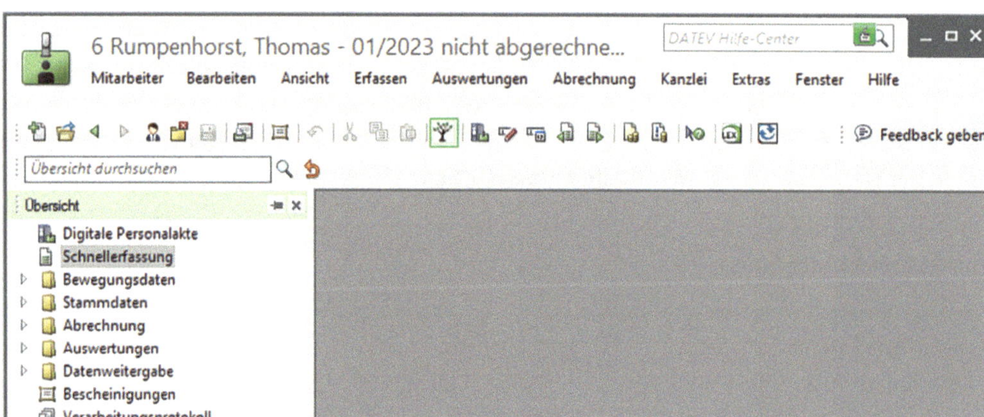

Bild 7.54 Thomas Rumpenhorst: Schnellerfassung

3 Geben Sie - wie in Bild 7.55 - über das Register *Personalien* die Personaldaten des Mitarbeiters ein.

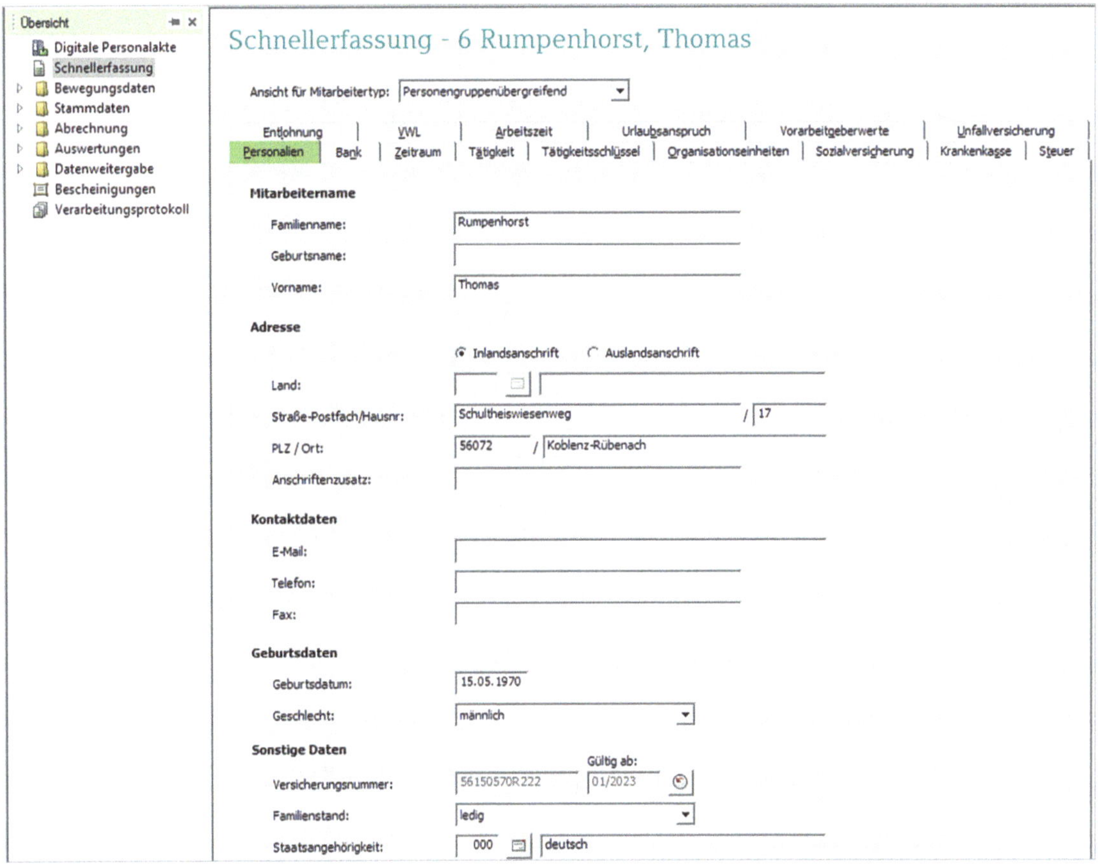

Bild 7.55 Register Personalien

4 Klicken Sie auf das Register *Bank* und erfassen Sie die IBAN von Herrn Rumpenhorst (Bild 7.56). Über die Schaltfläche *IBAN-Erfassungshilfe* kann aus den Institutionen vom DATEV Arbeitsplatz mit Eingabe der Bankleitzahl und Kontonummer die IBAN ermittelt werden.

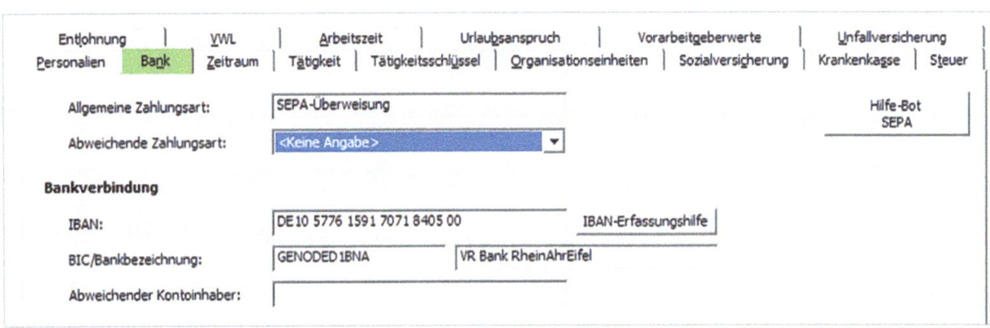

Bild 7.56 Bankdaten erfassen

5 Klicken Sie abschließend auf das Register *Zeitraum*. Die Daten wurden hier beim Anlegen der Grundstammdaten von Herrn Rumpenhorst bereits eingetragen. Aktivieren Sie das Kontrollkästchen *Eintrittsdatum im Brutto-Netto-Formular und Erstattungsantrag nach dem AAG verwenden* (Bild 7.57).

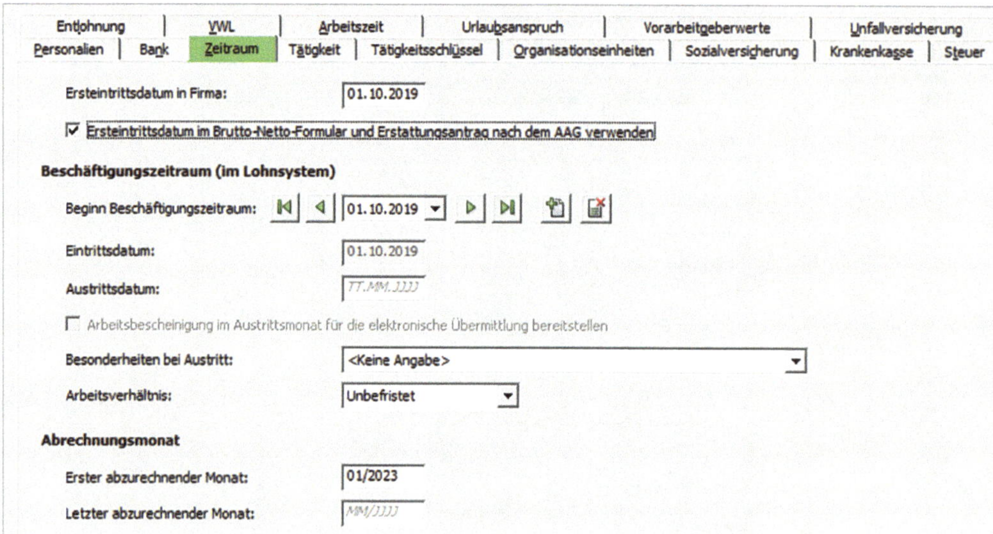

Bild 7.57 Register Zeitraum

Die personenrelevanten Daten und die Bankdaten von Herrn Thomas Rumpenhorst sind damit erfasst.

Tätigkeitsbezogene Daten erfassen

Als nächstes werden die tätigkeitsbezogenen Daten und Arbeitszeit/Urlaub erfasst.

Die Formulare mit den Stammdaten sämtlicher Mitarbeiter sind zum Download verfügbar.

Personalblatt Herr Thomas Rumpenhorst

Teil 2 - Tätigkeitsbezogene Daten

Ersteintrittsdatum im Brutto-Netto-Formular und Erstattungsantrag nach dem AAG verwenden		☑
Personengruppenschlüssel	109 Geringfügig entlohnte Beschäftigte	☑
Arbeitnehmertyp	Geringf. Beschäftigter mit Pauschverst. (Ang.)	☑
Ausgeübte Tätigkeit	62102 - Verkäufer	☐
Höchster Schulabschluss	2 - Haupt-/Volksschulabschluss	☐
Höchste Ausbildung	2 - Abschluss einer anerkannten Berufsausb.	☐
Arbeitnehmerüberlassung	1 - Nein keine Arbeitnehmerüberlassung	☐
Vertragsform	2 - unbefristet Teilzeit	☐
Kostenstelle	Gültig ab: 01/2023 Verkauf	☐
Berufsbezeichnung	Verkäufer	☐
Standardentlohnung	Stundenlohn	☐
Beschäftigungsbetrieb	Perm GmbH	☐
Mitarbeitergruppe für FiBu	1 - GFB-Minijob	☐

Teil 3 - Arbeitszeit und Urlaub

laut Arbeitsvertrag		
wöchentliche Arbeitszeit	8 Stunden / 2-Tage Woche	☐
tägliche Arbeitszeit	Fr. 4 Std., Sa. 4 Std.	☐
laut Betriebsvereinbarung		
Urlaubsanspruch lfd. Jahr	10 Tage	☐
Urlaubsanspruch Vorjahr	0 Tage	☐

1 Klicken Sie in der Schnellerfassung auf das Register *Tätigkeit*.

2 Über das Auswahlfeld *Personengruppenschlüssel* wählen Sie - wie in Bild 7.58 dargestellt - den Schlüssel *109 Geringfügig entlohnte Beschäftigung* aus. Das Feld *Gültig ab* wird automatisch mit *01/2023* vorbelegt.

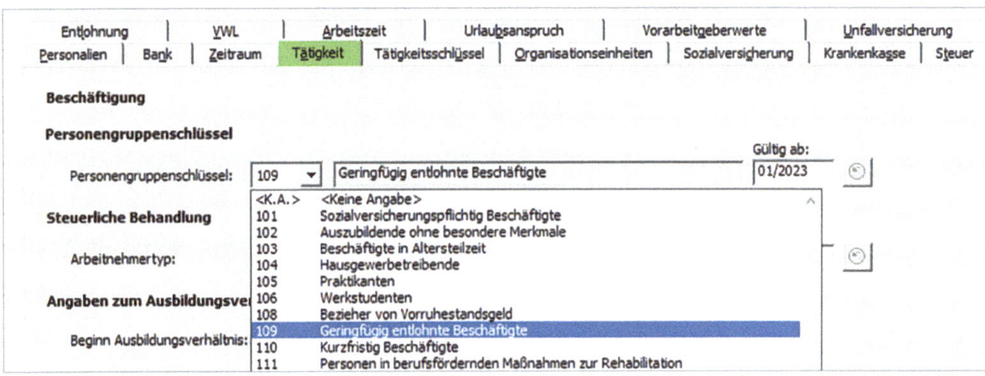

Bild 7.58 Personengruppenschlüssel auswählen

3 Im Auswahlfeld *Arbeitnehmertyp* wählen Sie den Eintrag *5 Geringfügig Beschäftigter mit Pauschalversteuerung (Angestellter)* aus (Bild 7.59). Das Gültigkeitsdatum ab *01/2023* wird vom Programm automatisch eingetragen.

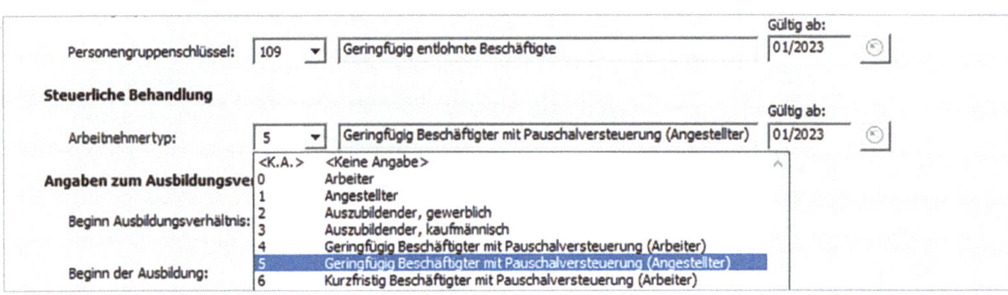

Bild 7.59 Arbeitnehmertyp

4 Klicken Sie auf das Register *Tätigkeitsschlüssel* und anschließend auf das Symbol *Ausgeübte Tätigkeit auswählen* . Suchen Sie nach der Berufsbezeichnung Verkäufer und übernehmen Sie die entsprechende Berufskennziffer. Erfassen Sie anschließend die übrigen Felder zum Tätigkeitsschlüssel. Im Feld *Gültig ab* wird automatisch *01/2023* eingetragen.

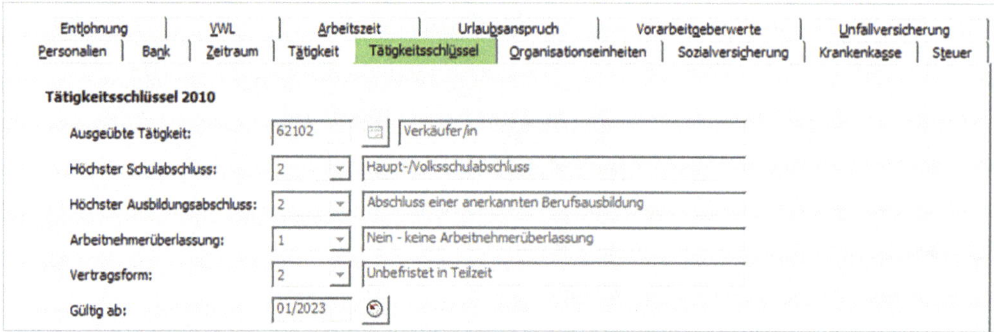

Bild 7.60 Tätigkeitsschlüssel

5 Klicken Sie auf das Register *Arbeitszeit* und geben Sie die Arbeitszeiten von Herrn Rumpenhorst wie in Bild 7.61 ein. Das Gültigkeitsdatum Gültig ab: *01/2023* wird automatisch vom Programm eingetragen.

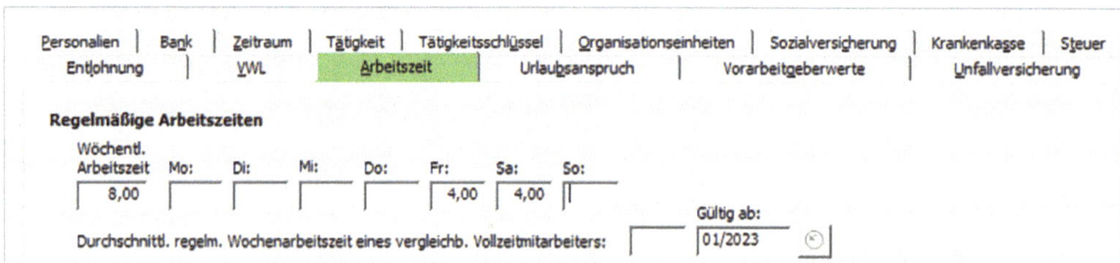

Bild 7.61 Arbeitszeiten

6 Klicken Sie im nächsten Schritt auf das Register *Urlaubsanspruch* und geben Sie im Feld *Urlaubsanspruch* 10,0 Urlaubstage ein.

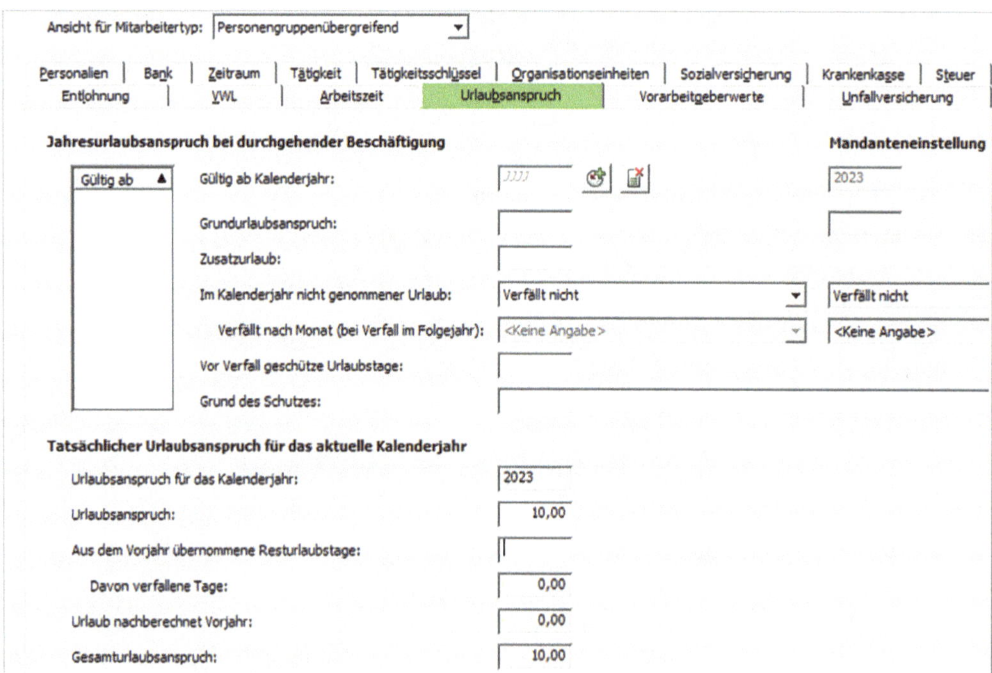

Bild 7.62 Urlaubsanspruch

7 Klicken Sie anschließend auf das Register *Organisationseinheiten* und geben Sie im Feld *Berufsbezeichnung* den Beruf Verkäufer ein.

8 Im Auswahlfeld *Standardentlohnung* wählen Sie den Eintrag *Stundenlohn* aus (Bild 7.63). Als Beschäftigungsbetrieb ist bereits die Firma Perm GmbH eingetragen. Das Feld Gültig ab wird automatisch mit *01/2023* vorbelegt.

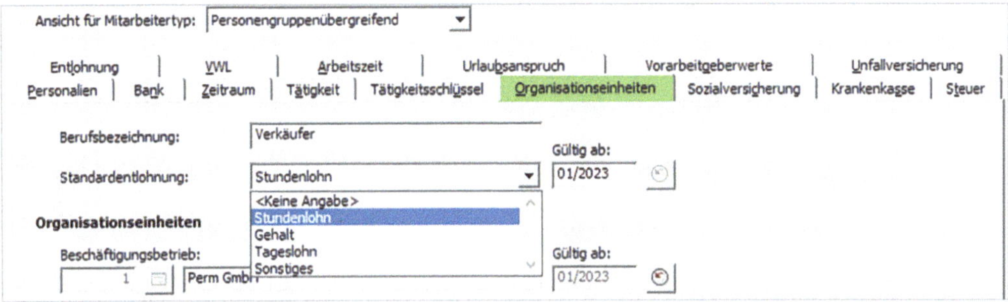

Bild 7.63 Berufsbezeichnung und Stundenlohn

Im Hinblick auf die E-Bilanz wurde beim Anlegen des Mandanten Perm GmbH für die Finanzbuchhaltung automatisch eine Mitarbeitergruppe für geringfügig beschäftigte Mitarbeiter angelegt. Gerinfügig beschäftigten Mitarbeitern muss im nächsten Schritt diese Mitarbeitergruppe zugewiesen werden.

9 Klicken Sie unter *Mitarbeitergruppe für Fibu* auf das Symbol *Historie bearbeiten* . Das Dialogfenster mit dem historischen Verlauf der Fibu-Mitarbeitergruppen wird geöffnet (Bild 7.64).

10 Klicken Sie hier im Feld *Nummer* auf das Symbol *Nummer auswählen* ❶ und wählen Sie per Mausklick die Mitarbeitergruppe *1 GFB-Minijob* aus ❷, zum Übernehmen klicken Sie auf die Schaltfläche *OK*.

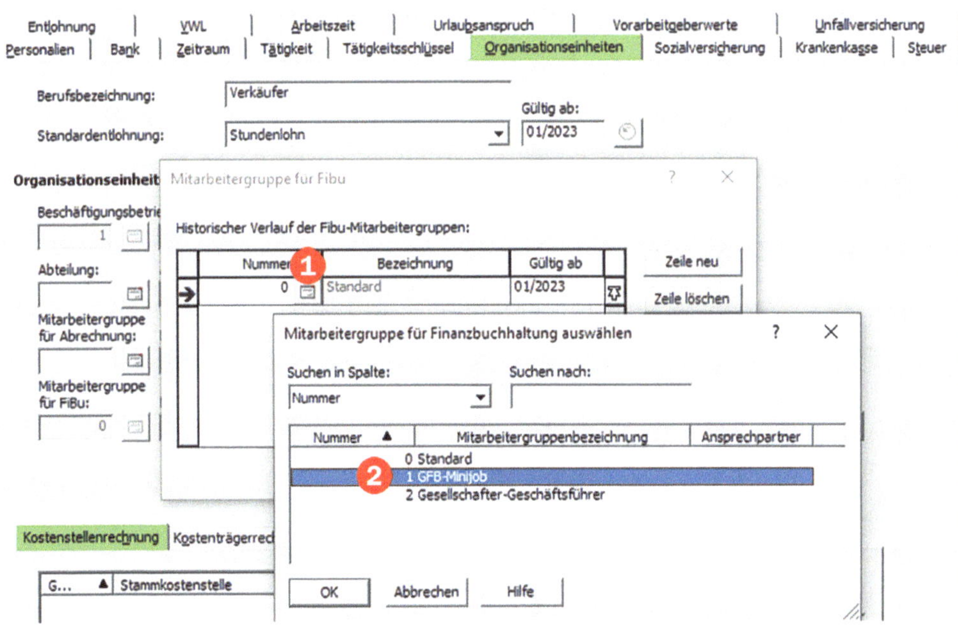

Bild 7.64 Mitarbeitergruppe zuweisen

11 Klicken Sie dann auf die Schaltfläche *Schließen*. Geringfügig beschäftigte Mitarbeiter werden nun für die E-Bilanz in der Mitarbeitergruppe *GFB-Minijob* geführt.

12 Im Bereich *Kostenstellenrechnung* geben Sie im Feld *Gültig ab* 01/2023 ein und wählen mit Klick auf das Symbol *Kostenstelle auswählen* ❸ die Kostenstelle *Verkauf* aus ❹ .

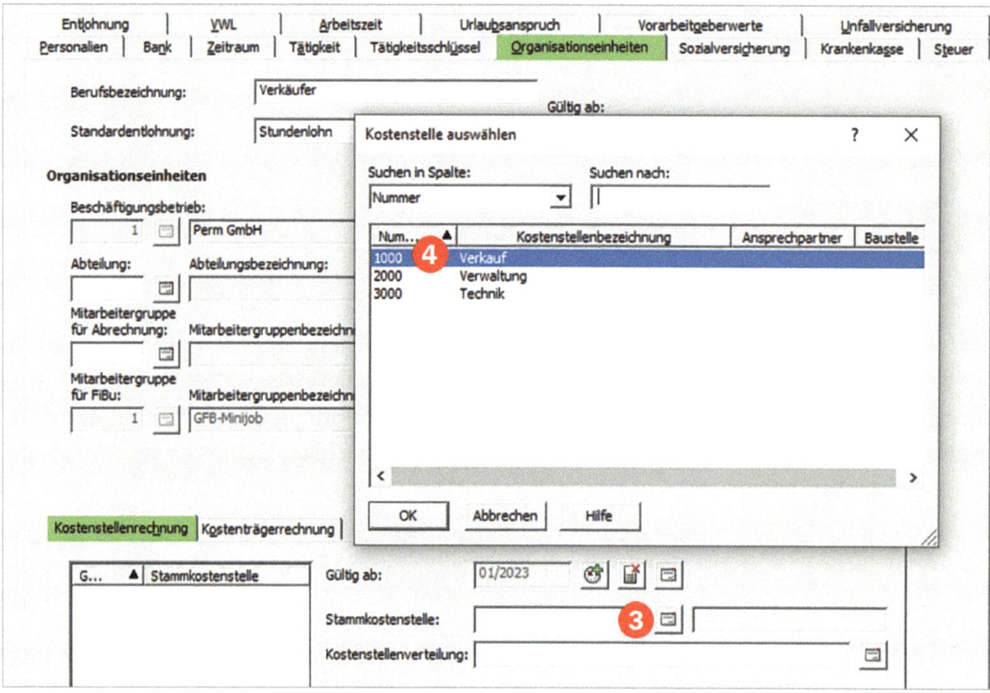

Bild 7.65 Kostenstellenrechnung

Die Eingaben in den Registern *Tätigkeit*, *Tätigkeitsschlüssel*, *Arbeitszeit*, *Urlaubsanspruch* und *Organisationseinheiten* von Herrn Rumpenhorst sind damit erfasst.

Sozialversichungsbezogene Daten erfassen

Als nächstes müssen die sozialversicherungsbezogenen Daten erfasst werden.

Personalblatt Herr Thomas Rumpenhorst

Teil 4 - Sozialversicherungsbezogene Daten

Krankenversicherung	6 = Pauschalbeitrag für geringfügig Beschäftigte	☐
Rentenversicherung	1 = Voller Beitrag	☐
Arbeitslosenversicherung	0 = Kein Beitrag	☐
Pflegeversicherung	0 = Kein Beitrag	☐
Rentenversicherungsbefreiung	Antrag liegt nicht vor	☐
Umlage	U1 und U2	☐
Unfallversicherung	Unfallversicherungspflichtig	☐
Krankenkasse	Knappschaft	☐

1 Klicken Sie in der Schnellerfassung auf das Register *Sozialversicherung* und legen Sie über die Kombinationsfelder den Beitragsgruppenschlüssel wie folgt fest (Bild 7.66), im Feld *Gültig ab* wird automatisch *01/2023* eingetragen.

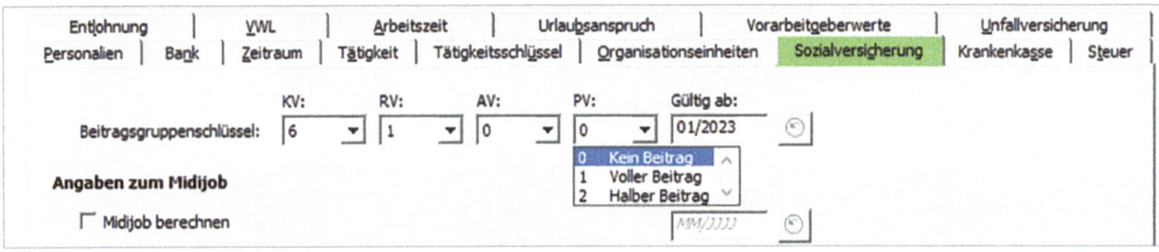

Bild 7.66 Beitragsgruppenschlüssel

- *KV*: Wählen Sie *6 Pauschalbeitrag für geringfügig Beschäftigte*.
- *RV*: Wählen Sie *1 Voller Beitrag*.
- *AV*: Wählen Sie *0 kein Beitrag* aus.
- *PV*: Wählen Sie *0 kein Beitrag zur Pflegeversicherung* aus.

Herr Rumpenhorst ist in der gesetzlichen Krankenversicherung versichert. Die RV-Option (freiwillige Höherversicherung bzw. Verzicht auf RV - Freiheit) wurde nicht beantragt. Wenn ein Antrag auf Befreiung von der RV-Pflicht vorliegt, muss in der Rentenversicherung der Schlüssel *5 Pauschalbeitrag für geringfügig Beschäftigte* ausgewählt werden.

2 Ab wann der Antrag auf Befreiung von der RV-Pflicht vorliegt, muss in der Übersicht über den Eintrag *Stammdaten* ▶ *Sozialversicherung* ▶ *Allgemeine SV-Daten* in der Rubrik *Angaben zur Berechnung von geringfügigen Beschäftigungsverhältnissen* hinterlegt werden. Wählen Sie *Antrag liegt nicht* vor und geben Sie im Feld *Ab dem Monat* 01/2023 ein.

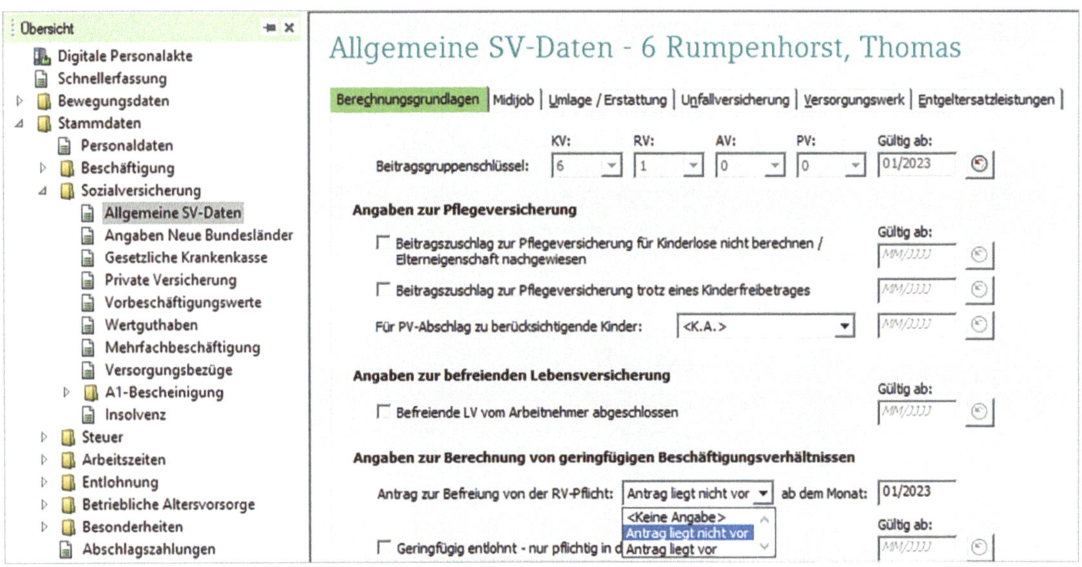

Bild 7.67 Antrag auf Befreiung von RV-Pflicht

3 Klicken Sie in der Schnellerfassung auf das Register *Krankenkasse*.

4 Aufgrund des 520 Euro-Jobs ist Herr Rumpenhorst Mitglied der Knappschaft Hauptverwaltung. Um diese als Krankenkasse zu hinterlegen, klicken Sie beim Feld *Krankenkasse*

/ KK-Nr: auf das Symbol *Krankenkasse auswählen* und klicken auf die Knappschaft, Betriebsnummer *98000006*. Zum Übernehmen klicken Sie auf *OK*.

Bild 7.68 Krankenkasse auswählen

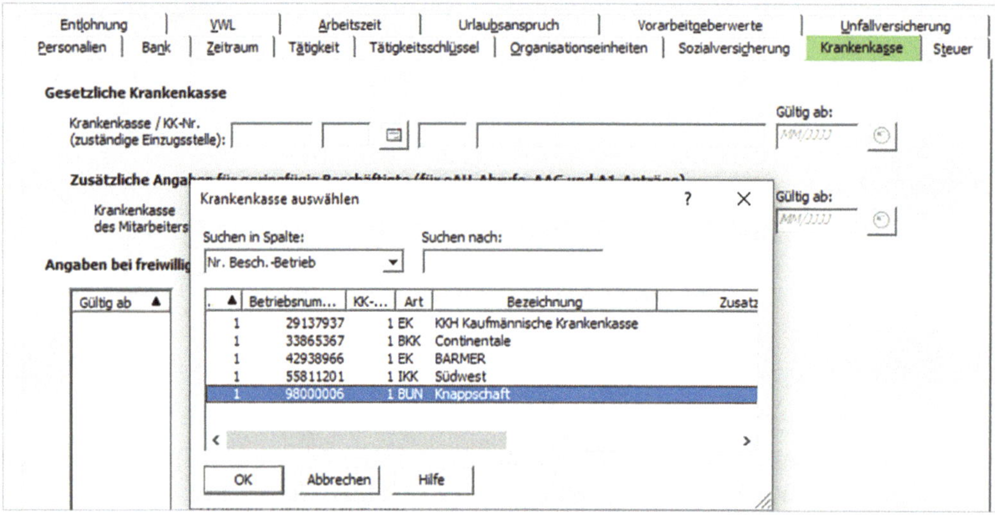

5 Das Feld *Gültig ab: 01/2023* wird automatisch vorbelegt

Bild 7.69 Die angelegte Krankenkasse

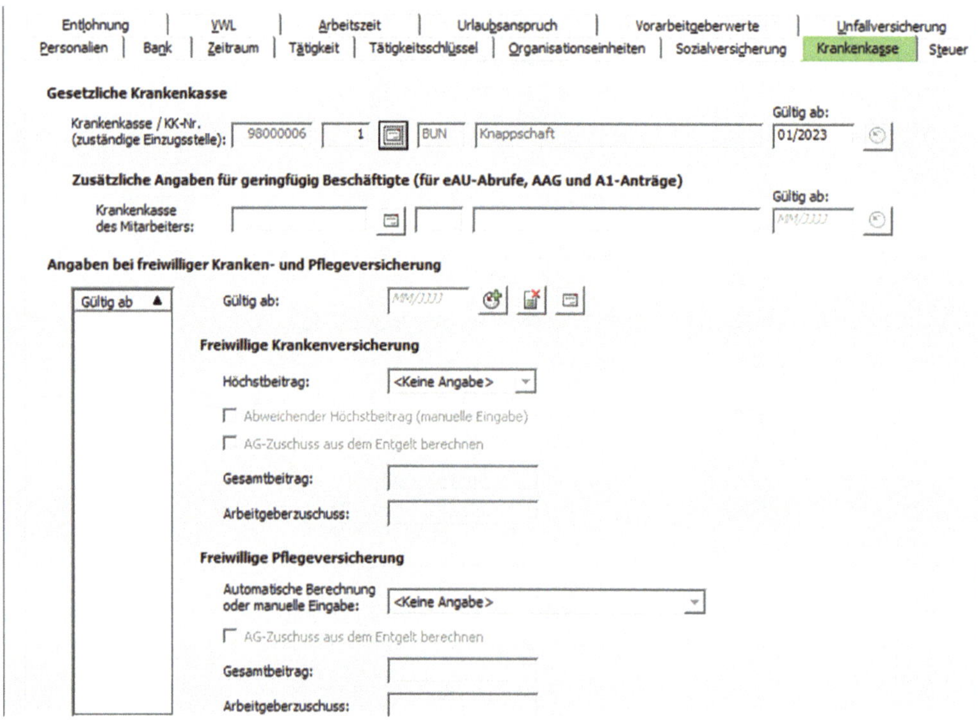

6 Klicken Sie im letzten Schritt auf das Register *Unfallversicherung*. Die Unfallversicherungspflicht wurde bereits auf Mandantenebene festgelegt und ist damit bereits automatisch vorbelegt (Bild 7.70).

Damit sind die sozialversicherungsbezogenen Daten von Herrn Thomas Rumpenhorst erfasst.

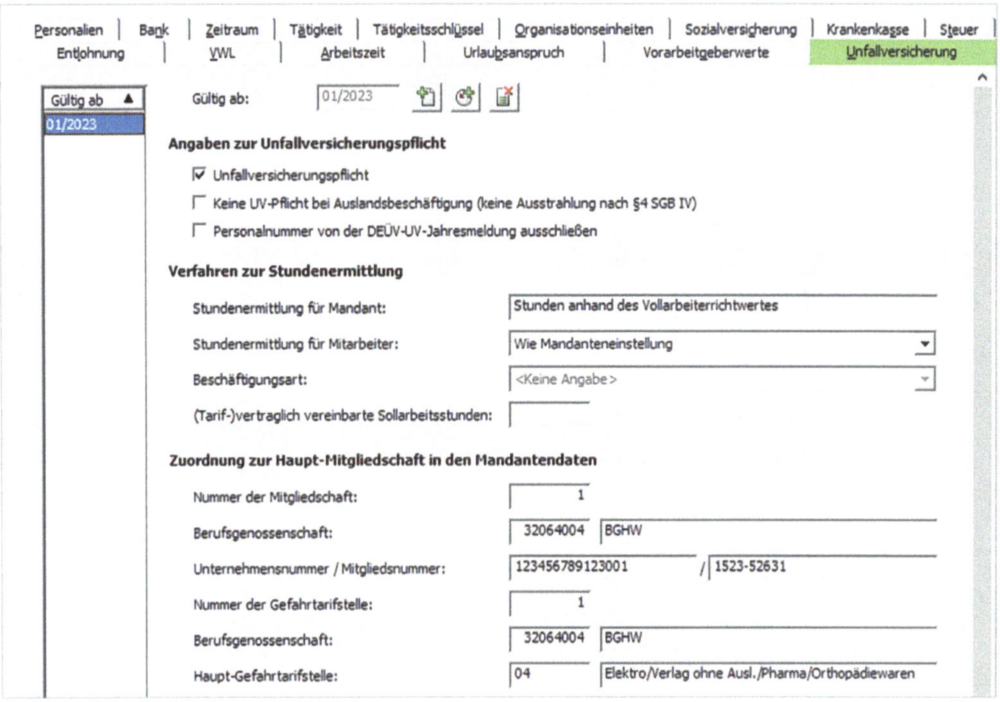

Bild 7.70 Unfallversicherung

Steuerliche Daten und Entlohnung

Im nächsten Schritt müssen jetzt noch die steuerlichen Daten und die Entlohnung hinterlegt werden.

Personalblatt Herr Thomas Rumpenhorst

Teil 5 - Steuerliche Daten

Pauschalbesteuerung	Geringfügig Beschäftigte 2 %	☐
Steuer Identnummer	12345678911	☐

Teil 6 - Vermögenswirksame Leistungen

keine

Teil 7 - Entlohnung

laut Betriebsvereinbarung Tarif		
Stundenlohn	13,00 EUR	☐

1 Klicken Sie auf das Register *Steuer* (Bild 7.71).

2 Herr Rumpenhorst ist als geringfügig Beschäftigter angestellt, für ihn gilt ein einheitlicher Pauschalsteuersatz von 2 %. Im unteren Teil des Eingabefensters können die Angaben zur Pauschalbesteuerung hinterlegt werden. Aktivieren Sie das Kontrollkästchen *Geringfügig entlohnt Beschäftigter - 2 % einheitlicher Pauschsteuersatz* (Bild 7.71). Das Feld *Gültig ab* wird automatisch mit *01/2023* belegt. Damit sind die steuerrelevanten Daten für Herrn Rumpenhorst erfasst.

Hinweis: Der gesetzliche Mindestlohn für 2023 beträgt:

vom 01.01. bis 30.06.2022	9,82 EUR
vom 01.07. bis 30.09.2022	10,45 EUR
vom 01.10.2022 bis 31.12.2023	12,00 EUR
ab 01.01.2024	12,41 EUR

Die Minijobgrenze wurde zum 1. Oktober 2022 auf 520 Euro monatlich angehoben. Sie orientiert sich nun dynamisch am Mindestlohn, so dass eine Wochenarbeitszeit von zehn Stunden zum Mindestlohn ermöglicht wird.

Bild 7.71 Register Steuer - Angaben zur Pauschalbesteuerung

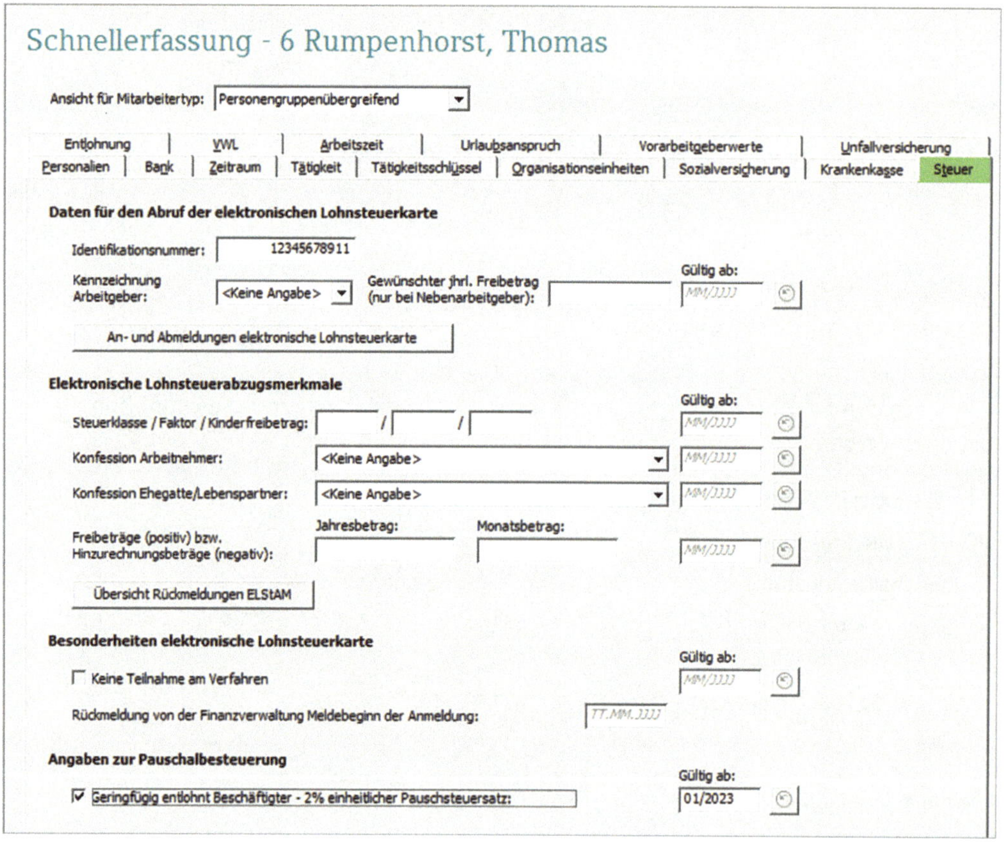

3 Im letzten Schritt sind lediglich noch die Entlohnungsdaten zu erfassen:
Klicken Sie auf das Register *Entlohnung* und geben Sie - wie in Bild 7.72 dargestellt - im Feld *ST01 Stundenlohn 1* den Stundenlohn von 13,00 EUR für die Aushilfe ein ❶. Das Feld *Gültig ab* wird automatisch mit *01/2023* vorbelegt.

Hinweis: Über die Register *VWL* und *Vorarbeitgeberwerte* können auch diese Mitarbeiterdaten über die Schnellerfassung eingegeben werden.

4 Mit dieser Eingabe sind alle relevanten Daten von Herrn Thomas Rumpenhorst erfasst. Speichern Sie abschließend über das Symbol *Fensterinhalt speichern* oder über den Menüpunkt *Mitarbeiter* ▶ *Fensterinhalt* ▶ *Speichern*.

Selbstverständlich können im Programm Lohn und Gehalt comfort auch die Mitarbeiterstammdaten für steuerpflichtige Mitarbeiter über die Schnellerfassung eingegeben werden.

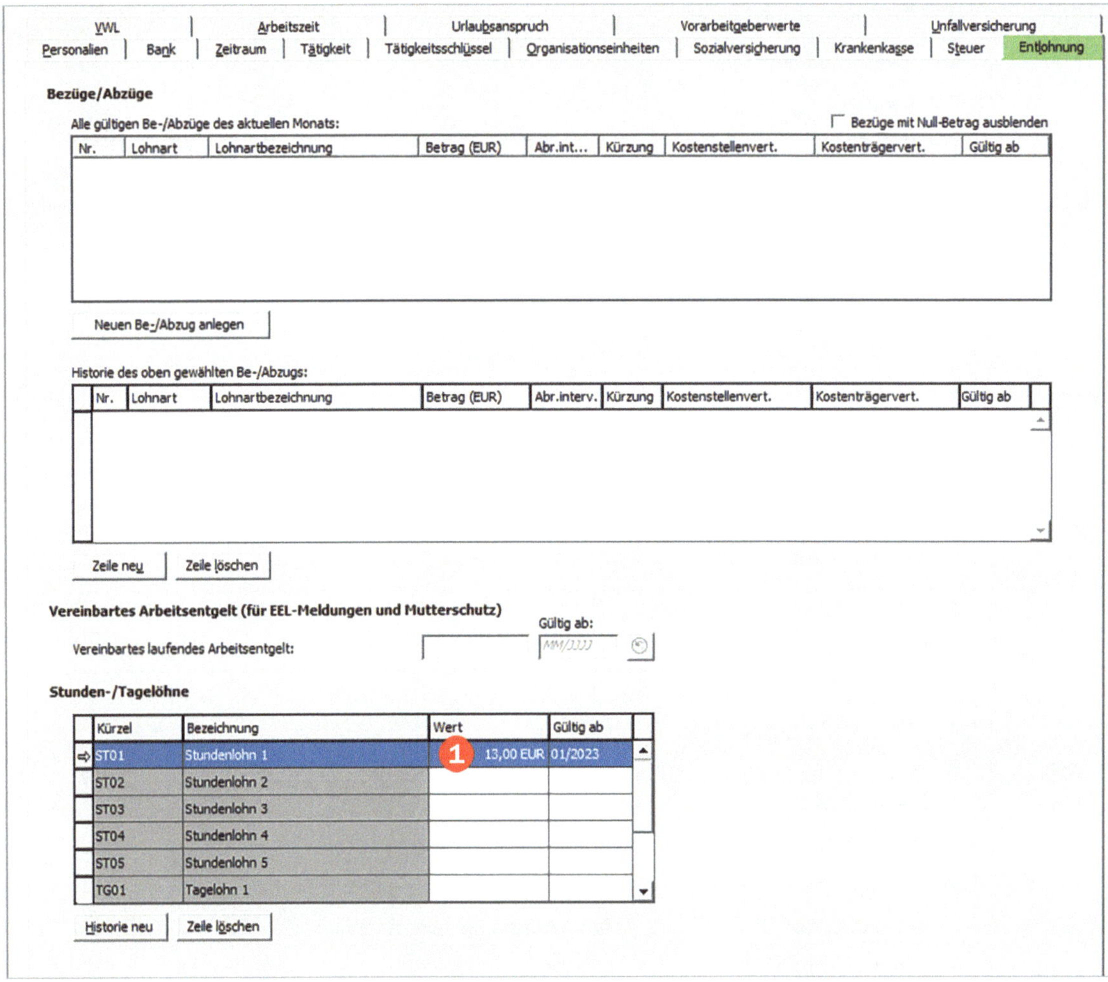

Bild 7.72 Register Entlohnung

Übung: Mitarbeiter über die Schnellerfassung anlegen

Die Formulare mit den Stammdaten sämtlicher Mitarbeiter sind zum Download verfügbar.

Aufgabe 1

Öffnen Sie die Mitarbeiterin Frau Jeanette Beier und erfassen Sie über die Schnellerfassung laut Checkliste die Mitarbeiterstammdaten von Frau Jeanette Beier.

Personalblatt Auszubildende: Frau Jeanette Beier

Teil 1 - Personenrelevante Daten

Mitarbeiternummer	5	☑
Familienname	Beier	☑
Vorname	Jeanette	☑
Eintrittsdatum	01.08.2022	☑
Straße	Moselstraße 11	☐
PLZ	56812	☐
Wohnort	Cochem	☐
Geburtsdatum	05.01.2005	☐
Geschlecht	weiblich	☐
Sozialversicherungsnummer	15050105B525	☐
Familienstand	ledig	☐
Staatsangehörigkeit	Deutsch	☐
Bankbezeichnung	Spk Mittelmosel EMH	☐
BIC	MALADE51BKS	☐
IBAN	DE87 5875 1230 0032 1882 03	☐

Teil 2 - Tätigkeitsbezogene Daten

Ersteintrittsdatum im Brutto-Netto-Formular und Erstattungsantrag nach dem AAG verwenden		☐
Arbeitsverhältnis	befristet	☐
Personengruppenschlüssel	102 Auszubildende ohne bes. Merkmale	☐
Arbeitnehmertyp	3 Auszubildender, kaufmännisch	☐
Beginn der Ausbildung	01.08.2022	☐
Vorauss. Ende d. Ausb.	31.07.2025	☐
Ausgeübte Tätigkeit	71402 - Kaufmann/-frau - Büromanagement	☐
Höchster Schulabschluss	3 - mittlere Reife	☐
Höchste Ausbildung	1 - ohne beruflichen Ausbildungsabschluss	☐
Arbeitnehmerüberlassung	1 - Nein keine Arbeitnehmerüberlassung	☐
Vertragsform	3 - Befristet in Vollzeit	☐

Berufsbezeichnung	Kauffrau Büromanagement	☐
Standardentlohnung	Gehalt	☐
Beschäftigungsbetrieb	Perm GmbH	☐
Kostenstelle	Gültig ab: 01/2023 Verwaltung	☐

Teil 3 - Sozialversicherungsbezogene Daten

Krankenversicherung	1 = Allgemeiner Beitrag	☐
Rentenversicherung	1 = Voller Beitrag	☐
Arbeitslosenversicherung	1 = Voller Beitrag	☐
Pflegeversicherung	1 = Voller Beitrag	☐
Zuschlag zur Pflegevers.	Keine Elterneigenschaft	☐
Umlage	U1 und U2	☐
Unfallversicherung	Unfallversicherungspflichtig	☐
Krankenkasse	KKH Kaufmännische Krankenkasse	☐

Teil 4 - Steuerliche Daten

Identifikationsnummer	91481760234	☐
Arbeitgeber	Hauptarbeitgeber	☐
Steuerklasse Kinderfreibetrag	Klasse 1 / Kinder: keine Angabe	☐
Konfession Arbeitnehmer	römisch-katholisch	☐
Freibeträge jährlich	keine Angabe	☐
Freibeträge monatlich	keine Angabe	☐

Teil 5 - Arbeitszeiten und Urlaub

laut Arbeitsvertrag		
wöchentliche Arbeitszeit	35 Stunden	☐
tägliche Arbeitszeit	Mo 7 Std. Di. 7 Std. Mi 7 Std. Do 7 Std. Fr. 7 Std.	☐
laut Betriebsvereinbarung		
Urlaubsanspruch lfd. Jahr	24 Tage	☐
Urlaubsanspruch Vorjahr	1 Tag	☐

Teil 6 - Vermögenswirksame Leistungen

VWL-Beitrag	40 EUR (monatlich)	☐
Arbeitgeber-Zuschuss	20 EUR	☐
Abrechnungsintervall	Monatlich	☐
Vertragsende	12/2029	☐
Vertrag-Nr.	84526395	☐
Anlageinstitut	HoGAR Versicherungen	☐
Bankbezeichnung	Commerzbank Saarbrücken	☐
BIC	COBADEFFXXX	☐
IBAN	DE59 5904 0000 0531 6500 00	☐

Teil 7 - Entlohnung

laut Betriebsvereinbarung Tarif		
Ausbildungsvergütung (Lohnart 2010)	890,00 EUR	☐

Aufgabe 2

a) Kontrollieren Sie nochmals anhand der Checkliste, ob alle Daten von Frau Beier erfasst sind und kennzeichnen Sie diese in der Checkliste als erfasst.

b) Bevor Sie die Datensicherung durchführen, prüfen Sie bitte nochmals mithilfe der Checkliste, ob alle Mitarbeiterstammdaten korrekt erfasst wurden.

Aufgabe 3 - Datensicherung

Teil 1 Beenden Sie die Mitarbeiterebene des Programms DATEV Lohn und Gehalt comfort.

Teil 2 Schließen Sie in DATEV Lohn und Gehalt comfort auf Mandantenebene über das Symbol *Schließen* den Mandanten Perm GmbH.

Teil 3 Starten Sie über den Menüpunkt *Mandant* den Mandaten-Manager und sichern Sie den Mandanten Perm GmbH (ohne Passwort).

Teil 4 Öffnen Sie den Mandanten Perm GmbH aus der Mandantenebene in DATEV Lohn und Gehalt comfort.

!

Achtung: Eine Datensicherung kann in DATEV Lohn und Gehalt comfort nur vorgenommen werden, wenn Mitarbeiterebene und Mandantenebene geschlossen sind!

8 Lohn- und Gehaltsabrechnung Monat Januar

In diesem Kapitel lernen Sie, wie ...

- Sie Bewegungsdaten auf Mitarbeiterebene erfassen,
- eine Probeabrechnung für einen Mitarbeiter durchgeführt wird,
- die Monatsabrechnung auf Mitarbeiterebene durchgeführt wird,
- Sie Bewegungsdaten über die Mandantenebene erfassen,
- Sie Probeabrechnungen auf der Mandantenebene durchführen,
- die Monatsabrechnung auf der Mandantenebene durchgeführt wird,
- der Monatsabschluss durchführt werden kann,
- Sie den Monatsabschluss zurücksetzen können.

8.1 Unterscheidung Lohndaten

Bei der Erfassung von Lohndaten muss zwischen festen und variablen Lohndaten unterschieden werden.

- **Feste Lohndaten**
  Zu den festen Lohndaten gehören alle monatlich in gleicher Höhe wiederkehrenden Beträge. Sie werden, sobald Sie erfasst wurden, automatisch auf die Folgemonate übernommen. Hierzu zählen z. B. Gehalt, Stundenlohn, Ausbildungsvergütungen, Zuschüsse zu VWL, freiwillige Krankenversicherung und Pflegeversicherung, Direktversicherungen und viele weitere.

  In unserem Übungsfall wurden diese Daten bereits auf Mitarbeiterebene bei den einzelnen Mitarbeitern über die Erfassung der Entlohnung eingetragen. Sie können sich natürlich im Laufe des Jahres ändern.

- **Variable Lohndaten**
  Die variablen Lohndaten sind im Normalfall nur für einen Monat gültig oder ändern sich monatlich. Typisches Beispiel für variable Lohndaten sind Lohnempfänger, die auf Stundenbasis bezahlt werden, aber auch Bezüge oder Abzüge, die nur für einen Monat, z. B. für Vorschüsse, gelten. Diese Daten werden über die so genannten Bewegungsdaten erfasst.

8.2 Bewegungsdaten auf Mitarbeiterebene erfassen

Die Lohnabrechnung für den Monat Januar 2023 soll jetzt erfolgen. Bevor allerdings die Abrechnung durchgeführt werden kann, müssen Bewegungsdaten für diverse Mitarbeiter erfasst werden.

Hinweis: Bitte bedenken Sie, dass viele Arbeitnehmer seit dem 01.01.2021 keinen Solidaritätszuschlag mehr zahlen müssen.

Ausgangssituation
Frau Marion Wegmann legt am Ende des Monats die Stundenabrechnung für den Monat Januar vor. Sie hat im Januar 174 reguläre Stunden gearbeitet. Da der Feiertag, 01.01.2023 (Neujahr) auf einen Sonntag fällt, sind für den Monat Januar keine Feiertagsstunden zu erfassen. Diese Bewegungsdaten sind jetzt zu erfassen.

1. Öffnen Sie die Mitarbeiterin Frau Marion Wegmann.
2. Wählen Sie den Menüpunkt *Erfassen* ▶ *Bewegungsdaten* ▶ *Monatserfassung* oder öffnen Sie in der Übersicht den Ordner *Bewegungsdaten* und klicken Sie hier doppelt auf den Eintrag *Monatserfassung* (Bild 8.1). Alternativ klicken Sie in der Standardsymbolleiste auf das Symbol *Monatserfassung öffnen* .

Für den Monat 01/2023 wird eine Eingabemaske zur Erfassung der Bewegungsdaten geöffnet.

3 Im ersten Schritt müssen die regulären Stunden für den Monat Januar eingetragen werden: Klicken Sie in der Spalte *LA* (Lohnart) auf das Symbol *Lohnart auswählen*, wählen Sie die Lohnart *1000 Stundenlohn lt. Tarif* aus (Bild 8.1) und klicken Sie zum Übernehmen auf die Schaltfläche *OK*.

Bild 8.1 Lohnart auswählen

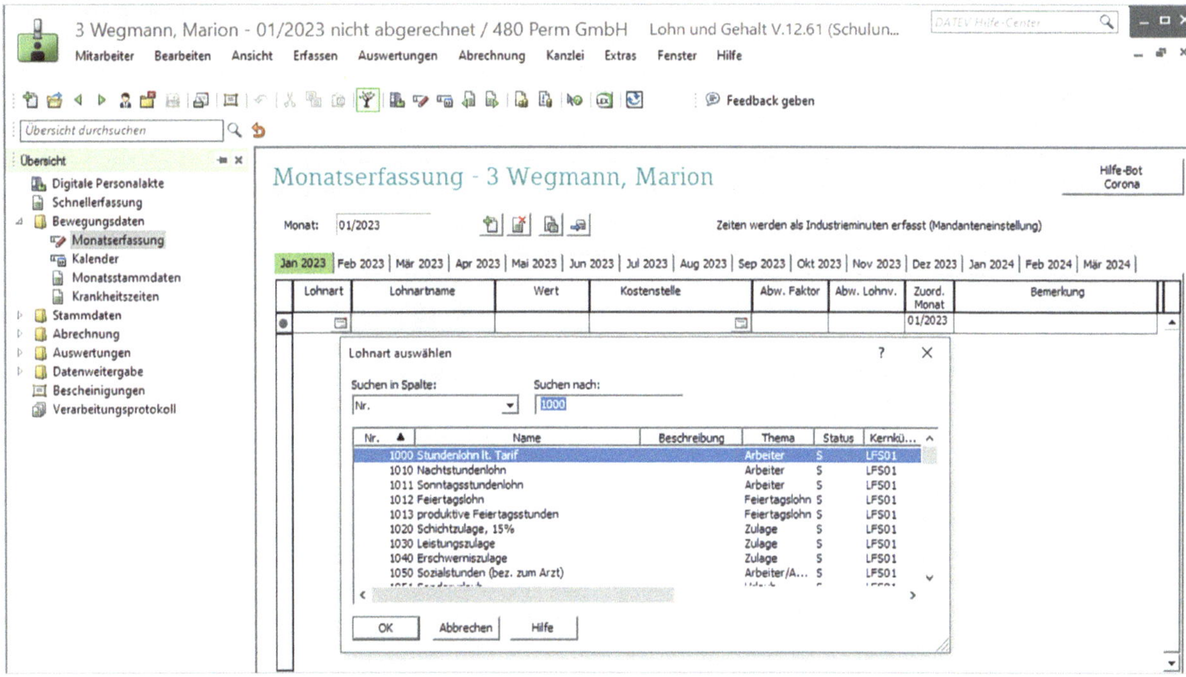

4 Damit ist die Lohnart festgelegt. Geben Sie nun in der Spalte *Wert* die geleisteten regulären Stunden im Monat Januar, 174,00 Stunden, ein (Bild 8.2). In der Spalte *KoSt* (Kostenstelle) wählen Sie die Kostenstelle *3000 Technik* aus und übernehmen diese mit *OK*.

Bild 8.2 Stunden eingeben und Kostenstelle auswählen

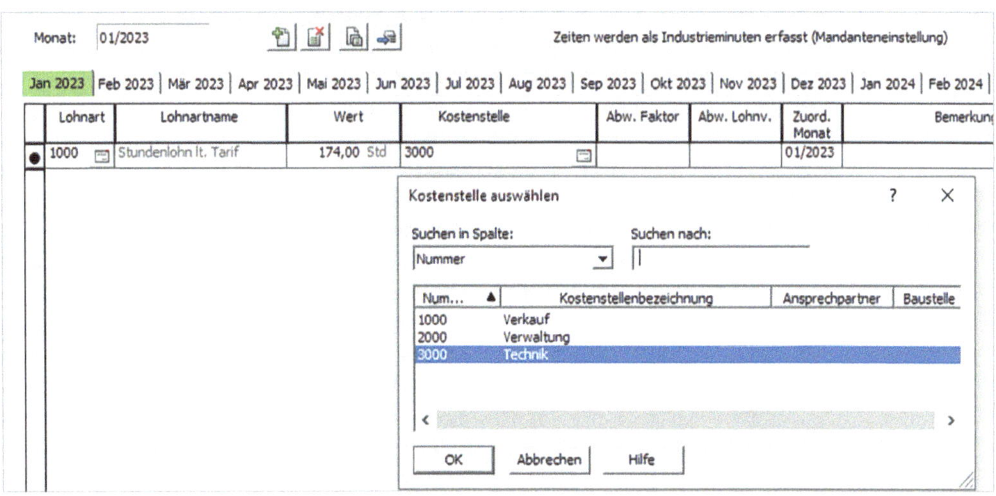

5 Da der Feiertag Neujahr, 01.01.2023 auf einen Sonntag fällt, sind für den Monat Januar keine Feiertagsstunden zu erfassen.

6 Damit sind die Bewegungsdaten von Frau Marion Wegmann für den Monat Januar 2023 erfasst. Speichern Sie abschließend den Fensterinhalt über das Symbol *Fensterinhalt speichern* oder über den Menüpunkt *Mitarbeiter* ▶ *Fensterinhalt speichern*.

Bild 8.3 Bewegungsdaten Januar: Marion Wegmann

Hinweis: Im Fenster *Monatserfassung* erfassen Sie für den ausgewählten Mitarbeiter monatsbezogene Bewegungsdaten wie Stunden, Tage, Beträge oder Kilometer. Wenn Sie in den Mitarbeiter-Stammdaten keine Festbezüge erfasst haben, können Sie diese hier eingeben. Sie können Daten für den aktuellen Monat erfassen (d. h. Monat nach letztem Monatsabschluss bzw. erster abzurechnender Monat) oder vom Vormonat übernehmen, abgeschlossene Monate korrigieren und zukünftige Monate vorerfassen. Dazu stehen folgende Symbole zur Verfügung:

Symbol	Befehl	Wirkung
	Neue Bewegungsdatenzeile	Legt einen neuen Buchungssatz / Buchungszeile an.
	Bewegungsdatenzeile löschen	Löscht die aktuelle Zeile, in der sich der Cursor befindet.
	Bewegungsdatenzeile kopieren	Kopiert die aktuelle Zeile, in der sich der Cursor befindet, in eine neue Zeile.
	Bewegungsdatenzeilen aus Vormonat übernehmen	Übernimmt die Buchungssätze des Vormonats in den gewählten Monat. Im Vormonat eingegebene Nachberechnungsbuchungen werden nicht übernommen.

Übung: Bewegungsdaten über die Mitarbeiterebene erfassen

Aufgabe 1

Herr Wolfgang Weber legt Ihnen den Stundennachweis seiner geleisteten Stunden für den Monat Januar 2023 vor. Herr Weber hat im Monat Januar 174 Stunden gearbeitet.

Die Lösungen zu den Aufgaben finden Sie im Lösungsbuch

Öffnen Sie den Mitarbeiter Wolfgang Weber und geben Sie über die Monatserfassung die o. a. Stunden ein, Kostenstelle Technik.

Aufgabe 2

Frau Sabine Müller hat am 06.01.2023 einen Vorschuss aus der Geschäftskasse in Höhe von 100,00 EUR erhalten. Dieser Vorschuss ist als Nettoabzug in der Monatserfassung zu erfassen.

Öffnen Sie die Mitarbeiterin Frau Sabine Müller und geben Sie in der Monatserfassung den Abzug Vorschuss ein, Kostenstelle Verwaltung.

Achtung: Der Betrag muss, da er als Nettoabzug gilt, als Minusbetrag eingetragen werden.

8.3 Probeabrechnung auf Mitarbeiterebene durchführen

Nachdem die Bewegungsdaten der Mitarbeiter über die Monatserfassung eingegeben wurden, sollen zunächst die Lohnabrechnungen einzelner Mitarbeiter in einer Probeabrechnung eingesehen werden. Dies wird in der Folge am Beispiel von Frau Marion Wegmann dargestellt:

1 Öffnen Sie die Mitarbeiterin Frau Marion Wegmann.

2 Wählen Sie den Menüpunkt *Abrechnung* ▶ *Probeabrechnung…* oder klicken Sie auf das Symbol *Probeabrechnung durchführen* in der Standardsymbolleiste oder klicken Sie in der Übersicht doppelt auf den Ordner *Abrechnung* und anschließend doppelt auf den Eintrag *Probeabrechnung* ❶.

3 Das Fenster *Probeabrechnung* öffnet sich und als aktueller Abrechnungsmonat wird *01/2023* angezeigt ❷ (Bild 8.4). Bestätigen Sie mit der Schaltfläche *OK*.

Bild 8.4 Probeabrechnung: Abrechnungszeitraum

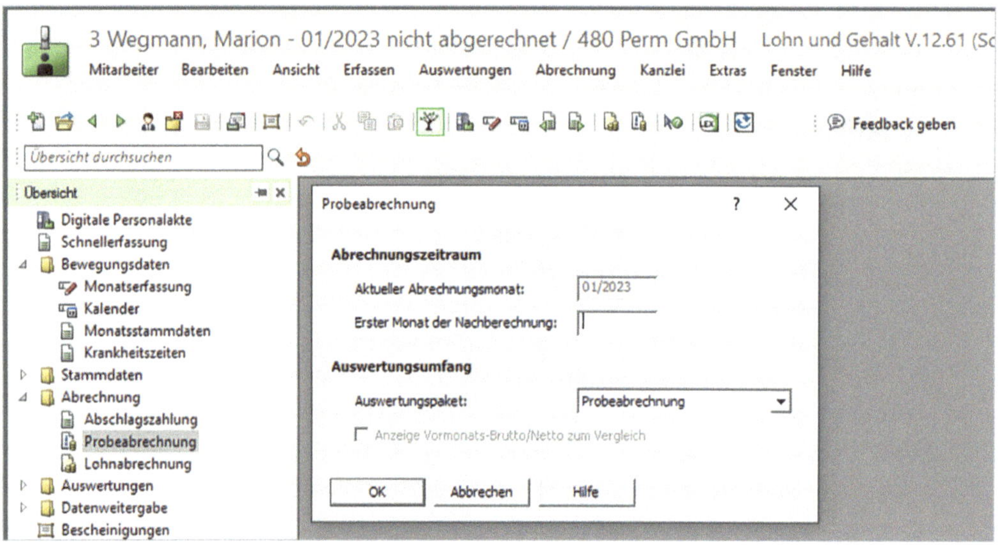

Hinweis: Seit der Version DATEV Lohn und Gehalt 10.5 wurde ein DATEV Probeabrechnungspaket definiert. Bei den Auswertungspaketen können neben der standardmäßig hinterlegten Probeabrechnung weitere Auswertungen wie z. B. Monatsauswertungen (Probeabrechnung, Lohnjournal, Krankenkassen SV-Werte usw.) mit ausgedruckt werden.

Wenn das Kontrollkästchen *Anzeige Vormonats-Brutto/Netto zum Vergleich* (Nicht im ersten Abrechnungsmonat möglich) aktiviert wird, kann bei der nächsten Probeabrechnung das Vergleichs-Brutto/Netto des Vormonats pro Mitarbeiter ausgedruckt werden.

Download

Kap08_01_Januar_2023

4 Die Probeabrechnung von Frau Marion Wegmann für den Monat Januar 2023 wird in der Seitenansicht angezeigt (Bild 8.5 und Bild 8.6). Um die Probeabrechnung auszudrucken, klicken Sie auf das Symbol *Drucken* .

❶ Daten aus dem Mitarbeiterstamm

❷ Statistikblock

❸ Bewegungsdaten und AG-Zuschuss zum VL-Vertrag

4 Dauerhafter Hinweistext aus der Mandantenebene *Auswertungsdaten* ▶ *Gestaltung*.

2Z1 129805/ 480/00003
16.11.2023 Blatt 1

Abrechnung der Brutto/Netto-Bezüge für Januar 2023

Personal-Nr.	Geburtsdatum	StKl	Faktor	Ki.Frbtr.	Konfession	Freibetrag jährl.[1]	Freibetrag mtl.[1]	DBA	Midijob	St.-Tg.
00003	251183	1								30

VJ Url. üb.	Url. Anspr.	Url.Tg.gen.	Resturlaub
100	2900		3000

1

SV-Nummer	Krankenkasse	KK %[8]	PGRS	BGRS	Um.	SV-Tg.
58251183W653	IKK Südwest	16	25101	1111	1	30

Anw. Tage	Urlaub Tage	Krankh. Tg.	Fehlz. Tage

Probeabrechnung

Eintritt	Austritt
010306	

Anw. Std.	Urlaub Std.	Krankh. Std.	Fehlz. Std.

Steuer-ID	MFB[7]
53410876827	

Zeitlohn Std.	Überstd.	Bez. Std.
17400		17400

Perm GmbH*Löhrstraße 45*56068 Koblenz

Pers.-Nr. 00003

B/N
2Z1
00480

Hinweise zur Abrechnung

2 Kst. 3000 Wöch.Arb.Zt. 40,00
Std.lohn 1 24,85

Marion Wegmann
Engerser Landstr. 218
56564 Neuwied

Brutto-Bezüge

	Lohnart	Bezeichnung	Einheit[2]	Menge[3]	Faktor[3]	Prozentsatz	St[4]	SV[4]	GB[5]	Betrag
3	1000	Stundenlohn lt. Tarif	Std	174,00	24,85		L	L	J	4.323,90
	3100	AG-Anteil VWL,lfd					L	L	J	10,00

4 **** Bitte denken Sie daran, dass Sie Ihre Urlaubsplanung
**** bis zum 31.03.2023 in der Personalabteilung abgeben
**** Robert Münchbacher

Bild 8.5 Probeabrechnung Seitenansicht - Teil 1

1. Steuerdaten Frau Wegmann: StKl 1, keine Kinder
2. Sozialversicherungsdaten Frau Wegmann: 101 sozialversicherungspflichtig, BGRS: 1-1-1-1, Zusatzbeitrag kinderlose, Krankenkasse: IKK Südwest
3. Nettobezüge und Nettoabzüge
4. Übersicht der aufgelaufenen Brutto-Werte und gesetzlichen Abzüge aus dem derzeitigen Arbeitsverhältnis.
5. An dieser Stelle könnten die Gesamtkosten für den Arbeitgeber ausgegeben werden. Diese können über die Mandantenebene *Auswertungsdaten* ▶ *Gestaltung* ▶ Register *Brutto/Netto allgemein* aktiviert werden.
6. Bankverbindung (BIC) und verschlüsselte Kontonummer (IBAN) siehe Mandantenebene *Auswertungsdaten* ▶ *Gestaltung* ▶ Register *Brutto/Netto allgemein*

Gesamt-Brutto
4.333,90

Steuer/Sozialversicherung

	St[4]	Steuer-Brutto	Lohnsteuer	Kirchensteuer	Solidaritätszuschlag	Steuerrechtliche Abzüge
1	L	4.33390	67625			676,25

	SV[4]	KV-Brutto	RV-Brutto	AV-Brutto	PV-Brutto	KV-Beitrag	RV-Beitrag	AV-Beitrag		PV-Beitrag[6]	SV-rechtliche Abzüge
2	L	4.33390	4.33390	4.33390	4.33390	35212	40305	5634	Z	8126	892,77

3

Netto-Verdienst
2.764,88

Verdienstbescheinigung

4	Gesamt-Brutto	4.33390	SV-Brutto	4.33390
	Steuer-Brutto	4.33390	KV-Beitrag	35212
	Lohnsteuer	67625	RV-Beitrag	40305
	Kirchensteuer		AV-Beitrag	5634
	Solidaritätszuschlag		PV-Beitrag	8126
	Steuerfreie Bezüge		VWL gesamt	3600
	P. verst. Zuk.sich.		Kug-Auszahlung	
	Pfändung Rest			
	Darlehen Rest			

Netto-Bezüge/Netto-Abzüge

Lohnart	Bezeichnung	Betrag
9840	VWL	36,00-

			SV-AG-Anteil	Zus. AG-Kosten		Gesamtkosten	Auszahlungsbetrag
6	Bank	VR Bank Rhein-Mosel -alt			5		
	Konto	DE78 5746 0117 0075 0XXX XX	87760				2.728,88

[1] H = Hinzurechnungsbetrag
[2] Std = Stunden, T = Tage, Km = Kilometer, St = Stück
EUR = Euro, Tsd = Tausend Euro, Mio = Million Euro
[3] Gegebenenfalls Netto-Lohn/Netto-Stundenlohn
[4] L = Laufender Bezug, S = Sonstiger Bezug, F = Frei,
E = Einmalbezug, P = Pauschalierung, A = Abfindung,
M = mehrjährige Versteuerung, N = Nachberechnung
V = Vorjahr, W = Entgeltguthaben
[5] J = Bestandteil des Gesamt-Bruttos
[6] Z = Einschl. Beitragszuschlag zur PV für Kinderlose
[7] MFB = Mehrfachbeschäftigung
[8] Maßgeblicher Beitragssatz zur KV inkl. Zusatzbeitrag

AFP Form.-Nr. PCGN14

- Dies ist eine Entgeltbescheinigung nach § 108 Abs. 3 Satz 1 der Gewerbeordnung -

DATEV

PROBEABRECHNUNG

Bild 8.6 Probeabrechnung - Teil 2

5 Klicken Sie auf die Schaltfläche *Schließen*, um die Seitenansicht zu beenden. Sie erhalten anschließend ein Verarbeitungsprotokoll. Das Verarbeitungsprotokoll der Lohnabrechnung von Frau Marion Wegmann enthält folgende Hinweise:

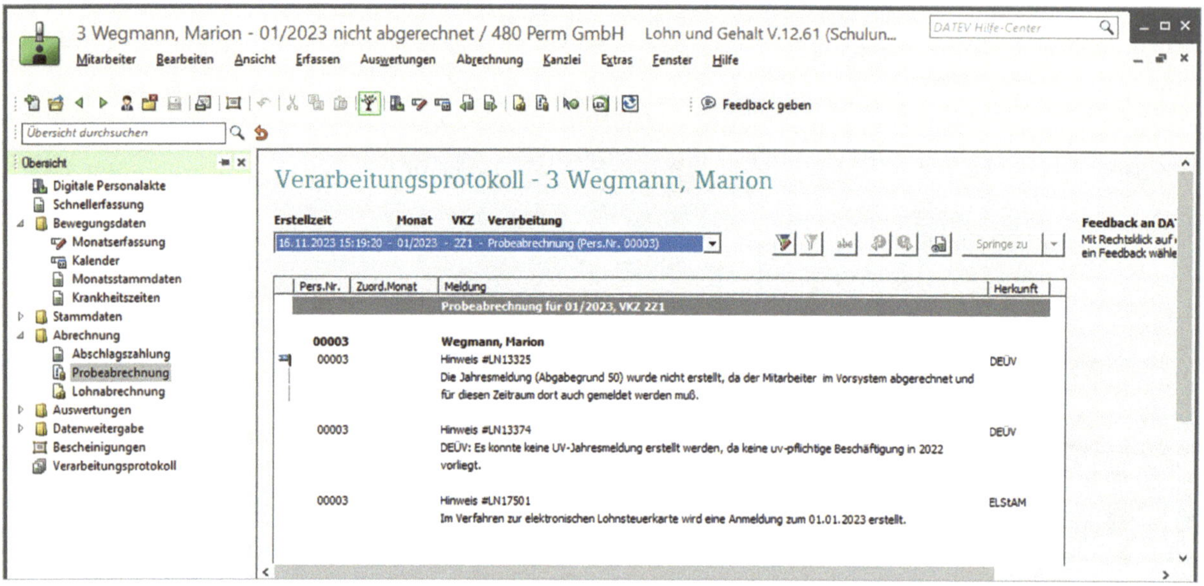

Bild 8.7 Marion Wegmann: Verarbeitungsprotokoll

- Es können keine Jahresmeldungen zur Sozialversicherung und zur Unfallversicherung erstellt werden, da der Mandant erst ab 01/2023 geführt wird.
- Darüber hinaus erhalten Sie einen Hinweis zur elektronischen Lohnsteuerkarte. Die Anmeldung wird zum 01.01.2023 vorgenommen.

Hinweis: Ggf. könnte bei Ihnen die Anmeldung - aufgrund des fortgeschrittenen Systemdatums - zum 01.01.2024 angezeigt werden.

6 Das Verarbeitungsprotokoll schließen Sie mit Klick auf das Symbol *Schließen* ✖.

Übung: Probeabrechnung ausdrucken

Aufgabe 1

Führen Sie eine Probeabrechnung für die Mitarbeiterin Frau Sabine Müller durch und kontrollieren Sie Ihre Abrechnung anhand der Musterabrechnung in Bild 8.8 bzw. der PDF-Datei.

Falls Ihre Abrechnung von der Musterlösung abweicht, korrigieren Sie die bzw. den Fehler in den Bewegungs-, Mandanten- und Mitarbeiterstammdaten.

Download

Alle Probeabrechnungen zu dieser Übung sind auch zum Download verfügbar, Ordner Kap08_01_Januar_2023.

Abrechnung der Brutto/Netto-Bezüge für Januar 2023		2Z1 129805/ 480/00002	16.11.2023 Blatt 1

Personal-Nr.	Geburtsdatum	StKl	Faktor	Ki.Frbtr.	Konfession	Freibetrag jährl.[1]	Freibetrag mtl.[1]	DBA	Midijob	St.-Tg.
00002	020385	4		05	ev					30

SV-Nummer	Krankenkasse	KK %[8]	PGRS	BGRS	Um.	SV-Tg.
58020385W525	EK BARMER	161	101	1111	1	30

VJ Url. üb.	Url. Anspr.	Url.Tg.gen.	Resturlaub
	24,00		24,00
Anw. Tage	Urlaub Tage	Krankh. Tg.	Fehlz. Tage
Anw. Std.	Urlaub Std.	Krankh. Std.	Fehlz. Std.
	Zeitlohn Std.	Überstd.	Bez. Std.

Probeabrechnung

Eintritt	Austritt
010206	

Steuer-ID	MFB[7]
92634845100	

Ferm GmbH*Löhrstraße 45*56068 Koblenz

Pers.-Nr. 00002

B/N 2Z1 00480

Hinweise zur Abrechnung

Kst. 2000 Wöch.Arb.Zt. 40,00
Std.lohn 1

Sabine Müller
Hohlweg 80
56070 Koblenz

Brutto-Bezüge

Lohnart	Bezeichnung	Einheit[2]	Menge[3]	Faktor[3]	Prozentsatz	St[4]	SV[4]	GB[5]	Betrag
2000	Grundgehalt					L	L	J	2.850,00
3100	AG-Anteil VWL,lfd					L	L	J	20,00

**** Bitte denken Sie daran, dass Sie Ihre Urlaubsplanung
**** bis zum 31.03.2023 in der Personalabteilung abgeben
**** Robert Münchbacher

Gesamt-Brutto: 2.870,00

Steuer/Sozialversicherung

St[4]	Steuer-Brutto	Lohnsteuer	Kirchensteuer	Solidaritätszuschlag	Steuerrechtliche Abzüge
L	2.870,00	314,41	23,64		338,05

SV[4]	KV-Brutto	RV-Brutto	AV-Brutto	PV-Brutto	KV-Beitrag	RV-Beitrag	AV-Beitrag	PV-Beitrag[6]	SV-rechtliche Abzüge
L	2.870,00	2.870,00	2.870,00	2.870,00	231,04	266,91	37,31	43,77	579,03

Netto-Verdienst: 1.952,92

Verdienstbescheinigung

Gesamt-Brutto	2.870,00	SV-Brutto	2.870,00
Steuer-Brutto	2.870,00	KV-Beitrag	231,04
Lohnsteuer	314,41	RV-Beitrag	266,91
Kirchensteuer	23,64	AV-Beitrag	37,31
Solidaritätszuschlag		PV-Beitrag	43,77
Steuerfreie Bezüge		VWL gesamt	40,00
P. verst. Zuk.sich.		Kug-Auszahlung	
Pfändung Rest			
Darlehen Rest			

Netto-Bezüge/Netto-Abzüge

Lohnart	Bezeichnung	Betrag
9000	Vorschuss	100,00-
9840	VWL	40,00-

		SV-AG-Anteil	Zus. AG-Kosten	Gesamtkosten	Auszahlungsbetrag
Bank	Commerzbank Koblenz				
Konto	DE55 5708 0070 0005 2XXX XX	579,03			1.812,92

[1] H = Hinzurechnungsbetrag
[2] Std = Stunden, T = Tage, Km = Kilometer, St = Stück
EUR = Euro, Tsd = Tausend Euro, Mio = Million Euro
[3] Gegebenenfalls Netto-Lohn/Netto-Stundenlohn
[4] L = Laufender Bezug, S = Sonstiger Bezug, F = Frei,
E = Einmalbezug, P = Pauschalierung, A = Abfindung,
M = mehrjährige Versteuerung, N = Nachberechnung
V = Vorjahr, W = Entgeltguthaben
[5] J = Bestandteil des Gesamt-Bruttos
[6] Z = Einschl. Beitragszuschlag zur PV für Kinderlose
[7] MFB = Mehrfachbeschäftigung
[8] Maßgeblicher Beitragssatz zur KV inkl.. Zusatzbeitrag

AFP Form.-Nr. PCGN14

- Dies ist eine Entgeltbescheinigung nach § 108 Abs. 3 Satz 1 der Gewerbeordnung -

DATEV

PROBEABRECHNUNG

Bild 8.8 Probeabrechnung Sabine Müller Januar 2023

Download

Kap08_01_Januar_2023

Aufgabe 2

- Führen Sie eine Probeabrechnung für den Mitarbeiter Herrn Wolfgang Weber durch und kontrollieren Sie Ihre Abrechnung anhand der Musterabrechnung in Bild 8.9 bzw. der PDF-Datei.
- Falls Ihre Abrechnung von der Musterlösung abweicht, korrigieren Sie die bzw. den Fehler in den Bewegungs-, Mandanten- und Mitarbeiterstammdaten.

Bild 8.9 Probeabrechnung Wolfgang Weber Januar 2023

Download

Kap08_01_Januar_2023

2Z1 129805/ 480/00004
16.11.2023 Blatt 1

Abrechnung der Brutto/Netto-Bezüge für Januar 2023

Personal-Nr	Geburtsdatum	StKl	Faktor	Ki.Frbtr.	Konfession	Freibetrag jährl.[1]	Freibetrag mtl.[1]	DBA	Midijob	St.-Tg.
00004	250473	3		20	ev/ev					30

SV-Nummer	Krankenkasse	KK %[8]	PGRS	BGRS	Um.	SV-Tg.
63250473S226	BKK Continentale	160	101	1111	1	30

VJ Url. üb.	Url. Anspr.	Url.Tg.gen.	Resturlaub
200	2900		3100
Anw. Tage	**Urlaub Tage**	**Krankh. Tg.**	**Fehlz. Tage**
Anw. Std.	**Urlaub Std.**	**Krankh. Std.**	**Fehlz. Std.**
	Zeitlohn Std.	**Überstd.**	**Bez. Std.**
	17400		17400

Probeabrechnung

Eintritt	Austritt
010310	

Steuer-ID	MFB[7]
81649307293	

Perm GmbH*Löhrstraße 45*56068 Koblenz

Pers.-Nr. 00004

B/N
2Z1
00480

Hinweise zur Abrechnung

Kst. 3000 Wöch.Arb.Zt. 40,00
Std.lohn 1 22,75

Wolfgang Weber
Hoher Weg 5
56626 Andernach

Brutto-Bezüge

Lohnart	Bezeichnung	Einheit[2]	Menge[3]	Faktor[3]	Prozentsatz	St[4]	SV[4]	GB[5]	Betrag
1000	Stundenlohn lt. Tarif	Std	174,00	22,75		L	L	J	3.958,50
3100	AG-Anteil VWL,lfd					L	L	J	10,00

**** Bitte denken Sie daran, dass Sie Ihre Urlaubsplanung
**** bis zum 31.03.2023 in der Personalabteilung abgeben
**** Robert Münchbacher

Gesamt-Brutto 3.968,50

Steuer/Sozialversicherung

St[4]	Steuer-Brutto	Lohnsteuer	Kirchensteuer	Solidaritätszuschlag	Steuerrechtliche Abzüge
L	3.96850	27400			274,00

SV[4]	KV-Brutto	RV-Brutto	AV-Brutto	PV-Brutto	KV-Beitrag	RV-Beitrag	AV-Beitrag	PV-Beitrag[6]	SV-rechtliche Abzüge
L	3.96850	3.96850	3.96850	3.96850	31748	36907	5159	6052	798,66

Netto-Verdienst 2.895,84

Verdienstbescheinigung

Gesamt-Brutto	3.96850	SV-Brutto	3.96850
Steuer-Brutto	3.96850	KV-Beitrag	31748
Lohnsteuer	27400	RV-Beitrag	36907
Kirchensteuer		AV-Beitrag	5159
Solidaritätszuschlag		PV-Beitrag	6052
Steuerfreie Bezüge		VWL gesamt	2000
P. verst. Zuk.sich.		Kug-Auszahlung	
Pfändung Rest			
Darlehen Rest			

Netto-Bezüge/Netto-Abzüge

Lohnart	Bezeichnung	Betrag
9840	VWL	20,00-

Bank Postbank Ndl Deutsche Ba
Konto DE28 3701 0050 0500 5XXX XX

SV-AG-Anteil	Zus. AG-Kosten	Gesamtkosten	Auszahlungsbetrag
79866			2.875,84

[1] H = Hinzurechnungsbetrag
[2] Std = Stunden, T = Tage, Km = Kilometer, St = Stück
EUR = Euro, Tsd = Tausend Euro, Mio = Million Euro
[3] Gegebenenfalls Netto-Lohn/Netto-Stundenlohn
[4] L = Laufender Bezug, S = Sonstiger Bezug, F = Frei,
E = Einmalbezug, P = Pauschalierung, A = Abfindung,
M = mehrjährige Versteuerung, N = Nachberechnung
V = Vorjahr, W = Entgeltguthaben
[5] J = Bestandteil des Gesamt-Bruttos
[6] Z = Einschl. Beitragszuschlag zur PV für Kinderlose
[7] MFB = Mehrfachbeschäftigung
[8] Maßgeblicher Beitragssatz zur KV inkl.. Zusatzbeitrag

AFP Form.-Nr. PCGN14

- Dies ist eine Entgeltbescheinigung nach § 108 Abs. 3 Satz 1 der Gewerbeordnung -

DATEV

PROBEABRECHNUNG

✎ Schließen Sie anschließend das Verarbeitungsprotokoll.

!

Beachten Sie: Die Probeabrechnung ist ein probates Mittel, um die Monatsabrechnung zu testen und anschließend Fehler zu beseitigen. Eine Abrechnung kann im Gegensatz zur Probeabrechnung nur einmal durchgeführt werden. Bei einer Wiederholung muss unter Umständen mit Differenzmeldungen gerechnet werden. Im Gegensatz zur Probeabrechnung kann eine fehlerhafte Abrechnung nur gelöscht werden.

8.4 Die Monatsabrechnung für einen Mitarbeiter durchführen

Abrechnung starten

Nachdem die Abrechnungen von den drei Mitarbeitern über die Probeabrechnung getestet wurden, sollen für diese Mitarbeiter jetzt die endgültigen Monatsabrechnungen durchgeführt werden. Dazu gehen Sie wie folgt vor.

1. Öffnen Sie die Mitarbeiterin Frau Marion Wegmann.
2. Wählen Sie den Menüpunkt *Abrechnung* ▶ *Lohnabrechnung…* oder klicken Sie auf das Symbol *Lohnabrechnung durchführen* in der Standardsymbolleiste oder klicken Sie im geöffneten Ordner *Abrechnung* in der Übersicht doppelt auf den Eintrag *Lohnabrechnung*.
3. Das Dialogfenster *Lohnabrechnung* (Bild 8.10) öffnet sich und zeigt als aktuellen Abrechnungsmonat *01/2023* an. Bestätigen Sie mit der Schaltfläche *OK*.

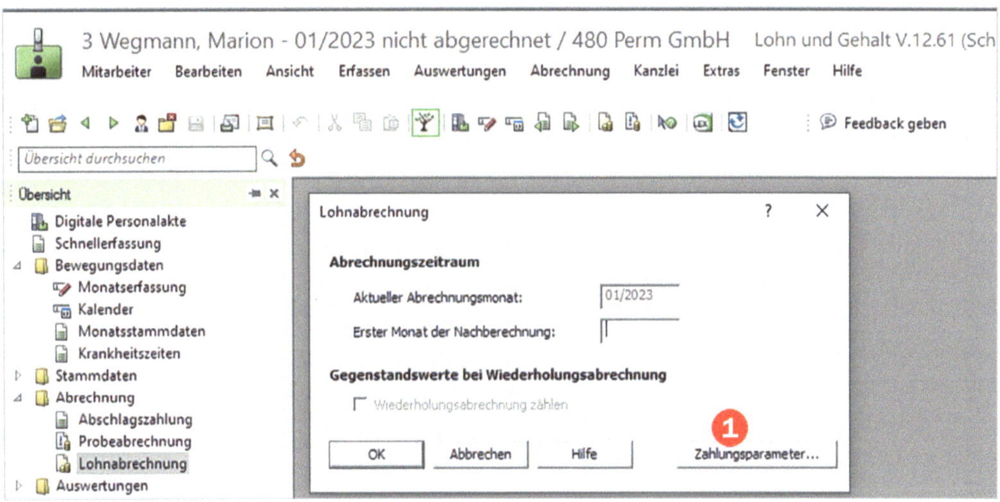

Bild 8.10 Lohnabrechnung starten

❶ Angaben über Bankverbindungen für die Abrechnung. Diese wurden in den Mandantenstammdaten hinterlegt und könnten ggf. hier geändert werden.

4. Die Lohnabrechnung von Frau Marion Wegmann für Januar 2023 wird nun durchgeführt und anschließend das Verarbeitungsprotokoll angezeigt (Bild 8.11).
5. An der Titelleiste des Programms DATEV Lohn und Gehalt erkennen Sie, dass für die Mitarbeiterin die Lohnabrechnung 01/2023 durchgeführt wurde. Vor Durchführung der Lohnabrechnung zeigte die Titelleiste den Zusatz „nicht abgerechnet“ an, siehe Bild 8.10 oben.
6. Schließen Sie anschließend das Verarbeitungsprotokoll, indem Sie auf das Symbol *Schließen* ✖ klicken.

Bild 8.11 Verarbeitungsprotokoll

Abrechnung löschen

Info

(INFO - Bitte nicht durchführen!)

Falls Sie eine fehlerhafte Abrechnung löschen möchten, kann dazu folgende Vorgehensweise gewählt werden:

Klicken Sie auf den Menüpunkt *Abrechnung Löschen* ▶ *Abrechnung*. Sie erhalten einen Hinweis, Beispiel: *Für den Monat: 01/2023 wurden Abrechnungen für 1 Mitarbeiter gelöscht*. Die Abrechnung ist dann nach Korrektur eines Fehlers oder Hinweises erneut durchzuführen.

Mitarbeiterauswertungen drucken

Nachdem Sie die Monatsabrechnung für die Mitarbeiterin durchgeführt haben, wird im Gegensatz zur Probeabrechnung die Brutto/Netto Abrechnung nicht automatisch angezeigt. Um die Lohnabrechnung zu drucken, gehen Sie wie folgt vor:

1. Wählen Sie den Menüpunkt *Auswertungen* ▶ *Mitarbeiterauswertungen…* oder klicken Sie in der Übersicht doppelt auf den Ordner *Auswertungen* und anschließend nochmals doppelt auf den Eintrag *Mitarbeiterauswertungen*. Hier stehen Ihnen die Auswertungen *Brutto/Netto*, *Meldeverlauf ELStAM* und *Lohnkonto* des Mitarbeiters zur Verfügung (Bild 8.12). Klicken Sie auf *Brutto/Netto* und auf die Schaltfläche *Anzeigen*, um die Lohnabrechnung in der Seitenansicht einzusehen.

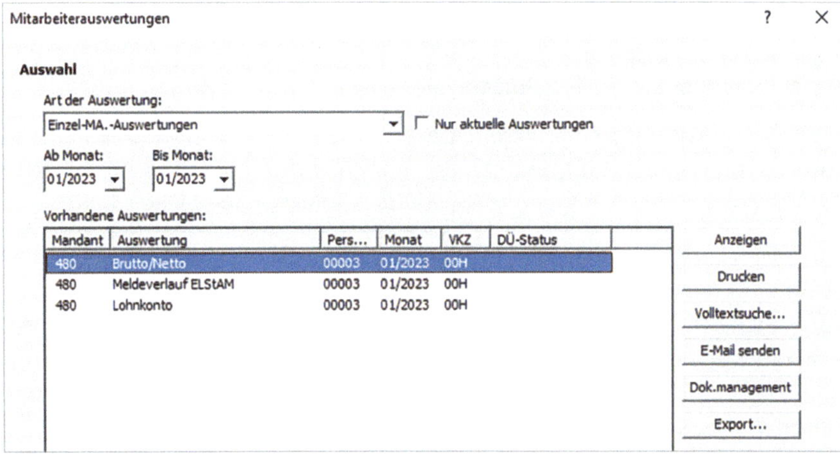

Bild 8.12 Mitarbeiterauswertungen

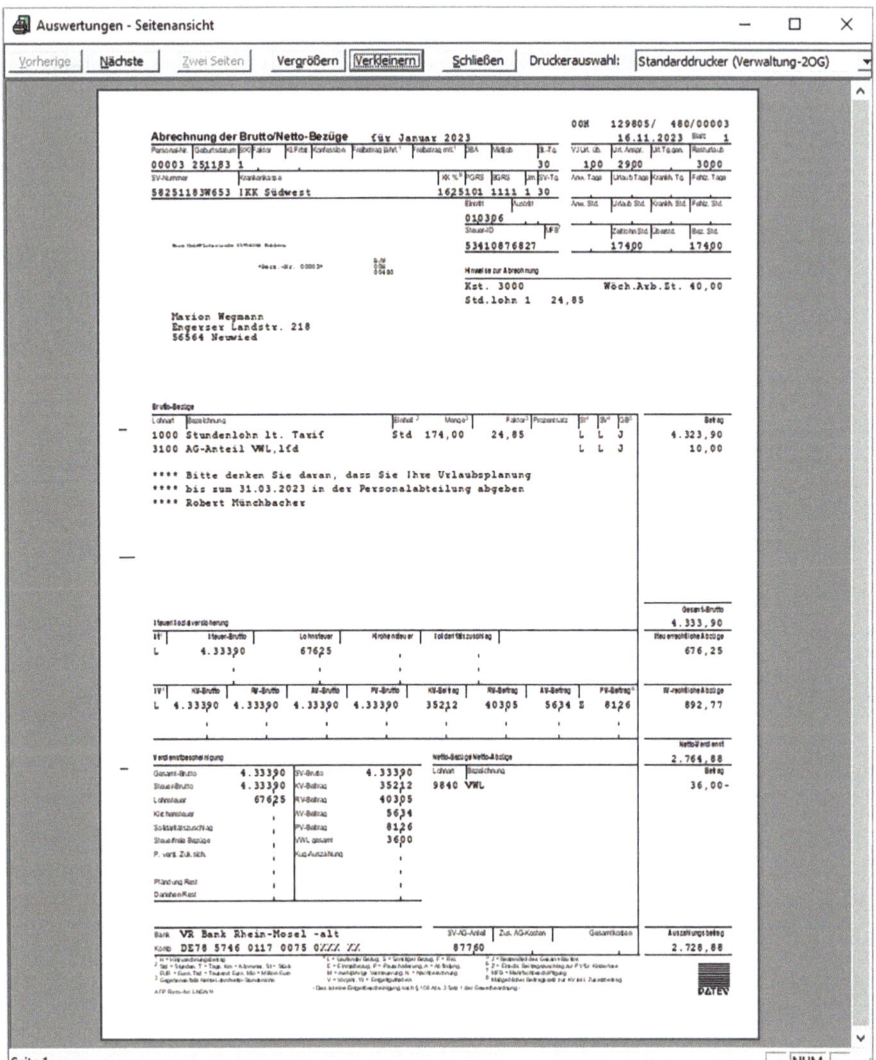

Bild 8.13 Brutto/Netto Abrechnung Marion Wegmann

Download

Kap08_01_Januar_2023

2 Klicken Sie in der Seitenansicht auf das Symbol *Drucken* und anschließend auf den Eintrag *Alles*, um die Lohnabrechnung auszudrucken und schließen Sie danach die Seitenansicht mit Klick auf die Schaltfläche *Schließen*.

Im nächsten Schritt soll das Lohnkonto der Mitarbeiterin Marion Wegmann für den Abrechnungsmonat Januar 2023 in der Seitenansicht eingesehen und anschließend ausgedruckt werden.

3 Klicken Sie im Dialogfenster *Mitarbeiterauswertungen* (Bild 8.12) auf *Lohnkonto* und anschließend wieder auf die Schaltfläche *Anzeigen*. Nun erscheint das Lohnkonto für Frau Marion Wegmann in der Seitenansicht (Bild 8.14). Klicken Sie auf die Schaltfläche *Nächste Seite*, um weitere Angaben zum Lohnkonto der Mitarbeiterin zu sehen und klicken Sie zum Drucken des Lohnkontos auf das Symbol *Drucken* und anschließend auf den Eintrag *Alles*. Schließen Sie danach die Seitenansicht mit Klick auf die Schaltfläche *Schließen*.

Bild 8.14 Lohnkonto Marion Wegmann, Seite 1 bis 3

Download

Kap08_01_Januar_2023

Berater: 129805 Mandant: 480 Perm GmbH, Löhrstraße 45, 56068 Koblenz
00H Datum: 16.11.2023 Pers.-Nr.: 00003
Version: Lohn und Gehalt 12.61 Seite: 1
Programmstand: 07.09.2023

Lohnkonto für 2023

Name, Vorname:	Wegmann, Marion	AN-Typ:	Arb.	Finanzamt:	Geb.-Dat.: 25.11.1983
Straße:	Engerser Landstr. 218	Tät.-S.:	263124211	FA-Nr.:	Ersteintr.: 01.03.2006
PLZ / Ort:	56564 Neuwied	Rentner:		Freibetr. jährl. 3):	Eintritt: 01.03.2006
Berufsbez.:	IT-Systemelektronikerin	Mehrfachb.:		Steuer-IdNr.: 53410876827	Austritt:
Krankenkasse:	IKK Südwest	SV-Ausweis vorgelegt:		LSt-Satz Grenzgänger:	Altersentlast.-Betr.:
Versorgungsw.:		Nationalität:		ATZ-Beg.:	Großbuchstabe M:
Vers.-Nr.:	58251183W653	Wöch. Arb.-Z.:	40,00	ATZ-Ende:	Bundesknappschaft:
Betriebsnummer AG:	76472352	Familienstand:	LE	Beg. Entg. Guthaben:	
Bisherige / Weiterführende Pers.-Nr.:		Statuskennzeichen:		Ende Entg. Guthaben:	

Lohnsteuer

Mo	Mo der NB	VKZ	KZ 1)	M 2)	steuerpfl. Entgelt gesamt / davon Versorgungsbez.	laufender Arbeitslohn / sonstige Bezüge	steuerfreie Bezüge / Frei-/Hinzur.-Betr. 3)	4)	StKl / Konf.	Faktor / Ki.Frb.	St.-Tg. 5)	Lohnsteuer / Kindergeld	Kirchensteuer / SolZ
1		00H			4.33390	4.33390			1			67625	
					4.33390	4.33390						67625	

Sozialversicherung — Arbeitnehmerbeiträge / Arbeitgeberbeiträge

Mo	Mo der NB	KZ 1)	M 2)	meldepfl. Entgelt / tatsächl. Entgelt	RV-Brutto 6) mtl./jährl. / AV-Brutto 6) mtl./jährl.	KV-Brutto mtl./jährl. / PV-Brutto mtl./jährl.	BGRS 6) / PGRS 6) PV AN	GV / UM	RV Tg / AV Tg	KV Tg / PV Tg	AN: RV-Beitrag mtl./jährl. / AV-Beitrag mtl./jährl.	AN: KV-Beitrag mtl./jährl. / PV-Beitrag 8) mtl./jährl.	AG: RV-Beitrag mtl./jährl. / AV-Beitrag mtl./jährl.	AG: KV-Beitrag mtl./jährl. / PV-Beitrag mtl./jährl.	%-Satz KV 9) / Rechtskr. AV/RV
1				4.33390	4.33390	4.33390	1111		30	30	40305	35212	40305	35212	1625
				4.33390	4.33390	4.33390	101	1	30	30	5634	Z 8126	5634	6609	W

4 Zuletzt soll der Meldeverlauf der elektronischen Lohnsteuerkarte von Frau Wegmann angezeigt werden. Klicken Sie im Dialogfenster *Mitarbeiterauswertungen* (siehe Bild 8.12) auf *Meldeverlauf ELStAM* und anschließend auf die Schaltfläche *Anzeigen*. Der Meldeverlauf zur Datenübertragung an das DATEV Rechenzentrum bezüglich der elektronischen Lohnsteuerkarte von Frau Wegmann wird in der Seitenansicht angezeigt (Bild 8.15) und kann ebenfalls gedruckt werden. Klicken Sie erneut auf das Symbol *Drucken* und anschließend auf den Eintrag *Alles*. Schließen Sie danach die Seitenansicht mit Klick auf die Schaltfläche *Schließen*.

5 Schließen Sie zuletzt das Dialogfenster *Mitarbeiterauswertungen*, indem Sie auf die Schaltfläche *Schließen* klicken.

Sämtliche Auswertungen sind auch im PDF-Format zum Download verfügbar, Ordner Kap_08_01_Januar_2023.

```
Berater: 129805        Perm GmbH                      VKZ: 00H      Datum:16.11.2023
Mandant:    480        Löhrstraße 45                                Seite:         1
Pers.-Nr.: 00003       56068 Koblenz

Meldeverlauf DÜ elektronische Lohnsteuerkarte im Januar 2023

Name                                 : Wegmann, Marion

Anmeldung zum                        : 01.01.2023

Steuernummer des Arbeitgebers        : 2212731666
ID-Nummer                            : 53410876827
Geburtsdatum                         : 25.11.1983
Hauptarbeitgeber                     : ja
Eintrittsdatum                       : 01.03.2006
```

Bild 8.15 Marion Wegmann: Meldeverlauf ELStAM

Download

Kap08_01_Januar_2023

Hinweis: Ggf. könnte bei Ihnen die Anmeldung - aufgrund des fortgeschrittenen Systemdatums - zum 01.01.2024 angezeigt werden.

Tipp: Mitarbeiterauswertungen können Sie auch über den Menüpunkt *Mitarbeiter* ▶ *Ausgeben…* drucken. Im Gegensatz zur oben beschriebenen Vorgehensweise können Sie über diesen Befehl auch mehrere Auswertungen auswählen (Bild 8.16) und diese ausdrucken.

Bild 8.16 Mehrere Auswertungen auswählen und drucken

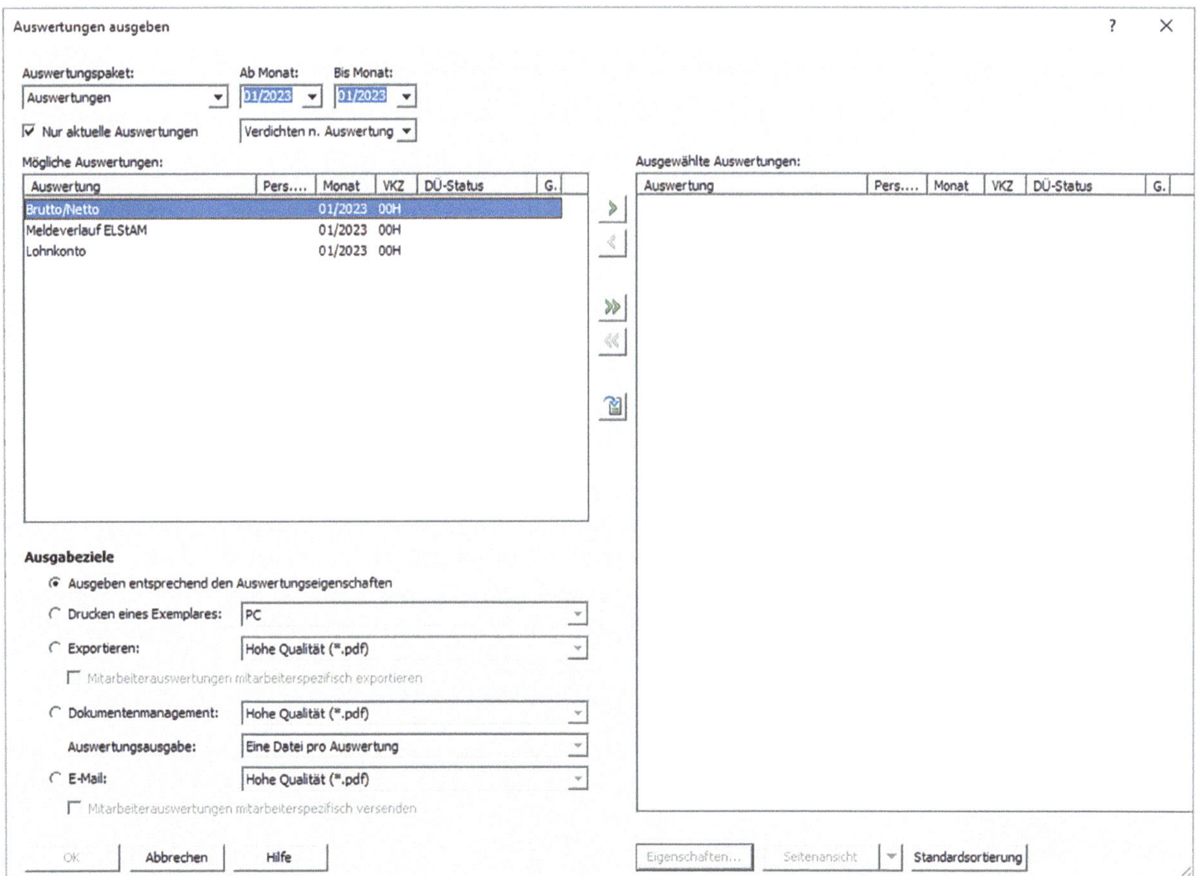

Übung: Monatsabrechnung für einen Mitarbeiter über die Mitarbeiterebene durchführen

Aufgabe 1

- Führen Sie eine Abrechnung für die Mitarbeiterin Frau Sabine Müller durch.
- Kontrollieren Sie Ihre Abrechnung anhand der Musterlösung. Dateiname: Gehaltsabrechnung_Sabine_Mueller_Januar_2023.pdf

Download

Kap08_01_Januar_2023

Aufgabe 2

- Führen Sie eine Abrechnung für den Mitarbeiter Herrn Wolfgang Weber durch.
- Kontrollieren Sie Ihre Abrechnung anhand der Musterlösung. Dateiname: Lohnabrechnung_Wolfgang_Weber_Januar_2023.pdf

Aufgabe 3

- Beenden Sie die Mitarbeiterebene des Programms DATEV Lohn und Gehalt comfort.

8.5 Bewegungsdaten auf Mandantenebene erfassen

Ausgangssituation

Um die Monatsdaten für den Januar 2023 abzuschließen, fehlen noch Bewegungsdaten für die Aushilfe Herrn Thomas Rumpenhorst und für den Mitarbeiter Herrn Walther Vogel.

Herr Rumpenhorst hat im Januar 32 Stunden gearbeitet.

Herr Walther Vogel hat am 11.01.2023 eine Dienstreise durchgeführt und erhält dazu einen Verpflegungszuschuss, der vom Arbeitgeber pauschal versteuert wird.

Verpflegungszuschuss: 16,90 EUR

Die Bewegungsdaten der Mitarbeiter können nicht nur auf der Mitarbeiterebene, sondern auch auf der Mandantenebene von DATEV Lohn und Gehalt comfort erfasst werden. Der Vorteil der Eingabe auf Mandantenebene besteht darin, dass die Bewegungsdaten aller Mitarbeiter eingesehen und erfasst werden können, ohne dass zu den einzelnen Mitarbeitern gewechselt werden muss. Gleichzeitig werden die Bewegungsdaten auf die Mitarbeiterebene von DATEV Lohn und Gehalt comfort übernommen. Eingaben, die über die Bewegungsdaten der Mitarbeiterebene erfolgt sind, werden in die Mandantenebene übernommen.

Die Bewegungsdaten für die Dienstreise von Herrn Walther Vogel sollen jetzt über die Mandantenebene von DATEV Lohn und Gehalt comfort erfasst werden. Dazu gehen Sie wie folgt vor.

1 Wählen Sie den Menüpunkt *Erfassen* ▶ *Bewegungsdaten* ▶ *Stapelerfassung Monat* oder öffnen Sie in der Übersicht den Ordner *Bewegungsdaten* und klicken doppelt auf den

Eintrag *Stapelerfassung Monat* oder klicken Sie auf das Symbol *Stapelerfassung Monat öffnen* in der Standardsymbolleiste.

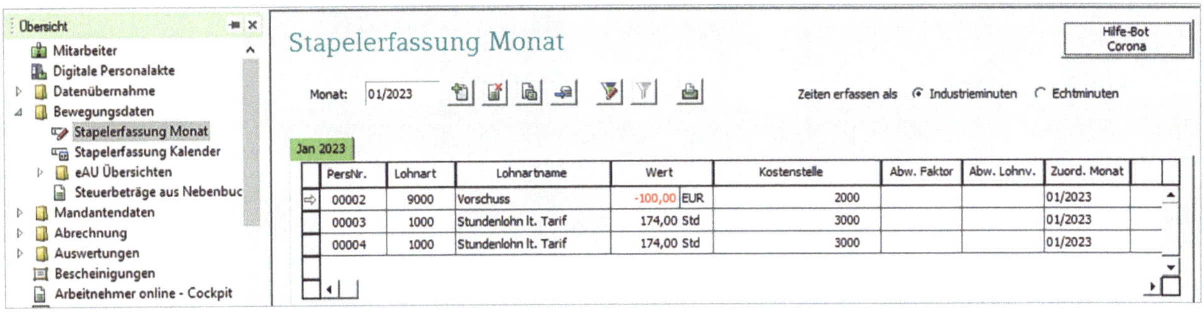

Bild 8.17 Stapelerfassung mit den bisher erfassten Bewegungsdaten

Hinweis: Unter *Zeiten erfassen als* kann zur Eingabe der Stunden zwischen *Industrieminuten* (dezimal, z. B. 7,75 Std) oder *Echtminuten* (z. B. 7:45 Std) gewählt werden. Für unseren Übungsfall Perm wählen wir die Standardoption Industrieminuten.

2 Alle bisher erfassten Bewegungsdaten der einzelnen Mitarbeiter werden hier angezeigt (Bild 8.17). Um die Bewegungsdaten eines weiteren Mitarbeiters zu erfassen, klicken Sie auf das Symbol *Neue Bewegungsdatenzeile* ❶.

3 Klicken Sie in der Spalte *PersNr.* auf den Pfeil ❷, wählen Sie den Mitarbeiter *Walther Vogel*, Personalnummer *1* aus ❸ und übernehmen Sie den Mitarbeiter mit Klick auf die Schaltfläche *OK* (Bild 8.18).

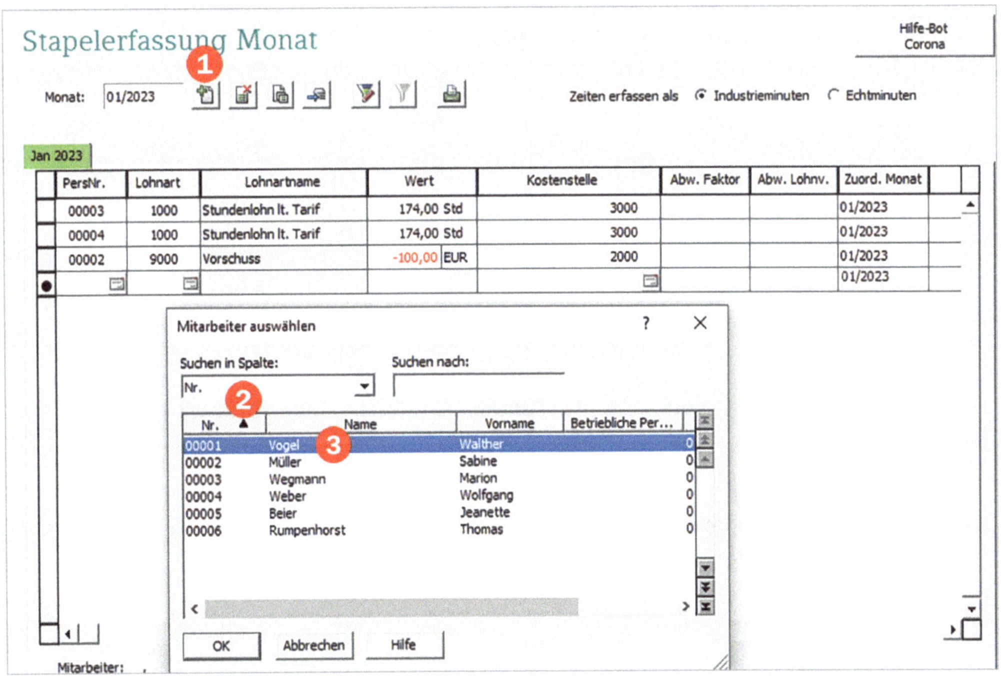

Bild 8.18 Mitarbeiter auswählen

4 In der nächsten Spalte *LA* (Lohnart) wählen Sie mit Klick auf das Symbol *Lohnart auswählen* ❹ die Lohnart *3230 Verpflegungszuschuss, p. St.* aus ❺ (Bild 8.19).

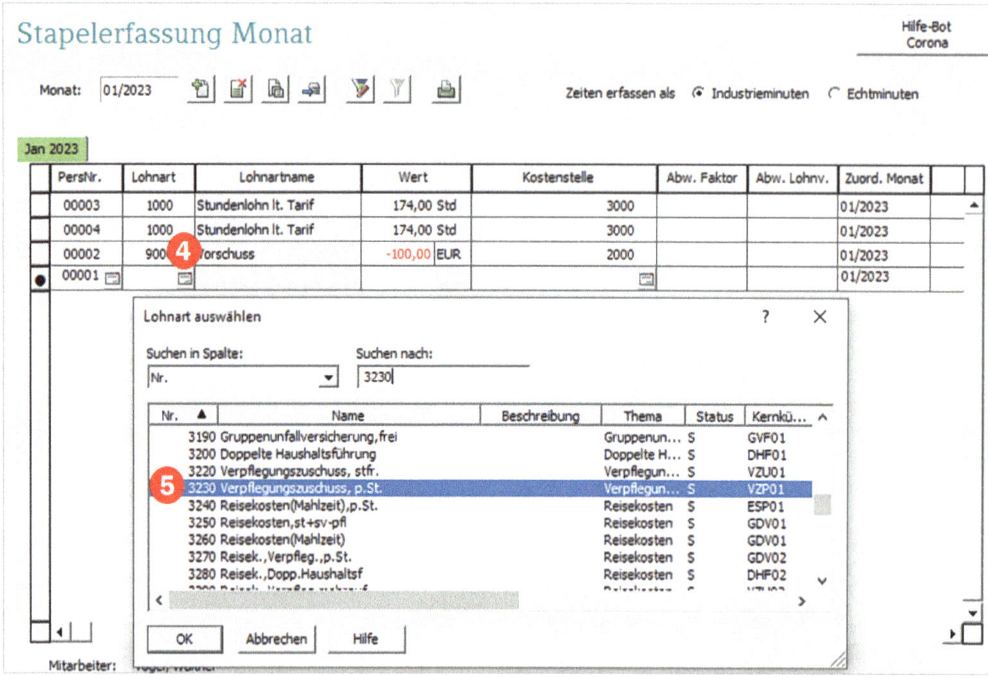

Bild 8.19 Lohnart auswählen

5 Geben Sie im Feld *Wert* den *Verpflegungszuschuss* von 16,90 EUR und im Feld *KoSt* die Kostenstelle 2000 (Verwaltung) ein (Bild 8.20). Name des aktuell bearbeiteten Mitarbeiters und Lohnart sind unterhalb der Tabelle ersichtlich ❻.

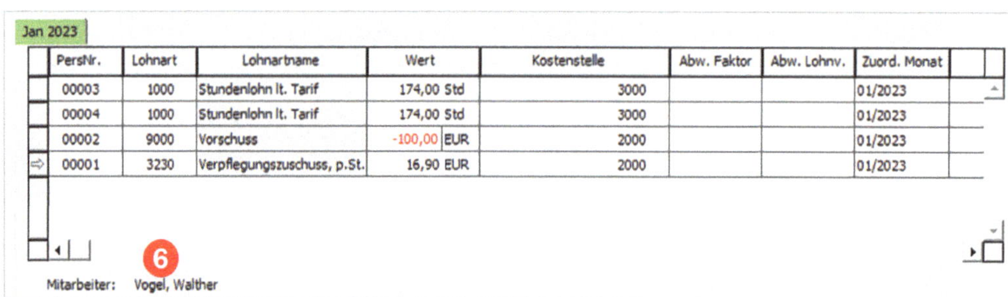

Bild 8.20 Verpflegungszuschuss erfasst

Der Verpflegungszuschuss von 16,90 EUR für die Dienstreise von Herrn Walther Vogel ist somit ebenfalls erfasst. Der Betrag wird pauschal mit 25% vom Arbeitgeber versteuert. Der Zuordnungsmonat wird vom Programm automatisch mit *01/2023* vorbelegt.

Tipp: Mit Klick auf eine Spaltenüberschrift, z. B. *PersNr.*, werden die Stapelerfassungsdaten nach dieser Spalte sortiert (in Bild 8.21 nach *PersNr.*).

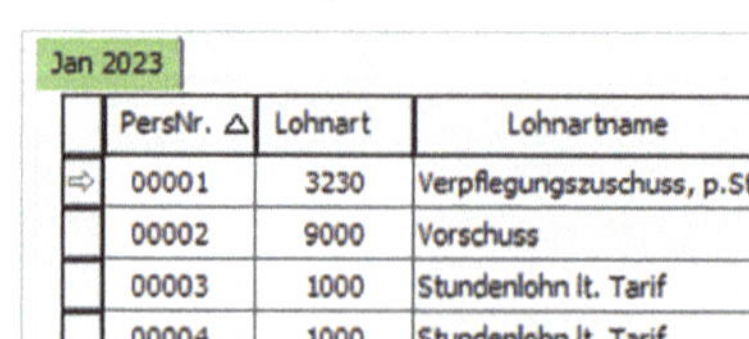

Bild 8.21 Stapelerfassungsdaten sortieren

Die Bedeutung der Symbole in der Stapelerfassung Monat

Symbol	Befehl	Wirkung
	Neue Bewegungsdatenzeile	Legt einen neuen Buchungssatz/eine neue Buchungszeile an.
	Bewegungsdatenzeile löschen	Löscht die aktuelle Zeile, in der sich der Cursor befindet.
	Bewegungsdatenzeile kopieren	Kopiert die aktuelle Zeile, in der sich der Cursor befindet, in eine neue Zeile.
	Bewegungsdatenzeilen aus Vormonat übernehmen	Übernimmt die Buchungssätze des Vormonats in den gewählten Monat. Im Vormonat eingegebene Nachberechnungsbuchungen werden nicht übernommen.
	Liste filtern	Öffnet das Dialogfenster *Filtern*. Dort können Sie den Umfang der angezeigten Mitarbeiter bzw. die angezeigten Spalten in der Bewegungsdatenliste einschränken.
	Bewegungsdaten drucken	Druckt den erfassten Bewegungsdatenstapel.

Übung: Bewegungsdaten über die Mandantenebene erfassen

Erfassen Sie für die Aushilfe Herrn Thomas Rumpenhorst die Bewegungsdaten für 01/2023 über die Stapelerfassung Monat.

Personalnummer:	6
Lohnart:	Aushilfslohn, Std.
Stundenanzahl:	32,00 Stunden
Kostenstelle:	Verkauf

Die Lösung finden Sie im Lösungsbuch

8.6 Probeabrechnung auf Mandantenebene

Alle Mitarbeiterdaten für den Monat Januar 2023 sind jetzt erfasst. Wie auf der Mitarbeiterebene von Lohn und Gehalt können auch auf der Mandantenebene vor den eigentlichen Abrechnungen zuerst Probeabrechnungen durchgeführt werden. Dazu gehen Sie wie folgt vor:

1 Wählen Sie den Menüpunkt *Abrechnung* ▶ *Probeabrechnung...* oder klicken Sie auf das Symbol *Probeabrechnung öffnen* in der Standardsymbolleiste oder klicken Sie in der Übersicht im geöffneten Ordner *Abrechnung* doppelt auf den Eintrag *Probeabrechnung*.

Im Dialogfenster *Probeabrechnung* (Bild 8.22) kann in der Optionsgruppe *Abrechnungsumfang* die Probeabrechnung wie folgt eingegrenzt werden:

Alle Mitarbeiter	Alle Mitarbeiter, die noch nicht abgerechnet wurden.
Einzelne Mitarbeitergruppe	Mitarbeiter der angegebenen Mitarbeitergruppe.
Einzelne(r) Mitarbeiter	Hier können einzelne oder mehrere Mitarbeiter ausgewählt werden.

2 Da die Probeabrechnung alle übrigen, noch nicht abgerechneten Mitarbeiter anzeigen soll, kann die Standardoption *Alle Mitarbeiter* beibehalten werden.

Bild 8.22 Mitarbeiter für Probeabrechnung auswählen

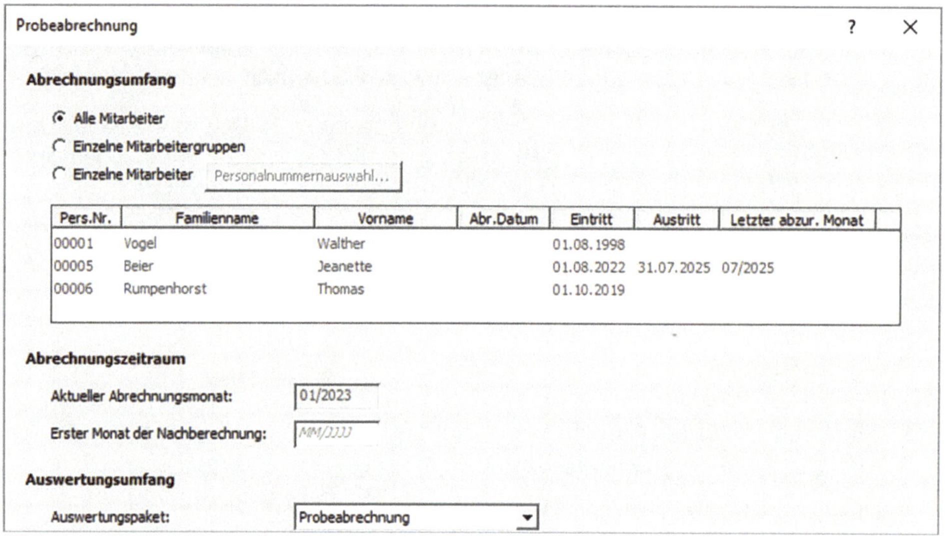

Hinweis: Über den Bereich *Auswertungsumfang* können Sie genau wie auf der Mitarbeiterebene Auswertungspakete und Vormonatsvergleiche (Auf Mandantenebene sogar mit % Überschreitung von Schwellenwerten) sowie zusätzlich die Auswertungen nach Auswertungsart oder Mitarbeiternummern sortieren lassen.

3 Klicken Sie auf die Schaltfläche *OK*. Die Probeabrechnungen der Mitarbeiter Walther Vogel, Jeanette Beier und Thomas Rumpenhorst für den Monat Januar 2023 werden am Bildschirm in der Seitenansicht angezeigt.

4 Mit Klick auf die Schaltfläche *Nächste* wechseln Sie zur Probeabrechnung des nächsten Mitarbeiters (Bild 8.23).

Bild 8.23 Probeabrechnung

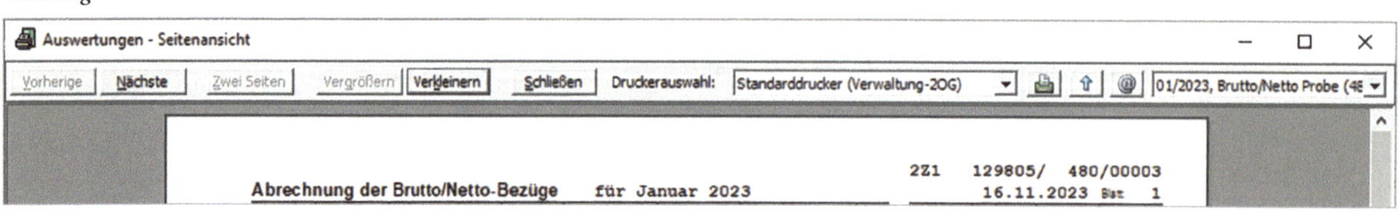

Übung: Probeabrechnungen überprüfen

Aufgabe 1

- Kontrollieren Sie Ihre Probeabrechnung von Herrn Vogel anhand der Musterlösung in Bild 8.24 bzw. anhand der PDF-Datei.
- Falls Ihre Abrechnung von der Musterlösung abweicht, korrigieren Sie die bzw. den Fehler in den Bewegungs-, Mandanten- und Mitarbeiterstammdaten.

2Z1 129805/ 480/00001
16.11.2023 Blatt: 1

Abrechnung der Brutto/Netto-Bezüge für Januar 2023

Personal-Nr.	Geburtsdatum	StKl	Faktor	Ki.Frbtr.	Konfession	Freibetrag jährl.[1]	Freibetrag mtl.[1]	DBA	Midijob	St.-Tg.
00001	150267	4		20	rk/rk	6.000	500			30

SV-Nummer	Krankenkasse	KK %[8]	PGRS	BGRS	Um.	SV-Tg.
50150267V495	BKK Continentale	160	101	9111	1	30

VJ Url. üb.	Url. Anspr.	Url.Tg.gen.	Resturlaub
100	2900		3000

Anw. Tage	Urlaub Tage	Krankh. Tg.	Fehlz. Tage

Anw. Std.	Urlaub Std.	Krankh. Std.	Fehlz. Std.

	Zeitlohn Std.	Überstd.	Bez. Std.

Probeabrechnung

Eintritt	Austritt
010898	

Steuer-ID	MFB[7]
89607512376	

Perm GmbH*Löhrstraße 45*56068 Koblenz

Pers.-Nr. 00001

B/N
2Z1
00480

Hinweise zur Abrechnung
Kst. 2000 Wöch.Arb.Zt. 42,00
Std.lohn 1

Walther Vogel
Himmelsweg 5
56068 Koblenz

Brutto-Bezüge

Lohnart	Bezeichnung	Einheit[2]	Menge[3]	Faktor[3]	Prozentsatz	St[4]	SV[4]	GB[5]	Betrag
2000	Grundgehalt					L	L	J	6.100,00
3230	Verpflegungszuschuss, p.St.					P	F	J	16,90

**** Bitte denken Sie daran, dass Sie Ihre Urlaubsplanung
**** bis zum 31.03.2023 in der Personalabteilung abgeben
**** Robert Münchbacher

Gesamt-Brutto 6.116,90

Steuer/Sozialversicherung

St[4]	Steuer-Brutto	Lohnsteuer	Kirchensteuer	Solidaritätszuschlag
L	6.10000	1.05866	7061	

Steuerrechtliche Abzüge 1.129,27

SV[4]	KV-Brutto	RV-Brutto	AV-Brutto	PV-Brutto	KV-Beitrag	RV-Beitrag	AV-Beitrag	PV-Beitrag[6]
L		6.10000	6.10000			56730	7930	

SV-rechtliche Abzüge 646,60

Netto-Verdienst 4.341,03

Verdienstbescheinigung

Gesamt-Brutto	6.11690	SV-Brutto	6.10000
Steuer-Brutto	6.10000	KV-Beitrag	
Lohnsteuer	1.05866	RV-Beitrag	56730
Kirchensteuer	7061	AV-Beitrag	7930
Solidaritätszuschlag		PV-Beitrag	
Steuerfreie Bezüge		VWL gesamt	
P. verst. Zuk.sich.		Kug-Auszahlung	
Pfändung Rest			
Darlehen Rest			

Netto-Bezüge/Netto-Abzüge

Lohnart	Bezeichnung	Betrag
9850	AG-Ant.freiw.Krankenvers.	399,00
9851	Gesamtb.freiw.Krankenvers	798,01-
9856	AG-Ant.Pflegev.b.freiw.KV	76,06
9857	Gesamt.Pflegev.b.freiw.KV	152,12-

Bank	Sparkasse Koblenz	SV-AG-Anteil	Zus. AG-Kosten	Gesamtkosten	Auszahlungsbetrag
Konto	DE68 5705 0120 0100 4XXX XX	1.12166			3.865,96

1 H = Hinzurechnungsbetrag
2 Std = Stunden, T = Tage, Km = Kilometer, St = Stück
EUR = Euro, Tsd = Tausend Euro, Mio = Million Euro
3 Gegebenenfalls Netto-Lohn/Netto-Stundenlohn
4 L = Laufender Bezug, S = Sonstiger Bezug, F = Frei,
E = Einmalbezug, P = Pauschalierung, A = Abfindung,
M = mehrjährige Versteuerung, N = Nachberechnung
V = Vorjahr, W = Entgeltguthaben
5 J = Bestandteil des Gesamt-Bruttos
6 Z = Einschl. Beitragszuschlag zur PV für Kinderlose
7 MFB = Mehrfachbeschäftigung
8 Maßgeblicher Beitragssatz zur KV inkl. Zusatzbeitrag

AFP Form.-Nr. PCGN14

- Dies ist eine Entgeltbescheinigung nach § 108 Abs. 3 Satz 1 der Gewerbeordnung -

DATEV

Bild 8.24 Probeabrechnung Walther Vogel

Download

Probeabrechnung_Walther_Vogel_Januar_2023

Ordner: Kap08_01_Januar_2023

Aufgabe 2

- Kontrollieren Sie Ihre Probeabrechnung von Frau Beier anhand der Musterlösung in Bild 8.25 bzw. anhand der PDF-Datei.
- Falls Ihre Abrechnung von der Musterlösung abweicht, korrigieren Sie die bzw. den Fehler in den Bewegungs-, Mandanten- und Mitarbeiterstammdaten.

Bild 8.25 Probeabrechnung Jeanette Beier

Download

Probeabrechnung_Jeanette_Beier_Januar_2023

Ordner: Kap08_01_Januar_2023

2Z1 129805/ 480/00005
16.11.2023 Blatt: 1

Abrechnung der Brutto/Netto-Bezüge für Januar 2023

Personal-Nr.	Geburtsdatum	StKl	Faktor	Ki.Frbtr.	Konfession	Freibetrag jährl.[1]	Freibetrag mtl.[1]	DBA	Midijob	St.-Tg.
00005	050105	1			rk					30

SV-Nummer	Krankenkasse	KK %[8]	PGRS	BGRS	Um.	SV-Tg.
15050105B525	EK KKH Kaufmännische Kranken	1,61	102	1111	1	30

VJ Url. üb.	Url. Anspr.	Url.Tg.gen.	Resturlaub
1,00	24,00		25,00
Anw. Tage	**Urlaub Tage**	**Krankh. Tg.**	**Fehlz. Tage**
Anw. Std.	**Urlaub Std.**	**Krankh. Std.**	**Fehlz. Std.**
	Zeitlohn Std.	**Überstd.**	**Bez. Std.**

Probeabrechnung

Eintritt	Austritt
010822	310725

Steuer-ID	MFB[7]
91481760234	

Perm GmbH*Löhrstraße 45*56068 Koblenz

Pers.-Nr. 00005   B/N 2Z1 00480

Hinweise zur Abrechnung

Kst. 2000   Wöch.Arb.Zt. 35,00
Std.lohn 1

Jeanette Beier
Moselstraße 11
56812 Cochem

Brutto-Bezüge

Lohnart	Bezeichnung	Einheit[2]	Menge[3]	Faktor[3]	Prozentsatz	St[4]	SV[4]	GB[5]	Betrag
2010	Ausbildungsvergütung, kfm.					L	L	J	890,00
3100	AG-Anteil VWL,lfd					L	L	J	20,00

**** Bitte denken Sie daran, dass Sie Ihre Urlaubsplanung
**** bis zum 31.03.2023 in der Personalabteilung abgeben
**** Robert Münchbacher

Gesamt-Brutto 910,00

Steuer/Sozialversicherung

St[4]	Steuer-Brutto	Lohnsteuer	Kirchensteuer	Solidaritätszuschlag
L	910,00			

Steuerrechtliche Abzüge 0,00

SV[4]	KV-Brutto	RV-Brutto	AV-Brutto	PV-Brutto	KV-Beitrag	RV-Beitrag	AV-Beitrag	PV-Beitrag[6]
L	910,00	910,00	910,00	910,00	73,26	84,63	11,83	13,88

SV-rechtliche Abzüge 183,60

Netto-Verdienst 726,40

Verdienstbescheinigung

Gesamt-Brutto	910,00	SV-Brutto	910,00
Steuer-Brutto	910,00	KV-Beitrag	73,26
Lohnsteuer		RV-Beitrag	84,63
Kirchensteuer		AV-Beitrag	11,83
Solidaritätszuschlag		PV-Beitrag	13,88
Steuerfreie Bezüge		VWL gesamt	40,00
P. verst. Zuk.sich.		Kug-Auszahlung	
Pfändung Rest			
Darlehen Rest			

Netto-Bezüge/Netto-Abzüge

Lohnart	Bezeichnung	Betrag
9840	VWL	40,00-

Bank Spk Mittelmosel EMH
Konto DE87 5875 1230 0032 1XXX XX

SV-AG-Anteil	Zus. AG-Kosten	Gesamtkosten
183,60		

Auszahlungsbetrag 686,40

[1] H = Hinzurechnungsbetrag
[2] Std = Stunden, T = Tage, Km = Kilometer, St = Stück, EUR = Euro, Tsd = Tausend Euro, Mio = Million Euro
[3] Gegebenenfalls Netto-Lohn/Netto-Stundenlohn
[4] L = Laufender Bezug, S = Sonstiger Bezug, F = Frei, E = Einmalbezug, P = Pauschalierung, A = Abfindung, M = mehrjährige Versteuerung, N = Nachberechnung, V = Vorjahr, W = Entgeltguthaben
[5] J = Bestandteil des Gesamt-Bruttos
[6] Z = Einschl. Beitragszuschlag zur PV für Kinderlose
[7] MFB = Mehrfachbeschäftigung
[8] Maßgeblicher Beitragssatz zur KV inkl. Zusatzbeitrag

AFP Form.-Nr. PCGN14

- Dies ist eine Entgeltbescheinigung nach § 108 Abs. 3 Satz 1 der Gewerbeordnung -

DATEV

PROBEABRECHNUNG

Aufgabe 3

- Kontrollieren Sie Ihre Probeabrechnung von Herrn Rumpenhorst anhand der Musterlösung in Bild 8.26 bzw. anhand der PDF-Datei.
- Falls Ihre Abrechnung von der Musterlösung abweicht, korrigieren Sie die bzw. den Fehler in den Bewegungs-, Mandanten- und Mitarbeiterstammdaten.
- Schließen Sie dann die Seitenansicht und das Verarbeitungsprotokoll.

2Z1 129805/ 480/00006

Abrechnung der Brutto/Netto-Bezüge für Januar 2023 — 16.11.2023 Blatt 1

Personal-Nr.	Geburtsdatum	StKl	Faktor	Ki.Frbtr.	Konfession	Freibetrag jährl.[1]	Freibetrag mtl.[1]	DBA	Midijob	St.-Tg.
00006	150570									30

VJ Url. üb.	Url. Anspr.	Url.Tg.gen.	Resturlaub
	1000		1000

SV-Nummer	Krankenkasse	KK %[8]	PGRS	BGRS	Um.	SV-Tg.
56150570R222	BUN Knappschaft		109	6100	1	30

Anw. Tage	Urlaub Tage	Krankh. Tg.	Fehlz. Tage

Probeabrechnung

Eintritt	Austritt
011019	

Anw. Std.	Urlaub Std.	Krankh. Std.	Fehlz. Std.

Steuer-ID	MFB[7]
12345678911	

	Zeitlohn Std.	Überstd.	Bez. Std.
	3200		3200

Perm GmbH*Löhrstraße 45*56068 Koblenz

Pers.-Nr. 00006 B/N 2Z1 00480

Hinweise zur Abrechnung

Kst. 1000 Wöch.Arb.Zt. 8,00
Std.lohn 1 13,00

Thomas Rumpenhorst
Schultheiswiesenweg 17
56072 Koblenz-Rübenach

Brutto-Bezüge

Lohnart	Bezeichnung	Einheit[2]	Menge[3]	Faktor[3]	Prozentsatz	St[4]	SV[4]	GB[5]	Betrag
2200	Aushilfslohn, Std.	Std	32,00	13,00		P	P	J	416,00

**** Bitte denken Sie daran, dass Sie Ihre Urlaubsplanung
**** bis zum 31.03.2023 in der Personalabteilung abgeben
**** Robert Münchbacher

Gesamt-Brutto 416,00

Steuer/Sozialversicherung

St[4]	Steuer-Brutto	Lohnsteuer	Kirchensteuer	Solidaritätszuschlag	Steuerrechtliche Abzüge

SV[4]	KV-Brutto	RV-Brutto	AV-Brutto	PV-Brutto	KV-Beitrag	RV-Beitrag	AV-Beitrag	PV-Beitrag[6]	SV-rechtliche Abzüge
L	41600	41600				1498			14,98

Netto-Verdienst 401,02

Verdienstbescheinigung

Gesamt-Brutto	41600	SV-Brutto	41600
Steuer-Brutto		KV-Beitrag	
Lohnsteuer		RV-Beitrag	1498
Kirchensteuer		AV-Beitrag	
Solidaritätszuschlag		PV-Beitrag	
Steuerfreie Bezüge		VWL gesamt	
P. verst. Zuk.sich.		Kug-Auszahlung	
Pfändung Rest			
Darlehen Rest			

Netto-Bezüge/Netto-Abzüge

Lohnart	Bezeichnung	Betrag

Bank VR Bank RheinAhrEifel
Konto DE10 5776 1591 7071 8XXX XX

SV-AG-Anteil	Zus. AG-Kosten	Gesamtkosten	Auszahlungsbetrag
11648			401,02

[1] H = Hinzurechnungsbetrag
[2] Std = Stunden, T = Tage, Km = Kilometer, St = Stück, EUR = Euro, Tsd = Tausend Euro, Mio = Million Euro
[3] Gegebenenfalls Netto-Lohn/Netto-Stundenlohn
[4] L = Laufender Bezug, S = Sonstiger Bezug, F = Frei, E = Einmalbezug, P = Pauschalierung, A = Abfindung, M = mehrjährige Versteuerung, N = Nachberechnung, V = Vorjahr, W = Entgeltguthaben
[5] J = Bestandteil des Gesamt-Bruttos
[6] Z = Einschl. Beitragszuschlag zur PV für Kinderlose
[7] MFB = Mehrfachbeschäftigung
[8] Maßgeblicher Beitragssatz zur KV inkl. Zusatzbeitrag

AFP Form.-Nr. PCGN14

- Dies ist eine Entgeltbescheinigung nach § 108 Abs. 3 Satz 1 der Gewerbeordnung -

DATEV

PROBEABRECHNUNG

Bild 8.26 Probeabrechnung Thomas Rumpenhorst

Download

Probeabrechnung_Thomas_Rumpenhorst_Januar_2023

Ordner: Kap08_01_Januar_2023

8.7 Monatsabrechnungen auf Mandantenebene durchführen

Nachdem alle erforderlichen Daten für die Abrechnung erfasst und kontrolliert sind, müssen jetzt die Lohn- und Gehaltsabrechnungen für die noch nicht abgerechneten Mitarbeiter durchgeführt werden. Hierzu gehen Sie wie folgt vor.

1 Wählen Sie den Menüpunkt *Abrechnung* ▶ *Lohnabrechnung* oder klicken Sie auf das Symbol *Lohnabrechnung öffnen* oder klicken Sie in der Übersicht im geöffneten Ordner *Abrechnung* doppelt auf den Eintrag *Lohnabrechnung*.

Standardmäßig werden Ihnen im Abrechnungsumfang alle Mitarbeiter angezeigt. Sie erhalten somit einen Überblick über den Abrechnungstand der Mitarbeiter. In der Spalte *Abr.Datum* werden Ihnen die bereits abgerechneten Mitarbeiter mit dem Abrechnungsmonat 01/2023 angezeigt (Bild 8.27).

2 Um lediglich die Mitarbeiter anzeigen zu lassen, die noch nicht abgerechnet wurden, aktivieren Sie das Kontrollkästchen *Keine Wiederholungsabrechnung durchführen*.

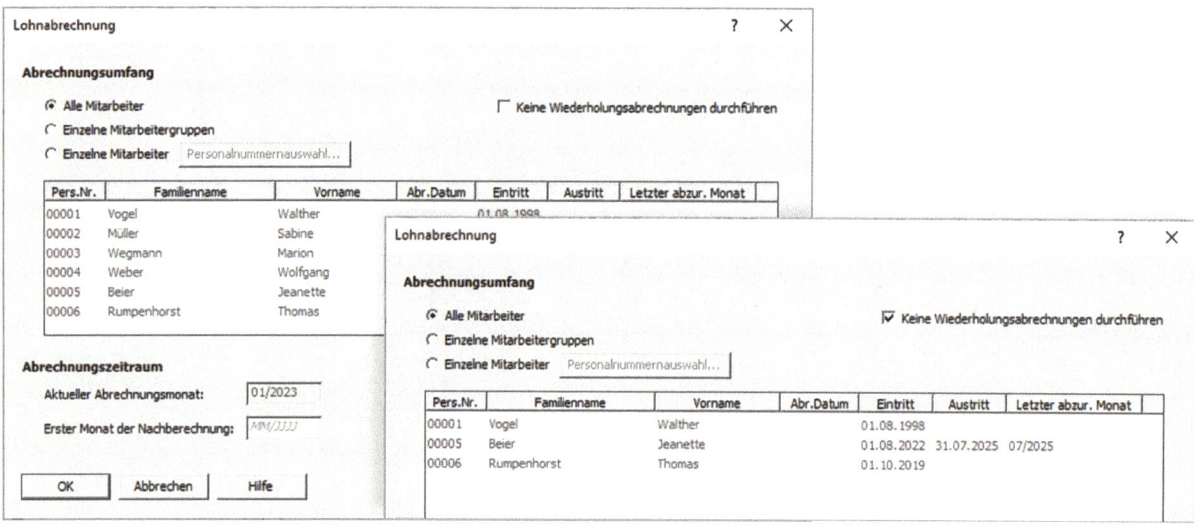

Bild 8.27 Lohnabrechnung: Mitarbeiter anzeigen

3 Nur für den Mitarbeiter Walther Vogel und die Auszubildende Jeanette Beier soll nun die Gehaltsabrechnung Januar 2023 durchgeführt werden. Wählen Sie daher unter *Abrechnungsumfang* die Option *Einzelne Mitarbeiter*.

4 Um die Mitarbeiter auszuwählen, gibt es mehrere Möglichkeiten:

- Einen einzelnen Mitarbeiter wählen Sie per Mausklick aus.
- Mehrere Mitarbeiter können ausgewählt werden, indem Sie den ersten Mitarbeiter anklicken, z. B. Vogel Walther, dann die Strg-Taste drücken und gedrückt halten, während Sie weitere Mitarbeiter anklicken. Erst wenn alle benötigten Mitarbeiter markiert sind, lassen Sie die Strg-Taste wieder los.
- Eine zusammenhänge Gruppe von Mitarbeitern kann ausgewählt werden, indem Sie auf den ersten Mitarbeiter klicken und anschließend mit gleichzeitig gedrückter Umschalt-Taste auf den letzten Mitarbeiter der Gruppe klicken.

5 Markieren Sie die Mitarbeiter 00001, Walther Vogel und 00005, Jeanette Beier und klicken Sie anschließend auf die Schaltfläche *OK* (Bild 8.28). Der aktuelle Abrechnungsmonat ist mit *01/2023* vorbelegt.

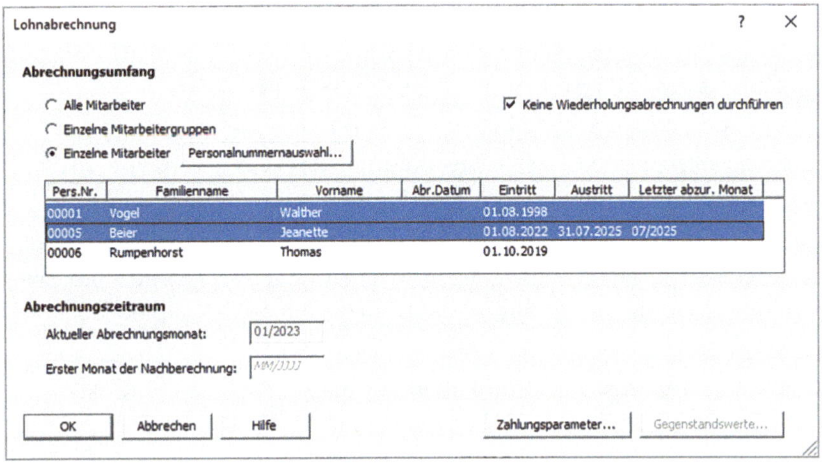

Bild 8.28 Abrechnung durchführen

Die Gehaltsabrechnung Januar 2023 für die Mitarbeiter Walther Vogel und Jeanette Beier wird durchgeführt und anschließend das Verarbeitungsprotokoll angezeigt.

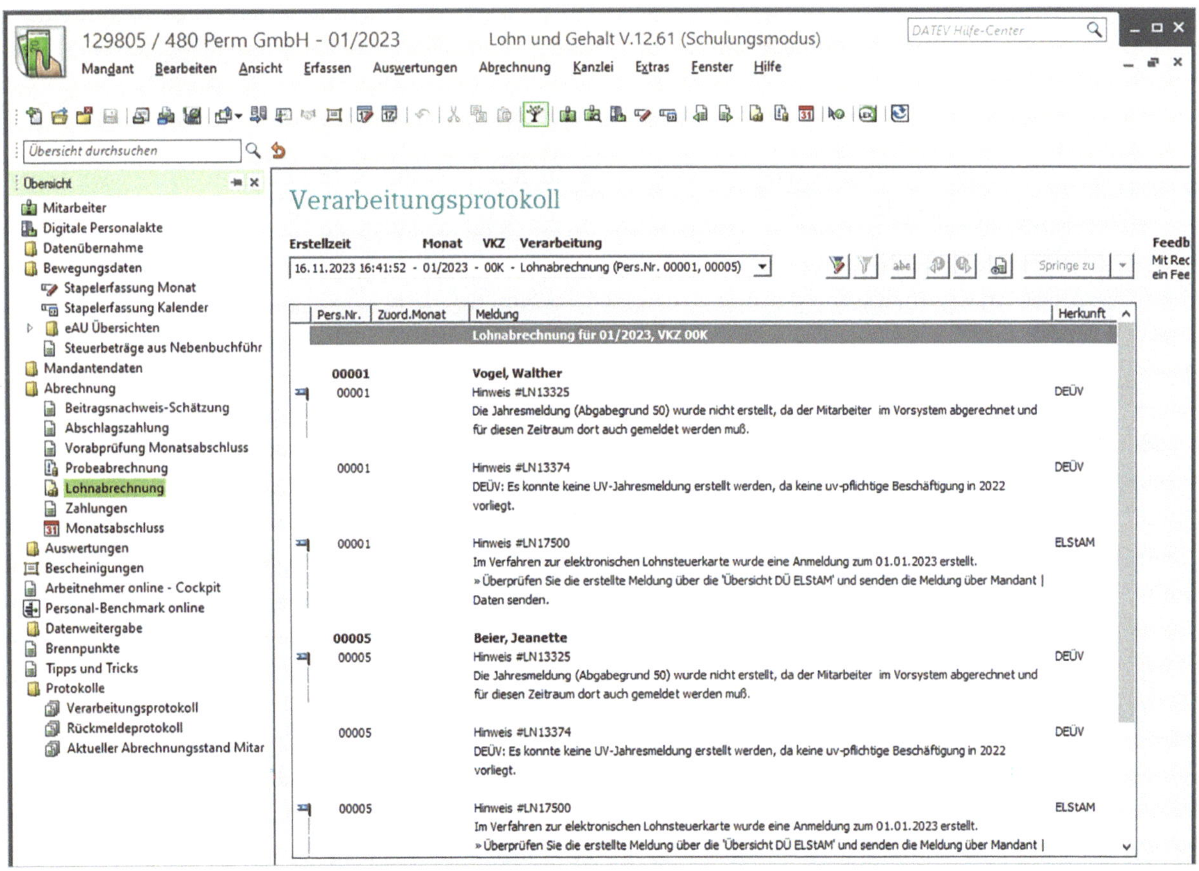

Bild 8.29 Das Verarbeitungsprotokoll

Das Verarbeitungsprotokoll zeigt Hinweise und Fehler in der Abrechnung auf. Diese können oftmals über Sprungmarken auf der Mandanten- oder der Mitarbeiterebene korrigiert werden. Zusätzlich erhalten Sie eine Hinweis- oder Fehlernummer, die Aufschluss auf den Fehler bzw. einen Hinweis gibt. Das Verarbeitungsprotokoll enthält folgende Hinweise:

- Es können keine Jahresmeldungen zur Sozialversicherung und zur Unfallversicherung erstellt werden, da der Mandant ab 01/2023 geführt wird.
- Darüber hinaus erhalten Sie einen Hinweis zur elektronischen Lohnsteuerkarte. Die Anmeldung wird zum 01.01.2023 (bzw. aufgrund des Systemdatums zum 01.01.2024) vorgenommen.
- Eine integrierte Prüfhilfe Mindestlohn prüft, ob bei einem Mitarbeiter ggf. die allgemeine Mindestlohngrenze von 12,00 EUR, ab 01.01.2024 12,41 EUR pro Zeitstunde unterschritten wurde. Diese liegt bei unserem Übungsfall bei keinem der Mitarbeiter vor.

6 Schließen Sie das Verarbeitungsprotokoll, indem Sie auf *Schließen* ✖ klicken.

Übung: Monatsabrechnung für einen Mitarbeiter durchführen

Aufgabe 1

Führen Sie die Lohnabrechnung für den noch nicht abgerechneten Mitarbeiter Herrn Thomas Rumpenhorst durch.

Die Lohnabrechnung wurde nun für alle Mitarbeiter durchgeführt und zwar zu Übungszwecken sowohl über die Mitarbeiterebene als auch über die Mandantenebene von DATEV Lohn und Gehalt comfort.

Daten für das ELStAM-Verfahren an DATEV Rechenzentrum senden

Wie bereits bei den Probe- und Lohnabrechnungen aufgeführt, erhalten Sie in den Verarbeitungsprotokollen bezüglich des ELStAM-Verfahrens einen Hinweis.

Der Arbeitgeber ist verpflichtet, die bei ihm beschäftigten Arbeitnehmer für den Abruf der ELStAM anzumelden und die ELStAM für die darauf folgende nächste Lohnabrechnung abzurufen. Die Anmeldung muss online über das DATEV Rechenzentrum durchgeführt werden.

In unserem Übungsfall werden die Daten zur Anmeldung am ELStAM-Verfahren natürlich nicht tatsächlich zum Rechenzentrum gesendet, sondern übungstechnisch simuliert. In der Praxis müssen diese selbstverständlich übermittelt werden. Um die Daten zu senden, gehen Sie - wie nachfolgend dargestellt - vor.

1 Wählen Sie den Menüpunkt *Mandant* ▶ *Daten senden…*

2 Sie erhalten anschließend eine Auflistung aller steuerpflichtigen Mitarbeiter mit der jeweiligen Steuer-ID-Nr. sowie dem Abrufmonat 01/2023 und Meldebeginn 01.01.2023 (Bild 8.30) bzw. bei Ihnen aufgrund des aktuellen Systemdatums 01.01.2024.

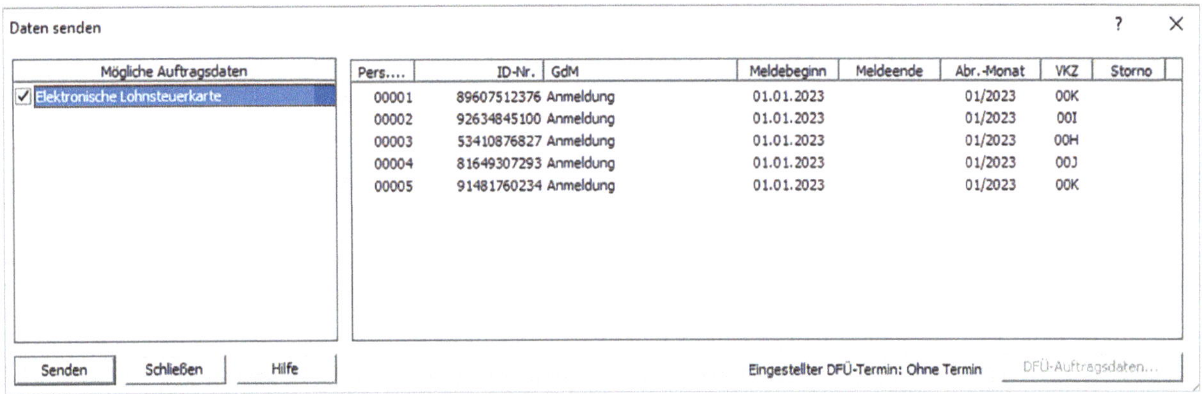

Bild 8.30 Daten senden

3 Klicken Sie auf die Schaltfläche *Senden*. Sie erhalten anschließend den unten abgebildeten wichtigen Hinweis auf den Schulungsmodus: Klicken Sie auf die Schaltfläche *Ja*, um die Anmeldung als verarbeitet zu kennzeichnen.

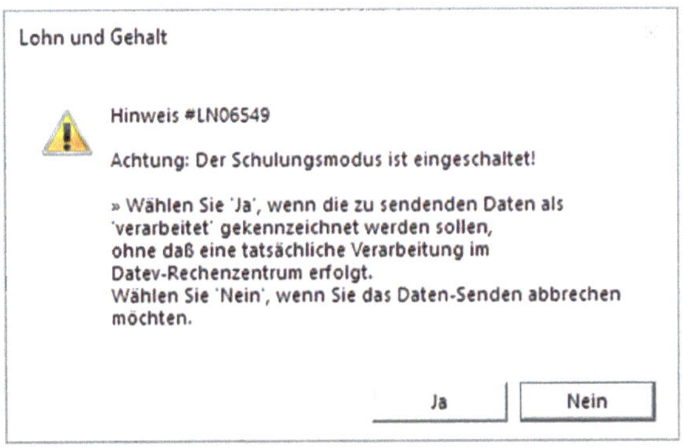

Bild 8.31 Hinweis Schulungsmodus

Wiederholungsübung: Mandant sichern

Aufgabe 1

Sichern Sie den Mandanten Perm GmbH.

Aufgabe 2

Öffnen Sie nach erfolgreicher Sicherung den Mandanten Perm GmbH wieder.

8.8 Monatliche Lohnauswertungen ausdrucken

Um die monatlichen Lohnauswertungen auszudrucken, gehen Sie wie folgt vor.

1 Wählen Sie den Menüpunkt *Mandant* ▶ *Ausgeben…* oder verwenden Sie die Tastenkombination Strg+D oder klicken Sie in der Standardsymbolleiste auf das Symbol *Auswertungen ausgeben*.

Das Dialogfenster *Auswertungen ausgeben* wird geöffnet und zeigt die Auswertungen für alle Mitarbeiter in verdichteter Form (gerafft) an.

2 Klicken Sie unter *Mögliche Auswertungen* auf *Brutto/Netto* und anschließend auf das Symbol *Auswählen*. In der Liste *Ausgewählte Auswertungen* werden daraufhin die Lohn- und Gehaltsabrechnungen aller Mitarbeiter für den Monat Januar 2023 angezeigt (Bild 8.32).

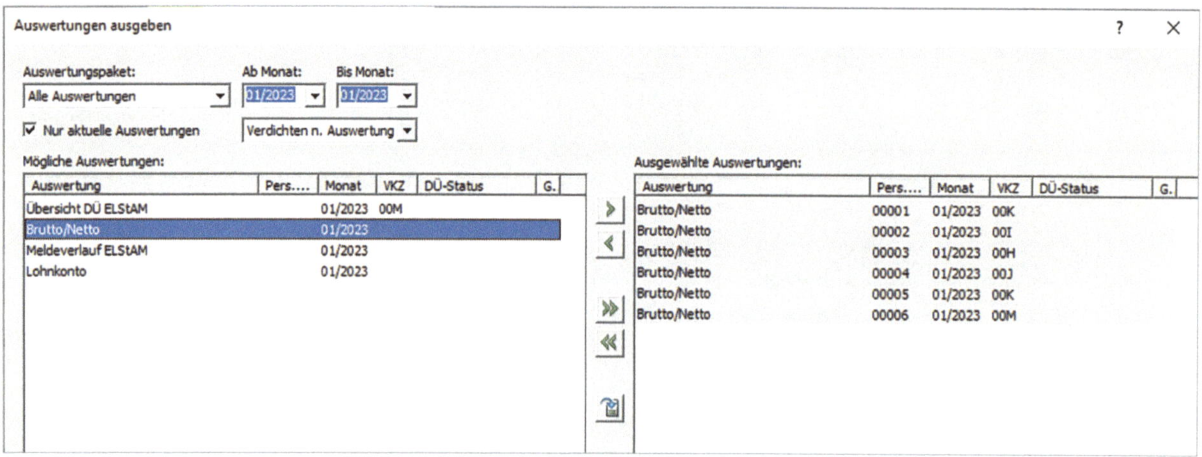

Bild 8.32 Auswertungen ausgeben

So verwenden Sie die Schaltflächen:

- **Alle auswählen**: Alle verfügbaren Auswertungen auswählen.
- **Entfernen**: Den markierten Eintrag aus den ausgewählten Auswertungen wieder entfernen.
- **Alle entfernen**: Alle Einträge aus der Auswahl entfernen.
- **Letzte Auswahl**: Damit wird diejenige Zusammenstellung der Auswertungen ausgewählt, die Sie zuletzt für den Mandanten bzw. die Mitarbeiter verwendet haben.

3 Klicken Sie auf die Schaltfläche *Alle auswählen*. Damit werden in der Liste der ausgewählten Auswertungen für Januar 2023 alle Auswertungen, auch die Lohn- und Gehaltsabrechnungen und Lohnkonten aller Mitarbeiter aufgeführt (Bild 8.33).

4 Klicken Sie in der Liste *Ausgewählte Auswertungen* auf das Lohnkonto mit der Personalnummer *00001* (Herr Vogel) und dann auf die Schaltfläche *Seitenansicht* (Bild 8.33). Das Lohnkonto von Herrn Vogel wird am Bildschirm in der Seitenansicht angezeigt und kann ggf. ausgedruckt werden.

5 Schließen Sie dann die Seitenansicht wieder und beenden Sie das Fenster *Auswertungen ausgeben*, indem Sie auf die Schaltfläche *Abbrechen* klicken.

Hinweis: Möchten Sie alle ausgewählten Auswertungen in einem Arbeitsgang ausdrucken, können Sie dies im Dialogfenster *Auswertung ausgeben* mit Klick auf die Schaltfläche *OK* durchführen (Achtung! 30 Seiten). Alternativ können Sie Lohnkonten und die Lohn- und Gehaltsabrechnungen auch über den Menüpunkt *Auswertungen* ▶ *Mitarbeiterauswertungen…* drucken.

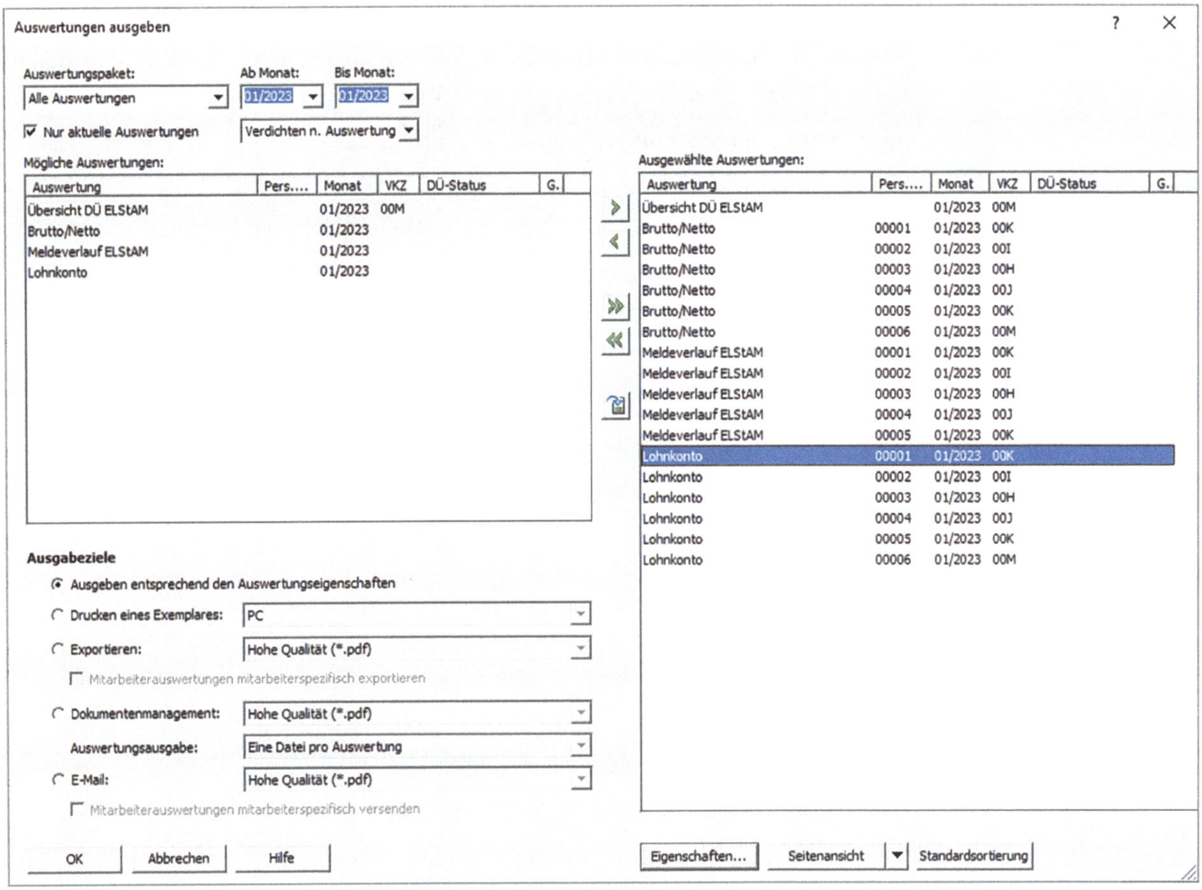

Bild 8.33 Die Lohn- und Gehaltsabrechnungen aller Mitarbeiter wurden ausgewählt

Hinweis: Über die Auswertungen *Übersicht DÜ ELStAM* und *Meldeverlauf ELStAM* können Sie die gemeldeten und gesendeten Steuerdaten aller Mitarbeiter einsehen.

Vorabprüfung Monatsabschluss

Bevor der Monatsabschluss durchgeführt wird, kann über eine neue Funktion im Programm DATEV Lohn und Gehalt eine Vorabprüfung Monatsabschluss durchgeführt werden. Bei dieser Überprüfung werden zum einen folgende Stammdaten für die Beitragsnachweiserstellung zu den hinterlegten Krankenkassen überprüft:

Der Rechtskreis

Bei dieser Rechtskreisprüfung wird überprüft, ob die Mitarbeiter aus dem Rechtskreis West und dem Rechtskreis Ost unterschiedlichen Krankenkassennummern zugeordnet sind.

Bankverbindung der Krankenkassen

Ist beim Mandanten in den Bankverbindungsdaten die Zahlungsart SEPA-Überweisung im Bereich sonstiger Zahlungen (Institutionen) eingestellt, wird überprüft, ob bei den Krankenkassen mit identischer Betriebsnummer die gleiche IBAN hinterlegt wurde. Zum anderen folgt im Rahmen der Vorabprüfung, ob für die automatische Erstellung des Buchungsbelegs alle abgerechneten Lohnarten in den zugehörigen Mitarbeitergruppen kontiert sind.

Um die Vorabprüfung durchzuführen, gehen Sie wie folgt vor:

1 Wählen Sei den Menüpunkt *Abrechnung* ▶ *Vorabprüfung Monatsabschluss* oder klicken Sie in der Übersicht im geöffneten Ordner *Abrechnung* doppelt auf den Eintrag *Vorabprüfung Monatsabschluss*.

Sie erhalten folgendes Ergebnis:

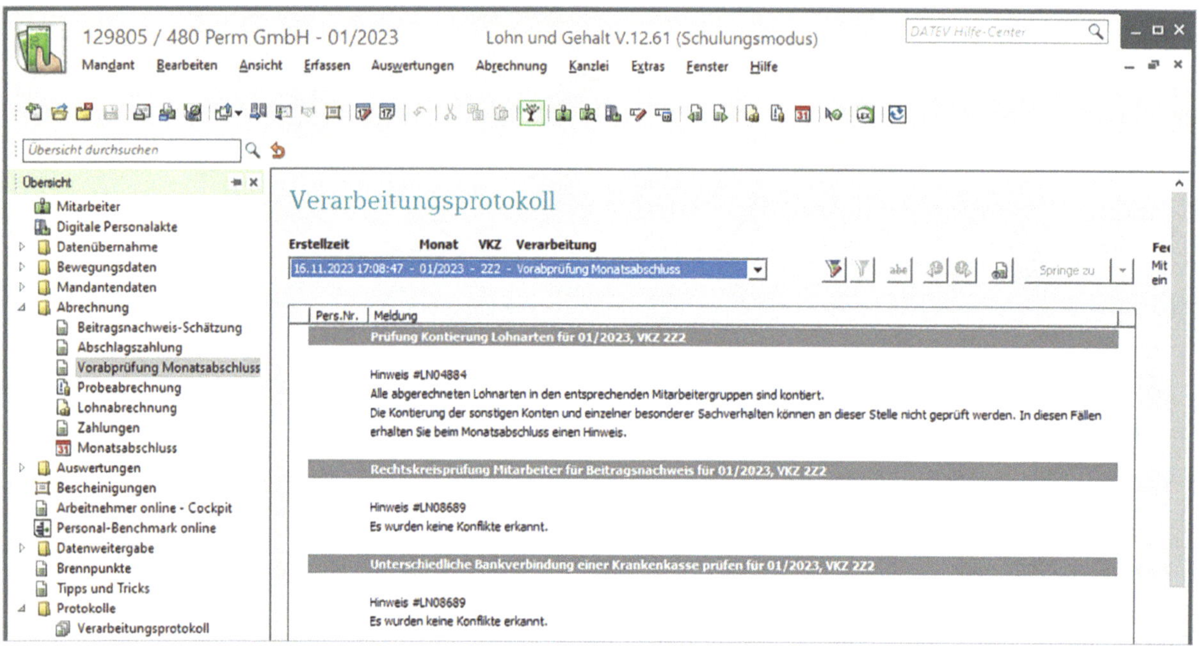

Bild 8.34 Vorabprüfung Monatsabschluss

Bei der Rechtskreisprüfung und der Prüfung auf unterschiedliche Bankverbindungsdaten liegen keine Konflikte vor. Darüber liegen bei der Überprüfung der Lohnarten keine Probleme vor, da alle abgerechneten Lohnarten in den entsprechenden Mitarbeitergruppen kontiert sind.

2 Schließen Sie anschließend das Verarbeitungsprotokoll, indem Sie auf das Symbol *Schließen* ✖ klicken.

8.9 Monatsabschluss durchführen

Wenn alle Abrechnungen korrekt und keine Änderungen für den laufenden Monat mehr zu erwarten sind, kann der Monatsabschluss durchgeführt werden. Beim Monatsabschluss werden unter anderem die Lohnsteueranmeldung, die Beitragsnachweise zu den Krankenkassen und Zahlungsträger erstellt. Um den Monatsabschluss durchzuführen, gehen Sie wie folgt vor:

1. Wählen Sie den Menüpunkt *Abrechnung* ▶ *Monatsabschluss...* oder klicken Sie auf das Symbol *Monatsabschluss* in der Standardsymbolleiste oder klicken Sie in der Übersicht im geöffneten Ordner *Abrechnung* doppelt auf den Eintrag *Monatsabschluss*.
2. Das Dialogfenster *Monatsabschluss* wird geöffnet (Bild 8.35). In den entsprechenden Bereichen können Sie über Kontrollkästchen zusätzliche Einstellungen für die automatische RZ-Verarbeitung, zu Beitragsnachweisen zu den Krankenkassen, zur Lohnsteuer-Anmeldung oder zu Online Anwendungen (*Arbeitnehmer online*) vornehmen und Monatsabschlusspakete vornehmen.
3. Standardmäßig ist das Kontrollkästchen *Offene RZ-Aufträge sofort ins Rechenzentrum senden* aktiviert. Deaktivieren Sie, wie in Bild 8.35, dieses Kontrollkästchen, da die Übermittlung der Daten an das DATEV Rechenzentrum auf Seite 241 separat behandelt wird.

Hinweis: Die Einstellung *Buchungsbeleg automatisch erstellen* wurde bereits bei der Neuanlage des Mandanten Perm GmbH aktiviert.

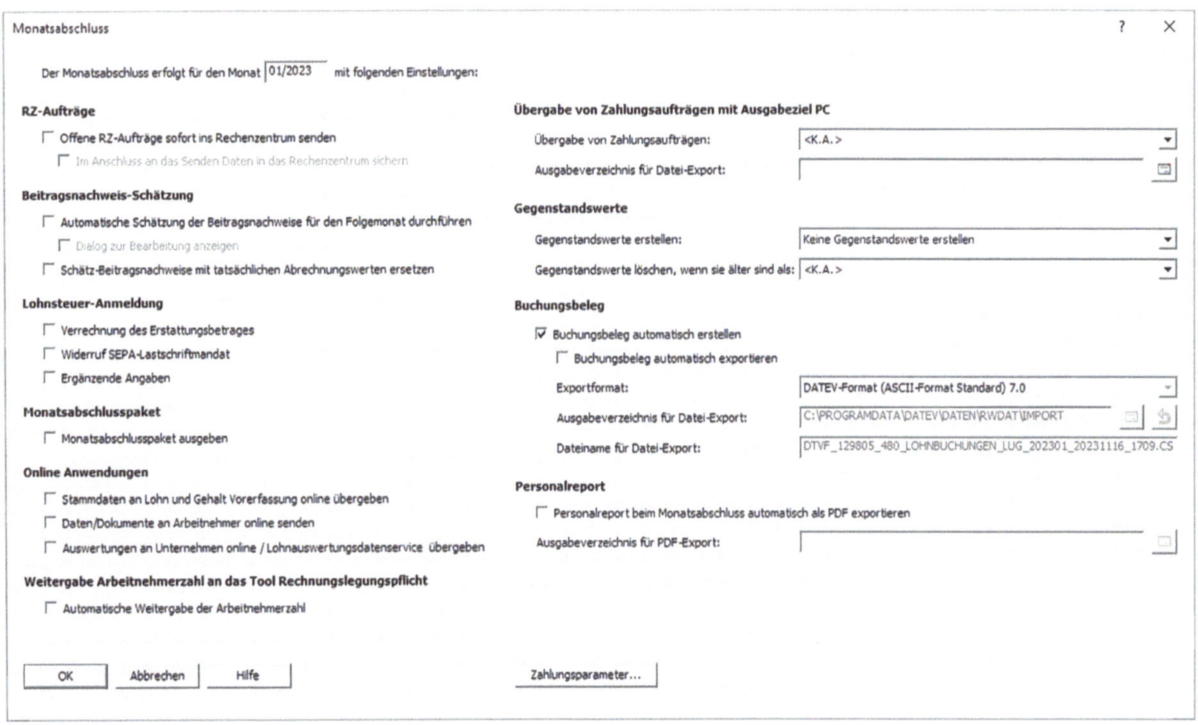

Bild 8.35 Dialogfenster Monatsabschluss

Im Bereich *Übergabe von Zahlungsaufträgen mit Ausgabeziel PC* können Sie z. B. auswählen, dass Zahlungsaufträge an das Programm Zahlungsverkehr übergeben werden sollen. Die Gegenstandswerte sind speziell für den Steuerberater bzw. die Kanzlei vorbehalten und werden individuell geregelt. Sie bilden die Grundlage für die Gebührenverordnung.

4 Klicken Sie auf die Schaltfläche *OK*. Der Monatsabschluss für den Monat Januar 2023 wird augenblicklich durchgeführt und eine Statusanzeige gibt Aufschluss über den Bearbeitungsfortschritt. Anschließend wird das Ergebnis der Monatsabrechnung in einem Verarbeitungsprotokoll angezeigt (Bild 8.36).

!

Achtung: Nach erfolgtem Monatsabschluss können für diesen Monat keine Abrechnungen wiederholt werden. Sie können jedoch, solange der Folgemonat noch nicht abgerechnet wurde, den Monatsabschluss zurücksetzen und den Monat wiederholt abrechnen.

Wurden für Mitarbeiter der Firma bereits Abrechnungen des Folgemonats durchgeführt, sind diese erst auf der Mitarbeiterebene von DATEV Lohn und Gehalt comfort zu löschen, bevor der Monatsabschluss zurückgesetzt werden kann.

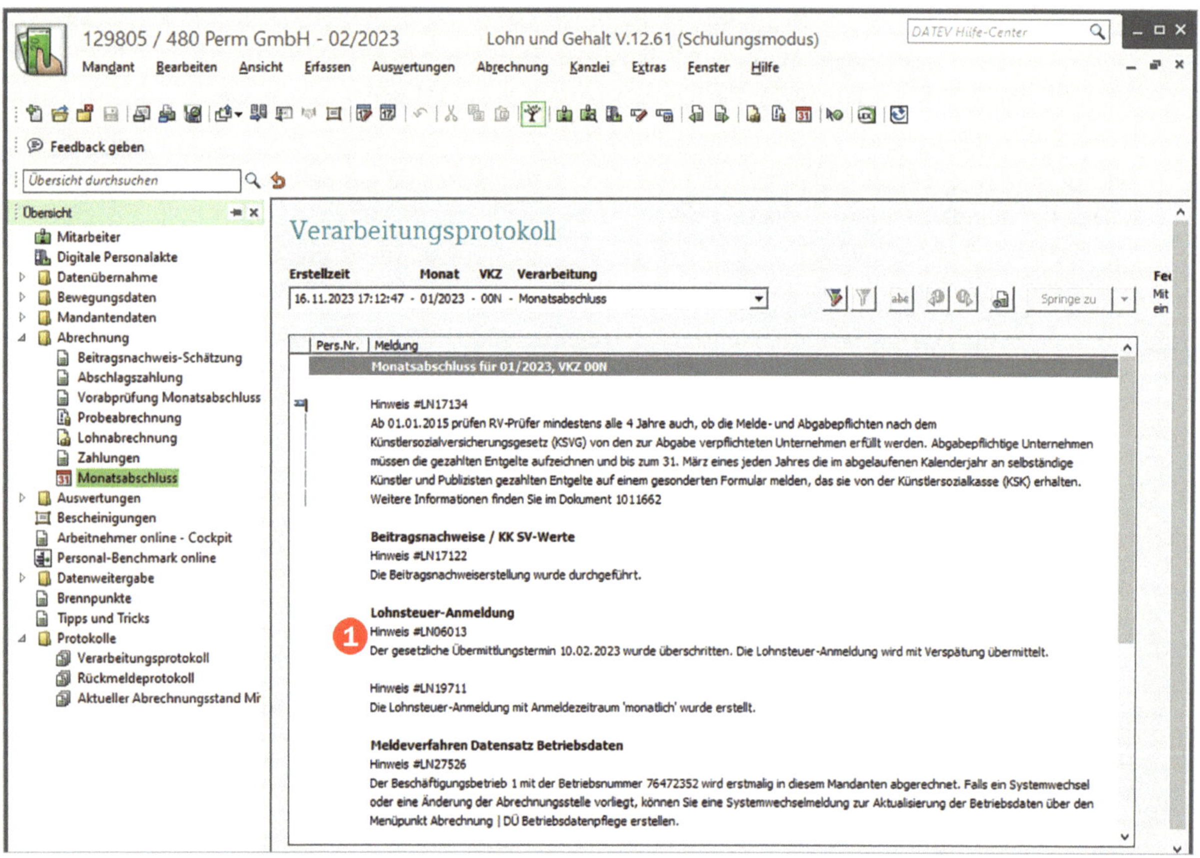

Bild 8.36 Monatsabschluss Januar: Verarbeitungsprotokoll

Aufgrund des Datums der Übung (16.11.2023) kann natürlich keine zeitgenaue Übermittlung erfolgen ❶.

Hinweis: Seit dem 01.01.2018 sind Unternehmen verpflichtet, mit einer gesonderten elektronischen Meldung am rvBEA-Verfahren (**B**escheinigungen **E**lektronisch **A**nnehmen) teilzunehmen. Die Registrierungsmeldung wird bei der Erstellung des Monatsabschlusses durch das Programm automatisch erstellt und kann anschließend an das DATEV Rechenzentrum gesendet werden.

Hierbei haben Arbeitgeber auf Verlangen die beitragspflichtigen Einnahmen für abgelaufene Zeiträume frühestens drei Monate vor Rentenbeginn „Rentenantragsverfahren" gesondert zu melden. Dies gilt ebenfalls bei einem Auskunftsersuchen des Familiengerichts in einem Versorgungsausgleichsverfahren.

Monatsabschluss zurücksetzen

(INFO - Bitte nicht durchführen!)

Info

Um einen Monatsabschluss zurückzusetzen, sind folgende Schritte notwendig:

1 Wählen Sie den Menüpunkt *Abrechnung* ▶ *Rücksetzen Monatsabschluss…*.

2 Der Monatsabschluss kann jetzt mit Klick auf die Schaltfläche *Ja* zurückgesetzt werden (Bild 8.37).

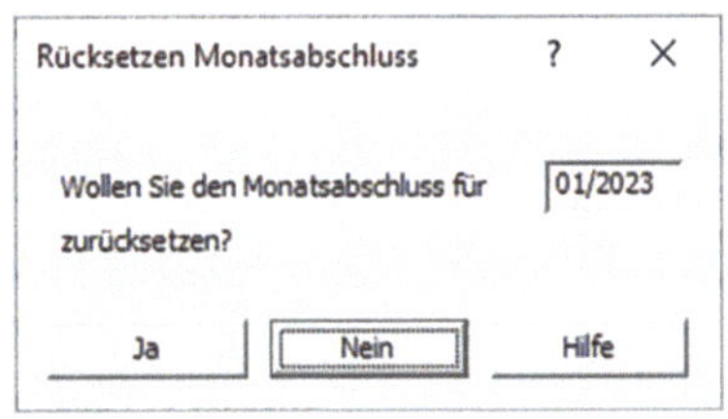

Bild 8.37 Monatsabschluss zurücksetzen

Achtung: Meldungen korrigieren! Nach dem Rücksetzen eines Monatsabschlusses müssen Sie ggf. Meldungen an Finanzämter und/oder Krankenkassen korrigieren.

DEÜV Daten simuliert an das DATEV Rechenzentrum senden

Das Programm DATEV Lohn und Gehalt comfort zeichnet sich dadurch aus, dass zumindest Meldungen (DEÜV) an die Krankenkassen und an die Finanzämter (Lohnsteueranmeldung) über das DATEV Rechenzentrum übertragen werden. In der Praxis sind dies oftmals auch die Mitarbeiterzahlungen und weitere. Diese Daten müssen online an das DATEV-Rechenzentrum übermittelt werden. Im Dialogfenster *Daten senden* auf Mandantenebene übermitteln Sie für den geöffneten Mandanten bereitgestellte Aufträge an das Programm RZ-Kommunikation. Von dort aus werden sie an das Rechenzentrum übertragen.

In unserem Übungsfall werden die Daten natürlich nicht tatsächlich an das DATEV-Rechenzentrum gesendet, sondern übungstechnisch simuliert. In der Praxis müssen sie selbstverständlich gesendet werden.

Achtung: Im Programm DATEV Lohn und Gehalt comfort muss die Simulation der Daten durchgeführt werden, damit im nächsten Monat der Monatsabschluss möglich ist. Um die Daten zu senden, gehen Sie wie folgt vor:

1 Wählen Sie den Menüpunkt *Mandant* ▶ *Daten senden…*

2 Im gleichnamigen Fenster (Bild 8.38) werden die Auftragsarten *Beitragsnachweis (Krankenkassen)* für die Sozialversicherungsträger, die *Lohnsteuer-Anmeldung*, *Arbeitnehmerstatistik (DATEV-Verrechnung)*. Um die Daten zu senden, klicken Sie auf die Schaltfläche *Senden*.

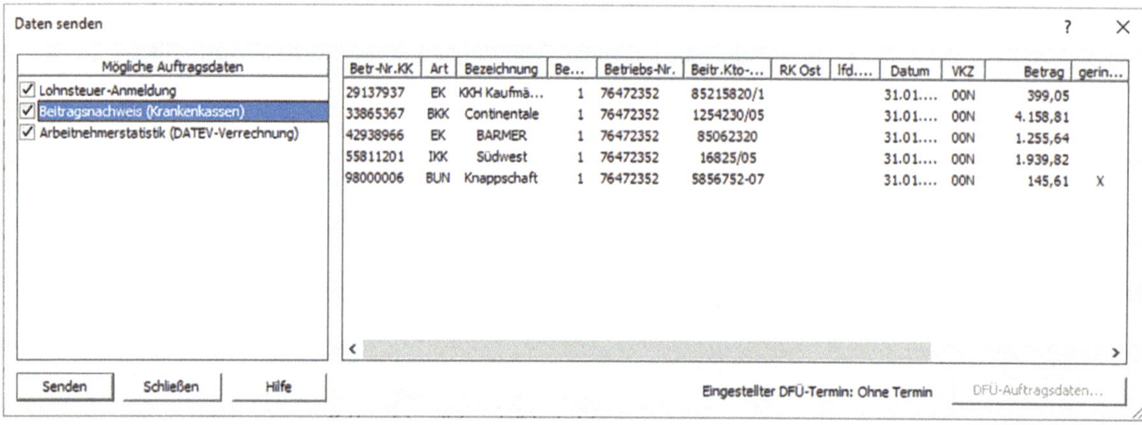

Bild 8.38 Daten senden

3 Sie erhalten anschließend einen wichtigen Hinweis auf den eingeschalteten Schulungsmodus, siehe Bild 8.39. Klicken Sie abschließend auf *Ja*, um den RZ-Auftrag als verarbeitet zu kennzeichnen.

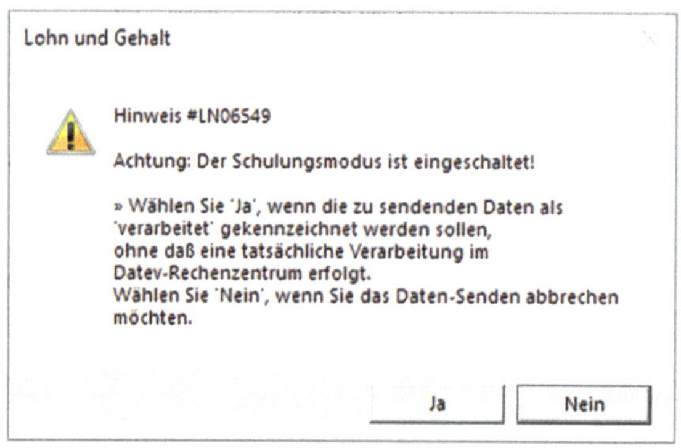

Bild 8.39 Hinweis Schulungsmodus

9 Lohn- und Gehaltsabrechnung Monat Februar

In diesem Kapitel wiederholen Sie, ...

- Bewegungsdaten des Monats zu erfassen,
- die Lohnabrechnung durchzuführen,
- den Monatsabschluss.

Damit das Erfassen der Bewegungsdaten eines Monats, die Lohnabrechnungen und der Monatsabschluss gefestigt werden, sollen diese Schritte in einer praktischen Übung anhand der Lohnabrechnung für den Monat Februar wiederholt werden.

Download

Die Lösungen zu den Übungen finden Sie im Lösungsbuch.

Die Lösungen zu den Aufgaben finden Sie im Lösungsbuch. Zudem stehen alle Musterlösungen zu den Lohn- und Gehaltsabrechnungen der Mitarbeiter im Monat Februar zum Download zur Verfügung, Ordner Kap09_02_Februar_2023.

9.1 Übung Bewegungsdaten erfassen

Ausgangssituation

Die Bewegungsdaten für den Monat Februar 2023 liegen Ihnen wie folgt vor:

- Herr Thomas Rumpenhorst, Aushilfe im Verkauf, Kostenstelle Verkauf hat im Februar 2023 insgesamt 32,0 Stunden gearbeitet.
- Frau Marion Wegmann, IT Systemelektronikerin, Kostenstelle Technik hat im Februar 2023 insgesamt 160,0 Stunden gearbeitet und 12 zusätzliche Überstunden geleistet.
- Herr Wolfgang Weber, IT Systemelektroniker, Kostenstelle Technik, hat im Februar 2023 insgesamt 160,0 Stunden gearbeitet und zusätzlich 9 Überstunden geleistet.
- Für alle anderen Mitarbeiter ergeben sich keine Änderungen und auch keine Bewegungsdaten für den Monat Februar.

Aufgabe 1

Erfassen Sie die Bewegungsdaten. Entweder über die Mandantenebene DATEV Lohn und Gehalt oder über die Mitarbeiterebene DATEV Lohn und Gehalt des jeweiligen Mitarbeiters.

Hinweis: Die Überstunden von den Mitarbeitern Wegmann und Weber sind über die Lohnart *1100 Überstundengrundvergütung* zu erfassen.

Aufgabe 2

Prüfen Sie in einer Probeabrechnung die Abrechnungen aller Mitarbeiter.

Notizen

9.2 Übung Lohnabrechnungen durchführen

Aufgabe 1

Sichern Sie den Mandanten Perm GmbH.

Aufgabe 2

Führen Sie die Lohnabrechnungen für alle Mitarbeiter durch.

Notizen

9.3 Übung Monatsabschluss durchführen

Aufgabe 1

Führen Sie den Monatsabschluss analog zur Vorgehensweise, wie im Kapitel 8.9 beschrieben, für den Monat Februar 2023 durch.

Aufgabe 2

Senden Sie die RZ-Aufträge über den Menüpunkt *Mandant* ▶ *Daten senden…*

Notizen

10 Lohn- und Gehaltsabrechnung Monat März

In diesem Kapitel erfahren Sie, ...

- welche Lohnarten für Überstunden und Überstundenzuschläge verwendet werden,
- wie die Überstundenberechnung bei Gehaltsempfängern durchgeführt wird,
- was man unter dem sogenannten Durchschnittsspeicher versteht,
- wie eine Wiederholungsabrechnung durchgeführt werden kann,
- wie Sie die Auswertung für die Lohnsteueranmeldung durchführen,
- wie die monatlichen Lohn- und Gehaltsabrechnungsbuchungen an die Finanzbuchhaltung übergeben werden.

Ausgangssituation
In einer Betriebsversammlung der Firma Perm GmbH am 24.02.2023 wurde über eine Neuregelung der Überstunden verhandelt. Mehrere Lohnempfänger sind mit der Überstundenregelung nicht einverstanden und möchten einen Überstundenzuschlag von 25 %.

In der Gesellschafterversammlung am selben Tag wurde beschlossen, dass alle Mitarbeiter eine Mehrvergütung von 25 % für geleistete Überstunden erhalten. Diese Regelung tritt ab 01.03.2023 in Kraft.

10.1 Überstunden und Überstundenzuschläge für Zeitlohnempfänger

Grundlagen

Für eine Abrechnung mit Überstunden benötigen Sie eine Reihe verschiedener Lohnarten, diese sind im Programm bereits integriert. Bei der Durchführung einer korrekten Lohnabrechnung muss je nach Entgeltempfänger, Zuschlagsart und Überstundenart mit der richtigen Lohnart abgerechnet werden.

Im sogenannten Lohnartenkern wird festgelegt, wie diese Lohnart sozialversicherungsrechtlich und steuerlich behandelt wird. Zusätzlich muss unterschieden werden, ob Beträge oder Stunden abgerechnet werden, dies wird durch den Faktorschlüssel angegeben. Eine Lohnveränderung wird beispielsweise durch einen Zuschlag ausgedrückt.

Die bisherigen Überstunden der Mitarbeiter Perm GmbH wurden über die Lohnart *1100 Überstundengrundvergütung* abgerechnet. Die Funktionsweise dieser Lohnart entnehmen Sie der folgenden Tabelle:

Nr.	Bezeichnung	Lohnartenkern	Faktorschlüssel	Steuer	Sozialversicherung
1100	Überstunden-grundvergütung	LFS01*	ST01**	lfd.	lfd.
	Eingabe:	Anzahl der abzurechnenden Stunden			
	Berechnung:	Multiplikation der eingegebenen Stunden mit dem Stundenlohn 1 aus den Mitarbeiter-Stammdaten			

* LFS01 = laufender Bezug Basis Stundenlohn 1
** ST01 = Stundenlohn 1

Berechnung der Überstundenzuschläge

Um Überstundenzuschläge von Lohnempfängern abzurechnen, gibt es folgende zwei Möglichkeiten:

Möglichkeit 1

Diese Möglichkeit verwendet die Standardlohnart *1100 Überstundenvergütung* und die Lohnart *12xx Überstundenzuschlag x %*. Die nachfolgende Tabelle listet die Standardlohnarten Überstundenzuschläge für Zeitlohnempfänger auf:

Nr.	Bezeichnung	Lohnarten-kern	Faktor-schlüssel	Steuer	Sozial-vers.	Lohnverände-rung in %
1200	Überstundenzuschlag 25 %	LFS01*	ST01**	lfd.	lfd.	LV 14 (25 %)
1201	Überstundenzuschlag 30 %	LFS01*	ST01**	lfd.	lfd.	LV 15 (30 %)
1202	Überstundenzuschlag 40 %	LFS01*	ST01**	lfd.	lfd.	LV 16 (40 %)
1203	Überstundenzuschlag 50 %	LFS01*	ST01**	lfd.	lfd.	LV 17 (50 %)
	Eingabe:	Anzahl der abzurechnenden Überstundenzuschläge				
	Berechnung:	Multiplikation der eingegebenen Stunden mit dem entsprechenden Prozentsatz aus dem Stundenlohn 1 der Mitarbeiter-Stammdaten				

* LFS01 = laufender Bezug Basis Stundenlohn 1
** ST01 = Stundenlohn 1

Beispiel: 10 Überstunden mit Überstundenzuschlag 40 % berechnen. Hierzu sind folgende Eingaben erforderlich:

Lohnart 1100, Überstundengrundvergütung 10 Stunden
Lohnart 1202, Überstundenzuschlag 40 % 10 Stunden

Möglichkeit 2

Eine weitere Möglichkeit ist die Überstundenberechnung inkl. Zuschlag mit der Lohnart *130x*. Die Funktionsweise:

Nr.	Bezeichnung	Lohnarten-kern	Faktorschlüs-sel	Durchschnitts-berechnung	Folgelohnart
1300	Überstundengrundvergütung + FLA* (25 %)	LFS01**	ST01***	DU01 Std./Betrag	1200
1301	Überstundengrundvergütung + FLA* (25 %)	LFS01**	ST01***	DU01 Std./Betrag	1200

Nr.	Bezeichnung	Lohnartenkern	Faktorschlüssel	Durchschnittsberechnung	Folgelohnart
	Eingabe:	Anzahl der abzurechnenden Überstunden			
	Berechnung:	Multiplikation der eingegebenen Stunden mit dem Stundenlohn 1 aus den Mitarbeiterstammdaten. Mit der Folgelohnart 1200 werden die Überstundenzuschläge automatisch abgerechnet.			

* FLA = Folgelohnart
** LFS01 = laufender Bezug Basis Stundenlohn 1
*** ST01 = Stundenlohn 1

Beispiel: 10 Überstunden mit Überstundenzuschlag 25 % berechnen, hierzu ist folgende Eingabe erforderlich:
Lohnart 1300 Überstundengrundvergütung + FLA(25 %) 10 Stunden.

Ausgangssituation
Frau Marion Wegmann, Abteilung Technik, hat im März 2023 regulär 181 Stunden gearbeitet und zusätzlich 12 Überstunden geleistet.

Die Daten sind in den Bewegungsdaten für März 2023 zu erfassen. So gehen Sie vor:

1 Öffnen Sie die Mitarbeiterin Marion Wegmann und klicken Sie auf das Symbol *Monatserfassung öffnen* in der Standardsymbolleiste.

2 Geben Sie die 181 regulären Stunden und die Kostenstelle 3000 - wie in Bild 10.1 zu sehen - ein.

Bild 10.1 Marion Wegmann: Reguläre Stunden

3 Zur Erfassung der Überstunden klicken Sie auf das Symbol *Neue Bewegungsdatenzeile*.

4 Klicken Sie in dieser neuen Zeile in der Spalte *LA* (Lohnart) auf das Symbol *Lohnart auswählen*, wählen Sie - wie Bild 10.2 - die Lohnart *1300 Überstd.grundverg. + FLA (25%)* aus und übernehmen Sie die Lohnart mit der Schaltfläche *OK*.

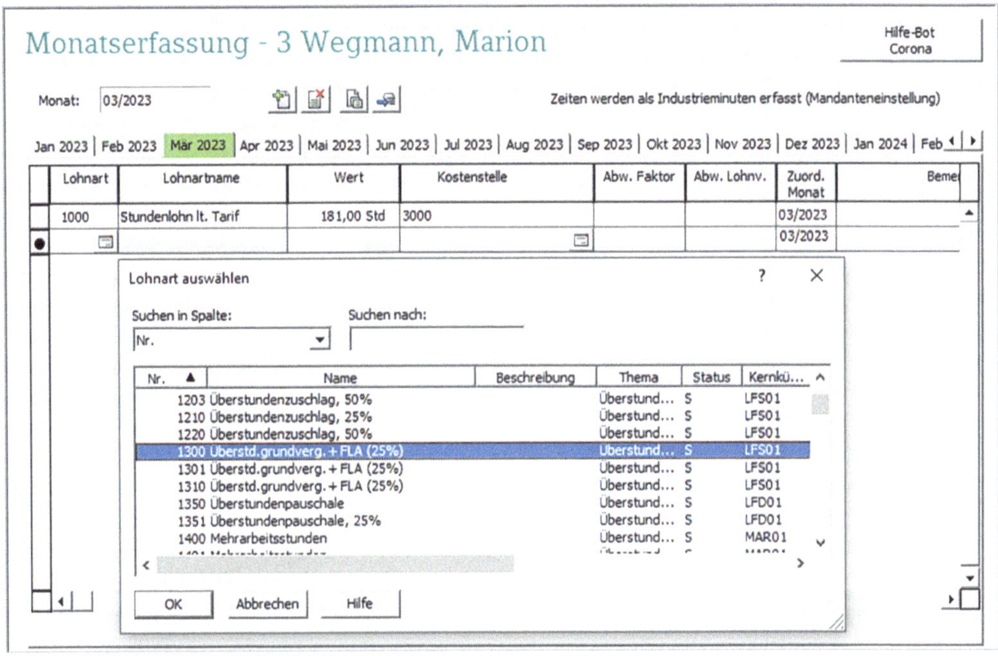

Bild 10.2 Lohnart 1300 auswählen

5 Im Feld *Wert* geben Sie die 12 Überstunden und im Feld *Kostenstelle* die Kostenstelle 3000 ein (Bild 10.3).

6 Die Bewegungsdaten von Frau Wegmann für den Monat März 2023 sind erfasst. Speichern Sie die Eingaben mit Klick auf das Symbol *Fensterinhalt speichern*.

Bild 10.3 Überstunden erfassen

7 Um die Lohnabrechnung von Frau Wegmann zu kontrollieren, klicken Sie auf das Symbol *Probeabrechnung durchführen*. Bestätigen Sie das nachfolgende Fenster *Probeabrechnung* über den Zeitraum 03/2023 mit *OK*.

Die Probeabrechnung erscheint am Bildschirm in der Seitenansicht (Bild 10.4).

Bild 10.4 Probeabrechnung Marion Wegmann, März 2023

8Z1 129805/ 480/00003
21.11.2023 Blatt 1

Abrechnung der Brutto/Netto-Bezüge für März 2023

Personal-Nr.	Geburtsdatum	St.Kl.	Faktor	K.Frbtr.	Konfession	Freibetrag jährl.	Freibetrag mtl.	DBA	Midijob	St.-Tg.
00003	25,11,83	1								30

SV-Nummer	Krankenkasse	KK %	PGRS	BGRS	Um.	SV-Tg.
58251183W653	IKK Südwest	16,25	101	1111	1	30

VJ Url. üb.	Url. Anspr.	Url. Tg. gen.	Resturlaub
1,00	29,00		30,00

Anw. Tage	Urlaub Tage	Krankh. Tg.	Fehlz. Tage

Anw. Std.	Urlaub Std.	Krankh. Std.	Fehlz. Std.

	Zeitlohn Std.	Überstd.	Bez. Std.
	181,00	12,00	193,00

Probeabrechnung

Eintritt	Austritt
01,03,06	

Steuer-ID	MFB
53410876827	

Pers.-Nr. 00003

Hinweise zur Abrechnung

Kst. 3000 Wöch.Arb.Zt. 40,00
Std.lohn 1 24,85

Marion Wegmann
Engerser Landstr. 218
56564 Neuwied

Brutto-Bezüge

Lohnart	Bezeichnung	Einheit	Menge	Faktor	Prozentsatz	St	SV	GB	Betrag
1000	Stundenlohn lt. Tarif	Std	181,00	24,85		L	L	J	4.497,85
1200	Überstundenzuschlag, 25% ❶	Std	12,00	24,85	25,00	L	L	J	74,55 ❷
1300	Überstd.grundverg.+ FLA (25%)	Std	12,00	24,85		L	L	J	298,20
3100	AG-Anteil VWL,lfd					L	L	J	10,00

**** Bitte denken Sie daran, dass Sie Ihre Urlaubsplanung
**** bis zum 31.03.2023 in der Personalabteilung abgeben
**** Robert Münchbacher

Gesamt-Brutto 4.880,60

Steuer/Sozialversicherung

St	Steuer-Brutto	Lohnsteuer	Kirchensteuer	Solidaritätszuschlag
L	4.880,60	829,33		

Steuerrechtliche Abzüge 829,33

SV	KV-Brutto	RV-Brutto	AV-Brutto	PV-Brutto	KV-Beitrag	RV-Beitrag	AV-Beitrag	PV-Beitrag
L	4.880,60	4.880,60	4.880,60	4.880,60	396,54	453,90	63,45 Z	91,51

SV-rechtliche Abzüge 1.005,40

Netto-Verdienst 3.045,87

Verdienstbescheinigung

Gesamt-Brutto	13.498,70	SV-Brutto	13.498,70
Steuer-Brutto	13.498,70	KV-Beitrag	1.096,75
Lohnsteuer	2.168,41	RV-Beitrag	1.255,38
Kirchensteuer		AV-Beitrag	175,48
Solidaritätszuschlag		PV-Beitrag	253,10
Steuerfreie Bezüge		VWL gesamt	108,00
P. verst. Zuk.sich.		Kug-Auszahlung	
Pfändung Rest			
Darlehen Rest			

Netto-Bezüge/Netto-Abzüge

Lohnart	Bezeichnung	Betrag
9840	VWL	36,00-

Bank VR Bank Rhein-Mosel -alt
Konto DE78 5746 0117 0075 0XXX XX

SV-AG-Anteil	Zus. AG-Kosten	Gesamtkosten
988,32		

Auszahlungsbetrag 3.009,87

DATEV

PROBEABRECHNUNG

❶ Die Lohnart *1200, Überstundenzuschlag 25 %* wird als Folgelohnart aus der Lohnart *1300 Überstd. grundverg. + FLA (25 %)* automatisch gebildet.

❷ Überstundenzuschlag für 12 Überstunden: 12,00 * 24,85 * 25 % = 74,55 EUR

8 Klicken Sie abschließend auf die Schaltfläche *Schließen*.

9 Sie erhalten anschließend das Verarbeitungsprotokoll. Schließen Sie das Verarbeitungsprotokoll mit Klick auf das Symbol *Schließen* rechts oben ×.

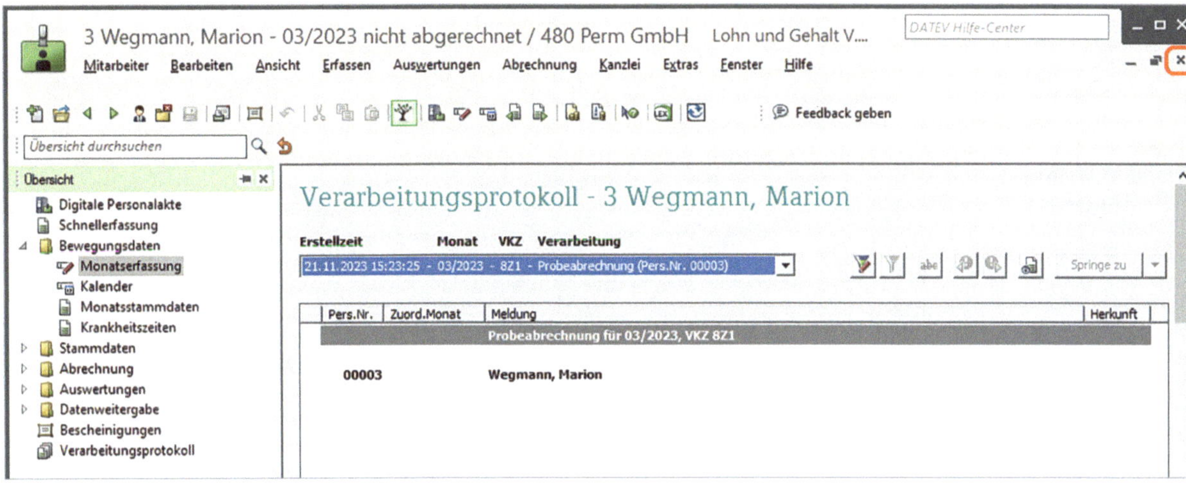

Bild 10.5 Das Verarbeitungsprotokoll

Alternative: Überstundenabrechnung nach Möglichkeit 1 (siehe Seite 249)

Natürlich können die Überstunden auch über die Lohnart *1100 Überstunden* und *1200 Überstundenzuschlag 25 %* erfasst werden. Allerdings müssen bei dieser Eingabemöglichkeit zwei Bewegungsdatenzeilen erfasst werden, nämlich die Lohnarten *1100 Überstundenvergütung* und *1200 Überstundenzuschlag, 25 %*, siehe Bild 10.6 unten.

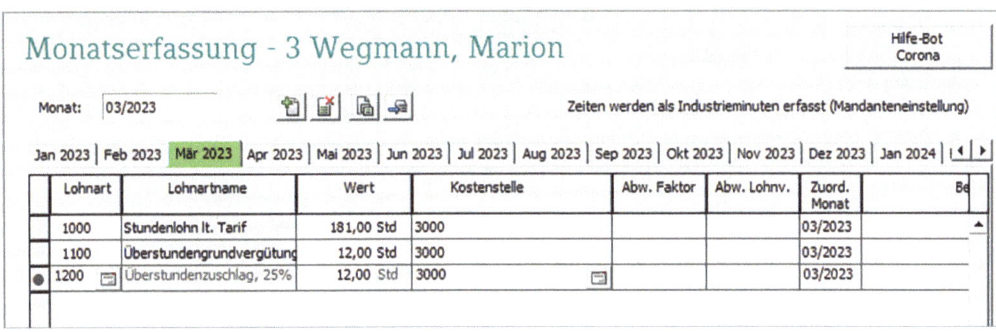

Bild 10.6 Überstunden über die Lohnarten 1100 und 1200 erfassen

In der Probeabrechnung in Bild 10.7 erhalten Sie dasselbe Ergebnis.

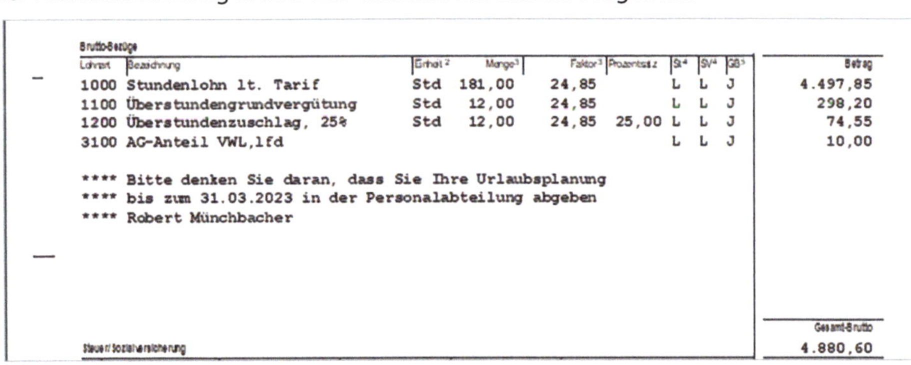

Brutto-Bezüge

Lohnart	Bezeichnung	Einheit	Menge	Faktor	Prozentsatz	St	SV	GB	Betrag
1000	Stundenlohn lt. Tarif	Std	181,00	24,85		L	L	J	4.497,85
1100	Überstundengrundvergütung	Std	12,00	24,85		L	L	J	298,20
1200	Überstundenzuschlag, 25%	Std	12,00	24,85	25,00	L	L	J	74,55
3100	AG-Anteil VWL,lfd					L	L	J	10,00

**** Bitte denken Sie daran, dass Sie Ihre Urlaubsplanung
**** bis zum 31.03.2023 in der Personalabteilung abgeben
**** Robert Münchbacher

Steuer/Sozialversicherung

Gesamt-Brutto 4.880,60

Bild 10.7 Ergebnis Probeabrechnung

Die Musterlösungen finden Sie im Lösungsbuch

Übung: Überstunden mit Überstundenzuschlag für Zeitlohnempfänger erfassen

Herr Wolfgang Weber, Kostenstelle Technik, legt Ihnen seine geleisteten Lohnstunden vom Monat März 2023 vor. Er hat im März regulär 181 Stunden gearbeitet und zusätzlich 11 Überstunden geleistet.

Aufgabe 1

Erfassen Sie über die Monatserfassung die Stunden von Herrn Weber für den Monat März.

Aufgabe 2

Testen Sie die Abrechnung über eine Probeabrechnung.

10.2 Überstundenvergütung Gehaltsempfänger

Ausgangssituation

Die Regelung für Überstunden und Überstundenzuschläge gilt auch für Gehaltsempfänger. Sie gilt allerdings nicht für geringfügig Beschäftigte und Auszubildende. Die Gesellschafterversammlung hat am 24.02.2023 diese Personengruppen von der Regelung ausgeschlossen.

Grundlagen der Berechnung

Für die Überstundenvergütung steht Ihnen in DATEV Lohn und Gehalt comfort zunächst die Lohnart *1110 Überstundengrundvergütung* zur Verfügung:

Nr.	Bezeichnung	Lohnartenkern	Faktorschlüssel	Steuer	Sozialvers.
1110	Überstundengrundvergütung	LFS01*	DU03**	lfd.	lfd.
	Eingabe:	Anzahl der abzurechnenden Stunden			
	Berechnung:	Multiplikation der eingegebenen Stunden mit dem Durchschnitt 3 (DU03). Der Durchschnitt 3 (DU03) berechnet sich wie folgt: Betrag in DU03 des lfd. Monats / Stunden in DU03 des lfd. Monats			

* LFS01 = laufender Bezug
** DU03 = Durchschnitt 3

Beispiel: Frau Müller erhält ein monatliches Grundgehalt von 2.850,00 EUR. Die regelmäßigen wöchentlichen Arbeitsstunden von Frau Müller betragen 40 Stunden. Der Durchschnittswert 3 für den Stundenlohn errechnet sich nach folgender Formel:

Wöchentliche Arbeitszeit * 13 Wochen / 3 Monate
40 Stunden * 13 Wochen / 3 Monate = 173,33 Stunden
Grundgehalt 2.850,00 EUR / 173,33 Stunden = 16,44 EUR

Der Stundenlohn pro geleistete Überstunde beträgt also 16,44 EUR für Sabine Müller. 16,44 EUR ist der Durchschnittswert 3 (DU03) von Frau Müller.

Der Durchschnittsspeicher

Damit die Überstunden für Gehaltsempfänger und Empfänger fester Bezüge abgerechnet werden können, muss zunächst der Durchschnitt bzw. Durchschnittsspeicher definiert werden. Da bei Empfängern fester Bezüge standardmäßig nur Beträge im Durchschnittsspeicher herangezogen werden, müssen zur Ermittlung eines Durchschnittsfaktors Stunden diese im Speicher 3 festgelegt werden. Um gleichbleibende Werte im Durchschnittsspeicher festzulegen, gehen Sie so vor:

1 **Hinweis**: Der Durchschnittsspeicher kann nur auf Mandantenebene definiert werden. Schließen Sie daher zuvor die Mitarbeiterebene, indem Sie den Menüpunkt *Mitarbeiter Beenden* wählen.

2 Wählen Sie den Menüpunkt *Erfassen* ▶ *Mandantendaten* ▶ *Durchschnitte* ▶ *Gleich bleibende Werte* oder öffnen Sie in der Übersicht den Ordner *Durchschnitt* und klicken anschließend doppelt auf den Eintrag *Gleich bleibende Werte*.

Die Einstellungen für den Durchschnittspeicher werden angezeigt (Bild 10.8). Hier kann jetzt der oben beschriebene Durchschnitt 3 definiert werden.

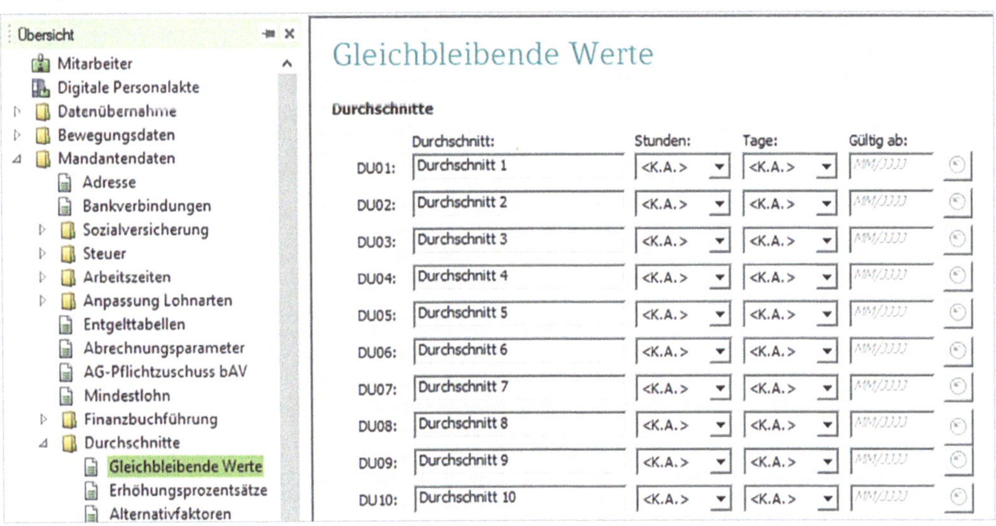

Bild 10.8 Gleichbleibende Werte

3 Klicken Sie in der Zeile 3 (*DU03*) auf den Dropdown-Pfeil des Feldes *Stunden* und wählen Sie *regAZ, Regelm. monatl. Arbeitsstunden (wöchentlich Az*13/3)* aus (Bild 10.9). *03/2023* im Feld *Gültig ab* wird automatisch eingetragen.

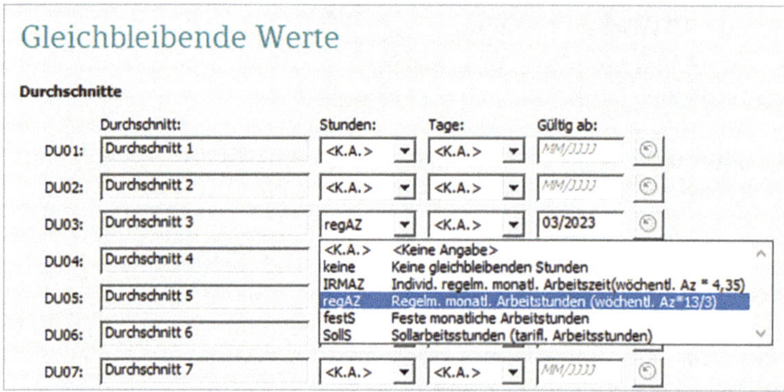

Bild 10.9 Formel für Berechnung Durchschnitt 3 auswählen

4 Damit ist der Durchschnittsspeicher 3 definiert. Speichern Sie die Einstellung, indem Sie auf das Symbol *Fensterinhalt speichern* klicken.

Hinweise

- Die ausgewählte Berechnungsmethode *regAZ, Regelmäßige monatliche Arbeitsstunden (wöchentl. Arbeitszeit*13 Wochen/3 Monate)* verwendet die regelmäßige wöchentliche Arbeitszeit aus den hinterlegten Mandantendaten, siehe Bild 10.10.

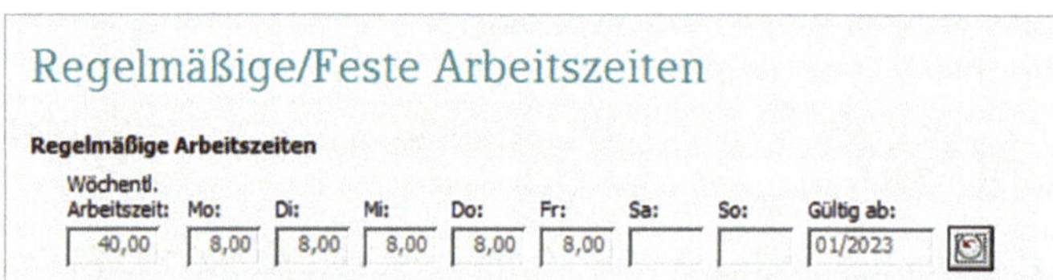

Bild 10.10 Mandantendaten: Regelmäßige wöchentl. Arbeitszeit

- Wenn für einen Mitarbeiter abweichende wöchentliche Arbeitszeiten vorliegen, werden diese vorrangig behandelt. Als Beispiel die regelmäßigen wöchentlichen Arbeitszeiten von Herrn Walther Vogel auf Mitarbeiterebene (Bild 10.11).

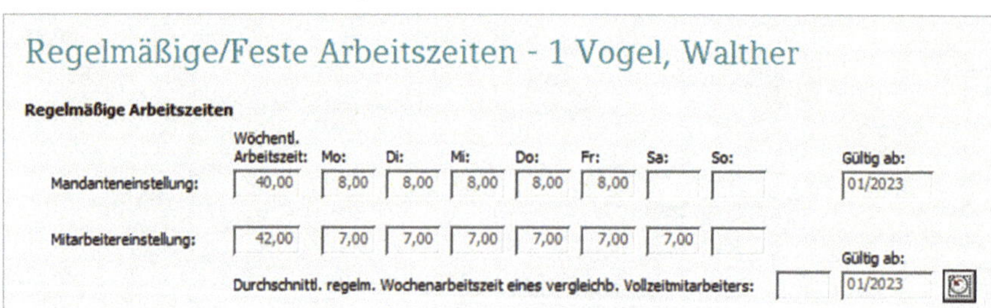

Bild 10.11 Abweichende Arbeitszeiten auf Mitarbeiterebene

- Bei der Durchschnittsberechnung können die Einträge *festS* (feste monatliche Arbeitsstunden) und *SollS* (Soll-Arbeitsstunden), siehe Bild 10.9, nur dann gewählt werden, wenn die entsprechenden Mandanten- bzw. Mitarbeiter-Stammdaten in den Ordnern *Arbeitszeiten* erfasst wurden.

Überstunden und -zuschläge bei Gehaltsempfängern erfassen

Ausgangssituation
Frau Sabine Müller, Kostenstelle Verwaltung, legt Ihnen ihre Überstunden vom Monat März 2023 vor. Sie hat in diesem Monat zusätzlich 7 Überstunden geleistet.

Um die Überstunden und die Überstundenzuschläge für die Mitarbeiterin zu erfassen, gehen Sie - wie nachfolgend dargestellt - vor:

1 Öffnen Sie die Mitarbeiterin Frau Sabine Müller und klicken Sie auf das Symbol *Monatserfassung öffnen* in der Standardsymbolleiste.

2 Klicken Sie in der Spalte *LA* auf das Symbol *Lohnart auswählen* und wählen Sie die Lohnart *1110 Überstundengrundvergütung* aus (Bild 10.12). Übernehmen Sie die Lohnart mit der Schaltfläche *OK*.

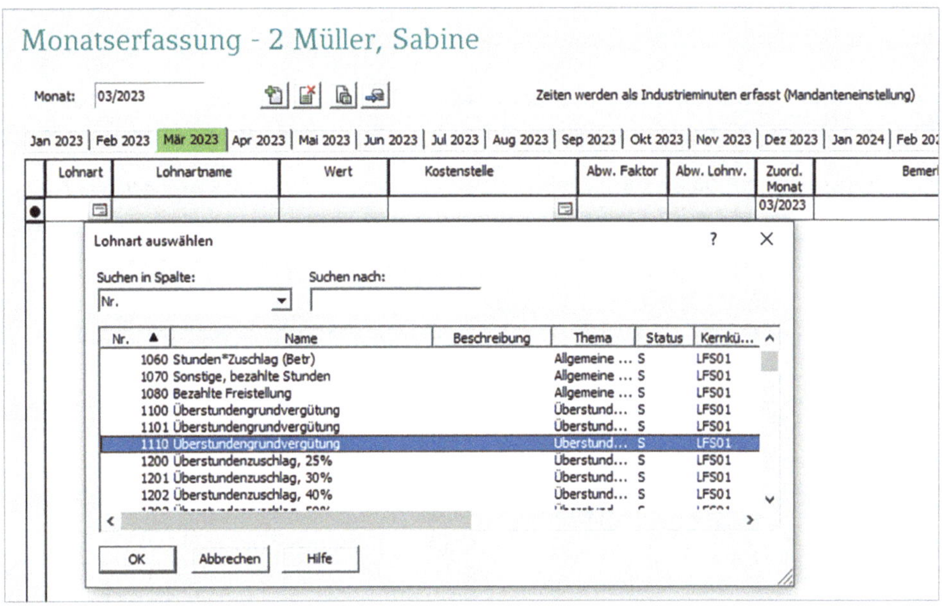

Bild 10.12 Lohnart 1110 auswählen

3 Geben Sie im Feld *Wert* die 7 Überstunden und im Feld *Kostenstelle* die Kostenstelle 2000 Verwaltung ein. Damit sind die Überstunden erfasst.

Bild 10.13 Überstunden, Lohnart 1110 erfassen

4 Laut Betriebsvereinbarung erhält Frau Müller zusätzlich einen Überstundenzuschlag von 25 %. Der Überstundenzuschlag ist über die Lohnart *1210 Überstundenzuschlag 25 %* zu erfassen. Die Berechnung erfolgt ebenfalls anhand des Durchschnittswerts 3.

Nr.	Bezeichnung	Lohnarten-kern	Faktorschl.	Steuer	Sozial-vers.	Lohnverände-rung in %
1210	Überstundenzuschlag 25 %	LFS01*	DU03**	lfd	lfd	LV 14 (25 %)
1220	Überstundenzuschlag 50 %	LFS01*	DU03**	lfd	lfd	LV 17 (50 %)
	Eingabe	Anzahl der abzurechnenden Überstundenzuschläge				
	Funktion	Multiplikation der eingegebenen Stunden mit dem Durchschnittswert 3 und mit der jeweiligen Lohnveränderung				

* LFS01 = laufender Bezug
** DU03 = Durchschnittswert 3

Beispiel: 7 Überstunden mit Überstundenzuschlag 25 % abrechnen, Lohnart 1210: Überstundenzuschlag 25 % = Durchschnittswert 3*7 Stunden*Lohnveränderung 25 %.

5 Klicken Sie auf das Symbol *neue Bewegungsdatenzeile*. Klicken Sie in der neuen Zeile in der Spalte *LA* auf das Symbol *Lohnart auswählen* und wählen Sie die Lohnart *1210 Überstundenzuschlag, 25%* aus. Übernehmen Sie die Lohnart mit der Schaltfläche *OK*.

6 Geben Sie in der Spalte *Wert* die 7 Überstunden und im Feld *Kostenstelle* die Kostenstelle 2000, Verwaltung ein. Damit sind die geleistete Mehrarbeit von Frau Müller (7 Stunden) und der Überstundenzuschlag von 25 % erfasst (Bild 10.14).

Bild 10.14 Überstunden und Zuschlag wurden erfasst

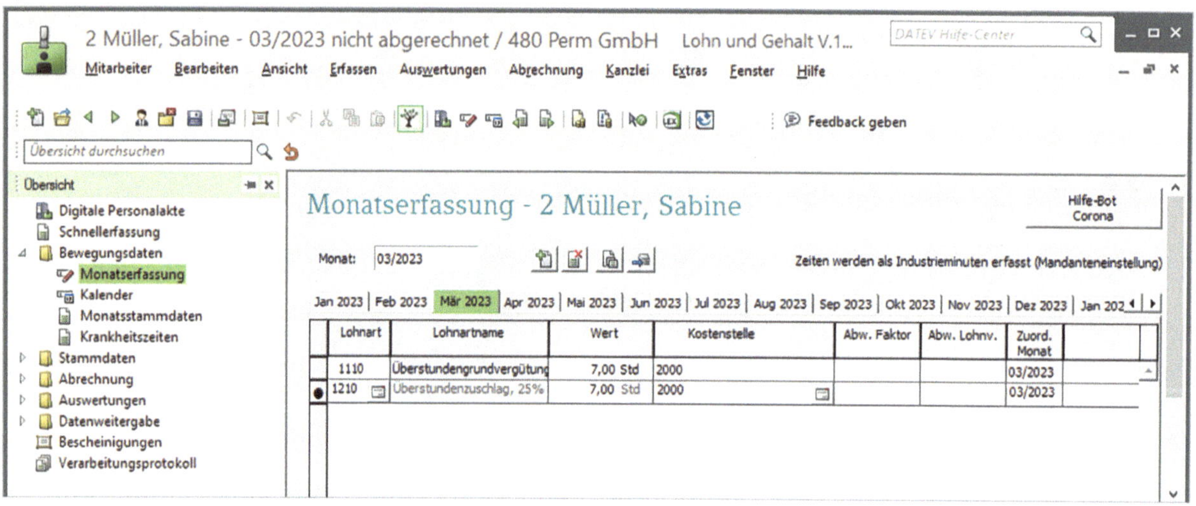

7 Klicken Sie auf das Symbol *Probeabrechnung durchführen* und bestätigen Sie das nachfolgende Fenster *Probeabrechnung* mit *OK*.

Die Probeabrechnung für Sabine Müller und den Abrechnungsmonat März 2023 wird in der Seitenansicht angezeigt. Das Programm berechnet die Überstunden automatisch mit dem Durchschnittswert 3 in Höhe von 16,44 EUR.

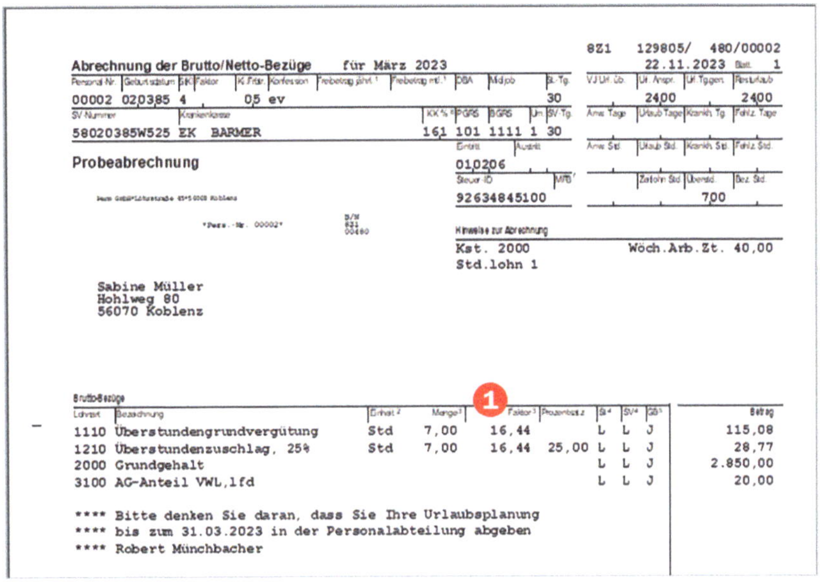
Abrechnung der Brutto/Netto-Bezüge für März 2023

8Z1 129805/ 480/00002

22.11.2023 Blatt 1

00002 020385 4 05 ev 30 2400 2400

58020385W525 EK BARMER 161 101 1111 1 30

Probeabrechnung

010206

92634845100 700

Kst. 2000 Wöch.Arb.Zt. 40,00

Std.lohn 1

Sabine Müller
Hohlweg 80
56070 Koblenz

Brutto-Bezüge

Lohnart	Bezeichnung	Einheit	Menge	Faktor	Prozentsatz	St	SV	GB	Betrag
1110	Überstundengrundvergütung	Std	7,00	16,44		L	L	J	115,08
1210	Überstundenzuschlag, 25%	Std	7,00	16,44	25,00	L	L	J	28,77
2000	Grundgehalt					L	L	J	2.850,00
3100	AG-Anteil VWL,lfd					L	L	J	20,00

**** Bitte denken Sie daran, dass Sie Ihre Urlaubsplanung
**** bis zum 31.03.2023 in der Personalabteilung abgeben
**** Robert Münchbacher

Bild 10.15 Probeabrechnung Sabine Müller, März 2023

Download

Probeabrechnung_Sabine_Mueller_Maerz_2023.pdf

Ordner: Kap10_03_Maerz_2023

❶ Berechnung:
40 Stunden * 13 Wochen / 3 Monate = 173,33 Stunden
Grundgehalt 2.850,00 EUR / 173,33 Stunden = gerundet 16,44 EUR

8 Schließen Sie zuletzt die Seitenansicht, das Verarbeitungsprotokoll und das Fenster *Monatserfassung*.

Hinweis

Die Eingabe in der Lohndatenerfassung kann auch in einer einzigen Erfassungszeile über die Lohnart *1310 Überstundengrundvergütung + FLA* (25 %)* erfolgen. Die Berechnung erfolgt ebenfalls mit dem Durchschnittslohnsatz 3 in Höhe von 16,44 EUR. Hierbei wird die Folgelohnart *1210 Überstundenzuschlag, 25 %* automatisch mit gebildet. Die Eingabe muss bei dieser Lohnart wie in Bild 10.16 erfolgen:

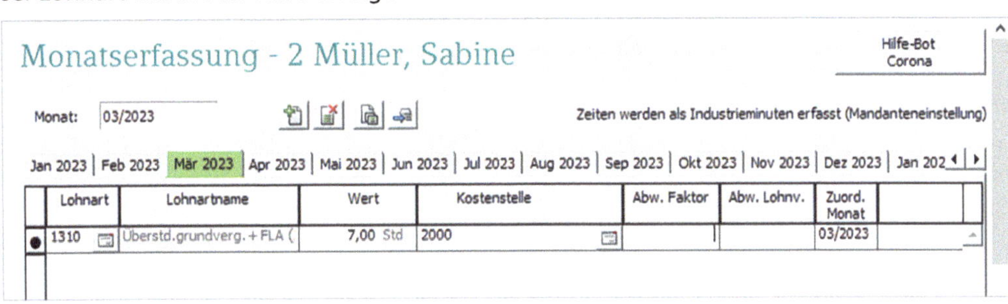

Bild 10.16 Lohnart 1310 erfassen

* FLA = Abkürzung für Folgelohnart

In der Probeabrechnung erhalten Sie dasselbe Ergebnis. Der Vorteil besteht darin, dass nur eine Bewegungsdatenzeile erfasst werden muss. Als Beispiel die Probeabrechnung mit Lohnart *1310 Überstundengrundvergütung + FLA 1210 Überstundenzuschlag 25 %* für Sabine Müller in Bild 10.17.

Bild 10.17 Probeabrechnung mit Lohnart 1310

Brutto-Bezüge

Lohnart	Bezeichnung	Einheit [2]	Menge [3]	Faktor [3]	Prozentsatz	St [4]	SV [4]	GB [5]	Betrag
1210	Überstundenzuschlag, 25%	Std	7,00	16,44	25,00	L	L	J	28,77
1310	Überstd.grundverg.+ FLA (25%)	Std	7,00	16,44		L	L	J	115,08
2000	Grundgehalt					L	L	J	2.850,00
3100	AG-Anteil VWL,lfd					L	L	J	20,00

Die Lösungen zur Aufgabe 1 und Aufgabe 2 (Lohnabrechnung durchführen) finden Sie im Lösungsbuch.

Übung: Überstunden mit Zuschlägen bei Gehaltempfängern erfassen

Herr Walther Vogel, Kostenstelle Verwaltung, legt Ihnen seine Überstunden vom Monat März 2023 vor. Er hat in diesem Monat zusätzlich 10 Überstunden geleistet.

Aufgabe 1

Erfassen Sie über die Mitarbeiter-Monatserfassung die Überstunden.

Aufgabe 2

Testen Sie die Abrechnung über eine Probeabrechnung.

Wiederholungsübungen

Aufgabe 1

Herr Thomas Rumpenhorst, Kostenstelle Verkauf, hat 36,0 Aushilfsstunden im Monat März 2023 geleistet.

Erfassen Sie die Bewegungsdaten von Herrn Rumpenhorst.

Aufgabe 2

Sichern Sie den Mandanten Perm GmbH und führen Sie die Lohnabrechnungen aller Mitarbeiter für den Monat März 2023 durch.

Download

Die Musterlösungen mit den vorläufigen Mitarbeiterabrechnungen für den Monat März finden Sie im PDF-Format zum Download.
Ordner: Kap10_03_Maerz_2023

10.3 Wiederholungsabrechnungen durchführen

Ausgangssituation

- Nach Prüfung der Lohn- und Gehaltsabrechnungen hat sich herausgestellt, dass bei Frau Marion Wegmann zu wenig Überstunden abgerechnet wurden: Im März wurden insgesamt 12 Überstunden abgerechnet. Tatsächlich hat Sie aber - laut nachgewiesener Stunden - 15 Überstunden zusätzlich geleistet.
- Außerdem bemängelt Herr Walther Vogel, dass er für eine Dienstreise nach Siegen keinen Verpflegungszuschuss erhalten habe. Nach Prüfung des Sachverhalts stellt sich heraus, dass Herr Vogel am 17.03.2023 eine Dienstreise zu einem Kunden durchgeführt hat.

  Verpflegungszuschuss: 14,60 EUR

Da die Korrekturen nur einzelne Mitarbeiter der Firma Perm GmbH betreffen, ist es unnötig, die Monatsabrechnung von allen Mitarbeitern zu löschen. In diesem Fall kann eine Wiederholungsabrechnung durchgeführt werden. Die Wiederholungsabrechnung kann auf der Mitarbeiterebene durchgeführt und überprüft werden. Auf der Mandantenebene ist dies über die Auswahl der einzelnen Mitarbeiter ebenfalls möglich.

So gehen Sie vor, um die korrekten Überstunden von Frau Wegmann zu erfassen:

1 Öffnen Sie die Mitarbeiterin Frau Marion Wegmann.

2 Wählen Sie den Menüpunkt *Erfassen* ▶ *Bewegungsdaten* ▶ *Monatserfassung* oder öffnen Sie in der Übersicht den Ordner *Bewegungsdaten* und klicken dann doppelt auf den Eintrag *Monatserfassung* oder Sie klicken auf das Symbol *Monatserfassung öffnen*.

Bild 10.18 Marion Wegmann: Monatserfassung

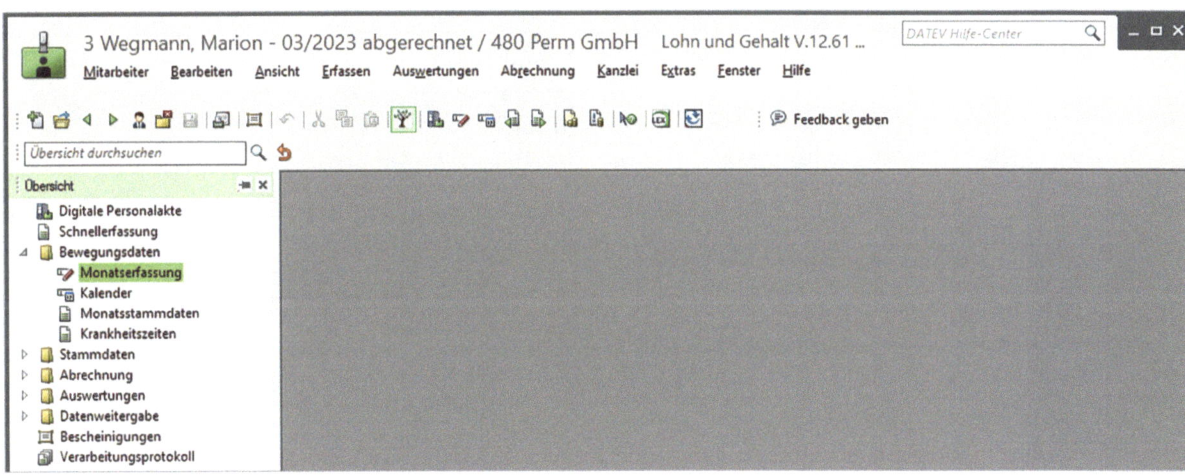

3 Die bisher erfassten Bewegungsdaten von Frau Wegmann für den Monat März 2023 werden angezeigt. Ändern Sie bei der Lohnart *1100* und *1200* in der Spalte *Wert* die Stundenanzahl von 12 auf 15 Stunden (Bild 10.19).

Jan 2023 | Feb 2023 | Mär 2023 | Apr 2023 | Mai 2023 | Jun 2023 | Jul 2023 | Aug 2023 | Sep 2023 | Okt 2023 | Nov 2023 | Dez 2023 | Jan 2024 | Feb 2024 | Mär 2024 |

Lohnart	Lohnartname	Wert	Kostenstelle	Abw. Faktor	Abw. Lohnv.	Zuord. Monat	Bemerkung
1000	Stundenlohn lt. Tarif	181,00 Std	3000			03/2023	
1100	Überstundengrundvergütung	12,00 Std	3000			03/2023	
1200	Überstundenzuschlag, 25%	12,00 Std	3000			03/2023	

Jan 2023 | Feb 2023 | Mär 2023 | Apr 2023 | Mai 2023 | Jun 2023 | Jul 2023 | Aug 2023 | Sep 2023 | Okt 2023 | Nov 2023 | Dez 2023 | Jan 2024 | Feb 2024 | Mär 2024 |

Lohnart	Lohnartname	Wert	Kostenstelle	Abw. Faktor	Abw. Lohnv.	Zuord. Monat	Bemerkung
1000	Stundenlohn lt. Tarif	181,00 Std	3000			03/2023	
1100	Überstundengrundvergütung	15,00 Std	3000			03/2023	
1200	Überstundenzuschlag, 25%	15,00 Std	3000			03/2023	

Bild 10.19 Neue Stundenanzahl eingeben

!

Da nur die Abrechnung von Frau Wegmann korrigiert werden soll, reicht es aus, wenn nur für sie eine neue Abrechnung erstellt wird. Bei der Änderung bzw. der neuen Abrechnung wird die vorangegangene Lohnabrechnung komplett überschrieben. Achtung: Eine Probeabrechnung ist in einer Wiederholungsabrechnung nicht möglich.

4 Wählen Sie jetzt den Menüpunkt *Abrechnung* ▶ *Lohnabrechnung* oder klicken Sie auf das Symbol *Lohnabrechnung durchführen*.

5 Das Dialogfenster *Lohnabrechnung* wird geöffnet, klicken Sie auf *OK*.

6 Sie erhalten einen Hinweis, dass bereits eine Abrechnung für den Monat erstellt wurde. Bestätigen Sie mit Klick auf die Schaltfläche *Ja* (Bild 10.20).

7 Die anschließende Frage, ob ein Differenzzahlungsträger erstellt werden soll, bestätigen Sie ebenfalls mit *Ja*.

Bild 10.20 Wiederholungsabrechnung durchführen

Bild 10.21 Differenzzahlungsträger erstellen?

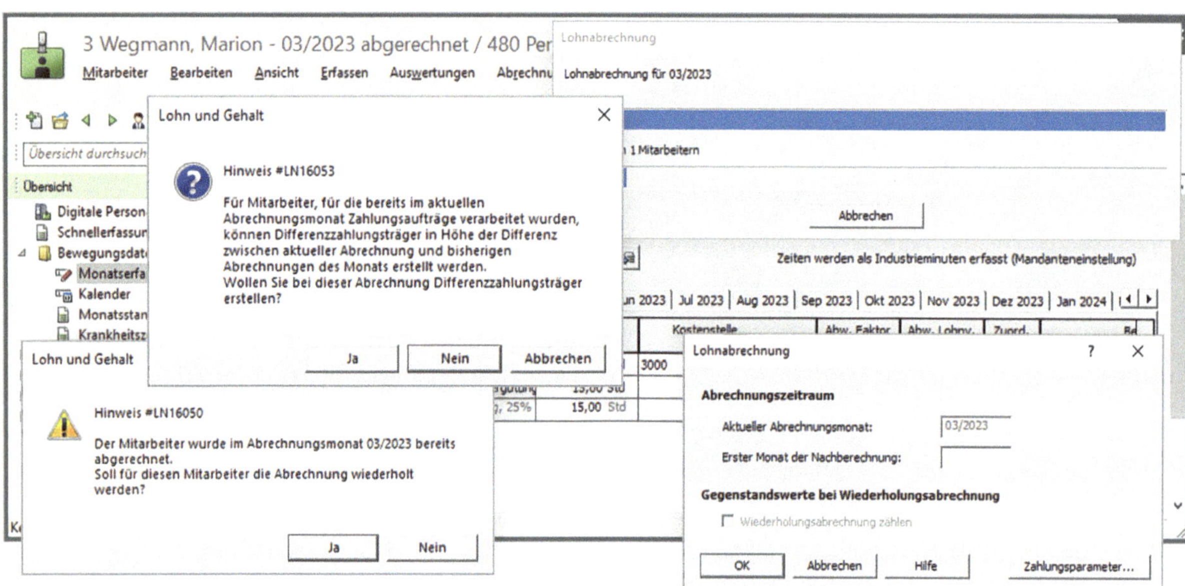

Das Verarbeitungsprotokoll wird angezeigt.

8 Um die geänderte Abrechnung einzusehen, klicken Sie auf den Befehl *Auswertungen* ▶ *Mitarbeiterauswertungen…*. Wählen Sie das Formular *Brutto/Netto* aus und klicken Sie auf die Schaltfläche *Anzeigen*.

Die Lohnabrechnung von Marion Wegmann für den Monat März 2023 mit den geänderten Stunden wird in der Seitenansicht angezeigt (Bild 10.22).

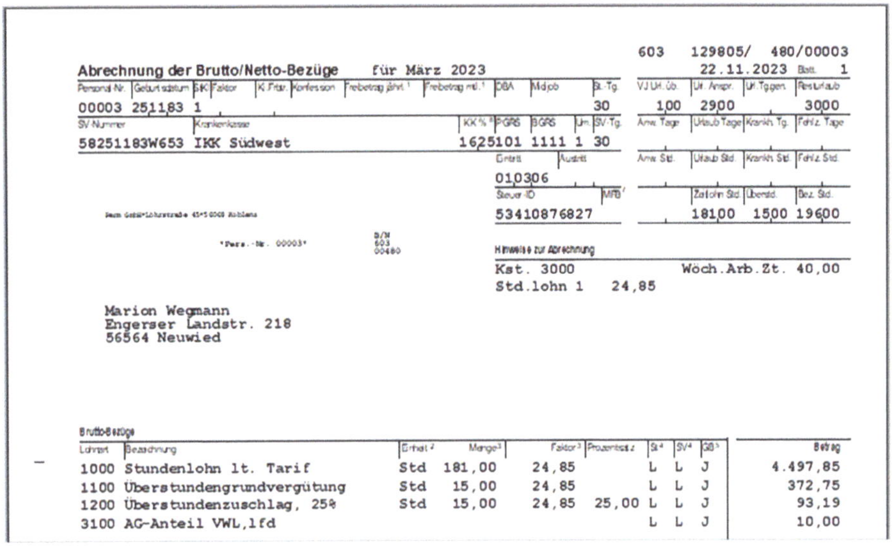

Lohnart	Bezeichnung	Einheit	Menge	Faktor	Prozentsatz	St	SV	GB	Betrag
1000	Stundenlohn lt. Tarif	Std	181,00	24,85		L	L	J	4.497,85
1100	Überstundengrundvergütung	Std	15,00	24,85		L	L	J	372,75
1200	Überstundenzuschlag, 25%	Std	15,00	24,85	25,00	L	L	J	93,19
3100	AG-Anteil VWL,lfd					L	L	J	10,00

Bild 10.22 Die geänderte Lohnabrechnung

9 Schließen Sie anschließend die Seitenansicht, das Fenster *Mitarbeiterauswertungen* und die Monatserfassung. Schließen Sie anschließend die Mitarbeiterebene, indem Sie auf den Menüpunkt *Mitarbeiter* ▶ *Beenden* klicken.

Zahlungsträger erstellen

Achtung: Zu jeder Abrechnung soll immer nur ein einziger Zahlungsträger erstellt werden. Um zu vermeiden, dass der Arbeitnehmer eine Doppelzahlung erhält, muss die Zahlungsträgererstellung abgekoppelt werden. Auch wenn eine zeitversetzte einzelne Lohnabrechnung bzw. Wiederholungsabrechnung durchgeführt wird, muss dies geprüft werden.

!

1 Damit nur ein Zahlungsträger erstellt wird, wählen Sie den Menüpunkt *Extras* ▶ *Einstellungen* auf der Mandantenebene.

2 Deaktivieren Sie im Register *Zahlungsverkehr* das Kontrollkästchen *Zahlungsträger für Mitarbeiter automatisch mit Monatsabschluss erzeugen* (Bild 10.23) und übernehmen Sie die Einstellung mit *OK*.

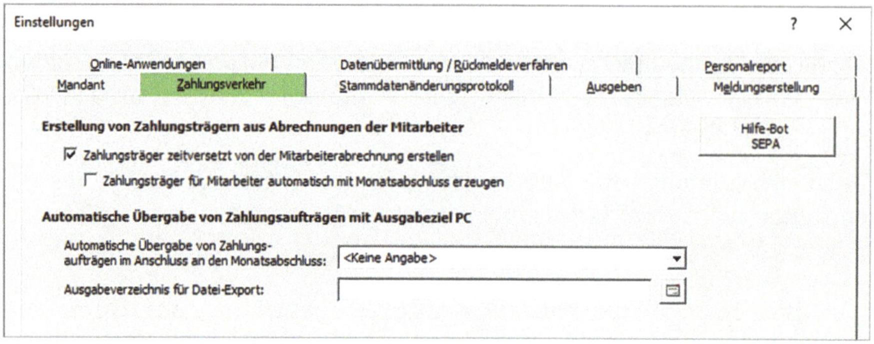

Bild 10.23 Zahlungsträger zeitversetzt erstellen

Übung: Wiederholungsabrechnung durchführen

Die Lösungen finden Sie im Lösungsbuch.

Aufgabe 1

Öffnen Sie den Mitarbeiter Walther Vogel und erfassen Sie in den Bewegungsdaten für den Monat März den Verpflegungszuschuss für die nicht erfasste Dienstreise:

Lohnart:	Verpflegungszuschuss pauschale Steuern Arbeitgeber
Kostenstelle:	2000 Verwaltung
Betrag:	14,60 EUR

Aufgabe 2

Führen Sie die Gehaltsabrechnung für Herrn Walther Vogel durch.

Wiederholungsübung: Monatsabschluss und offene RZ-Aufträge senden

Die Lösungen zu den Aufgaben 2 und 3 finden Sie im Lösungsbuch.

Aufgabe 1

Sichern Sie den Mandanten Perm GmbH.

Aufgabe 2

Schließen Sie den Monat März 2023 ab, den Hinweis auf die Zahlungsaufträge bestätigen Sie mit *Ja*.

Aufgabe 3

Senden Sie über das Menü *Daten senden* die offenen RZ-Aufträge.

Download

Die Musterlösungen mit den endgültigen Lohn- und Gehaltsabrechnungen für den Monat März 2023, den Lohnkonten und den Monatsauswertungen finden Sie zum Download im Ordner Kap10_03_Maerz_2023.

10.4 Auswertung Lohnsteueranmeldung

Die Lohnsteueranmeldung dient zur Meldung von Lohnsteuer, Kirchensteuer und Solidaritätszuschlag an das Finanzamt. Sie muss in der Praxis online an das Finanzamt übermittelt werden. In DATEV Lohn und Gehalt comfort übernimmt diese Aufgabe das DATEV-RZ. Bei anderen Programmen wird hierzu das Programm Elster benutzt.

Die Lohnsteueranmeldung muss monatlich (in Ausnahmefälle auch vierteljährlich oder jährlich) an das Finanzamt übermittelt werden. Die Daten der Lohnsteueranmeldung sind natürlich zu überprüfen. Um die Lohnsteueranmeldung unseres Mandanten Perm GmbH für den Monat März zu prüfen, gehen Sie wie folgt vor:

DÜ=Datenübermittlung

1 Klicken Sie auf den Befehl *Mandant* ▶ *Ausgeben…*.

2 Wählen Sie - wie in Bild 10.24 - *DÜ Protok. Lst.-Anm. 03/2023* aus.

Achtung: Das Häkchen *Nur aktuelle Auswertungen* muss deaktiviert werden ❶, damit die Auswertungen für den Monat März 2023 angezeigt werden können.

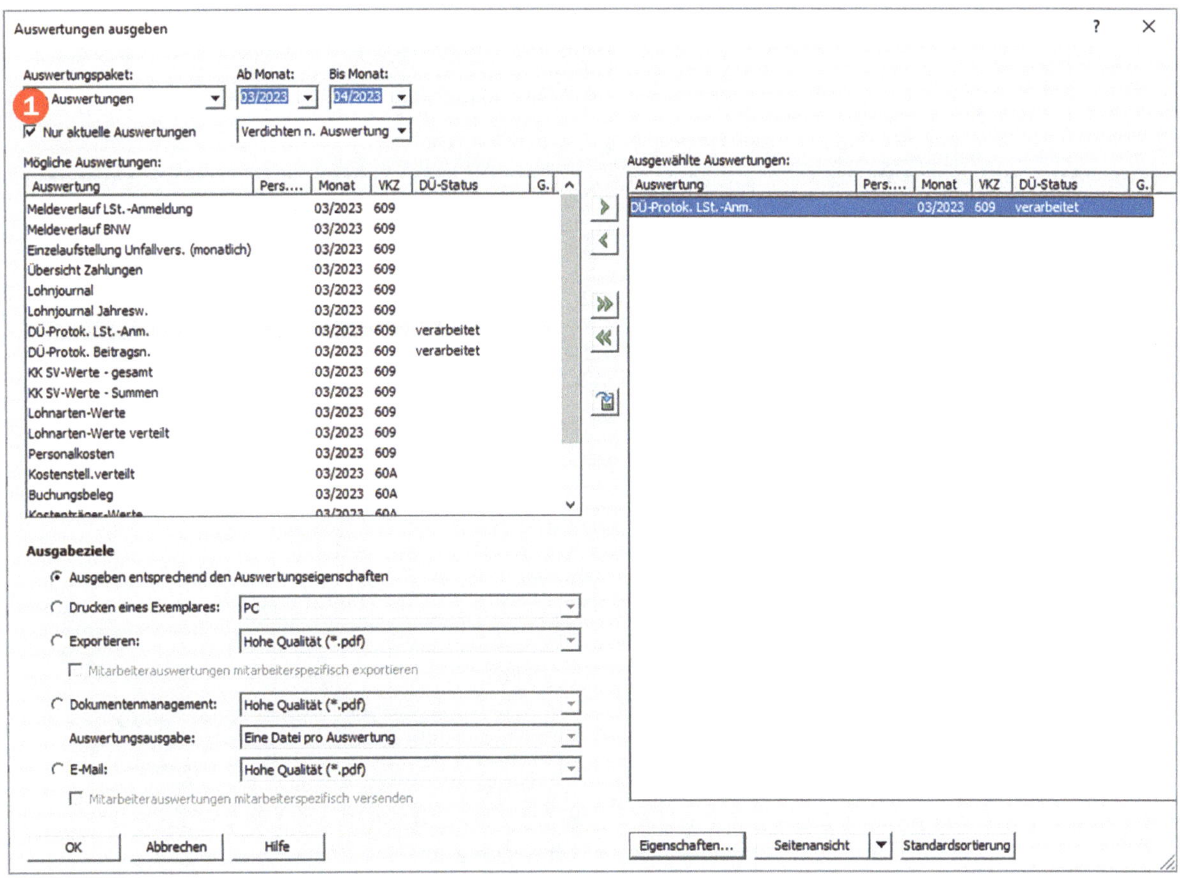

Bild 10.24 Vor-ab-DÜ LSt.-Anm.

3 Klicken Sie anschließend auf die Schaltfläche *Seitenansicht*. Das DÜ-Protokoll Lohnsteuer-Anmeldung März 2023 wird am Bildschirm angezeigt (Bild 10.25).

Die Firma Perm GmbH hat im Monat März 2023 einen Gesamtbetrag von 2.900,36 EUR für Lohnsteuer und Kirchensteuer an das Finanzamt zu bezahlen.

Hinweise

!

- Im Falle einer nachträglichen Änderung der Abrechnung ist eine berichtigte Meldung abzugeben.
- Das Kürzel *Kz.* steht für die Kennziffer im früheren Lohnsteuerformular *Lohnsteueranmeldung*.
- **Achtung**: Die Daten sind genau mit den Abrechnungen und dem Lohnjournal zu vergleichen.

Bild 10.25 DÜ Protokoll Lohnsteueranmeldung

Auswertungen - Seitenansicht

Vorherige | Nächste | Zwei Seiten | Vergrößern | Verkleinern | Schließen | Druckerauswahl: Standarddrucker (Verwaltung-206) | 03/2023, DÜ-Protok. LSt.-Anm. (480/609)

Berater: 129805 Perm GmbH VKZ: 609 Datum: 24.11.2023
Mandant: 480 Löhrstraße 45 Seite: 1
56068 Koblenz

*** ACHTUNG: Die Daten wurden im Schulungsmodus verarbeitet! ***
DÜ-Protokoll Lohnsteuer-Anmeldung im März 2023

Finanzamt: Koblenz
56060 Koblenz

Finanzamts-Nr.: 2722
Steuerbezirks-Nr.: 0127
Unterscheidungs-Nr.: 31666
Steuernummer: 2212731666
Anmeldezeitraum: monatlich

Anmeldungszeitraum März 2023

Zahl der beschäftigten Arbeitnehmer	Kz. 86	6		
		Summe	Lfd. Jahr	Vorjahr
Summe der einzubehaltenden Lohnsteuer	Kz. 42	2.784,07	2.784,07	
Summe der pauschalen Lohnsteuer - ohne § 37b EStG	Kz. 41	3,65		
Verbleiben	Kz. 48	2.787,72		
Solidaritätszuschlag	Kz. 49	0,20	0,20	
pauschale Kirchensteuer im vereinfachten Verfahren	Kz. 47	0,25		
Evangelische Kirchensteuer - ev	Kz. 61	29,30	29,30	
Römisch-Katholische Kirchensteuer - rk	Kz. 62	82,89	82,89	
Gesamtbetrag	Kz. 83	2.900,36		

Die Daten werden im April übermittelt.

Dieses Protokoll bestätigt die ordnungsgemäße Durchführung der maschinellen Übermittlung der aufgeführten Daten durch DATEV an die Finanzverwaltung.

AFP Form.-Nr. LNQN40

DATEV

Seite 1

Download

Das DÜ-Protokoll Lohnsteueranmeldung ist auch zum Download verfügbar.
Ordner: Kap10_03_Maerz_2023, Lohnsteueranmeldung_Maerz_2023.pdf

Übung: Lohnsteueranmeldung prüfen

- Wählen Sie über den Menüpunkt *Mandant* ▶ *Ausgeben…* ▶ *Lohnjournal* die Seitenansicht aus.
- Vergleichen Sie die Lohnsteueranmeldungszahlen mit dem Lohnjournal März 2023. Addieren Sie die Zahlen, sie müssen mit der Lohnsteueranmeldung übereinstimmen. Schließen Sie dann die Seitenansicht wieder.

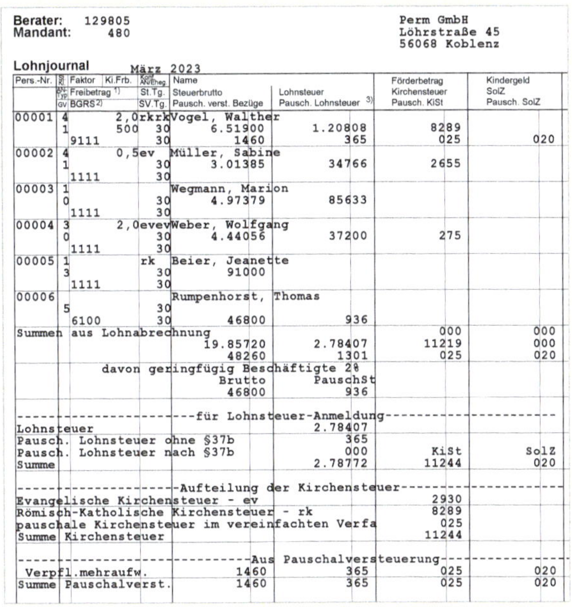

Berater: 129805
Mandant: 480

Perm GmbH
Löhrstraße 45
56068 Koblenz

Lohnjournal März 2023

Pers.-Nr.	St.Kl. AN-Typ GV	Faktor Freibetrag 1) BGRS 2)	Ki.Frb.	Konf. AN/Eheg. St.Tg. SV.Tg.	Name Steuerbrutto Pausch. verst. Bezüge	Lohnsteuer Pausch. Lohnsteuer 3)	Förderbetrag Kirchensteuer Pausch. KiSt	Kindergeld SolZ Pausch. SolZ
00001	4 1	 500 9111	2,0	rkrk 30 30	Vogel, Walther 6.51900 1460	 1.20808 365	 8289 025	 020
00002	4 1	 1111	0,5	ev 30 30	Müller, Sabine 3.01385	 34766	 2655	
00003	1 0	 1111		 30 30	Wegmann, Marion 4.97379	 85633		
00004	3 0	 1111	2,0	evev 30 30	Weber, Wolfgang 4.44056	 37200	 275	
00005	1 3	 1111		rk 30 30	Beier, Jeanette 91000			
00006	 5	 6100		 30 30	Rumpenhorst, Thomas 46800	 936		
Summen aus Lohnabrechnung					 19.85720 48260	 2.78407 1301	000 11219 025	000 000 020
davon geringfügig Beschäftigte 28					Brutto 46800	PauschSt 936		
---für Lohnsteuer-Anmeldung---								
Lohnsteuer						2.78407		
Pausch. Lohnsteuer ohne §37b						365		
Pausch. Lohnsteuer nach §37b						000	KiSt	SolZ
Summe						2.78772	11244	020
---Aufteilung der Kirchensteuer---								
Evangelische Kirchensteuer - ev							2930	
Römisch-Katholische Kirchensteuer - rk							8289	
pauschale Kirchensteuer im vereinfachten Verfa							025	
Summe Kirchensteuer							11244	
---Aus Pauschalversteuerung---								
Verpfl.mehraufw.					1460	365	025	020
Summe Pauschalverst.					1460	365	025	020

Bild 10.26 Auszug aus dem Lohnjournal März 2023

Download

Das Lohnjournal finden Sie im Ordner Kap10_03_Maerz_2023, Lohnjournal_Maerz_2023.pdf

10.5 Buchungsbelege an die Finanzbuchhaltung übergeben

Mit dem Monatsabschluss März 2023 wurden automatisch Lohn- und Gehaltsbuchungen für die Finanzbuchhaltung erstellt. Die Buchungsbelege für die Übergabe an die Abteilung Rechnungswesen sind in den Monatsauswertungen enthalten. Diese Buchungen können über Programm-Schnittstellen an das Buchhaltungsprogramm, in unserem Fall DATEV Kanzlei-Rechnungswesen übergeben werden.

Vor der Übergabe müssen die Zahlen natürlich anhand der Monatsauswertungen überprüft werden. Um den Buchungsbeleg für den Monat März 2023 zu prüfen, gehen Sie wie folgt vor:

1. Klicken Sie auf den Befehl *Mandant* ▶ *Ausgeben…*. Wählen Sie - wie in Bild 10.27 - die Auswertung *Buchungsbeleg* aus und klicken Sie auf die Schaltfläche *Seitenansicht*. Das Häkchen *Nur aktuelle Auswertungen* muss deaktiviert werden ❶, damit die Auswertungen für den Monat März 2023 angezeigt werden können.

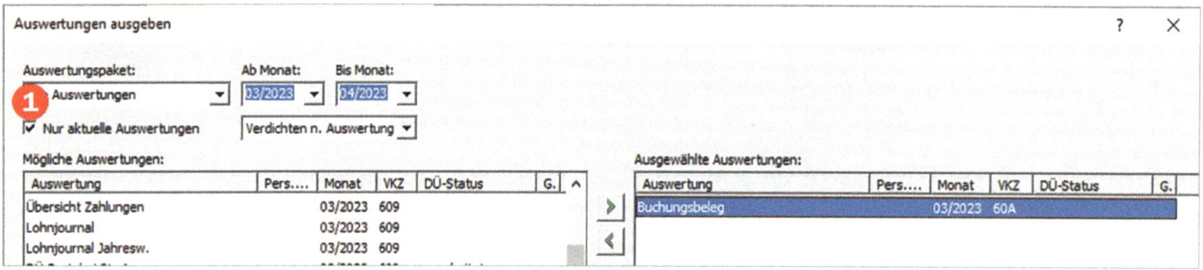

Bild 10.27 Buchungsbeleg anzeigen und drucken

Der Buchungsbeleg ist bereits vorkontiert und könnte sofort an das Programm DATEV Kanzlei-Rechnungswesen übertragen werden. Im nächsten Kapitel wird auf das Verbuchen der Lohn- und Gehaltsbuchungen in Verbindung mit DATEV Kanzlei-Rechnungswesen noch ausführlicher eingegangen. Zuvor aber müssen Lohnjournal, Lohnsteueranmeldung und Sozialversicherungswerte mit diesen Zahlen verglichen werden.

Bild 10.28 Buchungsbeleg März 2023

Berater: 129805
Mandant: 480

Perm GmbH
Löhrstraße 45
56068 Koblenz

VKZ: 60A

Datum: 24.11.2023
Seite: 1

Buchungsbeleg März 2023

Für alle folgenden Buchungssätze gilt: Belegfeld 1 202303 Datum 3103

Umsatz Soll	Umsatz Haben	Gegenkonto	Konto	KOST 1 KOST 2	KOST-Menge	Buchungstext
13.414,70		3720	3790			Verbindlichkeiten aus Lohn und Gehalt
2.900,36		3730	3790			Verbindlichk. Lohn- und Kirchensteuer
4.465,81		3740	3790			BKK Continentale
163,80		3740	3790			BUN Knappschaft
1.318,55		3740	3790			EK BARMER
399,05		3740	3790			EK KKH Kaufmännische Krankenkasse
2.226,26		3740	3790			IKK Südwest
136,00		3770	3790			Verbindlichkeiten a. Vermögensbildung
	468,00	6035	3790	1000	36,00	Löhne für Minijobs
	9,36	6036	3790	1000		Pauschale Steuer für Minijobber
	137,59	6171	3790	1000		Soziale Abgaben für Minijobber
	562,85	6010	3790	2000	34,00	Löhne
	9.840,00	6020	3790	2000		Gehälter
	4,10	6039	3790	2000		Pauschale Steuer für Arbeitnehmer
	40,00	6080	3790	2000		Vermögenswirksame Leistungen
	2.298,04	6110	3790	2000		Gesetzliche Sozialaufwendungen
	14,60	6664	3790	2000		Reisekosten AN Verpfleg.mehraufwand
	9.394,35	6010	3790	3000	414,00	Löhne
	20,00	6080	3790	3000		Vermögenswirksame Leistungen
	2.235,64	6110	3790	3000		Gesetzliche Sozialaufwendungen

Beispiel: Das Konto *3720, Verbindlichkeiten aus Lohn und Gehalt* ist die Summe der Auszahlungsbeträge an die Mitarbeiter. Diese Zahlen können Sie über das Lohnjournal und die Lohnkonten der Mitarbeiter überprüfen. Auszahlungsbetrag: 13.414,70 EUR (siehe Bild 10.29).

2 Schließen Sie dann die Seitenansicht.

Bild 10.29 Buchungsbelege

Buchungsbeleg März 2023

Für alle folgenden Buchungssätze gilt: Belegfeld 1 202303 Datum 3103

Umsatz Soll	Umsatz Haben	Gegenkonto	Konto	KOST 1 KOST 2	KOST-Menge	Buchungstext
13.414,70		3720	3790			Verbindlichkeiten aus Lohn und Gehalt
2.900,36		3730	3790			Verbindlichk. Lohn- und Kirchensteuer
4.465,81		3740	3790			BKK Continentale
163,80		3740	3790			BUN Knappschaft

Lohnjournal anzeigen

Um das Lohnjournal für den Monat März 2023 einzusehen, wählen Sie im Dialogfenster *Auswertungen ausgeben* den Eintrag *Lohnjournal* aus (Bild 10.30) und klicken anschließend auf die Schaltfläche *Seitenansicht*.

Bild 10.30 Lohnjournal ausgeben

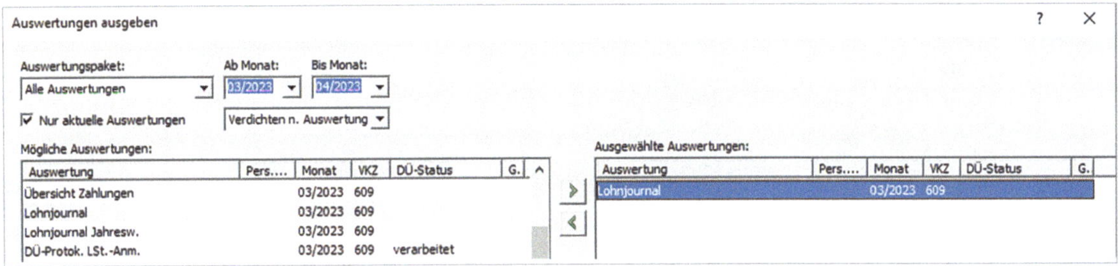

Achtung: Das Lohnjournal ist die einzige Auswertung, mit der Sie alle Bestandteile der Abrechnung prüfen können. In den Brutto/Netto Formularen der einzelnen Mitarbeiter sind Teile der Abrechnung enthalten, die der Arbeitnehmer bekommt bzw. zu tragen hat. Im Lohnjournal finden Sie außerdem alle abrechnungsrelevanten Daten, also auch Arbeitgeberanteile und pauschale Steuern und Abgaben. Darüber hinaus werden im Lohnjournal mehrere Mitarbeiter auf einer einzigen Seite dargestellt, was das Abstimmen der Beträge erleichtert.

Bild 10.31 Lohnjournal März 2023

Berater: 129805
Mandant: 480

Perm GmbH
Löhrstraße 45
56068 Koblenz

VKZ: 609
Datum: 24.11.2023
Seite: 1

Lohnjournal März 2023

Pers.-Nr.	St.Kl. AN-Typ GV	Faktor Freibetrag 1) BGRS 2)	Ki.Frb.	Konf. AN/Eheg. St.Tg. SV.Tg.	Name Steuerbrutto Pausch. verst. Bezüge	Lohnsteuer Pausch. Lohnsteuer 3)	Förderbetrag Kirchensteuer Pausch. KiSt	Kindergeld SolZ Pausch. SolZ	KV-Brutto KV-Beitrag AN 4) KV-Beitrag AG 4)	RV-Brutto RV-Beitrag AN 4) RV-Beitrag AG 4)	AV-Brutto AV-Beitrag AN AV-Beitrag AG	PV-Brutto PV-Beitrag AN 4)5) PV-Beitrag AG 4)	Umlage 1 Umlage 2 Umlage Insolv.	Gesamtbrutto 6) Nettobezüge/-abzüge Auszahlungsbetrag 4)
00001	4 1	 500 9111	2,0	rkrk 30 30	Vogel, Walther 6.51900 1460	 1.20808 365	 8289 025	 020	 39901 39900	6.51900 60627 60627	6.51900 8475 8475	 7606 7606	17601 2608 391	6.53360 47507- 4.07654
00002	4 1	 1111	0,5	ev 30 30	Müller, Sabine 3.01385	 34766	 2655		3.01385 24261 24261	3.01385 28029 28029	3.01385 3918 3918	3.01385 4596 4596	8439 1627 181	3.01385 4000- 1.99160
00003	1 0	 1111		 30 30	Wegmann, Marion 4.97379	 85633			4.97379 40412 40412	4.97379 46256 46256	4.97379 6466 6466	4.97379 Z 9326 7585	15916 3233 298	4.97379 3600- 3.05686
00004	3 0	 1111	2,0	evev 30 30	Weber, Wolfgang 4.44056	 37200	 275		4.44056 35524 35524	4.44056 41297 41297	4.44056 5773 5773	4.44056 6772 6772	11990 1776 266	4.44056 2000- 3.15215
00005	1 3	 1111		rk 30 30	Beier, Jeanette 91000				91000 7326 7326	91000 8463 8463	91000 1183 1183	91000 1388 1388	2730 400 055	91000 4000- 68640
00006	 5	 6100		 30 30	Rumpenhorst, Thomas 46800	 936			46800 6084	46800 1685 7020			515 112 028	46800 000 45115
Summen aus Lohnabrechnung					 19.85720 48260	 2.78407 1301	000 11219 025	000 000 020	13.80620 1.47424 1.53507	20.32520 1.86357 1.91692	19.85720 25815 25815	13.33820 29688 27947	57191 9756 1219	20.33980 61107- 13.41470 ❶
davon geringfügig Beschäftigte 2%					Brutto 46800	PauschSt 936								
---für Lohnsteuer-Anmeldung---														
Lohnsteuer						2.78407								
Pausch. Lohnsteuer ohne §37b						365								
Pausch. Lohnsteuer nach §37b						000	KiSt	SolZ						
Summe						2.78772	11244	020						
---Aufteilung der Kirchensteuer---														
Evangelische Kirchensteuer - ev							2930							
Römisch-Katholische Kirchensteuer - rk							8289							
pauschale Kirchensteuer im vereinfachten Verfa							025							
Summe Kirchensteuer							11244							
---Aus Pauschalversteuerung---														
Verpfl.mehraufw.					1460	365	025	020						
Summe Pauschalverst.					1460	365	025	020						
Anzahl Arbeitnehmer					aus Lohnabrechnung für Lohnsteuer-Anmeldung		6 6	davon mit Entgelt	6					

1) H=Hinzurechnungsbetrag
2) Bei Versorgungsbezügen: Beitragsabführung
3) Bei geringfügiger Beschäftigung: Einheitliche Pauschsteuer
4) Beträge zur freiw./priv. KV/PV und für berufsständische Versorgungswerke sind unter Beitrag AN/AG und Nettobezüge/-abzüge enthalten
5) Z=Einschließlich Beitragszuschlag zur PV für Kinderlose
6) Das Gesamtbrutto enthält bis einschließlich Mai 2013 AG-Anteile zur Zukunftssicherung. Ab Juni 2013 setzt sich das Gesamtbrutto ohne diese AG-Anteile gemäß EntgeltBeschVO zusammen.

AFP Form.-Nr.LNA311

DATEV

❶ Gesamtauszahlungsbetrag

Download

Das Lohnjournal finden Sie im Ordner Kap10_03_Maerz_2023,Lohnjournal_Maerz_2023.pdf

Die Lösungen finden Sie im Lösungsbuch

Übung: Buchungsbeleg und Lohnjournal überprüfen

Aufgabe 1

Überprüfen Sie den Buchungsbeleg für das Konto *3770, Verbindlichkeiten Vermögensbildung*, 136,00 EUR mithilfe Ihres Lohnjournals. Hier in der Spalte *Nettobezüge/-abzüge*, jeweils in der zweiten Zeile des Mitarbeiters.

Lohnjournal März 2023

Pers.-Nr.	St.Kl. AN-Typ GV	Faktor Freibetrag [1] BGRS [2]	Ki.Frb.	Konf. AN/Eheg. St.Tg. SV.Tg.	Name Steuerbrutto Pausch. verst. Bezüge	Lohnsteuer Pausch. Lohnsteuer [3]	PV-Brutto PV-Beitrag AN [4][5] PV-Beitrag AG [4]	Umlage 1 Umlage 2 Umlage Insolv.	Gesamtbrutto [6] Nettobezüge/-abzüge Auszahlungsbetrag [4]
00001	4 1	 9111	2,0 500	rkrk 30 30	Vogel, Walther 6.51900 1460	 1.20808 365	 7606 7606	17601 2608 391	6.53360 47507- 4.07654
00002	4 1	 1111	0,5	ev 30 30	Müller, Sabine 3.01385	 34766	3.01385 4596 4596	8439 1627 181	3.01385 4000- 1.99160
00003	1 0	 1111		 30 30	Wegmann, Marion 4.97379	 85633	4.97379 Z 9326 7585	15916 3233 298	4.97379 3600- 3.05686
00004	3 0	 1111	2,0	evev 30 30	Weber, Wolfgang 4.44056	 37200	4.44056 6772 6772	11990 1776 266	4.44056 2000- 3.15215
00005	1 3	 1111		rk 30 30	Beier, Jeanette 91000		91000 1388 1388	2730 400 055	91000 4000- 68640
00006	 5	 6100		 30 30	Rumpenhorst, Thomas 46800	 936		515 112 028	46800 000 45115
Summen aus Lohnabrechnung					 19.85720 48260	 2.78407 1301	13.33820 29688 27947	57191 9756 1219	20.33980 61107- 13.41470

Aufgabe 2

Überprüfen Sie die Werte der pauschalen Steuer für geringfügig Beschäftigte für den Monat März 2023.

Wie hoch ist die pauschale Lohnsteuer?

Summen aus Lohnabrechnung	 19.85720 48260	 2.78407 1301	000 11219 025	000 000 020	13.80620 1.47424 1.53507	20.32520 1.86357 1.91692	19.85720 25815 25815	13.33820 29688 27947
davon geringfügig Beschäftigte 2%	Brutto 46800	PauschSt 936						
---für Lohnsteuer-Anmeldung---								
Lohnsteuer		2.78407						
Pausch. Lohnsteuer ohne §37b		365						
Pausch. Lohnsteuer nach §37b		000	KiSt	SolZ				
Summe		2.78772	11244	020				
---Aufteilung der Kirchensteuer---								
Evangelische Kirchensteuer - ev			2930					
Römisch-Katholische Kirchensteuer - rk			8289					
pauschale Kirchensteuer im vereinfachten Verfa			025					
Summe Kirchensteuer			11244					

11 Lohn- und Gehaltsabrechnung Monat April

In diesem Kapitel erfahren Sie, wie ...

- ein abweichender Stundensatz bei Lohnempfängern angewendet wird,
- Sie Fahrgeldzuschüsse abrechnen können,
- Sie Bewegungsdaten über die Kalendererfassung durchführen,
- Sie Urlaubstage erfassen.

11.1 Abweichenden Stundensatz bei Lohnempfängern erfassen

Ausgangssituation

Herr Münchbacher gewährt der Mitarbeiterin Frau Marion Wegmann, Abteilung Technik aufgrund einer sehr guten Auftragslage für den Monat April 2023 eine Erhöhung des Stundenlohns um 3,15 EUR pro Stunde.

Sie hat im Monat April 2023 insgesamt 151 Stunden und zusätzlich 5 Überstunden mit einem Überstundenzuschlag von 25 % geleistet. Diese Stunden sind mit einem abweichenden Stundensatz von 28,00 EUR anstatt des Standardlohnsatzes von 24,85 EUR abzurechnen.

Für die Feiertage Karfreitag (07.04.2023) und Ostermontag 10.04.2023) müssen zusätzlich 14 Feiertagsstunden abgerechnet werden.

Um die Bewegungsdaten von Frau Wegmann zu erfassen, gehen Sie wie folgt vor:

1 Öffnen Sie die Mitarbeiterin *Frau Marion Wegmann*.

2 Wählen Sie den Menüpunkt *Erfassen* ▶ *Bewegungsdaten* ▶ *Monatserfassung* oder öffnen Sie in der Übersicht den Ordner *Bewegungsdaten* und klicken dann doppelt auf den Eintrag *Monatserfassung* oder klicken Sie auf das Symbol *Monatserfassung öffnen* in der Standardsymbolleiste.

3 Erfassen Sie die Lohnart, die Stundenzahl und die Kostenstelle (Bild 11.1).

Bild 11.1 Marion Wegmann: Lohnart, Stundenzahl und Kostenstelle erfassen

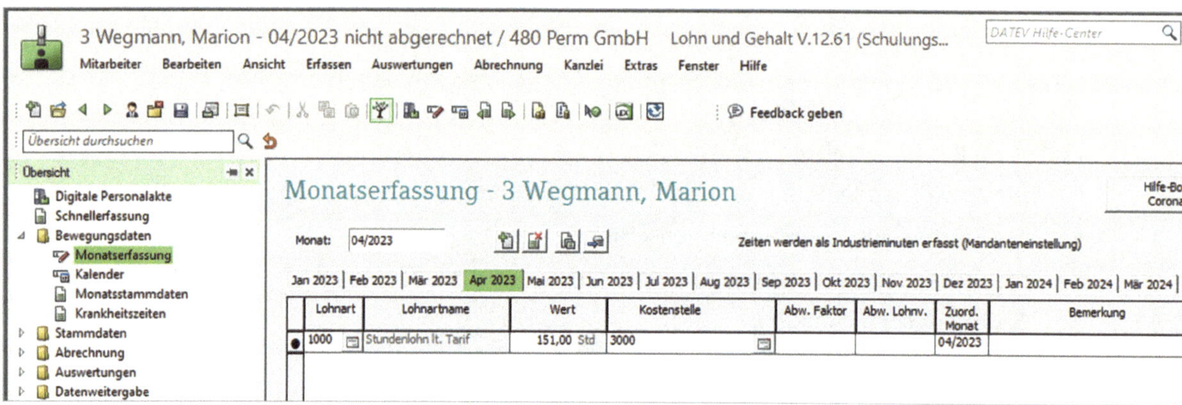

4 Geben Sie, wie in Bild 11.2, in der Spalte *Abw. Faktor* den Stundensatz von 28,00 EUR ein.

Bild 11.2 Abweichenden Stundensatz eingeben

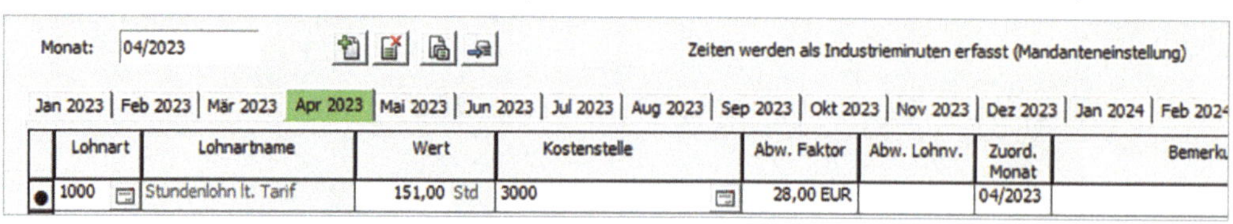

5 Im nächsten Schritt müssen die 5 Überstunden für April 2023 erfasst werden: Klicken Sie auf das Symbol *Neue Bewegungszeile* und erfassen Sie die 5 Überstunden, Kos-

tenstelle 3000, über die Lohnart *1300, Überstundengrundvergütung + FLA (25 %)* und den abweichenden Stundensatz von 28,00 EUR.

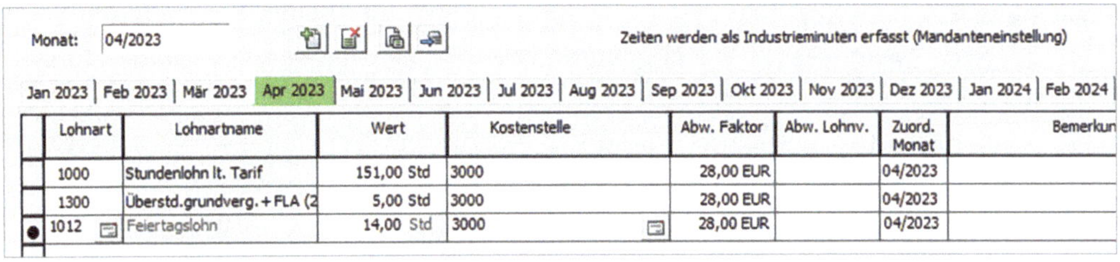
Monat: 04/2023 — Zeiten werden als Industrieminuten erfasst (Mandanteneinstellung)

Jan 2023 | Feb 2023 | Mär 2023 | Apr 2023 | Mai 2023 | Jun 2023 | Jul 2023 | Aug 2023 | Sep 2023 | Okt 2023 | Nov 2023 | Dez 2023 | Jan 2024 | Feb 2024

Lohnart	Lohnartname	Wert	Kostenstelle	Abw. Faktor	Abw. Lohnv.	Zuord. Monat	Bemerkun
1000	Stundenlohn lt. Tarif	151,00 Std	3000	28,00 EUR		04/2023	
1300	Überstd.grundverg. + FLA (2	5,00 Std	3000	28,00 EUR		04/2023	
1012	Feiertagslohn	14,00 Std	3000	28,00 EUR		04/2023	

Bild 11.3 Überstunden erfassen

6 Zuletzt müssen noch für die Osterfeiertage Karfreitag (07.04.2023) und Ostermontag (10.04.2023) 14 Feiertagsstunden erfasst werden. Klicken Sie nochmals auf das Symbol *Neue Bewegungsdatenzeile* und erfassen Sie die 14 Feiertagsstunden, Kostenstelle 3000 über die *Lohnart 1012*, Feiertagsstunden und den abweichenden Stundensatz von 28,00 EUR, siehe Bild 11.3.

7 Die Bewegungsdaten von Frau Wegmann sind damit erfasst. Speichern Sie die Eingaben mit Klick auf das Symbol *Fensterinhalt speichern*.

8 Die Lohnabrechnung für den Monat April 2023 sollte natürlich über eine Probeabrechnung getestet werden: Klicken Sie auf das Symbol *Probeabrechnung durchführen* und bestätigen Sie den nachfolgenden Hinweis mit Klick auf die Schaltfläche *OK*.

9 Die Probeabrechnung des Monats April 2023 für Frau Marion Wegmann mit dem abweichenden Stundensatz von 28,00 EUR wird in der Seitenansicht angezeigt (siehe Bild 11.4). Im nächsten Monat wird wieder mit dem Normalstundensatz von 24,85 EUR gerechnet.

!

10 Schließen Sie die Seitenansicht und das Fenster *Bewegungsdaten* von Frau Marion Wegmann wieder.

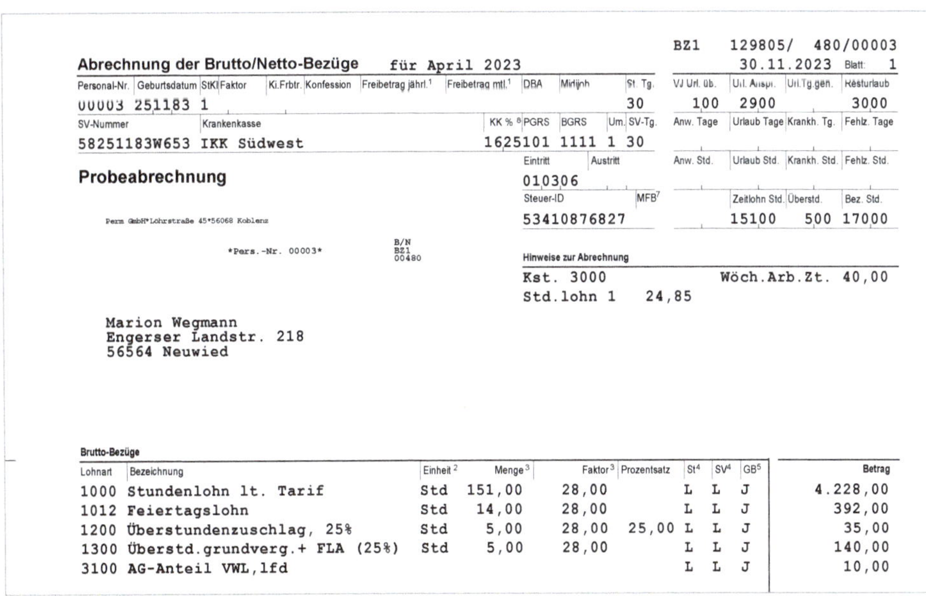
BZ1 129805/ 480/00003

Abrechnung der Brutto/Netto-Bezüge für April 2023 — 30.11.2023 Blatt: 1

Personal-Nr.	Geburtsdatum	StKl	Faktor	Ki.Frbtr.	Konfession	Freibetrag jährl.[1]	Freibetrag mtl.[1]	DBA	Midijob	St. Tg.
00003	251183	1								30

VJ Url. üb.	Url. Anspr.	Url.Tg.gen.	Resturlaub
100	2900		3000

SV-Nummer	Krankenkasse	KK %[8]	PGRS	BGRS	Um.	SV-Tg.
58251183W653	IKK Südwest	16	2510	1111	1	30

Anw. Tage	Urlaub Tage	Krankh. Tg.	Fehlz. Tage

Probeabrechnung

Eintritt	Austritt
010306	

Anw. Std.	Urlaub Std.	Krankh. Std.	Fehlz. Std.

Steuer-ID	MFB[7]
53410876827	

Zeitlohn Std.	Überstd.	Bez. Std.
15100	500	17000

Perm GmbH*Löhrstraße 45*56068 Koblenz

Pers.-Nr. 00003

B/N
BZ1
00480

Hinweise zur Abrechnung
Kst. 3000 Wöch.Arb.Zt. 40,00
Std.lohn 1 24,85

Marion Wegmann
Engerser Landstr. 218
56564 Neuwied

Brutto-Bezüge

Lohnart	Bezeichnung	Einheit[2]	Menge[3]	Faktor[3]	Prozentsatz	St[4]	SV[4]	GB[5]	Betrag
1000	Stundenlohn lt. Tarif	Std	151,00	28,00		L	L	J	4.228,00
1012	Feiertagslohn	Std	14,00	28,00		L	L	J	392,00
1200	Überstundenzuschlag, 25%	Std	5,00	28,00	25,00	L	L	J	35,00
1300	Überstd.grundverg.+ FLA (25%)	Std	5,00	28,00		L	L	J	140,00
3100	AG-Anteil VWL,lfd					L	L	J	10,00

Bild 11.4 Marion Wegmann: Probeabrechnung mit abweichendem Stundensatz

Die Lösungen finden Sie im Lösungsbuch.

Übung: Abweichenden Stundensatz bei Lohnempfängern erfassen / Auswertungsdaten ändern

Aufgabe 1

Erfassen Sie von Herrn Wolfgang Weber, Kostenstelle Technik, die geleisteten Monatsstunden im Monat April 2023:

- Laut Stundennachweis hat Herr Weber im April 2023 insgesamt 151 Stunden und zusätzlich 8 Überstunden mit einem Überstundenzuschlag von 25 % geleistet. Für die Feiertage Karfreitag (07.04.2023) und Ostermontag (10.04.2023) müssen zusätzlich 14 Feiertagsstunden abgerechnet werden.
- Genau wie für Frau Wegmann gewährt Herr Münchbacher für den Mitarbeiter Herr Wolfgang Weber aufgrund der sehr guten Auftragslage im Monat April eine Erhöhung des Stundenlohns um 2,25 EUR auf 25,00 EUR pro Stunde.
- Alle Stunden für den Monat April 2023 sind mit dem abweichenden Stundensatz von Herrn Weber mit 25,00 EUR pro Stunde zu erfassen.

Aufgabe 2

Prüfen Sie die Eingaben über eine Probeabrechnung.

Schließen Sie anschließend die Probeabrechnung und die Mitarbeiterebene.

Aufgabe 3

Ändern Sie auf der Mandantenebene über die Auswertungsdaten den dauerhaften Hinweistext auf die Einreichung der Urlaubsplanung. Neuer Datensatz ab: 04/2023, keine Angaben

11.2 Fahrgeldzuschüsse abrechnen

Ausgangssituation

Herr Münchbacher hat sich bei den städtischen Verkehrsbetrieben über das Job-Ticket erkundigt und bietet nun der Auszubildenden Jeanette Beier ein Jobticket für öffentliche Verkehrsmittel zwischen ihrem Wohnort Cochem und Koblenz an. Einfache Entfernung zur ersten Tätigkeitsstätte 54 km. Die Monatskarte kostet 195,10 EUR. Frau Jeanette Beier nimmt das Jobticket ab April 2023 in Anspruch.

Das Jobticket

Ein Jobticket ist seit 2019 steuerfrei, wenn dieses zusätzlich zum ohnehin geschuldeten Arbeitslohn für die Aufwendungen des Arbeitnehmers für die folgenden Fahrten gezahlt wird:

- für unentgeltliche oder verbilligte Nutzung öffentlicher Verkehrsmittel im Linienverkehr für Fahrten zwischen Wohnung und erster Tätigkeitsstätte,
- Fahrten im öffentlichen Personennahverkehr, die der Arbeitnehmer zusätzlich in Anspruch nehmen kann.

Der Hintergrund: Arbeitgeberleistungen (Barzuschüsse und Sachbezüge) für die Nutzung öffentlicher Verkehrsmittel im Linienverkehr zwischen Wohnung und erster Tätigkeitsstätte des Arbeitnehmers sind von der Steuer befreit. Die Steuerbefreiung umfasst zudem auch private Fahrten im öffentlichen Personennahverkehr. Damit soll die Nutzung öffentlicher Verkehrsmittel attraktiver werden und die Umwelt- und Verkehrsbelastungen gesenkt werden.

Diese Steuerbefreiung gilt allerdings nicht für Arbeitgeberleistungen, die durch Umwandlung des ohnehin geschuldeten Arbeitslohns finanziert werden. Diese Neuregelung hat für den Arbeitgeber den Vorteil, dass er das Jobticket nicht mehr in die monatliche 44 Euro Freigrenze einbeziehen muss. Auch eine etwaige pauschale Besteuerung ist dann hinfällig. Darüber hinaus sind folgende Punkte zu beachten:

- Arbeitgeber haben insbesondere einen Zuschuss bzw. den gewährten Sachbezug grundsätzlich getrennt im Lohnkonto aufzuzeichnen (§ 4 Abs. 2 Nr. 4 EStG). Er ist ferner auf der Lohnsteuerbescheinigung gesondert auszuweisen (§ 41b Abs. 1 Satz 2 Nr. 6 EStG).
- Außerdem müssen Arbeitgeber beachten, dass sie sowohl beim Kauf von Jobtickets als auch beim Ersatz einer Fahrkarte keinen Vorsteuerabzug in Anspruch nehmen können. Diese Leistungen sind nach derzeitiger Verwaltungsauffassung nicht als Umsätze für das Unternehmen anzusehen (Abschn. 15.5 Abs. 1 Satz 2 UStAE).
- Arbeitnehmer müssen dabei wissen, dass die steuerfreien Leistungen im Rahmen ihrer Einkommensteuererklärung auf ihre Entfernungspauschale angerechnet werden, so dass sich der Werbungskostenabzug mindert.

Wenn keine der zuvor genannten Fahrten vorliegt, ist der Arbeitgeberzuschuss steuerpflichtig. Alternativ besteht die Möglichkeit, das Jobticket pauschal mit 15 % zu versteuern, wenn der Zuschuss nicht höher ist als die Beträge, die der Arbeitnehmer als Werbungskosten geltend machen kann. In diesem Fall ist der Zuschuss für das Jobticket auch sozialversicherungsfrei.

DATEV Lohn und Gehalt comfort stellt für das Jobticket verschiedene Lohnarten zur Verfügung, die folgende Tabelle zeigt eine Übersicht:

Nr.	Bezeichnung	Funktion
2900	AG-Zusch. f. Jobticket, st-frei	Der Betrag fließt in das Gesamt-Brutto ein und ist steuer- und sozialversicherungsfrei. Er wird auf der Lohnsteuerbescheinigung unter „Steuerfreie Arbeitgeberleistungen für Fahrten zwischen Wohnung und erster Tätigkeitsstätte" ausgewiesen. Der Wert wird unter der Lohnart 9010 als Nettoabzug verrechnet.
2910	AGZ. Jobticket, st / sv pflichtig	Der Betrag fließt in das Gesamt-Brutto. Für den individuellen Anteil des Jobtickets bei Überschreitung der Entfernungspauschale **oder** bei fehlenden Werten für die Ermittlung der Entfernungspauschale **oder** bei Überschreitung der Aufwendungen für öffentliche Verkehrsmittel. Der Wert wird unter der Lohnart 9010 als Nettoabzug verrechnet.

Nr.	Bezeichnung	Funktion
2920	AG-Z. Jobticket, p. St.	Der Betrag fließt in das Gesamt-Brutto ein. Für den, mit 15 % pauschal versteuerten Anteil eines Jobtickets. (maximal in Höhe der Entfernungspauschale oder in Höhe der Aufwendungen für öffentliche Verkehrsmittel). Ausweisung auf der Lohnsteuerbescheinigung unter „Pauschal besteuerte Arbeitgeberleistungen für Fahrten zwischen Wohnung und erster Tätigkeitsstätte". Der Wert wird unter der Lohnart 9010 als Nettoabzug verrechnet.

Seit Januar 2020 können Jobtickets für Fahrten mit öffentlichen Verkehrsmitteln mit einem Pauschalsteuersatz von 25 % erfasst werden. Die Pauschalierung ist auch möglich, wenn die Zuschüsse nicht zusätzlich zum ohnehin geschuldeten Arbeitslohn erbracht werden. Eine Anrechnung der mit 25 % pauschal besteuerten Fahrtkostenzuschüsse auf die Entfernungspauschale erfolgt nicht.

Beispiel: Ein Arbeitgeber gewährt seinem Arbeitnehmer ab 01/2023 ein Jobticket in Höhe von 75,00 Euro monatlich gegen eine Gehaltsumwandlung von 75,00 Euro. Da die Gehaltsumwandlung die Steuerfreiheit ausschließt, kann das Jobticket mit einem Pauschsteuersatz von 25 % abgerechnet werden. Hierbei erfolgt keine Anrechnung der mit 25 % pauschal besteuerten Fahrtkostenzuschüsse auf die Entfernungspauschale. Um das Jobticket zu erfassen, sind folgende Eingaben notwendig:

Bild 11.5 Jobticket erfassen

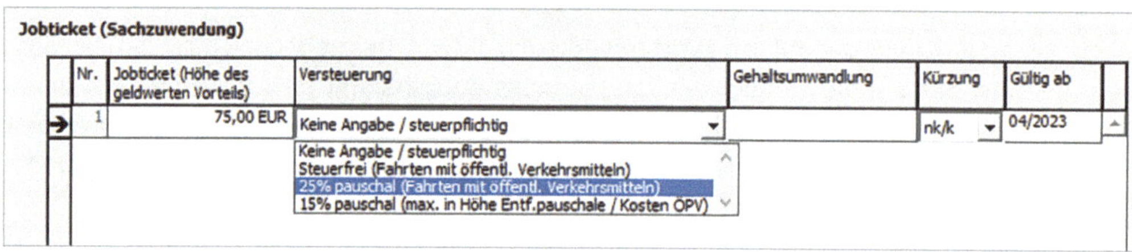

Der geldwerte Vorteil für das Jobticket in Höhe von 75,00 EUR wird mit 25 % pauschal versteuert und SV-frei mit der Lohnart 2340 AG-Z.Jobticket, p.St, k.Entf.pau abgerechnet und mit dem Netto-Abzug 9010 Fahrtkosten wieder abgezogen. Die Gehaltsumwandlung wird mit Lohnart 2320 / Fahrtkosten Gehaltsumwandlung steuer- und SV-pflichtig als negativer Brutto-Betrag abgerechnet. Eine Anrechnung der mit 25 % pauschal besteuerten Fahrtkostenzuschüsse auf die Entfernungspauschale und somit ein Ausweis auf der Lohnsteuerbescheinigung erfolgt nicht.

Firma Perm GmbH entscheidet sich für die steuerfreie Variante. Das Jobticket von Jeanette Beier ist in den Stammdaten zu erfassen. So gehen Sie dabei vor:

1 Öffnen Sie die Mitarbeiterin Jeanette Beier.

2 Wählen Sie den Menüpunkt *Erfassen* ▶ *Stammdaten* ▶ *Besonderheiten* ▶ *Fahrtkostenzuschuss* oder öffnen Sie in der Übersicht den Ordner *Besonderheiten* und klicken anschließend doppelt auf den Eintrag *Fahrtkostenzuschuss*.

3 Klicken Sie auf die Schaltfläche *Neues Jobticket anlegen* und geben Sie im Feld *Job-Ticket (Höhe des geldwerten Vorteils)* den Betrag von 195,10 EUR ein (siehe Bild 11.6). Im Feld *Gültig ab* wird automatisch *04/2023* eingetragen.

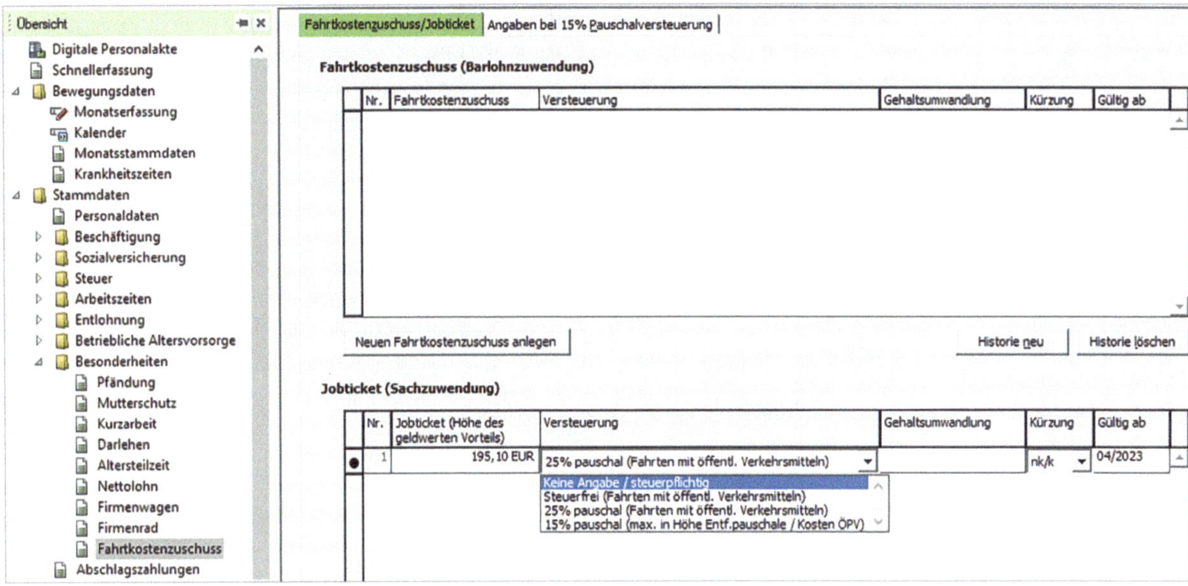

Bild 11.6 Fahrtkostenzuschuss

Im Auswahlfeld *Versteuerung* wird festgelegt, wie der geldwerte Vorteil für das Jobticket steuerlich behandelt wird. Es kann zwischen folgenden Möglichkeiten gewählt werden:

- *Keine Angabe / steuerpflichtig*
  Der geldwerte Vorteil für das Jobticket wird steuerpflichtig abgerechnet.
- *Steuerfrei (Fahrten mit öffentlichen Verkehrsmitteln)*
  Der geldwerte Vorteil für das Jobticket wird steuerfrei abgerechnet.
- *15 % pauschal (max. in Höhe Entfernungspauschale / Kosten ÖPV)*
  Der geldwerte Vorteil für das Jobticket wird mit 15 % pauschal abgerechnet. Die Pauschalierung erfolgt maximal in Höhe der Entfernungspauschale oder in Höhe der tatsächlichen Aufwendungen für öffentliche Verkehrsmittel.
- Zusätzlich seit Januar 2020 die Variante *25 % pauschal (Fahrten mit öffentlichen Verkehrsmitteln)*. Der geldwerte Vorteil für das Jobticket wird mit 25 % pauschal abgerechnet.

4 Firma Perm wählt die steuerfreie Variante für 2023. Klicken Sie daher auf den Dropdown-Pfeil und wählen Sie den Eintrag *Steuerfrei (Fahrten mit öffentl. Verkehrsmitteln)* aus (Bild 11.7).

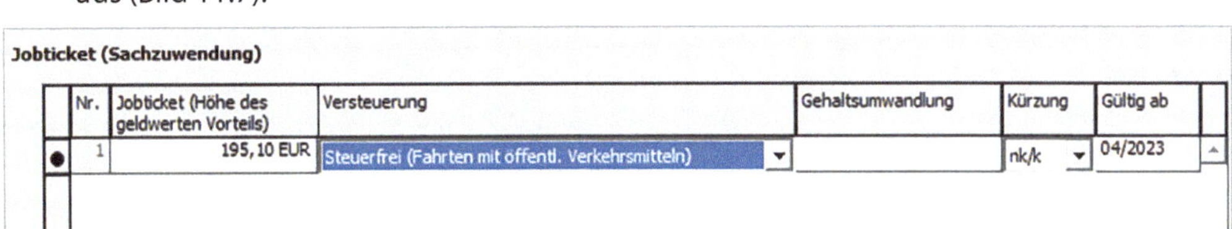

Bild 11.7 Angaben zur Versteuerung

Hinweise

- Im Feld *Gehaltsumwandlung* kann seit Januar 2020 ein Betrag der Gehaltsumwandlung zugunsten des Jobtickets erfasst werden. Dabei schließt in diesem Fall die Gehaltsumwandlung die Steuerfreiheit aus.
- Im Auswahlfeld *Kürzung* kann ausgewählt werden, wie der geldwerte Vorteil für das Jobticket im Teilmonat oder im voll unterbrochenen Monat abgerechnet werden soll. In unserem Fall übernehmen wir den Standardeintrag *Im Teilmonat nicht kürzen und im Ausfallmonat kürzen*.

5 Die Angaben für das Job-Ticket sind damit hinterlegt. Speichern Sie die Einstellungen mit Klick auf das Symbol *Fensterinhalt speichern*.

6 Klicken Sie dann auf das Symbol *Probeabrechnung durchführen* und bestätigen Sie das nachfolgende Fenster mit *OK*. Die Probeabrechnung für Frau Beier, Monat April 2023 mit dem Jobticket wird in der Seitenansicht angezeigt (Bild 11.8).

7 Schließen Sie dann die Seitenansicht wieder.

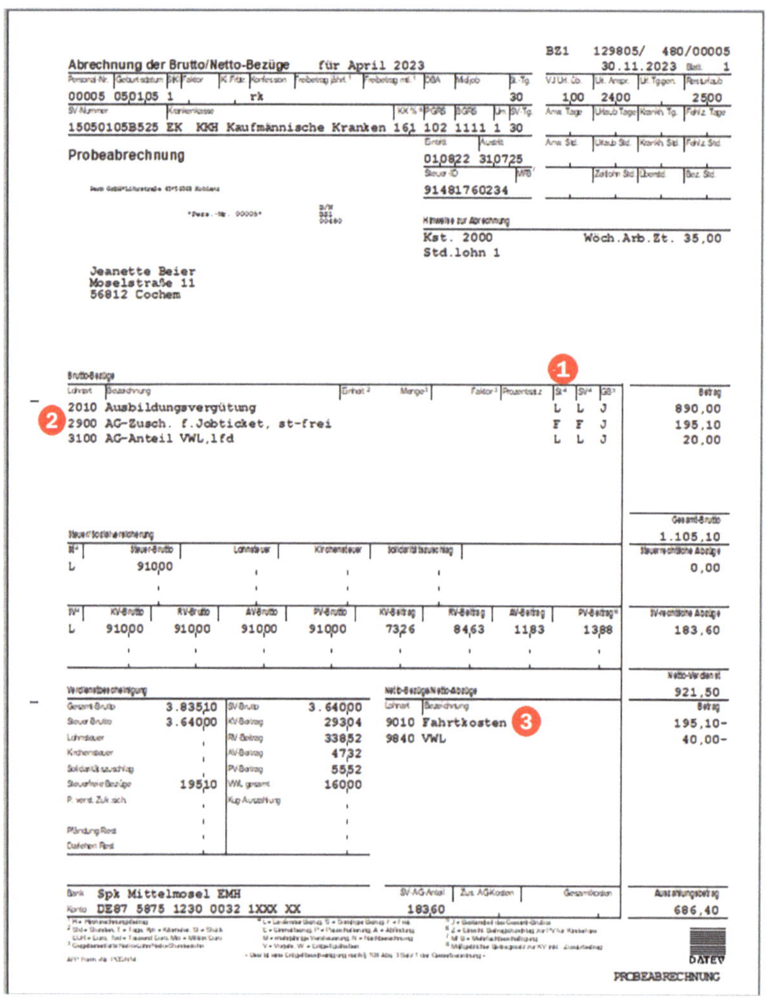

Bild 11.8 Probeabrechnung Jeanette Beier mit Job-Ticket

1. Angaben zur Steuerfreiheit: F = steuerfrei und F = sozialversicherungsfrei
2. Das Jobticket wird mit der Lohnart *2900 AG-Zusch. F. Jobticket, sv-frei* erfasst.
3. Der Abzug wird als Netto-Abzug über die Lohnart *9010 Fahrtkosten* dargestellt.

Übung: Jobticket erfassen

Die Lösungen finden Sie im Lösungsbuch

Aufgabe 1

Frau Sabine Müller erhält ab April 2023 ein Jobticket für die Busfahrkarte in Höhe von 60,00 EUR pro Monat. Die Busfahrkarte wird als Sachbezug gewertet. Erfassen Sie das Jobticket.

Aufgabe 2

Testen Sie die Abrechnung über eine Probeabrechnung.

Schließen Sie anschließend die Probeabrechnung und den Mitarbeiter.

Fahrtkostenzuschuss erfassen

Eine Alternative zum Jobticket ist der Fahrtkostenzuschuss. Er kann in Form einer Barlohnzuwendung zusätzlich zum Arbeitslohn gezahlt werden. Hierbei ist zu unterscheiden, ob der Fahrtkostenzuschuss vom Arbeitgeber für Fahrten zwischen Wohnung und erster Tätigkeitsstätte mit öffentlichen Verkehrsmitteln oder für Fahrten mit dem eigenen Fahrzeug gewährt wird.

Fahrtkostenzuschuss (Zusätzliche gesetzliche Regelung seit Januar 2020)

Fahrtkostenzuschüsse für Fahrten mit öffentlichen Verkehrsmitteln können mit einem Pauschsteuersatz von 25 % anstelle der Steuerfreiheit einheitlich für alle dort genannten Bezüge eines Kalenderjahres abgerechnet werden. Die Pauschalierung ist auch möglich, wenn die Zuschüsse nicht zusätzlich zum ohnehin geschuldeten Arbeitslohn erbracht werden. Eine Anrechnung der mit 25 % pauschal besteuerten Fahrtkostenzuschüsse auf die Entfernungspauschale erfolgt nicht.

Beispiel: Ein Arbeitgeber gewährt seinem Arbeitnehmer ab 01/2023 einen Fahrtkostenzuschuss in Höhe von 165,00 Euro monatlich gegen eine Gehaltsumwandlung von 165,00 Euro. Da die Gehaltsumwandlung die Steuerfreiheit ausschließt, kann der Fahrtkostenzuschuss mit einem Pauschsteuersatz von 25 % abgerechnet werden. Hierbei erfolgt keine Anrechnung der mit 25 % pauschal besteuerten Fahrtkostenzuschüsse auf die Entfernungspauschale. Um den Fahrtkostenzuschuss in diesem Fall zu erfassen, sind folgende Eingaben notwendig:

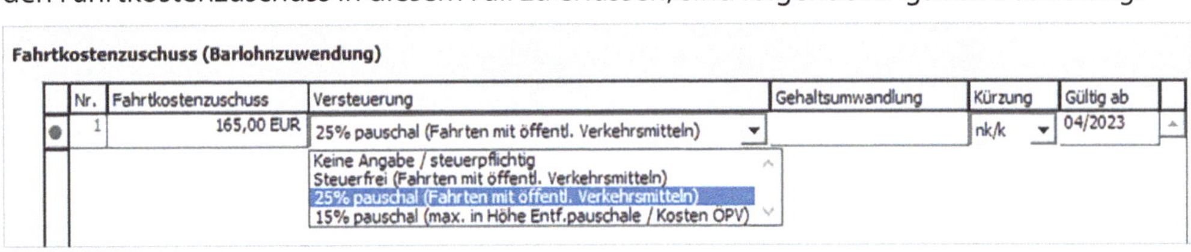

Bild 11.9 Fahrtkostenzuschuss

Der geldwerte Vorteil für der Fahrtkostenzuschuss in Höhe von 165,00 EUR wird mit 25 % pauschal versteuert und SV-frei mit der Lohnart 2330 Fahrtkostenzuschuss, pausch. Steuer, keine Entfern. pauschale abgerechnet. Die Gehaltsumwandlung wird mit Lohnart 2320 / Fahrtkosten Gehaltsumwandlung steuer- und SV-pflichtig als negativer Brutto-Betrag abgerechnet. Eine Anrechnung der mit 25% pauschal besteuerten Fahrtkostenzuschüsse auf die Entfernungspauschale und somit ein Ausweis auf der Lohnsteuerbescheinigung erfolgt nicht.

Fahrten mit öffentlichen Verkehrsmitteln

Hierbei ist der Fahrtkostenzuschuss steuerfrei, wenn dieser zusätzlich zum ohnehin geschuldeten Arbeitslohn zu den Aufwendungen des Arbeitnehmers für folgende Fahrten gezahlt wird:

- für Fahrten mit öffentlichen Verkehrsmitteln im Linienverkehr zwischen Wohnung und erster Tätigkeitsstätte,
- für Fahrten im öffentlichen Personennahverkehr.

Der Fahrtkostenzuschuss wird hierbei bei der Lohn- und Gehaltsabrechnung über die Lohnart *2956 Fahrtkosten, sv- und sv-frei* abgerechnet und wird mit Anrechnung auf die Entfernungspauschale (Werbungskosten) auf der Lohnsteuerbescheinigung gesondert ausgewiesen.

Fahrten mit eigenem Fahrzeug

Gewährt der Arbeitgeber einen Fahrtenkostenzuschuss für Fahrten mit dem eigenen Fahrzeug, kann dieser in Form einer Barlohnzuwendung zum Arbeitslohn gezahlt werden. Der Fahrtkostenzuschuss für Fahrten zwischen Wohnung und erster Tätigkeitsstätte wird unter folgenden Lohnarten abgerechnet:

Nr.	Bezeichnung	Lohnartenkern	Faktorschlüssel	Steuer	SV
2951	Fahrtkostenzuschuss p. St. (pauschal versteuert)	FKP01*	BT00	FKP	frei
	Eingabe:	Gesamtbeitrag über Bewegungsdaten oder als Festbezug in den Stammdaten			
	Berechnung:	Der Fahrtkostenzuschuss wird mit 15 % pauschal versteuert und bleibt sozialversicherungsfrei.			

* FKP = Fahrtkosten Pauschal

Eine weitere Lohnart *2950, Fahrtkostenzuschuss* (lfd. individuell versteuerter Anteil) wird verwendet, wenn die Entfernungspauschale überschritten wird oder wenn Werte für die Ermittlung der Entfernungspauschale fehlen.

Hinweis: Bei der Abrechnung des pauschal versteuerten Anteils wird geprüft, ob der Fahrtkostenzuschuss noch pauschaliert werden kann. Hierbei fließen die in den Festbezügen/Bewegungsdaten hinterlegten und die aus der Firmenwagenabrechnung resultierenden pauschal versteuerten Fahrtkosten mit ein. Dies bedeutet, nur die entsprechende Differenz bis zur Entfernungspauschale kann noch pauschal versteuert werden.

Ausgangssituation

Herr Wolfgang Weber erhält ab April 2023 einen Fahrtkostenzuschuss für die Fahrt zwischen Wohnung und erster Tätigkeitsstätte in Höhe von 130,00 EUR.

Wohnung: Andernach, Erste Tätigkeitsstätte: Koblenz, die einfache Entfernung beträgt 19 km.

Hinweis zur Berechnungen von Arbeitstagen

Viele Finanzämter fordern keine Berechnungen oder Nachweise, sondern akzeptieren gängige Berechnungen von Arbeitstagen:

- bei einer 4-Tage-Woche: 180 Arbeitstage.
- bei einer 5-Tage-Woche: 230 Arbeitstage.
- bei einer 6-Tage-Woche: 280 Arbeitstage.

Aus Vereinfachungsgründen gehen wir in unserem Übungsfall von 280 Arbeitstagen bei einer 6-Tage Woche aus (in Schaltjahren 281 Arbeitstage). Daraus ergibt sich folgende Rechnung: 280 Tage geteilt durch 12 Monate ergibt 23,33 monatliche Arbeitstage. Diese werden auf 23 Tage abgerundet.

Manche Finanzämter erkennen allerdings nur 220 Tage bei einer 5-Tage Woche an. Das Finanzgericht München hat hier genau nachgerechnet und bestätigt, dass die Finanzämter 230 Tage abhaken sollten. Die Richter ziehen von 365 Tagen im Jahr 104 Samstage und Sonntage sowie 11 Feiertage ab. Weiterhin werden noch 20 Urlaubstage abgezogen, bleiben genau 230 Arbeitstage übrig. In Schaltjahren sind es 231 Arbeitstage (FG München vom 12.12.2008, 13 K 4371/07, rkr.).

Um den Fahrtkostenzuschuss von Herrn Wolfgang Weber zu erfassen, gehen Sie wie folgt vor:

1 Öffnen Sie den Mitarbeiter Herrn Wolfgang Weber.

2 Wählen Sie den Menüpunkt *Erfassen* ▶ *Stammdaten* ▶ *Besonderheiten* ▶ *Fahrtkostenzuschuss* oder öffnen Sie in der Übersicht den Ordner *Besonderheiten* und klicken anschließend doppelt auf den Eintrag *Fahrtkostenzuschuss.*

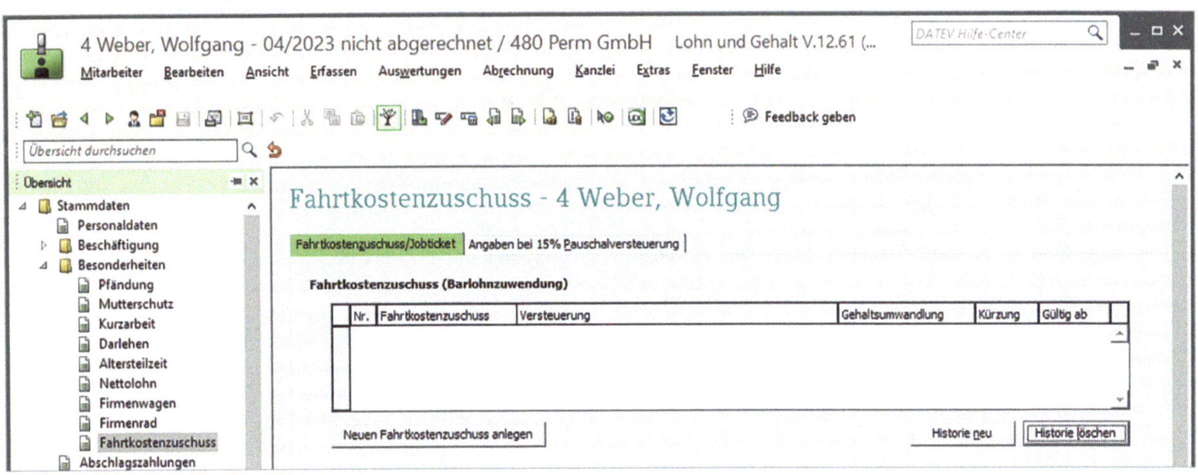

Bild 11.10 Fahrtkostenzuschuss

3 Klicken Sie auf die Schaltfläche *Neuen Fahrtkostenzuschuss anlegen* und geben Sie im Feld *Fahrtkostenzuschuss* den Betrag in Höhe von 130,00 EUR ein, *Gültig ab* wird automatisch mit *04/2023* belegt (Bild 11.11).

Hinweis: Im Auswahlfeld *Kürzung* kann ausgewählt werden, wie der geldwerte Vorteil für den Fahrtkostenzuschuss im Teilmonat oder im voll unterbrochenen Monat abgerechnet werden soll. In unserem Fall übernehmen wir den Standardeintrag *im Teilmonat nicht kürzen und im Ausfallmonat kürzen*.

4 Im Auswahlfeld *Versteuerung* übernehmen Sie, wie in Bild 11.11 dargestellt, den Eintrag *15% pauschal (max. in Höhe Entf.pauschale / Kosten ÖPV)*.

Bild 11.11 Fahrtkostenzuschuss 15% pauschal

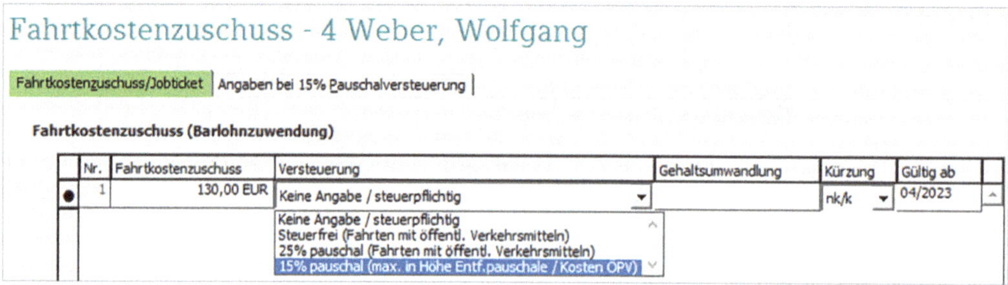

Bild 11.12 Angaben Entfernungspauschale

5 Klicken Sie auf das Register *Angaben bei 15% Pauschalversteuerung* und klicken Sie im nachfolgenden Hinweisfenster auf die Schaltfläche *OK*. Wählen Sie im Auswahlfeld *Ermittlung der Pauschalversteuerung* den Eintrag *Entfernungspauschale* aus. *Gültig ab* wird hierbei automatisch mit *04/2023* belegt (Bild 11.12).

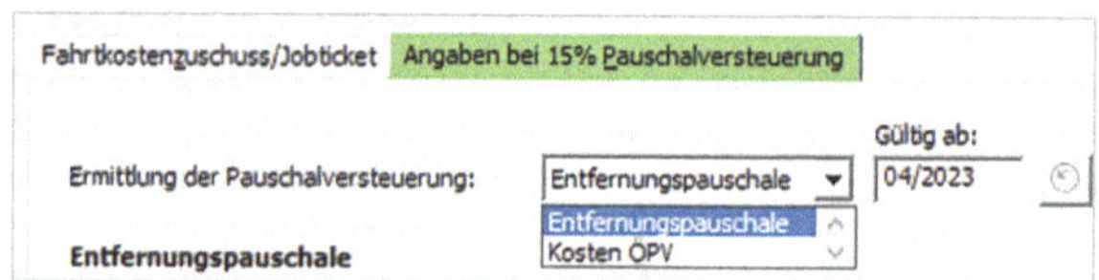

6 Für nähere Angaben zur Pauschalversteuerung klicken Sie unterhalb der Liste *Entfernungspauschale Fahrtstrecke 1* auf die Schaltfläche *Zeile neu*.

7 Geben Sie im Feld *einfache Entfernung* die Entfernung zwischen Wohnort (Andernach) und erster Tätigkeitsstätte (Koblenz) von 19 km ein. Im Auswahlfeld wählen Sie die Option *Gesamtstrecke* und geben daneben 23 Arbeitstage ein. Im Feld *Verkehrsmittel* wählen Sie PKW aus und geben zuletzt im Feld *Gültig ab* 04/2023 ein (Bild 11.13).

Bild 11.13 Fahrtstrecke 1

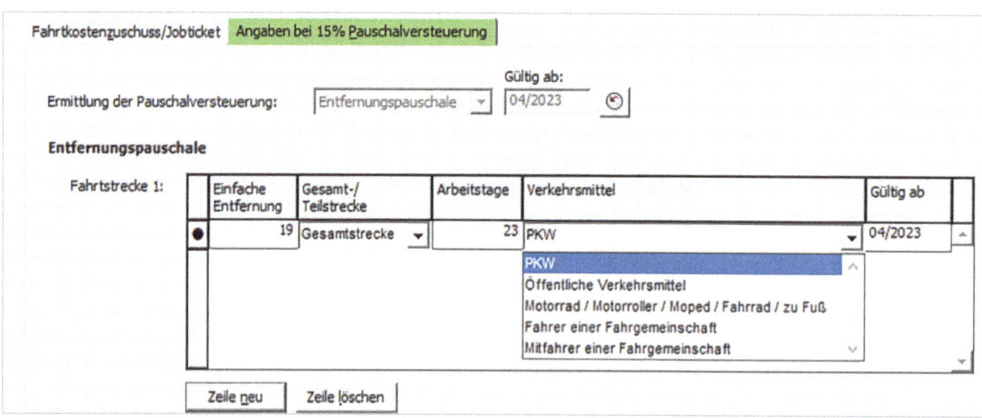

Hinweis: *Teilstrecke* kann ausgewählt werden, wenn die volle Entfernung Wohnung/Tätigkeitsstätte in zwei Teilstrecken aufgeteilt ist. Im Feld *Einfache Entfernung* ist dann jeweils eine Teilstrecke erfasst. Für die Entfernungspauschale werden die Kilometer aus Fahrtstrecke 1 und Fahrtstrecke 2 addiert.

8 Die Angaben für den Fahrtkostenzuschuss sind damit hinterlegt. Speichern Sie die Einstellungen, indem Sie auf das Symbol F*ensterinhalt speichern* klicken.

9 Klicken Sie auf das Symbol *Probeabrechnung durchführen* und anschließend auf *OK*. Die Probeabrechnung für Herrn Weber, Monat April 2023, mit dem Fahrtkostenzuschuss wird in der Seitenansicht angezeigt (Bild 11.14).

Abrechnung der Brutto/Netto-Bezüge für April 2023 — BZ1 129805/ 480/00004 — 30.11.2023 Blatt: 1

Personal-Nr.	Geburtsdatum	StKl	Faktor	Ki.Frbtr.	Konfession	Freibetrag jährl.[1]	Freibetrag mtl.[1]	DBA	Midijob	St.-Tg.	VJ Url. üb.	Url. Anspr.	Url.Tg.gen.	Resturlaub
00004	250473	3		20	ev/ev					30	200	2900		3100

SV-Nummer	Krankenkasse	KK %[8]	PGRS	BGRS	Um.	SV-Tg.	Anw. Tage	Urlaub Tage	Krankh. Tg.	Fehlz. Tage
63250473S226	BKK Continentale	160	101	1111	1	30				

Probeabrechnung

Eintritt	Austritt	Anw. Std.	Urlaub Std.	Krankh. Std.	Fehlz. Std.
010310					

Steuer-ID	MFB[7]		Zeitlohn Std.	Überstd.	Bez. Std.
81649307293			15100	800	17300

Perm GmbH•Löhrstraße 45•56068 Koblenz

•Pers.-Nr. 00004• B/N BZ1 00480

Hinweise zur Abrechnung
Kst. 3000 Wöch.Arb.Zt. 40,00
Std.lohn 1 22,75

Wolfgang Weber
Hoher Weg 5
56626 Andernach

Brutto-Bezüge

Lohnart	Bezeichnung	Einheit[2]	Menge[3]	Faktor[3]	Prozentsatz	St[4]	SV[4]	GB[5]	Betrag
1000	Stundenlohn lt. Tarif	Std	151,00	25,00		L	L	J	3.775,00
1012	Feiertagslohn	Std	14,00	25,00		L	L	J	350,00
1200	Überstundenzuschlag, 25%	Std	8,00	25,00	25,00	L	L	J	50,00
1300	Überstd.grundverg.+ FLA (25%)	Std	8,00	25,00		L	L	J	200,00
2 2951	Fahrtkostenzuschuss, p.St.					1 P	F	J	130,00
3100	AG-Anteil VWL,lfd					L	L	J	10,00

Gesamt-Brutto 4.515,00

Steuer/Sozialversicherung

St[4]	Steuer-Brutto	Lohnsteuer	Kirchensteuer	Solidaritätszuschlag	Steuerrechtliche Abzüge
L	4.38500	36033	209		362,42

SV[4]	KV-Brutto	RV-Brutto	AV-Brutto	PV-Brutto	KV-Beitrag	RV-Beitrag	AV-Beitrag	PV-Beitrag[6]	SV-rechtliche Abzüge
L	4.38500	4.38500	4.38500	4.38500	35081	40781	5701	6687	882,50

Netto-Verdienst 3.270,08

Verdienstbescheinigung

Gesamt-Brutto	16.77881	SV-Brutto	16.64881
Steuer-Brutto	16.64881	KV-Beitrag	1.33191
Lohnsteuer	1.25716	RV-Beitrag	1.54834
Kirchensteuer	484	AV-Beitrag	21644
Solidaritätszuschlag		PV-Beitrag	25389
Steuerfreie Bezüge		VWL gesamt	8000
P. verst. Zuk.sich.		Kug-Auszahlung	
Pfändung Rest			
Darlehen Rest			

Netto-Bezüge/Netto-Abzüge

Lohnart	Bezeichnung	Betrag
9840	VWL	20,00-

Bank	Postbank Ndl Deutsche Ba	SV-AG-Anteil	Zus. AG-Kosten	Gesamtkosten	Auszahlungsbetrag
Konto	DE28 3701 0050 0500 5XXX XX	88250			3.250,08

1 H = Hinzurechnungsbetrag
2 Std = Stunden, T = Tage, Km = Kilometer, St = Stück EUR = Euro, Tsd = Tausend Euro, Mio = Million Euro
3 Gegebenenfalls Netto-Lohn/Netto-Stundenlohn
4 L = Laufender Bezug, S = Sonstiger Bezug, F = Frei, E = Einmalbezug, P = Pauschalierung, A = Abfindung, M = mehrjährige Versteuerung, N = Nachberechnung V = Vorjahr, W = Entgeltguthaben
5 J = Bestandteil des Gesamt-Bruttos
6 Z = Einschl. Beitragszuschlag zur PV für Kinderlose
7 MFB = Mehrfachbeschäftigung
8 Maßgeblicher Beitragssatz zur KV inkl. Zusatzbeitrag

AFP Form.-Nr. PCGN14 - Dies ist eine Entgeltbescheinigung nach § 108 Abs. 3 Satz 1 der Gewerbeordnung -

DATEV

PROBEABRECHNUNG

Bild 11.14 Probeabrechnung mit Fahrtkostenzuschuss

1 Angaben zu Pauschalversteuerung und Sozialversicherung: P = pauschalversteuert, F = Sozialversicherungsfrei

2 Fahrtkostenzuschuss pauschale Steuern Arbeitgeber, Lohnart 2951

10 Schließen Sie dann die Probeabrechnung wieder.

Hinweis: Im Verarbeitungsprotokoll erhalten Sie einen Hinweis, dass wir den Fahrtkostenzuschuss erst ab April 2023 abrechnen und nicht ganzjährig. Dies nehmen Sie bitte zur Kenntnis. In unserem Fall Perm GmbH gehen wir davon aus, dass der pauschalierte Betrag des Fahrtkostenzuschusses der jahresbezogenen Günstigerprüfung entspricht. Schließen Sie dann das Verarbeitungsprotokoll mit Klick auf das Symbol *Schließen* ✖.

Die Lösungen finden Sie im Lösungsbuch

Übung: Fahrtkostenzuschuss erfassen

Aufgabe 1

Frau Marion Wegmann erhält ebenfalls ab April 2023 einen Fahrtkostenzuschuss für die Fahrten zwischen Wohnung und erster Tätigkeitsstätte in Höhe von 120,00 EUR. Erfassen Sie den Fahrtkostenzuschuss.

Wohnung	Neuwied
Erste Tätigkeitsstätte	Koblenz
Verkehrsmittel	PKW
Einfache Entfernung	19 km
Gesamt-/Teilstrecke	Gesamtstrecke
Durchschnittliche Arbeitstage pro Monat	23
Gültig ab	04/2023
Angaben zur Pauschalversteuerung	Entfernungspauschale

Aufgabe 2

Überprüfen Sie die Abrechnung in einer Probeabrechnung.

Schließen Sie anschließend die Probeabrechnung und die Mitarbeiterin.

11.3 Urlaub und Ausfallzeiten erfassen

Kalenderdaten über den Mitarbeiterkalender erfassen

Mit Hilfe des Kalenders können Sie statistische Bewegungsdaten, zum Beispiel Urlaub und Bewegungsdaten, die aufgrund von Ausfällen resultieren, etwa zum Beispiel Krankheit und viele weitere erfassen. Dabei ist es möglich, den Ausfallgrund und die Lohnart für den Ausfall zu hinterlegen und diese in die Abrechnung entweder statistisch oder abrechnungstechnisch einfließen zu lassen.

Ausgangssituation
Herr Walther Vogel hat vom 11.04. bis einschließlich 15.04.2023 Erholungsurlaub. Dieser Urlaub soll jetzt über den Kalender des Mitarbeiters erfasst werden.

Um den Urlaub über den Kalender einzugeben, gehen Sie wie folgt vor:

1 Öffnen Sie den Mitarbeiter *Herrn Walther Vogel*.

2 Wählen Sie den Menüpunkt *Erfassen* ▶ *Bewegungsdaten* ▶ *Kalender* oder öffnen Sie in der Übersicht den Ordner *Bewegungsdaten* und klicken anschließend doppelt auf den Eintrag *Kalender* oder klicken Sie auf das Symbol *Kalendererfassung öffnen*.

Der Kalender von Walther Vogel mit dem Monat April 2023 und allen Kalendertagen wird angezeigt. Im unteren Bereich des Fensters sehen Sie statistische Daten zum Mitarbeiter (Bild 11.15).

Folgende Symbole stehen im Kalender zur Verfügung:

	Neue Zeile	Eine neue Buchungszeile anlegen. Diese wird automatisch mit dem nächsten Arbeitstag (Tag mit regelmäßiger Arbeitszeit) vorbelegt.
	Zeile löschen	Löscht die Zeile, in der sich der Cursor befindet.
	Zeitraum erfassen	Öffnet das Dialogfenster *Zeitraum buchen*. Sie erfassen dort für einen Ausfallschlüssel den Zeitraum und die entsprechende Buchung.
	Statistik	Über dieses Symbol erhalten Sie eine Aufstellung aller Buchungen eines Monats, eine Gegenüberstellung der Ist- und Soll-Zeiten, die Summen pro gebuchtem Ausfallschlüssel sowie eine Urlaubsübersicht.

Tipp: Wenn Sie mit der Maus auf die Symbole *Neue Zeile*, *Zeile löschen* und *Zeitraum erfassen* zeigen, wird die Tastenkombination für den Befehl (z. B. *Neue Zeile* = Strg + Einfg) angezeigt.

Bild 11.15 Kalender Walther Vogel

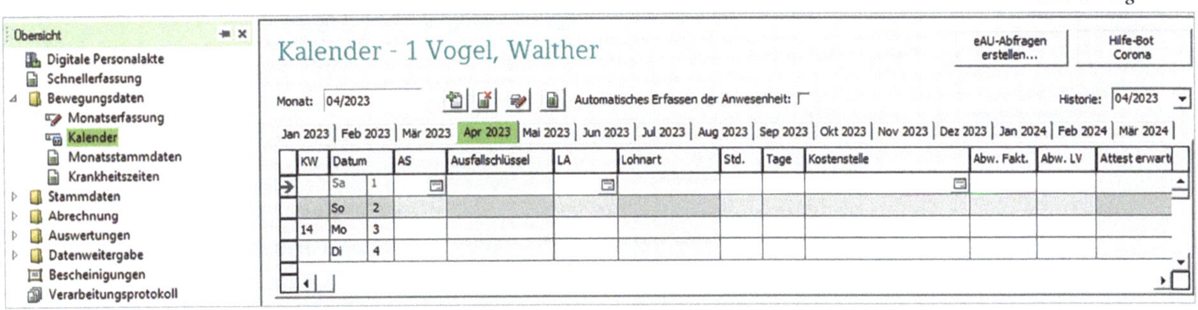

3 Um den Urlaub von Herrn Vogel zu erfassen, klicken Sie auf das Symbol *Zeitraum erfassen*.

4 Das Dialogfenster *Zeitraum erfassen* öffnet sich. Geben Sie im Feld *Datum von* den ersten Urlaubstag, den 11.04.2023 ❶ ein und im Feld *Datum bis* als letzten Urlaubstag den 15.04.2023 (Bild 11.16) .

Tipp: Wenn Sie im Feld *Datum von* die Zahl 11 eingeben, wird das Feld automatisch mit dem Datum 11.04.2023 belegt. Genauso verhält sich dies auch beim Feld *Datum bis*. Geben Sie dort die Zahl 15 ein, wird das Feld mit dem Datum 15.04.2023 belegt.

5 Im nächsten Schritt geben Sie den Ausfallgrund für diesen Zeitraum an, dazu klicken Sie im Feld *Ausfallschlüssel* auf das Symbol *Ausfallschlüssel auswählen* ❷.

6 Im Fenster *Ausfallschlüssel auswählen* kann jetzt der Ausfallgrund gesucht und ausgewählt werden. Klicken Sie auf den Ausfallschlüssel *U* (Urlaub) ❸ und übernehmen diesen mit Klick auf die Schaltfläche *OK* (Bild 11.16).

Bild 11.16 Urlaub erfassen

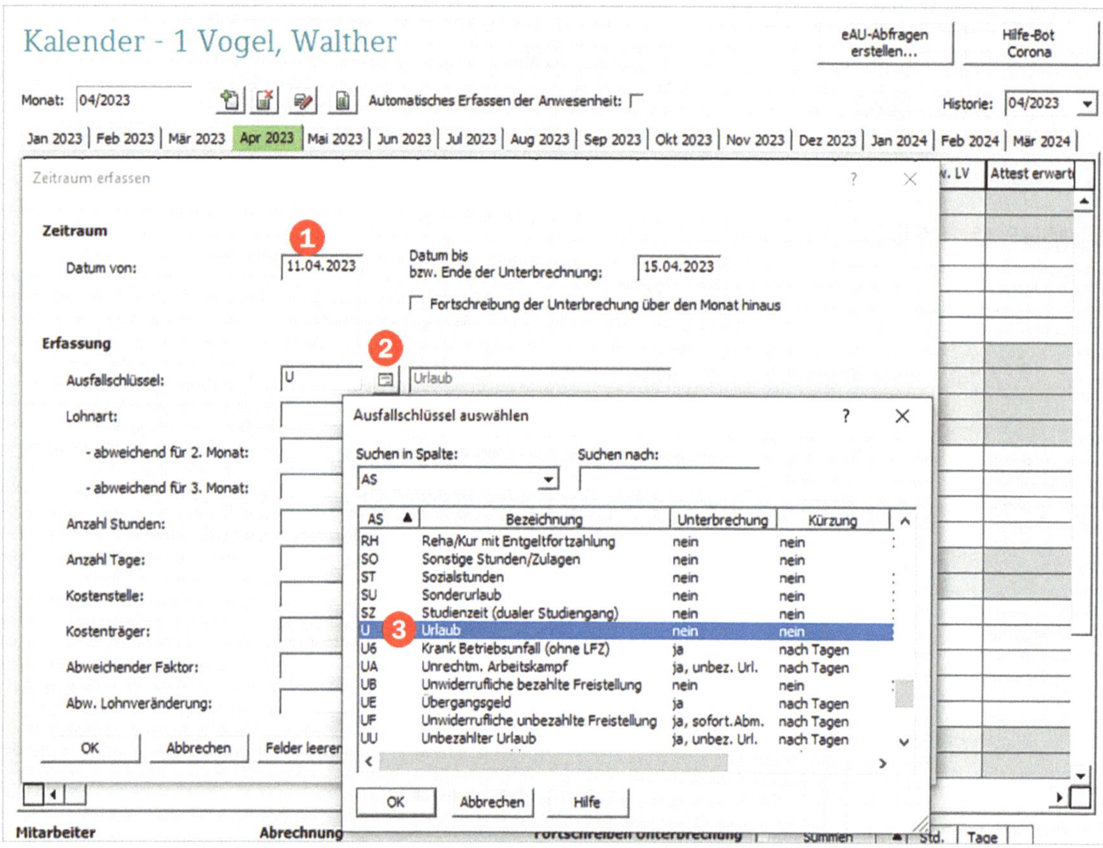

7 Damit ist der Ausfallgrund hinterlegt. Über die verschiedenen zusätzlichen Felder können ggf. noch weitere Angaben für die Kalenderbuchung erfasst werden. Übernehmen Sie die Einstellungen, indem Sie auf die Schaltfläche *OK* klicken.

Die Urlaubstage von Herrn Walther Vogel sind damit im Kalender eingetragen. Im Statistikblock ❹ wird angezeigt, dass 5 Tage vom Urlaubsanspruch abgezogen werden.

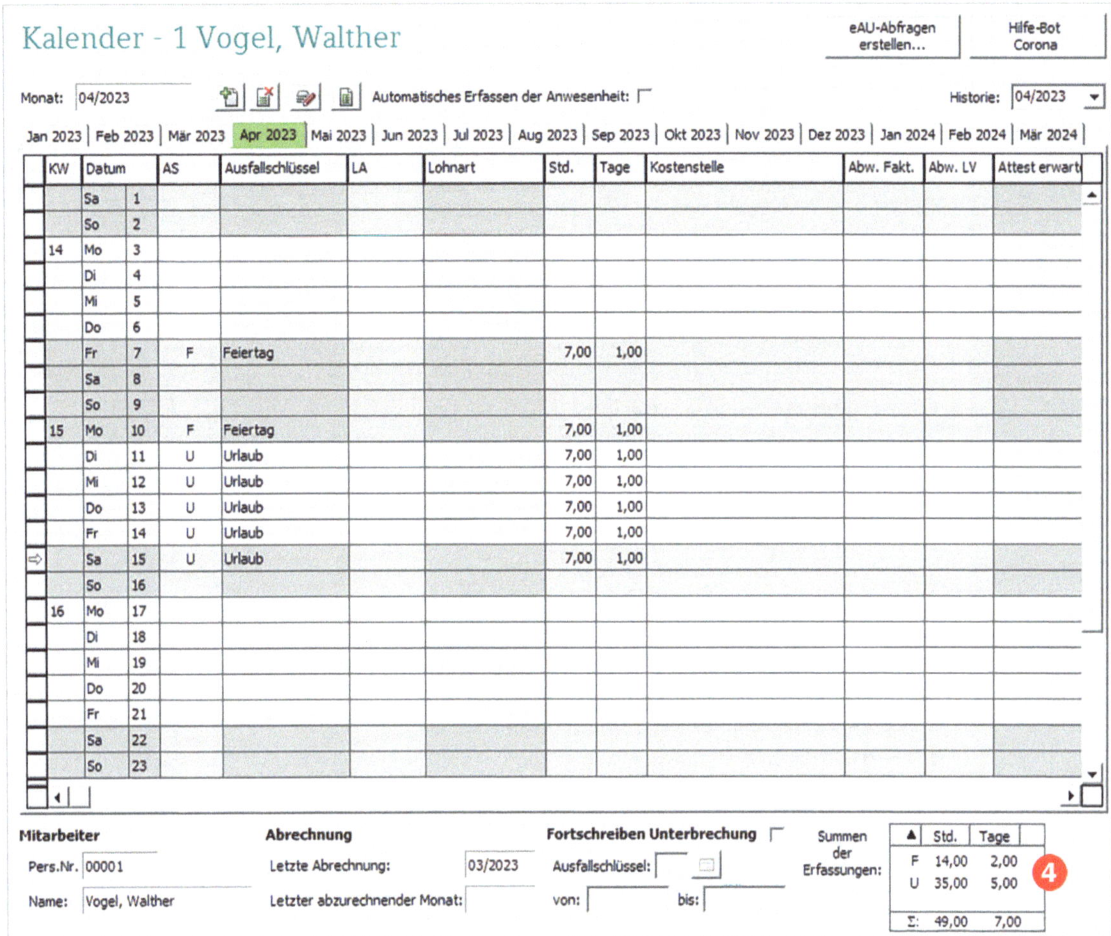

Bild 11.17 Urlaubstage im Kalender

Tipp: Haben Sie einen Urlaubstag vergessen, können Sie diesen Urlaubstag, z. B. den 17.04.2023 über das Symbol *Neue Zeile* mit dem Ausfallschlüssel U (Urlaub) erfassen. Haben Sie versehentlich einen Urlaubstag zu viel angegeben, können Sie den Urlaubstag über das Symbol *Zeile löschen* wieder löschen.

8 Wenn die Feiertage in der Statistik ausgewiesen werden sollen, muss für die Feiertage der Ausfallschlüssel (AS) mit F belegt werden. Bitte geben Sie für den 07.04. und 10.04.2023 den Ausfallschlüssel F für Feiertag ein.

9 Klicken Sie auf das Symbol *Statistik*. Damit erhalten Sie für Herrn Vogel eine Gegenüberstellung der Ist- und Soll-Zeiten, die Summen der Urlaubs- und Feiertage sowie eine Urlaubsübersicht.

Im oberen Block erhalten Sie die erfassten Urlaubstage und die Ist- und Sollzeiten. Im unteren Teil werden die erfassten Urlaubstage mit dem Ausfallschlüssel und die Urlaubsstatistik mit dem Resturlaubsanspruch aufgelistet (Bild 11.18 auf der nächsten Seite).

Berater: 129805 Mandant: 480 PNr.: 00001 Perm GmbH VKZ: 000 Datum: 06.12.2023
Abt: Kost: 2000 Löhrstraße 45 Seite 1
BS: Perm GmbH 56068 Koblenz

Kalender (ermittelt aus eingegebenen Kalenderdaten) April 2023

für Vogel, Walther

Kalendertage mit entsprechenden Ausfallschlüsseln

KW	Datum	Ausfallschlüssel/-bezeichnung	Lohnart	Std.	Tage	Kostenstelle	abw. Faktor	abw. Lohnv.
14	Fr 07	F Feiertag		7,00	1,00			
15	Mo 10	F Feiertag		7,00	1,00			
	Di 11	U Urlaub		7,00	1,00			
	Mi 12	U Urlaub		7,00	1,00			
	Do 13	U Urlaub		7,00	1,00			
	Fr 14	U Urlaub		7,00	1,00			
	Sa 15	U Urlaub		7,00	1,00			

IST-/SOLL-Zeiten

IST-Stunden:	49,00	SOLL-Stunden:	175,00
IST-Tage:	7,00	SOLL-Tage:	25,00

Summe Ausfallschlüssel

Ausfallschlüssel	Summe Stunden	Summe Tage
F Feiertag	14,00	2,00
U Urlaub	35,00	5,00

Urlaub

Urlaubsanspruch für das Jahr: 2023

Urlaubsanspruch für laufendes Jahr:	29,00
Resturlaub aus Vorjahr:	1,00
Urlaub nachberechnet Vorjahr:	0,00
Urlaub Vorjahr verfallen:	0,00
Gesamturlaubsanspruch:	30,00

Resturlaubsansprüche laufendes Jahr

Genommener Urlaub:	5,00
Resturlaub:	25,00

AP Form.

Bild 11.18 Walther Vogel: Statistik

10 Klicken Sie anschließend auf die Schaltfläche *Schließen* und schließen Sie zuletzt auch das Fenster *Kalender*.

Übung: Urlaubstage über die Mitarbeiterebene erfassen

Die Lösungen finden Sie im Lösungsbuch

Aufgabe 1

Frau Sabine Müller hat vom 03.04.2023 bis einschließlich 06.04.2023 Erholungsurlaub. Erfassen Sie den Urlaub über den Kalender der Mitarbeiterin.

Aufgabe 2

Frau Sabine Müller hat nach der Erfassung des Urlaubs einen Restanspruch von insgesamt 20 Tagen. Prüfen Sie über die Statistik den Restanspruch.

Aufgabe 3

Schließen Sie anschließend den Kalender und die Mitarbeiterebene von DATEV Lohn und Gehalt.

Kalenderdaten über den Mandantenkalender erfassen

Natürlich können Sie die Bewegungsdaten im Kalender auch über die Mandantenebene erfassen. Dies hat den Vorteil, dass Sie bei Mehrfacherfassungen nicht zwischen den einzelnen Mitarbeitern wechseln müssen.

> **Ausgangssituation**
> Die Auszubildende Frau Jeanette Beier hat vom 11.04.2023 bis einschließlich 21.04.2023 Erholungsurlaub. Dieser Erholungsurlaub soll jetzt über den Mandantenkalender erfasst werden.

Um den Erholungsurlaub für Jeanette Beier über die Mandantenebene zu erfassen, gehen Sie wie folgt vor:

1 Wählen Sie den Menüpunkt *Erfassen* ▶ *Bewegungsdaten* ▶ *Stapelerfassung Kalender* oder öffnen Sie in der Übersicht den Ordner *Bewegungsdaten* und klicken anschließend doppelt auf den Eintrag *Stapelerfassung Kalender* oder klicken Sie auf das Symbol *Kalendererfassung öffnen* .

2 Das Eingabeformular für die Kalendererfassung mit den bisher erfassten Urlaubstagen der Mitarbeiter 1, Walther Vogel und 2, Sabine Müller wird angezeigt (Bild 11.19).

Bild 11.19 Stapelerfassung Kalender

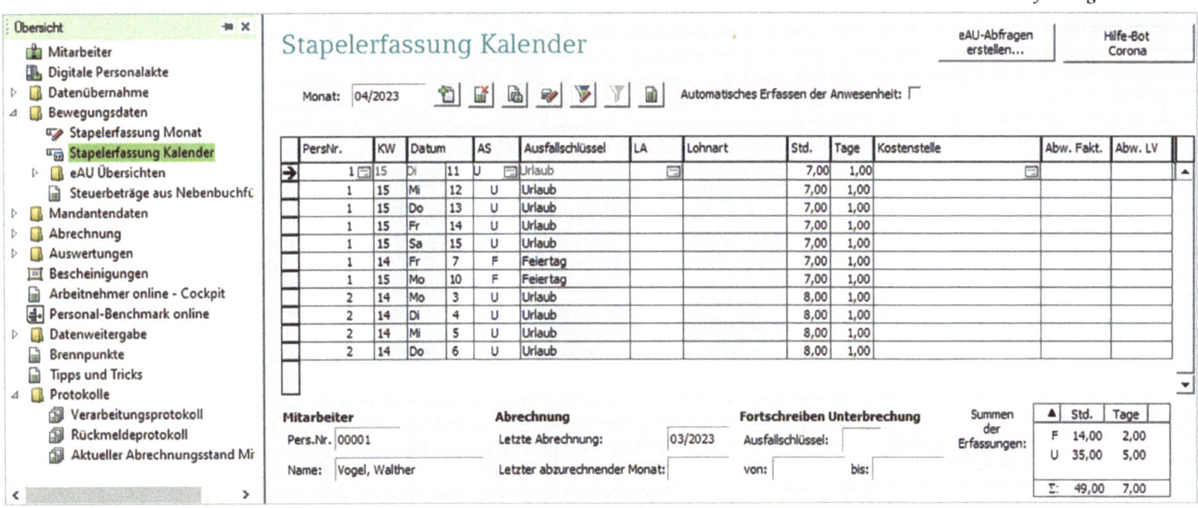

3 Zusätzlich zu den, vom Kalender auf Mitarbeiterebene bekannten Symbolen, stehen Ihnen hier zwei weitere zur Verfügung:

- Das Symbol *Erfassungen auf andere Mitarbeiter kopieren* öffnet das gleichnamige Dialogfenster. Hier können Sie die erfassten Buchungen eines Mitarbeiters auf einen oder mehrere Mitarbeiter kopieren.
- Das Symbol *Liste filtern* öffnet ein Dialogfenster in dem Sie den Umfang der angezeigten Mitarbeiter bzw. der angezeigten Spalten in der Bewegungsdatenliste einschränken können.

4 Klicken Sie zunächst auf das Symbol *Neue Erfassung*. Eine leere Zeile wird am Ende der Liste angefügt. Klicken Sie nun auf das Symbol *Zeitraum erfassen*.

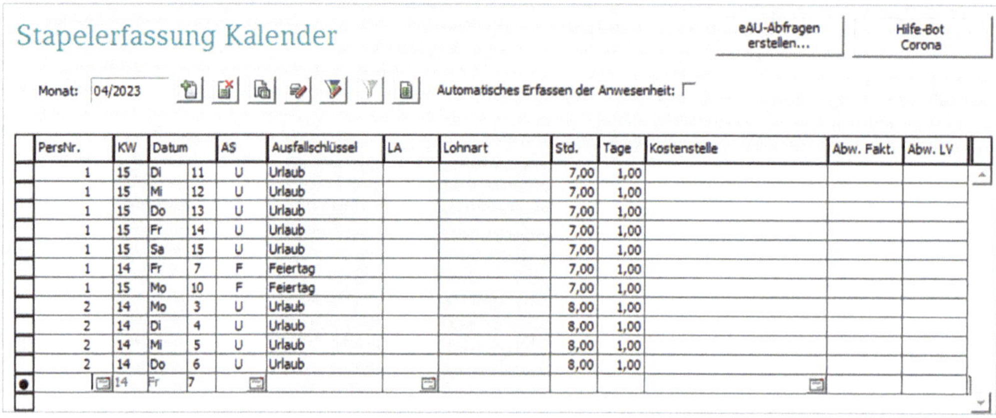

PersNr.	KW	Datum		AS	Ausfallschlüssel	LA	Lohnart	Std.	Tage	Kostenstelle	Abw. Fakt.	Abw. LV
1	15	Di	11	U	Urlaub			7,00	1,00			
1	15	Mi	12	U	Urlaub			7,00	1,00			
1	15	Do	13	U	Urlaub			7,00	1,00			
1	15	Fr	14	U	Urlaub			7,00	1,00			
1	15	Sa	15	U	Urlaub			7,00	1,00			
1	14	Fr	7	F	Feiertag			7,00	1,00			
1	15	Mo	10	F	Feiertag			7,00	1,00			
2	14	Mo	3	U	Urlaub			8,00	1,00			
2	14	Di	4	U	Urlaub			8,00	1,00			
2	14	Mi	5	U	Urlaub			8,00	1,00			
2	14	Do	6	U	Urlaub			8,00	1,00			
	14	Fr	7									

Bild 11.20 Neue Erfassung

5 Das Fenster *Zeitraum erfassen* öffnet sich. Im ersten Schritt muss der Mitarbeiter ausgewählt werden. Klicken Sie beim Feld *Personalnummer* auf das Symbol *Mitarbeiter auswählen*, wählen Sie die Mitarbeiterin *00005 Beier Jeanette* aus (Bild 11.21) und übernehmen Sie die Mitarbeiterin mit Klick auf die Schaltfläche *OK*.

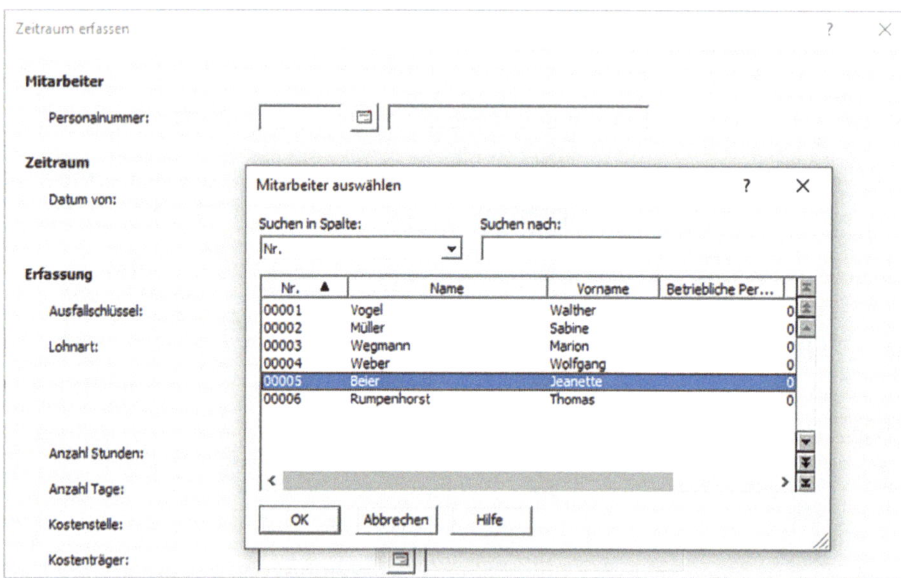

Bild 11.21 Mitarbeiter auswählen

6 Geben Sie im Feld *Datum von* für den ersten Urlaubstag eine 11 für den 11.04.2023 und im Feld *Datum bis* eine 21 für den 21.04.2023, den letzten Urlaubstag ein.

7 Im Feld *Ausfallschlüssel* geben Sie ein U für Urlaub ein.

8 Weitere Angaben sind für die Erfassung des Urlaubs von Frau Beier nicht erforderlich. Übernehmen Sie die Eingaben mit Klick auf die Schaltfläche *OK*.

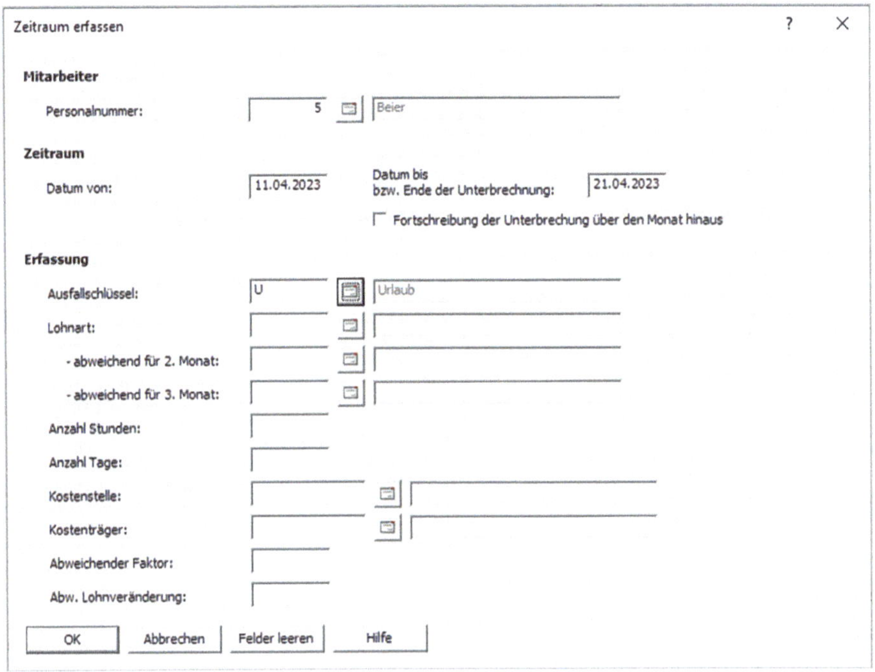

Bild 11.22 Zeitraum erfassen

Der Erholungsurlaub der Auszubildenden Jeanette Beier, Personalnummer 5 ist damit über den Mandantenkalender erfasst. Im unteren Teil und im Statistikblock werden jetzt die Mitarbeiterin und die Statistik für den erfassten Urlaub angezeigt (Bild 11.23).

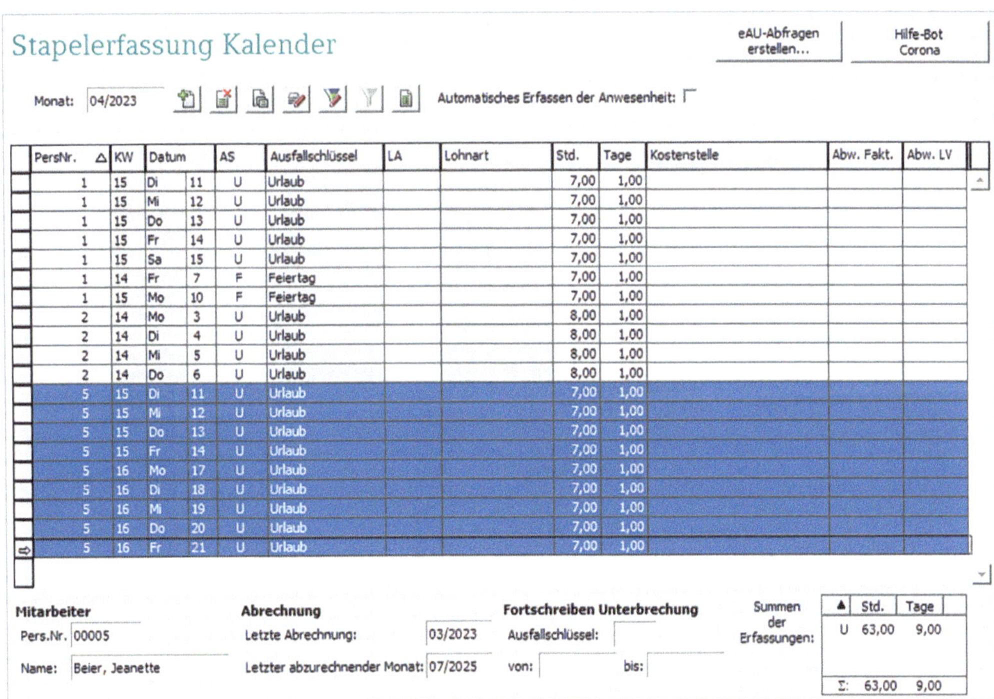

PersNr.	KW	Datum		AS	Ausfallschlüssel	LA	Lohnart	Std.	Tage	Kostenstelle	Abw. Fakt.	Abw. LV
1	15	Di	11	U	Urlaub			7,00	1,00			
1	15	Mi	12	U	Urlaub			7,00	1,00			
1	15	Do	13	U	Urlaub			7,00	1,00			
1	15	Fr	14	U	Urlaub			7,00	1,00			
1	15	Sa	15	U	Urlaub			7,00	1,00			
1	14	Fr	7	F	Feiertag			7,00	1,00			
1	15	Mo	10	F	Feiertag			7,00	1,00			
2	14	Mo	3	U	Urlaub			8,00	1,00			
2	14	Di	4	U	Urlaub			8,00	1,00			
2	14	Mi	5	U	Urlaub			8,00	1,00			
2	14	Do	6	U	Urlaub			8,00	1,00			
5	15	Di	11	U	Urlaub			7,00	1,00			
5	15	Mi	12	U	Urlaub			7,00	1,00			
5	15	Do	13	U	Urlaub			7,00	1,00			
5	15	Fr	14	U	Urlaub			7,00	1,00			
5	16	Mo	17	U	Urlaub			7,00	1,00			
5	16	Di	18	U	Urlaub			7,00	1,00			
5	16	Mi	19	U	Urlaub			7,00	1,00			
5	16	Do	20	U	Urlaub			7,00	1,00			
5	16	Fr	21	U	Urlaub			7,00	1,00			

Bild 11.23 Der erfasste Urlaub

Tipp: Mit Klick auf die Zeilenköpfe der Mitarbeiterin Beier können die einzelnen Urlaubstage markiert und die Summe der Erfassungen abgelesen werden, wie im Bild 11.23 oben.

9 Um eine detailliertere Übersicht zu erhalten, klicken Sie auf das Symbol *Statistik*, wählen die Mitarbeiterin Jeanette Beier aus und klicken auf *OK*.

Im oberen Teil (Bild 11.24) werden die Urlaubstage sowie die Stunden und Tage aufgeführt. Im unteren Bereich erhalten Sie die Auflistung der Ist-/Soll-Zeiten und die Aufstellung zum Urlaub. Frau Jeanette Beier hat einen Resturlaubsanspruch von insgesamt 16 Tagen.

Bild 11.24 Statistik Jeanette Beier

Kalender (ermittelt aus eingegebenen Kalenderdaten) April 2023

für Beier, Jeanette

Kalendertage mit entsprechenden Ausfallschlüsseln

KW	Datum	Ausfallschlüssel/-bezeichnung	Lohnart	Std.	Tage	Kostenstelle	abw. Faktor	abw. Lohnv.
15	Di 11	U Urlaub		7,00	1,00			
	Mi 12	U Urlaub		7,00	1,00			
	Do 13	U Urlaub		7,00	1,00			
	Fr 14	U Urlaub		7,00	1,00			
16	Mo 17	U Urlaub		7,00	1,00			
	Di 18	U Urlaub		7,00	1,00			
	Mi 19	U Urlaub		7,00	1,00			
	Do 20	U Urlaub		7,00	1,00			
	Fr 21	U Urlaub		7,00	1,00			

IST-/SOLL-Zeiten

IST-Stunden:	63,00	SOLL-Stunden:	140,00
IST-Tage:	9,00	SOLL-Tage:	20,00

Summe Ausfallschlüssel

Ausfallschlüssel	Summe Stunden	Summe Tage
U Urlaub	63,00	9,00

Urlaub

Urlaubsanspruch für das Jahr: 2023

Urlaubsanspruch für laufendes Jahr:	24,00
Resturlaub aus Vorjahr:	1,00
Urlaub nachberechnet Vorjahr:	0,00
Urlaub Vorjahr verfallen:	0,00
Gesamturlaubsanspruch:	25,00

Resturlaubsansprüche laufendes Jahr

Genommener Urlaub:	9,00
Resturlaub:	16,00

10 Klicken Sie anschließend auf die Schaltfläche *Schließen*.

Tipp: Mit Klick auf das Symbol *Neue Erfassung* können Sie für einen Mitarbeiter die Urlaubstage auch direkt in der Zeile erfassen. Hierzu sind bei Gehaltsempfängern Eingaben in den Spalten *PersNr.* (Personalnummer), *Datum* und *Ausfallschlüssel* erforderlich (Bild 11.25). Über das Symbol *Erfassung löschen* können Sie falsch erfasste Urlaubstage löschen.

Bild 11.25 Urlaubstage in der Erfassungszeile eingeben

Stapelerfassung Kalender

eAU-Abfragen erstellen... | Hilfe-Bot Corona

Monat: 04/2023 Automatisches Erfassen der Anwesenheit:

PersNr.	KW	Datum		AS	Ausfallschlüssel	LA	Lohnart	Std.	Tage	Kostenstelle	Abw. Fakt.	Abw. LV
1	15	Di	11	U	Urlaub			7,00	1,00			
1	15	Mi	12	U	Urlaub			7,00	1,00			
1	15	Do	13	U	Urlaub			7,00	1,00			
1	15	Fr	14	U	Urlaub			7,00	1,00			
1	15	Sa	15	U	Urlaub			7,00	1,00			
1	14	Fr	7	F	Feiertag			7,00	1,00			
1	15	Mo	10	F	Feiertag			7,00	1,00			
2	14	Mo	3	U	Urlaub			8,00	1,00			
2	14	Di	4	U	Urlaub			8,00	1,00			
2	14	Mi	5	U	Urlaub			8,00	1,00			
2	14	Do	6	U	Urlaub			8,00	1,00			
	14	Fr	7									

Übung: Urlaubstage über die Mandantenebene erfassen

Aufgabe 1

- Für Herrn Walther Vogel liegt Ihnen ein geänderter Urlaubsantrag vor. Er hat vom 26.04.2023 bis einschließlich 29.04.2023 zusätzlich Urlaub. Erfassen Sie die vier zusätzlichen Urlaubstage auf der Mandantenebene über die Stapelerfassung Kalender.

Aufgabe 2

- Prüfen Sie anhand einer Probeabrechnung von Herrn Walther Vogel für den Monat April 2023 die Angaben zum genommenen Urlaub in der Gehaltsabrechnung.
- Schließen Sie anschließend die Seitenansicht und den Mandantenkalender.

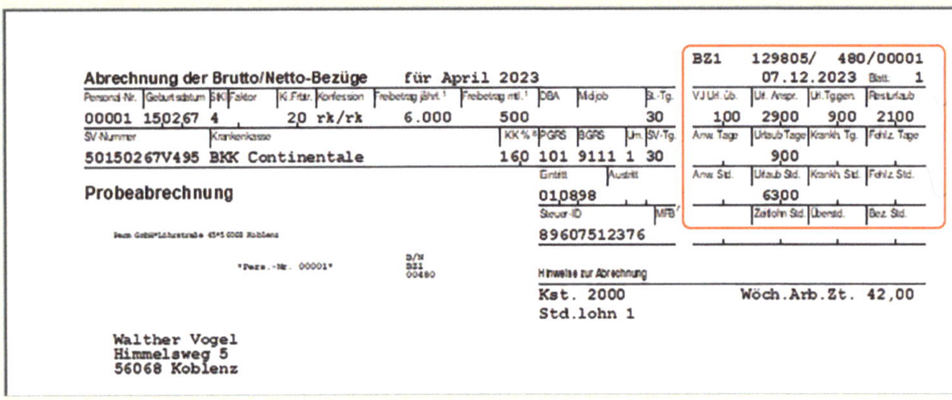

Die Lösung zu Aufgabe 1 finden Sie im Lösungsbuch

Urlaubstage bei Zeitlohnempfängern erfassen

Zeitlohnempfänger erhalten natürlich ebenfalls bezahlten Urlaub. Die Urlaubstage können über die Kalendererfassung auf Mandanten- oder Mitarbeiterebene erfasst werden.

Ausgangssituation

Herr Thomas Rumpenhorst hat vom 14.04.2023 bis einschließlich 15.04.2023 Urlaub. Dieser Urlaub ist nachfolgend über die Kalendererfassung auf Mitarbeiterebene einzutragen.

Zur Erfassung des Urlaubs von Herrn Thomas Rumpenhorst gehen Sie wie folgt vor:

1. *Öffnen* Sie den Mitarbeiter Thomas Rumpenhorst und klicken in der Symbolleiste auf das Symbol *Kalendererfassung öffnen*. Der Kalender von Thomas Rumpenhorst mit dem aktuellen Monat, 04/2023 wird angezeigt (Bild 11.26).

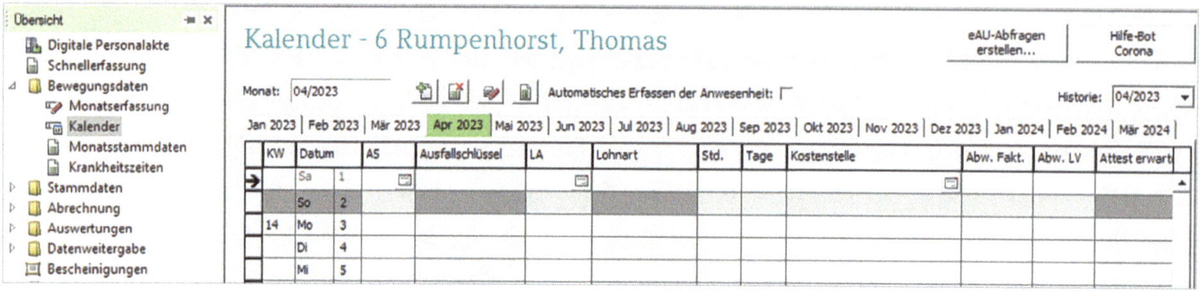

Bild 11.26 Thomas Rumpenhorst: Kalendererfassung

2 Klicken Sie auf das Symbol *Zeitraum erfassen*. Geben Sie den Urlaubszeitraum vom 14.04.2023 bis einschließlich 15.04.2023 ein. Im Feld *Ausfallschlüssel* geben Sie U für Urlaub ein.

! Bei Zeitlohnempfängern muss im Gegensatz zu Gehaltsempfängern eine Lohnart für den Urlaubslohn angegeben werden: Zur Bestimmung dieser Lohnart muss zwischen verschiedenen Urlaubsentgeltzahlungen bei Zeitlohnempfängern unterschieden werden. Laut § 11 Abs. 1 BUrlG richtet sich das Urlaubsentgelt nach dem durchschnittlichen Arbeitsverdienst.

> **§ 11 Urlaubsentgelt**
>
> *(1) Das Urlaubsentgelt bemisst sich nach dem durchschnittlichen Arbeitsverdienst, das der Arbeitnehmer in den letzten dreizehn Wochen vor dem Beginn des Urlaubs erhalten hat, mit Ausnahme des zusätzlich für Überstunden gezahlten Arbeitsverdienstes.*
>
> *Bei Verdiensterhöhungen nicht nur vorübergehender Natur, die während des Berechnungszeitraums oder des Urlaubs eintreten, ist von dem erhöhten Verdienst auszugehen. Verdienstkürzungen, die im Berechnungszeitraum infolge von Kurzarbeit, Arbeitsausfällen oder unverschuldeter Arbeitsversäumnis eintreten, bleiben für die Berechnung des Urlaubsentgelts außer Betracht.*

Das Urlaubsentgelt ist in unserem Übungsfall mit dem Normalstundensatz für den jeweiligen Zeitlohnempfänger zu erfassen, da bisher keine Verdiensterhöhungen bzw. Verdienstkürzungen eingetreten sind. Dies bedeutet, dass Normalstundenlohn und Durchschnittslohnsatz identisch sind. DATEV Lohn und Gehalt comfort bietet für diese Fälle verschiedene Lohnarten an.

Lohnart 1600, Urlaubslohn

Die Lohnart 1600, Urlaubslohn ist eine Standardlohnart für die Berechnung von Urlaubslohn von Zeitlohnempfängern. Die nachfolgende Tabelle zeigt die Funktionsweise der Lohnart.

Nr.	Bezeichnung	Lohnarten-kern	Faktorschlüssel	Steuer	SV	Lohnv. in %
1600	Urlaubslohn	AFZ01*	ST01	lfd.	lfd.	
	Eingabe:	Abzurechnende Urlaubsstunden in den Bewegungsdaten				
	Funktion:	Multiplikation der eingegebenen Stunden mit dem Stundenlohn 1				

*AFZ01 = Vergütungen für Ausfallzeiten (Std.)

Lohnart 1601, Urlaubsl., Std.,DU d. l. 3 Mon

Die Lohnart *1601, Urlaubsl., Std.,DU d. l. 3 Mon* ist eine Standardlohnart für die Berechnung von Urlaubslohn von Zeitlohnempfängern unter Berücksichtigung des Durchschnitts der letzten 3 Monate. Die erfassten Stunden werden mit dem Durchschnittsstundensatz der letzten 3 Monate multipliziert und der ermittelte Wert wird als laufender Bezug abgerechnet. Die nachfolgende Tabelle zeigt die Funktionsweise der Lohnart.

Nr.	Bezeichnung	Lohnarten-kern	Faktorschlüssel	Steuer	SV	Lohnv. in %
1601	Urlaubsl., Std.,DU d. l. 3 Mon	AFZ01*	DU01	lfd	lfd	
	Eingabe:	Abzurechnende Urlaubsstunden in den Bewegungsdaten				
	Funktion:	Multiplikation der eingegebenen Stunden mit dem Durchschnittslohn 1				

*AFZ01 = Vergütungen für Ausfallzeiten (Std.)

Hinweis: DATEV Lohn und Gehalt stellt für die Lohnart Urlaubslohn noch weitere Varianten des Urlaubslohns zur Verfügung z. B. *1602, Durchschnittslohn 1 Monat zeitversetzt*.

3 Klicken Sie bei der Erfassung der Urlaubstage von Thomas Rumpenhorst beim Feld *Lohnart* auf das Symbol *Lohnart auswählen*, wählen die Lohnart *1600, Urlaubslohn, Std* aus (Bild 11.27) und übernehmen Sie die Lohnart mit Klick auf die Schaltfläche *OK*.

Bild 11.27 Lohnart 1600 auswählen

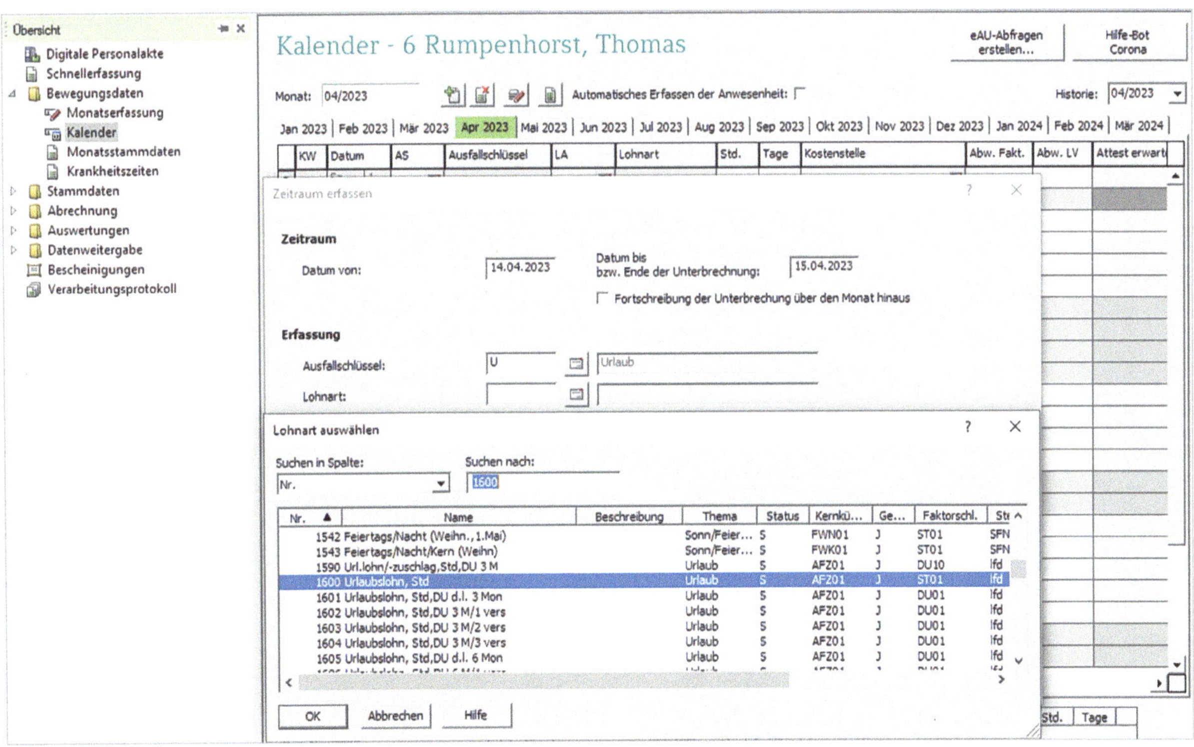

4 Damit sind alle erforderlichen Eingaben für den Urlaub von Herrn Rumpenhorst erfasst, klicken Sie zum Übernehmen auf die Schaltfläche *OK*.

5 Im unteren Bereich des Kalenders sehen Sie die bezahlten Stunden und die Urlaubstage (Bild 11.28). Um einen genaueren Überblick über die erfassten Urlaubstage von Herrn Thomas Rumpenhorst zu erhalten, klicken Sie auf das Symbol *Statistik*.

Bild 11.28 Die erfassten Urlaubsstunden

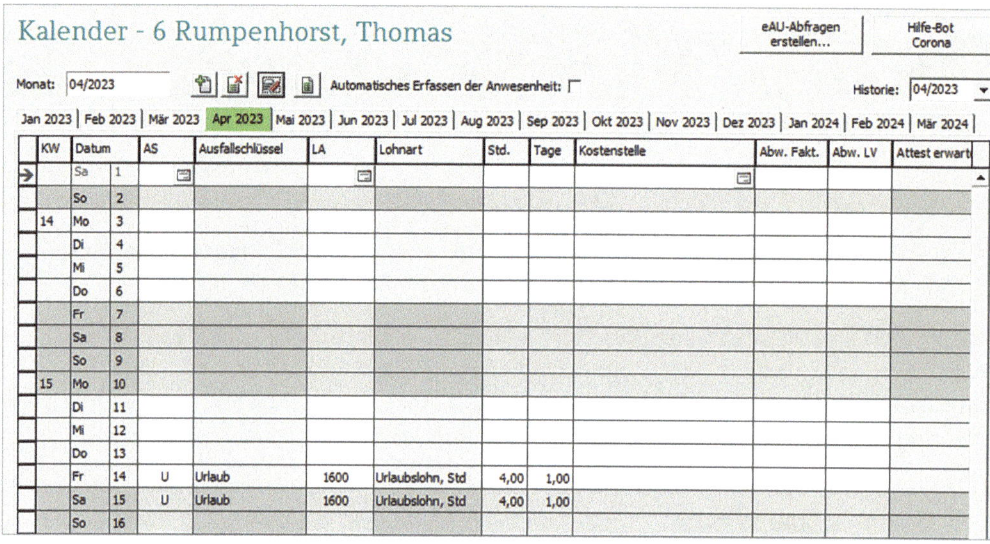

KW	Datum		AS	Ausfallschlüssel	LA	Lohnart	Std.	Tage	Kostenstelle	Abw. Fakt.	Abw. LV	Attest erwart
	Sa	1										
	So	2										
14	Mo	3										
	Di	4										
	Mi	5										
	Do	6										
	Fr	7										
	Sa	8										
	So	9										
15	Mo	10										
	Di	11										
	Mi	12										
	Do	13										
	Fr	14	U	Urlaub	1600	Urlaubslohn, Std	4,00	1,00				
	Sa	15	U	Urlaub	1600	Urlaubslohn, Std	4,00	1,00				
	So	16										

Der Kalender für den Mitarbeiter wird in der Seitenansicht angezeigt. Im oberen Teil sehen Sie die Urlaubstage, die Lohnart 1600, Urlaubslohn, Std, die Stunden und die Tage. Der mittlere Teil listet die Ist- und die Soll-Stunden für den Monat April 2023 sowie die Urlaubsstunden auf. Im unteren Teil sehen Sie die Urlaubsstatistik für Herrn Rumpenhorst (Bild 11.29).

6 Klicken Sie abschließend auf die Schaltfläche *Schließen*.

Bild 11.29 Statistik Thomas Rumpenhorst

Kalender (ermittelt aus eingegebenen Kalenderdaten) April 2023

für Rumpenhorst, Thomas

Kalendertage mit entsprechenden Ausfallschlüsseln

KW	Datum	Ausfallschlüssel/-bezeichnung	Lohnart	Std.	Tage	Kostenstelle	abw. Faktor	abw. Lohnv.
15	Fr 14	U Urlaub	1600	4,00	1,00			
	Sa 15	U Urlaub	1600	4,00	1,00			

IST-/SOLL-Zeiten

IST-Stunden:	8,00	SOLL-Stunden:	36,00
IST-Tage:	2,00	SOLL-Tage:	9,00

Summe Ausfallschlüssel

Ausfallschlüssel	Summe Stunden	Summe Tage
U Urlaub	8,00	2,00

Urlaub

Urlaubsanspruch für das Jahr: 2023

Urlaubsanspruch für laufendes Jahr:	10,00
Resturlaub aus Vorjahr:	0,00
Urlaub nachberechnet Vorjahr:	0,00
Urlaub Vorjahr verfallen:	0,00
Gesamturlaubsanspruch:	10,00

Resturlaubsansprüche laufendes Jahr

Genommener Urlaub:	2,00
Resturlaub:	8,00

Wiederholungsübung: Bewegungsdaten erfassen und Mandanten sichern

Aufgabe 1

Herr Rumpenhorst, Kostenstelle Verkauf legt Ihnen die geleisteten Stunden für den Monat April vor. Er hat im Monat April 24 Stunden gearbeitet. Für den Feiertag 07.04.2023 (Karfreitag) müssen 4 Feiertagsstunden abgerechnet werden. Erfassen Sie über die Monatserfassung die geleisteten Aushilfsstunden.

Aufgabe 2

Prüfen Sie die Abrechnung über eine Probeabrechnung. Schließen Sie anschließend die Probeabrechnung und den Mitarbeiter.

Aufgabe 3

Sichern Sie den Mandanten Perm GmbH.

Die Lösungen zu Aufgabe 1 und 2 finden Sie im Lösungsbuch.

11.4 Buchungsbelege für DATEV Kanzlei-Rechnungswesen vorbereiten

Allgemeine Einstellungen

Bevor der Monatsabschluss für den Monat April 2023 durchgeführt wird, soll gezeigt werden, wie die Buchungsbelege aus Lohn und Gehalt an das Programm DATEV Kanzlei-Rechnungswesen übertragen werden können.

Um die Buchungsbelege praxisgerecht an die Buchhaltung zu übertragen, müssen zunächst Mandanteneinstellungen für die Finanzbuchhaltung in den Stammdaten vorgenommen werden. Dazu gehen Sie - wie nachfolgend dargestellt - vor:

1. Wählen Sie den Menüpunkt *Erfassen* ▶ *Mandantendaten* ▶ *Finanzbuchführung* ▶ *Allgemeine Angaben* oder klicken Sie in der Übersicht im Ordner *Finanzbuchführung* doppelt auf den Eintrag *Allgemeine Angaben*.

   Die bisherigen Einstellungen für den Buchungsbeleg mit den Standardeinstellungen werden angezeigt (Bild 11.30).

2. Über das Kontrollkästchen *Personalnummer im Buchungstext für Erstattung AAG verwenden* wird die Personalnummer im Buchungstext für die Forderungsbuchung für die Erstattung nach dem Aufwendungsausgleichsgesetz AAG verwendet (z. B. AAG PNr 200 BARMER). Dadurch wird für jeden Mitarbeiter, der eine Erstattung nach dem AAG erhält, eine eigene Buchungszeile ausgegeben. Aktivieren Sie dieses Kontrollkästchen ❶, siehe Bild 11.30.

3 Um die Buchungskonten in der Buchhaltung und in der Lohnbuchhaltung besser abstimmen zu können, ist es sinnvoll das Belegfeld 2 für die Abstimmung der voraussichtlichen Beitragsschuld zu verwenden. Aktivieren Sie daher das Kontrollkästchen *Belegfeld 2 für Abstimmung Voraussichtliche Beitragsschuld verwenden* ❷, siehe Bild 11.30.

Bild 11.30 Allgemeine Angaben

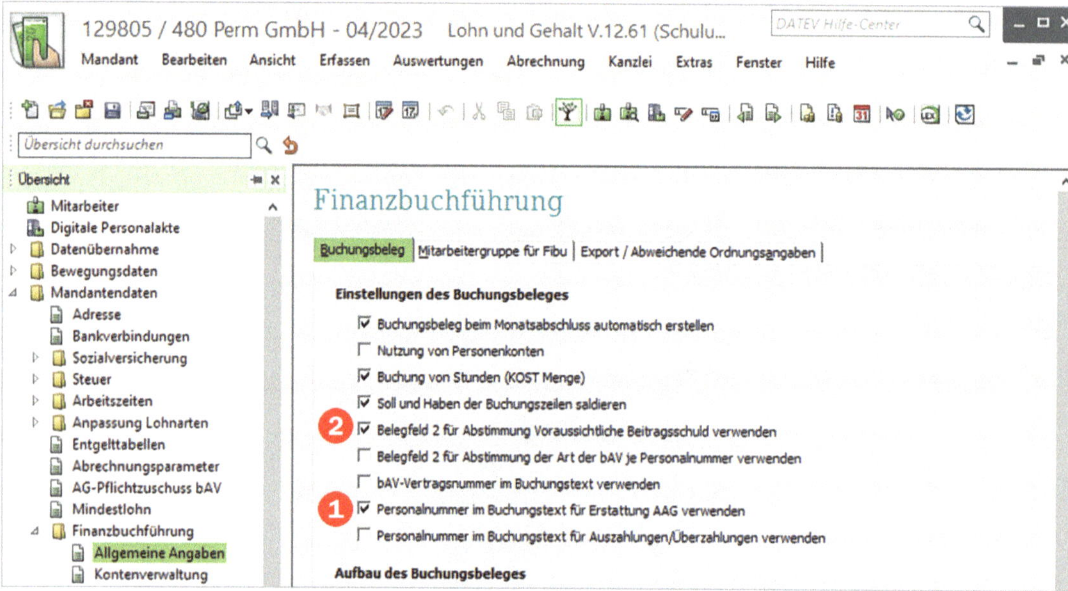

Ist das Kontrollkästchen *Belegfeld 2 für Abstimmung Voraussichtliche Beitragsschuld verwenden* aktiviert, wird auf dem Buchungsbeleg das Belegfeld 2 (12-stellig) mit der 8-stelligen Betriebsnummer der Krankenkasse und dem 4-stelligen Zuordnungsdatum (JJMM) gefüllt. Als Beispiel in Bild 11.31 die Krankenkasse IKK für den Monat April 2023: Belegfeld 2 setzt sich zusammen aus der Betriebsnummer der IKK: 55811201 und dem Zuordnungsdatum 2304 (JJMM).

Bild 11.31 Belegfeld 2

Berater: 129805
Mandant: 480

Perm GmbH
Löhrstraße 45
56068 Koblenz

VKZ: 904
Datum: 18.12.2023
Seite: 1

Buchungsbeleg April 2023

Für alle folgenden Buchungssätze gilt: Belegfeld 1 202304 Datum 3004

Umsatz Soll	Umsatz Haben	Gegenkonto	Belegfeld 2	Konto	KOST 1 KOST 2	KOST-Menge	Buchungstext
13.241,11		3720		3790			Verbindlichkeiten aus Lohn und Gehalt
2.679,58		3730		3790			Verbindlichk. Lohn- und Kirchensteuer
399,05		3740	291379372304	3790			EK KKH Kaufmännische Krankenkasse
4.339,66		3740	338653672304	3790			BKK Continentale
1.255,64		3740	429389662304	3790			EK BARMER
2.150,74		3740	558112012304	3790			IKK Südwest
163,80		3740	980000062304	3790			BUN Knappschaft
136,00		3770		3790			Verbindlichkeiten a. Vermögensbildung
	468,00	6035		3790	1000	36,00	Löhne für Minijobs
	9,36	6036		3790	1000		Pauschale Steuer für Minijobber
	137,59	6171		3790	1000		Soziale Abgaben für Minijobber
255,10		4946		3790	2000		Verrechnete sonstige Sachbezüge
	9.840,00	6020		3790	2000		Gehälter
	40,00	6080		3790	2000		Vermögenswirksame Leistungen
	255,10	6090		3790	2000		Fahrtkostenerstatt. Whg./Arbeitsstätte
	2.206,48	6110		3790	2000		Gesetzliche Sozialaufwendungen

Kontenzuordnung Krankenkassen

Zur Abstimmung der Krankenkassenbeiträge ist es sinnvoll, für jede Krankenkasse einen individuellen Buchungstext zu verwenden und die jeweiligen Buchhaltungskonten zuzuordnen. Dabei gehen Sie - wie nachfolgend beschrieben - vor.

Wählen Sie den Menüpunkt *Erfassen* ▶ *Mandantendaten* ▶ *Finanzbuchführung* ▶ *Kontierung Krankenkassen* oder klicken Sie in der Übersicht im Ordner *Finanzbuchführung* doppelt auf den Eintrag *Kontierung Krankenkassen*. Die gesetzlichen Krankenkassen für die Mitarbeiter des Mandanten Perm GmbH werden angezeigt (Bild 11.32).

Bild 11.32 Kontierung Krankenkassen

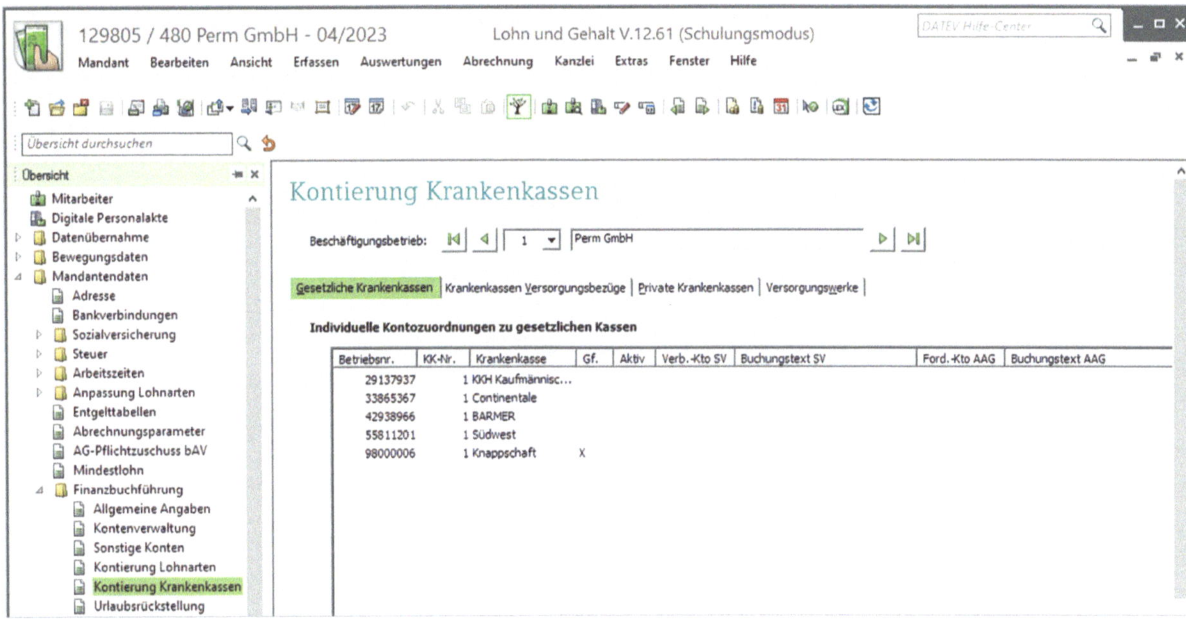

In den bisherigen Buchungsbelegen wurden die Krankenkassenbeiträge als Sammelbetrag auf dem Konto 3740 aufgeführt. In der Praxis ist es üblich, die Beiträge einzeln pro Krankenkasse zu verbuchen. Dazu müssen die Kontenzuordnungen pro Krankenkasse einzeln bestimmt werden.

Um die Konten für die Krankenkasse 338652367 BKK Continentale zuzuordnen, gehen Sie wie folgt vor:

1. Markieren mit einem Klick die Krankenkasse *338652367 BKK Continentale*.

2. Tragen Sie unterhalb im Bereich *Individuelle Kontierung der gesetzlichen Krankenkasse* unter *Sozialversicherungsbeiträge* im Feld *Verbindlichkeitskonto* die Fibu-Kontennummer 3740 (Verbindlichkeiten soziale Sicherheit) ein. Der individuelle Buchungstext *BKK Continentale* wird aus den Angaben der Art BKK und der Bezeichnung Continentale automatisch gebildet und kann ggf. angepasst werden, siehe Bild 11.33.

3. Unter *Erstattungsbeträge im Rahmen des AAG* geben Sie im Feld *Forderungskonto* das Fibu-Konto 1369 (*Forderung Krankenkasse aus AAG*). Der Buchungstext wird erneut automatisch gebildet und kann übernommen werden.

4 Unter *Voraussichtliche Beitragsschuld* tragen Sie das Fibu-Konto 3759 (*Voraussichtl. Beitragsschuld*) ein. Der Buchungstext wird erneut automatisch gebildet und kann übernommen werden. Klicken Sie anschließend auf das Symbol *Fensterinhalt speichern* .

Bild 11.33 Fibu-Konten eintragen

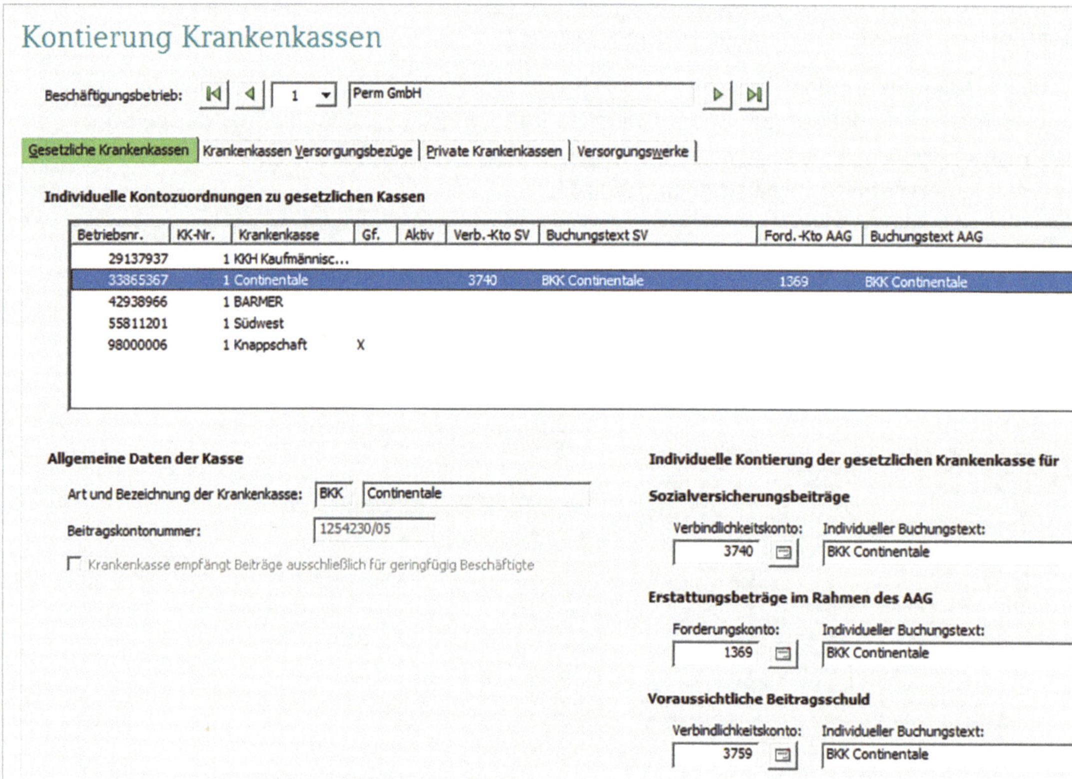

Damit sind die einzelnen Fibu-Konten zugewiesen. Beim späteren Buchungsbeleg werden die Sozialversicherungsbeiträge zur Krankenkasse Continentale für den jeweiligen Monat im Buchungsbeleg ausgewiesen.

Übung: Kontenzuordnung für Krankenkassen vornehmen

Geben Sie für die übrigen Krankenkassen den individuellen Buchungstext und die Konten an:

Die Lösungen finden Sie im Lösungsbuch

Aufgabe 1

29137937 KKH, Kaufmännische Krankenkasse, indiv. Buchungstext: EK KKH Kaufmännische Krankenkasse

Konto Sozialversicherungsbeiträge	3740
Konto Erstattungsbeiträge AAG	1369
Konto Voraussichtl. Beitragsschuld	3759

Aufgabe 2

42938966 BARMER, individueller Buchungstext: EK BARMER (vormals Barmer GEK)

Konto Sozialversicherungsbeiträge	3740
Konto Erstattungsbeiträge AAG	1369
Konto Voraussichtl. Beitragsschuld	3759

Aufgabe 3

55811201 IKK Südwest, individueller Buchungstext: IKK Südwest

Konto Sozialversicherungsbeiträge	3740
Konto Erstattungsbeiträge AAG	1369
Konto Voraussichtl. Beitragsschuld	3759

Aufgabe 4

98000006 Knappschaft, individueller Buchungstext: BUN Knappschaft

Konto Sozialversicherungsbeiträge	3740
Konto Erstattungsbeiträge AAG	1369
Konto Voraussichtl. Beitragsschuld	3759

Wiederholungsübung: Monatsabschluss April 2023

Aufgabe 1

Führen Sie die Abrechnung aller Mitarbeiter für den Monat 04/2023 durch.

Aufgabe 2

Schließen Sie den Monat April 2023 ab und senden Sie über das Menü *Daten senden* die offenen RZ-Aufträge.

Aufgabe 3

Prüfen Sie die DÜ-Protokoll LSt.Anm. April 2023 mit dem Lohnjournal.

Die Lösung zu Aufgabe 3 finden Sie im Lösungsbuch

Die Musterlösungen zu den endgültigen Lohn- und Gehaltsabrechnungen Monat April, den Lohnkonten und den Monatsauswertungen sind als Download verfügbar. Ordner: Kap11_04_April_2023.

Download

Buchungsbelege anzeigen

1 Um den Buchungsbeleg für die Buchhaltung anzuzeigen, wählen Sie den Menüpunkt *Auswertungen* ▶ *Mandantenauswertungen*…. Oder klicken Sie in der Übersicht im geöffneten Ordner Auswertungen doppelt auf *Mandantenauswertungen*

2 Klicken Sie auf *Buchungsbeleg* und auf die Schaltfläche *Anzeigen* (Bild 11.34).

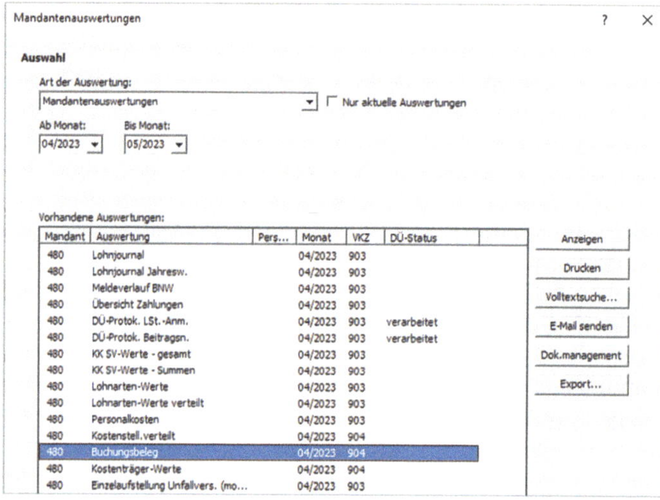
Mandantenauswertungen

Auswahl

Art der Auswertung: Mandantenauswertungen ☐ Nur aktuelle Auswertungen

Ab Monat: 04/2023 Bis Monat: 05/2023

Vorhandene Auswertungen:

Mandant	Auswertung	Pers...	Monat	VKZ	DÜ-Status
480	Lohnjournal		04/2023	903	
480	Lohnjournal Jahresw.		04/2023	903	
480	Meldeverlauf BNW		04/2023	903	
480	Übersicht Zahlungen		04/2023	903	
480	DÜ-Protok. LSt.-Anm.		04/2023	903	verarbeitet
480	DÜ-Protok. Beitragsn.		04/2023	903	verarbeitet
480	KK SV-Werte - gesamt		04/2023	903	
480	KK SV-Werte - Summen		04/2023	903	
480	Lohnarten-Werte		04/2023	903	
480	Lohnarten-Werte verteilt		04/2023	903	
480	Personalkosten		04/2023	903	
480	Kostenstell.verteilt		04/2023	904	
480	Buchungsbeleg		04/2023	904	
480	Kostenträger-Werte		04/2023	904	
480	Einzelaufstellung Unfallvers. (mo...		04/2023	903	

Anzeigen | Drucken | Volltextsuche... | E-Mail senden | Dok.management | Export...

Bild 11.34 Mandantenauswertungen

3 Der Buchungsbeleg für den Monat April 2023 mit der Aufteilung der einzelnen Krankenkassen wird am Bildschirm in der Seitenansicht angezeigt (Bild 11.35). Im *Belegfeld 2* erscheinen die Beitragsnummer der jeweiligen Krankenkasse und der Abrechnungsmonat (JJMM) 2304. Im Feld *Buchungstext* wird der hinterlegte Text - also der Name der Krankenkasse - angezeigt.

Bild 11.35 Buchungsbeleg Monat April 2023 Seite 1

Buchungsbeleg April 2023

Für alle folgenden Buchungssätze gilt: Belegfeld 1: 202304 Datum: 3004

Umsatz Soll	Umsatz Haben	Gegenkonto	Belegfeld 2	Konto	KOST 1 KOST 2	KOST-Menge	Buchungstext
13.241,11		3720		3790			Verbindlichkeiten aus Lohn und Gehalt
2.679,58		3730		3790			Verbindlichk. Lohn- und Kirchensteuer
399,05		3740	291379372304	3790			EK KKH Kaufmännische Krankenkasse
4.339,66		3740	338653672304	3790			BKK Continentale
1.255,64		3740	429389662304	3790			EK BARMER
2.150,74		3740	558112012304	3790			IKK Südwest
163,80		3740	980000062304	3790			BUN Knappschaft
136,00		3770		3790			Verbindlichkeiten a. Vermögensbildung
	468,00	6035		3790	1000	36,00	Löhne für Minijobs

Verbuchung Beitragsnachweise

399,05	3759	291379372304	3740	EK KKH Kaufmännische Krankenkasse
4.339,66	3759	338653672304	3740	BKK Continentale
1.255,64	3759	429389662304	3740	EK BARMER
2.150,74	3759	558112012304	3740	IKK Südwest
163,80	3759	980000062304	3740	BUN Knappschaft

Bild 11.36 Seite 2

4 Schließen Sie die Seitenansicht und das Dialogfenster *Mandantenauswertungen*.

Übung: DÜ-Protokoll Beitragsnachweise kontrollieren

Vergleichen Sie die Beiträge der einzelnen Krankenkassen über das DÜ-Protokoll Beitragsnachweise April 2023 mit den Beträgen aus dem Buchungsbeleg.

Die Lösungen finden Sie im Lösungsbuch

5 Beenden Sie abschließend das Programm DATEV Lohn und Gehalt comfort.

11.5 Buchungsbeleg an DATEV Kanzlei-Rechnungswesen übertragen

Vorbereitungen

Wenn alle Summen aus der Lohnabrechnung geprüft wurden, kann der Buchungsbeleg an das Finanzbuchhaltungsprogramm DATEV Kanzlei-Rechnungswesen übertragen werden. Die Vorteile: Man spart enormen Zeitaufwand und erreicht durch die Überprüfung in DATEV Lohn und Gehalt comfort auch höhere Sicherheit. Der Mandant muss natürlich in Kanzlei-Rechnungswesen mit der gleichen Mandanten- und Beraternummer angelegt sein. Im DATEV Arbeitsplatz wurden die zentralen Mandantendaten und die Leistung Lohnabrechnung für die Firma Perm GmbH bereits hinterlegt.

Damit das Verbuchen der Lohnbuchungen aus DATEV Lohn und Gehalt im Programm DATEV Kanzlei-Rechnungswesen durchgeführt werden kann, muss die Leistung Finanzbuchführung im DATEV Arbeitsplatz angegeben werden. Dazu gehen Sie - wie nachfolgend dargestellt - vor:

1 *Starten* Sie den DATEV Arbeitsplatz, öffnen Sie in der Übersicht den Ordner *Personalwirtschaft* und öffnen Sie hier mit Doppelklick auf *Lohnabrechnung* das Arbeitsblatt *Lohnabrechnung*. Klicken Sie auf den Mandanten *480, Perm GmbH* ❶ und anschließend auf *Leistung anlegen* ❷ (Bild 11.37).

Hinweis: In den Spalten *Letzter abgerechneter Monat* und *Monatsabschluss* sehen Sie den aktuellen Bearbeitungsstand der Firma Perm GmbH ❸.

Bild 11.37 Arbeitsblatt Lohnabrechnung

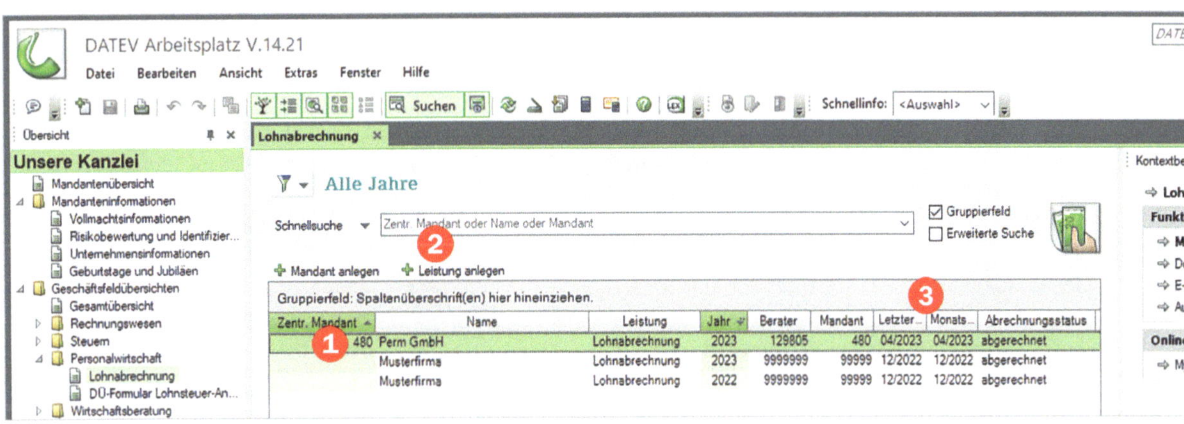

2 Das Fenster *Mandant auswählen* wird geöffnet (Bild 11.38). Die Option *Leistung für einen bestehenden Mandanten anlegen* und der Mandant *480, Perm GmbH* sind bereits ausgewählt. Klicken Sie auf die Schaltfläche *OK*.

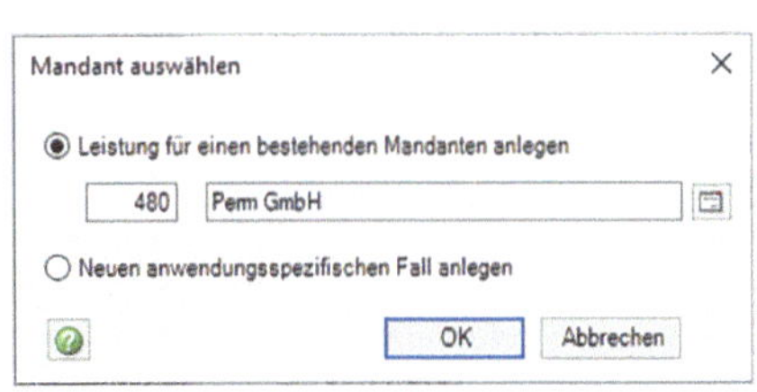

Bild 11.38 Mandant auswählen

3 Aktivieren Sie das Kontrollkästchen *Buchführung* und geben Sie das *Geschäftsjahr* 2023, die *Beraternummer* 129805 und die *Mandantennummer* 480 ein (Bild 11.39). Klicken Sie abschließend auf die Schaltfläche *OK*.

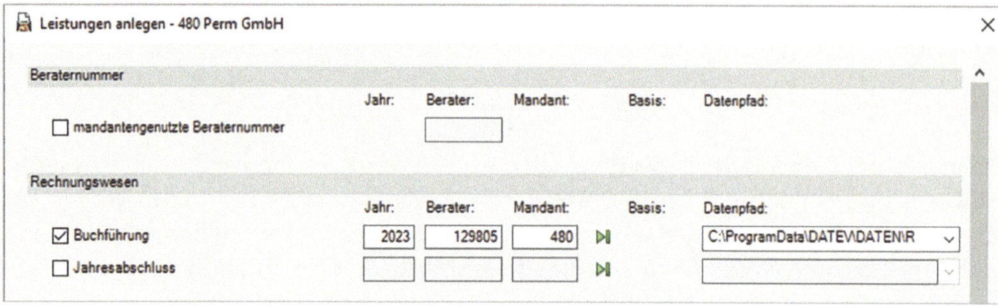

Bild 11.39 Leistung Buchführung aktivieren

Grunddaten im Programm Kanzlei-Rechnungswesen erfassen

Für den Mandanten 480 Perm GmbH ist nun zusätzlich zur Leistung Lohnabrechnung auch die Buchführung aktiviert. Damit die Buchführung für den Mandanten genutzt werden kann, müssen zumindest wichtige Grunddaten für die Finanzbuchführung wie z. B. Kontenrahmen, Geschäftsjahr usw. angegeben werden.

Kanzlei-Rechnungswesen starten

Um die Mindestangaben für die Buchführung im Programm DATEV Kanzlei-Rechnungswesen erfassen, starten Sie zunächst das Programm:

1 Klicken Sie in der Übersicht doppelt auf den Eintrag *Mandantenübersicht*. Damit wird zusätzlich zum Arbeitsblatt *Lohnabrechnung* auch das Arbeitsblatt *Mandantenübersicht* ❶ mit dem zentralen Mandanten *480 Perm GmbH* angezeigt.

2 Klicken Sie auf den Mandanten *480 Perm GmbH* und anschließend im rechten Zusatzbereich doppelt auf den Eintrag *Buchführung 2023* ❷ (Bild 11.40).

Bild 11.40 Kanzlei-Rechnungswesen starten

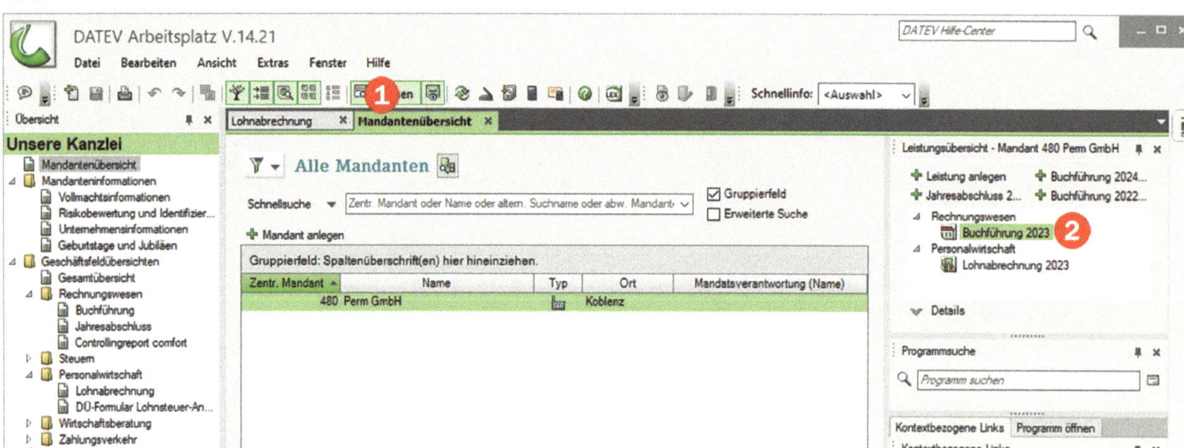

Grunddaten Rechnungswesen erfassen

Das Programm DATEV Kanzlei-Rechnungswesen wird gestartet. Bevor die Buchführung vorgenommen werden kann, müssen die Grunddaten für das Rechnungswesen ❶ angegeben werden.

1 Beginn und Ende des Geschäftsjahres werden angezeigt (Bild 11.41).

2 Als wichtige Basisdaten sind der Kontenrahmen, die Besteuerungsart und die Angaben zum Voranmeldungszeitraum anzugeben. Als Kontenrahmen ist derselbe Kontenrahmen, der in der Lohnabrechnung verwendet wird, anzugeben. In der Lohnabrechnung unseres Übungsfalls wird der Kontenrahmen SKR04 verwendet. Als Besteuerungsart wählen Sie *Sollversteuerung* und für die Umsatzsteuervoranmeldung den Zeitraum *Monat*. Geben Sie die Daten wie in Bild 11.41 ein.

3 Klicken Sie anschließend auf das Symbol *Speichern* 💾. Die Mindestangaben zum Kontenrahmen und zur Besteuerungsart sind damit erfasst.

Bild 11.41 Grunddaten Rechnungswesen

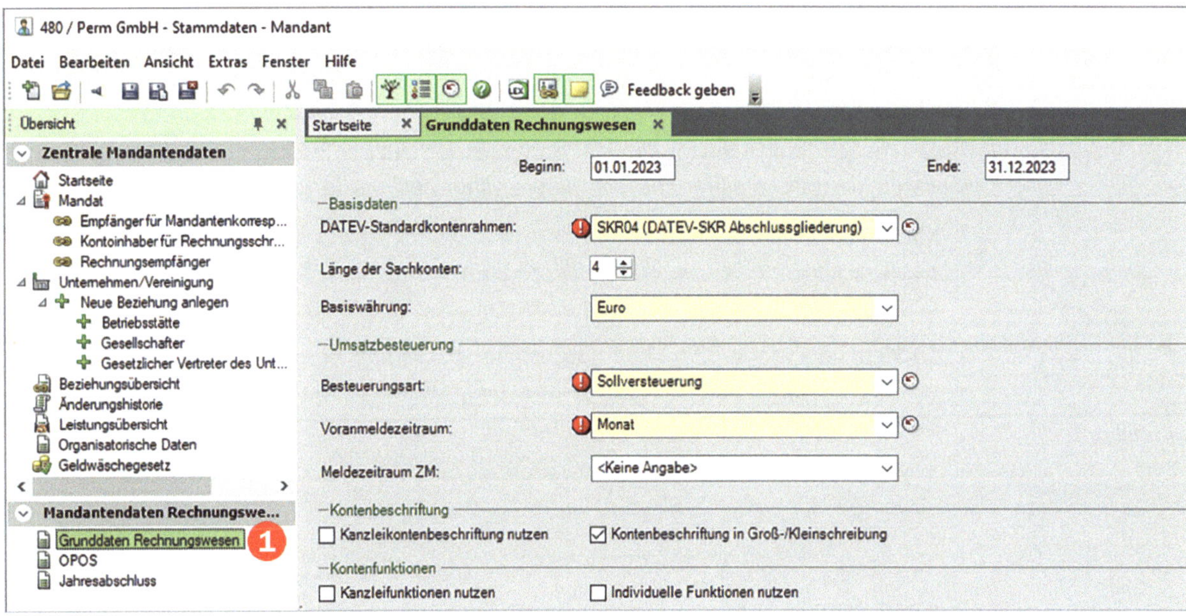

Offene-Posten-Buchführung

Im nächsten Schritt muss angegeben werden, ob eine Offene-Posten-Buchführung genutzt wird. Die Offene-Posten-Buchführung ist für die Lohnbuchhaltung nicht von Relevanz, jedoch in der Praxis alltäglich.

4 Klicken Sie daher links in der Übersicht doppelt auf *OPOS* ❶ und wählen Sie - wie in Bild 11.42 - die Option *Offene-Posten-Buchführung nutzen* ❷.

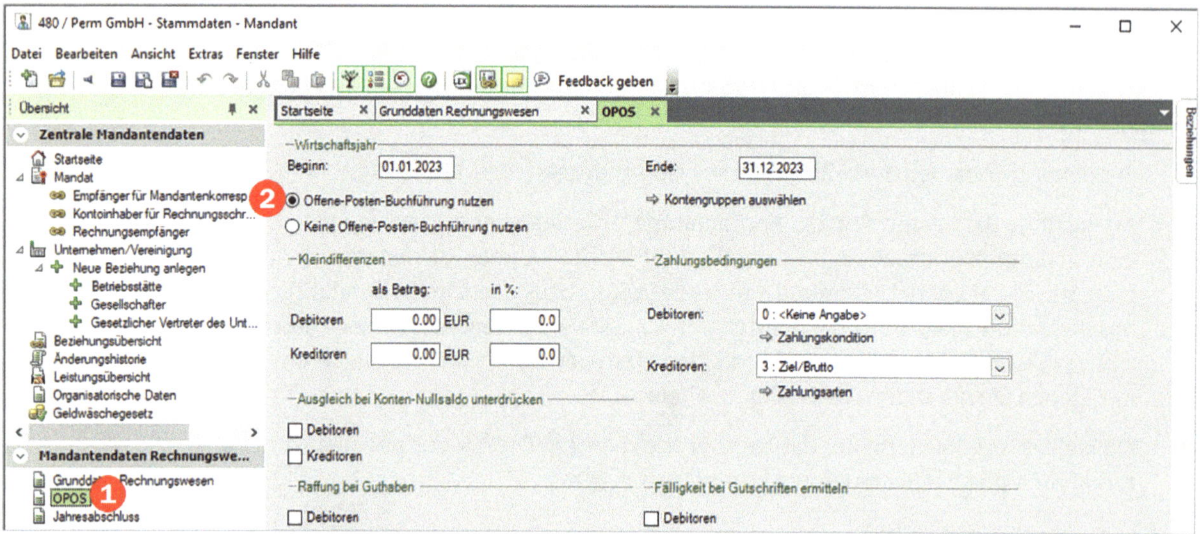

Bild 11.42 Offene-Posten-Buchführung

Unternehmensdaten

Im nächsten Schritt müssen für den Mandanten innerhalb der Buchführung einige Unternehmensdaten, darunter ein Branchenschlüssel angegeben werden.

1 Klicken Sie in der Übersicht auf *Unternehmen/Vereinigung* ❶ (Bild 11.43) und dann auf das Register *Unternehmensdaten* ❷. Klicken Sie bei *Klassifikation der Wirtschaftszweige nach WZ 2008* auf das Symbol *Branchenschlüsselauswahl* ❸.

2 Suchen Sie - wie in Bild 11.44 dargestellt - nach dem Branchenschlüssel *26.20.0* (*Herstellung von Datenverarbeitungsgeräten und peripheren Geräten*) und übernehmen Sie diesen mit Klick auf die Schaltfläche *OK*.

Bild 11.43 Unternehmen - Unternehmensdaten

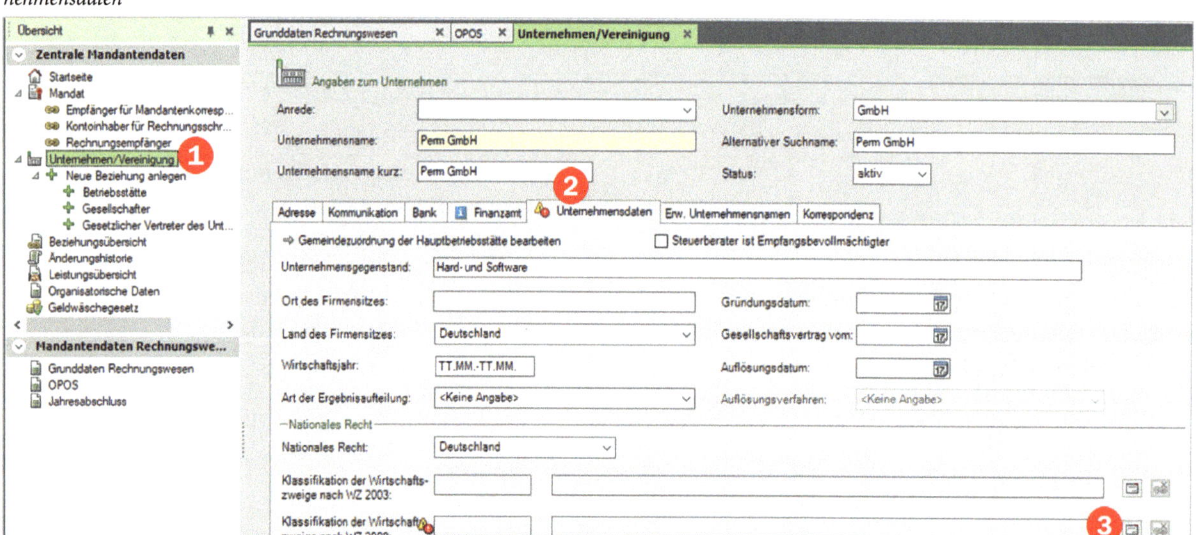

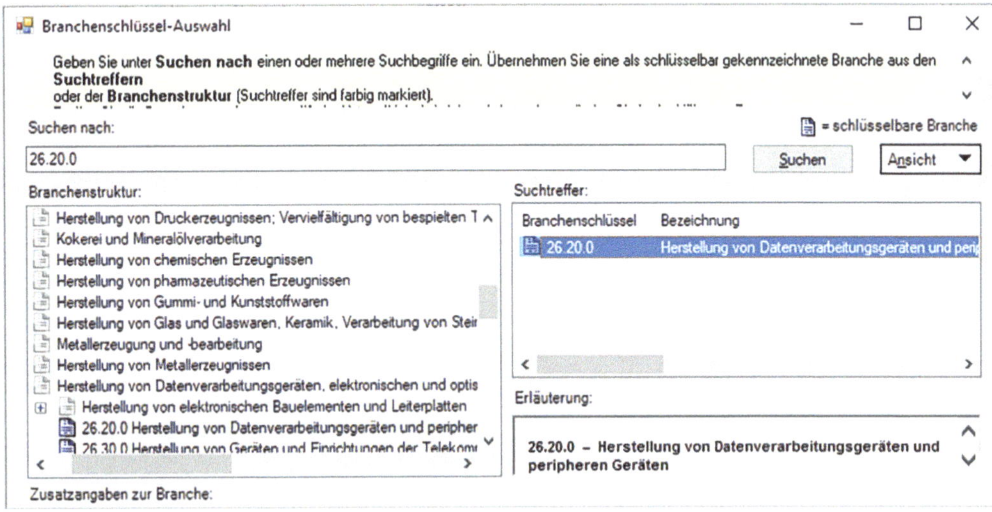

Bild 11.44 Branchenschlüssel auswählen

3 Geben Sie im Feld *Wirtschaftsjahr* 01.01.-31.12. ein

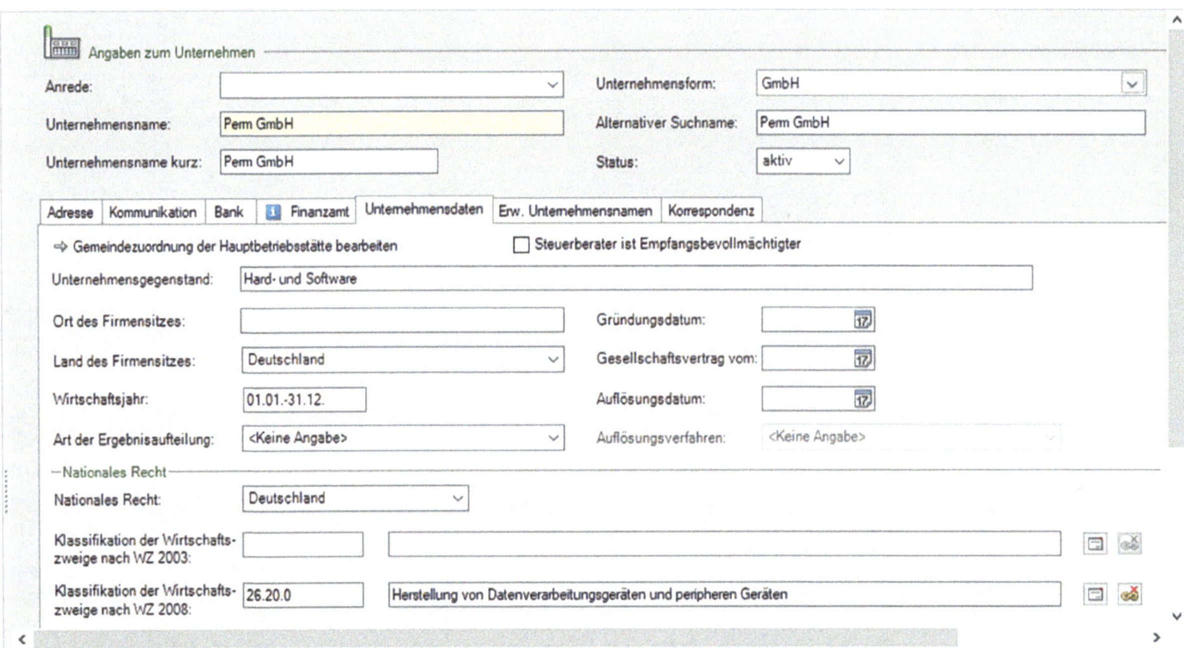

Bild 11.45 Unternehmensdaten

4 Zuletzt sind noch ggf. Angaben zum Finanzamt zu vervollständigen. Klicken Sie auf das Register *Finanzamt* und aktivieren Sie die Kontrollkästchen *Betriebsfinanzamt* und *Umsatzsteuerfinanzamt*, falls diese nicht schon bereits aktiviert sind (Bild 11.46).

5 Die Mindestangaben für die Buchführung in DATEV Kanzlei-Rechnungswesen sind damit erfasst. Natürlich müssten für umfassende Angaben noch viele weitere Stammdaten zum Mandanten erfasst werden, für die Übergabe der Buchungen aus DATEV Lohn und Gehalt comfort reichen die hier angegebenen Daten jedoch aus.

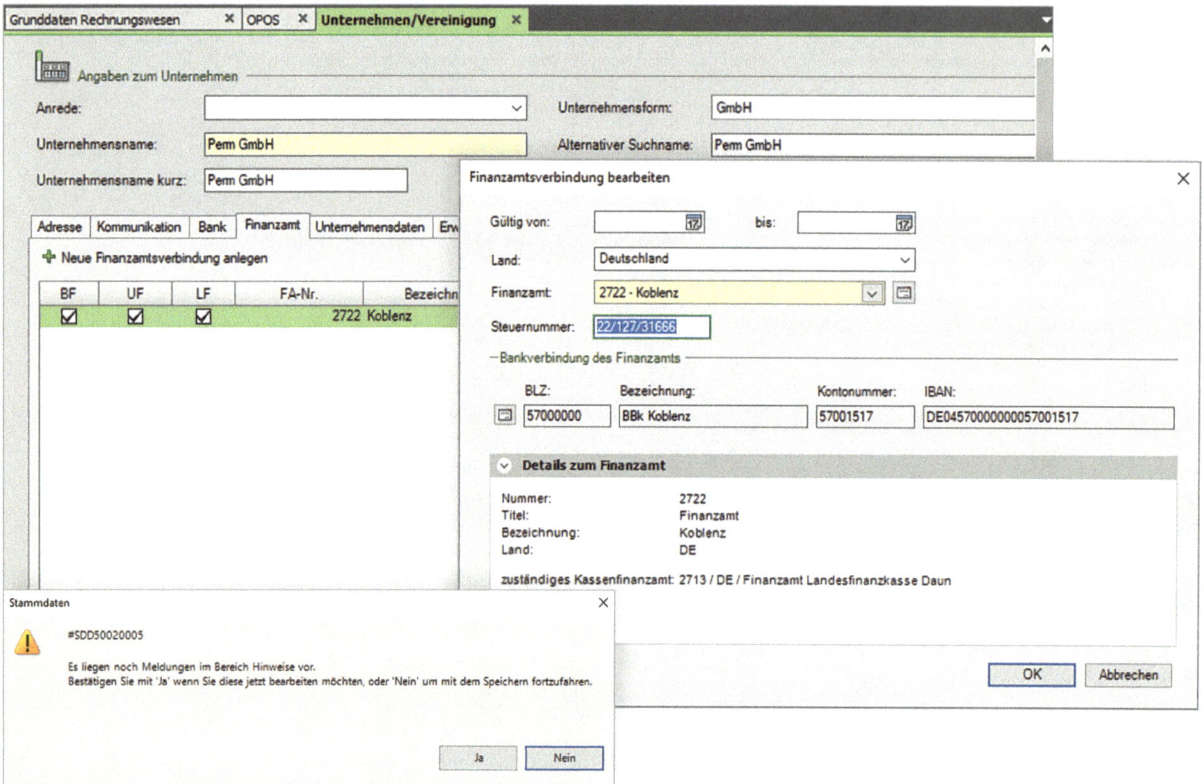

Bild 11.46 Register Finanzamt

Bild 11.47 Es liegen noch Hinweise vor

6 Klicken Sie abschließend auf das Symbol *Speichern und schließen* .

7 Sie erhalten anschließend die Meldung, dass noch Hinweise vorliegen. Da wir lediglich minimale Grundeinstellungen vorgenommen haben, klicken Sie auf die Schaltfläche *Nein* (Bild 11.47).

Die Grundvoraussetzungen für die Übergabe der Lohnbuchungen aus DATEV Lohn und Gehalt comfort an das Programm DATEV Kanzlei-Rechnungswesen für den Übungsfall Perm GmbH sind jetzt hergestellt und das Buchhaltungsprogramm DATEV Kanzlei-Rechnungswesen wird mit dem Bestand Perm GmbH gestartet.

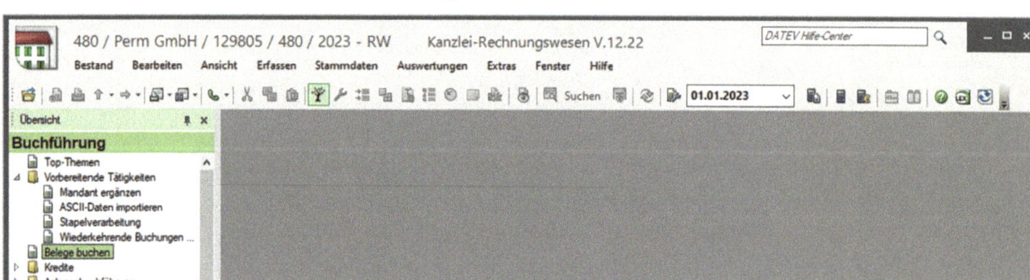

Bild 11.48 Das Buchhaltungsprogramm DATEV Kanzlei-Rechnungswesen

Hinweis: In der Praxis ist dieser Schritt nicht notwendig, da beide Abteilungen, nämlich die Lohnbuchhaltung und die Finanzbuchhaltung, mit derselben Berater- und Mandantennummer arbeiten und somit die Voraussetzung für eine Übergabe automatisch gegeben ist.

Buchungsbeleg an DATEV Kanzlei-Rechnungswesen übergeben

Um den Buchungsbeleg für April 2023 zu übergeben, gehen Sie wie folgt vor:

1 Wechseln Sie über die Taskleiste zum DATEV Arbeitsplatz, indem Sie auf das Symbol *DATEV Arbeitsplatz* klicken.

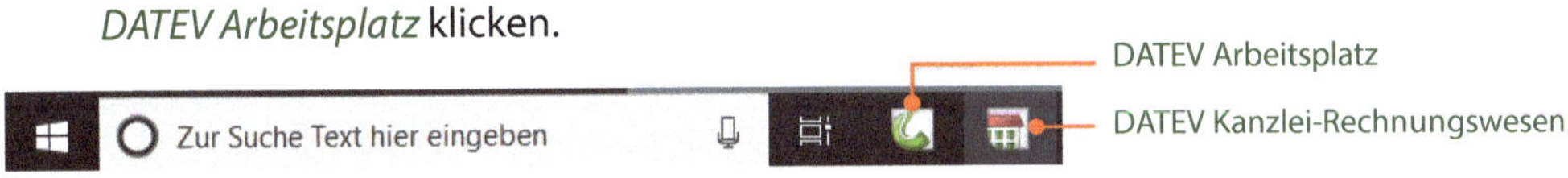

2 Klicken Sie in DATEV Arbeitsplatz auf das Arbeitsblatt *Lohnabrechnung*. Sollten Sie das Arbeitsblatt *Lohnabrechnung* versehentlich geschlossen haben, können Sie es über den Ordner *Personalwirtschaft* und den Eintrag *Lohnabrechnung* erneut anzeigen.

Bild 11.49 DATEV Arbeitsplatz - Lohnabrechnung

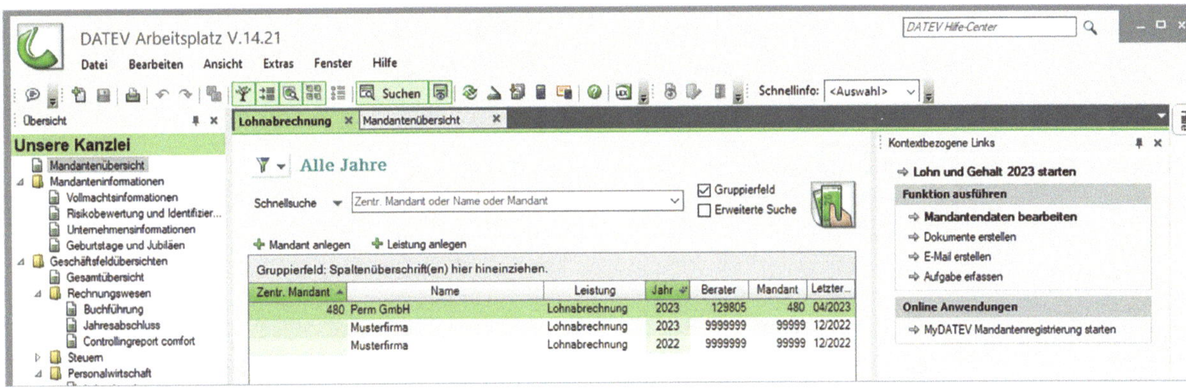

3 Klicken Sie doppelt auf den Mandanten *Perm GmbH*. Damit wird das Programm DATEV Lohn und Gehalt comfort mit dem Bestand Perm GmbH auf der Mandantenebene gestartet (Bild 11.50).

Bild 11.50 Lohn und Gehalt

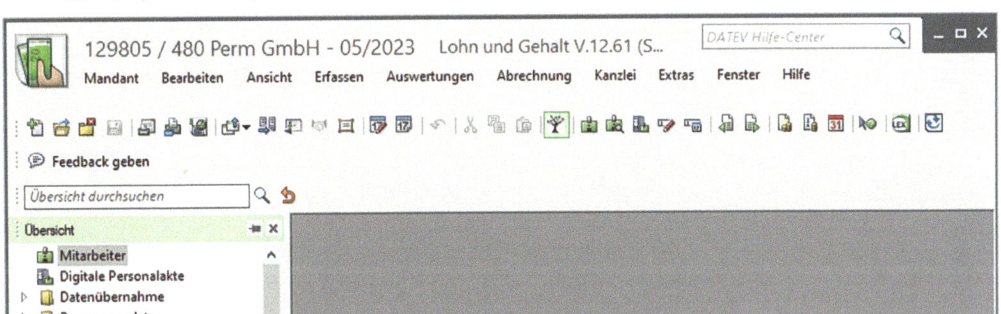

4 Um anschließend den Buchungsbeleg zu erstellen, wählen Sie den Menüpunkt *Mandant* ▶ *Programmverbindungen* ▶ *Buchungsbelege erstellen und übergeben* oder klicken in der Übersicht im geöffneten Ordner *Datenweitergabe* doppelt auf den Eintrag *Buchungsbeleg erstellen und übergeben*.

5 Klicken Sie auf den Buchungsbeleg für den Monat *04/2023* ❶ (Bild 11.51). Im rechten Bereich sehen Sie die Buchungssätze zum markierten Beleg ❷. Um die Buchungen zu übergeben, klicken Sie auf die Schaltfläche *Übergeben* ❸.

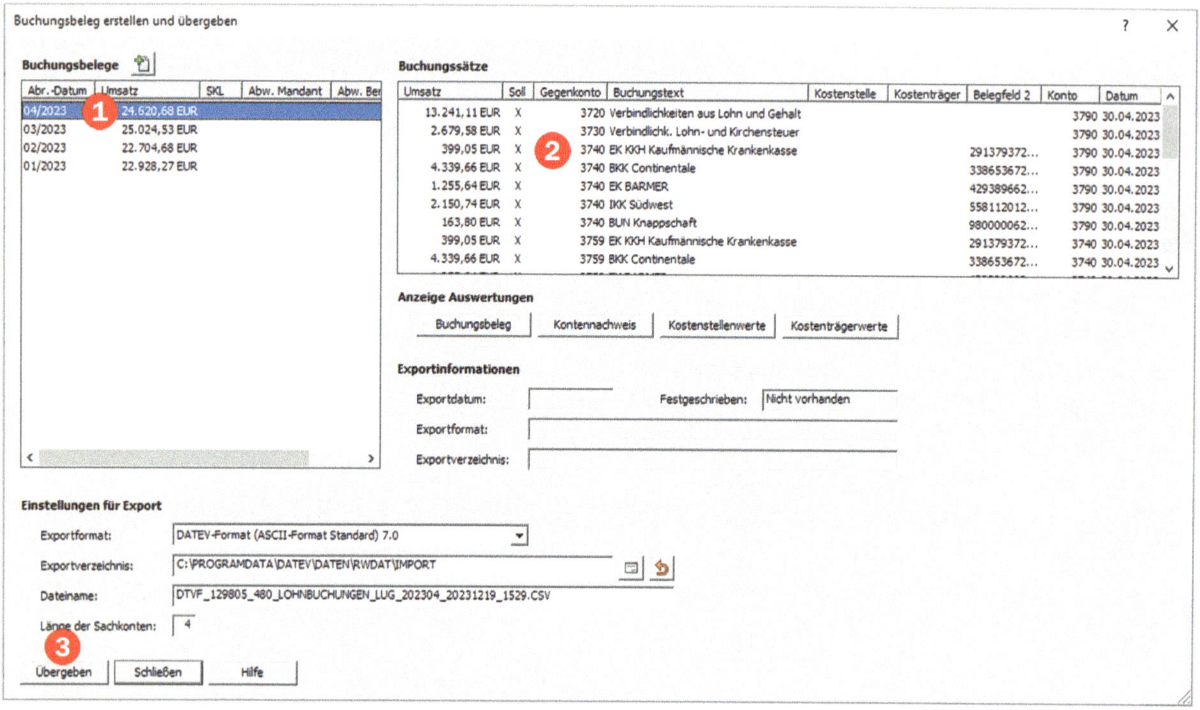

Bild 11.51 Buchungsbeleg auswählen

6 Die Buchungen werden nun an das Programm DATEV Kanzlei-Rechnungswesen übertragen. Schließen Sie dann das Fenster *Buchungsbelege übergeben* mit der Schaltfläche *Schließen*.

Hinweis: Die Übergabe der Buchungen wird Ihnen im Programm über das folgende Verarbeitungsprotokoll angezeigt. Im nächsten Schritt können die Buchungsbelege im Programm DATEV Kanzlei-Rechnungswesen gebucht werden.

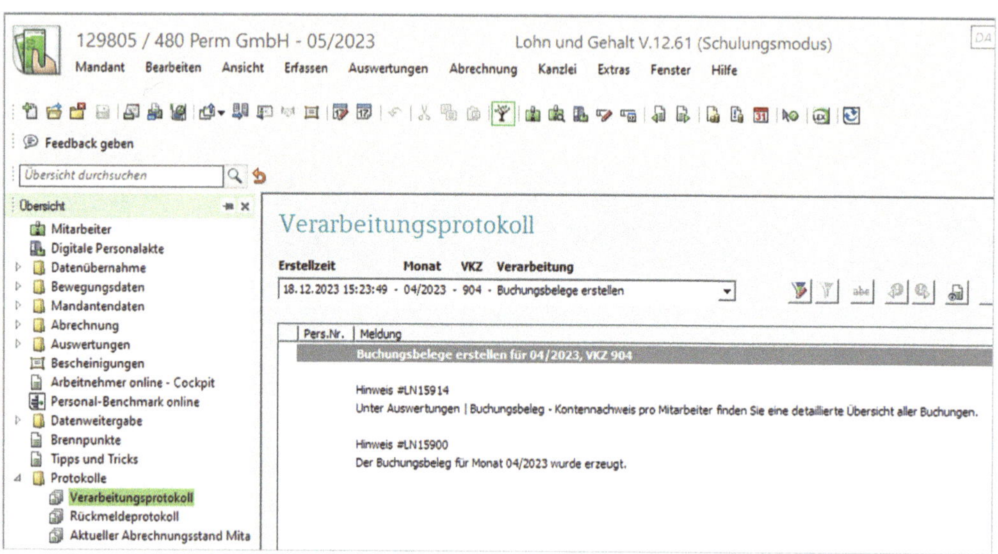

Bild 11.52 Verarbeitungsprotokoll

Verbuchen des Buchungsbelegs in DATEV Kanzlei-Rechnungswesen

Bei der Verbuchung des Lohnbeleges gehen Sie wie folgt vor:

1 Wechseln Sie zum Programm *DATEV Kanzlei-Rechnungswesen*, indem Sie in der Task-Leiste auf das Programmsymbol klicken.

Hinweis: Sollten Sie den Mandanten Perm GmbH im Programm DATEV Kanzlei-Rechnungswesen geschlossen haben, können Sie ihn über DATEV Arbeitsplatz, die Mandantenübersicht und den Eintrag *Buchführung 2023* öffnen.

2 Im nächsten Schritt öffnen Sie in der Übersicht den Ordner *Vorbereitende Tätigkeiten* und klicken dann doppelt auf den Eintrag *Stapelverarbeitung* (Bild 11.53).

Bild 11.53 Kanzlei-Rechnungswesen - Stapelverarbeitung

3 Das Fenster *Stapelverarbeitung* mit dem Buchungsbeleg *April 2023* wird geöffnet (Bild 11.54), klicken Sie auf die Schaltfläche *Verarbeiten*.

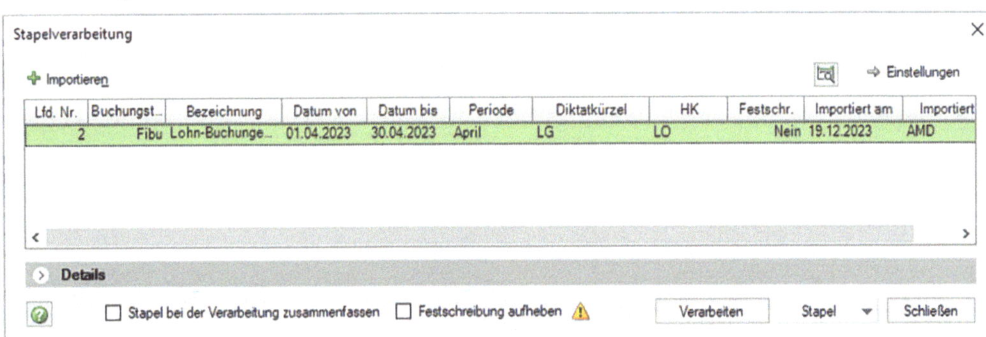

Bild 11.54 Buchungsbeleg verarbeiten

4 Im nächsten Schritt übernehmen Sie den Programmvorschlag *Neuen Buchungsstapel anlegen* (Bild 11.55) und klicken auf die Schaltfläche *OK*. Sie erhalten anschließend den Hinweis, dass der Stapel korrekt verarbeitet wurde. Bestätigen Sie auch diese Meldung mit *OK*.

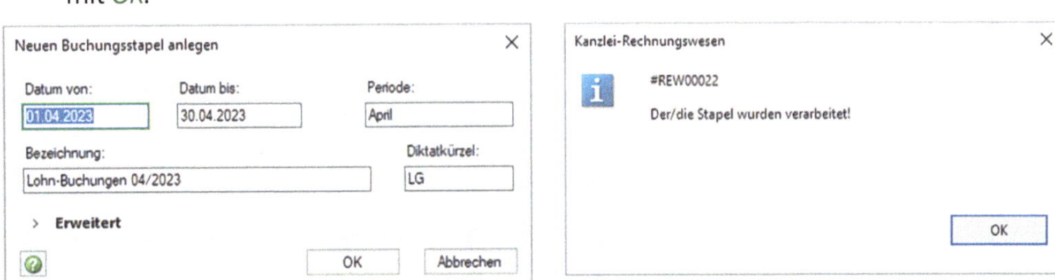

Bild 11.55 Neuer Buchungsstapel

5 Schließen Sie anschließend das Fenster *Stapelverarbeitung* mit Klick auf die Schaltfläche *Schließen*.

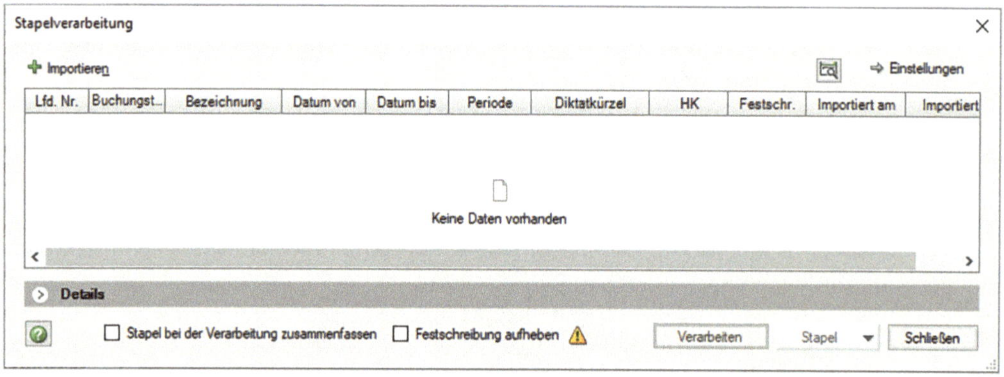

Bild 11.56 Fenster Stapelverarbeitung

Buchungen anzeigen

1 Um die Buchungen aufzurufen, klicken Sie in der Übersicht doppelt auf den Eintrag *Belege buchen* (Bild 11.57).

Bild 11.57 Belege buchen

2 Das Fenster *Stapel auswählen* mit dem Buchungsstapel *Lohnbuchungen 04/2023* wird angezeigt (Bild 11.58). Um die einzelnen Buchungen zum Buchungsstapel einzusehen, klicken Sie auf die Schaltfläche *Öffnen*.

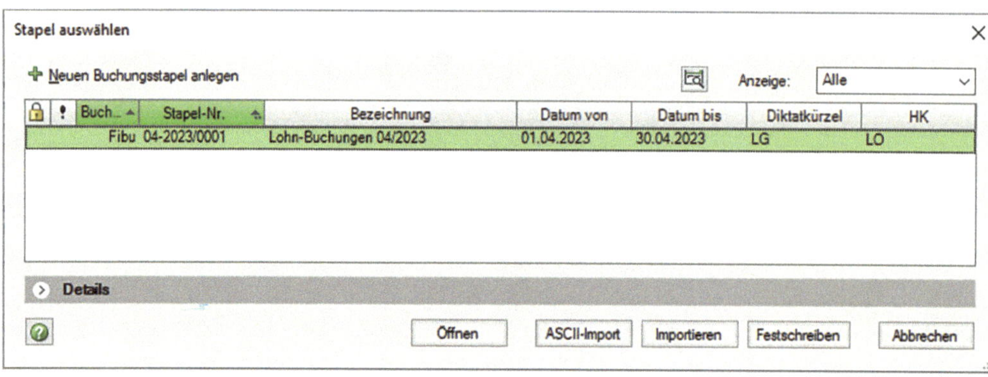

Bild 11.58 Buchungsstapel auswählen

In der Buchungsübersicht werden alle Buchungen von Löhnen und Gehältern der Firma Perm GmbH für den Monat April 2023 aufgelistet (Bild 11.59). Der Buchungstext wird bei Ihnen im Fenster weiter rechts angezeigt.

Das eigentliche Verbuchen auf den Fibu-Konten ist Aufgabe des Buchhalters.

3 Beenden Sie anschließend das Programm DATEV Kanzlei-Rechnungswesen. Den Hinweis, dass Sie die Buchungserfassung verlassen und noch nicht festschreiben, bestätigen Sie mit *OK*.

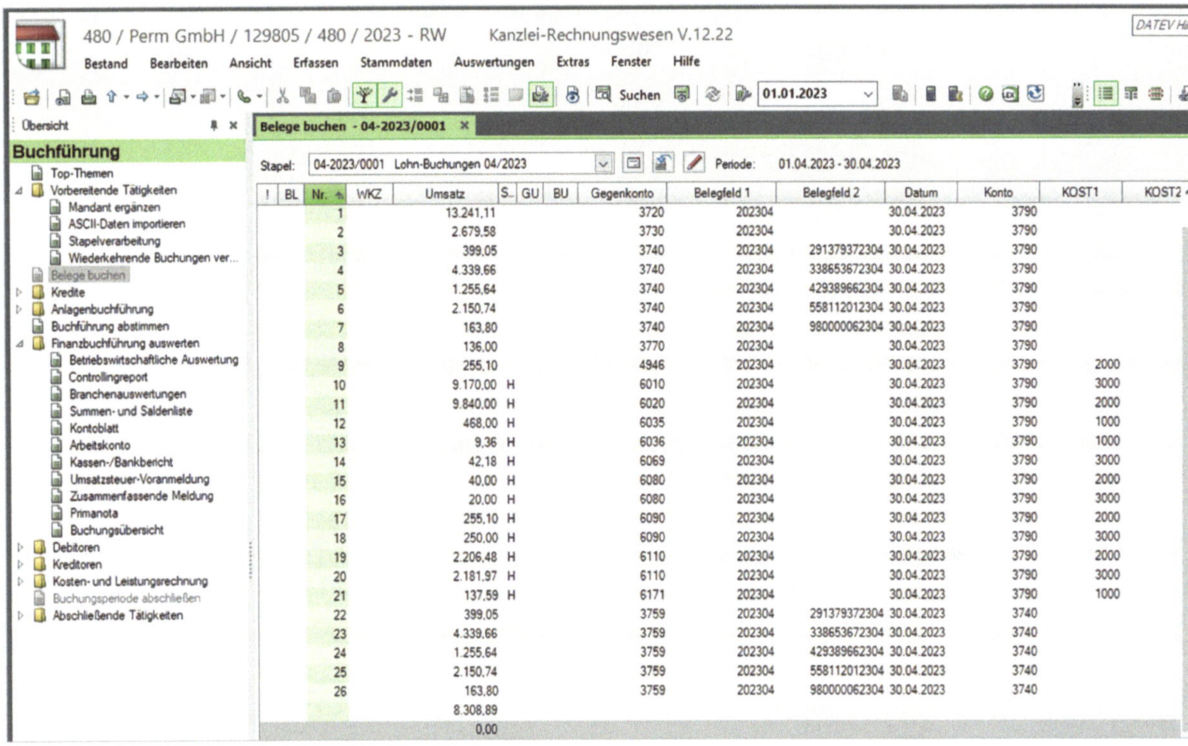

Bild 11.59 Buchungsübersicht April 2023

4 Wechseln Sie dann über die Taskleiste wieder zurück zum Programm DATEV Lohn und Gehalt comfort .

5 Schließen Sie zuletzt das Verarbeitungsprotokoll mit Klick auf das Symbol *Schließen* ✕.

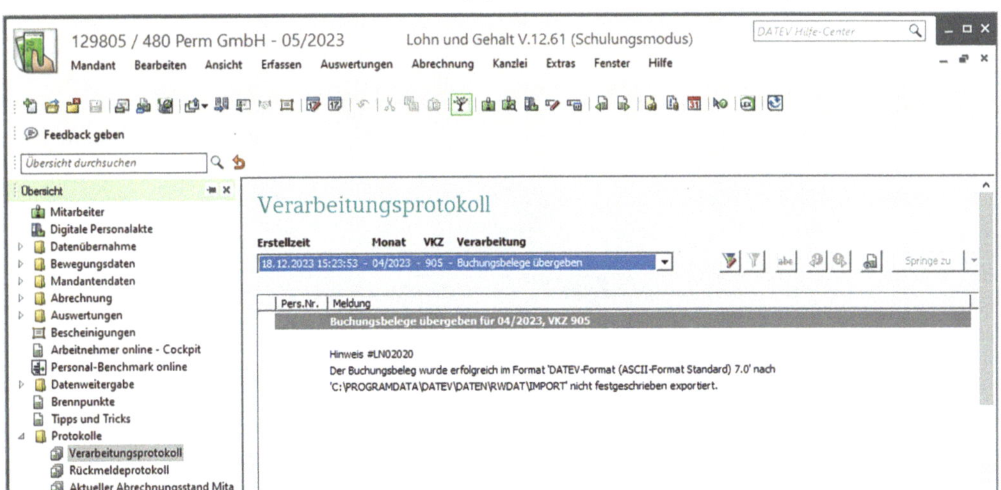

Bild 11.60 Lohn und Gehalt - Verarbeitungsprotokoll

Tipp: Sollten Sie den Mandanten in DATEV Lohn und Gehalt geschlossen haben, können Sie ihn entweder über das Arbeitsblatt *Mandantenübersicht* und einen Doppelklick auf den Link

Lohnbuchhaltung 2023 oder über das Arbeitsblatt *Lohnabrechnung* und einem Doppelklick auf den Mandanten *Perm GmbH* öffnen.

Die Antworten zu den Fragen finden Sie im Lösungsbuch

Fragen: Buchungsbeleg an DATEV Kanzlei-Rechnungswesen übergeben

Frage 1

? Wieso ist die Übergabe des Buchungsbeleges an DATEV Kanzlei-Rechnungswesen ein rationelles Mittel?

....

....

....

Frage 2

? Kann auch ein Buchungsbeleg aus dem vorherigen Monat noch übergeben werden?

....

....

....

12 Lohn- und Gehaltsabrechnung Monat Mai

In diesem Kapitel erfahren Sie, ...

- wie Sie eine Entgeltfortzahlung im Krankheitsfall durchführen,
- wie eine Korrekturabrechnung durchgeführt wird,
- was bei Austritt eines Mitarbeiters zu beachten ist,
- wie Bescheinigungen mit dem Programm Bescheinigungswesen erstellt werden,
- wie Sie den Fahrtkostenzuschuss als Deutschlandticket umwandeln.

12.1 Entgeltfortzahlung im Krankheitsfall

Wie in fast jeder Firma kommt es vor, dass Mitarbeiter erkranken und eine Arbeitsunfähigkeitsbescheinigung vorliegt. Die Lohnfortzahlung besteht im Normalfall für sechs Wochen. Nach den sechs Wochen bezieht der erkrankte Mitarbeiter Krankengeld, welches von der Krankenkasse bezahlt wird.

Hier geht es um die Entgeltzahlung im Krankheitsfall. Dabei muss zwischen Lohn- und Gehaltsempfängern unterschieden werden.

Lohnfortzahlung bei Gehaltsempfängern

Ausgangssituation
Am 08.05.2023 liegt Ihnen eine Arbeitsunfähigkeitsbescheinigung für Frau Jeanette Beier vor. Sie ist für den Zeitraum vom 08.05.2023 bis einschließlich 12.05.2023 erkrankt.

Die Arbeitsunfähigkeitsbescheinigung ist in den Kalenderbewegungsdaten für den Monat Mai 2023 zu erfassen. Dazu gehen Sie - wie nachfolgend dargestellt - vor:

1 Öffnen Sie die Mitarbeiterin Frau Jeanette Beier ❶.

2 Wählen Sie den Menüpunkt *Erfassen* ▶ *Bewegungsdaten* ▶ *Kalender* oder öffnen Sie in der Übersicht den Ordner *Bewegungsdaten* und klicken anschließend doppelt auf *Kalender* ❷ oder klicken Sie in der Symbolleiste auf das Symbol *Kalendererfassung öffnen*. Der Kalender vom Mai 2023 ❸ von Jeanette Beier wird angezeigt (Bild 12.1).

Bild 12.1 Jeanette Beier: Kalender

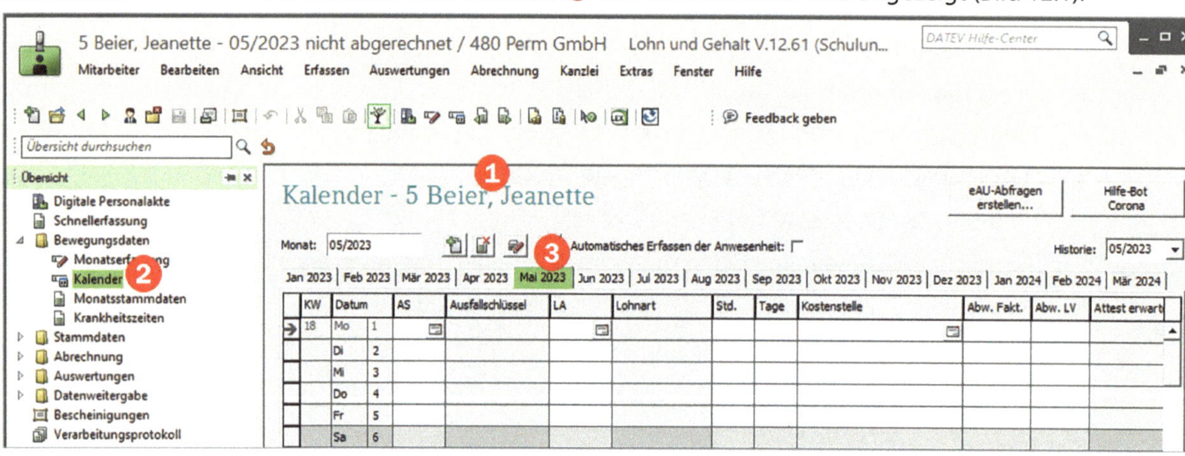

3 Klicken Sie auf das Symbol *Zeitraum erfassen* und geben Sie, wie in Bild 12.2, den Zeitraum der Arbeitsunterbrechung ❹ laut Arbeitsunfähigkeitsbescheinigung ein.

4 Klicken Sie beim Feld *Ausfallschlüssel* auf das Symbol *Ausfallschlüssel auswählen* ❺ und klicken Sie auf den Ausfallgrund *K* bzw. *Krankheit (Lohnfortzahlung)* ❻. Übernehmen Sie anschließend die Auswahl mit *OK*.

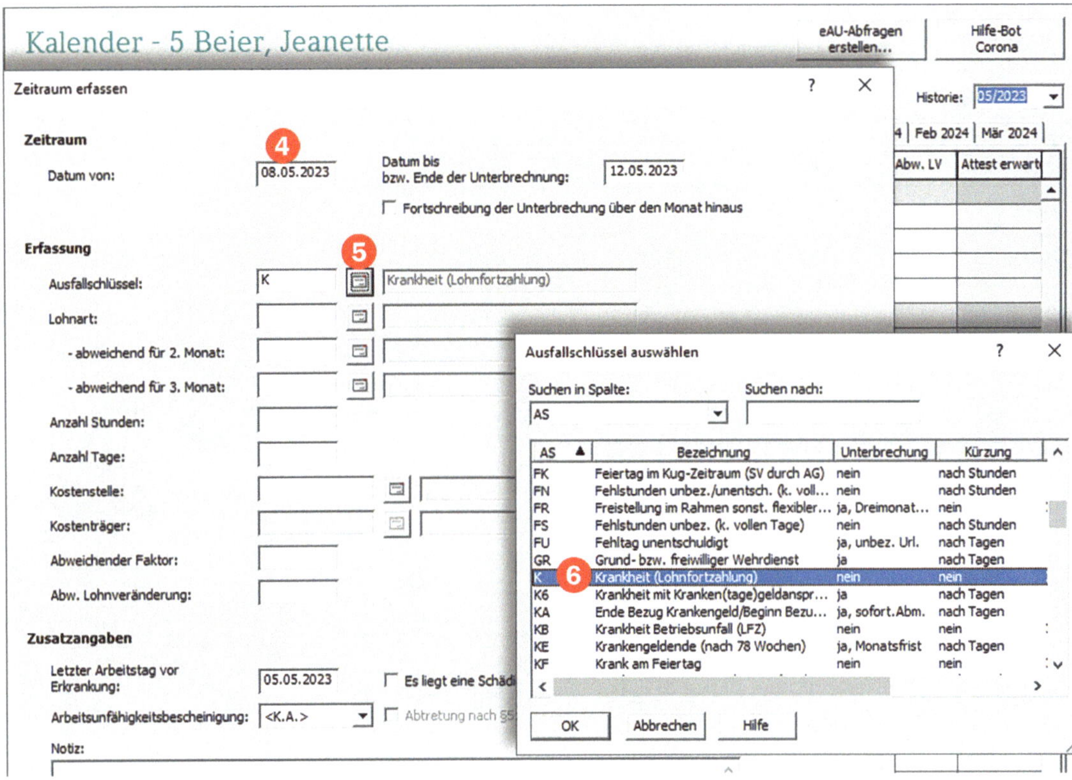

Bild 12.2 Zeitraum erfassen

5 Wählen Sie im unteren Teil, im Bereich *Zusatzangaben* im Feld *Arbeitsunfähigkeitsbescheinigung* ❼ den Eintrag *Liegt vor* aus.

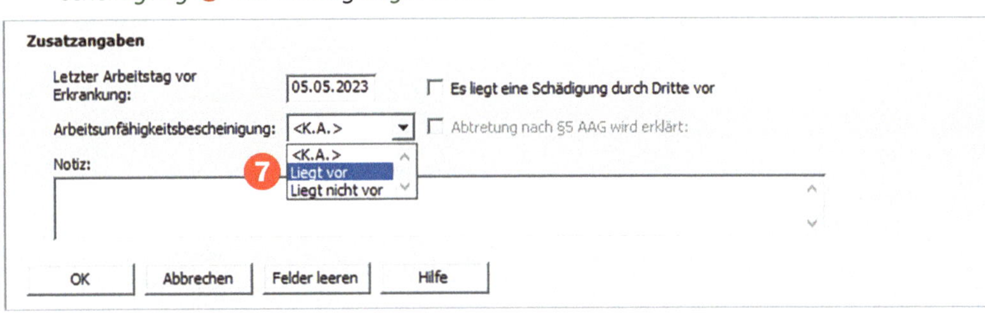

Bild 12.3 Arbeitsunfähigkeitsbescheinigung

Hinweis: Hier wird auch der letzte Arbeitstag vor der Erkrankung angezeigt. Dieses Datum benötigen Sie für den Erstattungsantrag nach dem Aufwendungsausgleichsgesetz (AAG) für die Entgeltfortzahlung, sowie für zukünftige Verdienstbescheinigungen zur Errechnung von Entgeltersatzleistungen, zum Beispiel Krankengeld.

6 Alle erforderlichen Eingaben zur Arbeitsunfähigkeitsbescheinigung sind erfasst. Übernehmen Sie die Einstellungen, indem Sie auf die Schaltfläche *OK* klicken.

Die erfassten Krankheitstage werden im Kalender angezeigt. Im unteren Teil des Fensters sind die Ausfallstunden und Krankheitstage im Statistikblock ersichtlich (Bild 12.4).

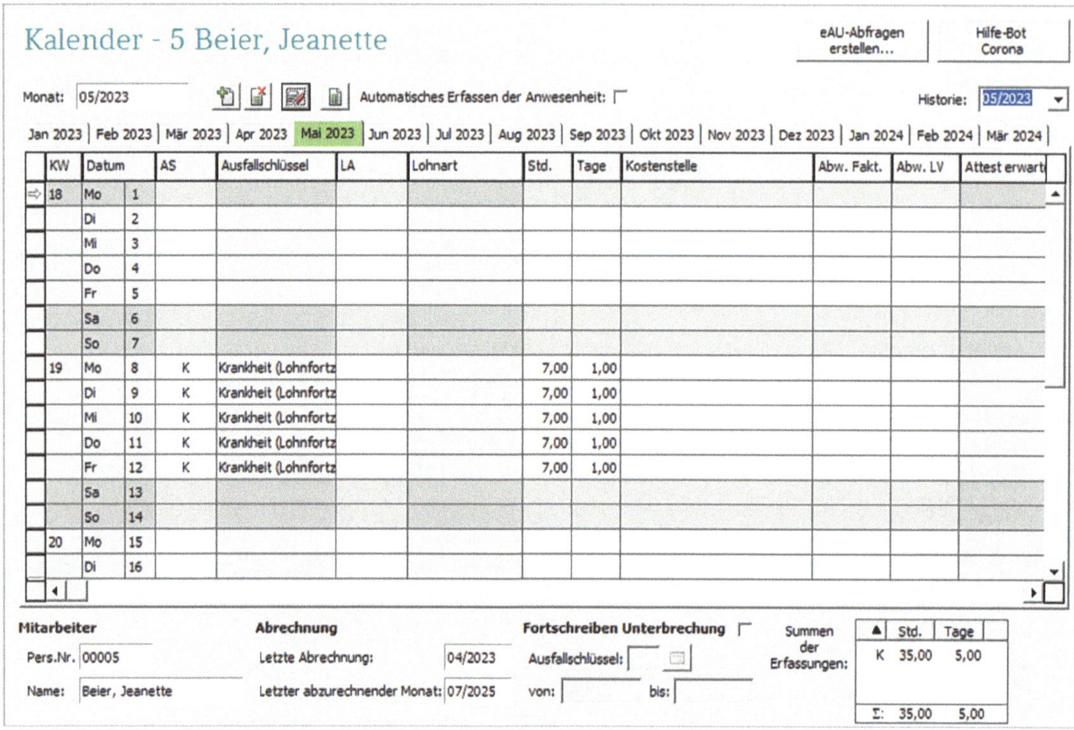

KW	Datum		AS	Ausfallschlüssel	LA	Lohnart	Std.	Tage	Kostenstelle	Abw. Fakt.	Abw. LV	Attest erwart
18	Mo	1										
	Di	2										
	Mi	3										
	Do	4										
	Fr	5										
	Sa	6										
	So	7										
19	Mo	8	K	Krankheit (Lohnfortz			7,00	1,00				
	Di	9	K	Krankheit (Lohnfortz			7,00	1,00				
	Mi	10	K	Krankheit (Lohnfortz			7,00	1,00				
	Do	11	K	Krankheit (Lohnfortz			7,00	1,00				
	Fr	12	K	Krankheit (Lohnfortz			7,00	1,00				
	Sa	13										
	So	14										
20	Mo	15										
	Di	16										

Bild 12.4 Die erfassten Krankheitstage

7 Klicken Sie auf das Symbol *Probeabrechnung durchführen* und anschließend auf die Schaltfläche *OK*. Die Krankheitstage und die Krankheitsstunden werden in der Abrechnung im Bereich statistische Werte aufgeführt, siehe Bild 12.5. Schließen Sie dann die Probeabrechnung wieder.

Bild 12.5 Probeabrechnung

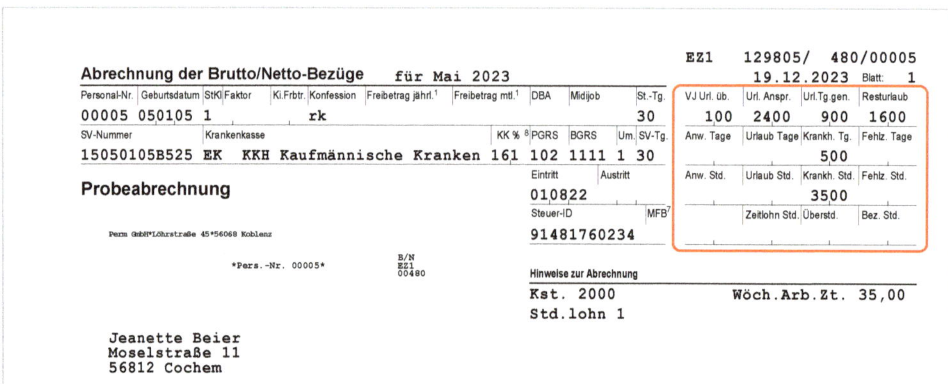

EZ1 129805/ 480/00005

Abrechnung der Brutto/Netto-Bezüge für Mai 2023 19.12.2023 Blatt: 1

Personal-Nr.	Geburtsdatum	StKl	Faktor	Ki.Frbtr.	Konfession	Freibetrag jährl.[1]	Freibetrag mtl.[1]	DBA	Midijob	St.-Tg.
00005	050105	1			rk					30

SV-Nummer	Krankenkasse	KK %	PGRS	BGRS	Um.	SV-Tg.
15050105B525	EK KKH Kaufmännische Kranken	161	102	1111	1	30

Eintritt	Austritt
010822	

Steuer-ID	MFB[7]
91481760234	

VJ Url. üb.	Url. Anspr.	Url.Tg.gen.	Resturlaub
100	2400	900	1600
Anw. Tage	**Urlaub Tage**	**Krankh. Tg.**	**Fehlz. Tage**
		500	
Anw. Std.	**Urlaub Std.**	**Krankh. Std.**	**Fehlz. Std.**
		3500	
	Zeitlohn Std.	**Überstd.**	**Bez. Std.**

Probeabrechnung

Perm GmbH•Löhrstraße 45•56068 Koblenz

Pers.-Nr. 00005 B/N EZ1 00480

Hinweise zur Abrechnung
Kst. 2000 Wöch.Arb.Zt. 35,00
Std.lohn 1

Jeanette Beier
Moselstraße 11
56812 Cochem

Hinweis: Für den Zeitraum der Erkrankung erhalten Sie automatisch die Berechnung der Erstattung nach dem Aufwendungsausgleichsgesetz (AAG) für die U1, siehe Verarbeitungsprotokoll im Bild 12.6. Der Erstattungsbetrag wird, bezogen auf die Krankenkasse automatisch berechnet und später auf dem Beitragskonto gutgeschrieben oder überwiesen.

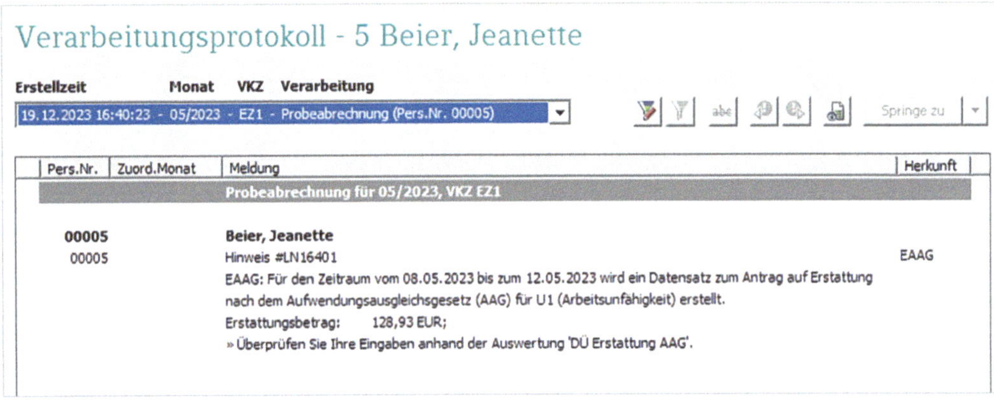

Bild 12.6 Verarbeitungsprotokoll

8 Klicken Sie zuletzt in der Übersicht doppelt auf den Eintrag *Krankheitszeiten*. Es wird Ihnen eine Liste der Krankheitszeiträume angezeigt, die Sie über den Mitarbeiterkalender erfasst haben.

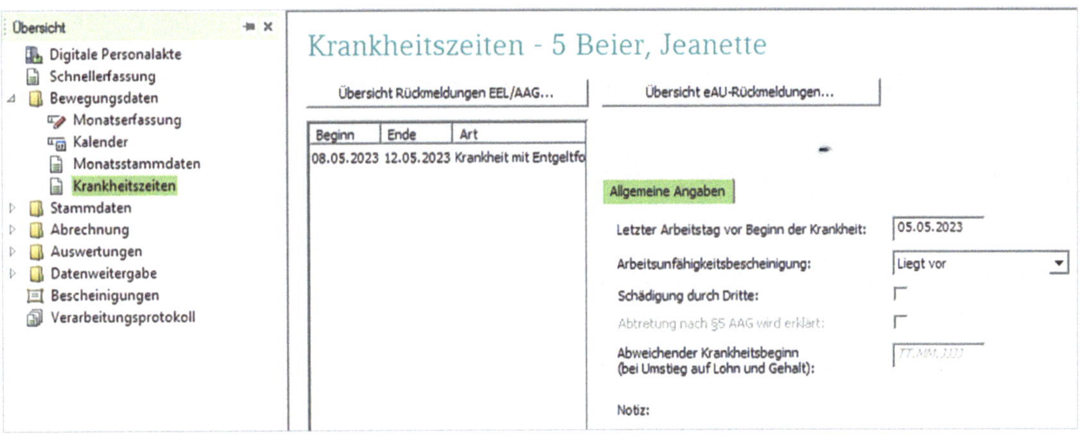

Bild 12.7 Krankheitszeiten

Übung: Lohnfortzahlung im Krankheitsfall Gehaltsempfänger

Eine weitere Arbeitsunfähigkeitsbescheinigung liegt Ihnen vor: Frau Sabine Müller ist vom 24.05.2023 bis einschließlich 26.05.2023 erkrankt. Letzter Arbeitstag vor der Erkrankung: 23.05.2023.

Erfassen Sie über die Mitarbeiterebene die Arbeitsunfähigkeitsbescheinigung von Frau Müller.

Die Lösung finden Sie im Lösungsbuch.

Lohnfortzahlung Krankheit bei Zeitlohnempfängern

Ausgangssituation

Für die Lohnempfängerin Frau Marion Wegmann, Kostenstelle Technik, liegt eine Arbeitsunfähigkeitsbescheinigung vom 03.05.2023 bis einschließlich 05.05.2023 vor. Letzter Arbeitstag vor der Erkrankung: 02.05.2023.

Die Arbeitsunfähigkeitsbescheinigung ist in den Kalenderdaten zu hinterlegen.

Wie bereits bei der Erfassung der Urlaubsdaten beschrieben, kann auch Krankheit mit Lohnfortzahlung über die Mandantenebene erfasst werden. Dies soll in der Folge anhand der Arbeitsunfähigkeitsbescheinigung von Frau Marion Wegmann näher dargestellt werden.

1 Schließen Sie die Mitarbeiterebene von DATEV Lohn und Gehalt comfort.

2 Wählen Sie den Menüpunkt *Erfassen* ▶ *Bewegungsdaten* ▶ *Stapelerfassung Kalender* oder öffnen Sie in der Übersicht den Ordner *Bewegungsdaten* und klicken anschließend doppelt auf den Eintrag *Stapelerfassung Kalender* oder klicken Sie auf das Symbol *Stapelerfassung Kalender*. Alle bisher erfassten Krankheitszeiträume aus der Mitarbeiterebene werden angezeigt (Bild 12.8).

Bild 12.8 Stapelerfassung Kalender

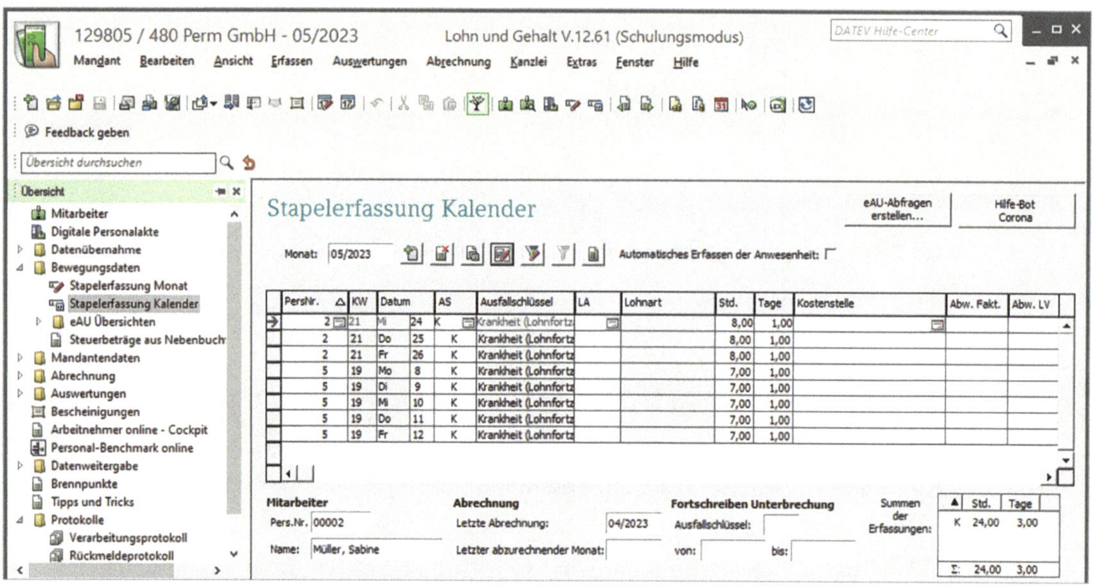

3 Klicken Sie auf das Symbol *Neue Erfassung*.

4 Klicken Sie dann auf das Symbol *Zeitraum erfassen*.

5 Erfassen Sie nun - wie in Bild 12.9 - folgende Angaben zur Arbeitsunfähigkeitsbescheinigung:

- die Personalnummer von Frau Marion Wegmann: 3
- den Zeitraum der Arbeitsunfähigkeit: vom 03.05.2023 bis einschließlich 05.05.2023
- den Ausfallschlüssel K für Krankheit.

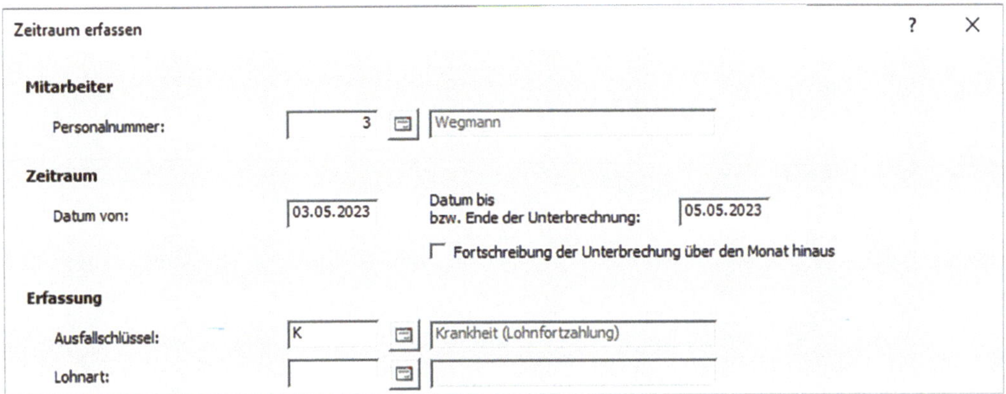

Bild 12.9 Zeitraum erfassen

Lohnart 1650 Lohnfortzahlung Stunden

Bei Erkrankung mit Lohnfortzahlung eines Zeitlohnempfängers ist der Lohnfortzahlungsbetrag über die Lohnart *1650, Lohnfortzahlung Stunden* anzugeben. Dabei müssen die Stundenanzahl und der durchschnittliche Stundensatz der letzten 3 Monate ermittelt werden.

Die Entgeltfortzahlung ist in unserem Übungsfall mit dem Normalstundensatz für den jeweiligen Zeitlohnempfänger zu erfassen, da bisher keine Verdiensterhöhungen bzw. Verdienstverkürzungen eingetreten sind. Falls Verdiensterhöhungen bzw. Verdienstverkürzungen in den letzten 3 Monaten vorlagen, muss der Durchschnittslohnsatz über die Lohnart *1651, Lohnfortz. Std, DU d. l. 3 Mon* verwendet werden.

In unserem Übungsfall sind Normalstundenlohn und Durchschnittslohnsatz identisch. Dabei gilt es jedoch festzustellen, wie viele Zeitstunden für die Entgeltfortzahlung im Krankheitsfall bezahlt werden müssen.

Die Lohnart *1650 Lohnfortzahlung Stunden* ist eine Standardlohnart für die Berechnung von Lohnfortzahlungsstunden bei Zeitlohnempfängern. Die nachfolgende Tabelle zeigt die Funktionsweise der Lohnart.

Nr.	Bezeichnung	Lohnartenkern	Faktorschlüssel	Steuer	SV	Lohnv. in %
1650	Lohnfortzahlung Stunden	LFZ01*	ST01	lfd.	lfd.	
	Eingabe:	Abzurechnende Krankheitsstunden in den Bewegungsdaten				
	Berechnung:	Multiplikation der eingegebenen Stunden mit dem Stundenlohn 1				

*LFZ01 = Vergütungen für Ausfallzeiten (Std.)

6 Klicken Sie im Feld *Lohnart* auf das Symbol *Lohnart auswählen* und wählen Sie die Lohnart 1*650 Lohnfortzahlung, Std.* aus (Bild 12.10).

7 Wählen Sie im Feld *Arbeitsunfähigkeitsbescheinigung* den Eintrag *Liegt vor* aus.

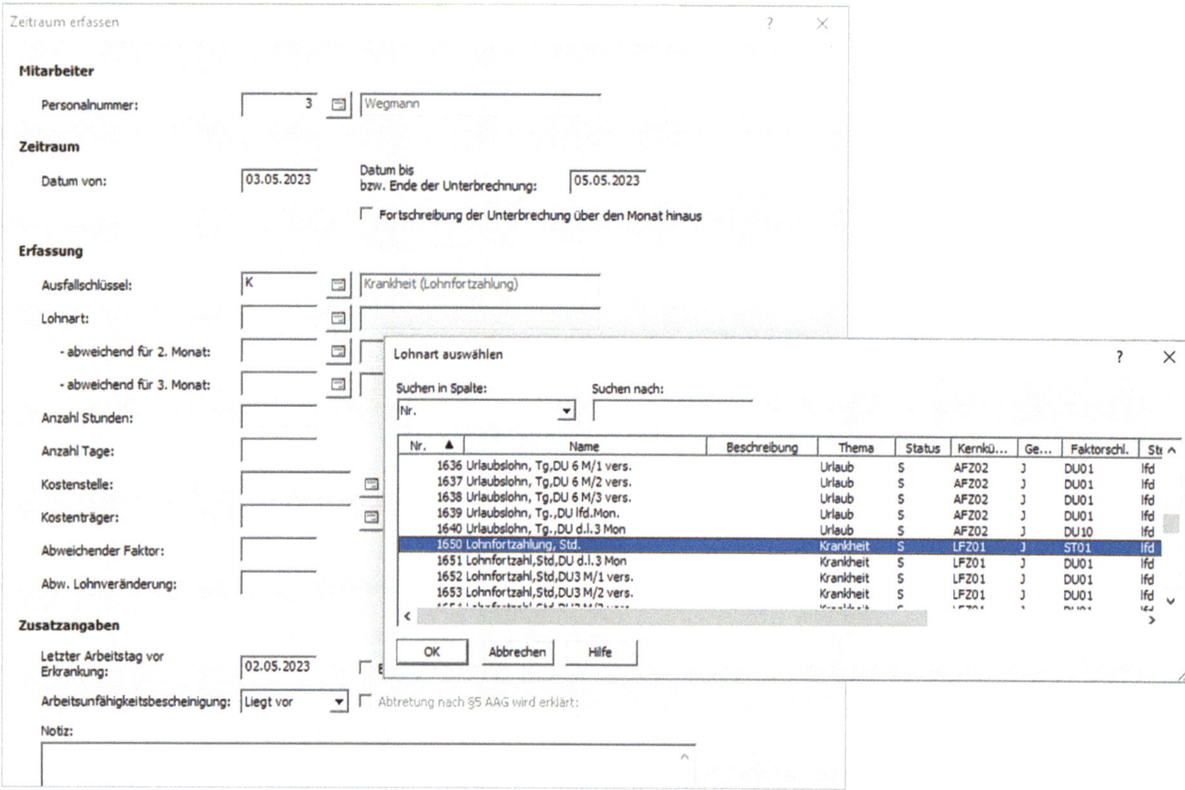

Bild 12.10 Lohnart auswählen

8 Übernehmen Sie abschließend die Einstellungen mit *OK*. Die Arbeitsunfähigkeitsbescheinigung von Marion Wegmann ist mit der Lohnart *1650 Lohnfortzahl, Std.* erfasst. Für den Arbeitsunfähigkeitszeitraum müssen 21 Stunden abgerechnet werden, siehe Bild 12.11.

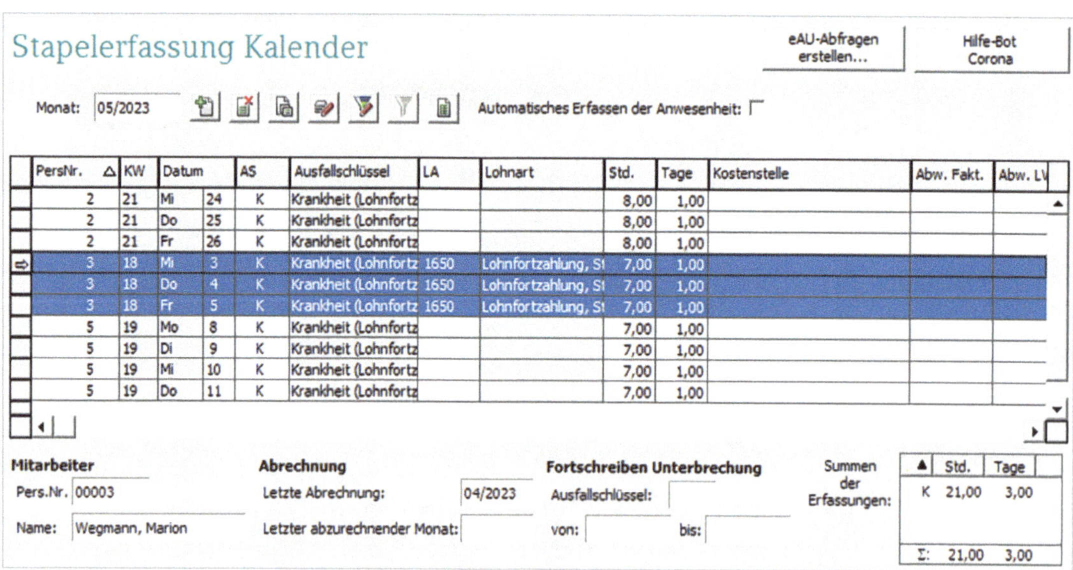

Bild 12.11 Arbeitsunfähigkeit mit Lohnart 1650

12.2 Korrekturabrechnung durchführen

Ausgangssituation

Am 03.05.2023 führte Herr Walther Vogel ein Personalgespräch mit dem Gesellschafter Herrn Münchbacher. Nach Rücksprache mit den Gesellschaftern liegt Ihnen das Ergebnis der Gehaltsverhandlungen vor:

Herr Walther Vogel erhält rückwirkend zum 01.04.2023 eine Gehaltserhöhung in Höhe von 800,00 EUR. Diese ist jetzt in den Stammdaten zu erfassen.

Um die Korrektur eines Festbezugs zu erfassen, gehen Sie wie folgt vor:

1 Öffnen Sie den Mitarbeiter Herrn Walther Vogel.

2 Wählen Sie den Menüpunkt *Erfassen* ▶ *Stammdaten* ▶ *Entlohnung* ▶ *Bezüge/Abzüge* oder öffnen Sie in der Übersicht den Ordner *Entlohnung* und klicken dann doppelt auf *Bezüge/Abzüge*.

3 Die bisherigen Bezüge von 6.100,00 EUR ❷ für Herrn Vogel ❶ werden angezeigt. Klicken Sie auf die Schaltfläche *Zeile neu* ❸ (Bild 12.12).

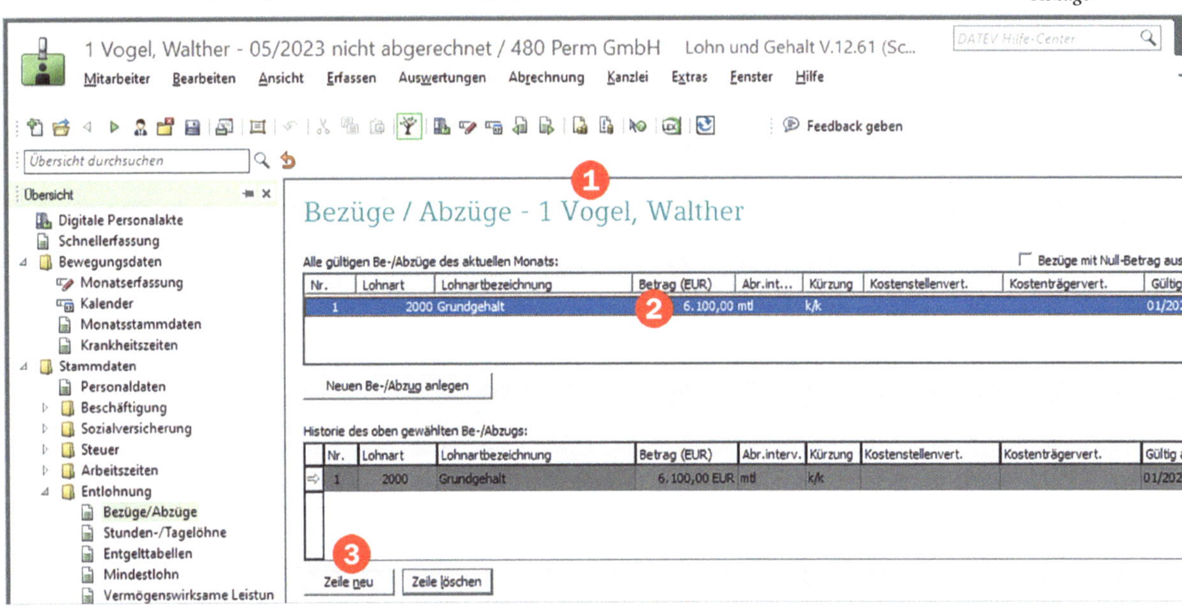

Bild 12.12 Bezüge/Abzüge

4 Erfassen Sie das neue Gehalt von 6.900,00 EUR. Da die Gehaltserhöhung rückwirkend bezahlt wird, geben Sie im Feld *Gültig ab* 04/2023 ein (Bild 12.13).

Bild 12.13 Neues Gehalt erfassen

5 Speichern Sie abschließend die Änderungen mit Klick auf das Symbol *Fensterinhalt speichern* .

6 Das Ergebnis sollte anhand einer Probeabrechnung überprüft werden (Bild 12.14). Klicken Sie daher auf das Symbol *Probeabrechnung durchführen* und anschließend auf die Schaltfläche *OK*.

Bild 12.14 Probeabrechnung Walther Vogel

EZ1 129805/ 480/00001
19.12.2023 Blatt: 1

Abrechnung der Brutto/Netto-Bezüge für Mai 2023

Personal-Nr.	Geburtsdatum	StKl	Faktor	Ki.Frbtr.	Konfession	Freibetrag jährl.[1]	Freibetrag mtl.[1]	DBA	Midijob	St.-Tg.
00001	150267	4		20	rk/rk	6.000	500			30

SV-Nummer	Krankenkasse	KK %[8]	PGRS	BGRS	Um.	SV-Tg.
50150267V495	BKK Continentale	160	101	9111	1	30

VJ Url. üb.	Url. Anspr.	Url.Tg.gen.	Resturlaub
100	2900	900	2100
Anw. Tage	Urlaub Tage	Krankh. Tg.	Fehlz. Tage
Anw. Std.	Urlaub Std.	Krankh. Std.	Fehlz. Std.
	Zeitlohn Std.	Überstd.	Bez. Std.

Probeabrechnung

Eintritt: 010898 Austritt:

Steuer-ID: 89607512376 MFB[7]

Perm GmbH*Löhrstraße 45*56068 Koblenz

Pers.-Nr. 00001

B/N
EZ1
00480

Hinweise zur Abrechnung

Kst. 2000 Wöch.Arb.Zt. 42,00
Std.lohn 1

Walther Vogel
Himmelsweg 5
56068 Koblenz

Brutto-Bezüge

	Lohnart	Bezeichnung	Einheit[2]	Menge[3]	Faktor[3]	Prozentsatz	St[4]	SV[4]	GB[5]	Betrag
1	2000	Grundgehalt					L	L	J	6.900,00
		Nachberechnung 04/2023:								
	2000	Grundgehalt					L	L	J	800,00

Gesamt-Brutto: 7.700,00

Steuer/Sozialversicherung

	St[4]	Steuer-Brutto	Lohnsteuer	Kirchensteuer	Solidaritätszuschlag	Steuerrechtliche Abzüge
	L	6.900,00	1.349,83	94,57		1.444,40
2	N	800,00	291,17	23,96		315,13

	SV[4]	KV-Brutto	RV-Brutto	AV-Brutto	PV-Brutto	KV-Beitrag	RV-Beitrag	AV-Beitrag	PV-Beitrag[6]	SV-rechtliche Abzüge
	L		6.900,00	6.900,00			641,70	89,70		731,40
2	N		800,00	800,00			74,40	10,40		84,80

Netto-Verdienst: 5.124,27

Verdienstbescheinigung

Gesamt-Brutto	32.550,50	SV-Brutto	32.519,00
Steuer-Brutto	32.519,00	KV-Beitrag	
Lohnsteuer	6.025,06	RV-Beitrag	3.024,27
Kirchensteuer	413,25	AV-Beitrag	422,75
Solidaritätszuschlag		PV-Beitrag	
Steuerfreie Bezüge		VWL gesamt	
P. verst. Zuk.sich.		Kug-Auszahlung	
Pfändung Rest			
Darlehen Rest			

Netto-Bezüge/Netto-Abzüge

Lohnart	Bezeichnung	Betrag
9850	AG-Ant.freiw.Krankenvers.	399,00
9851	Gesamtb.freiw.Krankenvers	798,01-
9856	AG-Ant.Pflegev.b.freiw.KV	76,06
9857	Gesamt.Pflegev.b.freiw.KV	152,12-

Bank: Sparkasse Koblenz
Konto: DE68 5705 0120 0100 4XXX XX

SV-AG-Anteil	Zus. AG-Kosten	Gesamtkosten	Auszahlungsbetrag
1.291,26			4.649,20

[1] H = Hinzurechnungsbetrag
[2] Std = Stunden, T = Tage, Km = Kilometer, St = Stück
EUR = Euro, Tsd = Tausend Euro, Mio = Million Euro
[3] Gegebenenfalls Netto-Lohn/Netto-Stundenlohn
[4] L = Laufender Bezug, S = Sonstiger Bezug, F = Frei,
E = Einmalbezug, P = Pauschalierung, A = Abfindung,
M = mehrjährige Versteuerung, N = Nachberechnung
V = Vorjahr, W = Entgeltguthaben
[5] J = Bestandteil des Gesamt-Bruttos
[6] Z = Einschl. Beitragszuschlag zur PV für Kinderlose
[7] MFB = Mehrfachbeschäftigung
[8] Maßgeblicher Beitragssatz zur KV inkl.. Zusatzbeitrag

AFP Form.-Nr. PCGN14

- Dies ist eine Entgeltbescheinigung nach § 108 Abs. 3 Satz 1 der Gewerbeordnung -

DATEV

❶ Neues Gehalt 6.900,00 EUR und 800,00 EUR Nachberechnung aufgrund der rückwirkenden Gehaltserhöhung.

❷ Steuern und Sozialversicherung werden mit N = Nachberechnung gekennzeichnet.

12.3 Austritt eines Mitarbeiters, Deutschlandticket

Austritt erfassen

Ausgangssituation
Die Aushilfe, Herr Thomas Rumpenhorst verlässt zum 31.05.2023 die Firma Perm GmbH. Er hat eine sozialversicherungspflichtige Festanstellung bei einer anderen Firma.

Das Austrittsdatum ist in den Stammdaten des Mitarbeiters zu erfassen. Dazu gehen Sie - wie nachfolgend beschrieben - vor:

1 Öffnen Sie den Mitarbeiter Herrn Thomas Rumpenhorst ❶.

2 Wählen Sie den Menüpunkt *Erfassen* ▶ *Stammdaten* ▶ *Beschäftigung* ▶ *Zeitraum* oder öffnen Sie in der Übersicht mit Doppelklick den Ordner *Stammdaten*, klicken dann doppelt auf *Beschäftigung* und abschließend doppelt auf den Eintrag *Zeitraum* ❷.

3 Im Feld *Austrittsdatum* geben Sie den 31.05.2023 ein ❸. Im Feld *Letzter abzurechnender Monat* wird automatisch *05/2023* eingetragen ❹ (Bild 12.15).

Bild 12.15 Stammdaten: Zeitraum

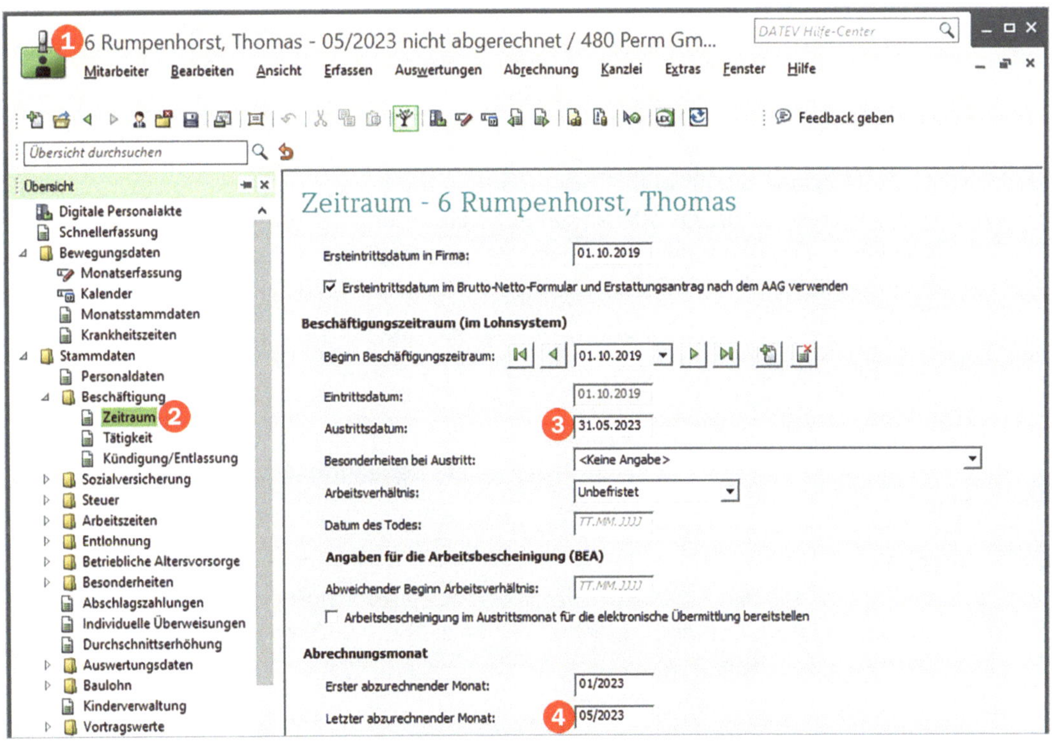

4 Klicken Sie anschließend in der Übersicht doppelt auf den Eintrag *Kündigung/Entlassung*. Über die einzelnen Register können je nach Kündigung weitere Angaben hinterlegt werden. Herr Rumpenhorst hat selbst zum 31.05.2023 im gegenseitigen Einvernehmen persönlich gekündigt. Tragen Sie im Register *Kündigung* die Angaben wie in Bild

12.16 ein und speichern Sie dann die Eingaben mit Klick auf das Symbol *Fensterinhalt speichern* .

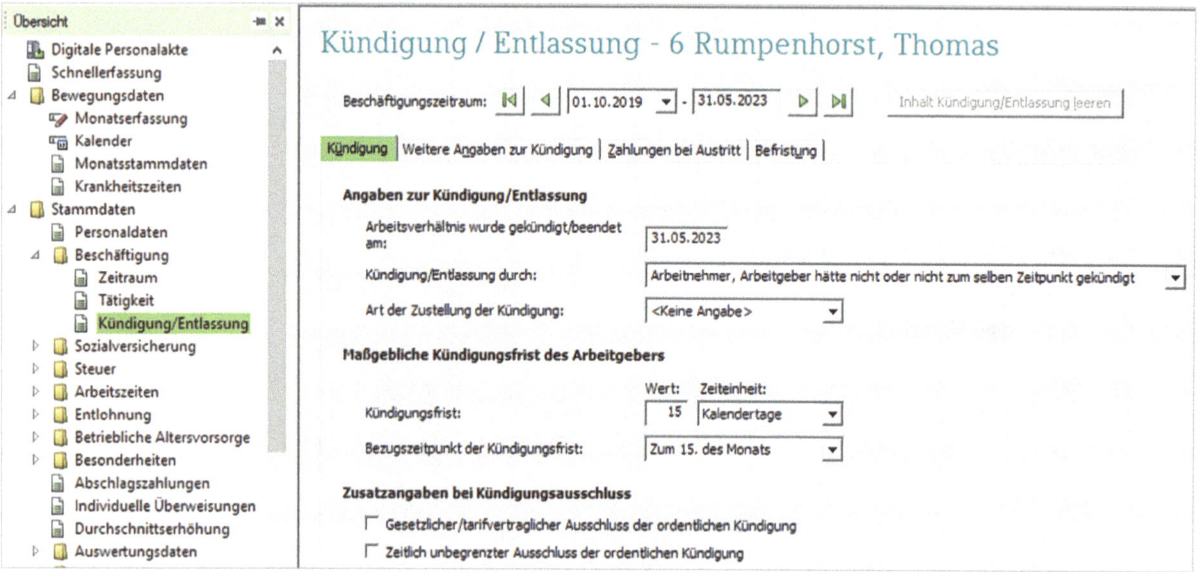

Bild 12.16 Angaben zur Kündigung

Besonderheiten zum Thema Deutschlandticket

Für den öffentlichen Personennahverkehr tritt ab 01.05.2023 das Deutschlandticket, oder auch 49-EUR-Ticket genannt, in Kraft. Deutschlandtickets können für die Fahrten zwischen Wohnung und erster Arbeitsstätte eingesetzt werden und als Arbeitgeberleistung steuer- und sozialversicherungsfrei dem Arbeitnehmer gewährt werden. Die gesetzlichen Regelungen sind in Kapitel „11.2 Fahrgeldzuschüsse abrechnen" auf Seite 274 beschrieben.

Wiederholungsübung

Teil 1 - Bewegungsdaten erfassen

Der Monatsabschluss Mai 2023 steht an. Folgende Bewegungsdaten sind noch zu erfassen:

Die Lösungen zu den Aufgaben 1 bis 5 finden Sie im Lösungsbuch.

Aufgabe 1

Herr Rumpenhorst, Kostenstelle Verkauf, hat im Abrechnungsmonat Mai 2023 insgesamt 32 Arbeitsstunden geleistet. Er verzichtet schriftlich auf seinen, ihm zustehenden Resturlaub.

Aufgabe 2

Herr Weber, Kostenstelle 3000, hat im Monat Mai 2023 insgesamt 160 Arbeitsstunden geleistet. Für die Feiertage im Mai, Tag der Arbeit (01.05.2023), Christi Himmelfahrt (18.05.2023) und Pfingstmontag (29.05.2023) müssen insgesamt 21 Feiertagsstunden abgerechnet werden.

Aufgabe 3

Frau Wegmann, Kostenstelle 3000, hat im Monat Mai 2023 insgesamt 139 Arbeitsstunden geleistet. Für die Feiertage im Mai, Tag der Arbeit (01.05.2023), Christi Himmelfahrt (18.05.2023) und Pfingstmontag (29.05.2023) müssen insgesamt 21 Feiertagsstunden abgerechnet werden.

Aufgabe 4

Das ab April 2023 gewährte Jobticket für Frau Jeanette Beier in Höhe von 195,10 EUR wird ab Abrechnungsmonat Mai 2023 als Deutschlandticket (steuer- und sozialversicherungsfrei) in Höhe von 49,00 EUR gewährt. Ersetzen Sie das bisher gewährte Jobticket.

Aufgabe 5

Das ab April 2023 gewährte Jobticket für Frau Sabine Müller in Höhe von 60,00 EUR wird ab Abrechnungsmonat Mai 2023 ebenfalls als Deutschlandticket in Höhe von 49,00 EUR gewährt. Ersetzen Sie das bisher gewährte Jobticket.

Damit sind alle Daten für den Monat Mai 2023 erfasst.

Teil 2 - Monatsabschluss durchführen

Die Lösungen zu den Aufgaben 2 bis 5 finden Sie im Lösungsbuch

Aufgabe 1

Sichern Sie den Mandanten Perm GmbH.

Aufgabe 2

Führen Sie die Abrechnung aller Mitarbeiter für den Monat 05/2023 durch.

Aufgabe 3

Senden Sie die *DEÜV-Meldung Abmeldung Beschäftigungsende* von Herrn Rumpenhorst und die Erstattungsanträge für Arbeitgeberaufwendungen bei Arbeitsunfähigkeit U1.

Aufgabe 4

Schließen Sie den Monat Mai 2023 ab und senden Sie über das Menü *Daten senden* die RZ-Aufträge.

Aufgabe 5

Überprüfen Sie das DÜ Protokoll LSt. Anm. Mai 2023 mit dem Lohnjournal.

Prüfen Sie den Auszahlungsbetrag an die Mitarbeiter im Buchungsbeleg mit dem Lohnjournals des Abrechnungsmonats.

Prüfen Sie die Sozialversicherungsbeträge mit den Beträgen des Buchungsbeleges.

Übergeben Sie den Buchungsbeleg an die Finanzbuchhaltung.

Die Musterlösungen zu den Lohn- und Gehaltsabrechnungen für den Monat Mai, den Lohnkonten und den Monatsauswertungen finden Sie im Ordner Kap12_05_Mai_2023.

Download

12.4 Das Programm Bescheinigungswesen

Ausgangssituation
Herr Thomas Rumpenhorst möchte von Ihnen eine Arbeitsbescheinigung über die Zeit, in der er bei der Firma Perm GmbH als Aushilfe beschäftigt war.

Übersicht

Für Bescheinigungen vielfältiger Art steht Ihnen in DATEV Lohn und Gehalt comfort und in DATEV Arbeitsplatz das Programm Bescheinigungswesen zur Verfügung. Mit diesem Programm können die häufigsten Bescheinigungen z. B. für die Bundesagentur für Arbeit, Gemeinden und weitere erstellt werden. Folgende Bescheinigungen sind verfügbar:

- **Bescheinigungen der Bundesagentur für Arbeit**
  - Arbeitsbescheinigung gemäß § 312 Drittes Buch Sozialgesetzbuch (SGB III)
  - Arbeitsbescheinigung gemäß § 57 Zweites Buch Sozialgesetzbuch (SGB II)
  - Nebeneinkommensbescheinigung
  - Arbeitslosengeld II / Sozialgeld - Einkommensbescheinigung
  - Entgeltbescheinigung des Auszubildenden für seine Angehörigen
  - Insolvenzgeldbescheinigung
  - Altersteilzeit neues Recht (AtG 300)
  - Altersteilzeit altes Recht - Abrechnungsliste (AtG 21a)
- **Bescheinigungen an die Sozialversicherungsträger**
  - Bescheinigung zur Klärung des Versicherungsverhältnisses
  - Entgeltbescheinigung zur Berechnung von Pflegeunterstützungsgeld bei kurzzeitiger Arbeitsverhinderung
  - Erstattungsantrag Organspende (Erstattungsantrag gem. § 3a Abs. 2 EngFG)
- **Bescheinigungen für die Familienkasse**
  - Erklärung zum Ausbildungsverhältnis (KG 5b)
  - Verdienstbescheinigung des Arbeitgebers zur Vorlage bei der Familienkasse zum Zwecke des Kinderzuschlages (KiZ5)
- **Bescheinigungen an Gemeinden, Amtsgerichte etc.**
  - Verdienstbescheinigung zur Vorlage bei Gericht
  - Bescheinigung über die Anwartschaft auf eine Betriebsrente bei Ehescheidung
  - Verdienstbescheinigung für wohnrechtliche Zwecke
  - Verdienstbescheinigung bei Wehrdienst zur Berechnung von Leistungen nach dem Unterhaltssicherungsgesetz (USG)
  - Arbeitgeberbescheinigung zum Verdienstausfallersatz nach § 6 Abs. 1 des USG (Wehrübung/Reservistendienst)
  - Verdienstbescheinigung für den Antrag auf Sozialhilfe

- Verdienstbescheinigung für die Gewährung von Unterhaltsvorschuss und für Vormundschaftsangelegenheiten
- Arbeitgeberbescheinigung zum Erziehungsgeldantrag
- Neutrale Verdienstbescheinigung Brutto/Netto
- Verdienstbescheinigung zum Antrag auf Elterngeld gem. § 9 BEEG
- Arbeitgeberbescheinigung Teilzeitverdienst/Mutterschaftsgeldzuschuss zum Antrag auf Elterngeld gem. § 9 BEEG

- **Bescheinigungen an Arbeitgeber, Versicherungen etc.**
  - Arbeits- und Zwischenbescheinigung für den neuen Arbeitgeber bei einem Arbeitgeberwechsel
  - Verdienstbescheinigung des Arbeitnehmers bei Regress gegenüber dem Schadensverursacher
- **Sonstige**
  - Besondere Lohnsteuerbescheinigung für einen Arbeitnehmer, dessen Lohnsteuerkarte bei Abschluss des Lohnkontos nicht vorliegt

Verdienstbescheinigung erstellen

Um eine Verdienstbescheinigung für Herrn Thomas Rumpenhorst zu erstellen, gehen Sie wie folgt vor:

1 Klicken Sie in der Übersicht doppelt auf *Bescheinigungen* (Bild 12.17).

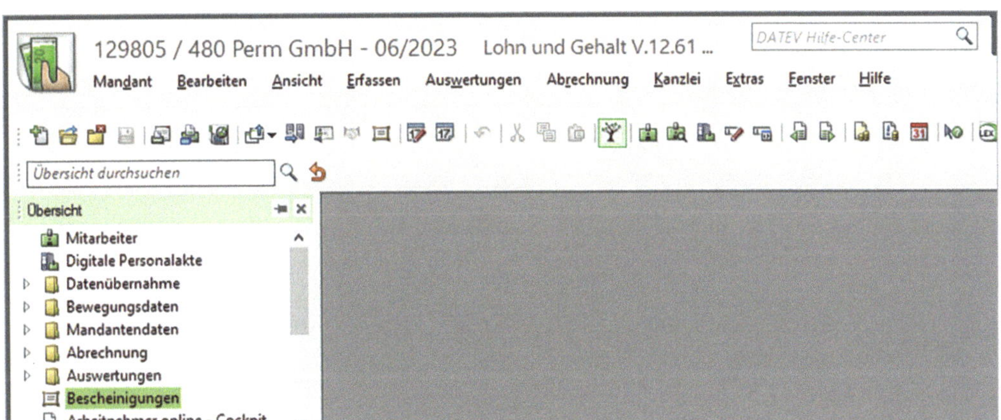

Bild 12.17 DATEV Lohn und Gehalt: Bescheinigungen starten

2 Das Programm *Bescheinigungen* wird gestartet und Sie könnten sofort über das Dialogfenster *Bescheinigungen neu* (Bild 12.18) die Verdienstbescheinigung für Herrn Rumpenhorst erstellen.

Hinweis: Sollte das Dialogfenster *Bescheinigungen neu* nicht direkt angezeigt werden, so klicken Sie im Dialogfenster auf die Schaltfläche *Abbrechen* und anschließend auf das Symbol *Bescheinigungen anlegen* 🗋.

3 Beim ersten Mal muss allerdings erst eine Verbindung zum Mandant Perm GmbH hergestellt werden. Klicken Sie daher auf die Schaltfläche *Datenquelle*, wählen Sie als Datenquelle die Option *Lohn und Gehalt* (Bild 12.18) und übernehmen Sie diese mit *OK*. Berater- und Mandantennummer werden nun angezeigt. Sind mehrere Mandanten angelegt, kann über den Pfeil beim Feld *Berater/Mandant* der entsprechende Mandant ausgewählt werden.

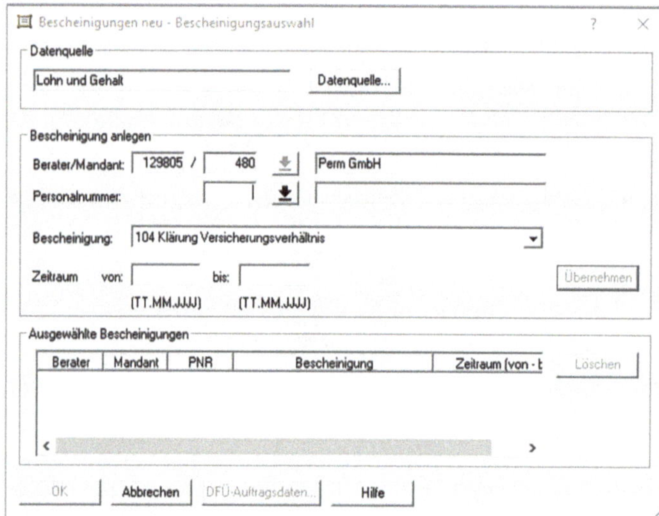

Bild 12.18 Bescheinigungen neu - Datenquelle auswählen

4 Anschließend müssen Sie den Mitarbeiter Thomas Rumpenhorst auswählen: Klicken Sie beim Feld *Personalnummer* auf den Pfeil, wählen Sie die *PNR 00006* bzw. Herrn Thomas Rumpenhorst aus und klicken Sie auf die Schaltfläche *OK*.

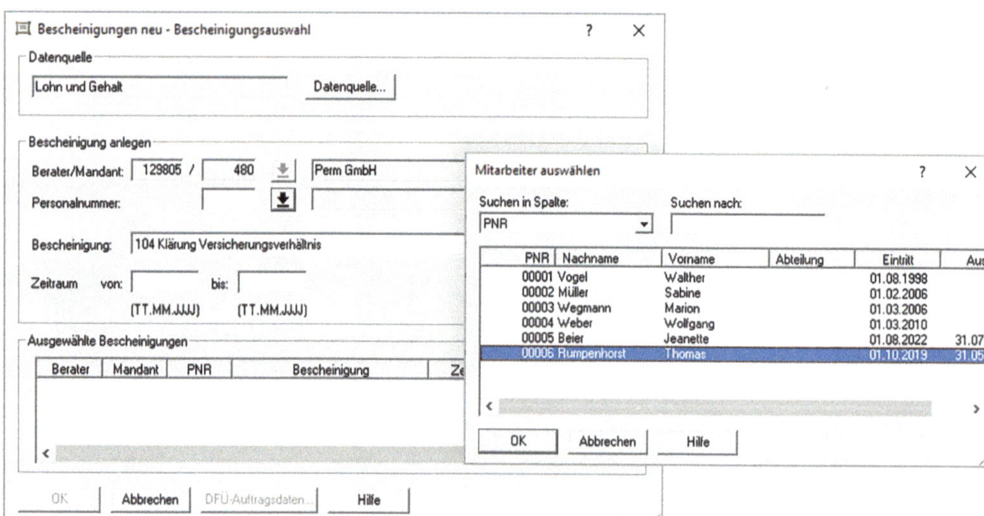

Bild 12.19 Mitarbeiter auswählen

5 Zuletzt muss nur noch die entsprechende Bescheinigung ausgewählt werden. Klicken Sie beim Feld *Bescheinigung* auf den Dropdown-Pfeil und wählen Sie *201 Arbeitsbescheinigung § 312 SGB III* aus.

6 Im Feld *Zeitraum bis* geben Sie 05/2023 ein und klicken danach auf die Schaltfläche *Übernehmen* (Bild 12.20). Die Arbeitsbescheinigung für Herrn Rumpenhorst ist erstellt.

Bild 12.20 Arbeitsbescheinigung erstellen

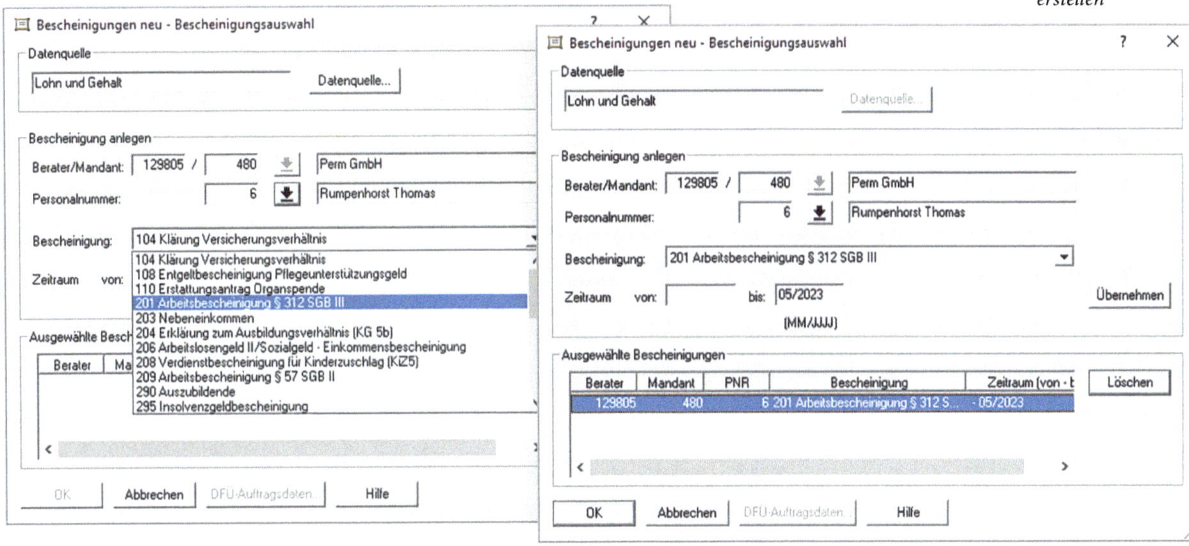

7 Um die Bescheinigung einzusehen und zu bearbeiten, klicken Sie im Fenster *Bescheinigungen neu* auf die Schaltfläche *OK* und bestätigen den Hinweis auf das Anlegen der Bescheinigung erneut mit Klick auf *OK*. Das Formular mit den importierten Daten aus DATEV Lohn und Gehalt wird geöffnet (Bild 12.21).

Bild 12.21 Das Formular Arbeitsbescheinigung

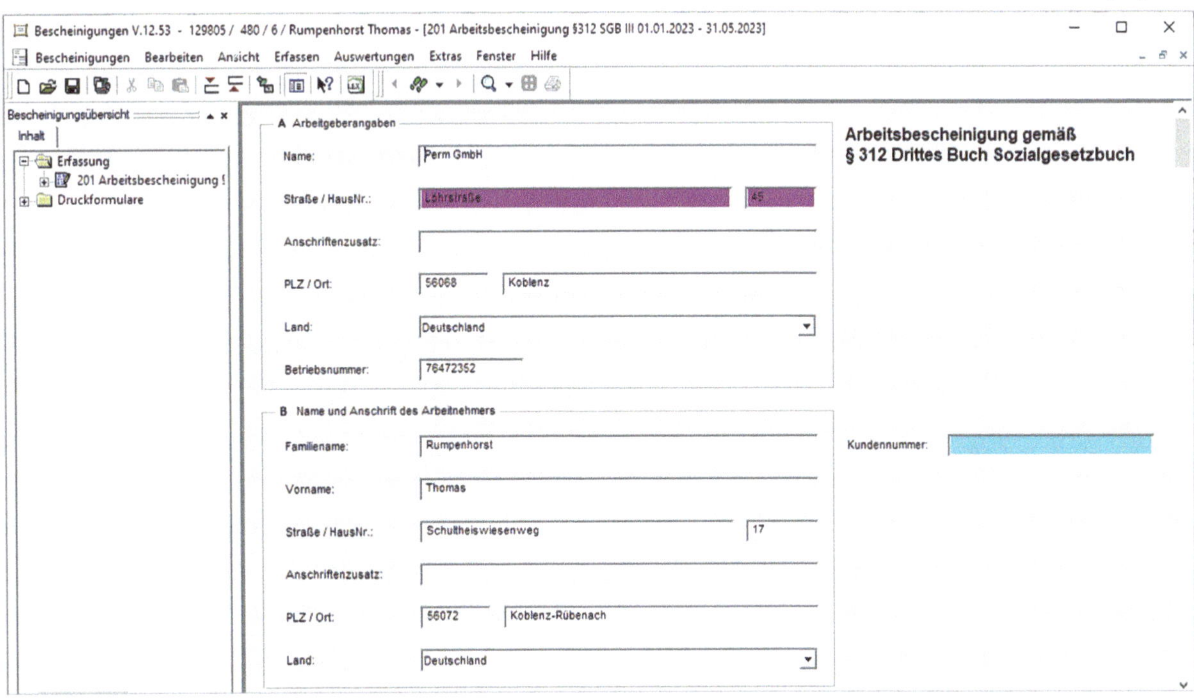

Aufgrund der Vielfalt der Lohnabrechnungen handelt es sich bei den Feldinhalten um Vorschlagswerte, die in den meisten Fällen zutreffend sind. Die Daten müssen natürlich überprüft und ggf. geändert werden. Unter Umständen werden auch nicht alle Daten aus DATEV Lohn und Gehalt übernommen. Ergänzungen müssen über die pink bzw. türkis hinterlegten Felder vorgenommen werden.

8 Speichern Sie abschließend das Formular bzw. die Inhalte, indem Sie auf das Symbol *Speichern* klicken.

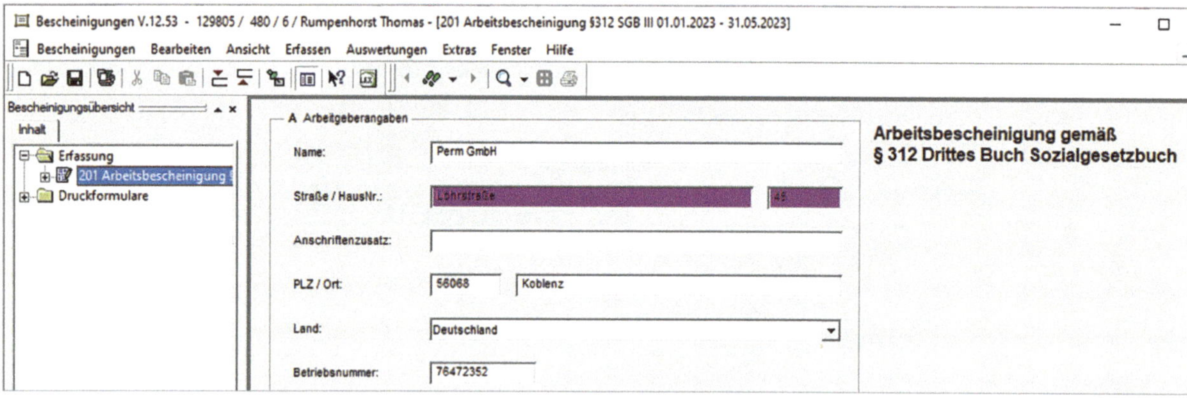

Bild 12.22 Übersicht über das Programm Bescheinigungen

Im Programm Bescheinigungen (Bild 12.22) stehen Ihnen über das Menü *Bescheinigungen* folgende Befehle zur Verfügung:

Neu	Erstellen von neuen Bescheinigungen
Öffnen	Öffnen weiterer Mitarbeiter mit Bescheinigungen
Löschen	Löschen von Bescheinigungen
Beenden	Beendet das Programm Bescheinigungswesen

In der linken Spalte finden Sie die *Bescheinigungsübersicht* (Bild 12.22). Im Ordner *Erfassung* öffnen und bearbeiten Sie Formulare, im Ordner *Druckformulare* zeigen Sie Formulare in der Seitenansicht an und können diese anschließend ausdrucken.

Hinweis: Alternativ können Sie das Programm *Bescheinigungen* auch aus DATEV Arbeitsplatz und dem Arbeitsblatt *Lohnabrechnung* öffnen. Klicken Sie dazu im rechten Zusatzbereich, Rubrik *Programm öffnen* auf den Link *Bescheinigungen*.

13 Lohn- und Gehaltsabrechnung Monat Juni

In diesem Kapitel erfahren Sie, wie ...

- Sie aufgrund gesetzlicher Bestimmungen für die private Nutzung von Dienstfahrzeugen einen Firmenwagen abrechnen,
- das Urlaubsgeld erfasst und abgerechnet werden kann,
- eine Abschlagszahlung erfasst und abgerechnet wird,
- Sie Bewegungsdaten von Lohnempfängern über den Kalender erfassen.

13.1 Private Nutzung von Dienstfahrzeugen

Ausgangssituation

Am 01.06.2023 schafft Firma Perm einen Firmenwagen an. Nach Meinung der Gesellschafter ist dies für die Dienstreisen von Herrn Vogel günstiger als die Abrechnung von Fahrtkosten. Herr Walther Vogel bekommt dieses Dienstfahrzeug und führt mit dem Firmenfahrzeug auch private Fahrten durch.

Typ:	Audi A6 Avant sport 45 TFSI S tronic
Fahrzeugbeschreibung:	5-türig, Farbe: grau metallic
Erstzulassung:	01.06.2023
Kennzeichen:	KO PM 4258
Listenpreis:	59.990 EUR

Herr Vogel nutzt das Fahrzeug an durchschnittlich 23 Tagen pro Monat für die Fahrten zwischen Wohnung und erster Tätigkeitsstelle, die einfache Entfernung beträgt 9 km. Der Arbeitgeber trägt die Pauschalsteuer für die Fahrten zwischen Wohnung und erster Tätigkeitsstätte.

Der Firmenwagen ist in den Mandantenstammdaten der Firma Perm GmbH anzulegen. Außerdem sind die Privatfahrten von Herrn Walther Vogel zu erfassen. Dazu müssen zuerst der geldwerte Vorteil und die pauschale Versteuerung berechnet werden.

Geldwerten Vorteil und pauschale Versteuerung berechnen

Geldwerter Vorteil nach der Pauschalmethode

Bei der Versteuerung des Firmenfahrzeuges wird der Bruttolistenpreis auf volle 100 EUR abgerundet. Der geldwerte Vorteil bei Dienstfahrzeugen errechnet sich nach folgender Formel:

Listenpreis * 1 % + Listenpreis * 0,03 % * Entfernung km
59.900 EUR * 1 % + 59.900 EUR * 0,03 % * 9 = 760,73 EUR

Der geldwerte Vorteil beträgt nach der Pauschalmethode 760,73 EUR.

Pauschale Versteuerung

Anhand des geldwerten Vorteils muss nun der pauschal versteuerte Anteil berechnet werden und zwar nach folgender Formel:

Fahrten zwischen Wohnung und erster Tätigkeitsstätte:
23 Tage * 0,30 EUR * 9 km = 62,10 EUR

Vom geldwerten Vorteil werden 62,10 EUR pauschal versteuert, der Differenzbetrag ist normal zu versteuern.

Normale Versteuerung: Geldwerter Vorteil - pauschale Versteuerung
760,73 EUR - 62,10 = 698,63 EUR

Der normal zu versteuernde Betrag für Privatfahrten und Fahrten zwischen Wohnung und erster Tätigkeitsstätte beträgt 698,63 EUR.

Hinweis: Seit 01.01.2019 wird die Anschaffung von betrieblichen Elektro- und extern aufladbaren Hybridfahrzeugen steuerlich gefördert. Die Privatnutzung wird hierbei monatlich pauschal mit 1 % des halbierten inländischen Bruttolistenpreises bewertet.

Beispiel: Beträgt der Bruttolistenpreis eines Elektrofahrzeuges 44.600 EUR, wird dieses lediglich mit dem halben Bruttolistenpreis, also mit 22.300 EUR bewertet. Dieser Wert kann dann in das Feld *Bruttolistenpreis* eingetragen werden. Im Feld *Voller Bruttolistenpreis* kann bei E-Autos der volle Bruttolistenpreis von 44.600,00 EUR erfasst werden.

Firmenwagen in den Mandantenstammdaten erfassen

Um den Firmenwagen in den Mandantenstammdaten zu erfassen, gehen Sie wie folgt vor:

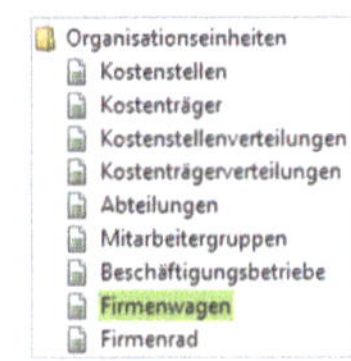

1 Wählen Sie den Befehl *Erfassen* ▶ *Mandantendaten* ▶ *Organisationseinheiten* ▶ *Firmenwagen* oder öffnen Sie in der Übersicht mit Doppelklick den Ordner *Mandantendaten*, öffnen dann den Ordner *Organisationseinheiten* und klicken hier doppelt auf den Eintrag *Firmenwagen*.

2 Geben Sie im Feld *Fahrzeugkennzeichen* das Kennzeichen KO PM 4258 ein. Klicken Sie anschließend in das Feld *Bruttolistenpreis* und geben Sie den Listenpreis von 59.900 EUR ein. Im Feld *Gültig ab* wurde programmseitig automatisch *06/2023* eingetragen (Bild 13.1).

3 Geben Sie in den Feldern *Fahrzeughersteller*, *Fahrzeugmodell* und *Fahrzeugbeschreibung* die übrigen Daten ein, siehe Bild 13.1. Speichern Sie dann die Eingaben mit Klick auf das Symbol *Fensterinhalt speichern*. Damit ist der Firmenwagen in den Mandantendaten zur Firma Perm GmbH hinterlegt.

Bild 13.1 Mandantenstammdaten - Firmenwagen

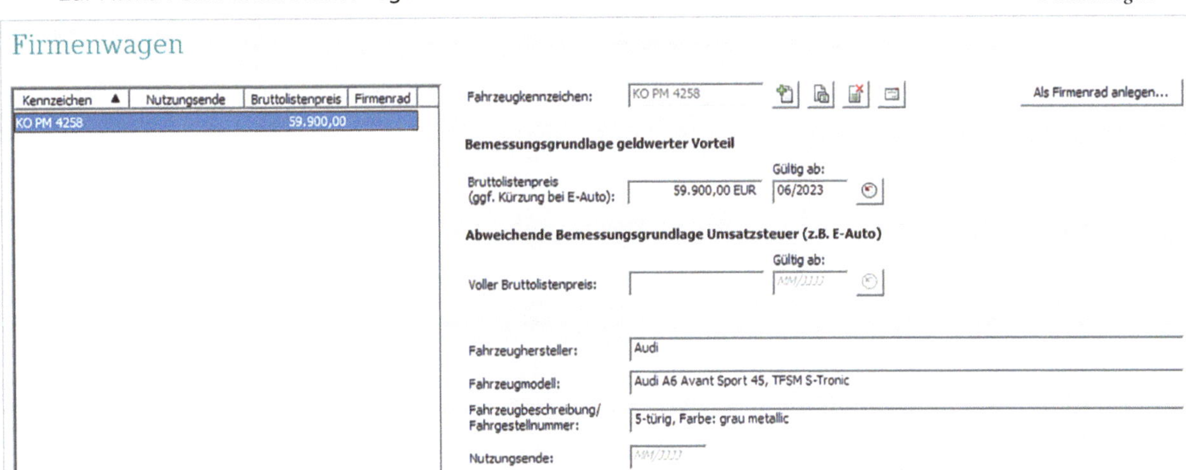

Hinweis: Im Abschnitt *Abweichende Bemessungsgrundlage Umsatzsteuer (z. B. E-Auto)* kann im Feld *Voller Bruttolistenpreis* der Bruttolistenverkaufspreis (zum Beispiel 44.600 EUR) eines Elektroautos eingetragen werden, in der Rubrik *Bemessungsgrundlage geldwerter Vorteil* wird dann bei einem E-Auto der halbe Bruttolistenverkaufspreis (zum Beispiel 22.300 EUR) eingetragen. Von diesem Wert wird anschließend der geldwerte Vorteil berechnet.

Aus Vereinfachungsgründen kann zur Bestimmung der umsatzsteuerlichen Bemessungsgrundlage der lohnsteuerliche Wert eingetragen werden. Die Steuererleichterung aus dem verminderten Bruttolistenpreis gilt allerdings nur für das Einkommensteuerrecht. Umsatzsteuerrechtlich liegt bei der Überlassung des Fahrzeugs ein umsatzsteuerpflichtiger Leistungsaustausch vor, wobei keine Kürzung des inländischen Listenpreises für Hybridelektro- und Elektrofahrzeuge vorzunehmen ist.

Firmenwagen in den Mitarbeiterstammdaten zuweisen

Im nächsten Schritt sind auf der Mitarbeiterebene von DATEV Lohn und Gehalt Angaben zur privaten Nutzung und den Fahrten zwischen Wohnung und erster Tätigkeitsstätte in den Stammdaten von Herrn Walther Vogel zu erfassen. Dazu gehen Sie wie folgt vor:

1 Öffnen Sie den Mitarbeiter Herrn Walther Vogel.

2 Wählen Sie den Befehl *Erfassen* ▶ *Stammdaten* ▶ *Besonderheiten* ▶ *Firmenwagen* oder öffnen Sie in der Übersicht den Ordner *Stammdaten*, öffnen dann den Ordner *Besonderheiten* und klicken hier doppelt auf den Eintrag *Firmenwagen* ❶.

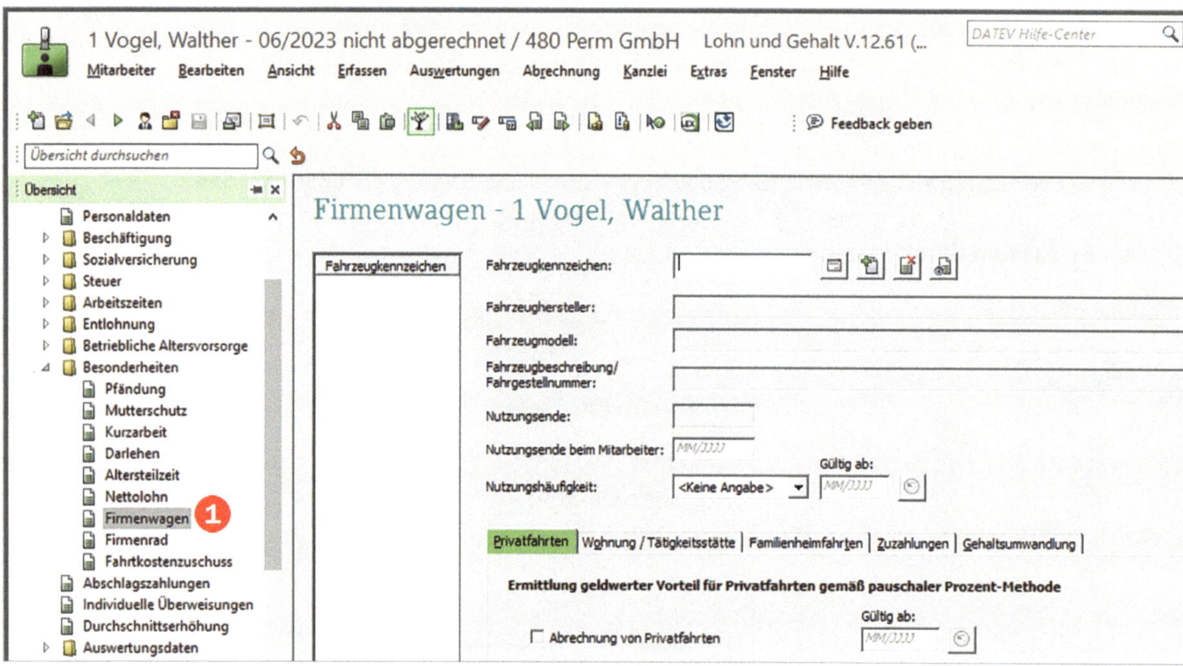

Bild 13.2 Mitarbeiterstammdaten - Firmenwagen

3 Klicken Sie beim Feld *Fahrzeugkennzeichen* auf das Symbol [Symbol] ❷ und klicken Sie auf den, in den Mandantenstammdaten hinterlegten, Firmenwagen mit dem Kennzeichen *KO PM 4258* ❸ (Bild 13.3) und übernehmen Sie die Auswahl mit *OK*. Die übrigen Fahrzeugdaten werden automatisch mit übernommen.

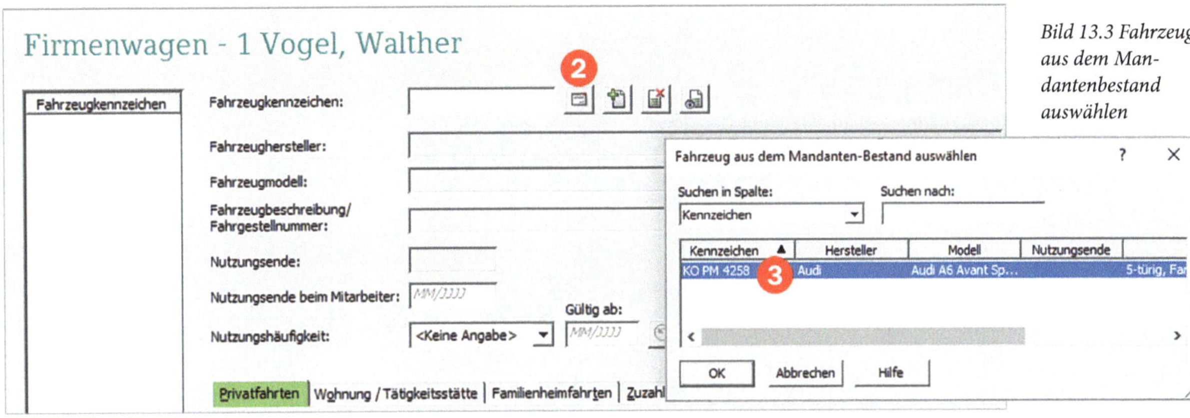

Bild 13.3 Fahrzeug aus dem Mandantenbestand auswählen

4 Die Fahrten zwischen Wohnung und Arbeitsstätte finden regelmäßig statt. Wählen Sie also beim Feld *Nutzungshäufigkeit* den Eintrag *Regelmäßig* ❹ aus. *Gültig ab* wird automatisch mit *06/2023* belegt (Bild 13.4).

5 Da Herr Vogel das Fahrzeug auch für Privatfahrten nutzt, aktivieren Sie noch das Kontrollkästchen *Abrechnung von Privatfahrten* ❺ (Register *Privatfahrten*, Bild 13.4). *Gültig ab 06/2023* wird wieder automatisch belegt. Der geldwerte Vorteil ist damit erfasst.

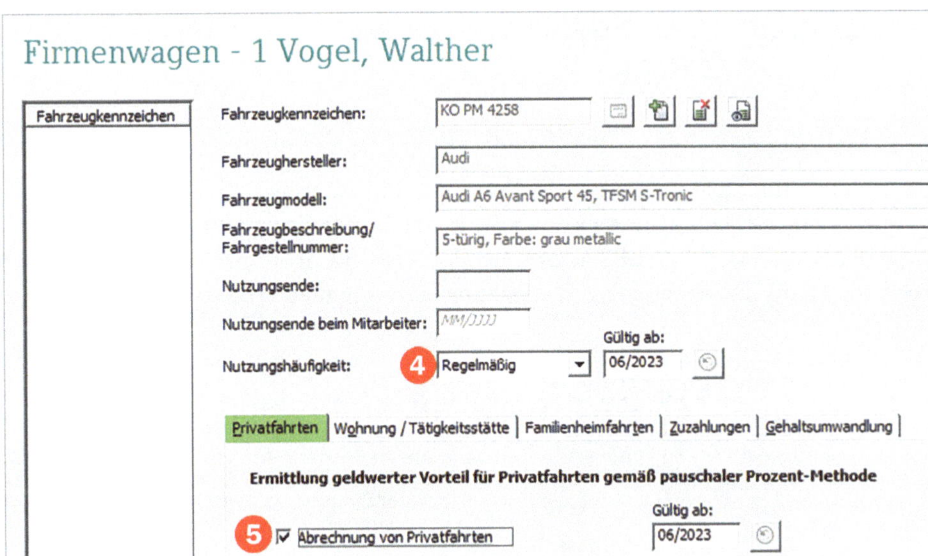

Bild 13.4 Regelmäßige Nutzung und Abrechnung von Privatfahrten

6 Um anschließend Angaben zur Pauschalversteuerung für Fahrten zwischen Wohnung und erster Tätigkeitsstätte zu hinterlegen, klicken Sie auf das Register *Wohnung / Tätigkeitsstätte* ❻ und aktivieren das Kontrollkästchen *Abrechnung von Fahrten zwischen Wohnung und erster Tätigkeitsstelle*.

7 Tragen Sie die Angaben zur Pauschalversteuerung für Fahrten zwischen Wohnung und Tätigkeitsstätte wie in Bild 13.5 ein.

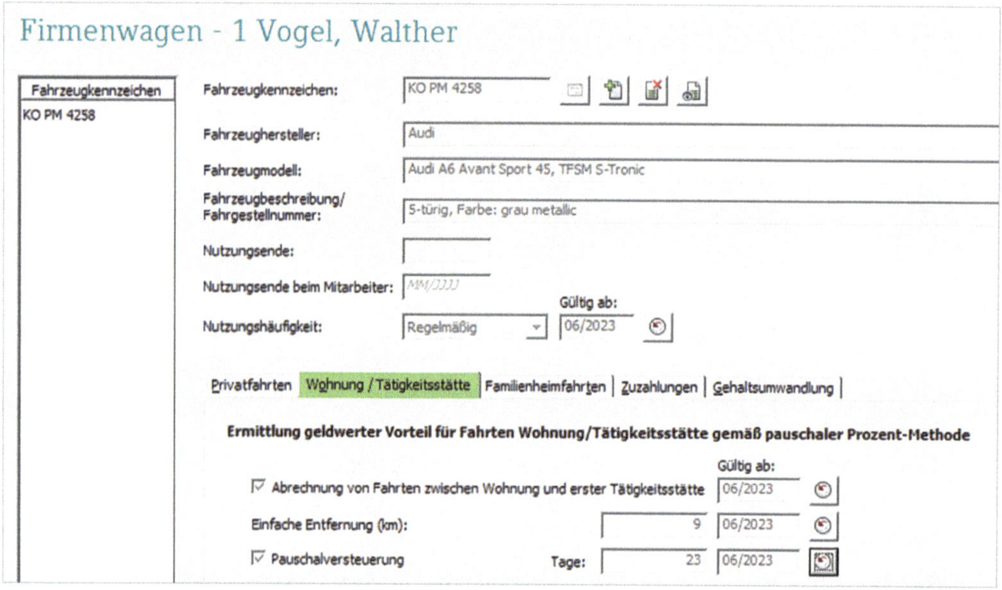

Bild 13.5 Weitere Angaben zur Nutzung/Pauschalversteuerung

8 Damit sind die Privatfahrten und Fahrten zwischen Wohnung und Arbeitsstätte erfasst. Die jeweiligen Felder *Gültig ab* werden programmseitig automatisch mit *06/2023* belegt. Speichern Sie abschließend die Einstellungen, indem Sie auf das Symbol *Fensterinhalt speichern* klicken.

Verwendete Lohnarten

Um die Abrechnung in der Probeabrechnung zu prüfen, wählen Sie den Menüpunkt *Abrechnung* ► *Probeabrechnung...* oder klicken Sie in der Standardsymbolleiste auf das Symbol *Probeabrechnung durchführen* und anschließend auf die Schaltfläche *OK*. Die Probeabrechnung von Herrn Walther Vogel wird in der Seitenansicht (Bild unten) geöffnet.

Bild 13.6 Walther Vogel: Probeabrechnung Juni

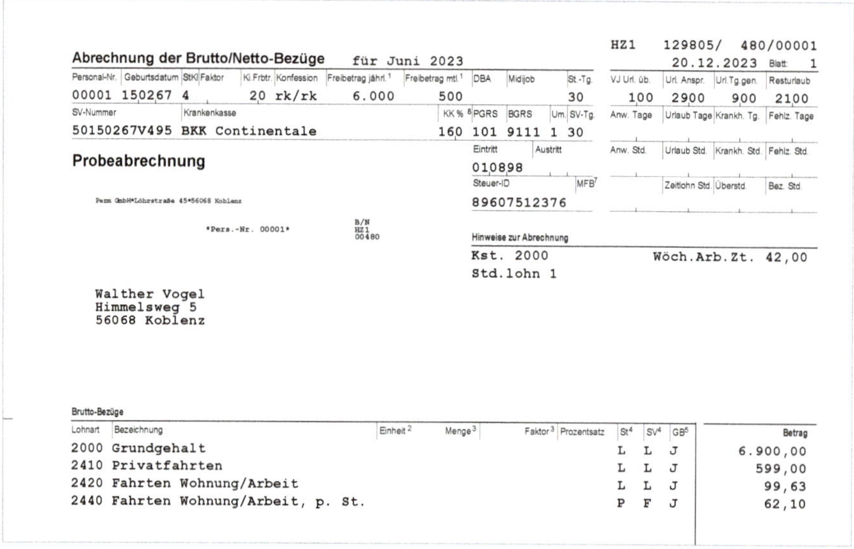

HZ1 129805/ 480/00001
20.12.2023 Blatt: 1

Abrechnung der Brutto/Netto-Bezüge für Juni 2023

Personal-Nr.	Geburtsdatum	StKl	Faktor	Ki.Frbtr.	Konfession	Freibetrag jährl.[1]	Freibetrag mtl.[1]	DBA	Midijob	St.-Tg.
00001	150267	4		20	rk/rk	6.000	500			30

SV-Nummer	Krankenkasse	KK %[8]	PGRS	BGRS	Um.	SV-Tg.
50150267V495	BKK Continentale	160	101	9111	1	30

VJ Url. üb.	Url. Anspr.	Url.Tg.gen.	Resturlaub
100	2900	900	2100
Anw. Tage	Urlaub Tage	Krankh. Tg.	Fehlz. Tage
Anw. Std.	Urlaub Std.	Krankh. Std.	Fehlz. Std.
	Zeitlohn Std.	Überstd.	Bez. Std.

Probeabrechnung

Eintritt	Austritt
010898	

Steuer-ID	MFB[7]
89607512376	

Perm GmbH•Löhrstraße 45•56068 Koblenz

•Pers.-Nr. 00001•

B/N
HZ1
00480

Hinweise zur Abrechnung
Kst. 2000 Wöch.Arb.Zt. 42,00
Std.lohn 1

Walther Vogel
Himmelsweg 5
56068 Koblenz

Brutto-Bezüge

Lohnart	Bezeichnung	Einheit[2]	Menge[3]	Faktor[3]	Prozentsatz	St[4]	SV[4]	GB[5]	Betrag
2000	Grundgehalt					L	L	J	6.900,00
2410	Privatfahrten					L	L	J	599,00
2420	Fahrten Wohnung/Arbeit					L	L	J	99,63
2440	Fahrten Wohnung/Arbeit, p. St.					P	F	J	62,10

Mit der Lohnart *2410, Privatfahrten* wird der normal zu versteuernde Anteil angegeben. Für den pauschal zu versteuernden Anteil der Fahrzeugnutzung wird die Lohnart *2440 Fahrten Wohnung/Arbeit, p. St.* und für die Fahrten zwischen Wohnung und Erster Tätigkeitsstelle die Lohnart *2420 Fahrten Wohnung/Arbeit* verwendet (Bild 13.6).

9 Schließen Sie anschließend die Probeabrechnung von Herrn Vogel.

Symbole zur Firmenwagenverwaltung

- Über das Symbol *Neuen Datensatz anlegen* können Sie ein weiteres Firmenfahrzeug erfassen.
- Mit dem Symbol *Datensatz löschen* können Sie hinterlegte Firmenfahrzeuge löschen.
- Über das Symbol *Übersicht anzeigen* können Sie die Firmenwagen des Mitarbeiters einsehen.

Die Lohnarten zur Abrechnung eines Firmenfahrzeugs:

Nr.	Bezeichnung	Lohnartenkern	Faktorschlüssel	Steuer	SV	Folgelohnart
2410	Privatfahrten	SAB01*	BT00	SB lfd.	St	9020
2420	Fahrten Wohnung / Arbeit	FIWA2**	BT00	SB lfd.	St	9020
2440	Fahrten Wohnung / Arbeit, p. St.	FKP03***	BT00	SBp	frei	9020
	Eingabe	Betrag				
	Berechnung	Automatischer Nettoabzug mit der Folgelohnart 9020				

SAB01* Sachbezug lfd.
FIWA2** Fahrten Wohnung/Arbeit
FKP03*** Fahrtkosten, p.St.

Verwendeter Nettoabzug

Bei Benutzung der oben angegebenen Lohnarten erscheint automatisch bei Nettoabzug die Lohnart *9020 Firmenwagen Privatnutzung* als Folgelohnart, siehe Probeabrechnung von Walther Vogel in Bild 13.7. Der geldwerte Vorteil muss an dieser Stelle wieder als Komplettsumme abgezogen werden. Dies entspricht unserem errechneten Wert von 760,73 EUR.

Bild 13.7 Probeabrechnung Walther Vogel: Bezüge/Abzüge

Steuer/Sozialversicherung

St[4]	Steuer-Brutto	Lohnsteuer	Kirchensteuer	Solidaritätszuschlag
L	7.598,63	1.627,58	118,31	

SV[4]	KV-Brutto	RV-Brutto	AV-Brutto	PV-Brutto	KV-Beitrag	RV-Beitrag	AV-Beitrag	PV-Beitrag[6]
L		7.300,00	7.300,00			678,90	94,90	

Gesamt-Brutto	Steuerrechtliche Abzüge	SV-rechtliche Abzüge	Netto-Verdienst
7.660,73	1.745,89	773,80	5.141,04

Verdienstbescheinigung

Gesamt-Brutto	40.211,23	SV-Brutto	39.819,00
Steuer-Brutto	40.117,63	KV-Beitrag	
Lohnsteuer	7.652,64	RV-Beitrag	3.703,17
Kirchensteuer	531,56	AV-Beitrag	517,65
Solidaritätszuschlag		PV-Beitrag	
Steuerfreie Bezüge		VWL gesamt	
P. verst. Zuk.sich.		Kug-Auszahlung	
Pfändung Rest			
Darlehen Rest			

Netto-Bezüge/Netto-Abzüge

Lohnart	Bezeichnung	Betrag
9020	Firmenwagen Privatnutzung	760,73-
9850	AG-Ant.freiw.Krankenvers.	399,00
9851	Gesamtb.freiw.Krankenvers	798,01-
9856	AG-Ant.Pflegev.b.freiw.KV	76,06
9857	Gesamt.Pflegev.b.freiw.KV	152,12-

Bank Sparkasse Koblenz
Konto DE68 5705 0120 0100 4XXX XX

SV-AG-Anteil	Zus. AG-Kosten	Gesamtkosten	Auszahlungsbetrag
1.248,86			3.905,24

13.2 Urlaubsgeld

Ausgangssituation

Laut Betriebsvereinbarung ist im Monat Juni das Urlaubsgeld als Einmalbezug für die Mitarbeiter der Firma Perm GmbH auszuzahlen. Folgende Vereinbarungen wurden festgelegt:

- Herr Walther Vogel erhält ein Urlaubsgeld von 2.000,00 EUR.
- Frau Sabine Müller, Frau Marion Wegmann und Herr Wolfgang Weber erhalten ein Urlaubsgeld von jeweils 1.500,00 EUR.
- Die Auszubildende Frau Jeanette Beier erhält ein Urlaubsgeld von 500,00 EUR.

Die Lohnart Urlaubsgeld

Urlaubsgeld wird als jährlicher Bezug in den Stammdaten der Mitarbeiter eingetragen. Als Lohnart wird die Lohnart 4000, Urlaubsgeld verwendet. Der Aufbau der Lohnart Urlaubsgeld:

Nr.	Bezeichnung	Lohnartenkern	Faktorschlüssel	Steuer	SV
4000	Urlaubsgeld	JHL01*	BT00	son**	jhrl.
	Eingabe:	Betrag			
	Berechnung:	Abzurechnender Betrag ist in den Mitarbeiter-Stammdaten oder in den Bewegungsdaten zu erfassen			

*JHL01 = jährlicher Bezug   **son = sonstiger Bezug, jhrl. Tab.

Urlaubsgeld erfassen

Um das Urlaubsgeld von Frau Sabine Müller zu erfassen, gehen Sie wie folgt vor:

1 Öffnen Sie die Mitarbeiterin Frau Sabine Müller.

2 Wählen Sie den Menüpunkt *Erfassen* ▶ *Stammdaten* ▶ *Entlohnung* ▶ *Bezüge/Abzüge* oder öffnen Sie in der Übersicht den Ordner *Entlohnung* und klicken dann doppelt auf den Eintrag *Bezüge/Abzüge*.

3 Klicken Sie auf die Schaltfläche *Neuen Be-/Abzug anlegen*.

4 Klicken Sie dann in der neuen Zeile in der Spalte *Lohnart* auf das Symbol *Lohnart Auswählen* ▭, markieren Sie mit einem Klick die Lohnart *4000 Urlaubsgeld* (Bild 13.8) und übernehmen Sie die Lohnart mit *OK*.

Bild 13.8 Lohnart Urlaubsgeld auswählen

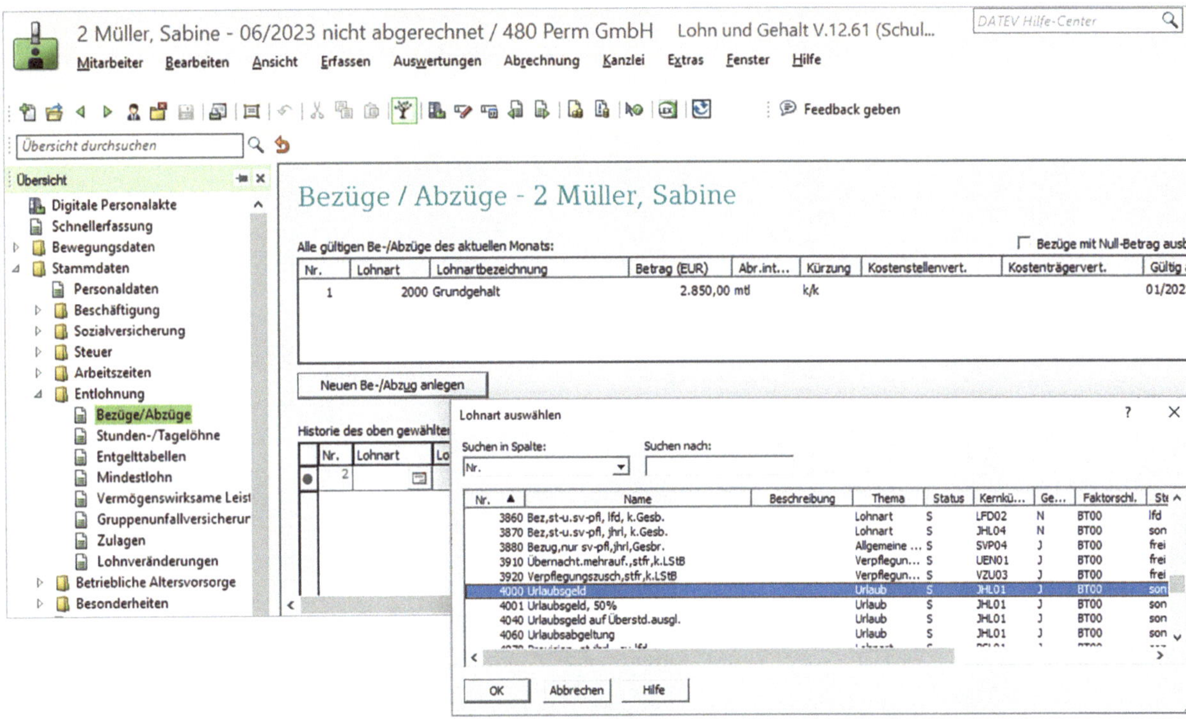

5 In der Spalte *Betrag* geben Sie das Urlaubsgeld von 1.500,00 EUR ein.

6 Da das Urlaubsgeld nur einmal jährlich bezahlt wird, wählen Sie - wie über das Auswahlfeld *Abr.-Intervall* den Modus *jhl* (jährlich) aus (Bild 13.9).

7 Das Urlaubsgeld ist Teil der Betriebsvereinbarung und wird weder im Ausfallmonat noch im Teilmonat gekürzt. Klicken Sie daher in der Spalte *Kürzung* auf den Dropdown-Pfeil und wählen Sie den Eintrag *nk/nk* (Teilmonat nicht kürzen/ Ausfallmonat nicht kürzen). *Gültig ab 06/2023* wird automatisch eingetragen.

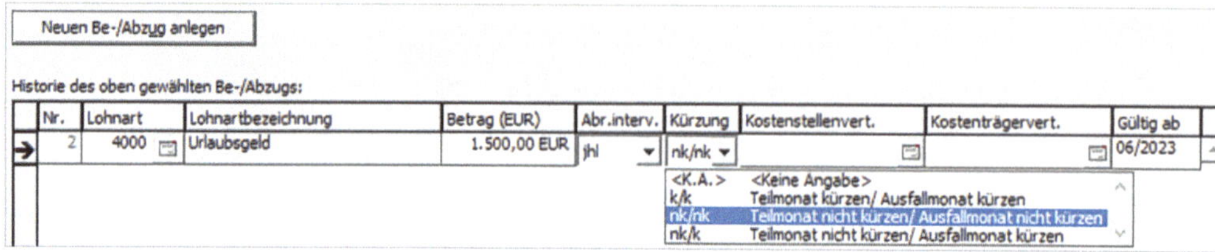

Bild 13.9 Urlaubsgeld erfassen

8 Speichern Sie abschließend die Eingaben, indem Sie auf das Symbol *Fensterinhalt speichern* klicken. Damit ist das Urlaubsgeld als Einmalbezug für die Mitarbeiterin Sabine Müller hinterlegt und in der Übersicht werden das laufende Grundgehalt und das einmalige Urlaubsgeld aufgeführt (Bild 13.10).

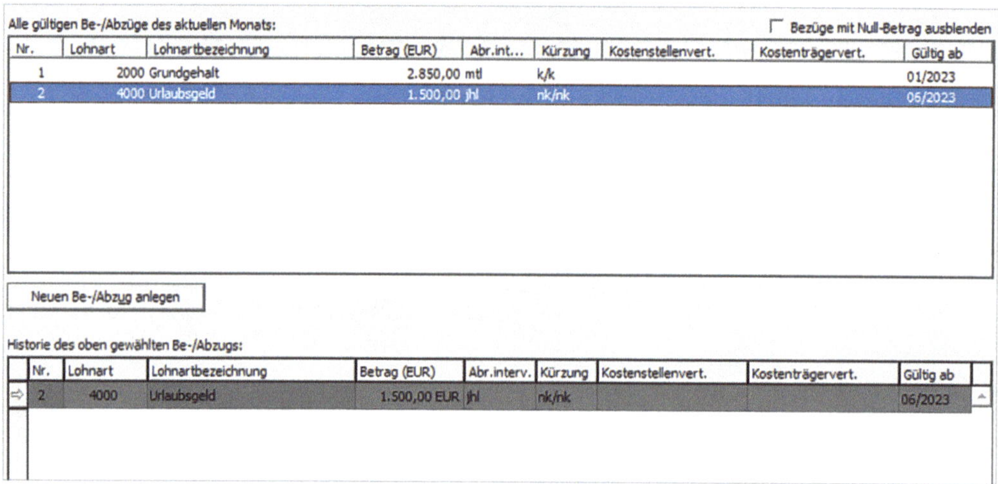

Bild 13.10 Übersicht: Grundgehalt und Urlaubsgeld

Übung: Urlaubsgeld erfassen

Die Lösungen finden Sie im Lösungsbuch.

Aufgabe 1

Erfassen Sie das Urlaubsgeld von Herrn Walther Vogel 2.000,00 EUR als Einmalbezug. Das Urlaubsgeld soll weder im Ausfallmonat noch im Teilmonat gekürzt werden.

Aufgabe 2

Erfassen Sie das Urlaubsgeld von Frau Jeanette Beier 500,00 EUR als Einmalbezug. Das Urlaubsgeld soll weder im Ausfallmonat noch im Teilmonat gekürzt werden.

Aufgabe 3

Erfassen Sie das Urlaubsgeld von Frau Marion Wegmann, 1.500,00 EUR und Herrn Wolfgang Weber, 1.500,00 EUR als Einmalbezug. Das Urlaubsgeld soll weder im Ausfallmonat noch im Teilmonat gekürzt werden.

13.3 Abschlagszahlungen

Ausgangssituation
Herr Wolfgang Weber hat am 02.06.2023 eine Abschlagszahlung per Barauszahlung auf seine Junilohnabrechnung in Höhe von 1.500,00 EUR erhalten.

Es handelt sich um eine einmalige Abschlagszahlung, die in den Stammdaten des Mitarbeiters zu hinterlegen ist.

Abschlagszahlung erfassen

Um eine Abschlagszahlung zu erfassen, gehen Sie - wie nachfolgend dargestellt - vor:

1 Öffnen Sie den Mitarbeiter Herrn Wolfgang Weber.

2 Wählen Sie den Menüpunkt *Erfassen* ▶ *Stammdaten* ▶ *Abschlagszahlungen* oder öffnen Sie in der Übersicht den Ordner *Stammdaten* und klicken anschließend doppelt auf den Eintrag *Abschlagszahlungen*.

3 Klicken Sie zunächst auf das Symbol *Abschlagszahlung anlegen* und geben Sie im Feld *Abschlagszahlungsbetrag* die Abschlagszahlung in Höhe von 1.500,00 EUR ein (Bild 13.11).

4 Herr Weber hat den Abschlag bar erhalten. Aktivieren Sie das Kontrollkästchen *Zahlungsträger unterdrücken* und geben Sie im Feld *Datum* den 02.06.2023 ein.

5 Speichern Sie abschließend die Eingaben mit Klick auf das Symbol *Fensterinhalt speichern*.

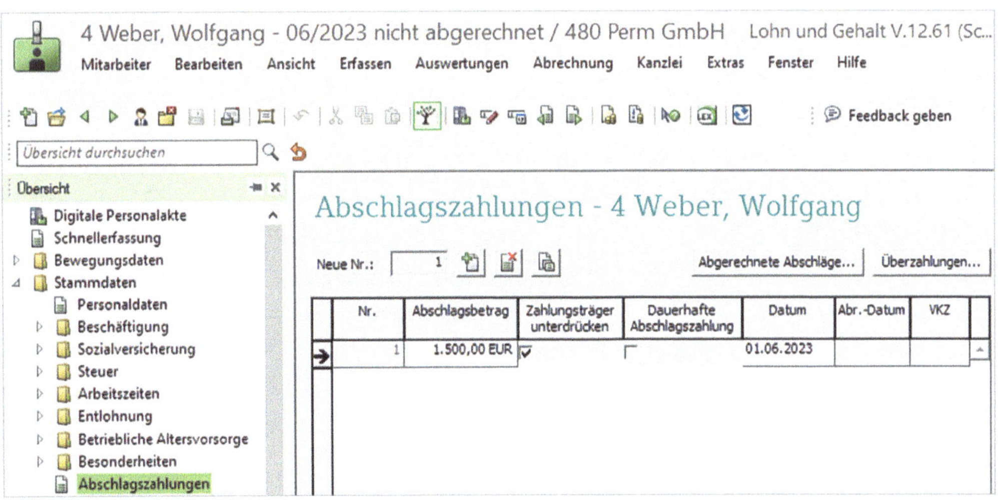

Bild 13.11 Wolfgang Weber: Abschlagszahlung erfassen

Hinweise

- Mit Klick auf das Symbol *Abschlagszahlung löschen* löschen Sie eine erfasste Abschlagszahlung. Mit Klick auf das Symbol *Abschlagszahlung kopieren* oder der Tastenkombination Strg + C können Sie eine bereits hinterlegte Abschlagszahlung kopieren.

- Über die Schaltfläche *Abgerechnete Abschläge...* erhalten Sie eine Übersicht über bereits abgerechnete Abschläge und können kontrollieren, ob diese korrekt abgerechnet wurden. Mit Klick auf die Schaltfläche *Überzahlungen...* können Sie überprüfen, ob die Überzahlungen korrekt sind.

Abschlagszahlung durchführen

Eine Abschlagszahlung kann - wie in unserem Fall - bar oder mit Überweisung an den Mitarbeiter erfolgen. Um die Abschlagszahlung durchzuführen, gehen Sie wie folgt vor:

1. Wählen Sie den Menüpunkt *Abrechnung* ▶ *Abschlagszahlung...* oder öffnen Sie in der Übersicht den Ordner *Abrechnung* und klicken danach doppelt auf den Eintrag *Abschlagszahlung*.
2. Bestätigen Sie die Meldung *Abschlagszahlung durchführen* mit *OK*. Sie erhalten anschließend ein Verarbeitungsprotokoll, dass der Zahlungsträger unterdrückt wurde, dies ist gewünscht, da die Abschlagszahlung bar erfolgte.

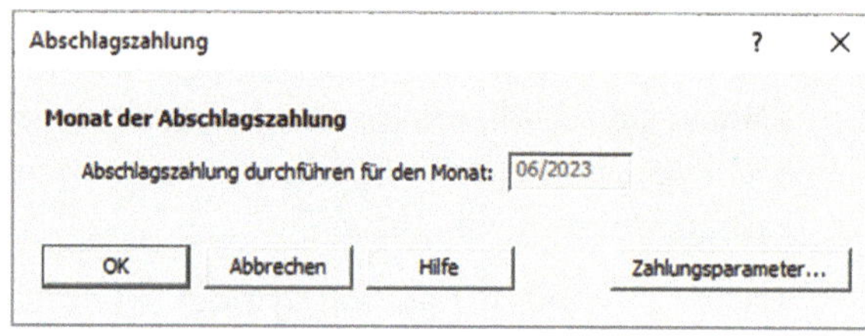

Bild 13.12 Abschlagszahlung

Als Ergebnis wird der abgerechnete Abschlag in der Lohnabrechnung als Netto-Abzug mit der Lohnart *9860 Abschlag* automatisch berücksichtigt.

13.4 Bewegungsdaten Zeitlohnempfänger über den Kalender erfassen

Ausgangssituation

Herr Wichtig, der mitwirkende Steuerberater, macht Sie darauf aufmerksam, dass Sie sich bei den Zeitlohnempfängern zu viel Mühe machen, wenn Sie die Zeitstunden manuell ermitteln und eingeben.

Sobald Arbeitnehmer nach geleisteten Arbeitsstunden bezahlt werden, können diese aus den hinterlegten Arbeitszeiten auf der Mandantenebene bzw. der Mitarbeiterebene, wenn diese Arbeitszeiten von der Mandantenebene abweichen, über den Kalender übernommen werden.

In unserem Übungsfall werden die Arbeitnehmer Marion Wegmann und Wolfgang Weber aus der Abteilung Technik über Zeitlohn abgerechnet.

Die Arbeitszeiten von Frau Wegmann und Herrn Weber liegen wie folgt vor:
40-Stunden-Woche: Montag bis Freitag 7 Stunden und Samstag 5 Stunden.

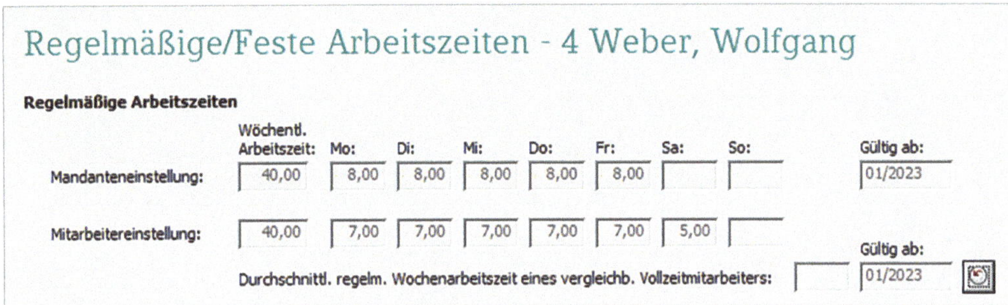

Bild 13.13 Feste Arbeitszeiten Wegmann / Weber

Um die regulären Arbeitsstunden für den Monat Juni 2023 über den Kalender zu erfassen, gehen Sie, wie nachfolgend dargestellt, vor:

1 Öffnen Sie die Mitarbeiterin Marion Wegmann.

2 Wählen Sie den Befehl *Erfassen* ▶ *Bewegungsdaten* ▶ *Kalender* oder öffnen Sie in der Übersicht den Ordner *Bewegungsdaten* und klicken anschließend doppelt auf den Eintrag *Kalender* oder klicken Sie in der Symbolleiste auf das Symbol *Kalendererfassung öffnen*.

Der Kalender vom Monat Juni 2023 von Frau Marion Wegmann wird angezeigt.

Bild 13.14 Marion Wegmann: Kalender

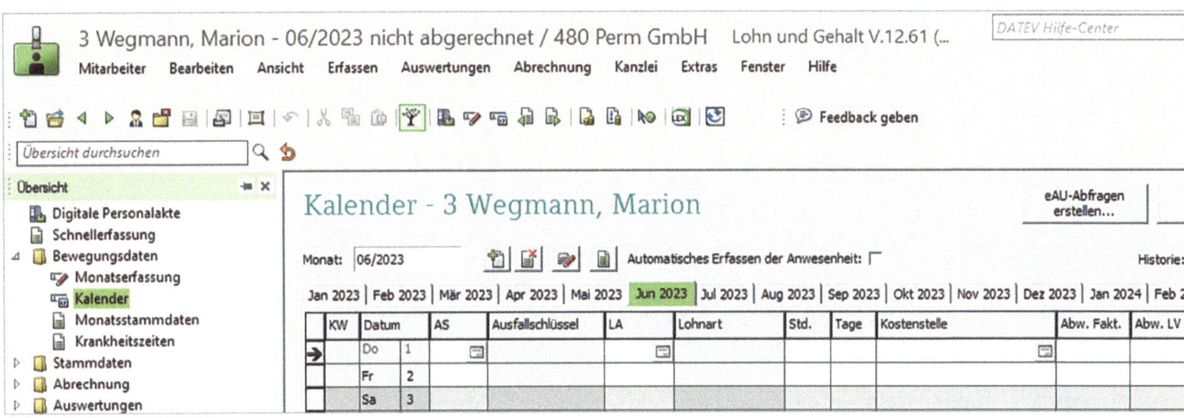

3 Klicken Sie auf das Symbol *Zeitraum erfassen*.

Das gleichnamige Fenster wird geöffnet (Bild 13.15). Im Feld *Datum von* wird automatisch der erste Tag des Monats (01.06.2023) und im Feld *Datum bis* der letzte Tag des Monats (30.06.2023) angezeigt ❶ und kann ggf. angepasst werden.

4 Im nächsten Schritt muss der Schlüssel für den Zeitlohn angegeben werden. Klicken Sie beim Feld *Ausfallschlüssel* auf das Symbol *Ausfallschlüssel auswählen* ❷ und klicken Sie auf den *Schlüssel 1 (Zeitlohn)* ❸.

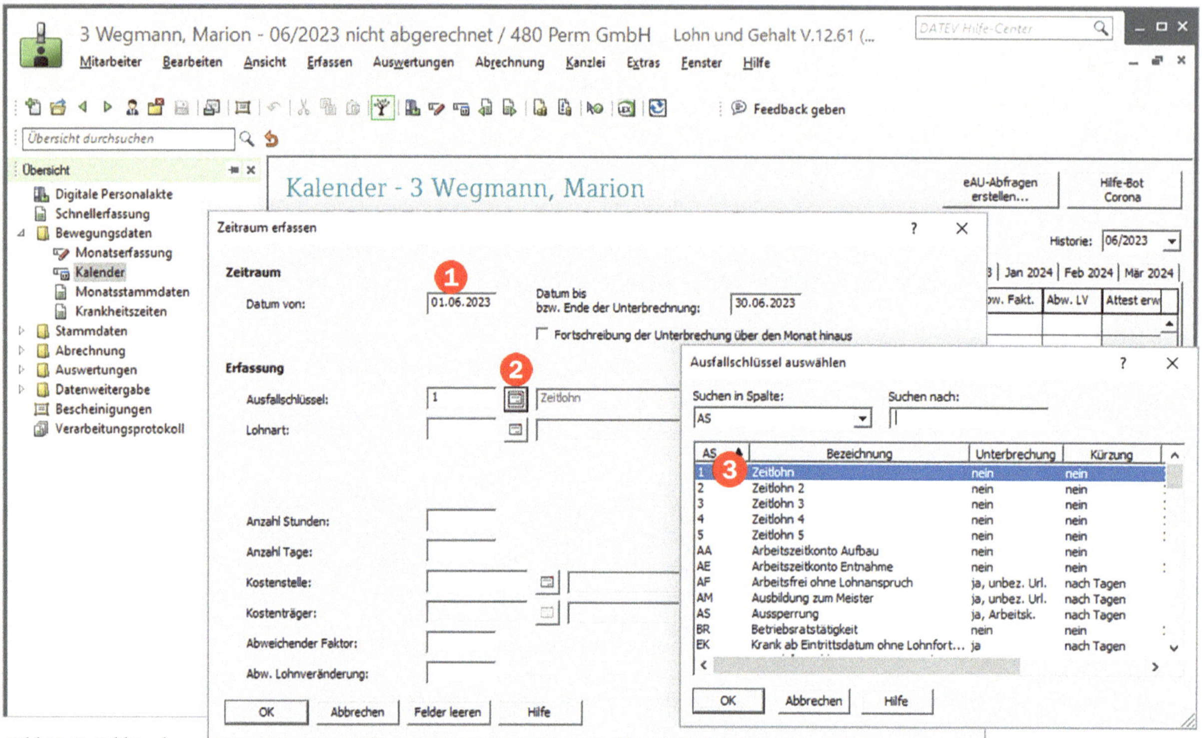

Bild 13.15 Schlüssel 1 Zeitlohn auswählen

5 Klicken Sie beim Feld *Lohnart* auf das Symbol *Lohnart auswählen* ❹ und wählen Sie die Lohnart *1000 Stundenlohn lt. Tarif* ❺ aus (Bild 13.16).

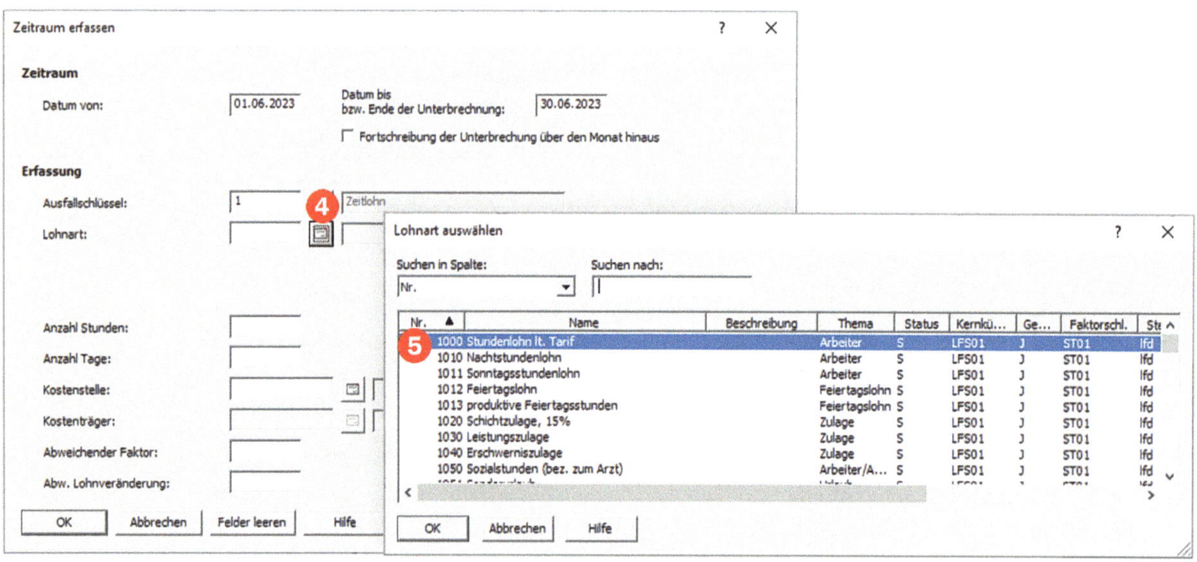

Bild 13.16 Lohnart Stundenlohn lt. Tarif

6 Im Feld *Kostenstelle* geben Sie die Kostenstelle *3000 Technik* ein oder wählen die Kostenstelle über das Symbol *Kostenstelle auswählen* aus. **Hinweis**: Die Felder *Anzahl Stunden*

und *Anzahl Tage* dürfen nur dann genutzt werden, wenn die hinterlegten Arbeitszeiten nicht herangezogen werden sollen.

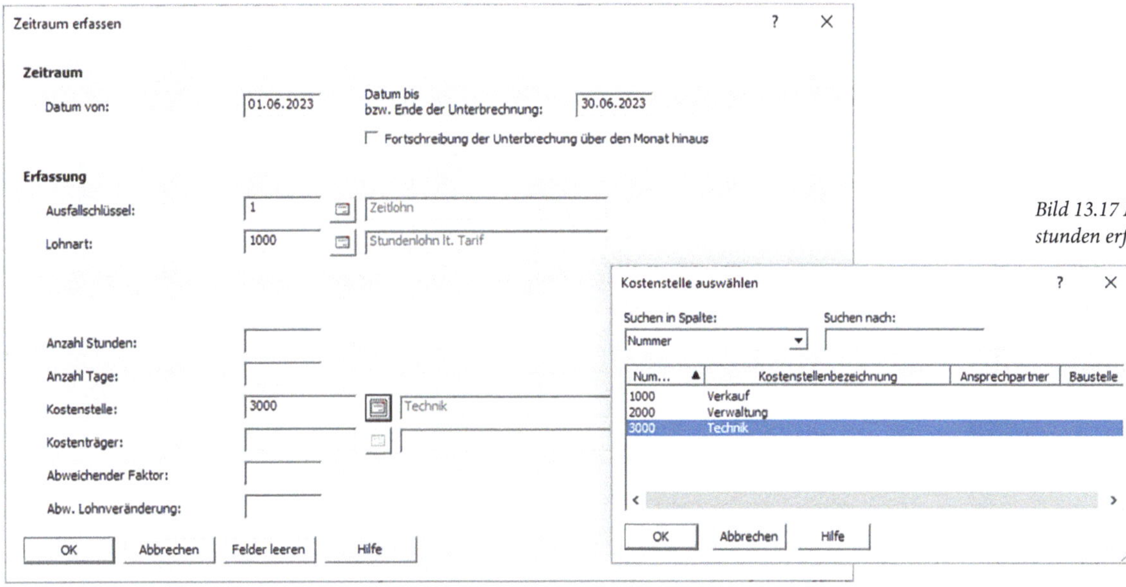

Bild 13.17 Monatsstunden erfasst

7 Übernehmen Sie die Einstellungen, indem Sie auf die Schaltfläche *OK* klicken.

Sie erhalten den Hinweis, dass im Abrechnungszeitraum 1 Feiertag enthalten ist und dieser mit dem Ausfallschlüssel F für Feiertage gebucht wird. Bei dem Feiertag handelt es sich um den gesetzlichen Feiertag 08.06.2023 (Fronleichnam). Klicken Sie auf die Schaltfläche *OK*.

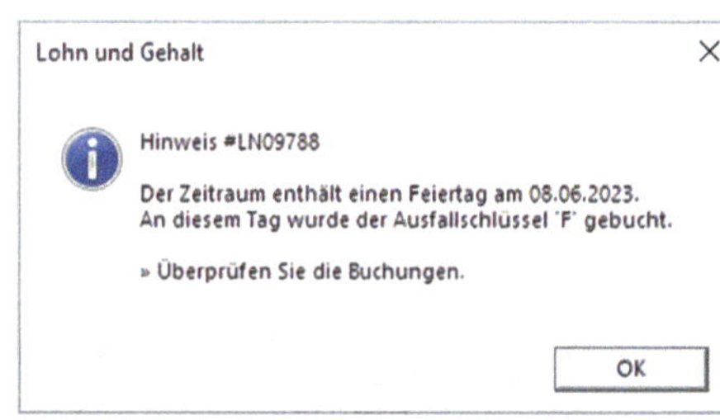

Bild 13.18 Hinweis Feiertag im Abrechnungszeitraum

Ergebnis: Die regulären Arbeitsstunden für den Zeitraum vom 01.06.2023 bis 30.06.2023 werden in den Kalender eingetragen und werden nach den hinterlegten Arbeitszeiten montags bis freitags mit 7 Stunden und samstags mit 5 Stunden hinterlegt.

Hinweis: Im Statistikblock werden die Gesamtstunden und die Arbeitstage für den Monat Juni 2023 aufgelistet. Frau Marion Wegmann hat im Monat Juni 167 Arbeitsstunden an insgesamt 24 Arbeitstagen geleistet. Zusätzliche Überstunden können über den Kalender natürlich nicht erfasst werden, sondern müssen über die Monatserfassung manuell eingegeben werden.

8 Für den Feiertag Fronleichnam müssen 7 Feiertagsstunden mit der Lohnart 1012 Feiertagslohn abgerechnet werden. Geben Sie im Feld *Lohnart* am 08.06.2023 (Fronleichnam) die Lohnart *1012 Feiertagslohn* und im Feld *Kostenstelle* die Kostenstelle *3000 Technik* ein.

Hinweis: Kostenstelle sowie LA (Lohnart) können Sie natürlich auch über die jeweiligen Auswahlfelder auswählen.

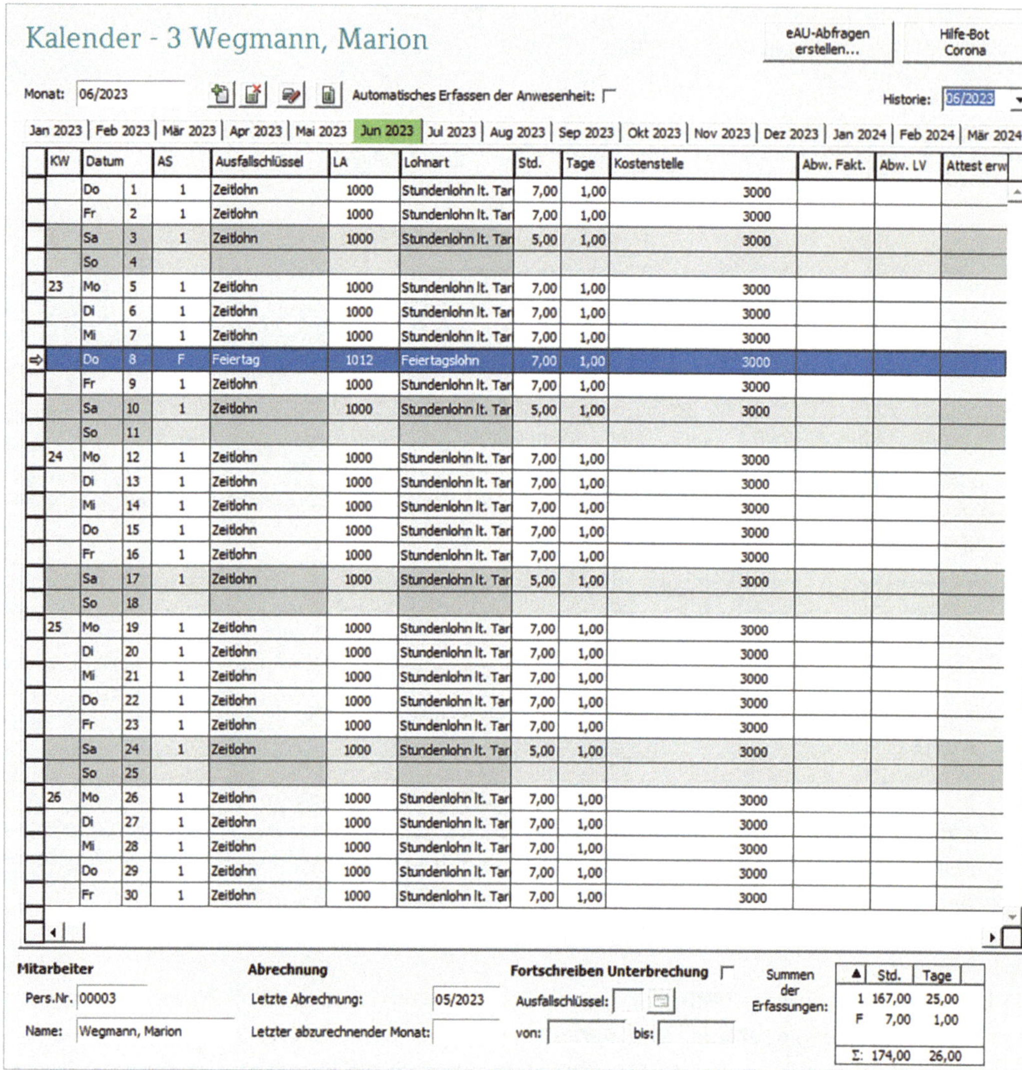

Kalender - 3 Wegmann, Marion

eAU-Abfragen erstellen... | Hilfe-Bot Corona

Monat: 06/2023 Automatisches Erfassen der Anwesenheit: Historie: 06/2023

Jan 2023 | Feb 2023 | Mär 2023 | Apr 2023 | Mai 2023 | Jun 2023 | Jul 2023 | Aug 2023 | Sep 2023 | Okt 2023 | Nov 2023 | Dez 2023 | Jan 2024 | Feb 2024 | Mär 2024

KW	Datum		AS	Ausfallschlüssel	LA	Lohnart	Std.	Tage	Kostenstelle	Abw. Fakt.	Abw. LV	Attest erw
	Do	1	1	Zeitlohn	1000	Stundenlohn lt. Tar	7,00	1,00	3000			
	Fr	2	1	Zeitlohn	1000	Stundenlohn lt. Tar	7,00	1,00	3000			
	Sa	3	1	Zeitlohn	1000	Stundenlohn lt. Tar	5,00	1,00	3000			
	So	4										
23	Mo	5	1	Zeitlohn	1000	Stundenlohn lt. Tar	7,00	1,00	3000			
	Di	6	1	Zeitlohn	1000	Stundenlohn lt. Tar	7,00	1,00	3000			
	Mi	7	1	Zeitlohn	1000	Stundenlohn lt. Tar	7,00	1,00	3000			
	Do	8	F	Feiertag	1012	Feiertagslohn	7,00	1,00	3000			
	Fr	9	1	Zeitlohn	1000	Stundenlohn lt. Tar	7,00	1,00	3000			
	Sa	10	1	Zeitlohn	1000	Stundenlohn lt. Tar	5,00	1,00	3000			
	So	11										
24	Mo	12	1	Zeitlohn	1000	Stundenlohn lt. Tar	7,00	1,00	3000			
	Di	13	1	Zeitlohn	1000	Stundenlohn lt. Tar	7,00	1,00	3000			
	Mi	14	1	Zeitlohn	1000	Stundenlohn lt. Tar	7,00	1,00	3000			
	Do	15	1	Zeitlohn	1000	Stundenlohn lt. Tar	7,00	1,00	3000			
	Fr	16	1	Zeitlohn	1000	Stundenlohn lt. Tar	7,00	1,00	3000			
	Sa	17	1	Zeitlohn	1000	Stundenlohn lt. Tar	5,00	1,00	3000			
	So	18										
25	Mo	19	1	Zeitlohn	1000	Stundenlohn lt. Tar	7,00	1,00	3000			
	Di	20	1	Zeitlohn	1000	Stundenlohn lt. Tar	7,00	1,00	3000			
	Mi	21	1	Zeitlohn	1000	Stundenlohn lt. Tar	7,00	1,00	3000			
	Do	22	1	Zeitlohn	1000	Stundenlohn lt. Tar	7,00	1,00	3000			
	Fr	23	1	Zeitlohn	1000	Stundenlohn lt. Tar	7,00	1,00	3000			
	Sa	24	1	Zeitlohn	1000	Stundenlohn lt. Tar	5,00	1,00	3000			
	So	25										
26	Mo	26	1	Zeitlohn	1000	Stundenlohn lt. Tar	7,00	1,00	3000			
	Di	27	1	Zeitlohn	1000	Stundenlohn lt. Tar	7,00	1,00	3000			
	Mi	28	1	Zeitlohn	1000	Stundenlohn lt. Tar	7,00	1,00	3000			
	Do	29	1	Zeitlohn	1000	Stundenlohn lt. Tar	7,00	1,00	3000			
	Fr	30	1	Zeitlohn	1000	Stundenlohn lt. Tar	7,00	1,00	3000			

Mitarbeiter
Pers.Nr. 00003
Name: Wegmann, Marion

Abrechnung
Letzte Abrechnung: 05/2023
Letzter abzurechnender Monat:

Fortschreiben Unterbrechung
Ausfallschlüssel:
von: bis:

Summen der Erfassungen:

	Std.	Tage
1	167,00	25,00
F	7,00	1,00
Σ:	174,00	26,00

Bild 13.19 Feiertag Fronleichnam

9 Speichern Sie abschließend die Eingaben mit Klick auf das Symbol *Fensterinhalt speichern* .

Teilaufgabe Überstunden erfassen

Frau Marion Wegmann hat zusätzlich zu den regulären Arbeitszeiten 8 Überstunden geleistet. Diese sind mit einem Überstundenzuschlag von 25 % abzurechnen.

- Erfassen Sie die Überstunden mit Überstundenzuschlag von Frau Marion Wegmann, Kostenstelle Technik für den Monat Juni 2023.
- Kontrollieren Sie das Ergebnis über eine Probeabrechnung und vergleichen diese mit der Lösung im Lösungsbuch.

Die Lösungen finden Sie im Lösungsbuch.

Wiederholungsübung Teil 1 - Bewegungsdaten erfassen

Aufgabe 1

- Erfassen Sie die Bewegungsdaten von Herrn Wolfgang Weber, Kostenstelle 3000 Technik für den Monat Juni. Übernehmen Sie die regulären Arbeitsstunden Stundenlohn lt. Tarif über den Kalender. Für den Feiertag 08.06.2023 (Fronleichnam) müssen 7 Feiertagsstunden abgerechnet werden.
- Darüber hinaus hat Herr Weber 5 Überstunden geleistet, die mit einem Überstundenzuschlag von 25 % bezahlt werden. Erfassen Sie die Überstunden über die Monatserfassung.

Aufgabe 2

- Kontrollieren Sie Ihre Eingaben über eine Probeabrechnung.

Aufgabe 3

- Für Frau Sabine Müller liegt Ihnen eine Arbeitsunfähigkeitsbescheinigung vor. Sie ist vom 14.06.2023 bis einschließlich 30.06.2023 erkrankt. Erfassen Sie die Krankheitstage im Mitarbeiterkalender von Frau Müller.

Damit sind alle Bewegungsdaten für den Monat Juni 2023 erfasst.

Die Musterlösungen zu der endgültigen Lohnabrechnung Monat Juni, den Lohnkonten und den Monatsauswertungen sind als Download verfügbar.

Ordner Kap13_06_Juni_2023

Die Lösungen zu den Aufgaben 2 bis 5 finden Sie im Lösungsbuch.

Wiederholungsübung Teil 2 - Monatsabschluss durchführen

Aufgabe 1

- Sichern Sie den Mandanten Perm GmbH.

Aufgabe 2

- Führen Sie die Abrechnung aller Mitarbeiter für den Monat 06/2023 durch.

Aufgabe 3

- Senden Sie den Erstattungsantrag für Arbeitgeberaufwendungen bei Arbeitsunfähigkeit U1.

Aufgabe 4

- Schließen Sie den Monat Juni 2023 ab und senden Sie über das Menü *Daten senden* die RZ-Aufträge.

Aufgabe 5

- Prüfen Sie das DÜ-Protokoll LSt. Anm. Juni 2023 mit dem Lohnjournal.
- Prüfen Sie den Auszahlungsbetrag an die Mitarbeiter im Buchungsbeleg mit dem Lohnjournal des Abrechnungsmonats.
- Prüfen Sie die Sozialversicherungsbeträge mit den Beträgen des Buchungsbeleges.
- Übergeben Sie den Buchungsbeleg an die Finanzbuchhaltung.

14 Lohn- und Gehaltsabrechnung Monat Juli und August

In diesem Kapitel erfahren Sie, ...

- wie eine Unterbrechung der Beschäftigung aufgrund von Arbeitsunfähigkeit für einen Mitarbeiter erfasst wird,
- wie Sie eine Änderung der Steuerklasse mit Nachberechnung hinterlegen,
- wie Sie den Eintritt eines neuen Mitarbeiters bearbeiten.

14.1 Unterbrechung der Beschäftigung

Ausgangssituation
Am 01.07.2023 liegt Ihnen eine Folgearbeitsunfähigkeitsbescheinigung für Frau Sabine Müller vor. Sie ist weiter bis zum 28.07.2023 arbeitsunfähig.

Krankengeld und Aufzeichnungspflichten

Nach Ablauf der Entgeltfortzahlungspflicht von sechs Wochen bekommt der Mitarbeiter Krankengeld von seiner Krankenkasse. Dieses Krankengeld ist sozialversicherungs- und steuerfrei. Es unterliegt jedoch dem Progressionsvorbehalt. Der Mitarbeiter muss die Bescheinigung, die er über die Höhe des Krankengeldes erhalten hat, bei seiner Einkommenssteuerveranlagung dem Finanzamt vorlegen.

Der Arbeitgeber muss bei Zahlung von Krankengeld (Entgeltersatzleistung) für mindestens fünf aufeinander folgende Arbeitstage sowohl das Lohnkonto als auch auf der Lohnsteuerbescheinigung mit dem Buchstaben U bescheinigen.

Zeitraum mit Lohnfortzahlung erfassen

Frau Sabine Müller ist seit dem 14.06.2023 arbeitsunfähig. Der sechswöchige Lohnfortzahlungszeitraum (42 Tage) endet mit dem 25.07.2023. Ab dem 26.07.2023 bis zum 28.07.2023 erhält sie Krankengeld von ihrer Krankenkasse. Um die Krankheitstage und die Krankheit mit Krankengeldanspruch zu erfassen, gehen Sie - wie nachfolgend beschrieben - vor:

1. Öffnen Sie die Mitarbeiterin Frau Sabine Müller.
2. Wählen Sie den Menüpunkt *Erfassen* ▶ *Bewegungsdaten* ▶ *Kalender* oder klicken Sie in der Übersicht doppelt auf den Ordner *Bewegungsdaten* und anschließend doppelt auf den Eintrag *Kalender* oder klicken Sie auf das Symbol *Kalendererfassung öffnen*. Der Kalender von Sabine Müller mit dem aktuellen Monat, Juli 2023, wird angezeigt (Bild 14.1).

Bild 14.1 Sabine Müller: Kalender

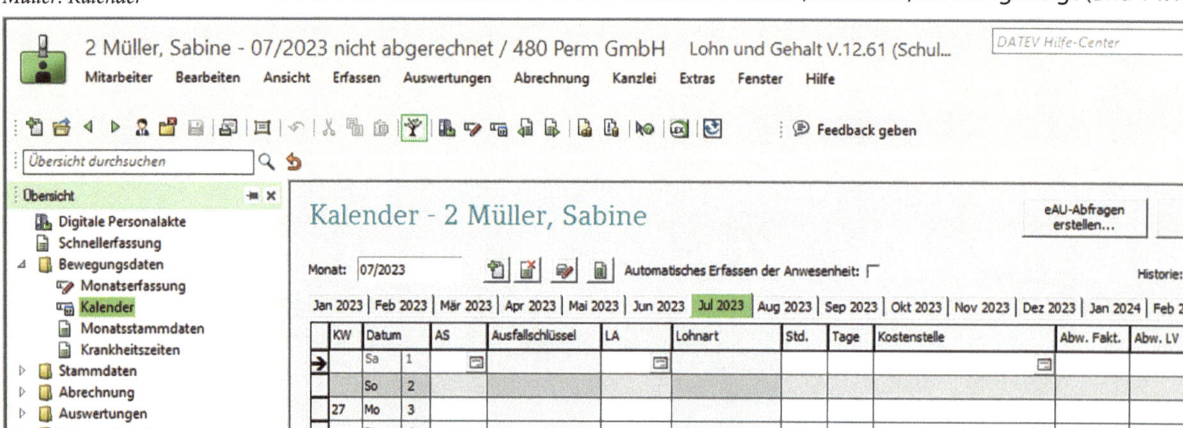

3 Klicken Sie auf das Symbol *Zeitraum erfassen* und geben Sie - wie in Bild 14.2 zu sehen - den Zeitraum der Krankheit mit Lohnfortzahlung ❶ und ein K ❷ für Ausfallgrund Krankheit (Lohnfortzahlung) ein.

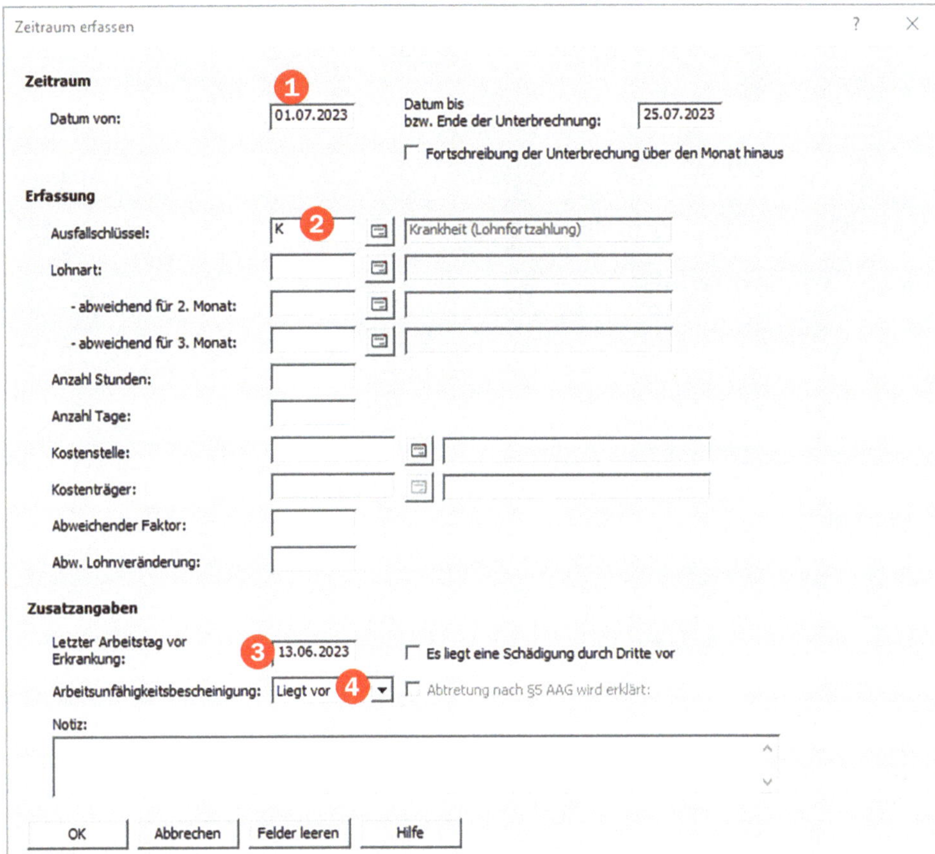

Bild 14.2 Zeitraum erfassen

❸ Letzter Arbeitstag vor der Erkrankung

❹ Arbeitsunfähigkeitsbescheinigung

4 Klicken Sie anschließend auf die Schaltfläche *OK*. Sie erhalten einen Hinweis mit der Frage, ob es sich um die gleiche Krankheit wie im angrenzenden Zeitraum handelt (Bild 14.3). Bestätigen Sie mit *Ja*.

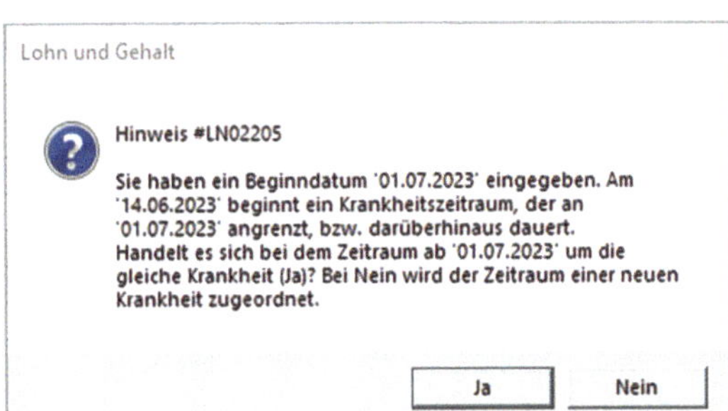

Bild 14.3 Hinweis

Damit ist der Krankheitszeitraum mit Lohnfortzahlung für Frau Sabine Müller im Kalender erfasst (Bild 14.4).

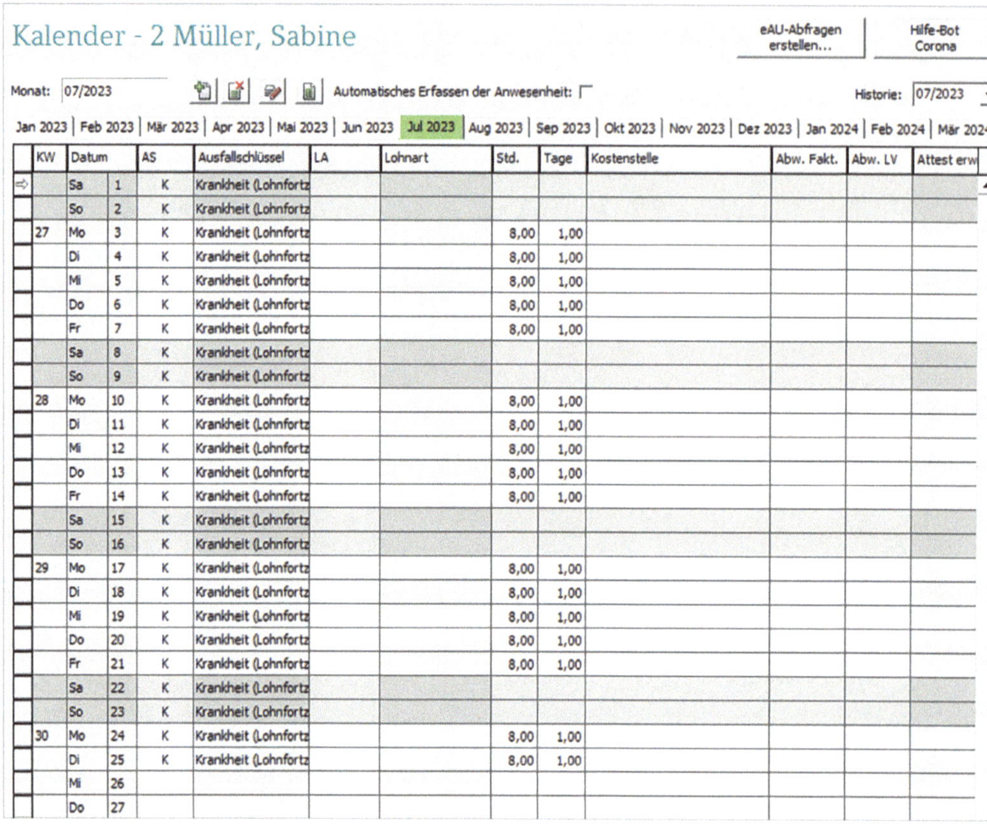

Kalender - 2 Müller, Sabine

eAU-Abfragen erstellen... | Hilfe-Bot Corona

Monat: 07/2023 Automatisches Erfassen der Anwesenheit: Historie: 07/2023

Jan 2023 | Feb 2023 | Mär 2023 | Apr 2023 | Mai 2023 | Jun 2023 | Jul 2023 | Aug 2023 | Sep 2023 | Okt 2023 | Nov 2023 | Dez 2023 | Jan 2024 | Feb 2024 | Mär 2024

KW	Datum		AS	Ausfallschlüssel	LA	Lohnart	Std.	Tage	Kostenstelle	Abw. Fakt.	Abw. LV	Attest erw
	Sa	1	K	Krankheit (Lohnfortz								
	So	2	K	Krankheit (Lohnfortz								
27	Mo	3	K	Krankheit (Lohnfortz			8,00	1,00				
	Di	4	K	Krankheit (Lohnfortz			8,00	1,00				
	Mi	5	K	Krankheit (Lohnfortz			8,00	1,00				
	Do	6	K	Krankheit (Lohnfortz			8,00	1,00				
	Fr	7	K	Krankheit (Lohnfortz			8,00	1,00				
	Sa	8	K	Krankheit (Lohnfortz								
	So	9	K	Krankheit (Lohnfortz								
28	Mo	10	K	Krankheit (Lohnfortz			8,00	1,00				
	Di	11	K	Krankheit (Lohnfortz			8,00	1,00				
	Mi	12	K	Krankheit (Lohnfortz			8,00	1,00				
	Do	13	K	Krankheit (Lohnfortz			8,00	1,00				
	Fr	14	K	Krankheit (Lohnfortz			8,00	1,00				
	Sa	15	K	Krankheit (Lohnfortz								
	So	16	K	Krankheit (Lohnfortz								
29	Mo	17	K	Krankheit (Lohnfortz			8,00	1,00				
	Di	18	K	Krankheit (Lohnfortz			8,00	1,00				
	Mi	19	K	Krankheit (Lohnfortz			8,00	1,00				
	Do	20	K	Krankheit (Lohnfortz			8,00	1,00				
	Fr	21	K	Krankheit (Lohnfortz			8,00	1,00				
	Sa	22	K	Krankheit (Lohnfortz								
	So	23	K	Krankheit (Lohnfortz								
30	Mo	24	K	Krankheit (Lohnfortz			8,00	1,00				
	Di	25	K	Krankheit (Lohnfortz			8,00	1,00				
	Mi	26										
	Do	27										

Bild 14.4 Sabine Müller: Zeitraum Lohnfortzahlung

Zeitraum mit Krankengeldanspruch erfassen

Im nächsten Schritt muss der Zeitraum der Krankheit mit Krankengeldanspruch erfasst werden.

1 Klicken Sie erneut auf das Symbol *Zeitraum erfassen* und geben Sie nun den Zeitraum der Krankheit mit Krankengeldanspruch ein (siehe Bild 14.5).

2 Klicken Sie beim Feld *Ausfallschlüssel* auf das Symbol *Ausfallschlüssel auswählen* wählen Sie den Ausfallschlüssel *K6* für *Krankheit mit Kranken(tage)geldanspruch* und übernehmen Sie die Auswahl mit *OK*.

!

Achtung: Der Ausfallschlüssel *K6* (*Krankheit mit Krankengeldanspruch)* bewirkt die Speicherung des Unterbrechungsbeginns, die Teilmonatsberechnung gespeicherter Festbezüge und die Kürzung der Sozialversicherungstage. Bei Eingabe des Ausfallschlüssels *KB* (*krank bei Betriebsunfall*) bzw. *Krankheit (Lohnfortzahlung)* wird hingegen keine Unterbrechung der Beschäftigung hinterlegt.

3 Geben Sie im Feld *Letzter Arbeitstag vor Erkrankung (TT.MM.JJJJ):* den 13.06.2023 ein und übernehmen Sie abschließend den Zeitraum mit Kranken(tage)geldanspruch mit Klick auf die Schaltfläche *OK*.

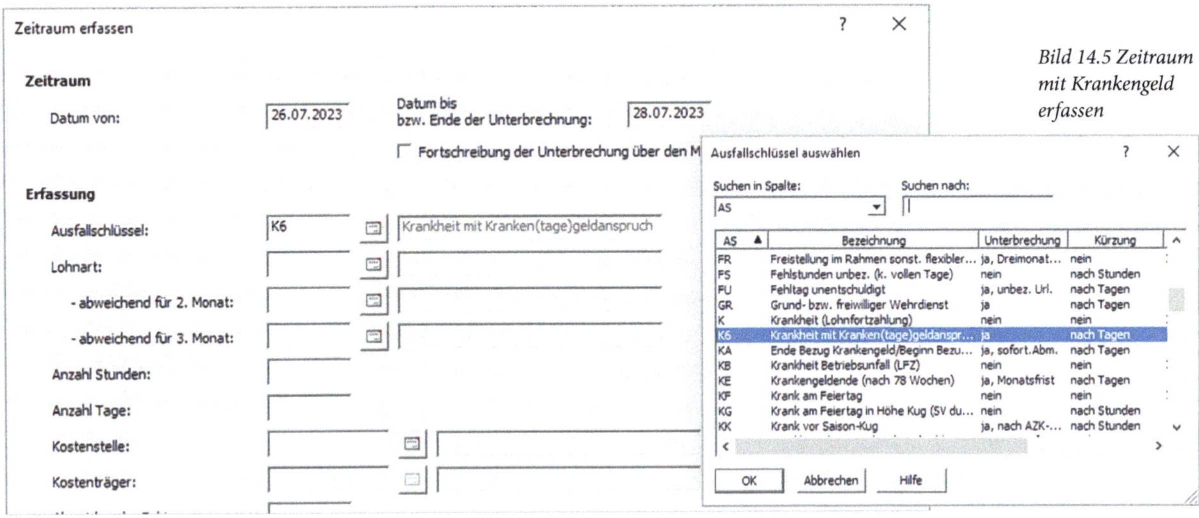

Bild 14.5 Zeitraum mit Krankengeld erfassen

Die beiden Zeiträume sind erfasst (Bild 14.6). Der Statistikblock ❶ zeigt für Juli 2023 die Arbeitstage mit Lohnfortzahlung ❷ und die Arbeitstage mit Krankengeldanspruch ❸ an.

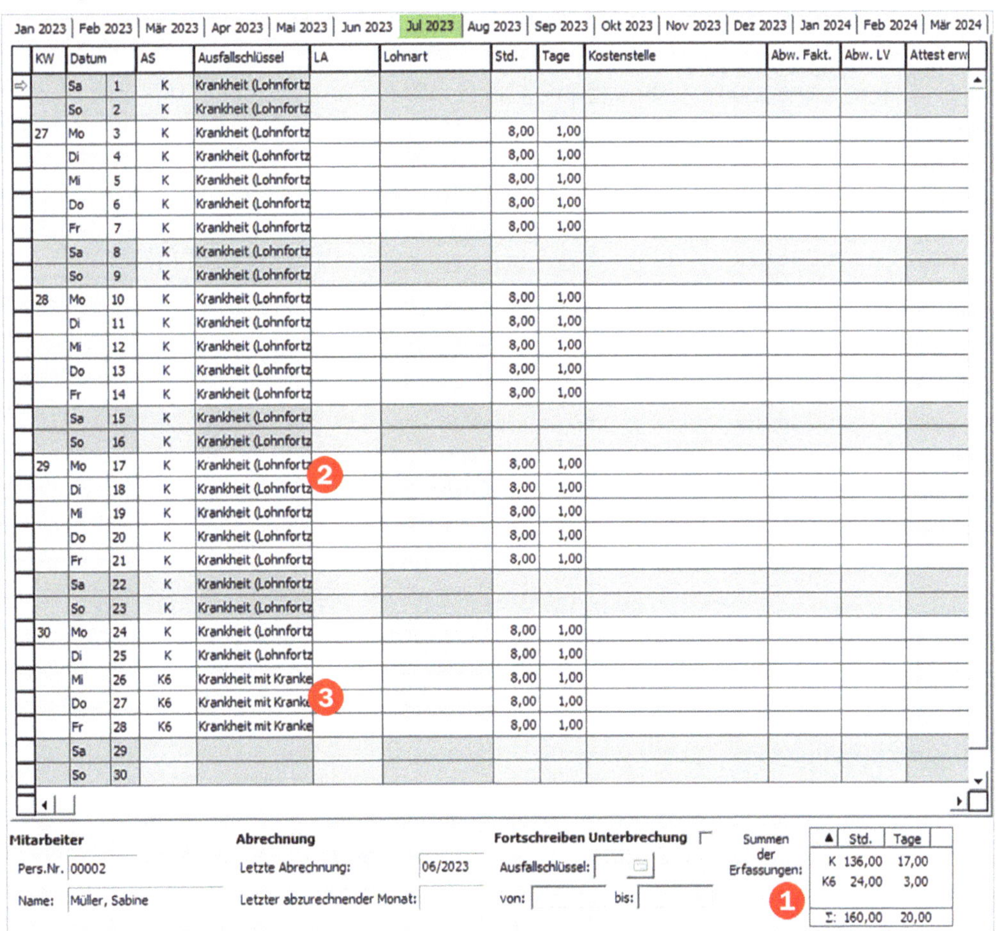

Bild 14.6 Sabine Müller: Kalender

4 Klicken Sie in der Übersicht doppelt auf den Eintrag *Krankheitszeiten* (Bild 14.7).

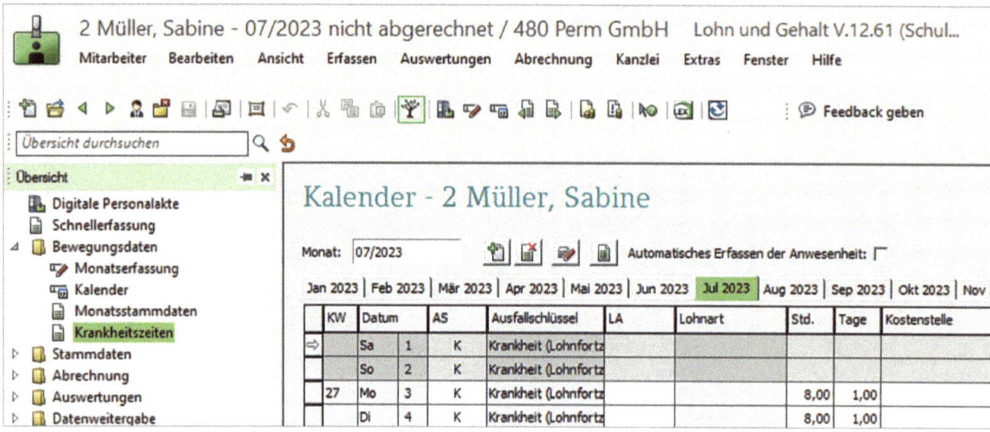

Bild 14.7 Krankheitszeiten anzeigen

5 Hier werden die Krankheitszeiträume von Frau Müller aufgelistet, mit Klick auf einen Zeitraum erhalten Sie nähere Informationen, siehe Bild 14.8 und Bild 14.9.

Bild 14.8 Krankheit mit Entgeltfortzahlung

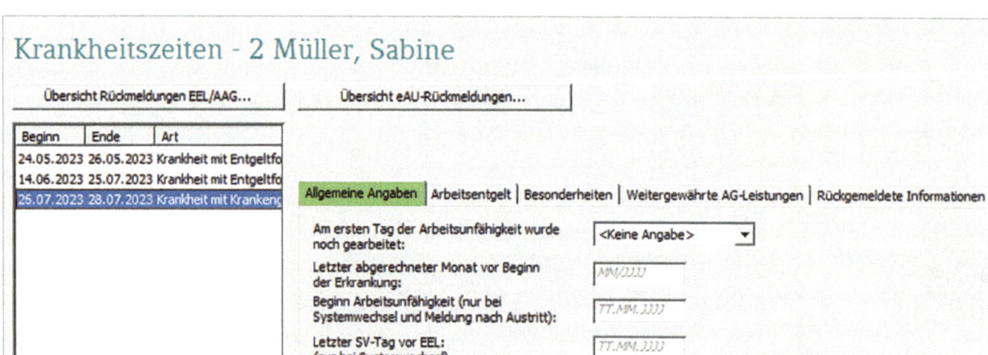

Bild 14.9 Krankheit mit Krankengeldanspruch

Angaben zum Arbeitsentgelt

Zusätzlich sind für das EEL-Verfahren (Elektronische Entgeltersatzleistungen) Angaben zum vereinbarten laufenden Arbeitsentgelt notwendig. Hierzu muss das laufende sozialversicherungspflichtige Bruttoarbeitsentgelt erfasst werden. Die Angabe ist nur für das DÜ-Verfahren EEL bei Festbezugsempfängern notwendig.

Frau Sabine Müller:

Lohnart 2000	Grundgehalt	2.850,00 EUR
Lohnart 3100	AG-Anteil VWL, lfd	20,00 EUR
Gesamt sv-pflichtiges Bruttoarbeitsentgelt		2.870,00 EUR

Hinweis: Nicht hinzugerechnet werden dürfen Einmalbezüge wie z. B. Urlaubsgeld und steuer- und sozialversicherungsfreie Bezüge (z. B. Jobticket Frau Müller).

Um das laufende sv-pflichtige Bruttoarbeitsentgelt für das EEL-Verfahren zu erfassen, gehen Sie - wie nachfolgend dargestellt - vor:

1 Wählen Sie den Menüpunkt *Erfassen* ▶ *Stammdaten* ▶ *Entlohnung* ▶ *Bezüge/Abzüge* oder klicken Sie doppelt in der Übersicht auf den Ordner *Entlohnung* und dann doppelt auf den Eintrag *Bezüge/Abzüge*. Sie erhalten eine Übersicht der gültigen Festbezüge von Frau Sabine Müller (Bild 14.10).

Bild 14.10 Sabine Müller: Stammdaten Bezüge/Abzüge

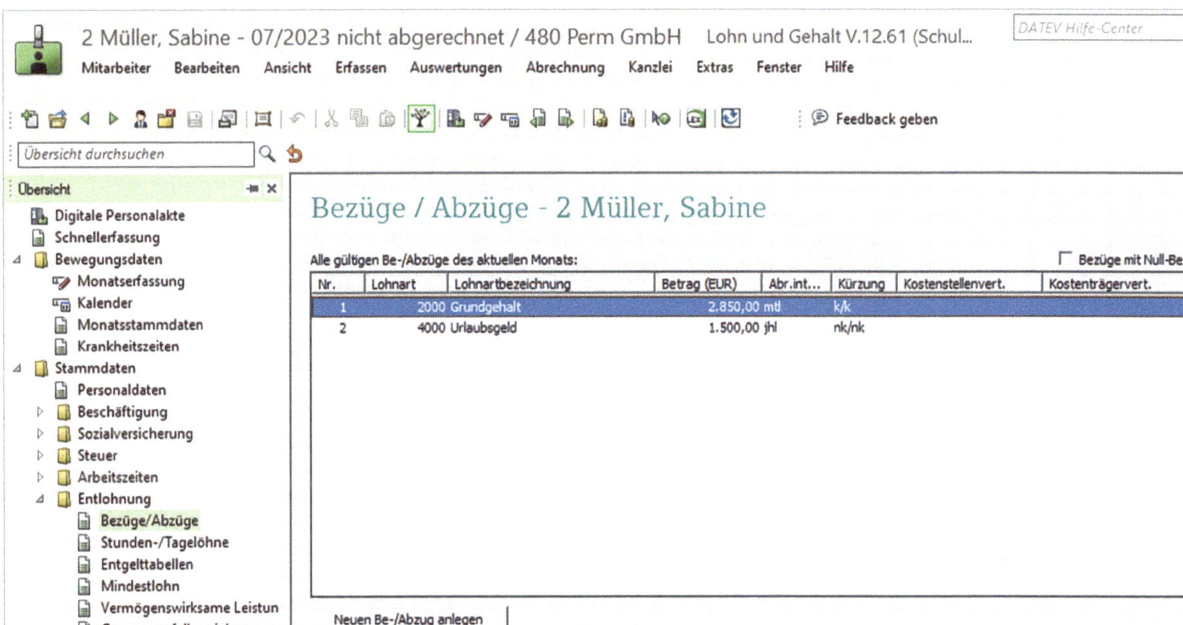

2 Für EEL-Meldungen (Krankheit mit Krankengeldbezug u. a.) und Mutterschutz muss zusätzlich das vereinbarte laufende Arbeitsentgelt erfasst werden. Geben Sie daher im Feld *Vereinbartes laufendes Arbeitsentgelt (für EEL-Meldungen und Mutterschutz)* das laufende sv-pflichtige Bruttoarbeitsentgelt von 2.870,00 EUR ein. Im Feld *Gültig ab* tragen Sie 01/2023 ein (Bild 14.11).

3 Damit ist das vereinbarte laufende Arbeitsentgelt (Lohnart 2000 Grundgehalt 2.850,00 EUR + Lohnart 3100 AG-Anteil VWL, lfd 20,00 EUR = 2.870,00 EUR) für die EEL-Meldung erfasst. Speichern Sie abschließend die Angaben mit Klick auf das Symbol *Fensterinhalt speichern*.

Bild 14.11 Arbeitsentgelt für EEL-Meldungen

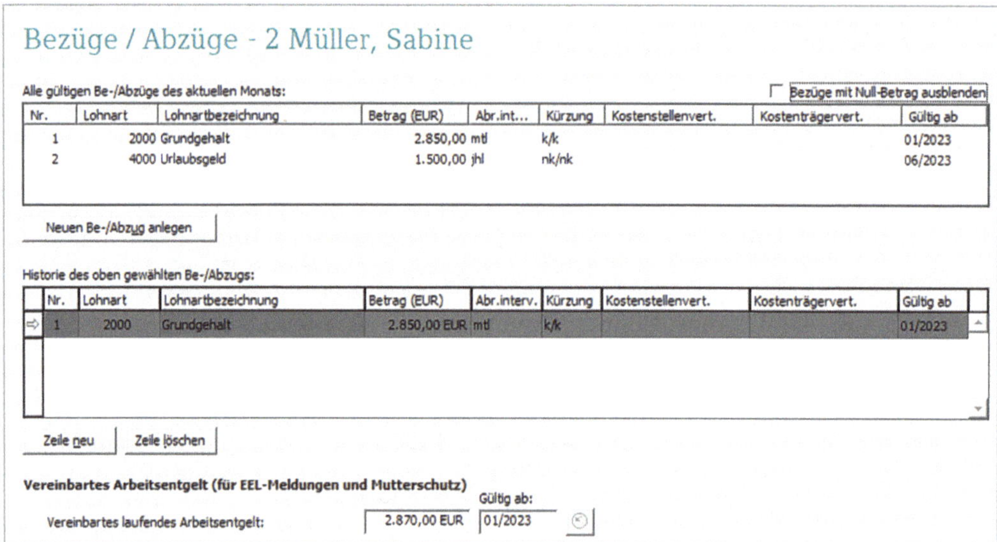

Bezüge / Abzüge - 2 Müller, Sabine

Alle gültigen Be-/Abzüge des aktuellen Monats: ☐ Bezüge mit Null-Betrag ausblenden

Nr.	Lohnart	Lohnartbezeichnung	Betrag (EUR)	Abr.int...	Kürzung	Kostenstellenvert.	Kostenträgervert.	Gültig ab
1	2000	Grundgehalt	2.850,00	mtl	k/k			01/2023
2	4000	Urlaubsgeld	1.500,00	jhl	nk/nk			06/2023

Neuen Be-/Abzug anlegen

Historie des oben gewählten Be-/Abzugs:

Nr.	Lohnart	Lohnartbezeichnung	Betrag (EUR)	Abr.interv.	Kürzung	Kostenstellenvert.	Kostenträgervert.	Gültig ab
1	2000	Grundgehalt	2.850,00 EUR	mtl	k/k			01/2023

Zeile neu | Zeile löschen

Vereinbartes Arbeitsentgelt (für EEL-Meldungen und Mutterschutz)

Vereinbartes laufendes Arbeitsentgelt: 2.870,00 EUR Gültig ab: 01/2023

4 Um die Abrechnung zu prüfen, wählen Sie den Menüpunkt *Abrechnung* ▶ *Probeabrechnung…* oder klicken Sie auf das Symbol *Probeabrechnung durchführen* in der Standardsymbolleiste und anschließend auf die Schaltfläche *OK*. Die Probegehaltsabrechnung Juli 2023 von Sabine Müller wird angezeigt.

Bild 14.12 Sabine Müller: Probeabrechnung Juli

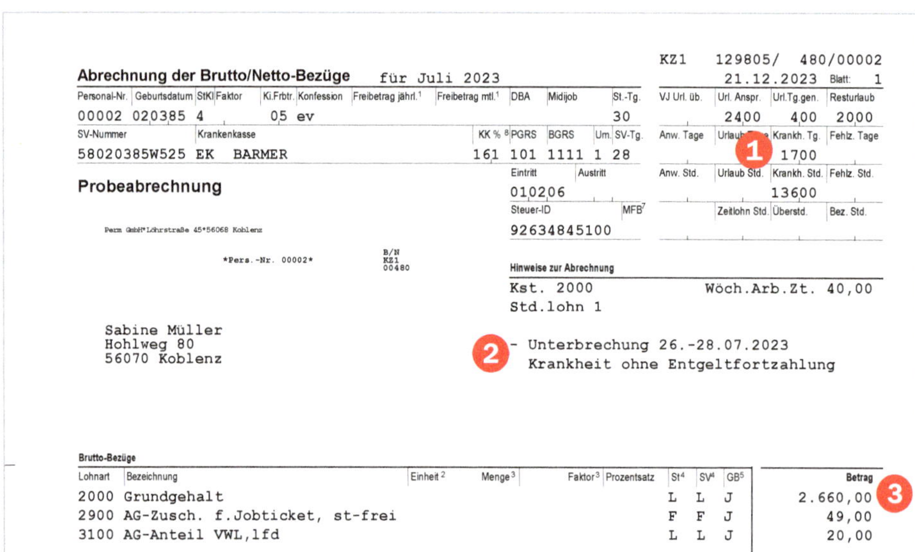

Abrechnung der Brutto/Netto-Bezüge für Juli 2023

KZ1 129805/ 480/00002
21.12.2023 Blatt: 1

Personal-Nr.	Geburtsdatum	StKl	Faktor	Ki.Frbtr.	Konfession	Freibetrag jährl.	Freibetrag mtl.	DBA	Midijob	St.-Tg.
00002	020385	4		05	ev					30

VJ Url. üb.	Url. Anspr.	Url.Tg.gen.	Resturlaub
	2400	400	2000

SV-Nummer	Krankenkasse	KK %	PGRS	BGRS	Um.	SV-Tg.
58020385W525	EK BARMER	161	101	1111	1	28

Anw. Tage	Urlaub Tage	Krankh. Tg.	Fehlz. Tage
		1700	

Probeabrechnung

Eintritt	Austritt
010206	

Anw. Std.	Urlaub Std.	Krankh. Std.	Fehlz. Std.
		13600	

Steuer-ID 92634845100 MFB

Zeitlohn Std.	Überstd.	Bez. Std.

Perm GmbH*Löhrstraße 45*56068 Koblenz

Pers.-Nr. 00002 B/N KZ1 00480

Hinweise zur Abrechnung

Kst. 2000 Wöch.Arb.Zt. 40,00
Std.lohn 1

Sabine Müller
Hohlweg 80
56070 Koblenz

- Unterbrechung 26.-28.07.2023
Krankheit ohne Entgeltfortzahlung

Brutto-Bezüge

Lohnart	Bezeichnung	Einheit	Menge	Faktor	Prozentsatz	St	SV	GB	Betrag
2000	Grundgehalt					L	L	J	2.660,00
2900	AG-Zusch. f.Jobticket, st-frei					F	F	J	49,00
3100	AG-Anteil VWL,lfd					L	L	J	20,00

1. 17 Krankheitstage (136 Krankheitsstunden) mit Lohnfortzahlung.
2. Krankheit mit Krankengeldanspruch.
3. Das Grundgehalt ist um den Unterbrechungszeitraum gekürzt.

5 Schließen Sie dann die Probeabrechnung wieder. Im Verarbeitungsprotokoll werden Hinweise zur Probeabrechnung angezeigt (Bild 14.13).

6 Schließen Sie zuletzt die Mitarbeiterin Frau Sabine Müller.

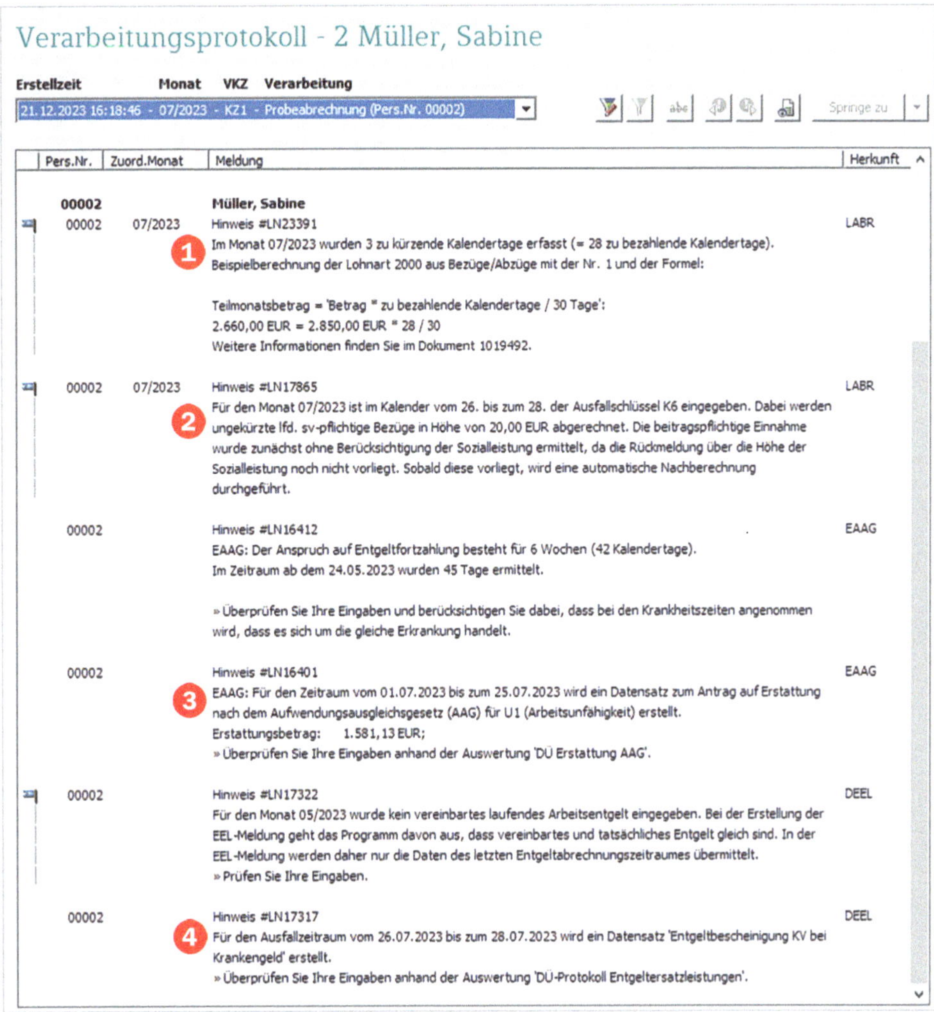

Bild 14.13 Verarbeitungsprotokoll

1. Hinweis auf zu kürzende Kalendertage
2. Hinweis auf Vorerkrankung: In unserem Fall handelt es sich bei der Erkrankung nicht um die gleiche Krankheit wie im Monat Mai.
3. Hinweis auf Erstattungsantrag zu U1
4. Hinweis auf Entgeltbescheinigung KV bei Krankengeld.

14.2 Änderung der Steuerklasse

Ausgangssituation
Bei Herrn Walther Vogel hat sich rückwirkend zum Juni 2023 die Steuerklasse geändert. Die Steuerklasse wechselte von Steuerklasse 4 auf Steuerklasse 3. Der Nachweis der Änderung liegt Ihnen vom Finanzamt Koblenz für Herrn Vogel vor.

Um die Änderung der Steuerklasse in den Stammdaten von Herrn Walther Vogel zu erfassen, gehen Sie wie folgt vor:

1. Öffnen Sie den Mitarbeiter Herrn Walther Vogel.
2. Wählen Sie den Menüpunkt *Erfassen* ▶ *Stammdaten* ▶ *Steuer* ▶ *Steuerkarte* oder öffnen Sie in der Übersicht den Ordner *Steuer* und klicken dann doppelt auf den Eintrag *Steuerkarte*. Die erfassten Steuerdaten von Herrn Walther Vogel werden angezeigt.
3. Klicken Sie bei *Steuerklasse / Faktor / Kinderfreibetrag* auf das Symbol *Historie bearbeiten* ❶, um die neue Steuerklasse einzutragen.
4. Klicken Sie auf *Zeile neu* ❷ und geben Sie die neue Steuerklasse 3, den Kinderfreibetrag 2,0 und im Feld *Gültig ab* 06/2023 ein ❸ (Bild 14.14). Um die Änderung zu übernehmen, klicken Sie auf die Schaltfläche *Schließen*.

Bild 14.14 Geänderte Steuerklasse eintragen

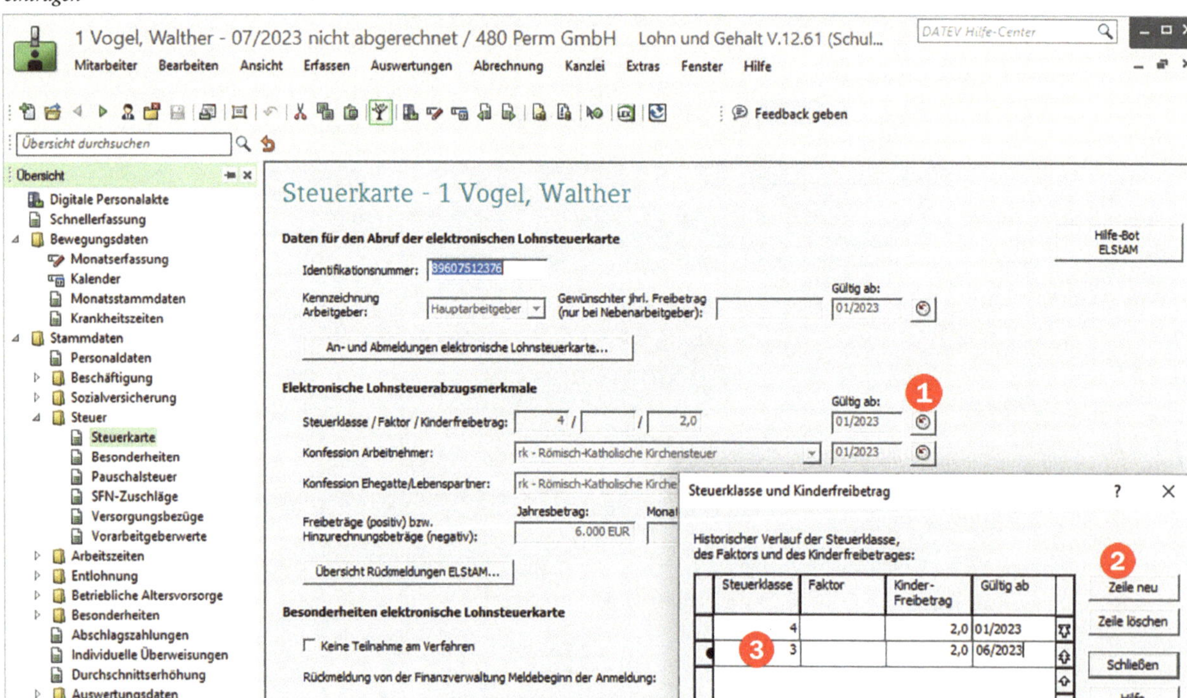

Achtung: Steuerklassenänderungen lösen auch eine automatische Nachberechnung im Programm aus. Aufgrund der veränderten Steuerklasse mit dem rückwirkenden Datum

06/2023 wird bei der Monatsberechnung eine automatische Korrektur der Lohnsteuerberechnung für den Monat Juni 2023 durchgeführt.

5 Die Änderung der Steuerklasse für Herrn Walther Vogel von Steuerklasse 4 zu Steuerklasse 3 ist damit erfolgt.

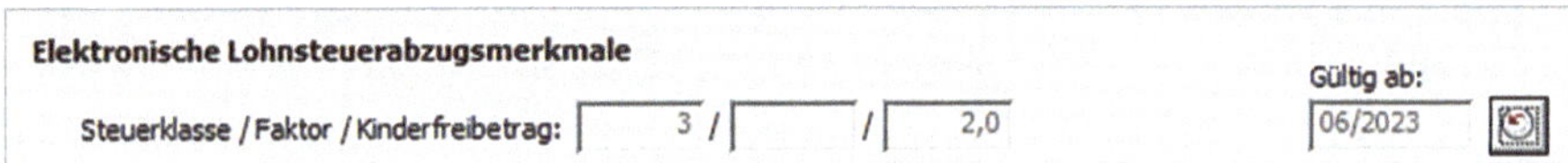

Bild 14.15 Die geänderte Steuerklasse

6 Um die Gehaltsabrechnung zu testen, wählen Sie den Menüpunkt *Abrechnung* ▶ *Probeabrechnung…* oder klicken Sie auf das Symbol *Probeabrechnung durchführen* in der Standardsymbolleiste und anschließend auf die Schaltfläche *OK*. Die Probeabrechnung von Herrn Walther Vogel wird in der Seitenansicht angezeigt (Bild 14.16).

7 Schließen Sie dann die Seitenansicht und das Protokoll.

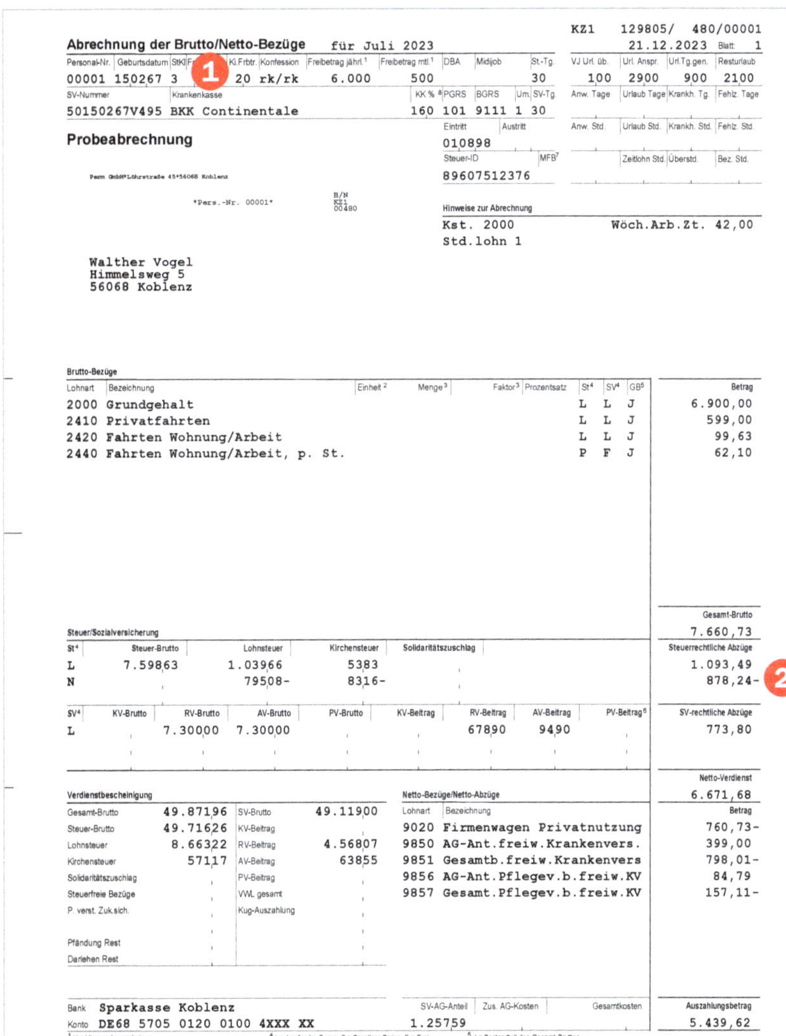
Abrechnung der Brutto/Netto-Bezüge für Juli 2023

KZ1 129805/ 480/00001 21.12.2023 Blatt: 1

Personal-Nr.	Geburtsdatum	StKl	Ki.Frbtr.	Konfession	Freibetrag jährl.[1]	Freibetrag mtl.[1]	DBA	Midijob	St.-Tg.
00001	150267	3	20	rk/rk	6.000	500			30

VJ Url. üb.	Url. Anspr.	Url.Tg.gen.	Resturlaub
100	2900	900	2100

SV-Nummer	Krankenkasse	KK %[8]	PGRS	BGRS	Um.	SV-Tg.
50150267V495	BKK Continentale	160	101	9111	1	30

Anw. Tage | Urlaub Tage | Krankh. Tg. | Fehlz. Tage
Anw. Std. | Urlaub Std. | Krankh. Std. | Fehlz. Std.
Zeitlohn Std. | Überstd. | Bez. Std.

Probeabrechnung

Eintritt: 010898 Austritt:
Steuer-ID: 89607512376 MFB[7]

Perm GmbH*Löhrstraße 45*56068 Koblenz

Pers.-Nr. 00001 B/N KZ1 00480

Hinweise zur Abrechnung
Kst. 2000 Wöch.Arb.Zt. 42,00
Std.lohn 1

Walther Vogel
Himmelsweg 5
56068 Koblenz

Brutto-Bezüge

Lohnart	Bezeichnung	Einheit[2]	Menge[3]	Faktor[3]	Prozentsatz	St[4]	SV[4]	GB[5]	Betrag
2000	Grundgehalt					L	L	J	6.900,00
2410	Privatfahrten					L	L	J	599,00
2420	Fahrten Wohnung/Arbeit					L	L	J	99,63
2440	Fahrten Wohnung/Arbeit, p. St.					P	F	J	62,10

Gesamt-Brutto 7.660,73

Steuer/Sozialversicherung

St[4]	Steuer-Brutto	Lohnsteuer	Kirchensteuer	Solidaritätszuschlag
L	7.598,63	1.039,66	53,83	
N		795,08-	83,16-	

Steuerrechtliche Abzüge 1.093,49 / 878,24-

SV[4]	KV-Brutto	RV-Brutto	AV-Brutto	PV-Brutto	KV-Beitrag	RV-Beitrag	AV-Beitrag	PV-Beitrag[6]
L		7.300,00	7.300,00			678,90	94,90	

SV-rechtliche Abzüge 773,80

Netto-Verdienst 6.671,68

Verdienstbescheinigung

Gesamt-Brutto	49.871,96	SV-Brutto	49.119,00
Steuer-Brutto	49.716,26	KV-Beitrag	
Lohnsteuer	8.663,22	RV-Beitrag	4.568,07
Kirchensteuer	571,17	AV-Beitrag	638,55
Solidaritätszuschlag		PV-Beitrag	
Steuerfreie Bezüge		VWL gesamt	
P. verst. Zuk.sich.		Kug-Auszahlung	
Pfändung Rest			
Darlehen Rest			

Netto-Bezüge/Netto-Abzüge

Lohnart	Bezeichnung	Betrag
9020	Firmenwagen Privatnutzung	760,73-
9850	AG-Ant.freiw.Krankenvers.	399,00
9851	Gesamtb.freiw.Krankenvers	798,01-
9856	AG-Ant.Pflegev.b.freiw.KV	84,79
9857	Gesamt.Pflegev.b.freiw.KV	157,11-

Bank Sparkasse Koblenz
Konto DE68 5705 0120 0100 4XXX XX

SV-AG-Anteil 1.257,59 | Zus. AG-Kosten | Gesamtkosten

Auszahlungsbetrag 5.439,62

[1] H = Hinzurechnungsbetrag
[2] Std = Stunden, T = Tage, Km = Kilometer, St = Stück
[4] L = Laufender Bezug, S = Sonstiger Bezug, F = Frei, E = Einmalbezug, P = Pauschalierung, A = Abfindung
[5] J = Bestandteil des Gesamt-Bruttos
[6] Z = Einschl. Beitragszuschlag zur PV für Kinderlose

Bild 14.16 Walther Vogel: Probeabrechnung Juli

❶ Die neue Steuerklasse

❷ Nachberechnung der rückwirkenden Änderung der Steuerklasse

Die Lösungen finden Sie im Lösungbuch

Übung: Steuerdaten ändern und Bewegungsdaten Mitarbeiter erfassen

Herr Wolfgang Weber ist am 08.07.2023 stolzer Vater einer Tochter (Name des Kindes: Sophia Weber, geb. 08.07.2023) geworden. Das zuständige Finanzamt (2729 Mayen) von Herrn Weber legt Ihnen den Nachweis des neuen Kinderfreibetrages von drei Kindern vor. Außerdem erhält er ab 07/2023 einen neuen festen Stundenlohn von 23,55 EUR.

Aufgabe 1

Erfassen Sie die Änderung des Kinderfreibetrages in den Steuerdaten und den neuen festen Stundenlohn von 23,55 EUR ab 07/2023 in *Entlohnung* ▶ *Stunden- /Tagelöhne* über die Schaltfläche *Historie neu*.

Aufgabe 2

Erfassen Sie im Bereich *Kinderverwaltung* über das Symbol die Kinderdaten von Sophia Weber, geb. am 08.07.2023 mit *Kindnummer* 3. Wählen Sie im Bereich *Sozialversicherung* ▶ *Allgemeine SV-Daten* im Feld *Für PV-Abschlag zu berücksichtigende Kinder* über den Dropdown-Pfeil *Gemäß Kinderverwaltung*, gültig ab *07/2023*.

Aufgabe 3

Herr Wolfgang Weber, Kostenstelle 3000 Technik, hat vom 03.07.2023 bis einschließlich 15.07.2023 Urlaub. Die restlichen Arbeitstage im Monat Juli werden mit dem Stundenlohn lt. Tarif abgerechnet. Erfassen Sie über den Kalender den Urlaub sowie die regulären Arbeitsstunden für den Monat Juli 2023.

Aufgabe 4

Prüfen Sie Ihre Eingaben mit einer Probeabrechnung. Die Musterlösung finden Sie im Lösungsbuch.

14.3 Eintritt eines neuen Mitarbeiters

Wiederholungsübung: Mitarbeiter neu anlegen

Am 01.07.2023 wurde eine neue Mitarbeiterin, Frau Marianne Hild, für den Verkauf eingestellt. Legen Sie die Mitarbeiterin mit Hilfe der Checkliste neu an.

Personalblatt Frau Marianne Hild

Teil 1 - Personenrelevante Daten

Mitarbeiternummer	7	☐
Familienname	Hild	☐
Geburtsname	Kiefer	☐
Vorname	Marianne	☐
Eintrittsdatum	01.07.2023	☐
Straße	Kratzehofweg 16	☐
PLZ	56333	☐
Wohnort	Winningen	☐
Geburtsdatum	24.08.1979	☐
Geschlecht	weiblich	☐
Sozialversicherungsnummer	81240879K859	☐
Familienstand	geschieden	☐
Staatsangehörigkeit	Deutsch	☐
Bankbezeichnung	Sparkasse Koblenz	☐
BIC	MALADE51KOB	☐
IBAN	DE36 5705 0120 0000 2157 49	☐

Haken Sie in der Checkliste nacheinander alle erfassten Angaben ab!

Teil 2 - Tätigkeitsbezogene Daten

Ersteintrittsdatum im Brutto-Netto-Formular und Erstattungsantrag nach dem AAG verwenden		☐
Personengruppenschlüssel	101 Sv - Beschäftigung ohne bes. Merkmale	☐
Arbeitnehmertyp	Angestellte	☐
Ausgeübte Tätigkeit	62102 – Kauffrau im Einzelhandel	☐
Höchster Schulabschluss	2 – Haupt-/Volksschulabschluss	☐
Höchste Ausbildung	2 – Abschluss einer anerkannten Berufsausb.	☐
Arbeitnehmerüberlassung	1 – Nein keine Arbeitnehmerüberlassung	☐
Vertragsform	1 – unbefristet Vollzeit	☐
Kostenstelle	Gültig ab: 07/2023 Verkauf	☐
Berufsbezeichnung	Kauffrau im Einzelhandel	☐
Standardentlohnung	Gehalt	☐
Beschäftigungsbetrieb	Perm GmbH	☐

Teil 3 - Sozialversicherungsbezogene Daten

Krankenversicherung	1 = Allgemeiner Beitrag	☐
Rentenversicherung	1 = Voller Beitrag	☐
Arbeitslosenversicherung	1 = Voller Beitrag	☐
Pflegeversicherung	1 = Voller Beitrag	☐
kein Zuschlag zur Pflegevers.	Elterneigenschaft	☐
Für PV-Abschlag zu berücksichtigende Kinder	gemäß Kinderverwaltung Kind 1: Emilie Hild, geb. am 21.11.2003 Kind 2: Noah Hild, geb. am 07.08.2005 Kind 3: Charlotte Hild, geb. am 08.04.2008 Kind 4: Fred Hild, geb. am 21.01.2011	☐
Umlage	Umlage 1 und 2	☐
Unfallversicherung	Unfallversicherungspflichtig	☐
Krankenkasse	BARMER	☐

Teil 4 - Steuerliche Daten

Identifikationsnummer	19857234106	☐
Arbeitgeber	Hauptarbeitgeber	☐
Steuerklasse, Kinderfreibetrag	Klasse 2 / Kinder: 4,0	☐
Konfession Arbeitnehmer	keine	☐
Freibeträge jährlich	keine	☐
Freibeträge monatlich	keine	☐

Teil 5 - Arbeitszeiten und Urlaub

laut Arbeitsvertrag		
wöchentliche Arbeitszeit	40 Stunden / 6-Tage Woche	☐
tägliche Arbeitszeit	Mo 7 Std., Di 7 Std., Mi 7 Std., Do 7 Std., Fr. 7 Std., Sa 5 Std.	☐
laut Betriebsvereinbarung		
Urlaubsanspruch pro Jahr	29 Tage	☐
Urlaubsanspruch lfd Jahr	15 Tage	☐

Teil 6 - Entlohnung

laut Betriebsvereinbarung Tarif		
Gehalt	2.380,00 EUR	☐

> **Ausgangssituation**
> Frau Hild war vor dem 01.07.2023 bei einer anderen Firma beschäftigt. Vorbeschäftigungszeiten müssen über die Lohnsteuerbescheinigung 2023 als Vorarbeitgeberwerte erfasst werden.

Dazu gehen Sie wie folgt vor:

1 Wählen Sie den Menüpunkt *Erfassen* ▶ *Stammdaten* ▶ *Steuer* ▶ *Vorarbeitgeberwerte* oder öffnen Sie in der Übersicht den Ordner *Steuer* und klicken anschließend doppelt auf den Eintrag *Vorarbeitgeberwerte* oder verwenden in der Schnellerfassung das Register *Vorarbeitgeberwerte*.

Frau Marianne Hild hat vom 01.01.2023 bis 30.06.2023 bei einem Vorarbeitgeber gearbeitet. Laut Lohnsteuerbescheinigung hat sie einen Gesamtbruttolohn von 10.800,00 EUR erhalten. Die Lohnsteuer für den Zeitraum betrug 1.140,00 EUR, Kirchensteuer und Solidaritätszuschlag sind nicht angefallen.

2 Die Daten sind jetzt im Eingabeformular *Vorarbeitgeberwerte* zu erfassen, geben Sie die Daten - wie in Bild 14.17 - ein.

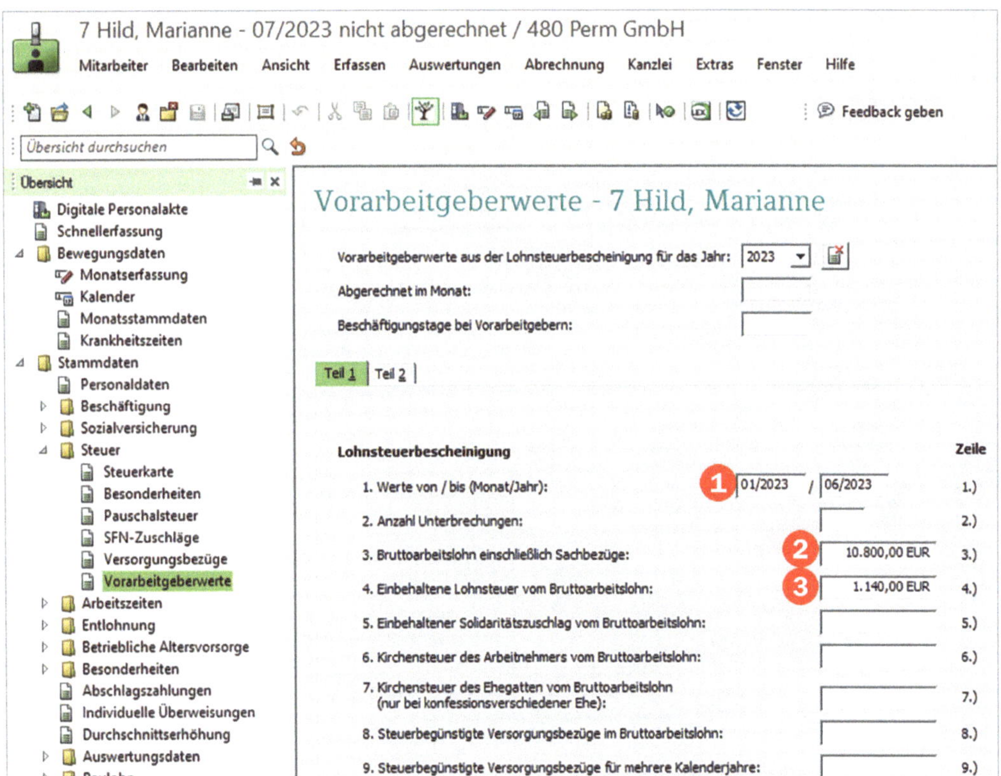

Bild 14.17 Vorarbeitgeberwerte erfassen

1 Zeitraum
2 Bruttolohn
3 Lohnsteuer

Hinweis: Für Frau Hild fielen aufgrund der Steuerklasse 2 und 4 Kindern keine Kirchensteuer und kein Solidaritätszuschlag an. Darüber hinaus ist sie konfessionslos.

3 Speichern Sie abschließend die Einstellungen, indem Sie auf das Symbol *Fensterinhalt speichern* klicken und erstellen Sie eine Probeabrechnung.

Bild 14.18 Probeabrechnung Marianne Hild

KZ1 129805/ 480/00007
02.01.2024 Blatt: 1

Abrechnung der Brutto/Netto-Bezüge für Juli 2023

Personal-Nr.	Geburtsdatum	StKl	Faktor	Ki.Frbtr.	Konfession	Freibetrag jährl.[1]	Freibetrag mtl.[1]	DBA	Midijob	St.-Tg.
00007	240879	2		40						30

SV-Nummer	Krankenkasse	KK %[8]	PGRS	BGRS	Um.	SV-Tg.
81240879K851	EK BARMER	161	101	1111	1	30

VJ Url. üb.	Url. Anspr.	Url.Tg.gen.	Resturlaub
	1500		1500

Anw. Tage	Urlaub Tage	Krankh. Tg.	Fehlz. Tage

Anw. Std.	Urlaub Std.	Krankh. Std.	Fehlz. Std.

Zeitlohn Std.	Überstd.	Bez. Std.

Probeabrechnung

Eintritt	Austritt
010723	

Steuer-ID	MFB[7]
19857234106	

Perm GmbH*Löhrstraße 45*56068 Koblenz

Pers.-Nr. 00007

B/N
KZ1
00480

Hinweise zur Abrechnung

Kst. 1000 Wöch.Arb.Zt. 40,00
Std.lohn 1

Marianne Hild
Kratzehofweg 16
56333 Winningen

Brutto-Bezüge

Lohnart	Bezeichnung	Einheit[2]	Menge[3]	Faktor[3]	Prozentsatz	St[4]	SV[4]	GB[5]	Betrag
2000	Grundgehalt					L	L	J	2.380,00

Gesamt-Brutto 2.380,00

Steuer/Sozialversicherung

St[4]	Steuer-Brutto	Lohnsteuer	Kirchensteuer	Solidaritätszuschlag
L	2.38000	11450		

Steuerrechtliche Abzüge 114,50

SV[4]	KV-Brutto	RV-Brutto	AV-Brutto	PV-Brutto	KV-Beitrag	RV-Beitrag	AV-Beitrag	PV-Beitrag[6]
L	2.38000	2.38000	2.38000	2.38000	19159	22134	3094	2261

SV-rechtliche Abzüge 466,48

Netto-Verdienst 1.799,02

Verdienstbescheinigung

Gesamt-Brutto	2.38000	SV-Brutto	2.38000
Steuer-Brutto	2.38000	KV-Beitrag	19159
Lohnsteuer	11450	RV-Beitrag	22134
Kirchensteuer		AV-Beitrag	3094
Solidaritätszuschlag		PV-Beitrag	2261
Steuerfreie Bezüge		VWL gesamt	
P. verst. Zuk.sich.		Kug-Auszahlung	
Pfändung Rest			
Darlehen Rest			

Netto-Bezüge/Netto-Abzüge

Lohnart	Bezeichnung	Betrag

Bank Sparkasse Koblenz
Konto DE36 5705 0120 0000 2XXX XX

SV-AG-Anteil	Zus. AG-Kosten	Gesamtkosten
48433		

Auszahlungsbetrag 1.799,02

1 H = Hinzurechnungsbetrag
2 Std = Stunden, T = Tage, Km = Kilometer, St = Stück
EUR = Euro, Tsd = Tausend Euro, Mio = Million Euro
3 Gegebenenfalls Netto-Lohn/Netto-Stundenlohn
4 L = Laufender Bezug, S = Sonstiger Bezug, F = Frei,
E = Einmalbezug, P = Pauschalierung, A = Abfindung,
M = mehrjährige Versteuerung, N = Nachberechnung
V = Vorjahr, W = Entgeltguthaben
5 J = Bestandteil des Gesamt-Bruttos
6 Z = Einschl. Beitragszuschlag zur PV für Kinderlose
7 MFB = Mehrfachbeschäftigung
8 Maßgeblicher Beitragssatz zur KV inkl. Zusatzbeitrag

AFP Form.-Nr. PCGN14

- Dies ist eine Entgeltbescheinigung nach § 108 Abs. 3 Satz 1 der Gewerbeordnung -

DATEV

PROBEABRECHNUNG

Wiederholungsübung

Teil 1 - Bewegungsdaten erfassen

Die Lösungen zu den Aufgaben 1, 3 und 4 finden Sie im Lösungsbuch

Aufgabe 1

Erfassen Sie die Bewegungsdaten von Frau Wegmann für den Monat Juli 2023.

Frau Marion Wegmann, Kostenstelle 3000 Technik, hat vom 17.07.2023 bis einschließlich 29.07.2023 Urlaub. Die restlichen Arbeitstage im Monat Juli werden mit dem Stundenlohn lt. Tarif abgerechnet.

Erfassen Sie über den Kalender den Urlaub sowie die regulären Arbeitsstunden für den Monat Juli 2023.

Erstellen Sie Probeabrechnungen für alle Mitarbeiter und überprüfen Sie diese.

Alle Eingaben für den Monat Juli 2023 sind jetzt erfasst.

Teil 2 - Monatsabschluss durchführen

Aufgabe 2

Sichern Sie den Mandanten Perm GmbH.

Aufgabe 3

Führen Sie die Abrechnung aller Mitarbeiter für den Monat 07/2023 durch und senden Sie über den Menüpunkt *Mandant* ▶ *Daten senden* die Datenübermittlungsaufträge.

Aufgabe 4

Schließen Sie den Monat Juli 2023 ab und senden Sie über das Menüpunkt *Mandant* ▶ *Daten senden* die offenen RZ-Aufträge.

Prüfen Sie die DÜ Protokoll LSt. Anm. Juli 2023 mit dem Lohnjournal.

Prüfen Sie den Auszahlungsbetrag an die Mitarbeiter im Buchungsbeleg mit dem Lohnjournal des Abrechnungsmonats.

Prüfen Sie die Sozialversicherungsbeträge mit den Beträgen des Buchungsbeleges.

Übergeben Sie den Buchungsbeleg an die Finanzbuchhaltung.

Die Musterlösungen zu den Probeabrechnungen und der endgültigen Lohnabrechnung für den Monat Juli, den Lohnkonten und den Monatsauswertungen finden Sie im PDF-Format zum Download. Ordner Kap14_07_Juli_2023.

Download

14.4 Lohn- und Gehaltsabrechnung Monat August

Die Lösungen finden Sie im Lösungsbuch

Wiederholungsübung

Teil 1- Bewegungsdaten erfassen

Bearbeiten Sie für die Monatsabrechnung August 2023 folgende Vorgänge:

Aufgabe 1

Herr Walther Vogel, Kostenstelle Verwaltung, hat im August vom 07.08.2023 bis einschließlich 19.08.2023 Urlaub. Zusätzlich hat er 5 Überstunden geleistet.

Aufgabe 2

Frau Sabine Müller, Kostenstelle Verwaltung, hat im Monat August 2023 zusätzlich 14 Überstunden geleistet.

Aufgabe 3

Erfassen Sie über den Kalender die regulären Arbeitsstunden zum Monat August 2023 für die Arbeitnehmerin Frau Marion Wegmann, Kostenstelle Technik. Frau Wegmann hat darüber hinaus im Abrechnungsmonat August 8,5 Überstunden geleistet.

Aufgabe 4

Für Herrn Wolfgang Weber, Kostenstelle 3000 Technik, liegt für den Zeitraum vom 14.08.2023 bis einschließlich 19.08.2023 eine Arbeitsunfähigkeitsbescheinigung vor. Die restlichen Arbeitstage im Monat August werden mit dem Stundenlohn lt. Tarif abgerechnet.

Erfassen Sie über den Kalender den Krankheitszeitraum sowie die regulären Arbeitsstunden für den Monat August 2023.

Aufgabe 5

Frau Jeanette Beier kommt zum 01.08.2023 ins zweite Ausbildungsjahr. Sie erhält im zweiten Ausbildungsjahr eine Ausbildungsvergütung von 950,00 EUR. Vom 14.08.2023bis einschließlich 25.08.2023 hat sie Erholungsurlaub.

Erstellen Sie Probeabrechnungen für alle Mitarbeiter.

Damit sind alle Bewegungsdaten für den Monat August 2023 erfasst.

Die Lösungen zu den Aufgaben 2 bis 5 finden Sie im Lösungsbuch

Teil 2 - Monatsabschluss

Aufgabe 1

✎ Sichern Sie den Mandanten Perm GmbH.

Aufgabe 2

✎ Führen Sie die Abrechnung aller Mitarbeiter für den Monat August 2023 durch.

Aufgabe 3

✎ Senden Sie den Erstattungsantrag für Arbeitgeberaufwendungen bei Arbeitsunfähigkeit U1.

Aufgabe 4

✎ Schließen Sie den Monat August 2023 ab und senden Sie über das Menü *Daten senden* die offenen RZ-Aufträge.

Aufgabe 5

✎ Prüfen Sie die DÜ Protokoll LSt. Anm. August 2023 mit dem Lohnjournal.

✎ Prüfen Sie den Auszahlungsbetrag an die Mitarbeiter im Buchungsbeleg mit dem Lohnjournals des Abrechnungsmonats.

✎ Prüfen Sie die Sozialversicherungsbeträge mit den Beträgen des Buchungsbeleges und übergeben den Buchungsbeleg an die Finanzbuchhaltung.

Download

Die Musterlösungen zu der endgültigen Lohnabrechnung für den Monat August, den Lohnkonten und den Monatsauswertungen finden Sie im PDF-Format zum Download. Ordner Kap14_08_August_2023.

15 Lohn- und Gehaltsabrechnung Monat September

In diesem Kapitel erfahren Sie, wie ...

- Akkordlöhne abgerechnet werden können,
- Sie eine monatliche Direktversicherung abrechnen.

15.1 Der Akkordlohn (Stücklohn)

Ausgangssituation

Im September und Oktober steht für die Firma Perm GmbH ein Großauftrag ins Haus. Es müssen in der Kostenstelle Technik insgesamt 6.500 Rechner in Eigenbau und insgesamt 7.850 Monitore in Eigenbau hergestellt werden. Abgabetermin ist der 31.10.2023. Bis zu diesem Zeitpunkt muss der Auftrag fertig sein.

Die Gesellschafterversammlung am 31.08.2023 beschließt, dass die beiden Mitarbeiter aus der Abteilung Technik, Herr Wolfgang Weber und Frau Marion Wegmann im Akkord arbeiten müssen, um den Auftrag erfüllen zu können.

Für die Produktion eines Rechners erhalten sie einen Stücklohn von 2,00 EUR. Für die Produktion eines Monitors erhalten sie einen Stücklohn von 1,50 EUR.

Definition Akkordlohn (Stücklohn)

Als Stücklohn bezeichnet man den, für die ausgebrachte Menge gezahlten, Lohn (Akkordlohn, Prämienlohn), im Gegensatz zum gezahlten Lohn für die verbrauchte Zeit (Zeitlohn). Der Stücklohn kann in Stückgeldlohn und in Stückzeitlohn gegliedert werden, je nachdem, ob eine Mengenvorgabe oder eine Zeitvorgabe erfolgt.

In DATEV Lohn und Gehalt comfort ist die Lohnart *1850 Stücklohn* als Standardlohnart bereits hinterlegt. Die nachfolgende Tabelle zeigt die Funktionsweise der Lohnart:

Nr.	Bezeichnung	Lohnartenkern	Faktorschlüssel	Steuer	SV
1850	Stücklohn	STU01*	ZU00**	lfd	lfd
	Eingabe	Anzahl der hergestellten Stückzahl			
	Funktion	Multiplikation der hergestellten Stückzahl mit dem Zulagenwert (Stücklohn)			

Legende:

* STU01 = Stücklohn
** ZU00 = Zulagenwert
Berechnung des Zulagenwertes = Stück * Zulage * Lohnveränderung

Zulagen

Zulagen sind Zahlungen, die zusätzlich zum vereinbarten Lohn gezahlt werden. Rechtliche Grundlage sind Tarifvertrag, Betriebsvereinbarung oder Einzelarbeitsvertrag. Sie sind lohnsteuer- und sozialversicherungspflichtig. Beispiele sind Erschwerniszulagen, Funktionszulagen, Leistungszulagen.

DATEV Lohn und Gehalt stellt Zulagen zur Verfügung, die teilweise vorbelegt sind. Sie können diese auf Mandanten- und Mitarbeiterebene an Ihre Bedürfnisse anpassen.

Herr Wichtig teilt uns mit, dass bei den Stücklöhnen wie folgt verfahren werden soll: Die Lohnart 1850 soll kopiert werden und anhand der Kopie sollen folgende zwei neuen Lohnarten erstellt werden.

- Lohnart 1852, Stücklohn Rechner, Zulage1 auf Mandantenebene hinterlegen
- Lohnart 1853, Stücklohn Monitore, Zulage 2 auf Mandantenebene hinterlegen

Die Lohnarten müssen an den Mandanten Perm GmbH angepasst werden und müssen mit dem Buchungsbeleg an die Buchhaltung übergeben werden können.

Teil 1 Lohnart kopieren

Zunächst sind die Lohnarten auf Mandantenebene der Firma Perm GmbH zu hinterlegen. Dazu gehen Sie - wie nachfolgend dargestellt - vor:

1 Wählen Sie den Befehl *Erfassen* ▶ *Mandantendaten* ▶ *Anpassung Lohnarten* ▶ *Lohnarten* oder klicken Sie in der Übersicht im geöffneten Ordner *Anpassung Lohnarten* doppelt auf den Eintrag *Lohnarten* und suchen die Lohnart *1850 Stücklohn*.

2 Um auf dem Weg über eine Kopie ein neues Lohnartenkonto anzulegen, markieren Sie die Lohnart 1850 Stücklohn ❶ und klicken auf das Symbol *Lohnart kopieren* ❷.

Bild 15.1 Lohnart 1850 Stücklohn kopieren

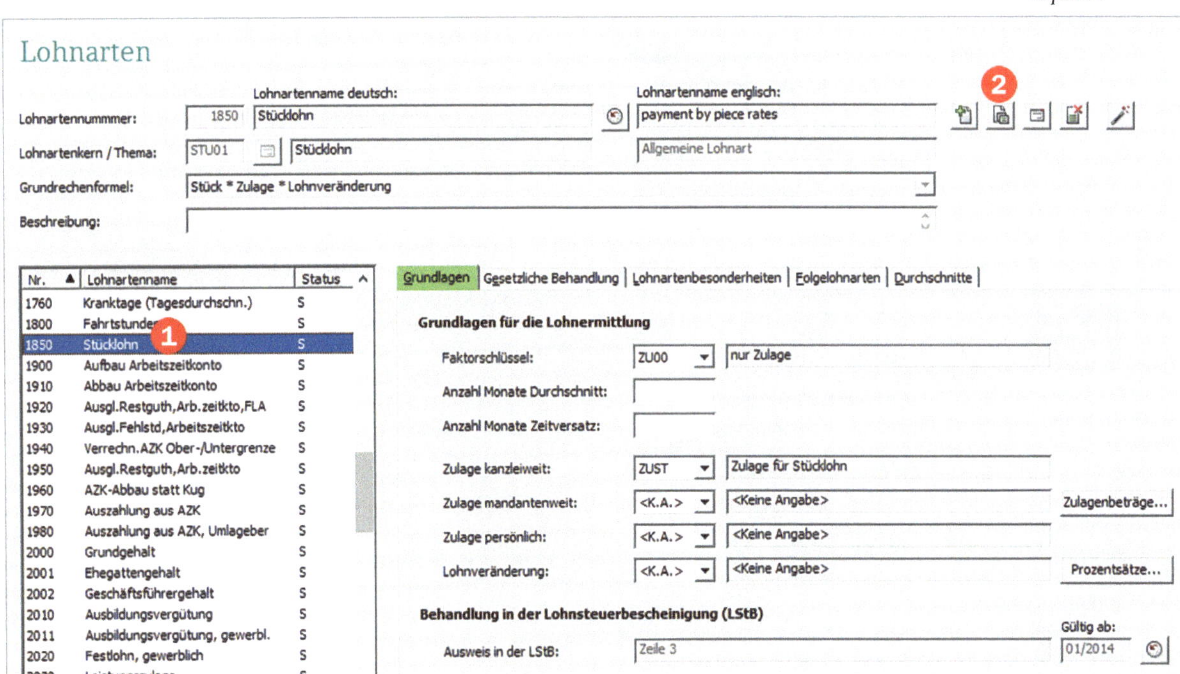

3 Geben Sie im Feld *Lohnartennummer* die neue Lohnartennummer 1852 ein und ergänzen Sie den Lohnartennamen mit dem Text Stücklohn Rechner (Bild 15.2).

4 Im nächsten Schritt muss noch die Zulagenart angegeben werden, d. h. ob die Zulage auf Kanzlei-, Mandanten- oder Mitarbeiterebene verwendet werden soll. Es soll nur die Zulage 1 auf Mandantenebene verwendet werden. Verändern Sie über die Dropdown-Pfeile die Lohnarteigenschaften wie in Bild 15.2.

Achtung: Kanzleiweit sollen keine Zulagen verwendet werden, daher hier keine Angabe *<K.A.>*. Nur im Feld *Zulage mandantenweit* darf im Fall der Firma Perm GmbH die Zulage aktiviert werden. Die Zulagen sollen für alle Mitarbeiter in der Kostenstelle Technik gleich verwendet werden.

5 Übernehmen Sie abschließend die neue Lohnart mit Klick auf die Schaltfläche *OK*.

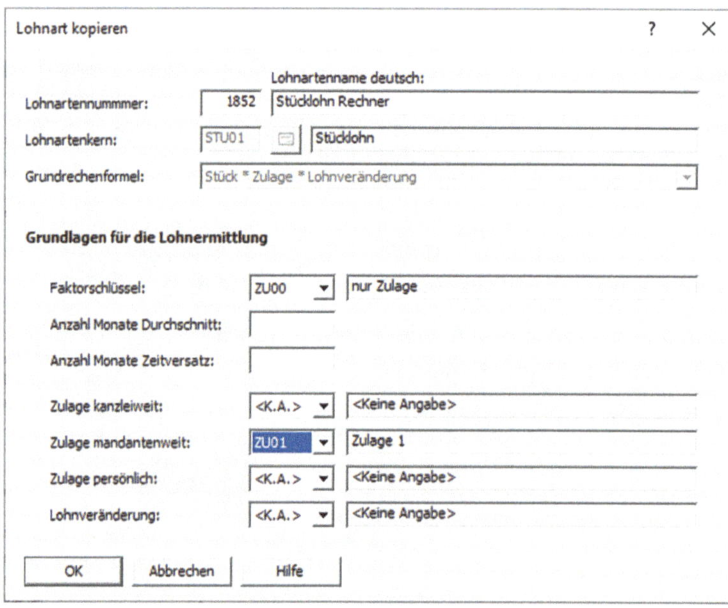

Bild 15.2 Neue Lohnart

Übung: Neue Lohnart anlegen

Legen Sie das zweite Stücklohnkonto neu an:

Lohnartennummer:	1853
Lohnartenbezeichnung:	Stücklohn Monitor
Zulage kanzleiweit:	<K.A.> <keine Angabe>
Zulage mandantenweit:	ZU02 Zulage 2

Die Lösung finden Sie im Lösungsbuch

Teil 2 Lohnart einem Finanzbuchhaltungskonto zuordnen

Im nächsten Schritt, bevor nun mit den beiden neuen Lohnkonten gearbeitet werden kann, ist das Zuordnen der neuen Lohnarten zu entsprechenden Finanzbuchhaltungskonten notwendig, damit später bei der Übergabe des Buchungsbeleg kein Fehlerprotokoll angezeigt wird. Dazu gehen Sie wie folgt vor:

1 Klicken Sie auf den Befehl *Erfassen* ▶ *Mandantendaten* ▶ *Finanzbuchführung* ▶ *Kontierung Lohnarten* oder öffnen Sie in der Übersicht den Ordner *Finanzbuchführung* und klicken anschließend doppelt auf den Eintrag *Kontierung Lohnarten*. Die bisherigen Lohnarten mit den entsprechenden Fibu-Konten werden angezeigt (Bild 15.3).

Bild 15.3 Kontierung Lohnarten

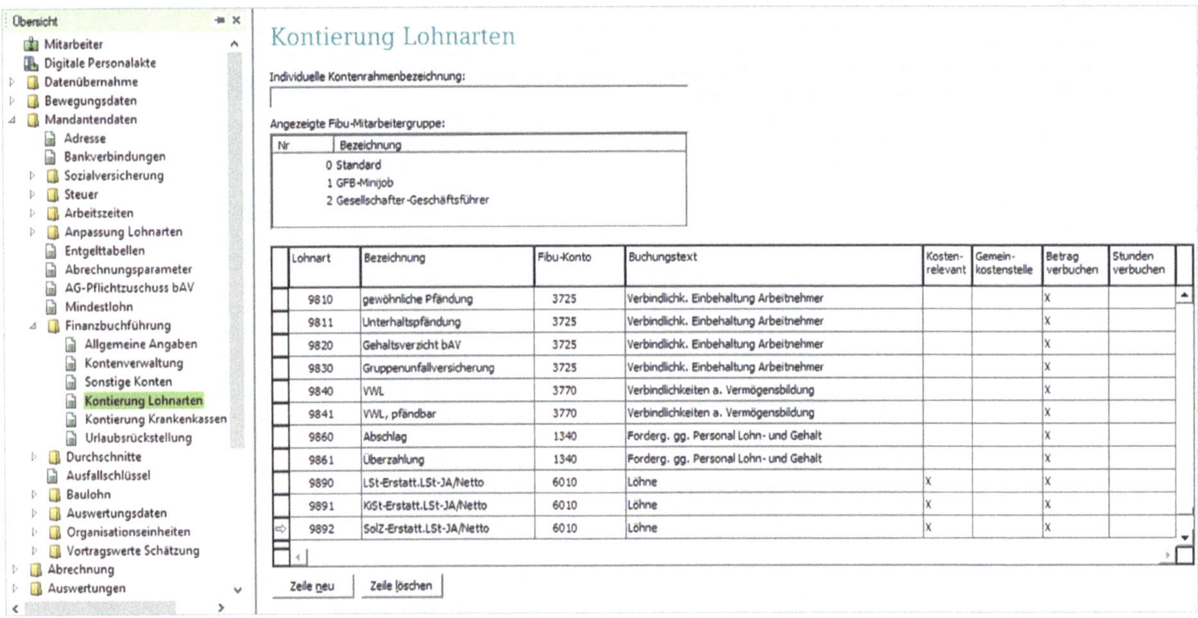

Lohnart	Bezeichnung	Fibu-Konto	Buchungstext	Kosten-relevant	Gemein-kostenstelle	Betrag verbuchen	Stunden verbuchen
9810	gewöhnliche Pfändung	3725	Verbindlichk. Einbehaltung Arbeitnehmer			X	
9811	Unterhaltspfändung	3725	Verbindlichk. Einbehaltung Arbeitnehmer			X	
9820	Gehaltsverzicht bAV	3725	Verbindlichk. Einbehaltung Arbeitnehmer			X	
9830	Gruppenunfallversicherung	3725	Verbindlichk. Einbehaltung Arbeitnehmer			X	
9840	VWL	3770	Verbindlichkeiten a. Vermögensbildung			X	
9841	VWL, pfändbar	3770	Verbindlichkeiten a. Vermögensbildung			X	
9860	Abschlag	1340	Forderg. gg. Personal Lohn- und Gehalt			X	
9861	Überzahlung	1340	Forderg. gg. Personal Lohn- und Gehalt			X	
9890	LSt-Erstatt.LSt-JA/Netto	6010	Löhne	X		X	
9891	KiSt-Erstatt.LSt-JA/Netto	6010	Löhne	X		X	
9892	SolZ-Erstatt.LSt-JA/Netto	6010	Löhne	X		X	

2 Die Lohnart *1852 Stücklohn Rechner* soll nun dem Fibu-Konto *6010 Löhne* zugeordnet werden: Klicken Sie auf die Schaltfläche *Zeile neu*.

3 Geben Sie im Feld *Lohnart* die Nummer 1852 (Stücklohn Rechner) und im Feld *Fibu-Konto* 6010 (Löhne) ein (Bild 15.4).

Bild 15.4 Lohnart 1852

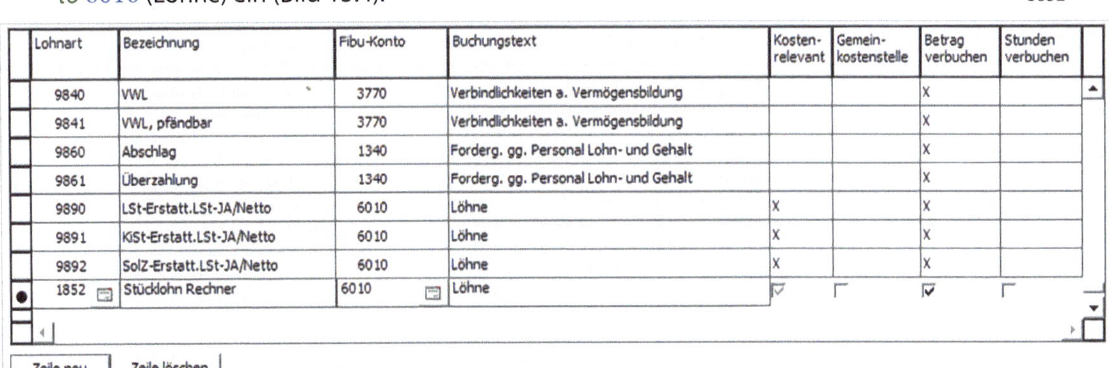

Lohnart	Bezeichnung	Fibu-Konto	Buchungstext	Kosten-relevant	Gemein-kostenstelle	Betrag verbuchen	Stunden verbuchen
9840	VWL	3770	Verbindlichkeiten a. Vermögensbildung			X	
9841	VWL, pfändbar	3770	Verbindlichkeiten a. Vermögensbildung			X	
9860	Abschlag	1340	Forderg. gg. Personal Lohn- und Gehalt			X	
9861	Überzahlung	1340	Forderg. gg. Personal Lohn- und Gehalt			X	
9890	LSt-Erstatt.LSt-JA/Netto	6010	Löhne	X		X	
9891	KiSt-Erstatt.LSt-JA/Netto	6010	Löhne	X		X	
9892	SolZ-Erstatt.LSt-JA/Netto	6010	Löhne	X		X	
1852	Stücklohn Rechner	6010	Löhne	☑	☐	☑	☐

Hinweis: Die Bezeichnungen *Stücklohn Rechner* und der Buchungstext *Löhne* werden durch die Eingabe der Nummern automatisch eingetragen.

4 Wiederholen Sie die letzten Schritte für die Lohnart 1853, Stücklohn Monitor und weisen ebenfalls das Konto 6010 Löhne zu. Den beiden neuen Lohnarten ist hiermit das Fibu-Konto 6010 Löhne zugewiesen (Bild 15.5).

Bild 15.5 Die neuen Lohnarten

Lohnart	Bezeichnung	Fibu-Konto	Buchungstext	Kosten-relevant	Gemein-kostenstelle	Betrag verbuchen	Stunden verbuchen
1710	Feiertagslohn	6010	Löhne	X		X	
1720	Sonntagslohn	6010	Löhne	X		X	
1730	Tage*Zuschlag (Betr)	6010	Löhne	X		X	
1740	Tagesdurchschn.(durchsch.Zeit)	6010	Löhne	X		X	X
1800	Fahrtstunden	6010	Löhne	X		X	X
1850	Stücklohn	6010	Löhne	X		X	
1852	Stücklohn Rechner	6010	Löhne	X		X	
1853	Stücklohn Monitor	6010	Löhne	X		X	
1900	Aufbau Arbeitszeitkonto	3725	Verbindlichk. Einbehaltung Arbeitnehmer	X		X	X

Zeile neu | Zeile löschen

Teil 3 Zulagenwert (Stücklohn) hinterlegen

Bevor mit den Lohnarten Abrechnungen durchgeführt werden können, müssen im letzten Schritt die Stücklöhne erfasst werden.

Stücklohn Rechner	Zulage 1	2,00 EUR
Stücklohn Monitor	Zulage 2	1,50 EUR

! **Achtung**: Die Zulage (Stücklohn) soll mandantenweit für die Firma Perm verwendet werden, daher ist es sehr wichtig, dass diese im Mandantenstamm hinterlegt wird. Dazu gehen Sie - wie nachfolgend dargestellt - vor:

1 Wählen Sie den Menübefehl *Erfassen* ▶ *Mandantendaten* ▶ *Anpassung Lohnarten* ▶ *Zulagen* oder öffnen Sie in der Übersicht den Ordner *Anpassung Lohnarten* und klicken anschließend doppelt auf den Eintrag *Zulagen*.

2 Geben Sie in der Zeile *ZU01* (Zulage 1) den Zulagenbetrag von 2,00 EUR ein. Das Feld *Gültig ab* wird programmseitig automatisch mit *09/2023* vorbelegt, siehe Bild 15.6.

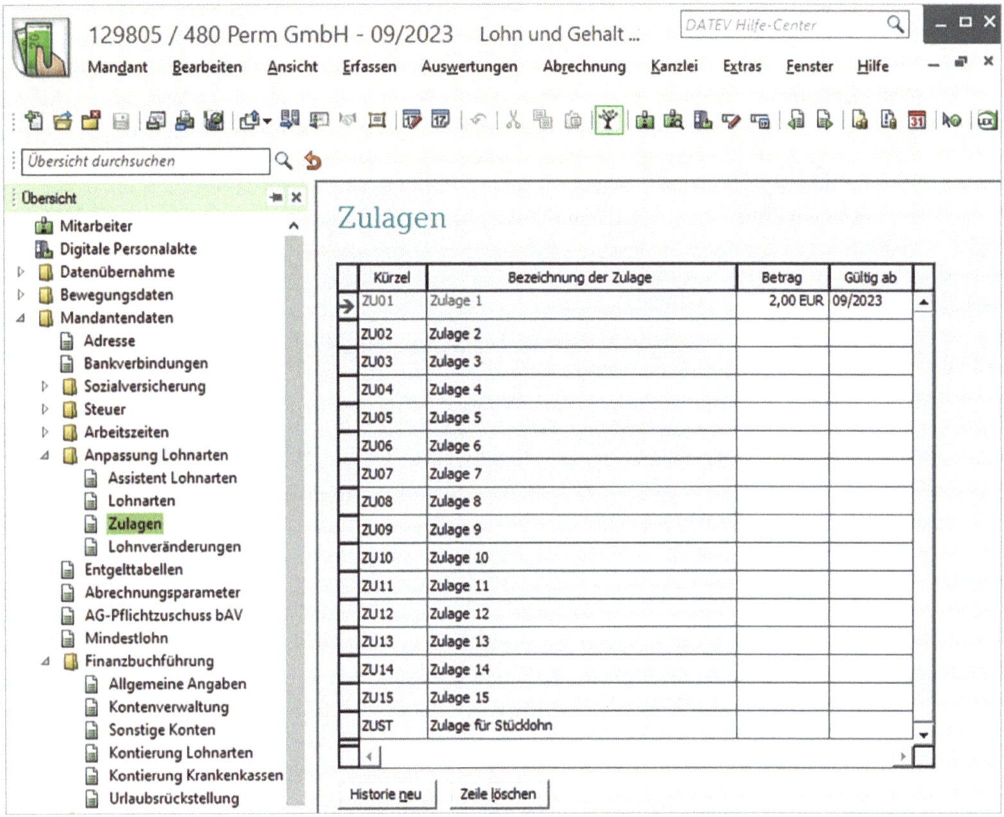

Bild 15.6 Zulage erfassen

Übung: Stücklohn erfassen

- Erfassen Sie den Zulagenbetrag für den Stücklohn Monitor mit 1,50 EUR in der Zeile *Zulage 2*. Gültig ab *09/2023*.

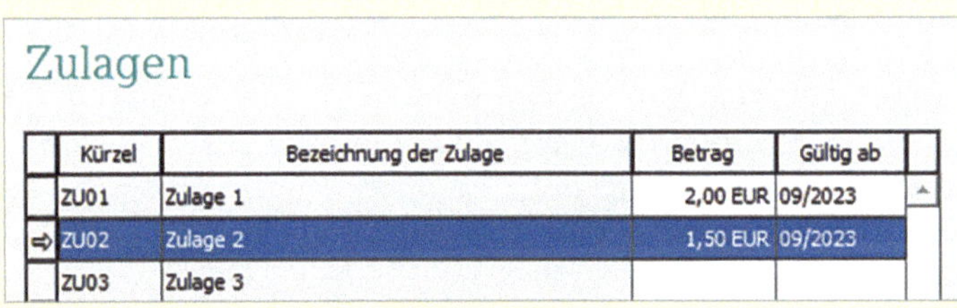

- Schließen Sie anschließend das Fenster *Zulagen*.

Achtung: Zulagen können im Programm DATEV Lohn und Gehalt comfort auf verschiedenen Ebenen angelegt und verwendet werden. Sie können also auch auf Mitarbeiter- oder Kanzleiebene hinterlegt werden. Allerdings muss die entsprechende Lohnart, mit der abgerechnet wird, auf diesen Ebenen ebenfalls angepasst werden.

Teil 4 Stücklohn abrechnen

Ausgangssituation

Die beiden Mitarbeiter aus der Kostenstelle Technik, Frau Marion Wegmann und Herr Wolfgang Weber haben im Monat September folgende Stückzahlen produziert:

- Frau Marion Wegmann hat 1.865 Rechner und 1.215 Monitore hergestellt.
- Herr Wolfgang Weber hat 1.135 Rechner und 1.785 Monitore hergestellt.

Die Akkordlöhne sind jetzt abzurechnen. Dazu gehen Sie wie folgt vor:

1. Öffnen Sie die Mitarbeiterin Frau Marion Wegmann.
2. Wählen Sie den Menüpunkt *Erfassen* ▶ *Bewegungsdaten* ▶ *Monatserfassung* oder öffnen Sie in der Übersicht den Ordner *Bewegungsdaten* und klicken dann doppelt auf den Eintrag *Monatserfassung* oder klicken Sie auf das Symbol *Monatserfassung öffnen* in der Standardsymbolleiste.
3. Geben Sie in der Spalte *Lohnart* die Lohnart 1852, Stücklohn Rechner ein, in der Spalte *Wert* die produzierte Stückzahl von 1.865,00 Rechnern und unter *Kostenstelle* die Kostenstelle 3000 Technik ein (Bild 15.7).

Bild 15.7 Stücklohn Rechner erfassen

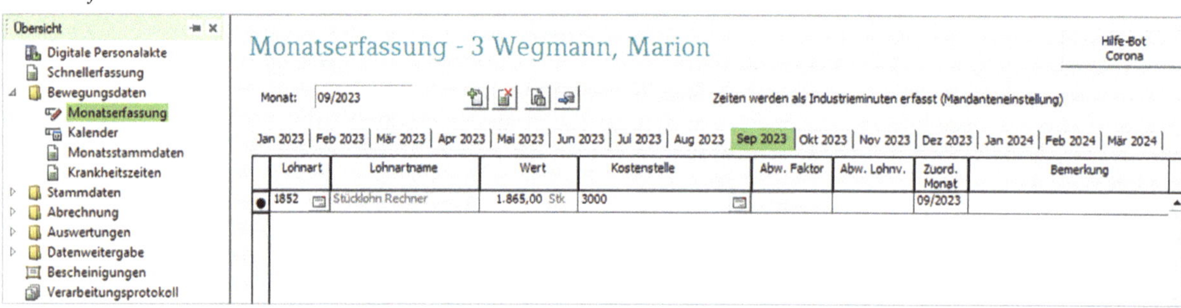

4. Klicken Sie anschließend auf das Symbol *Neue Bewegungsdatenzeile* und erfassen Sie hier die Lohnart 1853, Stücklohn Monitor, die produzierte Stückzahl von 1.215,00 Monitoren und die Kostenstelle 3000 Technik.

Bild 15.8 Den zweiten Stücklohn erfassen

5 Um die Akkordlohnabrechnung zu testen, wählen Sie den Menüpunkt *Abrechnung* ▶ *Probeabrechnung…* oder klicken Sie auf das Symbol *Probeabrechnung durchführen* in der Standardsymbolleiste und anschließend auf die Schaltfläche *OK*.

Die Probeabrechnung Frau Marion Wegmann mit den Akkordlöhnen wird in der Seitenansicht am Bildschirm angezeigt (Bild 15.9). Schließen Sie dann die Seitenansicht wieder.

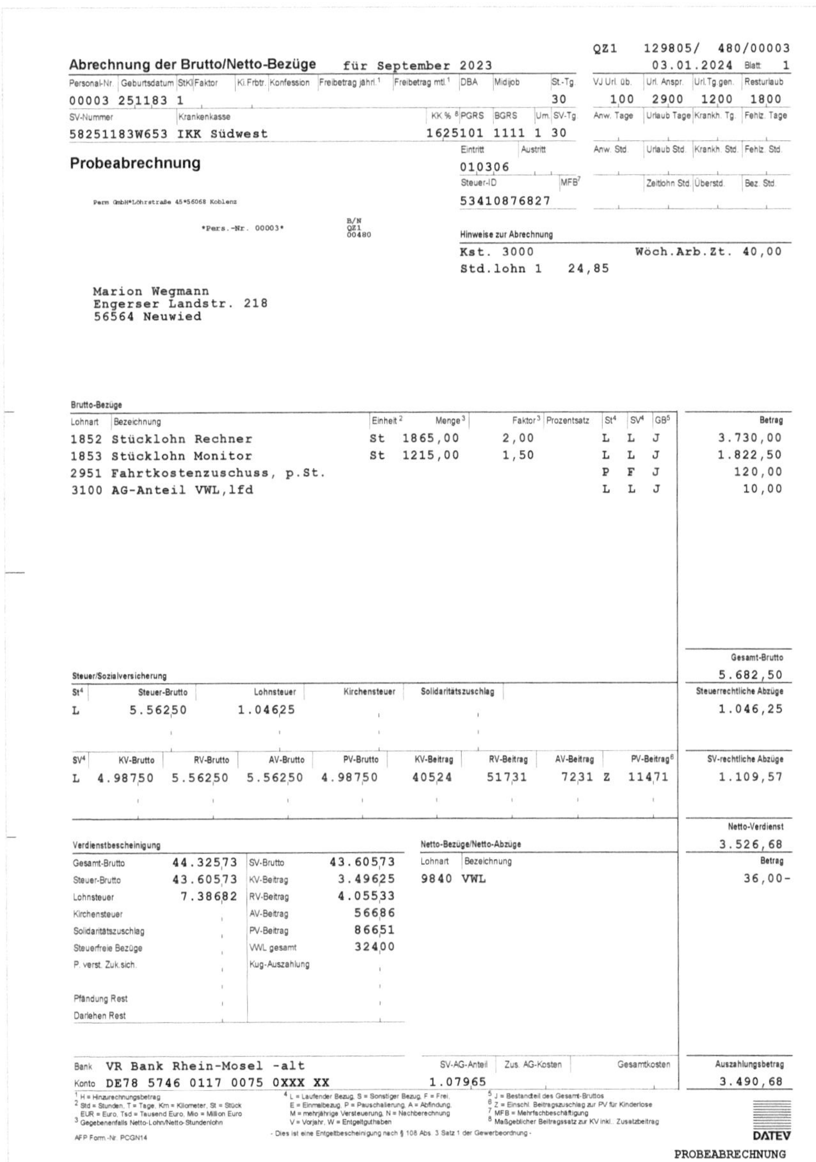

QZ1 129805/ 480/00003

Abrechnung der Brutto/Netto-Bezüge für September 2023 — 03.01.2024 Blatt 1

Personal-Nr.	Geburtsdatum	StKl	Faktor	Ki.Frbtr.	Konfession	Freibetrag jährl.[1]	Freibetrag mtl.[1]	DBA	Midijob	St.-Tg.	VJ Url. üb.	Url. Anspr.	Url.Tg.gen.	Resturlaub
00003	251183	1								30	1,00	29,00	12,00	18,00

SV-Nummer	Krankenkasse	KK %[8]	PGRS	BGRS	Um.	SV-Tg.	Anw. Tage	Urlaub Tage	Krankh. Tg.	Fehlz. Tage
58251183W653	IKK Südwest	16,25	101	1111	1	30				

Probeabrechnung

Eintritt	Austritt	Anw. Std.	Urlaub Std.	Krankh. Std.	Fehlz. Std.
010306					

Steuer-ID	MFB[7]	Zeitlohn Std.	Überstd.	Bez. Std.
53410876827				

Perm GmbH*Löhrstraße 45*56068 Koblenz

Pers.-Nr. 00003   B/N QZ1 00480

Hinweise zur Abrechnung
Kst. 3000   Wöch.Arb.Zt. 40,00
Std.lohn 1   24,85

Marion Wegmann
Engerser Landstr. 218
56564 Neuwied

Brutto-Bezüge

Lohnart	Bezeichnung	Einheit[2]	Menge[3]	Faktor[3]	Prozentsatz	St[4]	SV[4]	GB[5]	Betrag
1852	Stücklohn Rechner	St	1865,00	2,00		L	L	J	3.730,00
1853	Stücklohn Monitor	St	1215,00	1,50		L	L	J	1.822,50
2951	Fahrtkostenzuschuss, p.St.					P	F	J	120,00
3100	AG-Anteil VWL,lfd					L	L	J	10,00

Gesamt-Brutto 5.682,50

Steuer/Sozialversicherung

St[4]	Steuer-Brutto	Lohnsteuer	Kirchensteuer	Solidaritätszuschlag	Steuerrechtliche Abzüge
L	5.562,50	1.046,25			1.046,25

SV[4]	KV-Brutto	RV-Brutto	AV-Brutto	PV-Brutto	KV-Beitrag	RV-Beitrag	AV-Beitrag		PV-Beitrag[6]	SV-rechtliche Abzüge
L	4.987,50	5.562,50	5.562,50	4.987,50	405,24	517,31	72,31	Z	114,71	1.109,57

Netto-Verdienst 3.526,68

Verdienstbescheinigung

Gesamt-Brutto	44.325,73	SV-Brutto	43.605,73
Steuer-Brutto	43.605,73	KV-Beitrag	3.496,25
Lohnsteuer	7.386,82	RV-Beitrag	4.055,33
Kirchensteuer		AV-Beitrag	566,86
Solidaritätszuschlag		PV-Beitrag	866,51
Steuerfreie Bezüge		VWL gesamt	324,00
P. verst. Zuk.sich.		Kug-Auszahlung	
Pfändung Rest			
Darlehen Rest			

Netto-Bezüge/Netto-Abzüge

Lohnart	Bezeichnung	Betrag
9840	VWL	36,00-

Bank	VR Bank Rhein-Mosel -alt	SV-AG-Anteil	Zus. AG-Kosten	Gesamtkosten	Auszahlungsbetrag
Konto	DE78 5746 0117 0075 0XXX XX	1.079,65			3.490,68

[1] H = Hinzurechnungsbetrag
[2] Std = Stunden, T = Tage, Km = Kilometer, St = Stück EUR = Euro, Tsd = Tausend Euro, Mio = Million Euro
[3] Gegebenenfalls Netto-Lohn/Netto-Stundenlohn
[4] L = Laufender Bezug, S = Sonstiger Bezug, F = Frei, E = Einmalbezug, P = Pauschalierung, A = Abfindung, M = mehrjährige Versteuerung, N = Nachberechnung V = Vorjahr, W = Entgeltguthaben
[5] J = Bestandteil des Gesamt-Bruttos
[6] Z = Einschl. Beitragszuschlag zur PV für Kinderlose
[7] MFB = Mehrfachbeschäftigung
[8] Maßgeblicher Beitragssatz zur KV inkl.. Zusatzbeitrag

AFP Form.-Nr. PCGN14

- Dies ist eine Entgeltbescheinigung nach § 108 Abs. 3 Satz 1 der Gewerbeordnung -

DATEV

PROBEABRECHNUNG

Bild 15.9 Probeabrechnung Marion Wegmann

Download

Die Abrechnung von Frau Wegmann ist auch als PDF-Datei zum Download verfügbar. Ordner: Kap_15_09_September_2023.

Übung: Akkordlohnabrechnung erfassen

Erstellen Sie die Akkordlohnabrechnung für Herrn Wolfgang Weber und testen Sie die Lohnabrechnung über eine Probeabrechnung. Kostenstelle 3000, Technik, produzierte Stückzahlen:

Rechner 1.135 Stück   Monitore 1.785 Stück

Download

Die Probeabrechnung von Herrn Weber finden Sie im Ordner Kap15_09_September_2023.

15.2 Direktversicherung

Ausgangssituation
Herr Walther Vogel hat über den Arbeitgeber ab September 2023 eine monatliche Direktversicherung in Form einer Rentenversicherung mit einem Monatsbeitrag von 180,00 EUR als Gehaltsumwandlung in die betriebliche Altersvorsorge abgeschlossen, Vertragsende 08/2035. Der Beitrag wird abgebucht.

Definition: Direktversicherung/Gruppenversicherung
Direktversicherungen gehören zu den Zukunftssicherungsleistungen des Arbeitgebers. Eine Direktversicherung ist eine Lebensversicherung, die der Arbeitgeber auf das Leben des Arbeitnehmers bei einem inländischen oder ausländischen Versicherungsunternehmen abschließt. Der Arbeitnehmer oder seine Hinterbliebenen sind hinsichtlich der Versorgungsleistungen des Versicherers ganz oder teilweise bezugsberechtigt.

Betriebliche Altersversorgung
Durch das Altersvermögensgesetz (AVmG) wurden Regelungen eingeführt, um den Aufbau einer kapitalgedeckten zusätzlichen Altersversorgung durch den Anreiz von steuerlichen Förderungen zu unterstützen. Zu den Regelungen zählen u.a. der Anspruch auf Entgeltumwandlung, die Einführung von Pensionsfonds als fünfter Durchführungsweg der betrieblichen Altersvorsorge und die Steuerfreiheit von Beiträgen an eine Pensionskasse oder an einen Pensionsfonds sowie die Förderung der privaten Altersvorsorge mittels Zulage bzw. Sonderausgabenabzug.

Seit dem Jahr 2005 gilt das Alterseinkünftegesetz. Zu den Änderungen zählen u. a. die Unterscheidung zwischen Neu- und Altzusagen bei Beiträgen an Pensionskassen, Pensionsfonds und Direktversicherungen, die Steuerfreiheit bei Direktversicherung, der Wegfall der Pauschalversteuerung, die zusätzliche Steuerfreigrenze bei Beiträgen an Pensionskassen, Pensionsfonds und Direktversicherungen und die Anwendung der Vervielfältigungsregel.

Mit Wirkung vom 01.01.2018 gilt das Betriebsrentenstärkungsgesetz. Dieses Gesetz beinhaltet u. a. Änderungen hinsichtlich der betrieblichen Altersversorgung. In Bezug auf die Steuerfreiheit der Beiträge bei Direktversicherungen, Pensionskassen und Pensionsfonds wird der steuerfreie Höchstbeitrag seit Januar 2018 auf 8 % der RV-Beitragsbemessungsgrenze (West) angehoben. Dabei sind SV-frei 4 % und 4 % steuer- und SV-frei.

Neuerungen durch das Betriebsrentenstärkungsgesetz

Für Entgeltumwandlungen, die seit dem 01.01.2019 abgeschlossen werden, muss der Arbeitgeber 15 % des umgewandelten Entgelts zusätzlich als Arbeitgeber-Zuschuss an den Pensionsfonds, die Pensionskasse oder die Direktversicherung weiterleiten, wenn dieser durch die Entgeltumwandlung Sozialversicherungsbeiträge einspart (§ 1a Abs. 1a BetrAVG). Für Verträge in Form von Entgeltumwandlungen, die vor dem 01.01.2019 abgeschlossen wurden, gilt die Regelung erst ab dem 01.01.2022 (§ 26a BetrAVG).

Arbeitgeber-Pflichtzuschuss anlegen

Seit der Version DATEV Lohn und Gehalt 10.8 können Sie für Neuverträge ab dem 01.01.2019 den Arbeitgeber-Pflichtzuschuss zur betrieblichen Altersvorsorge automatisch vom Programm ermitteln und abrechnen lassen. Um den Arbeitgeber-Pflichtzuschuss anzulegen, gehen Sie wie folgt vor:

1 Klicken Sie auf den Menüpunkt *Erfassen* ▶ *Mandantendaten* ▶ *AG-Pflichtzuschuss bAV* oder klicken Sie in der Übersicht im geöffneten Ordner *Mandantendaten* doppelt auf den Eintrag *AG-Pflichtzuschuss bAV* (Bild 15.10).

Bild 15.10 AG-Pflichtzuschuss bAV

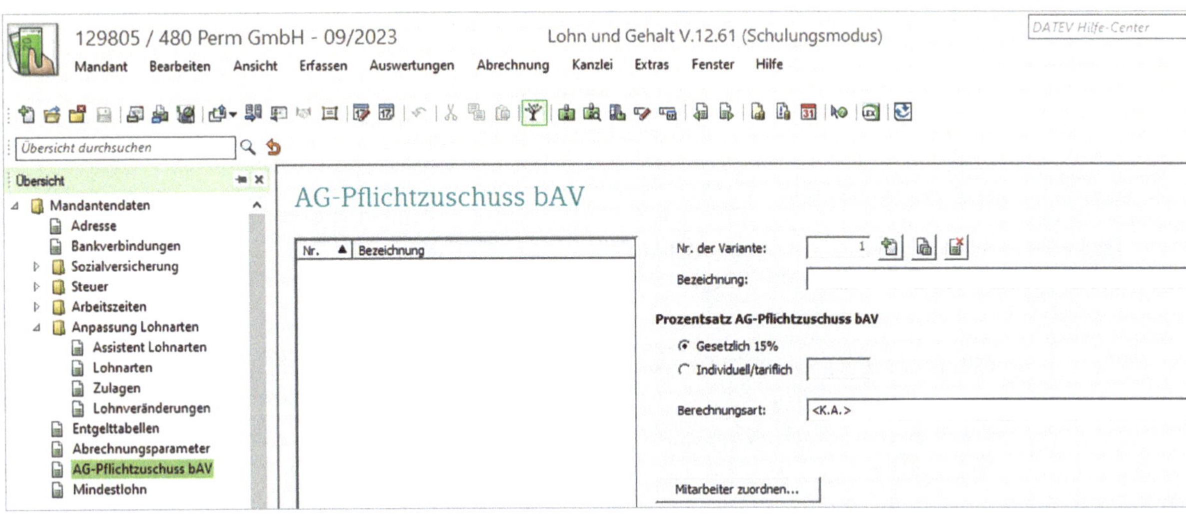

2 Um den AG-Pflichtzuschuss anzulegen, geben Sie im Feld *Bezeichnung* den Text Gesetzlicher AG-Pflichtzuschuss bAV Perm GmbH ein.

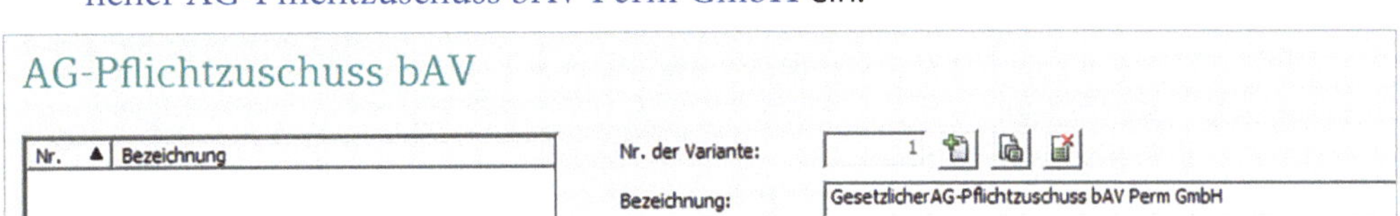

Bild 15.11 AG-Pflichtzuschuss Perm GmbH

Hinweise

- In der Rubrik *Prozentsatz AG-Pflichtzuschuss bAV* ist standmäßig der Zuschuss von 15 % zur bAV voreingestellt. Falls es eine abweichende Regelung z. B. individuelle oder nach Tarif gibt, kann diese über die Option *Individuell/tariflich* eingetragen werden.
- Im Feld *Berechnungsart* kann ausgewählt werden, ob die Berechnung auf Hundert, von Hundert oder in Hundert berechnet werden soll. Welche anzuwenden ist, sprechen Sie mit Ihrem Arbeitgeber bzw. dem Anlageinstitut ab. In unserem Übungsfall nehmen wir die Variante *gesetzlich 15%* mit der Berechnungsart *Auf Hundert*.

3 Wählen Sie im Auswahlfeld *Berechnungsart* die Option *Auf Hundert (z. B. 100 EUR + 15%)* aus (Bild 15.12).

Bild 15.12 Berechnungsart

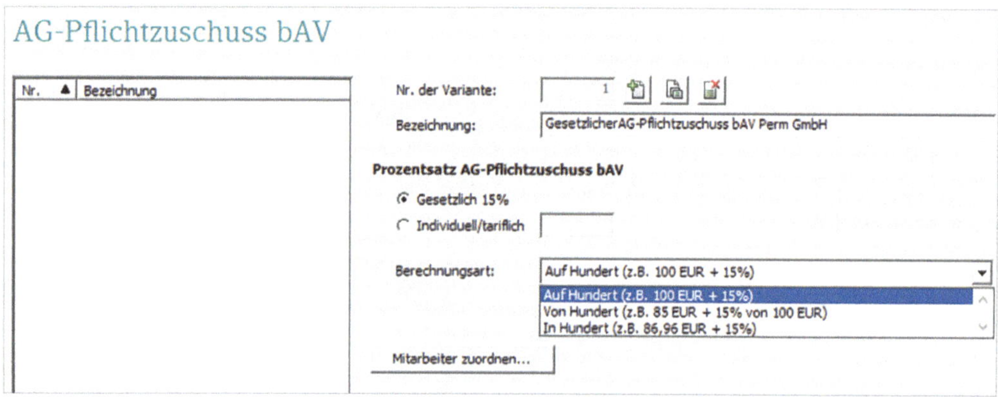

In unserem Beispiel der Direktversicherung von Herrn Walther Vogel in Höhe von 180,00 EUR in Form einer Gehaltsumwandlung bedeutet dies, dass nicht 180 EUR in die Rentenversicherung eingezahlt werden, sondern 180 EUR zzgl. 15 % Arbeitgeberzuschuss in Höhe von 27,00 EUR also 207,00 EUR.

Hinweis: Bei der Berechnungsvariante *Von Hundert* würden lediglich 180 EUR in die Rentenversicherung eingezahlt, davon 15 % Arbeitgeberzuschuss 27,00 EUR, also hätte der Arbeitnehmer einen monatlichen Gehaltsverzicht in Höhe 153,00 EUR.

Gilt die Variante *In Hundert*, so würden ebenfalls lediglich 180,00 EUR in die Rentenversicherung eingezahlt, diese 180,00 EUR beinhalten hierbei den gesetzlichen Arbeitgeberzuschuss in Höhe von 15 %, also 23,48 EUR (180 * 15/115), der Arbeitnehmeranteil (180 EUR / 115 * 100) 156,52 EUR.

Tipp: Über die Schaltfläche *Mitarbeiter zuordnen...* können Sie den AG-Pflichtzuschuss zur betrieblichen Altersvorsorge sofort einem entsprechenden Mitarbeiter oder mehreren Mitarbeitern zuweisen.

4 Speichern Sie anschließend die Einstellungen, indem Sie auf das Symbol F*ensterinhalt Speichern* klicken.

Beiträge erfassen

Um die Beträge zur Direktversicherung von Herrn Vogel zu erfassen, gehen Sie so vor:

1 Öffnen Sie den Mitarbeiter Herrn Walther Vogel.

2 Wählen Sie den Menüpunkt *Erfassen* ▶ *Stammdaten* ▶ *Betriebliche Altersvorsorge* ▶ *Direktversicherung* oder öffnen Sie in der Übersicht den Ordner *Betriebliche Altersvorsorge* und klicken dann doppelt auf *Direktversicherung*, um das Eingabefenster für die Direktversicherung anzuzeigen (Bild 15.13).

Bild 15.13 Eingabe Direktversicherung

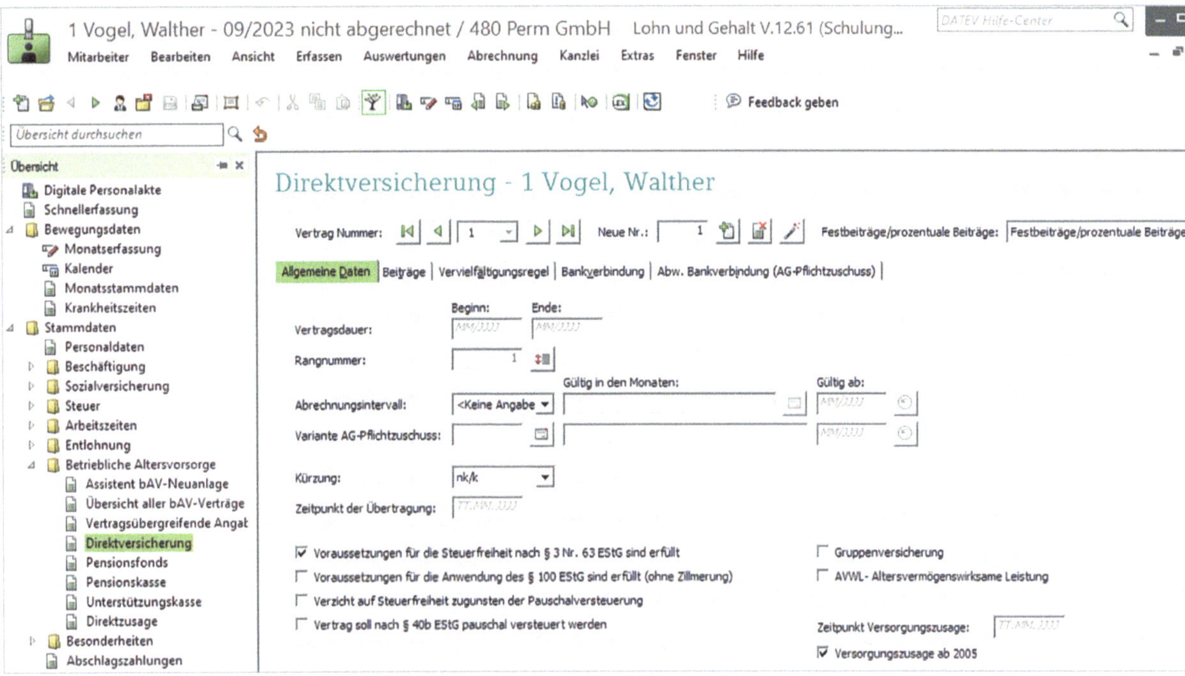

3 Zunächst sind Angaben zu Vertragsbeginn und Vertragsende, dem Zeitpunkt der Versorgungszusage, zur Kürzung sowie zum Abrechnungsintervall zu hinterlegen: Tragen Sie im Feld *Beginn* den Monat 09/2023 und im Feld *Ende* 08/2035 ein (siehe Bild 15.14 auf der nächsten Seite).

4 Im Auswahlfeld *Abrechnungsintervall* wählen Sie den Eintrag Monatlich aus. Das Feld *Gültig ab* wird automatisch mit *09/2023* vorbelegt.

Hinweise

- Im Feld *Kürzung* ist die Auswahl *im Teilmonat nicht kürzen, im Ausfallmonat kürzen* als Standardeinstellung bereits vorbelegt und kann übernommen werden.
- Darüber hinaus sind die Einstellungen *Versorgungszusage ab 2005* und *Voraussetzungen für die Steuerfreiheit nach §3 Nr. 63 EStG sind erfüllt*, ebenfalls bereits standardmäßig aktiviert.
- Die Einstellungen können im Bedarfsfall von den Standardeinstellungen abweichen und können angepasst werden.

5 Um den AG-Pflichtzuschuss zu hinterlegen, klicken Sie beim Feld *Variante AG-Pflichtzuschuss* auf das Symbol *Variante auswählen* [Symbol], wählen Sie den Eintrag *1 Gesetzlicher AG-Pflichtzuschuss Perm GmbH* (Bild 15.14) aus und klicken anschließend auf *OK*.

Das Feld *Gültig ab* wird automatisch mit *09/2023* vorbelegt.

Bild 15.14 Variante AG-Zuschuss

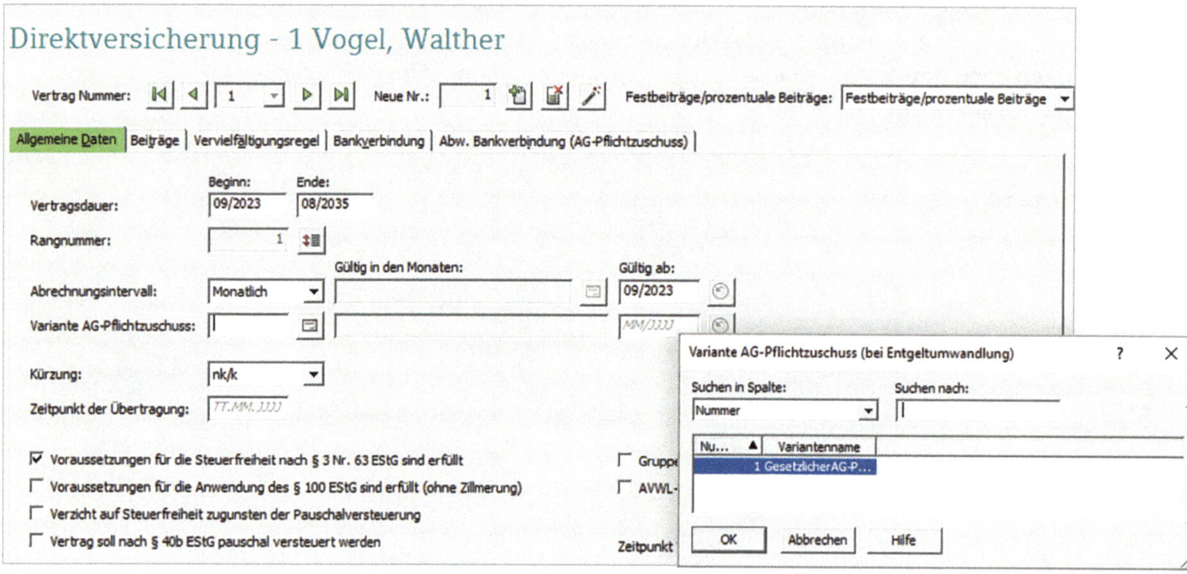

6 Geben Sie im Feld *Zeitpunkt der Versorgungszusage* den 01.09.2023 ein (Bild 15.15) und klicken Sie anschließend auf das Register *Beiträge*.

Bild 15.15 Allgemeine Daten

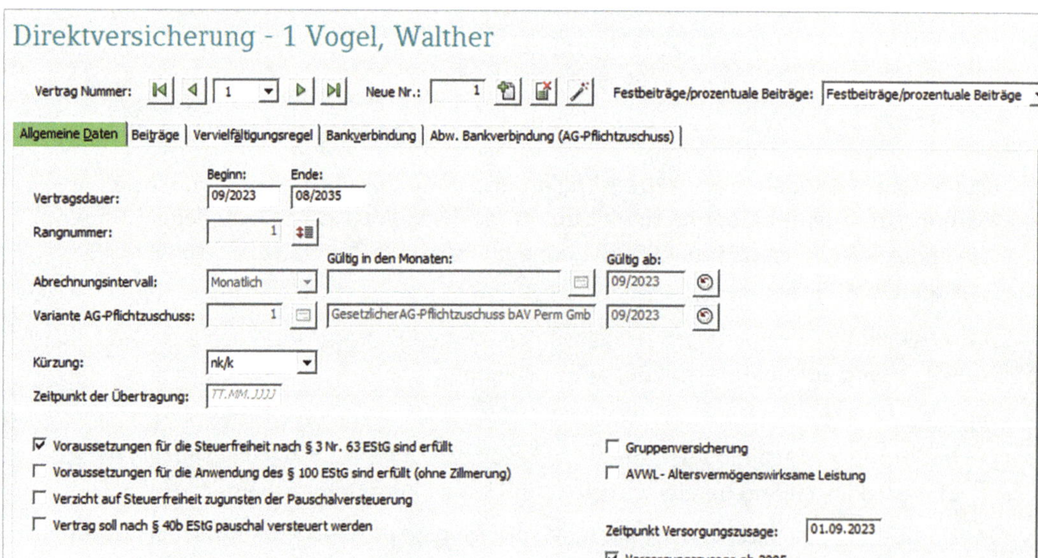

Im Bereich *Steuerfreier Betrag* (Bild 15.16) können vier verschiedene Lohnarten ausgewählt werden. Sie sind abhängig vom abgeschlossenen Vertrag des Arbeitnehmers. Die Bedeutung der Lohnarten:

- **4700 Betriebl. AV, Arbeitsgeberleistung AG, lfd, §3 Nr. 63 EStG**
  - Der Betrag wird bis zu 8 % der RV-BBG steuer- und sozialversicherungsfrei abgerechnet.
- **4710 Betriebl. AV, Arbeitsgeberleistung AG jhl, §3 Nr. 63 EStG**
  - Der Betrag wird bis zu 8 % der RV-BBG steuer- und sozialversicherungsfrei abgerechnet.
- **4720 Betriebl. AV, Gehaltsverzicht, lfd, §3 Nr. 63 EStG**
  - Der Betrag wird bis zu 8 % der RV-BBG steuer- und sozialversicherungsfrei abgerechnet.
  - Der erfasste Wert wird unter der Lohnart 9820 als Nettoabzug verrechnet.
  - Die Kürzung des Gehalts erfolgt über die Lohnart 3040 / Gehaltsverzicht mtl..
- **4730 Betriebl. AV, Gehaltsverzicht, jhl, §3 Nr. 63 EStG**
  - Der Betrag wird bis zu 8 % der RV-BBG steuer- und sozialversicherungsfrei abgerechnet.
  - Der erfasste Wert wird unter der Lohnart 9820 als Nettoabzug verrechnet.
  - Die Kürzung des Gehalts erfolgt über die Lohnart 3040 / Gehaltsverzicht jhl..

7 Die Direktversicherung von Herrn Vogel wurde mit einem Monatsbeitrag von 180,00 EUR (als Gehaltsumwandlung in die betriebliche Altersvorsorge) abgeschlossen. Wählen Sie beim Feld *Lohnart* über das Symbol die Lohnart *4720 Betriebl. AV, Gehaltsverzicht, lfd, §3 Nr. 63 EStG* aus ❶ und tragen Sie im Feld *Betrag* den Monatsbeitrag von 180,00 EUR ein (Bild 15.16). Das Feld *Gültig ab* wird automatisch mit *09/2023* vorbelegt.

8 Im Bereich *Gehaltsverzicht* muss jetzt der Betrag des Gehaltsverzichts eingegeben werden. Beim Feld *Lohnart* können über das Symbol *Lohnart auswählen* die Lohnarten *3040 Gehaltsverzicht monatlich* oder *3050 Gehaltsverzicht jährlich* ausgewählt werden. Wählen Sie die Lohnart *3040 Gehaltsverzicht mtl.* aus ❷. Im Feld *Betrag* geben Sie den monatlichen Abzugsbetrag von 180,00 EUR ein (Bild 15.16). Das Feld *Gültig ab* wird ebenfalls automatisch mit 09/2023 vorbelegt.

Bild 15.16 Lohnart erfassen

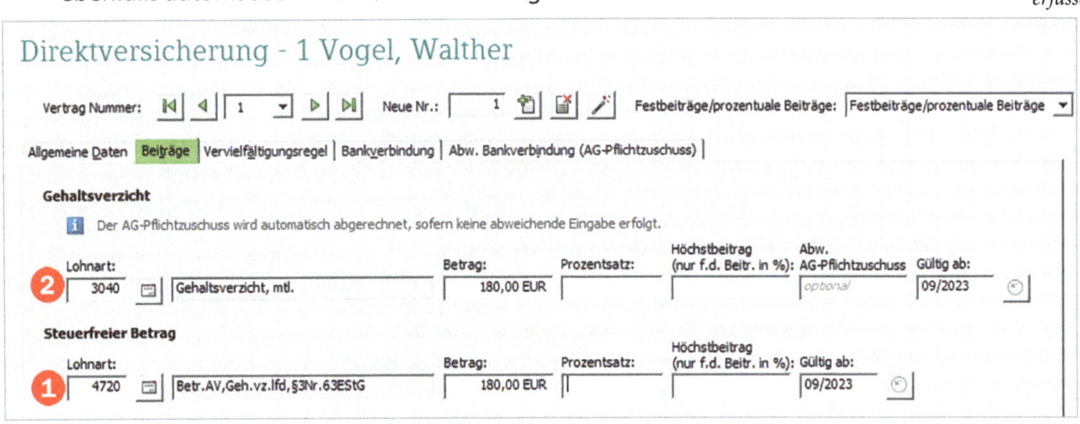

Die Angaben zur Direktversicherung sind damit hinterlegt. Über das Register *Vervielfältigungsregel* können Zusatzeinstellungen bei Beendigungen von Dienstverhältnissen und wegen ruhendem Dienstverhältnis und über das Register *Bankverbindung* die Bankverbindung des Versicherungsunternehmens erfasst werden.

9 Klicken Sie auf das Symbol *Fensterinhalt speichern* .

10 Klicken Sie zuletzt nochmals auf das Register *Allgemeine Daten* (Bild 15.17).

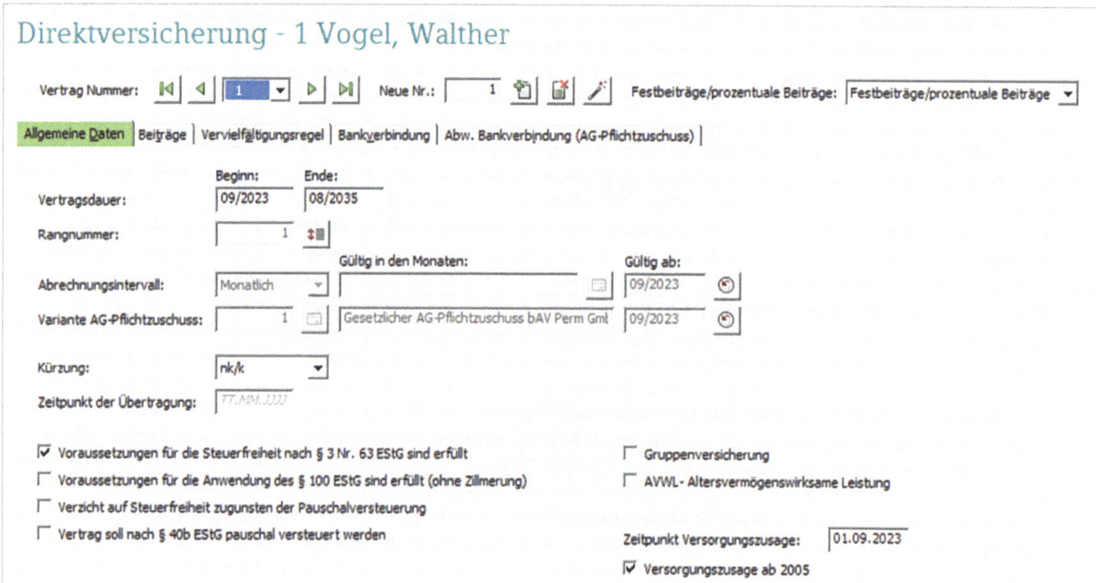

Bild 15.17 Die hinterlegte Direktversicherung

Wichtige Hinweise

Versorgungszusage ab 2005

Gemäß den Übergangsvorschriften in §52 Abs. 6 und Abs. 52 a EStG ist zu unterscheiden, ob es sich um eine Altzusage (Versorgungszusage vor dem 01.01.2005) oder um eine Neuzusage (Versorgungszusage ab dem 01.01.2005) handelt.

Bei einer Neuzusage gilt zwingend die Steuerfreiheit nach §3 Nr. 63 EStG (8% RV-BBG West)+ 1800 EUR Zusatz-Freibetrag, falls die Voraussetzungen der Steuerfreiheit erfüllt sind. Sind diese nicht gegeben, dann kann nur noch individuell versteuert werden. Die Pauschalbesteuerung nach §40b EStG ist nicht mehr möglich.

Bei einer Altzusage kann die Pauschalbesteuerung nach §40b EStG weiter angewendet werden, falls die Voraussetzungen der Steuerfreiheit nach §3 Nr. 63 EStG nicht vorliegen. Liegen diese vor, dann kann der Arbeitnehmer wählen, ob er auf die Steuerfreiheit nach §3 Nr. 63 EStG (8% RV-BBG West) verzichtet.

In diesem Fall kann weiterhin pauschal nach §40b EStG versteuert werden. Werden für einen Mitarbeiter mehrere betriebliche Altersvorsorgeverträge (bAV) nach §3 Nr. 63 EStG abgerechnet und dabei die Steuerfreigrenzen überschritten, ist lt. der RZ 310 des BMF-Schreibens vom 24.7.2013 zur steuerliche Förderung der privaten Altersvorsorge und betriebliche Altersversorgung folgende Reihenfolge der Verarbeitung zu beachten, (Veröffentlicht im BStBl I ab dem 11.9.2013):

- Altzusagen Arbeitgeberleistung
- Altzusagen Arbeitnehmerleistung
- Neuzusagen Arbeitgeberleistung
- Neuzusagen Arbeitnehmerleistung

Dies kann über Rangnummern gesteuert werden.

Seit dem 01.01.2018 entfällt die Unterscheidung nach Altzusage (vor 2005) und Neuzusage (nach 2004). Wurde für einen Arbeitnehmer vor dem 01.01.2018 mindestens ein Beitrag rechtmäßig nach § 40b a. F. EStG pauschalversteuert, liegen für diesen Arbeitnehmer die Voraussetzungen für die Anwendung des § 40b a. F. EStG sein ganzes Leben lang vor. Bei einem Arbeitgeberwechsel genügt es, wenn der Arbeitnehmer die Durchführung der pauschalen Versteuerung nachweist, z. B. durch Gehaltsabrechnung oder Bescheinigung des alten Arbeitgebers.

Voraussetzungen für die Steuerfreiheit nach §3 Nr. 63 EStG sind erfüllt (Kontrollkästchen)

Hier legen Sie fest, ob die Voraussetzungen für die Steuerfreiheit nach §3 Nr. 63 EStG erfüllt sind. Bei Verträgen ab 2005 wird das Kontrollkästchen automatisch aktiviert. Voraussetzungen für die Steuerfreiheit nach §3 Nr. 63 EStG sind entweder ausschließlich Rentenzahlungen oder ein Auszahlungsplan mit maximal 30 % Einmalzahlung und mindestens 70 % Rentenzahlungen oder Rentenzahlungen mit der Option auf Einmalzahlung.

Abrechnung testen

Um die Abrechnung zu testen, wählen Sie den Menüpunkt *Abrechnung* ▶ *Probeabrechnung…* oder klicken Sie auf das Symbol *Probeabrechnung durchführen* in der Standardsymbolleiste und anschließend auf die Schaltfläche *OK*.

Die Probegehaltsabrechnung von Herrn Walther Vogel wird am Bildschirm in der Seitenansicht angezeigt (Bild 15.18). Schließen Sie dann die Seitenansicht wieder.

Die Probeabrechnung von Herrn Vogel ist auch als PDF-Datei zum Download verfügbar. Ordner: Kap15_09_September_2023 **Download**

Bild 15.18 Probeabrechnung Walther Vogel

QZ1 129805/ 480/00001
03.01.2024 Blatt: 1

Abrechnung der Brutto/Netto-Bezüge für September 2023

Personal-Nr.	Geburtsdatum	StKl	Faktor	Ki.Frbtr.	Konfession	Freibetrag jährl.[1]	Freibetrag mtl.[1]	DBA	Midijob	St.-Tg.
00001	150267	3		20	rk/rk	6.000	500			30

SV-Nummer	Krankenkasse	KK %[8]	PGRS	BGRS	Um.	SV-Tg.
50150267V495	BKK Continentale	160	101	9111	1	30

VJ Url. üb.	Url. Anspr.	Url.Tg.gen.	Resturlaub
100	2900	2100	900
Anw. Tage	Urlaub Tage	Krankh. Tg.	Fehlz. Tage
Anw. Std.	Urlaub Std.	Krankh. Std.	Fehlz. Std.
	Zeitlohn Std.	Überstd.	Bez. Std.

Probeabrechnung

Eintritt	Austritt
010898	

Steuer-ID	MFB[7]
89607512376	

Perm GmbH*Löhrstraße 45*56068 Koblenz

Pers.-Nr. 00001

B/N
QZ1
00480

Hinweise zur Abrechnung

Kst. 2000 Wöch.Arb.Zt. 42,00
Std.lohn 1

Walther Vogel
Himmelsweg 5
56068 Koblenz

Brutto-Bezüge

	Lohnart	Bezeichnung	Einheit[2]	Menge[3]	Faktor[3]	Prozentsatz	St[4]	SV[4]	GB[5]	Betrag
	2000	Grundgehalt					L	L	J	6.900,00
	2410	Privatfahrten					L	L	J	599,00
	2420	Fahrten Wohnung/Arbeit					L	L	J	99,63
	2440	Fahrten Wohnung/Arbeit, p. St.					P	F	J	62,10
❶	3040	Gehaltsverzicht, mtl.					L	L	N	180,00-
❷	4720	Betr.AV,Geh.vz.lfd,§3Nr.63EStG					F	F	N	180,00
❸	5200	bAV AG-Pflichtz,lfd					F	F	N	27,00

Gesamt-Brutto: 7.660,73

Steuer/Sozialversicherung

St[4]	Steuer-Brutto	Lohnsteuer	Kirchensteuer	Solidaritätszuschlag
L	7.41863	98366	4936	

Steuerrechtliche Abzüge: 1.033,02

SV[4]	KV-Brutto	RV-Brutto	AV-Brutto	PV-Brutto	KV-Beitrag	RV-Beitrag	AV-Beitrag	PV-Beitrag[6]
L		7.30000	7.30000			67890	9490	

SV-rechtliche Abzüge: 773,80

Netto-Verdienst: 5.853,91

Verdienstbescheinigung

Gesamt-Brutto	65.43036	SV-Brutto	63.71900
Steuer-Brutto	64.97046	KV-Beitrag	
Lohnsteuer	10.76138	RV-Beitrag	5.92587
Kirchensteuer	68036	AV-Beitrag	82835
Solidaritätszuschlag		PV-Beitrag	
Steuerfreie Bezüge	20700	WL gesamt	
P. verst. Zuk sich.		Kug-Auszahlung	
Pfändung Rest			
Darlehen Rest			

Netto-Bezüge/Netto-Abzüge

	Lohnart	Bezeichnung	Betrag
	9020	Firmenwagen Privatnutzung	760,73-
❹	9820	Gehaltsverzicht bAV	180,00-
	9850	AG-Ant.freiw.Krankenvers.	399,00
	9851	Gesamtb.freiw.Krankenvers	798,01-
	9856	AG-Ant.Pflegev.b.freiw.KV	84,79
	9857	Gesamt.Pflegev.b.freiw.KV	157,11-

Bank Sparkasse Koblenz
Konto DE68 5705 0120 0100 4XXX XX

SV-AG-Anteil	Zus. AG-Kosten	Gesamtkosten	Auszahlungsbetrag
1.25759			4.441,85

1 H = Hinzurechnungsbetrag
2 Std = Stunden, T = Tage, Km = Kilometer, St = Stück, EUR = Euro, Tsd = Tausend Euro, Mio = Million Euro
3 Gegebenenfalls Netto-Lohn/Netto-Stundenlohn
4 L = Laufender Bezug, S = Sonstiger Bezug, F = Frei, E = Einmalbezug, P = Pauschalierung, A = Abfindung, M = mehrjährige Versteuerung, N = Nachberechnung, V = Vorjahr, W = Entgeltguthaben
5 J = Bestandteil des Gesamt-Bruttos
6 Z = Einschl. Beitragszuschlag zur PV für Kinderlose
7 MFB = Mehrfachbeschäftigung
8 Maßgeblicher Beitragssatz zur KV inkl.. Zusatzbeitrag

AFP Form.-Nr. PCGN14

- Dies ist eine Entgeltbescheinigung nach § 108 Abs. 3 Satz 1 der Gewerbeordnung -

DATEV

PROBEABRECHNUNG

❶ Lohnart 3040 monatlicher Gehaltsverzicht

❷ Lohnart 4720 Direktversicherung

❸ Lohnart 5200 steuer- und sozialversicherungsfreie AG-Pflichtzuschuss zur bAV

❹ Lohnart 9820 Nettoabzug Direktversicherung

Wiederholungsübung Monatsabschluss

Alle Eingaben für den Monat September 2023 sind erfasst.

Aufgabe 1

Frau Sabine Müller erhält eine Lohnerhöhung. Das neue Gehalt ab Monat September 2023 beträgt 3.000,00 EUR. Vereinbartes Arbeitsentgelt (für EEL Meldungen und Mutterschutz) ändern auf 3.020,00 EUR - Gültig ab 09/2023

Aufgabe 2

Sichern Sie den Mandanten Perm GmbH.

Aufgabe 3

Führen Sie die Abrechnung aller Mitarbeiter für den Monat September 2023 durch.

Aufgabe 4

Schließen Sie den Monat September 2023 ab und senden Sie die RZ-Aufträge.

Aufgabe 5

Prüfen Sie das DÜ Protokoll LSt. Anm. September 2023 mit dem Lohnjournal.

Prüfen Sie die Vorab-DÜ Beitragsn. mit dem Buchungsbeleg.

Übergeben Sie den Buchungsbeleg an die Finanzbuchhaltung.

Die Musterlösungen mit der endgültigen Lohnabrechnung für den Monat September, den Lohnkonten und den Monatsauswertungen finden Sie im PDF-Format zum Download, Ordner Kap15_09_September_2023.

Download

16 Lohn- und Gehaltsabrechnung Monat Oktober

In diesem Kapitel erfahren Sie, ...

- wie Sie den Bearbeitungsstand der Lohn- und Gehaltsabrechnung im DATEV Arbeitsplatz einsehen,
- welche weiteren Zusatzprogramme zur Lohn- und Gehaltsabrechnung im DATEV Arbeitsplatz zur Verfügung stehen,
- welche Lohnarten für einen Pensionsfonds verwendet werden und wie sie abgerechnet werden,
- welche Lohnarten für Pensionskassen verwendet werden und wie man sie abrechnet,
- wie Direktversicherungen als Arbeitgeberleistungen erfasst und abgerechnet werden,
- wie Sie in den Mitarbeiter-Stammdaten eine Pfändung hinterlegen und abrechnen.

16.1 Bearbeitungsstand einsehen

Ausgangssituation

Herr Wichtig möchte den Stand für die Lohn- und Gehaltsabrechnungen der Firma Perm GmbH einsehen und erhält dazu eine Datensicherung.

Der Stand der Lohn- und Gehaltsabrechnung muss im DATEV Arbeitsplatz sofort erkennbar sein.

Um den Abrechnungsstand der Lohn- und Gehaltsabrechnung einzusehen, gehen Sie wie folgt vor:

1 Beenden Sie das Programm Lohn und Gehalt comfort.

2 Öffnen Sie im DATEV Arbeitsplatz die *Übersicht* ▶ *Geschäftsfeldübersichten* ▶ *Personalwirtschaft* und klicken doppelt auf den Eintrag *Lohnabrechnung*.

Das Arbeitsblatt *Lohnabrechnung* mit den bisher angelegten Mandanten wird angezeigt.

Bild 16.1 Arbeitsplatz Lohnabrechnung

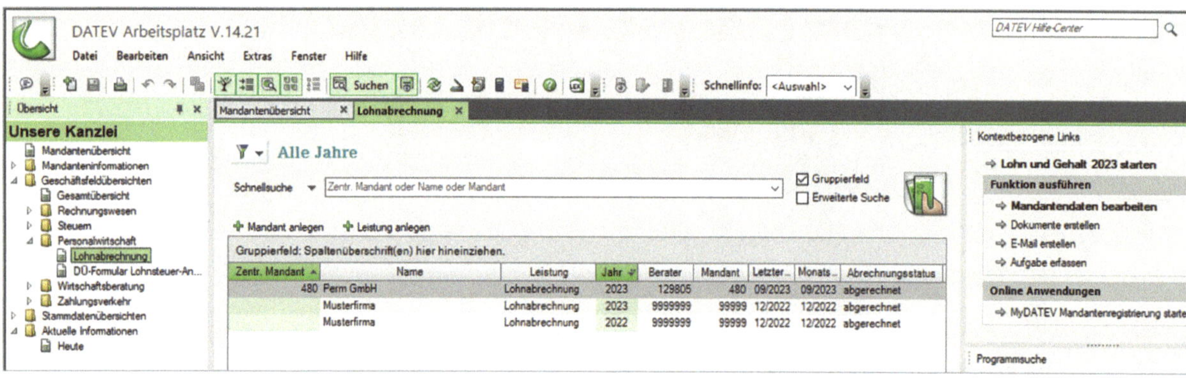

Zum Mandanten 480 Perm GmbH können jetzt folgende Abrechnungsinformationen eingesehen werden:

Spalte *Letzter Abrechnungsmonat*:	09/2023
Spalte *Monatsabschluss*:	09/2023
Spalte *Abrechnungsstatus*:	abgerechnet

Bild 16.2 Abrechnungsstand

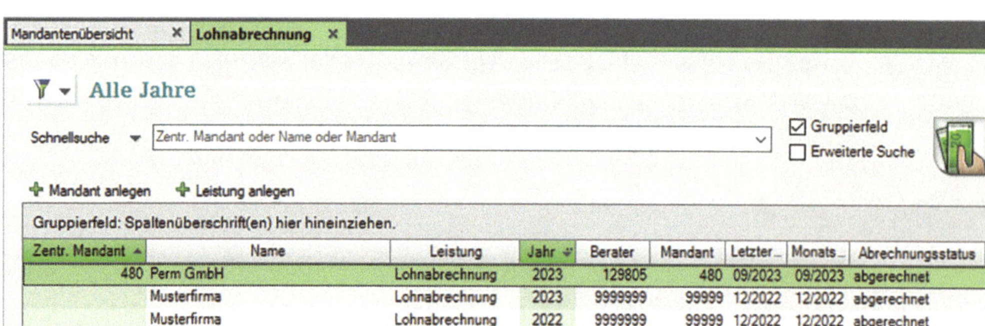

16.2 Zusatzprogramme Lohn- und Gehaltsabrechnung

Ausgangssituation

Herr Wichtig, der mitwirkende Steuerberater, teilt Ihnen mit, dass im Arbeitsblatt *Lohnabrechnung* im rechten Zusatzbereich interessante Zusatzanwendungen zur Verfügung stehen.

Folgende Komponenten stehen Ihnen hier zur Verfügung:

Bescheinigungen

Mit Klick auf das Symbol *Bescheinigungen* wird das Programm Bescheinigungen, welches wir bereits in Kapitel 12.4, Das Programm Bescheinigungswesen", kennengelernt haben, gestartet. Hier können Sie außerhalb des Programms DATEV Lohn und Gehalt comfort zum ausgewählten Mandanten und zu einem bestimmten Mitarbeiter Lohnbescheinigungen erstellen.

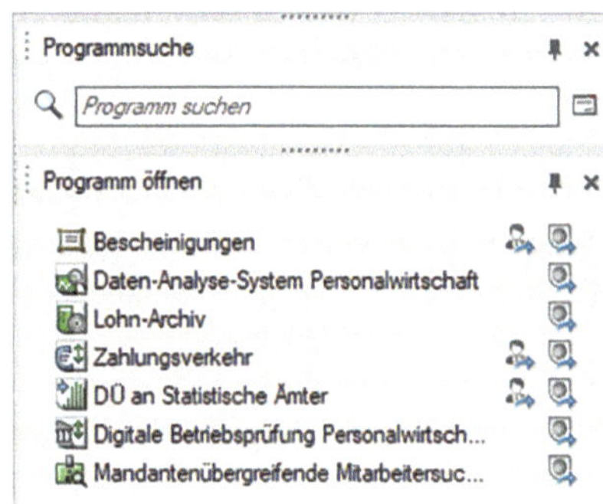

Bild 16.3 Zusatzanwendungen

Daten-Analyse-System Personalwirtschaft

Mit Klick auf das Symbol *Daten-Analyse-System Personalwirtschaft* wird das gleichnamige Programm gestartet. Das Daten-Analyse-System bietet Ihnen die Möglichkeit mandantenübergreifende Auswertungen durchzuführen und die Auswertungsergebnisse weiterzuverarbeiten. Sie haben darüber hinaus die Möglichkeit, durch eine mandantenbezogene Analyse alle Fragestellungen anzeigen zu lassen, die den ausgewählten Mandanten betreffen.

Lohn-Archiv

Über das Programm *Lohn-Archiv* haben Sie die Möglichkeit, auf Lohnauswertungen vergangener Jahre einschließlich des aktuellen Abrechnungsjahres auf DVD zuzugreifen. Dies ist allerdings nur dann möglich, wenn die Auswertungen zur Lohn- und Gehaltsabrechnung im DATEV-Rechenzentrum (RZ) archiviert wurden. Es können bis zu 10 Jahre im DATEV-Rechenzentrum archiviert werden.

Mit der Lohn-Archiv-DVD haben ein Prüfer oder Sie die Möglichkeit, Auswertungen auszudrucken, zu exportieren oder anzeigen zu lassen. Die DVD enthält darüber hinaus fest definierte Prüfmechanismen zur Vorbereitung auf Lohnsteuer-Außenprüfungen sowie auf Sozialversicherungsprüfungen. Selbst definierbare Abfragekriterien stehen für interne Revisionszwecke zur Verfügung sowie auf Sozialversicherungsprüfungen. Das Programm Lohn-Archiv zum Anzeigen und Drucken der Auswertungen befindet sich auf der Lohn-Archiv-DVD.

Zahlungsverkehr

Die Komponente *Zahlungsverkehr* übernimmt Zahlungsdaten aus dem Programm DATEV Lohn und Gehalt comfort und stellt Ihnen diese hier zu Verfügung.

Datenübermittlung an statistische Ämter

Dieses Programm dient der automatischen Erfassung von statistischen Kennzahlen, die an das entsprechende statistische Landesamt übermittelt werden.

Digitale Betriebsprüfung Personalwirtschaft

Mit der Anwendung *Digitale Betriebsprüfung Personalwirtschaft* können Sie alle prüfungsrelevanten Mandantendaten bzw. Daten einzelner Betriebsstätten elektronisch an die Deutsche Rentenversicherung (DRV) übermitteln.

Mandantenübergreifende Mitarbeitersuche

Sie möchten schnell wissen, welcher Mitarbeiter zu welchem Mandanten zugeordnet ist. Dies können Sie schnell und einfach über einen Klick auf das Symbol *Mandantenübergreifende Mitarbeitersuche* herausfinden. Dazu gehen Sie wie folgt vor:

1 Klicken Sie auf das Symbol *Mandantenübergreifende Mitarbeitersuche* .

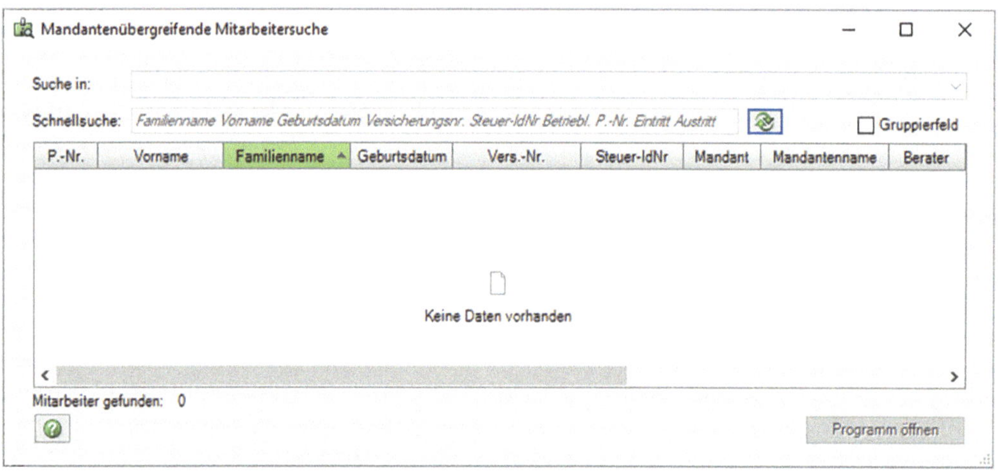

Bild 16.4 Mandantenübergreifende Mitarbeitersuche

Über das Feld *Schnellsuche* können Sie jetzt nach diversen Mitarbeitern mandantenübergreifend suchen.

Beispiel: Wir möchten schnell die Versicherungsnummer von Frau Marianne Hild, Perm GmbH einsehen.

2 Geben Sie im Feld *Schnellsuche* den Suchbegriff Hild ein.

Diverse Mitarbeiterstammdaten der Mitarbeiterin werden Ihnen angezeigt. Darüber hinaus können sofort Geburtsdatum, Sozialversicherungsnummer und Steueridentifikationsnummer eingesehen werden.

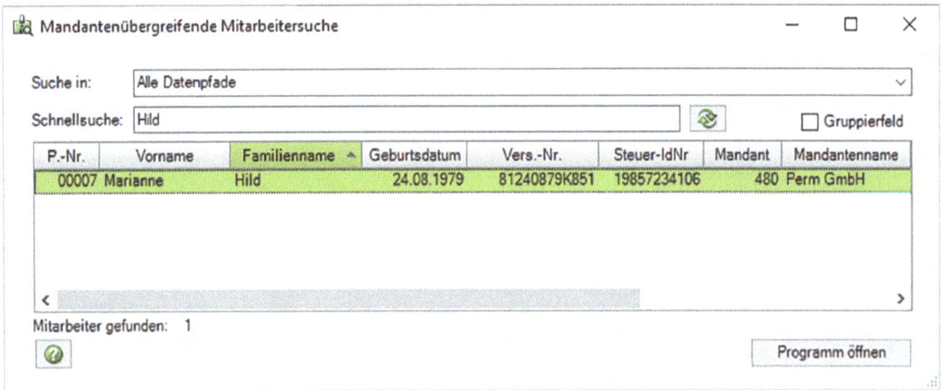

Bild 16.5 Mitarbeitersuche Hild

Tipp: Mit Klick auf die Schaltfläche *Programm Öffnen* wird das Programm DATEV Lohn und Gehalt comfort geöffnet und es werden alle Mitarbeiterstammdaten und alle bisherigen Abrechnungsdaten zum gesuchten Mitarbeiter angezeigt.

3 Schließen Sie das Programm *Mandantenübergreifende Mitarbeitersuche*, indem Sie auf das Symbol × klicken.

16.3 Monatliche Pensionskassenbeiträge abrechnen

Ausgangssituation

Frau Sabine Müller hat ab Oktober 2023 über den Arbeitgeber einen Vertrag für die betriebliche Altersvorsorge bei einer Pensionskasse (Riester-Rente) abgeschlossen. Aus Gehaltsumwandlung sollen monatlich 75,00 EUR bezahlt werden.

Die Zulagenförderung soll in Anspruch genommen werden. Der Vertrag läuft am 30.09.2035 aus. Der Betrag wird an das Anlageinstitut überwiesen.

Der Vertrag ist in den Stammdaten der Mitarbeiterin zu hinterlegen und abzurechnen. Dazu gehen Sie - wie nachfolgend dargestellt - vor:

1 Starten Sie das Programm DATEV Lohn und Gehalt comfort mit dem Mandanten Perm GmbH und öffnen Sie anschließend die Mitarbeiterin Frau Sabine Müller.

2 Wählen Sie den Menüpunkt *Erfassen* ▶ *Stammdaten* ▶ *Betriebliche Altersvorsorge* ▶ *Pensionskasse* oder öffnen Sie in der Übersicht mit Doppelklick den Ordner *Betriebliche Altersvorsorge* und klicken anschließend doppelt auf den Eintrag *Pensionskasse*.

Das Eingabefenster für die Pensionskasse wird geöffnet (Bild 16.6).

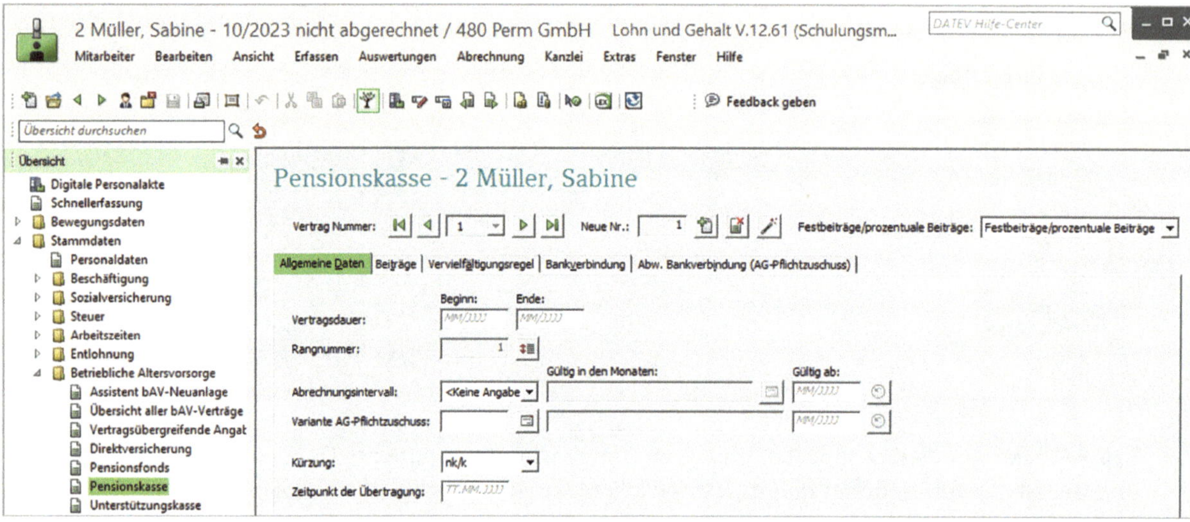

Bild 16.6 Eingabe Pensionskasse

3 Geben Sie im Feld *Beginn* den Monat 10/2023 und im Feld *Ende* 09/2035 ein. Der Zeitpunkt der Versorgungszusage ist der 01.10.2023. Geben Sie diesen in das gleichnamige Feld ein (Bild 16.7). Im Feld *Abrechnungsintervall* wählen Sie *monatlich* aus und mit Klick auf das Symbol *Variante auswählen* den Eintrag *1 Gesetzlicher AG-Pflichtzuschuss Perm GmbH*.

Hinweis: Die Felder *Gültig ab* werden automatisch mit *10/2023* vorbelegt. Im Feld *Kürzung* ist die Einstellung *im Teilmonat nicht kürzen/im Ausfallmonat kürzen* als Standardeinstellung voreingestellt.

4 Die Pensionskasse erfüllt **nicht** die Voraussetzungen der Steuerfreiheit, deaktivieren Sie daher das Kontrollkästchen *Voraussetzungen für die Steuerfreiheit nach §3 Nr. 63 EstG sind erfüllt* (Bild 16.7).

Bild 16.7 Pensionskasse Allgemeine Daten

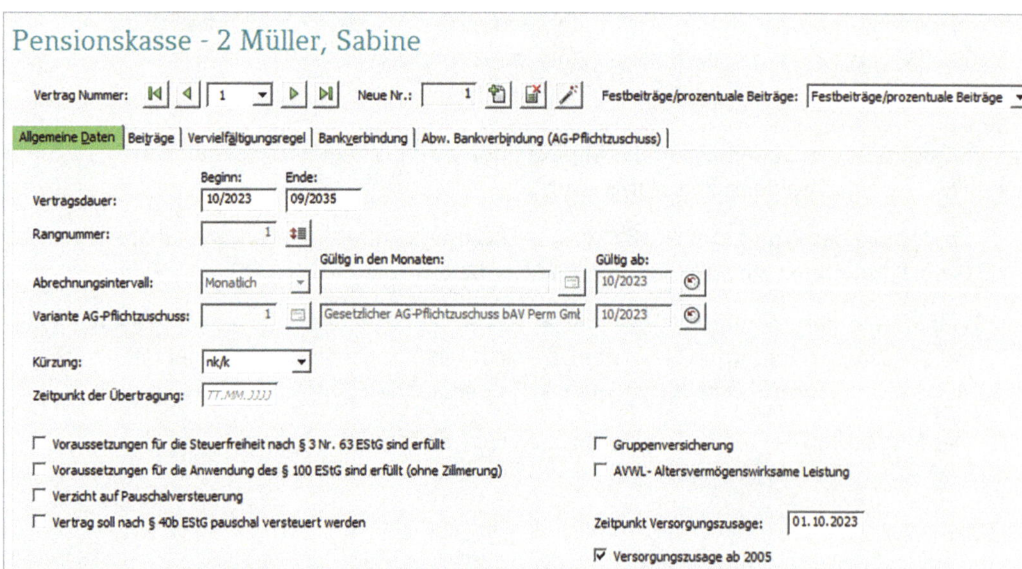

Hinweis: Mit dieser Einstellung legen Sie fest, ob eine Pensionskasse, ein Pensionsfonds oder eine Direktversicherung die Voraussetzungen für die Steuerfreiheit erfüllt. Voraussetzung für die Steuerfreiheit nach §3 Nr. 63 EstG sind entweder ausschließlich Rentenzahlungen oder ein Auszahlungsplan mit maximal 30 % Einmalzahlung und mindestens 70 % Rentenzahlungen oder Rentenzahlungen mit der Option Einmalzahlung.

5 Klicken Sie auf das Register *Beiträge*.

6 Klicken Sie im Bereich *Steuer- und SV-pflichtiger Betrag* auf das Symbol *Lohnart auswählen* und wählen die Lohnart *4810 Betriebl.AV, lfd, §10a EstG*, im Feld *Betrag* geben Sie den Pensionskassenbeitrag von 75,00 EUR ein. Das Feld *Gültig ab* wird automatisch mit dem aktuellen Monat *10/2023* vorbelegt.

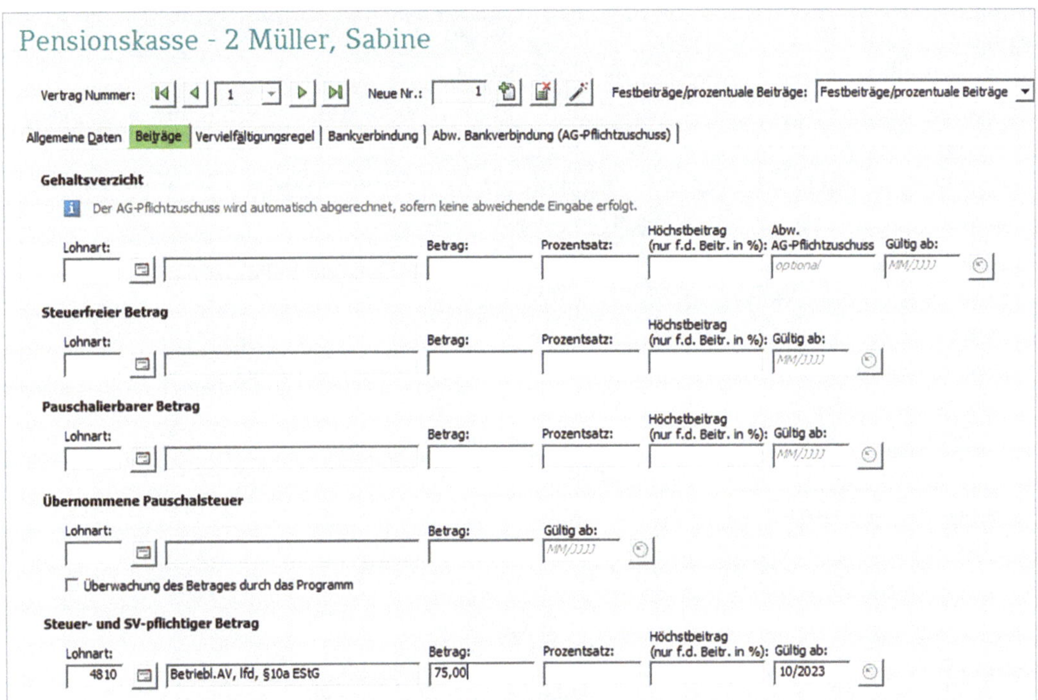

Bild 16.8 Steuer- und SV-Pflichtiger Betrag

7 Wählen Sie anschließend im Bereich *Gehaltsverzicht* beim Feld *Lohnart* die Lohnart-Nr. *3040 Gehaltsverzicht, mtl.* aus und geben im Feld *Betrag* den Beitrag von 75,00 EUR ein (Bild 16.9).

Hinweise: Soll der Beitrag nachträglich geändert werden, können Sie dies nach dem Speichern des Vertrags über das Symbol *Historie bearbeiten* vornehmen. Wird der Vertrag pauschal versteuert, können diese Einstellungen in den Bereichen *Pauschalierbarer Betrag (*gemäß §40b EstG) und *Übernommene Pauschalsteuer* vorgenommen werden.

Bild 16.9 Beitrag erfasst

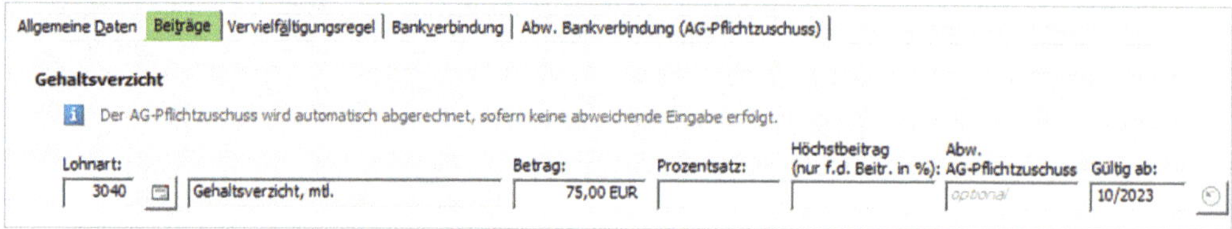

8 Klicken Sie auf das Register *Bankverbindung*.

9 Geben Sie abschließend – wie im Bild 16.10 dargestellt - die Angaben zum Versicherungsunternehmen, zur Vertragsnummer, zum Verwendungszweck sowie die Bankverbindungsdaten des Versicherungsunternehmens ein. Damit ist der Vertrag für die Betriebliche Altersvorsorge über eine Pensionskasse (Riester-Rente) von Frau Sabine Müller ab Oktober 2023 vollständig erfasst.

Bild 16.10 Versicherungsunternehmen und Bankverbindung

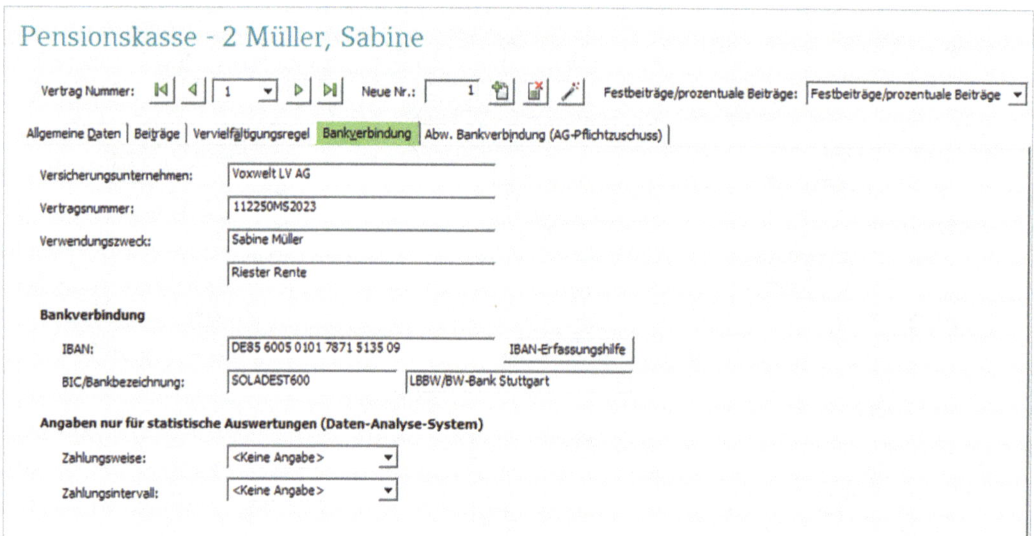

10 Um die Abrechnung zu testen, wählen Sie den Menüpunkt *Abrechnung* ▶ *Probeabrechnung…* oder klicken Sie in der Standardsymbolleiste auf das Symbol *Probeabrechnung durchführen* und anschließend auf die Schaltfläche *OK*.

11 Schließen Sie zuletzt die Probeabrechnung für Sabine Müller, siehe Bild auf der nächsten Seite.

Download

Die Probeabrechnung von Sabine Müller ist auch zum Download verfügbar, Ordner: Kap16_10_Oktober_2023.

Bild 16.11 Probeabrechnung Sabine Müller

TZ1 129805/ 480/00002

Abrechnung der Brutto/Netto-Bezüge für Oktober 2023 — 04.01.2024 Blatt: 1

Personal-Nr.	Geburtsdatum	StKl	Faktor	Ki.Frbtr.	Konfession	Freibetrag jährl.[1]	Freibetrag mtl.[1]	DBA	Midijob	St.-Tg.
00002	020385	4		05	ev					30

VJ Url. üb.	Url. Anspr.	Url.Tg.gen.	Resturlaub
	2400	400	2000

SV-Nummer	Krankenkasse	KK %[8]	PGRS	BGRS	Um.	SV-Tg.
58020385W525	EK BARMER	161	101	1111	1	30

Anw. Tage	Urlaub Tage	Krankh. Tg.	Fehlz. Tage

Anw. Std.	Urlaub Std.	Krankh. Std.	Fehlz. Std.

	Zeitlohn Std.	Überstd.	Bez. Std.

Probeabrechnung

Eintritt	Austritt
010206	

Steuer-ID	MFB[7]
92634845100	

Perm GmbH•Löhrstraße 45•56068 Koblenz

•Pers.-Nr. 00002•

B/N
TZ1
00480

Hinweise zur Abrechnung

Kst. 2000 Wöch.Arb.Zt. 40,00
Std.lohn 1

Sabine Müller
Hohlweg 80
56070 Koblenz

Brutto-Bezüge

Lohnart	Bezeichnung	Einheit[2]	Menge[3]	Faktor[3]	Prozentsatz	St[4]	SV[4]	GB[5]	Betrag
2000	Grundgehalt					L	L	J	3.000,00
2900	AG-Zusch. f.Jobticket, st-frei					F	F	J	49,00
3040	Gehaltsverzicht, mtl.					L	L	N	75,00- ❶
3100	AG-Anteil VWL,lfd					L	L	J	20,00
4810	Betriebl.AV, lfd, §10a EStG					L	L	N	75,00 ❷
❸ 5240	bAV AG-Pflichtz,st-svpfl,lfd					L	L	N	11,25

Gesamt-Brutto: 3.069,00

Steuer/Sozialversicherung

St[4]	Steuer-Brutto	Lohnsteuer	Kirchensteuer	Solidaritätszuschlag
L	3.03125	35025	2677	

Steuerrechtliche Abzüge: 377,02

SV[4]	KV-Brutto	RV-Brutto	AV-Brutto	PV-Brutto	KV-Beitrag	RV-Beitrag	AV-Beitrag	PV-Beitrag[6]
L	3.03125	3.03125	3.03125	3.03125	24401	28191	3941	5153

SV-rechtliche Abzüge: 616,86

Netto-Verdienst: 2.075,12

Verdienstbescheinigung

Gesamt-Brutto	31.09555	SV-Brutto	30.75280
Steuer-Brutto	30.75280	KV-Beitrag	2.47561
Lohnsteuer	3.61461	RV-Beitrag	2.86002
Kirchensteuer	27844	AV-Beitrag	39979
Solidaritätszuschlag		PV-Beitrag	48980
Steuerfreie Bezüge	35400	VWL gesamt	40000
P. verst. Zuk.sich.		Kug-Auszahlung	
Pfändung Rest			
Darlehen Rest			

Netto-Bezüge/Netto-Abzüge

Lohnart	Bezeichnung	Betrag
9010	Fahrtkosten	49,00-
9820	Gehaltsverzicht bAV ❹	75,00-
9840	VWL	40,00-

Bank	Commerzbank Koblenz
Konto	DE55 5708 0070 0005 2XXX XX

SV-AG-Anteil	Zus. AG-Kosten	Gesamtkosten	Auszahlungsbetrag
61686			1.911,12

[1] H = Hinzurechnungsbetrag
[2] Std = Stunden, T = Tage, Km = Kilometer, St = Stück
EUR = Euro, Tsd = Tausend Euro, Mio = Million Euro
[3] Gegebenenfalls Netto-Lohn/Netto-Stundenlohn
[4] L = Laufender Bezug, S = Sonstiger Bezug, F = Frei,
E = Einmalbezug, P = Pauschalierung, A = Abfindung,
M = mehrjährige Versteuerung, N = Nachberechnung
V = Vorjahr, W = Entgeltguthaben
[5] J = Bestandteil des Gesamt-Bruttos
[6] Z = Einschl. Beitragszuschlag zur PV für Kinderlose
[7] MFB = Mehrfachbeschäftigung
[8] Maßgeblicher Beitragssatz zur KV inkl.. Zusatzbeitrag

AFP Form.-Nr. PCGN14

- Dies ist eine Entgeltbescheinigung nach § 108 Abs. 3 Satz 1 der Gewerbeordnung -

DATEV

PROBEABRECHNUNG

❶ Gehaltsverzicht monatlich 75,00 EUR für Pensionskasse

❷ 75,00 EUR Pensionskasse (Riester-Rente) keine Steuerbefreiung, lohnsteuer- und svpfl.

❸ Lohnart 5240 bAV 15% Arbeitgeberzuschuss steuer- und sozialversicherungspflichtig

❹ Nettoabzug 9820 Betriebl. Altersvorsorge

16.4 Monatl. Unterstützungskassenbeiträge über Assistenten erstellen

Ausgangssituation

Frau Marianne Hild hat ab Oktober 2023 über den Arbeitgeber einen Vertrag für die betriebliche Altersvorsorge in eine Unterstützungskasse abgeschlossen. Aus Gehaltsumwandlung sollen monatlich 125,00 EUR steuerfrei bezahlt werden. Der Vertrag läuft am 30.09.2035 aus und wird an die Unterstützungskasse monatlich überwiesen.

Unterstützungskassen gehören zu den Zukunftssicherungsleistungen des Arbeitgebers. Bei einer Unterstützungskasse handelt es sich um eine rechtlich selbständige Versorgungseinrichtung. Träger einer Unterstützungskasse können ein oder mehrere Unternehmen sein, die durch Beiträge die Leistungsfähigkeit der Unterstützungskasse sicherstellen müssen.

Die Leistungen aus der Unterstützungskasse sind während der Auszahlungsphase als Einkünfte aus nichtselbständiger Arbeit nach § 19 Abs. 1 Nr. 2 EStG steuerpflichtig.

Vertrag mit dem Assistenten erfassen

Für die Erfassung von Verträgen zur betrieblichen Altersvorsorge stellt DATEV Lohn und Gehalt comfort, neben der manuellen Eingabe, auch einen Assistenten zur Verfügung, der im Rahmen der betrieblichen Altersvorsorge genutzt werden kann. Der Vertrag von Frau Hild soll über diesen Assistenten erstellt werden. Dazu gehen Sie – wie nachfolgend dargestellt – vor:

1 Öffnen Sie die Mitarbeiterin Frau Marianne Hild.

2 Wählen Sie den Menüpunkt *Erfassen* ▶ *Stammdaten* ▶ *Betriebliche Altersvorsorge* ▶ *Assistent bAV-Neuanlage…* oder öffnen Sie in der Übersicht den Ordner *Betriebliche Altersvorsorge* und klicken anschließend doppelt auf den Eintrag *Assistent bAV-Neuanlage*.

Bild 16.12 Assistent bAV-Neuanlage

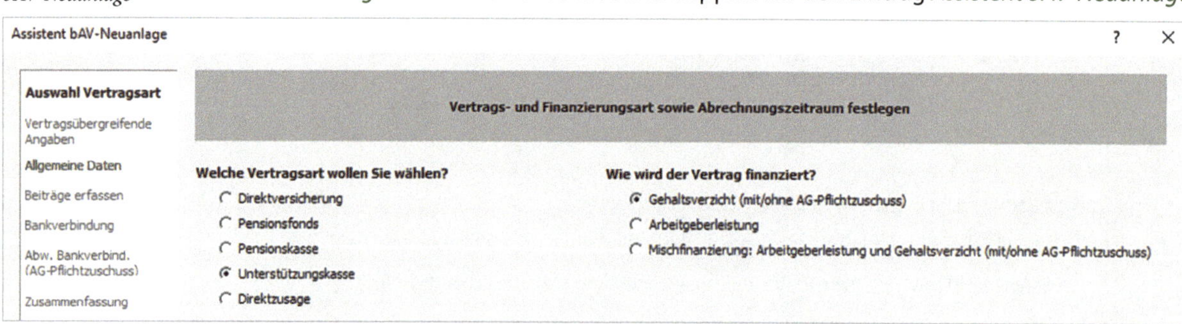

3 Der Assistent für die Betriebliche Altersvorsorge wird angezeigt. Aktivieren Sie als Vertragsart das Optionsfeld *Unterstützungskasse*. Unter *Wie wird der Vertrag finanziert* aktivieren Sie *Gehaltsverzicht (mit/ohne AG-Pflichtzuschss)*. Als *erstmalige Abrechnung* geben Sie 10/2023 und als *letztmalige Abrechnung* 09/2035 ein (Bild 16.13).

Hinweis: Das Feld *Erstmalige Abrechnung (MM/JJ)* wird automatisch mit *10/2023* vorbelegt. Der Arbeitgeberpflichtzuschuss ist bei dieser Vertragsart ausgeschlossen.

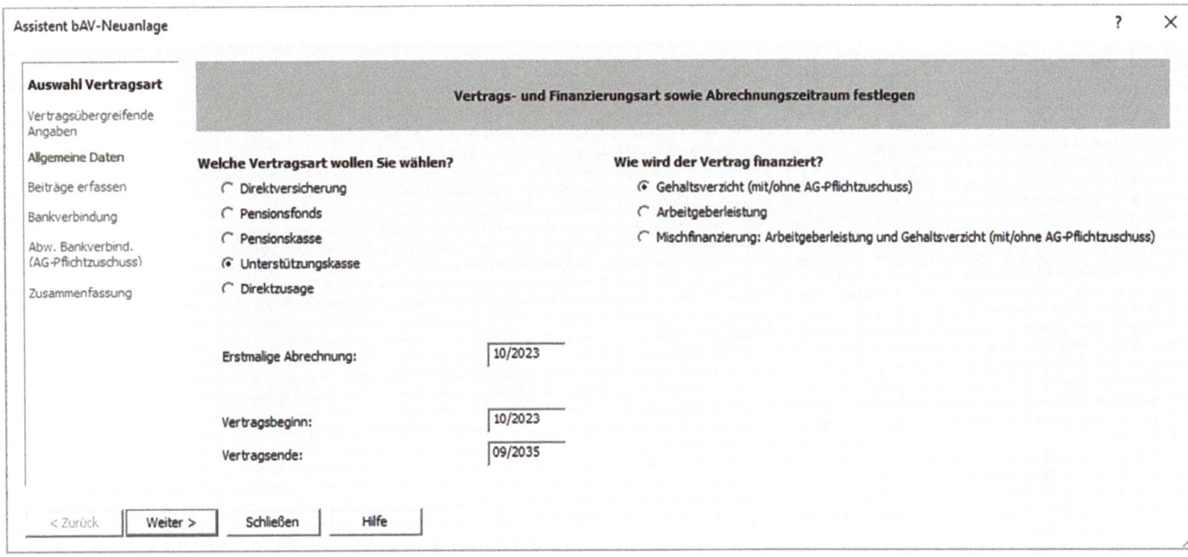

Bild 16.13 Assistent bAV: Vertragsart wählen

4 Klicken Sie auf die Schaltfläche *Weiter* und übernehmen Sie die Einstellungen für das Abrechnungsintervall und die Kürzung (Bild 16.14).

Hinweis: Abrechnungsintervalle können monatlich, vierteljährlich, halbjährlich oder jährlich sein. Über das Auswahlfeld *Kürzung* kann angegeben werden, wie der Vertrag im Teilmonat bzw. im voll unterbrochenen Monat abzurechnen ist. Standardmäßig ist die Einstellung *im Teilmonat nicht kürzen, im Ausfallmonat kürzen* voreingestellt.

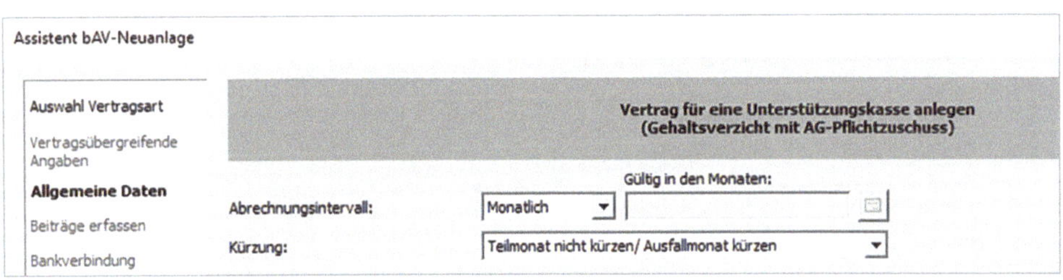

Bild 16.14 Allgemeine Daten

5 Klicken Sie anschließend auf die Schaltfläche *Weiter* und geben Sie im Feld *Betrag* den Wert 125,00 EUR für die Unterstützungskasse ein (Bild 16.15). Klicken Sie dann erneut auf die Schaltfläche *Weiter*.

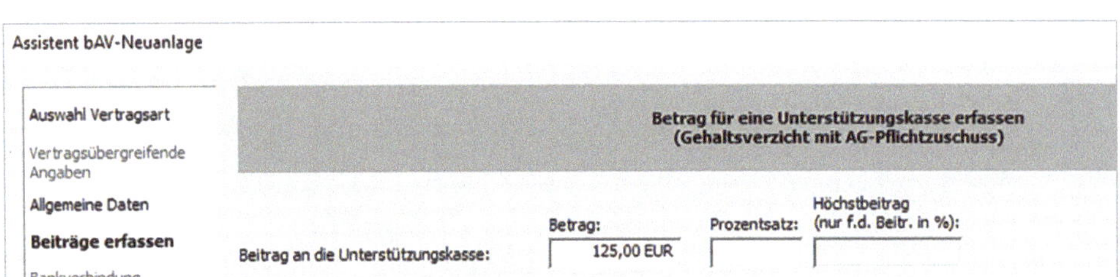

Bild 16.15 Beitrag an die Unterstützungskasse

6 Im nächsten Schritt geben Sie die Vertrags- und Bankverbindungsdaten (siehe Bild 16.16) ein. Klicken Sie dann auf *Weiter*.

Bild 16.16 Vertrags- und Bankverbindungsdaten

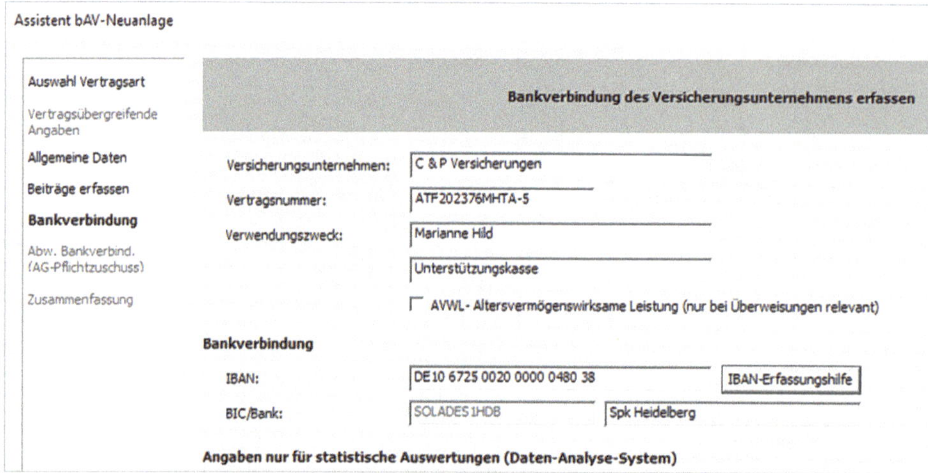

7 Im vorletzten Schritt kann eine abweichende Bankverbindung für den AG-Pflichtzuschuss angegeben werden, der für diesen Vertrag unerheblich ist. Klicken Sie daher nochmals aus die Schaltfläche *Weiter*. Hier werden Ihnen nun die verwendeten Lohnarten zur Kontrolle nochmals angezeigt (Bild 16.17). Klicken Sie abschließend auf die Schaltfläche *Fertig stellen*.

Bild 16.17 Zusammenfassung

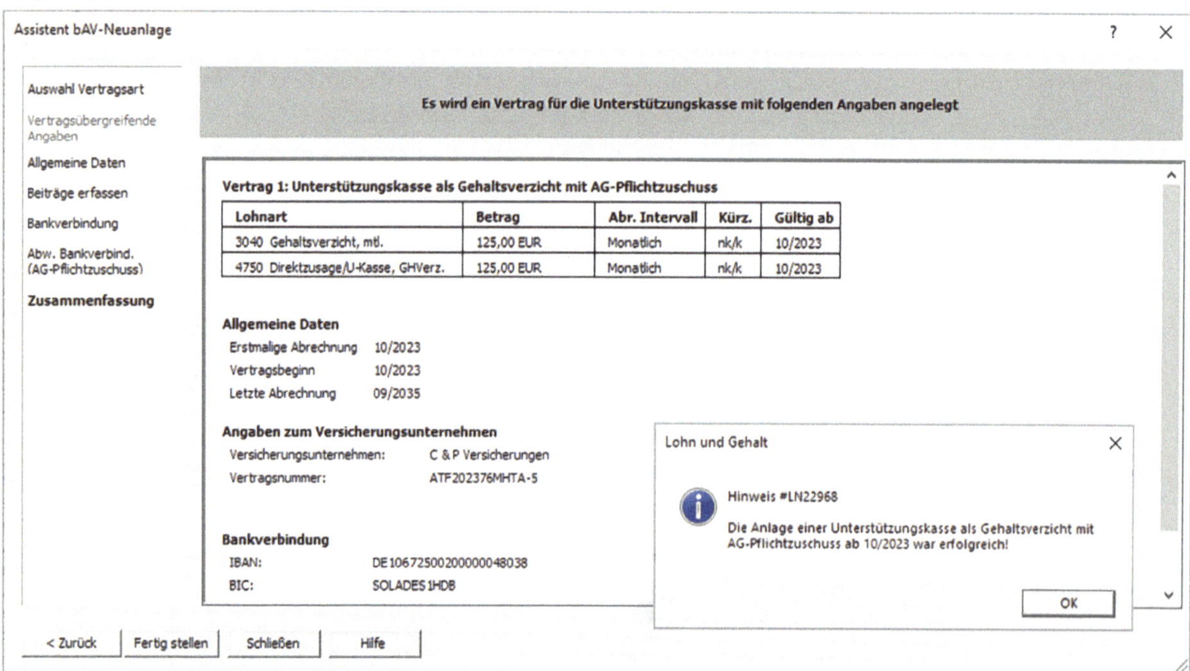

8 Sie erhalten zuletzt eine Meldung über die erfolgreiche Neuanlage, die Sie mit *OK* bestätigen. Der Vertrag mit der Unterstützungskasse von Frau Hild ist damit erfasst.

Vertragsdaten kontrollieren

Um die hinterlegten Daten zu kontrollieren und eventuell anzupassen, klicken Sie in der Übersicht im Ordner *Betriebliche Altersvorsorge* auf *Übersicht aller bAV-Verträge.* Klicken Sie auf den hinterlegten Vertrag und auf *Bearbeiten*.

Bild 16.18 Übersicht bAV-Verträge

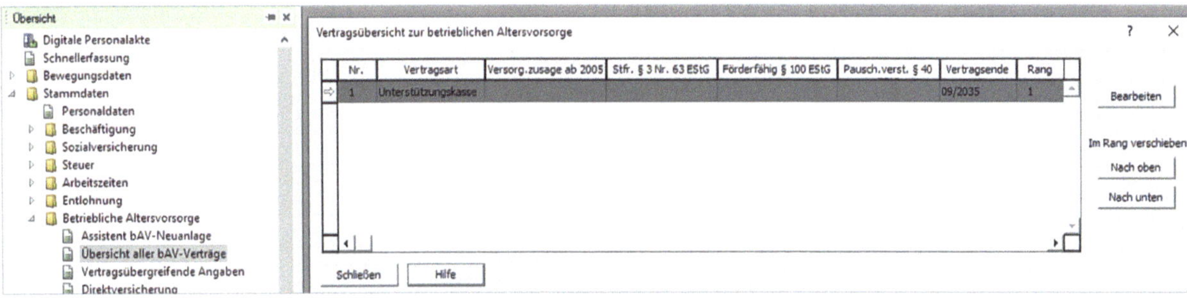

Bild 16.19 Vertragsdaten anzeigen

1. Direktzusage/U-Kasse, GHVerz. st- und sv-frei, Lohnart 4750.
2. Gehaltsverzicht monatlich von 125,00 EUR über Lohnart 3040
3. Bei mehreren Verträgen eines Mitarbeiters wechseln Sie über die Navigationsschaltflächen zwischen den einzelnen Verträgen.

Die Bedeutung der weiteren Symbole:

Neuen Vertrag anlegen, Vertrag löschen, Assistent Betriebliche Altersvorsorge starten.

Abrechnung testen

Um die Abrechnung zu testen, wählen Sie den Menüpunkt *Abrechnung* ▶ *Probeabrechnung…* oder klicken Sie auf das Symbol *Probeabrechnung durchführen* in der Standardsymbolleiste und anschließend auf die Schaltfläche *OK*. Das Ergebnis sehen Sie in Bild 16.20. Schließen Sie anschließend die Probeabrechnung.

Bild 16.20 Probeabrechnung Marianne Hild

TZ1 129805/ 480/00007
04.01.2024 Blatt: 1

Abrechnung der Brutto/Netto-Bezüge für Oktober 2023

Personal-Nr.	Geburtsdatum	StKl	Faktor	Ki.Frbtr.	Konfession	Freibetrag jährl.[1]	Freibetrag mtl.[1]	DBA	Midijob	St.-Tg.
00007	240879	2		40						30

SV-Nummer	Krankenkasse	KK %[8]	PGRS	BGRS	Um.	SV-Tg.
81240879K851	EK BARMER	161	101	1111	1	30

VJ Url. üb.	Url. Anspr.	Url.Tg.gen.	Resturlaub
	1500		1500
Anw. Tage	**Urlaub Tage**	**Krankh. Tg.**	**Fehlz. Tage**
Anw. Std.	**Urlaub Std.**	**Krankh. Std.**	**Fehlz. Std.**
	Zeitlohn Std.	**Überstd.**	**Bez. Std.**

Probeabrechnung

Eintritt: 010723 Austritt:
Steuer-ID: 19857234106 MFB[7]

Perm GmbH•Löhrstraße 45•56068 Koblenz

•Pers.-Nr. 00007•

B/N
TZ1
00480

Hinweise zur Abrechnung
Kst. 1000 Wöch.Arb.Zt. 40,00
Std.lohn 1

Marianne Hild
Kratzehofweg 16
56333 Winningen

❶ ❷

Brutto-Bezüge

Lohnart	Bezeichnung	Einheit[2]	Menge[3]	Faktor[3]	Prozentsatz	St[4]	SV[4]	GB[5]	Betrag
2000	Grundgehalt					L	L	J	2.380,00
3040	Gehaltsverzicht, mtl.					L	L	N	125,00-
4750	Direktzusage/U-Kasse, GHVerz.					F	F	N	125,00

Gesamt-Brutto: 2.380,00

Steuer/Sozialversicherung

St[4]	Steuer-Brutto	Lohnsteuer	Kirchensteuer	Solidaritätszuschlag
L	2.25500	8975		

Steuerrechtliche Abzüge: 89,75

SV[4]	KV-Brutto	RV-Brutto	AV-Brutto	PV-Brutto	KV-Beitrag	RV-Beitrag	AV-Beitrag	PV-Beitrag[6]
L	2.25500	2.25500	2.25500	2.25500	18153	20972	2932	2143

SV-rechtliche Abzüge: 442,00

❸

Netto-Verdienst: 1.848,25

Verdienstbescheinigung

Gesamt-Brutto	9.52000	SV-Brutto	9.39500
Steuer-Brutto	9.39500	KV-Beitrag	75630
Lohnsteuer	43325	RV-Beitrag	87374
Kirchensteuer		AV-Beitrag	12214
Solidaritätszuschlag		PV-Beitrag	8926
Steuerfreie Bezüge	12500	VWL gesamt	
P. verst. Zuk.sich.		Kug-Auszahlung	
Pfändung Rest			
Darlehen Rest			

Netto-Bezüge/Netto-Abzüge

Lohnart	Bezeichnung	Betrag
9820	Gehaltsverzicht bAV	125,00-

Bank Sparkasse Koblenz
Konto DE36 5705 0120 0000 2XXX XX

SV-AG-Anteil	Zus. AG-Kosten	Gesamtkosten	Auszahlungsbetrag
45891			1.723,25

[1] H = Hinzurechnungsbetrag [4] L = Laufender Bezug, S = Sonstiger Bezug, F = Frei, [5] J = Bestandteil des Gesamt-Bruttos

❶ Gehaltsverzicht monatlich 125,00 EUR für Unterstützungskasse

❷ Lohnart 4750, Direktzusage/U-Kasse, GHVerz. st- und sv-frei

❸ Nettoabzug 9820, Betriebl. Altersversorgung (Direktversicherung)

Download

Die Abrechnung ist auch zum Download verfügbar. Ordner: Kap16_10_Oktober_2023.

16.5 Direktversicherungen als Arbeitgeberleistungen abrechnen

Direktversicherung erfassen

Ausgangssituation

Frau Jeanette Beier hat über den Arbeitgeber ab Oktober einen Vertrag zur betrieblichen Altersvorsorge bei einer Pensionskasse abgeschlossen. Der monatliche Beitrag in Höhe von 25,00 EUR wird vom Arbeitgeber übernommen. Der Vertrag endet am 30.09.2035. Der Beitrag wird an das Anlageinstitut überwiesen.

Um den Vertrag zur betrieblichen Altersvorsorge von Frau Beier zu hinterlegen, gehen Sie - wie nachfolgend dargestellt - vor:

1. Öffnen Sie die Mitarbeiterin Frau Jeanette Beier.
2. Wählen Sie den Menüpunkt *Erfassen* ▶ *Stammdaten* ▶ *Betriebliche Altersvorsorge* ▶ *Pensionskasse* oder öffnen Sie in der Übersicht mit Doppelklick den Ordner *Betriebliche Altersvorsorge* und klicken dann doppelt auf den Eintrag *Pensionskasse* (Bild 16.21).
3. Geben Sie im Feld *Beginn* den Monat 10/2023 und im Feld *Ende* 09/2035 sowie im Feld *Zeitpunkt der Versorgungszusage* den 01.10.2023 ein. Im Feld *Abrechnungsintervall* geben Sie den Abrechnungsmodus Monatlich an.

Bild 16.21 Pensionskasse öffnen

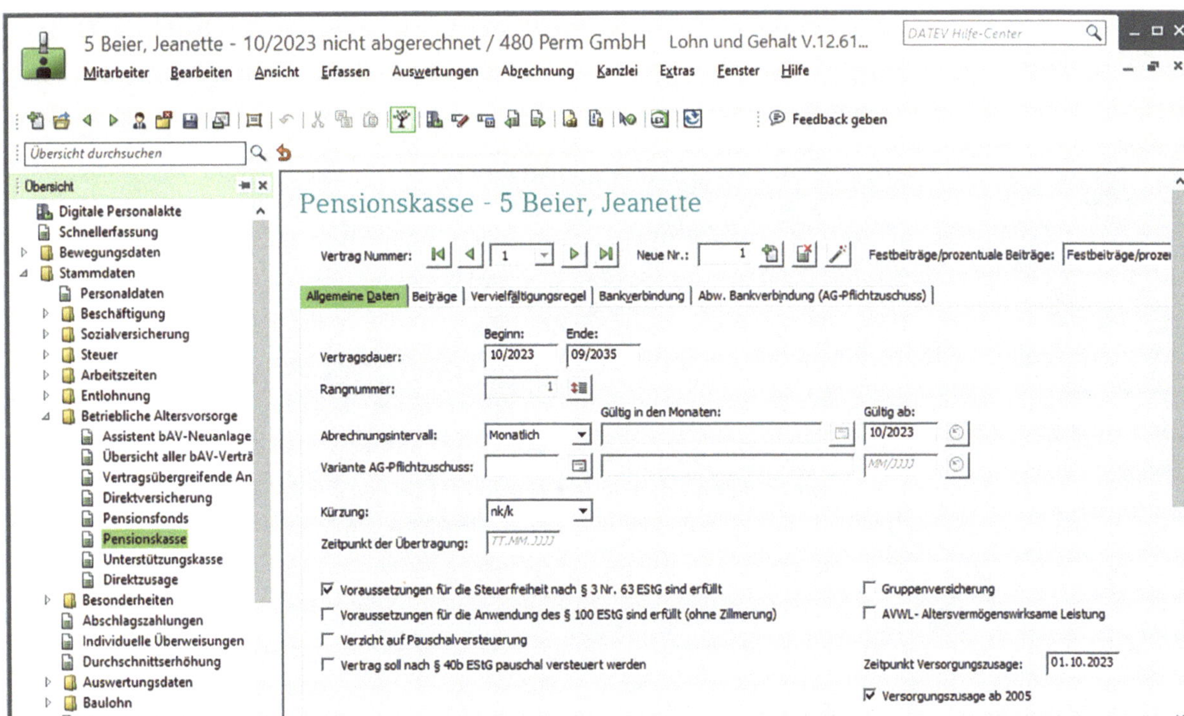

- Im Feld *Kürzung* ist *im Teilmonat nicht kürzen/im Ausfallmonat kürzen* als Standardeinstellung voreingestellt.
- Der angesparte Betrag wird ausschließlich für spätere Rentenzahlungen angespart und erfüllt daher die Voraussetzungen für die Steuerfreiheit.

4 Klicken Sie auf das Register *Beiträge* und klicken Sie unter *Steuerfreier Betrag* beim Feld *Lohnart* auf das Symbol *Lohnart auswählen* ❶.

5 Der monatliche Beitrag für die Pensionskasse in Höhe von 25,00 EUR wird vom Arbeitgeber übernommen. Wählen Sie daher die Lohnart 4700 Betriebl.AV,AG,lfd,§3Nr.63EstG aus ❷. Die Lohnart wird steuerfrei abgerechnet, da kein Zufluss von Arbeitslohn vorliegt. Der Betrag wird darüber hinaus auch sv-frei abgerechnet.

Bild 16.22 Lohnart auswählen

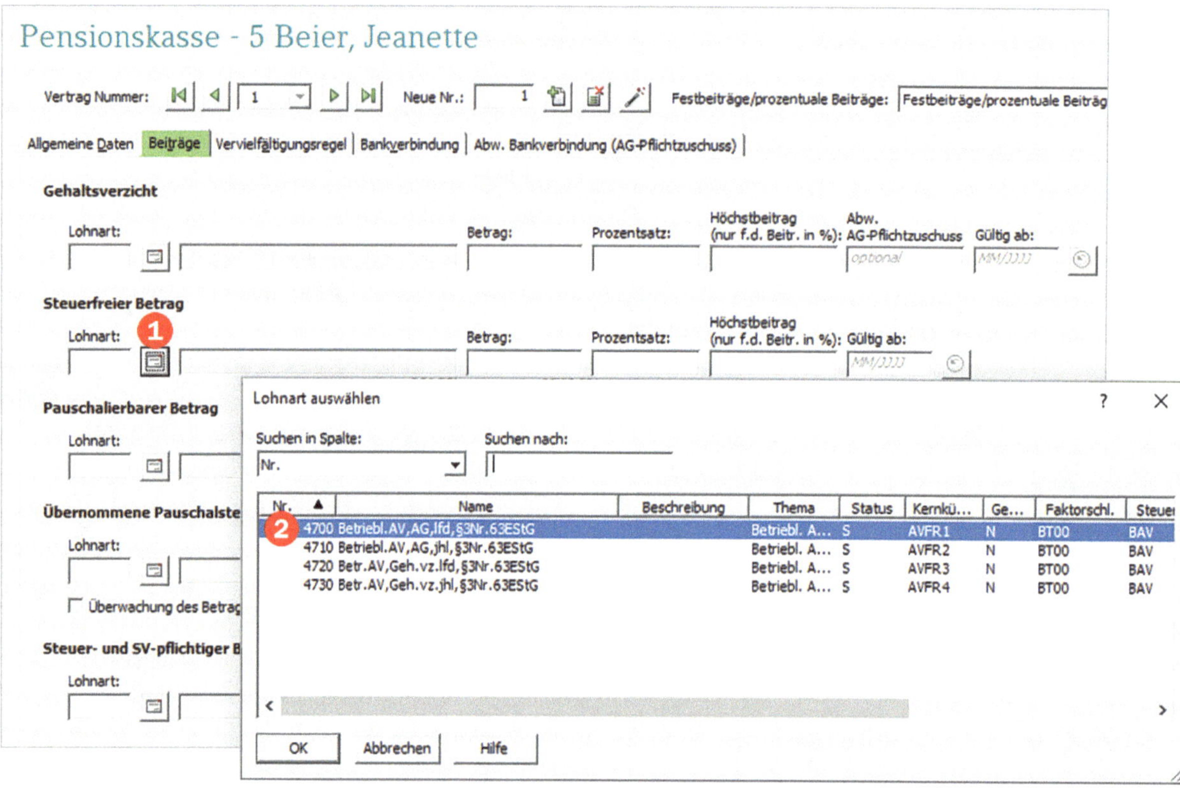

6 Geben Sie anschließend den Betrag von 25,00 EUR ein. Das Feld *Gültig ab* wird automatisch mit *10/2023* belegt. Alle Beitragsangaben sind somit hinterlegt.

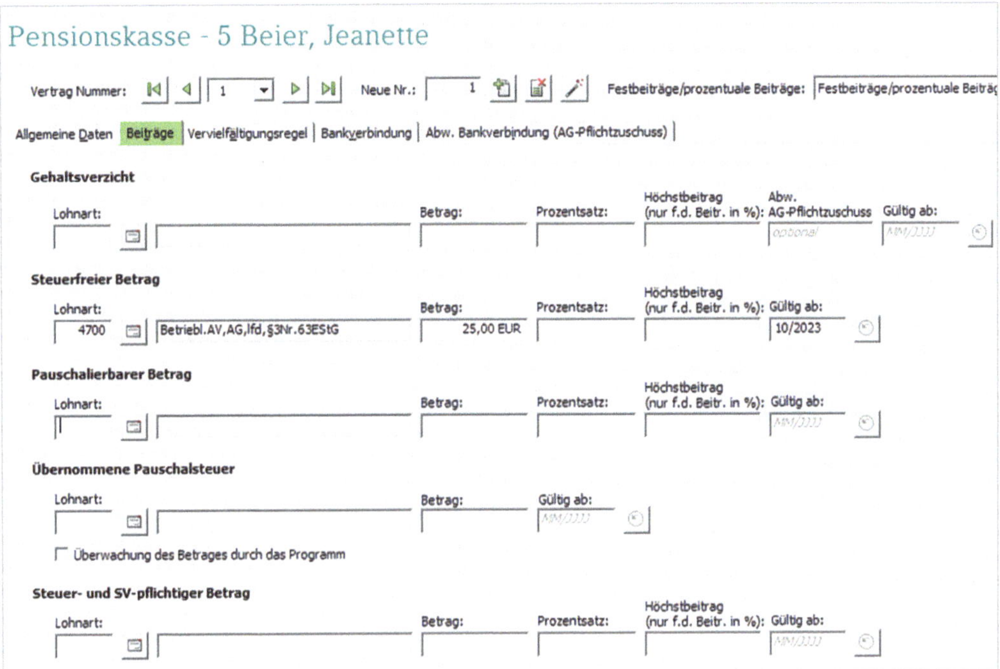

Bild 16.23 Beitragsdaten erfasst

7 Klicken Sie anschließend auf das Register *Bankverbindung* und erfassen Sie - wie in Bild 16.24 dargestellt – die Angaben zum Anlageninstitut und die Kontodaten zur Überweisung.

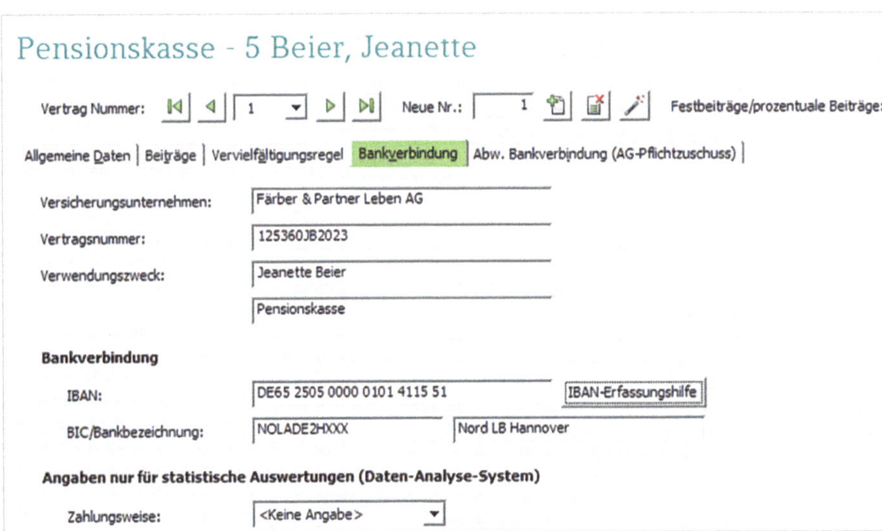

Bild 16.24 Vertrags- und Bankdaten

8 Klicken Sie auf das Symbol *Fensterinhalt speichern* .

9 Um die Abrechnung zu testen, wählen Sie den Menüpunkt *Abrechnung* ▶ *Probeabrechnung...* oder klicken Sie auf das Symbol *Probeabrechnung durchführen* in der Standardsymbolleiste und anschließend auf die Schaltfläche *OK*.

10 Die Probeabrechnung von Frau Jeanette Beier wird in der Seitenansicht angezeigt (Bild 16.25). Schließen Sie dann die Probeabrechnung wieder.

Bild 16.25 Probeabrechnung Jeanette Beier

Abrechnung der Brutto/Netto-Bezüge für Oktober 2023

TZ1 129805/ 480/00005
04.01.2024 Blatt: 1

Personal-Nr.	Geburtsdatum	StKl	Faktor	Ki.Frbtr.	Konfession	Freibetrag jährl.[1]	Freibetrag mtl.[1]	DBA	Midijob	St.-Tg.	VJ Url. üb.	Url. Anspr.	Url.Tg.gen.	Resturlaub
00005	050105	1			rk					30	100	2400	1900	600

SV-Nummer	Krankenkasse	KK %[8]	PGRS	BGRS	Um.	SV-Tg.	Anw. Tage	Urlaub Tage	Krankh. Tg.	Fehlz. Tage
15050105B525 EK	KKH Kaufmännische Kranken	161	102	1111	1	30				

Probeabrechnung

Eintritt	Austritt	Anw. Std.	Urlaub Std.	Krankh. Std.	Fehlz. Std.
010822					

Steuer-ID	MFB[7]	Zeitlohn Std.	Überstd.	Bez. Std.
91481760234				

Perm GmbH•Löhrstraße 45•56068 Koblenz

•Pers.-Nr. 00005• B/N TZ1 00480

Hinweise zur Abrechnung
Kst. 2000 Wöch.Arb.Zt. 35,00
Std.lohn 1

Jeanette Beier
Moselstraße 11
56812 Cochem

Hinweis: DATEV addiert die betriebliche Altersvorsorge in Höhe von 25,00 EUR nicht zum Gesamt-Brutto dazu. Es werden lediglich die Ausbildungsvergütung, der AG-Zuschuss für das Jobticket sowie der AG-Zuschuss zu einem VWL-Vertrag in die Berechnung einbezogen.

Brutto-Bezüge

Lohnart	Bezeichnung	Einheit[2]	Menge[3]	Faktor[3]	Prozentsatz	St[4]	SV[4]	GB[5]	Betrag
2010	Ausbildungsvergütung					L	L	J	950,00
2900	AG-Zusch. f.Jobticket, st-frei					F	F	J	49,00
3100	AG-Anteil VWL,lfd					L	L	J	20,00
❶ 4700	Betriebl.AV,AG,lfd,§3Nr.63EStG					F	F	N	25,00

Gesamt-Brutto: 1.019,00

Steuer/Sozialversicherung

St[4]	Steuer-Brutto	Lohnsteuer	Kirchensteuer	Solidaritätszuschlag	Steuerrechtliche Abzüge
L	97000				0,00

SV[4]	KV-Brutto	RV-Brutto	AV-Brutto	PV-Brutto	KV-Beitrag	RV-Beitrag	AV-Beitrag	PV-Beitrag[6]	SV-rechtliche Abzüge
L	97000	97000	97000	97000	7809	9021	1261	1649	197,40

Netto-Verdienst: 821,60

Verdienstbescheinigung

Gesamt-Brutto	10.26910	SV-Brutto	9.78000
Steuer-Brutto	9.78000	KV-Beitrag	78734
Lohnsteuer		RV-Beitrag	90954
Kirchensteuer		AV-Beitrag	12714
Solidaritätszuschlag		PV-Beitrag	15585
Steuerfreie Bezüge	51410	VWL gesamt	40000
P. verst. Zuk.sich.		Kug-Auszahlung	
Pfändung Rest			
Darlehen Rest			

Netto-Bezüge/Netto-Abzüge

Lohnart	Bezeichnung	Betrag
9010	Fahrtkosten	49,00-
9840	VWL	40,00-

Bank Spk Mittelmosel EMH
Konto DE87 5875 1230 0032 1XXX XX

SV-AG-Anteil	Zus. AG-Kosten	Gesamtkosten	Auszahlungsbetrag
19740			732,60

1 H = Hinzurechnungsbetrag
2 Std = Stunden, T = Tage, Km = Kilometer, St = Stück EUR = Euro, Tsd = Tausend Euro, Mio = Million Euro
3 Gegebenenfalls Netto-Lohn/Netto-Stundenlohn
4 L = Laufender Bezug, S = Sonstiger Bezug, F = Frei, E = Einmalbezug, P = Pauschalierung, A = Abfindung, M = mehrjährige Versteuerung, N = Nachberechnung V = Vorjahr, W = Entgeltguthaben
5 J = Bestandteil des Gesamt-Bruttos
6 Z = Einschl. Beitragszuschlag zur PV für Kinderlose
7 MFB = Mehrfachbeschäftigung
8 Maßgeblicher Beitragssatz zur KV inkl.. Zusatzbeitrag

AFP Form.-Nr. PCGN14

- Dies ist eine Entgeltbescheinigung nach § 108 Abs. 3 Satz 1 der Gewerbeordnung -

DATEV

PROBEABRECHNUNG

❶ Lohnart 4700 Betriebl. AV, AG, lfd, §3Nr. 63 EstG (lst- und sv-frei)

Download Die Probeabrechnung ist auch zum Download verfügbar. Ordner: Kap16_10_Oktober_2023.

11 Klicken Sie abschließend auf das Register *Allgemeine Daten*.

Weitere Neuerungen zur bAV nach dem Betriebsrentenstärkungsgesetz

Kontrollkästchen Verzicht auf Pauschalversteuerung

Dieses Kontrollkästchen legt fest, ob beim Erreichen der Steuerfreigrenze sofort individuell versteuert anstatt pauschalversteuert wird. Dies allerdings nur dann, wenn die Verzichtserklärung der Pauschalierung zugunsten der Individualversteuerung vorliegt. Seit Januar 2018 wird hier mit 8 % der RV-BBG-West steuerfrei gerechnet.

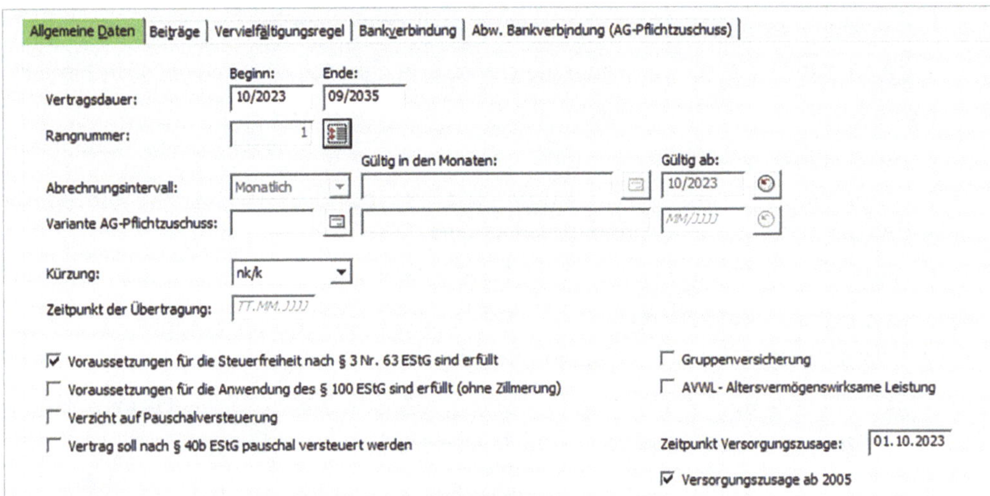

Bild 16.26 Register Allgemeine Daten

Kontrollkästchen Vertrag soll nach §40b EStG pauschalversteuert werden

Falls eine Beitragsleistung nach §40b EStG vor dem Jahr 2018 mindestens einmal pauschalversteuert wurde, so darf für diesen Arbeitnehmer auf Lebenszeit pauschalversteuert werden. Dies gilt seit dem Jahr 2018 für Pensionskassen und Direktversicherungen. Bei Neuverträgen für Pensionskassen und Direktversicherungen kann sowohl pauschalversteuert nach § 40b EStG als auch steuerfrei nach §3 Nr. 63 EStG abgerechnet werden.

Kontrollkästchen Voraussetzungen für die Anwendung des §100 EStG sind erfüllt (ohne Zillmerung)

Hiermit ist seit Januar 2018 ein Förderbetrag für Geringverdiener bis 2.575 EUR innerhalb der betrieblichen Altersversorgung gemeint. Er beträgt im Kalenderjahr 30 Prozent des zusätzlichen Arbeitgeberbeitrags, höchstens 144 Euro. In Fällen, in denen der Arbeitgeber bereits im Jahr 2017 einen zusätzlichen Arbeitgeberbeitrag an einen Pensionsfonds, eine Pensionskasse oder für eine Direktversicherung geleistet hat, ist der jeweilige Förderbetrag auf den Betrag beschränkt, den der Arbeitgeber darüber hinaus leistet.

Voraussetzungen:

- **1. Anlageform**
  - Kapitalgedeckte bAV
  - ausschließlich Rentenzahlungen, oder
  - ein Auszahlungsplan mit maximal 30 % Einmalzahlung und mindestens 70% Rentenzahlungen, oder

  - Rentenzahlungen mit der Option auf Einmalzahlung.
  - Keine Zillmerung – d. h. die Abschluss- und Vertriebskosten können auch bei den betrieblichen Altersversorgungsprodukten nennenswerte Beträge erreichen. Der Gesetzgeber hat für die Förderung nach § 100 EStG zur Bedingung gemacht, dass diese Kosten nicht zu Lasten der ersten Beitragszahlungen gehen dürfen, sondern gleichmäßig als fester Bestandteil der laufenden Beiträge einzubehalten sind.

- **2. Arbeitgeber**
  - inländischer Lohnsteuerabzug verpflichtend - AG i.S.d. §38 Abs. 1 EStG
  - geförderter AG Zuschuss größer gleich 240 EUR und kleiner gleich 960 EUR pro Jahr
- **3. Mitarbeiter**
  - Erstes Dienstverhältnis
  - Entlohnung des Arbeitnehmers unterliegt dem inländischen Lohnsteuerabzug, für den der Förderbetrag geltend gemacht wird
  - Laufender Arbeitslohn kleiner gleich 2.575 EUR/Monat

Sind diese Angaben gemäß § 100 EstG gegeben, können Sie diese mit Doppelklick auf den Eintrag *Vertragsübergreifende Angaben* hinterlegen.

!

Hinweis: Mit Doppelklick auf den Eintrag *Übersicht aller bAV-Verträge* werden alle hinterlegten Verträge zur betrieblichen Altersvorsorge zu einem Mitarbeiter angezeigt.

Die Rangnummern legen hierbei fest, in welcher Reihenfolge Verträge zur betrieblichen Altersvorsorge bei der Abrechnung herangezogen werden, um den steuerfreien Betrag bis zu 8 Prozent der RV-Beitragsbemessungsgrenze seit dem Jahr 2018 (4 Prozent bis 2017) zu berechnen. Des Weiteren wird durch die Rangnummer die Reihenfolge bestimmt, in der die Verträge (Direktversicherung und Pensionskasse) herangezogen werden, um die Pauschalierungsgrenze zu überprüfen.

16.6 Abrechnen einer Pfändung

Ausgangssituation
Für Frau Sabine Müller wird ein Pfändungsbeschluss einer gewöhnlichen Pfändung mit dem Zustelldatum 22.09.2023 zugesandt. Es sind der erste Rang und ein Unterhaltsberechtigter zu hinterlegen.

Der Pfändungsbetrag beträgt 600,00 EUR. Gläubiger ist die Q-Line Versandhauskette. Die Bankverbindung: IBAN: DE97 7604 0061 0570 9100 00, BIC: COBADEFFXXX, Commerzbank Nürnberg.

Die Pfändung ist in den Mitarbeiter-Stammdaten zu erfassen. Dazu gehen Sie - wie nachfolgend dargestellt - vor.

Pfändung anlegen

1 Öffnen Sie die Mitarbeiterin Frau Sabine Müller und wählen Sie den Menüpunkt *Erfassen* ▶ *Stammdaten* ▶ *Besonderheiten* ▶ *Pfändung* oder öffnen Sie in der Übersicht per Doppelklick den Ordner *Besonderheiten* und klicken danach doppelt auf den Eintrag *Pfändung* (Bild 16.28).

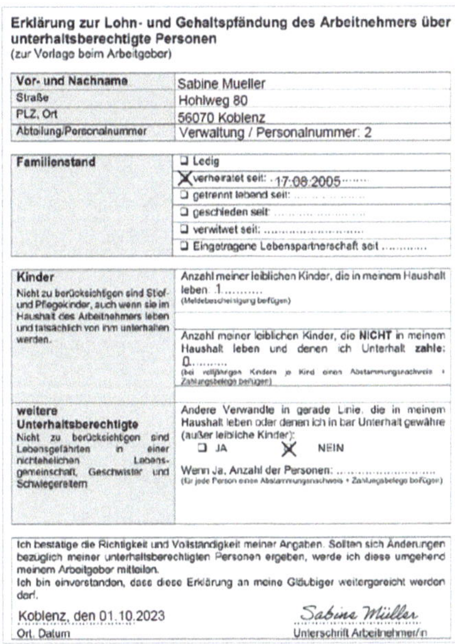

Erklärung zur Lohn- und Gehaltspfändung des Arbeitnehmers über unterhaltsberechtigte Personen
(zur Vorlage beim Arbeitgeber)

Vor- und Nachname	Sabine Mueller
Straße	Hohlweg 80
PLZ, Ort	56070 Koblenz
Abteilung/Personalnummer	Verwaltung / Personalnummer: 2
Familienstand	❑ Ledig ☒ verheiratet seit: 17.08.2005 ❑ getrennt lebend seit: ❑ geschieden seit: ❑ verwitwet seit: ❑ Eingetragene Lebenspartnerschaft seit
Kinder Nicht zu berücksichtigen sind Stief- und Pflegekinder, auch wenn sie im Haushalt des Arbeitnehmers leben und tatsächlich von ihm unterhalten werden.	Anzahl meiner leiblichen Kinder, die in meinem Haushalt leben 1 (Meldebescheinigung beifügen) Anzahl meiner leiblichen Kinder, die NICHT in meinem Haushalt leben und deren ich Unterhalt zahle: 0 (bei volljährigen Kindern je Kind einen Abstammungsnachweis + Zahlungsbelege beifügen)
weitere Unterhaltsberechtigte Nicht zu berücksichtigen sind Lebensgefährten in einer nichtehelichen Lebensgemeinschaft, Geschwister und Schwiegereltern	Andere Verwandte in gerade Linie, die in meinem Haushalt leben oder denen ich in bar Unterhalt gewähre (außer leibliche Kinder): ❑ JA ☒ NEIN Wenn ja, Anzahl der Personen: (für jede Person einen Abstammungsnachweis + Zahlungsbelege beifügen)

Ich bestätige die Richtigkeit und Vollständigkeit meiner Angaben. Sollten sich Änderungen bezüglich meiner unterhaltsberechtigten Personen ergeben, werde ich diese umgehend meinem Arbeitgeber mitteilen.
Ich bin einverstanden, dass diese Erklärung an meine Gläubiger weitergereicht werden darf.

Koblenz, den 01.10.2023 — Sabine Müller
Ort, Datum — Unterschrift Arbeitnehmer/in

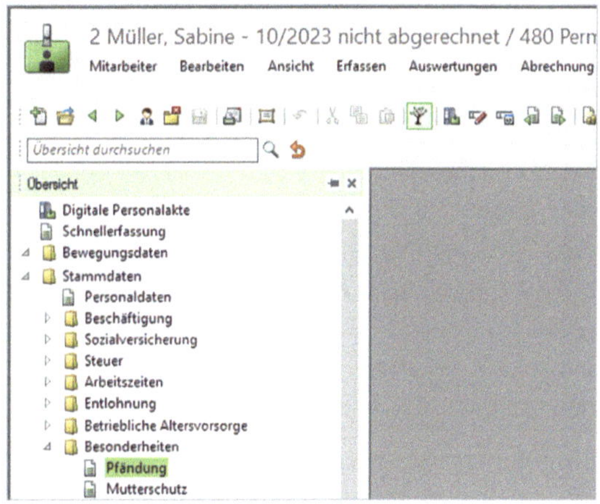

Bild 16.27 Checkliste Pfändung Sabine Müller

Bild 16.28 Sabine Müller: Pfändung

Download

Eine Vorlage Erklärung zur Lohn- und Gehaltspfändung des Arbeitnehmers ist im PDF-Format zum Download verfügbar. Ordner: Kap16_10_Oktober_2023

2 Klicken Sie auf das Symbol *Pfändung anlegen*, geben Sie im Feld *Erstmalige Abrechnung* 10/2023 und im Feld *Zustelldatum* das Datum vom Pfändungsbeschluss, den 22.09.2023 ein (Bild 16.29).

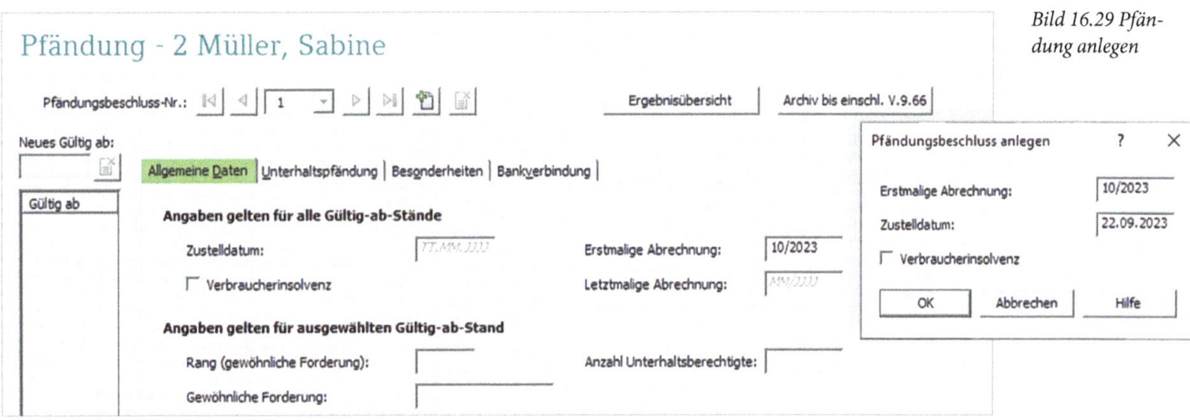

Bild 16.29 Pfändung anlegen

Hinweis: Das Kontrollkästchen *Verbraucherinsolvenz* muss aktiviert werden, falls die Pfändung als Verbraucherinsolvenz abzurechnen ist.

3 Klicken Sie anschließend auf die Schaltfläche *OK*. Die Pfändung von Frau Müller ist damit angelegt.

Angaben zur Pfändung erfassen

Im nächsten Schritt sind weitere Angaben zur Pfändung zu erfassen. Hierzu zunächst einige Hinweise und Erläuterungen.

Rang der Forderung

Der Rang ergibt sich aus der Reihenfolge, in der die Pfändungsbeschlüsse eintreffen. Eine Eingabe ist für gewöhnliche und Unterhaltspfändungen unbedingt erforderlich. Abweichende Rangfolgen bei Unterhaltspfändungen geben Sie in der Registerkarte *Unterhaltspfändung* im Feld *Rang (Unterhaltspfändung)* ein.

Anzahl Unterhaltsberechtigte

Hier geben Sie die Zahl der unterhaltsberechtigten Personen ein. Die Eingabe erfolgt mit zwei Nachkommastellen, da unterhaltsberechtigte Personen ggf. nur teilweise berücksichtigt werden dürfen. Dabei wird die Pfändungstabelle zugrunde gelegt. Da der Arbeitgeber als Drittschuldner für die Formalität und Überweisung zuständig ist, sollte eine Erklärung über die Anzahl der zu berücksichtigenden Kinder und weitere Unterhaltsberechtigte vom Arbeitnehmer unterzeichnet werden.

Bei einer Unterhaltspfändung wird die Pfändungstabelle nicht zugrunde gelegt. Im Falle einer Unterhaltspfändung legt das Vollstreckungsgericht die Höhe des Pfändungsfreibetrages fest.

Berechnung des Pfändungsnettos (Nettomethode)

Vom gesamten Brutto werden zunächst die unpfändbaren Bezüge (mit dem Bruttobetrag) subtrahiert. Von dieser Differenz (Pfändungsbrutto) werden anschließend die gesetzlichen Abzüge aus dem reduzierten Pfändungsbrutto abgezogen; dazu wird eine fiktive Lohnabrechnung im Hintergrund durchgeführt. Per Saldo werden die gesetzlichen Abzüge aus den unpfändbaren Bezügen nur noch einmal subtrahiert; das Pfändungsnetto ist der Betrag, der sich ergeben würde, wenn der unpfändbare Betrag überhaupt nicht gezahlt worden wäre.

Hinweis: Falls der Arbeitnehmer mehrere Einkommen erhält, ist es Gläubigern möglich, alle Einkommen für die Pfändungsberechnung zusammenrechnen zu lassen. Für die Abrechnung bedeutet dies, dass nur ein Arbeitgeber die Pfändungsberechnung für das Gesamteinkommen durchführt, den Pfändungsbetrag vom Netto-Verdienst abzieht und an die Gläubiger auszahlt. In diesem Fall geben Sie das pfändbare Nebeneinkommen in das Feld *Pfändbares Nebeneinkommen (Netto)* ein.

1. Geben Sie Im Feld *Rang* eine 1 und im Feld *Anzahl Unterhaltsberechtigter* die Zahl 1,00 ein (Register *Allgemeine Daten*, siehe Bild 16.30).
2. Den Pfändungsbetrag von 600,00 EUR geben Sie im Feld *Gewöhnliche Forderung* ein.
3. Im Feld *Lohnart* geben Sie die Lohnart-Nr. *9810 gewöhnliche Pfändung* ein (Bild 16.30).

   Hinweis: Handelt es sich bei der Pfändung um eine Unterhaltspfändung, muss die Lohnart-Nr. *9811 Unterhaltspfändung* ausgewählt werden.

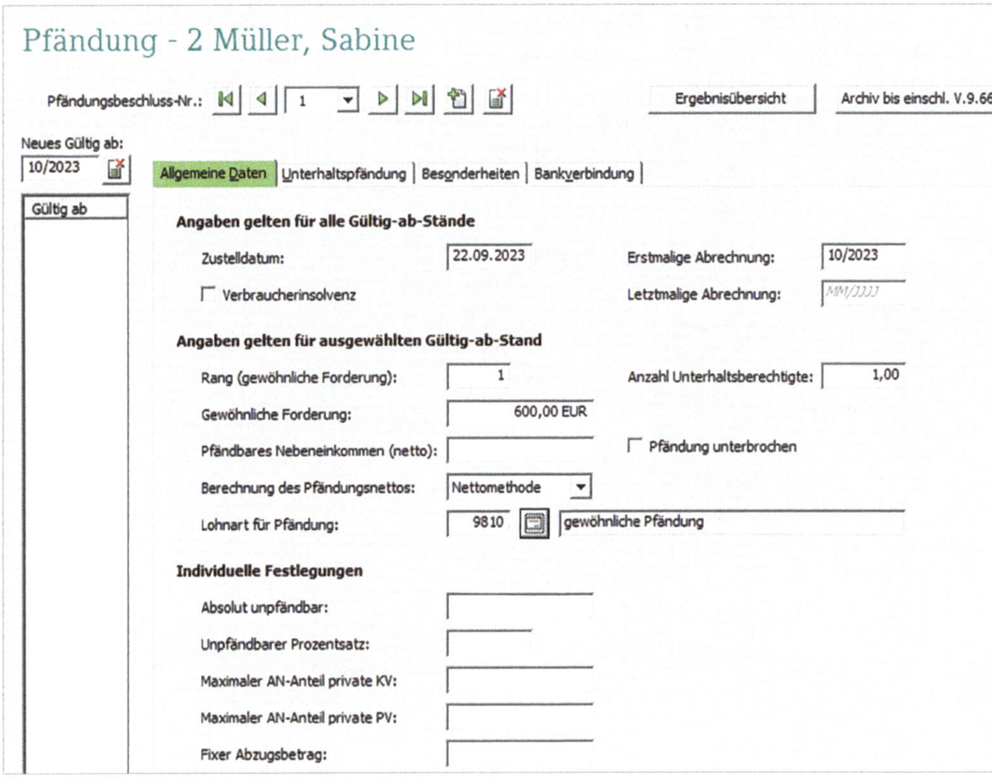

Bild 16.30 Weitere Angaben

Lohnart auf Pfändbarkeit prüfen

Achtung: Bei der Abrechnung einer Pfändung ist darauf zu achten, dass die beim Mitarbeiter abgerechneten Lohnarten in Bezug auf Pfändbarkeit für Ihre Anforderungen entsprechend geschlüsselt sind. Die verwendeten Lohnarten können über die Mandantenebene und den Menüpunkt *Erfassen* ▶ *Mandantendaten* ▶ *Anpassung Lohnarten* ▶ *Lohnarten*, Register *Gesetzliche Behandlung* überprüft werden. In Bild 16.31 als Beispiel die Lohnart 2000 Grundgehalt.

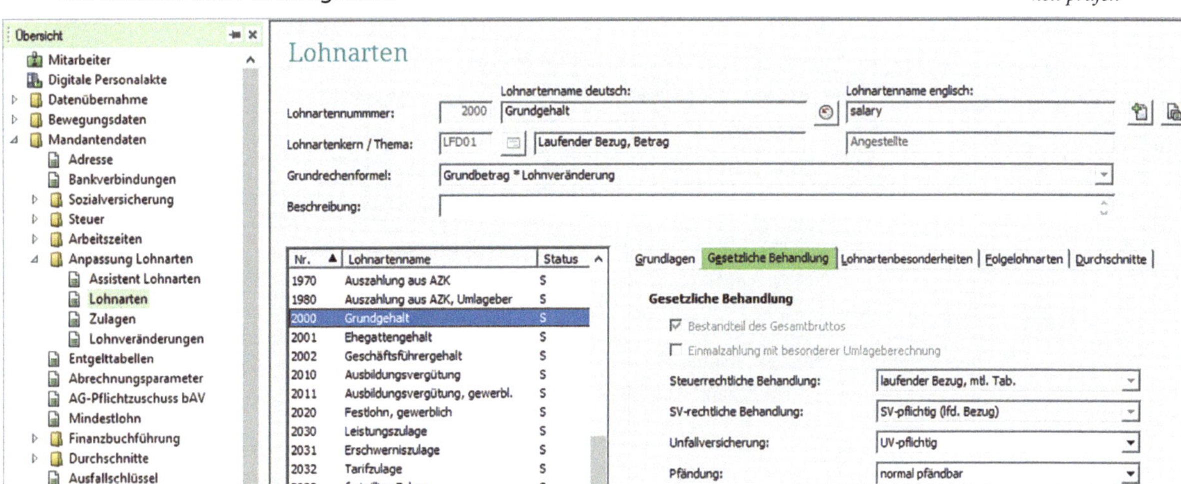

Bild 16.31 Lohnarten auf Pfändbarkeit prüfen

4 Klicken Sie auf das Register *Bankverbindung* und geben Sie - wie in Bild 16.32 dargestellt - die Adressdaten und die Bankverbindung des Gläubigers ein.

Bild 16.32 Adressdaten und Bankverbindung Gläubiger

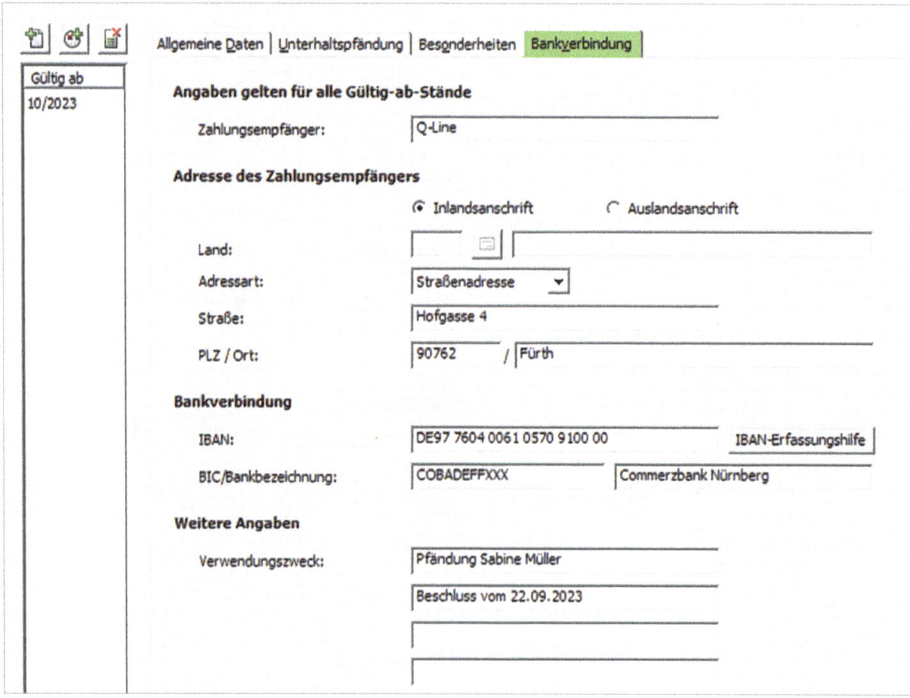

5 Klicken Sie dann auf das Register *Besonderheiten* und nehmen Sie - wie in Bild 16.33 dargestellt - die folgenden Festlegungen zur Pfändbarkeit vor.

Bild 16.33 Festlegungen zur Pfändbarkeit

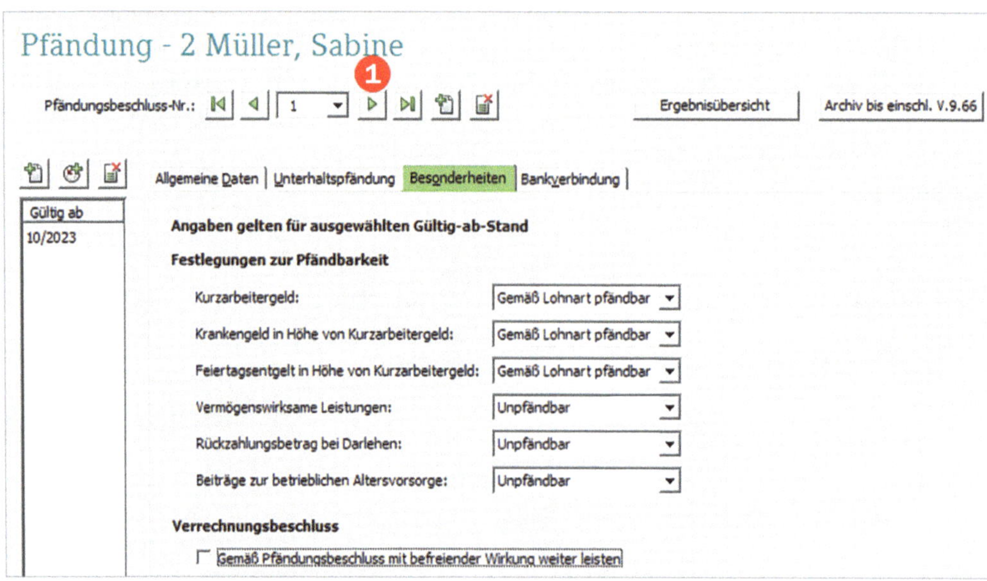

6 Damit sind alle erforderlichen Daten für die Pfändung erfasst. Speichern Sie die Einstellungen mit Klick auf das Symbol *Fensterinhalt speichern*.

Hinweise: Bei mehreren Pfändungen benutzen Sie die Navigationsschaltflächen ❶, um zur nächsten bzw. zur vorherigen zu wechseln. Zudem stehen die Schaltflächen *Neue Pfändung anlegen* und *Pfändung löschen* zur Verfügung:

Pfändung in der Probeabrechnung testen

7 Um den Betrag für die Pfändung zu testen, wählen Sie den Menüpunkt *Abrechnung* ▶ *Probeabrechnung…* oder klicken Sie auf das Symbol *Probeabrechnung durchführen* in der Standardsymbolleiste und anschließend auf die Schaltfläche *OK*.

TZ1 129805/ 480/00002

Abrechnung der Brutto/Netto-Bezüge für Oktober 2023 — 05.01.2024 Blatt 1

Personal-Nr.	Geburtsdatum	StKl	Faktor	Ki.Frbtr.	Konfession	Freibetrag jährl.[1]	Freibetrag mtl.[1]	DBA	Midijob	St.-Tg.
00002	020385	4		05	ev					30

VJ Url. üb.	Url. Anspr.	Url.Tg.gen.	Resturlaub
	2400	400	2000

SV-Nummer	Krankenkasse	KK %[8]	PGRS	BGRS	Um.	SV-Tg.
58020385W525	EK BARMER	161	101	1111	1	30

Anw. Tage	Urlaub Tage	Krankh. Tg.	Fehlz. Tage

Probeabrechnung

Eintritt	Austritt
010206	

Anw. Std.	Urlaub Std.	Krankh. Std.	Fehlz. Std.

Steuer-ID	MFB[7]
92634845100	

Zeitlohn Std.	Überstd.	Bez. Std.

Perm GmbH*Löhrstraße 45*56068 Koblenz

Pers.-Nr. 00002

B/N
TZ1
00480

Hinweise zur Abrechnung
Kst. 2000 Wöch.Arb.Zt. 40,00
Std.lohn 1

Sabine Müller
Hohlweg 80
56070 Koblenz

Brutto-Bezüge

Lohnart	Bezeichnung	Einheit[2]	Menge[3]	Faktor[3]	Prozentsatz	St[4]	SV[4]	GB[5]	Betrag
2000	Grundgehalt					L	L	J	3.000,00
2900	AG-Zusch. f.Jobticket, st-frei					F	F	J	49,00
3040	Gehaltsverzicht, mtl.					L	L	N	75,00-
3100	AG-Anteil VWL,lfd					L	L	J	20,00
4810	Betriebl.AV, lfd, §10a EStG					L	L	N	75,00
5240	bAV AG-Pflichtz,st-svpfl,lfd					L	L	N	11,25

Gesamt-Brutto 3.069,00

Steuer/Sozialversicherung

St[4]	Steuer-Brutto	Lohnsteuer	Kirchensteuer	Solidaritätszuschlag
L	3.03125	35025	2677	

Steuerrechtliche Abzüge 377,02

SV[4]	KV-Brutto	RV-Brutto	AV-Brutto	PV-Brutto	KV-Beitrag	RV-Beitrag	AV-Beitrag	PV-Beitrag[6]
L	3.03125	3.03125	3.03125	3.03125	24401	28191	3941	5153

SV-rechtliche Abzüge 616,86

Netto-Verdienst 2.075,12

Verdienstbescheinigung

Gesamt-Brutto	31.09555	SV-Brutto	30.75280
Steuer-Brutto	30.75280	KV-Beitrag	2.47561
Lohnsteuer	3.61461	RV-Beitrag	2.86002
Kirchensteuer	27844	AV-Beitrag	39979
Solidaritätszuschlag		PV-Beitrag	48980
Steuerfreie Bezüge	35400	VWL gesamt	40000
P. verst. Zuk.sich.		Kug-Auszahlung	
Pfändung Rest	56002		
Darlehen Rest			

Netto-Bezüge/Netto-Abzüge

Lohnart	Bezeichnung	Betrag
9010	Fahrtkosten	49,00-
9810	gewöhnliche Pfändung ❶	39,98-
9820	Gehaltsverzicht bAV	75,00-
9840	VWL	40,00-

Bank Commerzbank Koblenz
Konto DE55 5708 0070 0005 2XXX XX

SV-AG-Anteil	Zus. AG-Kosten	Gesamtkosten	Auszahlungsbetrag
61686			1.871,14

1 H = Hinzurechnungsbetrag
2 Std = Stunden, T = Tage, Km = Kilometer, St = Stück
EUR = Euro, Tsd = Tausend Euro, Mio = Million Euro
3 Gegebenenfalls Netto-Lohn/Netto-Stundenlohn
4 L = Laufender Bezug, S = Sonstiger Bezug, F = Frei, E = Einmalbezug, P = Pauschalierung, A = Abfindung, M = mehrjährige Versteuerung, N = Nachberechnung, V = Vorjahr, W = Entgeltguthaben
5 J = Bestandteil des Gesamt-Bruttos
6 Z = Einschl. Beitragszuschlag zur PV für Kinderlose
7 MFB = Mehrfachbeschäftigung
8 Maßgeblicher Beitragssatz zur KV inkl.. Zusatzbeitrag

- Dies ist eine Entgeltbescheinigung nach § 108 Abs. 3 Satz 1 der Gewerbeordnung -

AFP Form.-Nr. PCGN14

DATEV

PROBEABRECHNUNG

Bild 16.34 Probeabrechnung Sabine Müller

❶ Nettoabzug: Lohnart 9810, gewöhnliche Pfändung. Errechneter Wert aus der programminternen Pfändungstabelle

8 Schließen Sie dann die Probeabrechnung für Sabine Müller wieder.

Download

Die Probeabrechnung ist auch zum Download verfügbar. Ordner: Kap16_10_Oktober_2023.

Die Lösungen finden Sie im Lösungsbuch

Wiederholungsübung: Bewegungsdaten für den Monat Oktober 2023 erfassen und Monatsabschluss durchführen

Teil 1 - Bewegungsdaten erfassen

Aufgabe 1

Herr Walther Vogel, Kostenstelle Verwaltung, hat im Oktober 2023 zusätzlich 5,5 Überstunden geleistet.

Aufgabe 2

Frau Marion Wegmann, Kostenstelle Technik, hat im Monat Oktober im Akkord 1.965 Rechner und 2.035 Monitore produziert. Für den Feiertag 03.10.2023 (Tag der deutschen Einheit) müssen 7 Feiertagsstunden abgerechnet werden.

Aufgabe 3

Herr Wolfgang Weber, Kostenstelle Technik, hat im Monat Oktober im Akkord 1.535 Rechner und 2.815 Monitore produziert. Für den Feiertag 03.10.2023 (Tag der deutschen Einheit) müssen 7 Feiertagsstunden abgerechnet werden.

Aufgabe 4

Frau Marianne Hild, Kostenstelle Verkauf, hat im Oktober 2023 zusätzlich 14 Überstunden geleistet. Vom 02.10.2023 bis 12.10.2023 hat sie Urlaub.

Aufgabe 5

Frau Sabine Müller hat vom 09.10.2023 bis einschließlich 20.10.2023 Urlaub.

Teil 2 - Besonderheiten

Die Lösungen zu den Aufgaben 1 und 2 finden Sie im Lösungsbuch

Aufgabe 1 - Frau Marion Wegmann

Ihr wird ein Pfändungsbeschluss einer gewöhnlichen Pfändung mit dem Zustelldatum 12.10.2023 zugesandt.

- Es sind der erste Rang und keine unterhaltsberechtigten Personen zu hinterlegen, Pfändungsbetrag: 800,00 EUR
- Gläubiger ist Rechtsanwalt Herr Peter Müller, Löhrstraße 166, 56068 Koblenz. Bankverbindung: Sparkasse Koblenz, IBAN: DE54 5705 0120 0000 2641 19
  BIC: MALADE51KOB,
  Verwendungszweck: Pfändung Marion Wegmann, Beschluss vom 12.10.2023

  Die Besonderheiten bezüglich der Pfändbarkeit legen Sie, wie in Bild 16.33 auf Seite 414 abgebildet, fest.

Erklärung zur Lohn- und Gehaltspfändung des Arbeitnehmers über unterhaltsberechtigte Personen
(zur Vorlage beim Arbeitgeber)

Vor- und Nachname	Marion Wegmann
Straße	Engerser Landstr. 218
PLZ, Ort	56564 Neuwied
Abteilung/Personalnummer	Technik / 3

Familienstand	☒ Ledig
	☐ verheiratet seit: ....
	☐ getrennt lebend seit: ....
	☐ geschieden seit: ....
	☐ verwitwet seit: ....
	☐ Eingetragene Lebenspartnerschaft seit ....

Kinder Nicht zu berücksichtigen sind Stief- und Pflegekinder, auch wenn sie im Haushalt des Arbeitnehmers leben und tatsächlich von ihm unterhalten werden.	Anzahl meiner leiblichen Kinder, die in meinem Haushalt leben: .... (Meldebescheinigung beifügen)
	Anzahl meiner leiblichen Kinder, die **NICHT** in meinem Haushalt leben und denen ich Unterhalt **zahle:** .... (bei volljährigen Kindern je Kind einen Abstammungsnachweis + Zahlungsbelege beifügen)
weitere Unterhaltsberechtigte Nicht zu berücksichtigen sind Lebensgefährten in einer nichtehelichen Lebensgemeinschaft, Geschwister und Schwiegereltern	Andere Verwandte in gerade Linie, die in meinem Haushalt leben oder denen ich in bar Unterhalt gewähre (außer leibliche Kinder). ☐ JA ☒ NEIN Wenn Ja, Anzahl der Personen: .... (für jede Person einen Abstammungsnachweis + Zahlungsbelege beifügen)

Ich bestätige die Richtigkeit und Vollständigkeit meiner Angaben. Sollten sich Änderungen bezüglich meiner unterhaltsberechtigten Personen ergeben, werde ich diese umgehend meinem Arbeitgeber mitteilen.
Ich bin einverstanden, dass diese Erklärung an meine Gläubiger weitergereicht werden darf.

Neuwied, den 12.10.2023 — Marion Wegmann
Ort, Datum — Unterschrift Arbeitnehmer/in

Aufgabe 2 - Herr Wolfgang Weber

Herr Wolfgang Weber hat über den Arbeitgeber ab Oktober einen Vertrag für die betriebliche Altersvorsorge in eine Pensionskasse abgeschlossen.

- Aus Gehaltsumwandlung sollen monatlich 120,00 EUR steuerfrei bezahlt werden. Beginn: 10/2023, Ende: 09/2035. Zeitpunkt der Versorgungszusage: 01.10.2023
- Versicherungsunternehmen: Zumdick AG, Vertragsnummer: 152635/1W25.

Bankverbindung: Sparkasse Rhein-Neckar Nord, IBAN: DE93 6705 0505 0038 0038 01 BIC: MANSDE66XXX

Verwendungszweck: Erstes Eingabefeld: Wolfgang Weber, Zweites Eingabefeld: Pensionskasse.

Damit sind alle Bewegungsdaten für den Monat Oktober 2023 erfasst.

Download

Die Musterlösungen mit der endgültigen Lohnabrechnung im Monat Oktober, den Lohnkonten und den Monatsauswertungen sind im PDF-Format zum Download verfügbar.

Ordner: Kap16_10_Oktober_2023

Die Lösungen zu den Aufgaben 2 und 3 finden Sie im Lösungsbuch

Teil 3 - Monatsabschluss

Aufgabe 1

Sichern Sie den Mandanten Perm GmbH.

Aufgabe 2

Führen Sie die Abrechnung aller Mitarbeiter für den Monat 10/2023 durch.

Aufgabe 3

Schließen Sie den Monat Oktober 2023 ab und senden Sie die offenen RZ-Aufträge.

17 Lohn- und Gehaltsabrechnung Monat November

In diesem Kapitel erfahren Sie, wie ...

- die Abrechnung von Weihnachtsgeld durchgeführt wird,
- Sie Mutterschaftsfristen hinterlegen.

17.1 Abrechnen von Weihnachtsgeld

Ausgangssituation
Im November wird das Weihnachtsgeld für die Mitarbeiter der Firma Perm GmbH abgerechnet. Gemäß den Betriebsvereinbarungen gilt für die Belegschaft folgende Regelung:

- Herr Walther Vogel erhält ein Weihnachtsgeld von 2.850,00 EUR.
- Frau Wegmann, Herr Weber und Frau Müller erhalten jeweils ein Weihnachtsgeld von 1.950,00 EUR.
- Frau Jeanette Beier erhält ein Weihnachtsgeld von 500,00 EUR.
- Frau Marianne Hild erhält ein Weihnachtsgeld von 750,00 EUR.

Berechnung von Weihnachtsgeld

Weihnachtsgeld wird als jährlicher Bezug in den Stammdaten der Mitarbeiter eingetragen. Als Lohnart wird die Lohnart 4401 Weihnachtsgeld, jhrl. brutto verwendet. Der Aufbau der Lohnart Weihnachtsgeld:

Nr.	Bezeichnung	Lohnartenkern	Faktor-schlüssel	Steuer	SV
4401	Weihnachtsgeld, jhrl. brutto	WGD01*	BT00	son**	jhrl.

JHL01* Weihnachtsgeld jährlicher Bezug
son** sonstiger Bezug, jhrl. Tab.

Weihnachtsgeld erfassen

Der abzurechnende Betrag ist in den Mitarbeiter-Stammdaten oder in den Bewegungsdaten zu erfassen. Um das Weihnachtsgeld von Herrn Walther Vogel zu erfassen, gehen Sie wie folgt vor:

1. Öffnen Sie den Mitarbeiter Herrn Walther Vogel.
2. Wählen Sie den Menüpunkt *Erfassen* ▶ *Stammdaten* ▶ *Entlohnung* ▶ *Bezüge/Abzüge* oder öffnen Sie in der Übersicht den Ordner *Entlohnung* und klicken anschließend doppelt auf *Bezüge/Abzüge* ❶.
3. Klicken Sie auf die Schaltfläche *Neuen Be-/Abzug anlegen* ❷ (Bild 17.1).

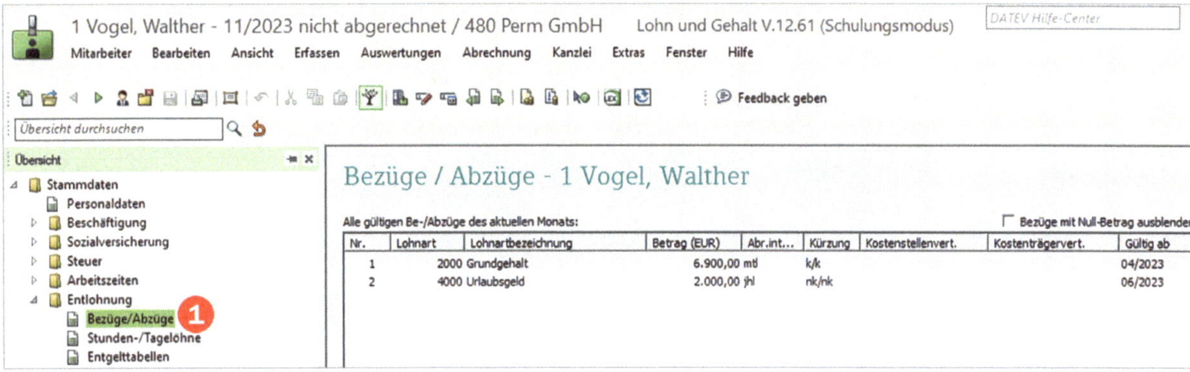

Bild 17.1 Neuen Be-/Abzug anlegen

4 Klicken Sie in der Spalte *Lohnart* auf das Symbol *Lohnart auswählen* ❸, wählen Sie die Lohnart *4401 Weihnachtsgeld* aus ❹ und übernehmen Sie die Auswahl mit der Schaltfläche *OK*.

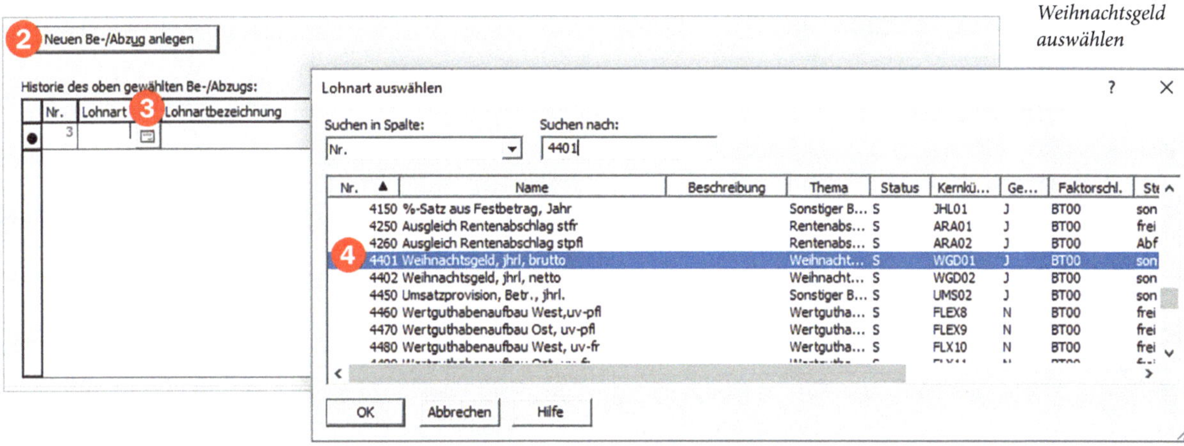

Bild 17.2 Lohnart Weihnachtsgeld auswählen

5 Im Feld *Betrag* geben Sie das Weihnachtsgeld von 2.850,00 EUR ein und wählen in der Spalte *Abr.-Intervall* (Abrechnungsintervall) *jhl* bzw. *jährlich* aus (Bild 17.3).

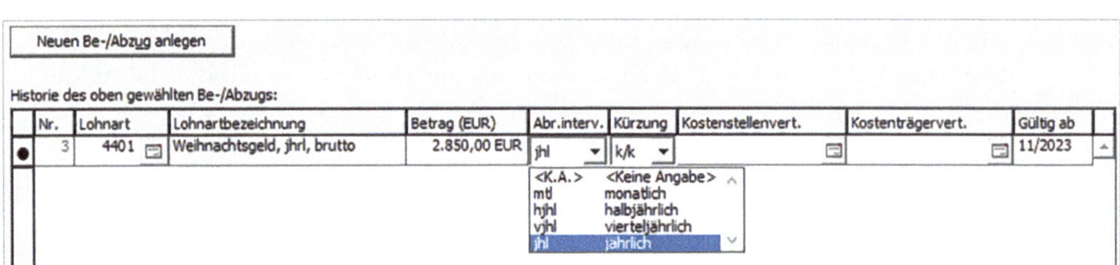

Bild 17.3 Abrechnungsintervall jährlich

6 Das Weihnachtsgeld kann im Ausfallmonat und im Teilmonat gekürzt werden. Wir übernehmen daher in der Spalte *Kürzung* die Standardeinstellung *k/k* für Teilmonat kürzen/ Ausfallmonat kürzen. *11/2023* im Feld *Gültig ab* wird programmseitig automatisch eingetragen.

7 Speichern Sie abschließend die Eingaben, indem Sie auf das Symbol *Fensterinhalt speichern* klicken.

Das Weihnachtsgeld von Herrn Walther Vogel in Höhe von 2.850,00 EUR ist damit als Einmalbezug hinterlegt. In der Übersicht werden nun das laufende Grundgehalt, das einmalige Urlaubsgeld und das einmalige Weihnachtsgeld aufgeführt (Bild 17.4).

Bild 17.4 Übersicht

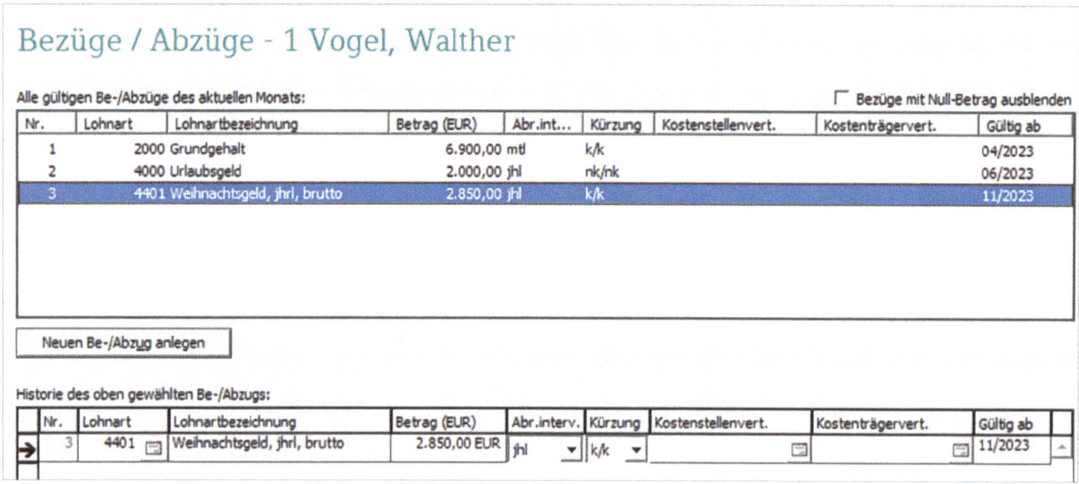

Bezüge / Abzüge - 1 Vogel, Walther

Alle gültigen Be-/Abzüge des aktuellen Monats: ☐ Bezüge mit Null-Betrag ausblenden

Nr.	Lohnart	Lohnartbezeichnung	Betrag (EUR)	Abr.int...	Kürzung	Kostenstellenvert.	Kostenträgervert.	Gültig ab
1	2000	Grundgehalt	6.900,00	mtl	k/k			04/2023
2	4000	Urlaubsgeld	2.000,00	jhl	nk/nk			06/2023
3	4401	Weihnachtsgeld, jhrl, brutto	2.850,00	jhl	k/k			11/2023

Neuen Be-/Abzug anlegen

Historie des oben gewählten Be-/Abzugs:

Nr.	Lohnart	Lohnartbezeichnung	Betrag (EUR)	Abr.interv.	Kürzung	Kostenstellenvert.	Kostenträgervert.	Gültig ab
3	4401	Weihnachtsgeld, jhrl, brutto	2.850,00 EUR	jhl	k/k			11/2023

Übung: Weihnachtsgeld als Einmalzahlung erfassen

Die Lösungen finden Sie im Lösungsbuch

Aufgabe 1

Erfassen Sie das Weihnachtsgeld von Frau Marion Wegmann, Herrn Wolfgang Weber und Frau Sabine Müller von jeweils 1.950,00 EUR als Einmalbezug. Das Weihnachtsgeld soll im Ausfallmonat und im Teilmonat gekürzt werden.

Aufgabe 2

Erfassen Sie das Weihnachtsgeld von Frau Jeanette Beier in Höhe von 500,00 EUR als Einmalbezug. Das Weihnachtsgeld soll im Ausfallmonat und im Teilmonat gekürzt werden.

Aufgabe 3

Erfassen Sie das Weihnachtsgeld von Frau Marianne Hild in Höhe von 750,00 EUR als Einmalbezug. Das Weihnachtsgeld soll im Ausfallmonat und im Teilmonat gekürzt werden.

17.2 Mutterschaftsfristen erfassen

Ausgangssituation
Für Frau Marion Wegmann liegt ein ärztliches Attest vor, in dem bestätigt wird, dass sie im Mai nächsten Jahres ein Kind erwartet. Der Entbindungstermin ist voraussichtlich der 20.05.2024.

Beginn Mutterschutz: 08.04.2024, Ende Mutterschutz: 15.07.2024

Die Daten für den Mutterschutz sind in den Mitarbeiter-Stammdaten zu hinterlegen. Dazu gehen Sie - wie nachfolgend dargestellt - vor:

1 Öffnen Sie die Mitarbeiterin Frau Marion Wegmann.

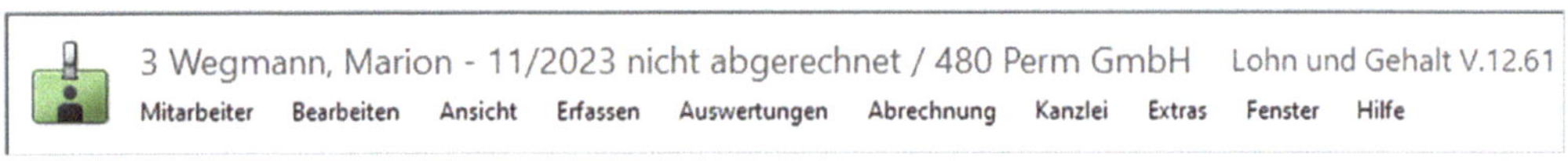

2 Wählen Sie den Menüpunkt *Erfassen* ▶ *Stammdaten* ▶ *Besonderheiten* ▶ *Mutterschutz* oder öffnen Sie in der Übersicht den Ordner *Besonderheiten* und klicken danach doppelt auf den Eintrag *Mutterschutz* (Bild 17.5).

3 Geben Sie im Feld *Wahrscheinlicher Tag der Entbindung* den 20.05.2024 ein (Bild 17.5). Beginn und Ende der Mutterschutzfrist werden vom Programm automatisch ermittelt.

Bild 17.5 Entbindungstermin eintragen

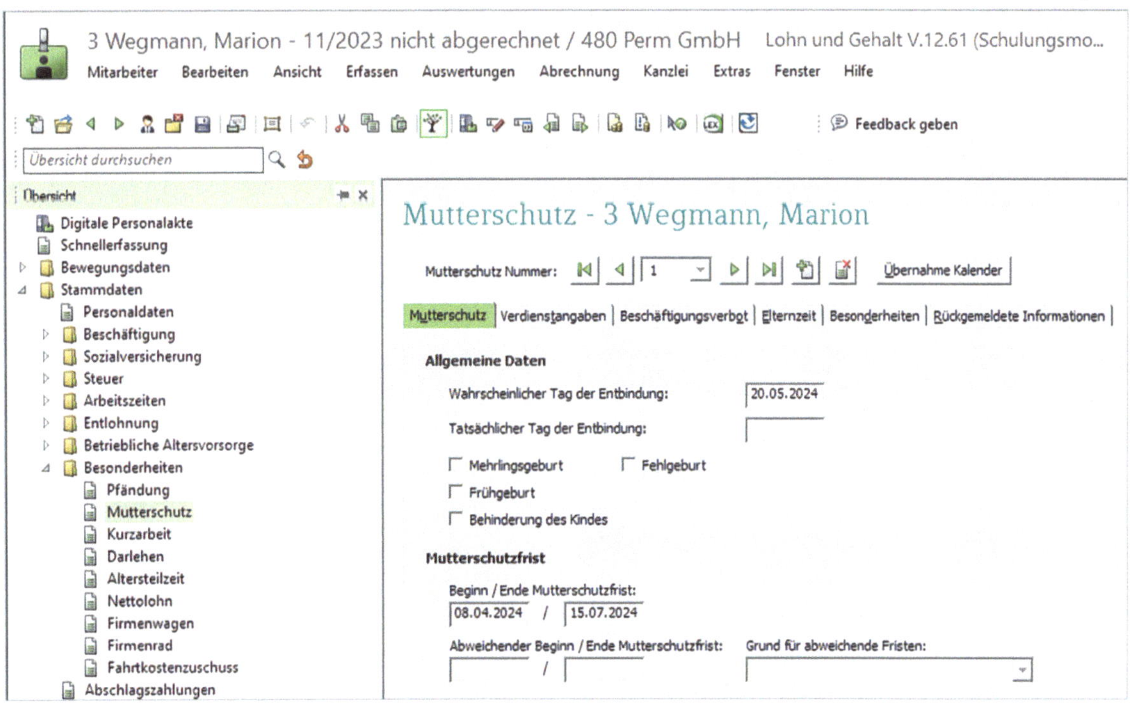

4 Klicken Sie dann auf das Register *Verdienstangaben*. Im Feld *Lohnart Zuschuss z. Mutterschaftsgeld* wird automatisch die Lohnart *3300 Zuschuss zum Mutterschaftsgeld* eingetragen (Bild 17.6).

Bild 17.6 Die Lohnart wurde automatisch eingetragen

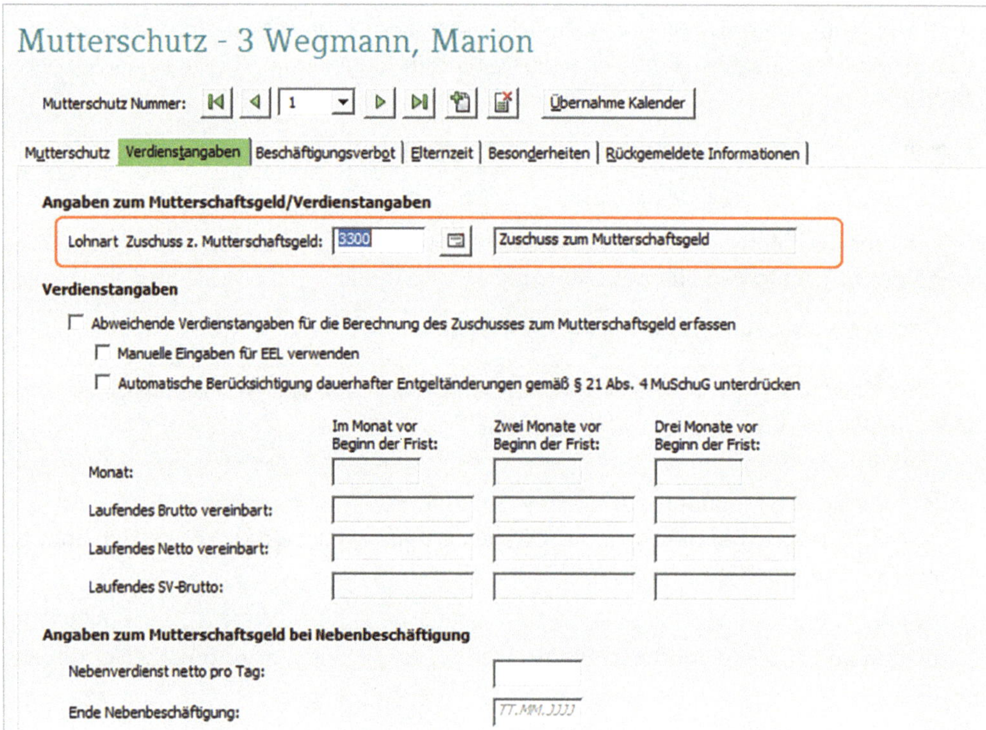

Berechnung des Zuschusses zum Mutterschaftsgeld

Bei der Berechnung des Nettoarbeitsentgelts pro Kalendertag ist nach Auffassung der Krankenkassen wie folgt zu verfahren:

- Division des Nettoverdienstes der letzten drei Monate durch 90, wenn das Entgelt nach Monaten bemessen ist (Gehaltsempfänger).
- Bei allen anderen Entlohnungsformen (z. B. Stundenlohn) Division des Nettoverdienstes durch die tatsächlichen Kalendertage im Zeitraum von drei Monaten vor Beginn der Mutterschutzfrist.

Die Berechnung des Zuschusses zum Mutterschaftsgeld wird deshalb anhand des Feldes *Standardentlohnung* durchgeführt. Bei Standardentlohnungsform Gehalt wird mit 90 Tagen gearbeitet, ansonsten mit Kalendertagen.

Mutterschutzfristen in den Kalender übernehmen

5 Die Mutterschutzfristen können in den Kalender 2024 übernommen werden. Dazu klicken Sie auf die Schaltfläche *Übernahme Kalender*. Anschließend erhalten Sie eine Meldung (Bild 17.7), die Sie mit *OK* bestätigen.

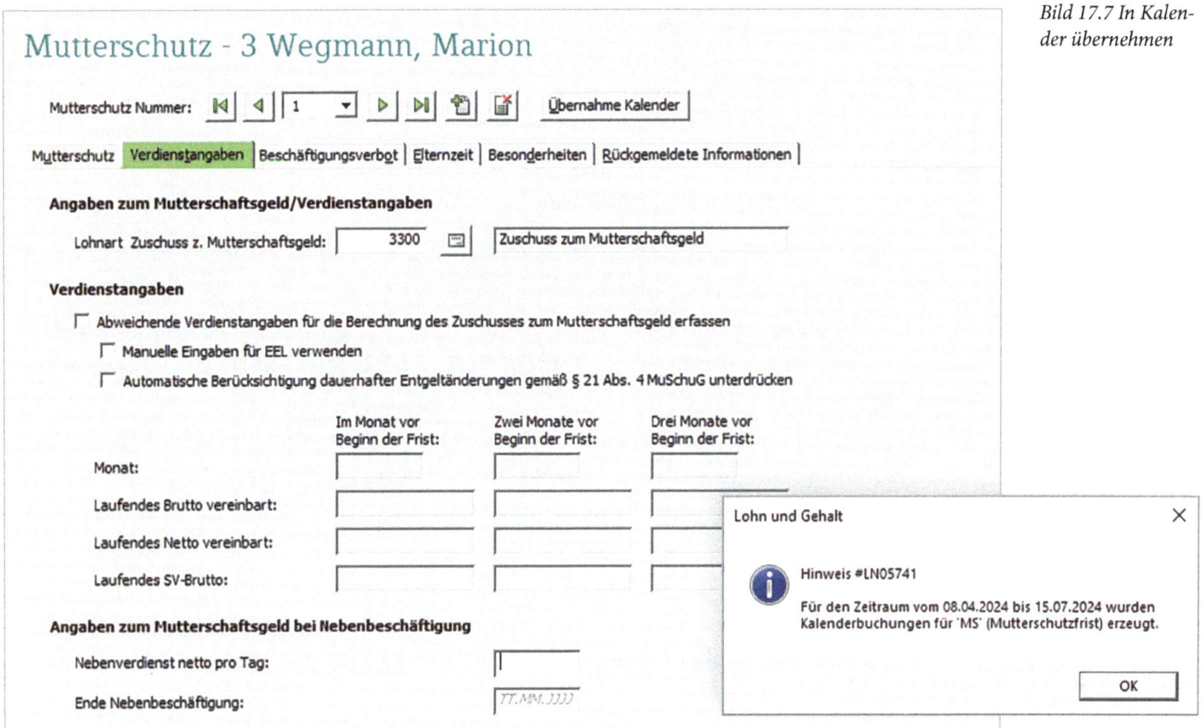

Bild 17.7 In Kalender übernehmen

6 Die Angaben zur Mutterschutzfrist für die Mitarbeiterin Frau Wegmann sind erfasst und im Kalender hinterlegt.

Wiederholungsübung

Teil 1 - Bewegungsdaten erfassen

Die Lösungen zur Aufgabe 1, 3 und 4 finden Sie im Lösungsbuch

Aufgabe 1

Bearbeiten Sie für die Monatsabrechnung November 2023 die folgenden Vorgänge:

- Herr Walther Vogel, Kostenstelle Verwaltung, hat im November 7 Überstunden zusätzlich geleistet.
- Frau Sabine Müller, Kostenstelle Verwaltung, hat im Monat November 6 Überstunden zusätzlich geleistet. Vom 02.11.2023 bis einschließlich 03.11.2023 hat sie Urlaub.

Erfassen Sie über den Kalender die regulären Arbeitsstunden im Monat November 2023 für die Arbeitnehmerin Frau Marion Wegmann, Kostenstelle Technik. Für den Feiertag, 01.11.2023 (Allerheiligen) müssen 7 Feiertagsstunden abgerechnet werden.

Erfassen Sie über den Kalender die regulären Arbeitsstunden im Monat November 2023 für den Arbeitnehmer Herr Wolfgang Weber, Kostenstelle Technik. Für den Feiertag, 01.11.2023 (Allerheiligen) müssen 7 Feiertagsstunden abgerechnet werden.

Frau Marianne Hild, Kostenstelle Verkauf, hat im November 4 Überstunden zusätzlich gearbeitet.

Damit sind alle Bewegungsdaten für den Monat November 2023 erfasst.

Teil 2 - Monatsabschluss durchführen

Aufgabe 2

Sichern Sie den Mandanten Perm GmbH.

Aufgabe 3

Führen Sie die Abrechnung aller Mitarbeiter für November 2023 durch.

Aufgabe 4

Schließen Sie den Monat November 2023 ab und senden Sie die RZ-Aufträge.

Download

Die Musterlösungen zur endgültigen Lohnabrechnung des Monats November, sowie die Lohnkonten und Monatsauswertungen finden Sie im PDF-Format zum Download. Ordner: Kap17_11_November_2023.

18 Lohn- und Gehaltsabrechnung Monat Dezember

In diesem Kapitel erfahren Sie, ...

- wie der Lohnsteuerjahresausgleich durch den Arbeitgeber aktiviert und für bestimmte Arbeitnehmer deaktiviert werden kann,
- wie Sie den Urlaubsanspruch der Mitarbeiter am Jahresende kontrollieren,
- wie Sie alle für den Jahreswechsel notwendigen Auswertungen erstellen können.

18.1 Lohnsteuerjahresausgleich durch den Arbeitgeber aktivieren

Der Lohnsteuerjahresausgleich durch den Arbeitgeber dient dazu, die monatlich einbehaltene Lohnsteuer nach Ablauf des Kalenderjahres anhand der Jahreslohnsteuertabelle zu überprüfen. Falls sich zeigt, dass während des Jahres zu viel Lohnsteuer einbehalten wurde, wird dieser einbehaltene Betrag dem Arbeitnehmer erstattet.

Wenn ein Arbeitgeber den Lohnsteuerjahresausgleich durchführt, muss er auch den Kirchensteuerjahresausgleich und eventuell den Ausgleich des Solidaritätszuschlags durchführen. Arbeitgeber, welche am 31. Dezember des Kalenderjahres mindestens 10 Arbeitnehmer beschäftigen, sind gesetzlich verpflichtet, den Lohnsteuerjahresausgleich durchzuführen. Falls der Arbeitgeber weniger als 10 Arbeitnehmer beschäftigt, ist er zur Durchführung des Lohnsteuerjahresausgleichs berechtigt, dies ist jedoch nicht verpflichtend.

Lohnsteuerjahresausgleich durchführen

Um den Lohnsteuerjahresausgleich für die Firma Perm GmbH zu aktivieren, gehen Sie - wie nachfolgend beschrieben - vor:

1 Wählen Sie den Menüpunkt *Erfassen* ▶ *Mandantendaten* ▶ *Steuer* ▶ *Berechnung* oder doppelklicken Sie in der Übersicht im Ordner *Mandantendaten* ❶ auf *Berechnung* ❷ (Bild 18.1).

2 Klicken Sie in der Gruppe *Lohnsteuer-/Kirchensteuer-Jahresausgleich im Dezember* auf die Option *Lohnsteuer-Jahresausgleich (nur Erstattung)* ❸.

Bild 18.1 Lohnsteuerjahresausgleich durchführen

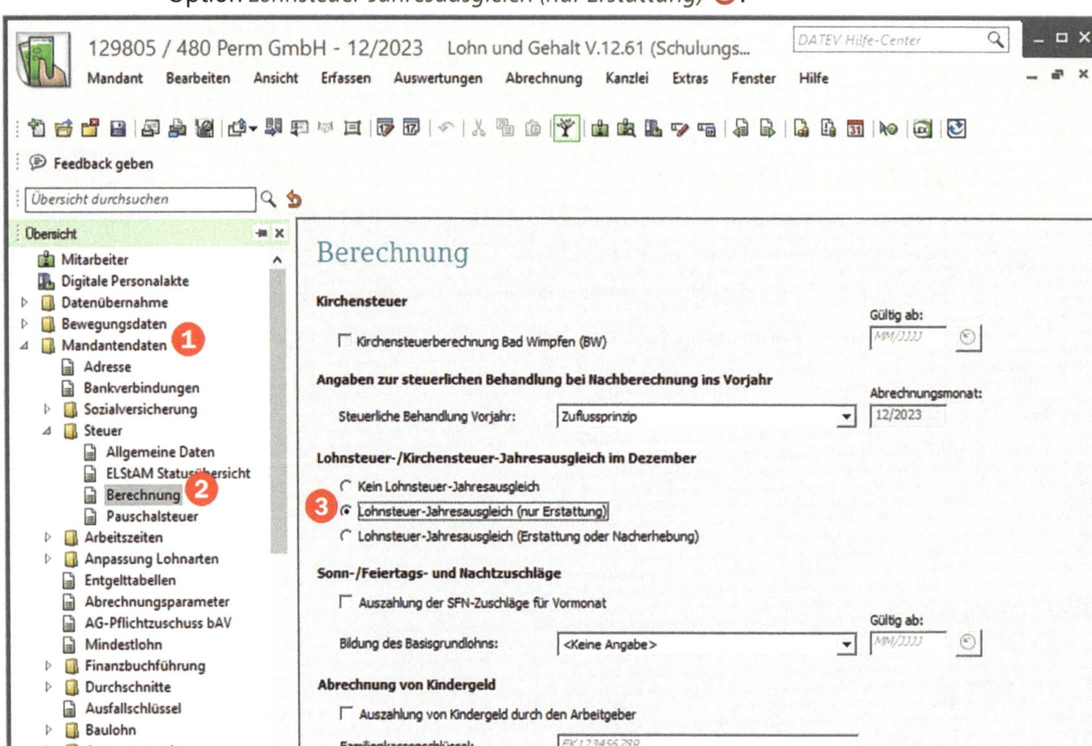

Achtung: Das Programm führt damit automatisch einen Lohnsteuerjahresausgleich durch, wenn sich für den jeweiligen Mitarbeiter eine Lohnsteuer-Erstattung ergibt.

Wann wird kein Lohnsteuerjahresausgleich durchgeführt?

Bei der Durchführung des Lohnsteuerjahresausgleichs sind bestimmte Ausschlusskriterien mit zu berücksichtigen. Ein Lohnsteuerjahresausgleich ist nicht durchzuführen, wenn im Abrechnungsjahr eine Unterbrechung vorlag, wenn ein Steuerklassenwechsel durchgeführt wurde oder Pauschalsteuerzeiten z. B. Wechsel bei geringfügig Beschäftigten zu sozialversicherungspflichtiger Beschäftigung vorlag. Weitere Gründe könnten sein:

- Progressionsvorbehalt, z. B. Zuschuss zum Mutterschaftsgeld
- Steuerfreie Bezüge nach DBA/ATE (DBA = Doppelbesteuerungsabkommen, ATE = Auslandstätigkeitserlass).
- Austritt aus der Firma vor dem 31.12. falls der Mitarbeiter einen Freibetrag oder einen Hinzurechnungsbetrag hat (negativer Freibetrag).

Im Fall der Firma Perm GmbH darf für Herrn Walther Vogel wegen Wechsels der Steuerklasse, für Frau Sabine Müller wegen Unterbrechung der Beschäftigung durch Krankheit und für Frau Marianne Hild, da die Arbeitnehmerin nicht während des gesamten Kalenderjahrs beim selben Arbeitgeber beschäftigt war, kein Lohnsteuerjahresausgleich aktiviert werden.

Lohnsteuerjahresausgleich deaktivieren

Um den Lohnsteuerjahresausgleich auf der Mitarbeiterebene zu deaktivieren, gehen Sie wie folgt vor:

1 Öffnen Sie den Mitarbeiter Herrn Walther Vogel.

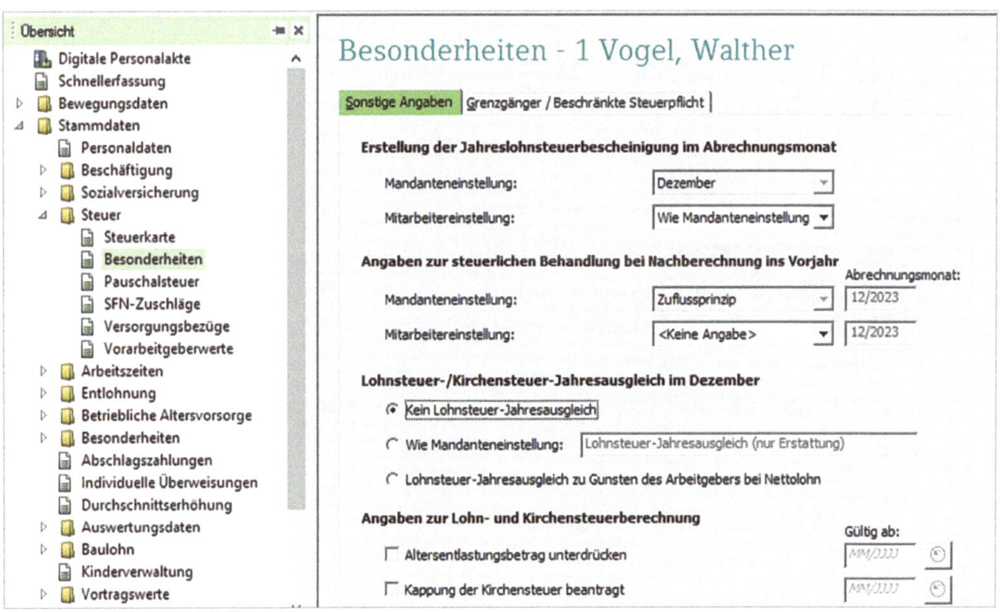

Bild 18.2 Lohnsteuerjahresausgleich für Mitarbeiter deaktivieren

2 Wählen Sie den Menüpunkt *Erfassen* ▶ *Stammdaten* ▶ *Steuer* ▶ *Besonderheiten* oder öffnen Sie in der Übersicht den Ordner *Stammdaten*, öffnen dann mit Doppelklick den Ordner *Steuer* und klicken abschließend doppelt auf den Eintrag *Besonderheiten* (Bild 18.2).

3 Standardmäßig ist die Option *Wie Mandanteneinstellung (Lohnsteuer-Jahresausgleich)* aktiviert. Klicken Sie auf die Option *Kein Lohnsteuer-Jahresausgleich* (Bild 18.2). Speichern Sie dann die Einstellungen, indem Sie auf das Symbol *Fensterinhalt speichern* klicken.

Die Lösungen finden Sie im Lösungsbuch

Übung: Lohnsteuerjahresausgleich auf der Mitarbeiterebene deaktivieren

Aufgabe 1

Deaktivieren Sie für Frau Sabine Müller den Lohnsteuerjahresausgleich auf Mitarbeiterebene wegen *Unterbrechung der Beschäftigung durch Krankheit*.

Die Lösungen finden Sie im Lösungsbuch

Wiederholungsübung: Bewegungsdaten erfassen und Monatsabschluss durchführen

Bearbeiten Sie für die Monatsabrechnung Dezember folgende Vorgänge:

Aufgabe 1

- Herr Walther Vogel, Kostenstelle 2000, Verwaltung, hat im Dezember 2023 insgesamt 7,5 Überstunden geleistet.
- Im Zeitraum vom 21.12.2023 bis einschließlich 30.12.2023 hat er Urlaub.

Aufgabe 2

- Frau Sabine Müller, Kostenstelle Verwaltung, hat im Monat Dezember 2023 insgesamt 8 Überstunden geleistet.
- Im Zeitraum vom 21.12.2023 bis einschließlich 22.12.2023 hat sie Urlaub.

Aufgabe 3

- Frau Marion Wegmann, Kostenstelle 3000 Technik, hat im Zeitraum vom 18.12.2023 bis einschließlich 30.12.2023 Urlaub. Für die Weihnachtsfeiertage 25.12. und 26.12.2023 (1. und 2. Weihnachtstag) müssen insgesamt 14 Feiertagsstunden abgerechnet werden.
- Die übrigen Arbeitstage im Monat Dezember werden mit dem Stundenlohn lt. Tarif abgerechnet.

Aufgabe 4

- Herr Wolfgang Weber, Kostenstelle 3000 Technik, hat im Zeitraum vom 11.12.2023 bis einschließlich 30.12.2023 Urlaub. Für die Weihnachtsfeiertage 25.12. und 26.12.2023 (1. und 2. Weihnachtstag) müssen insgesamt 14 Feiertagsstunden abgerechnet werden.
- Die übrigen Arbeitstage im Monat Dezember werden mit dem Stundenlohn lt. Tarif abgerechnet.

Aufgabe 5

- Frau Jeanette Beier hat im Zeitraum vom 27.12.2023 bis einschließlich 29.12.2023 Urlaub.

Aufgabe 6

- Frau Marianne Hild hat im Zeitraum vom 20.12.2023 bis einschließlich 23.12.2023 Urlaub.

Alle Eingaben für den Monat Dezember 2023 sind damit erfasst.

Aufgabe 7

Bearbeiten Sie abschließend die nachfolgenden Vorgänge:

- Sichern Sie den Mandanten Perm GmbH.
- Führen Sie die Abrechnung aller Mitarbeiter für den Monat 12/2023 durch und senden Sie anschließend die RZ-Aufträge.
- Schließen Sie den Monat Dezember 2023 ab und senden Sie die RZ-Aufträge zum Monatswechsel.
- Prüfen Sie das DÜ Protokoll LSt.Anm. Dezember 2023 mit dem Lohnjournal.
- Übergeben Sie den Buchungsbeleg an die Finanzbuchhaltung.

Die Musterlösungen zu den endgültigen Lohn- und Gehaltsabrechnungen im Monat Dezember, den Lohnkonten und den Monatsauswertungen sind im PDF-Format zum Download verfügbar, Ordner: Kap18_12_Dezember_2023

Download

18.2 Urlaubstage überprüfen

Mit der Dezember-Lohnabrechnung werden die Urlaubsanspruchswerte für das Folgejahr ermittelt. Der Resturlaub (laufendes Jahr) aus 2023 wird für 2024 in das Feld *Resturlaub aus Vorjahr* übernommen. Der grundsätzliche Urlaubsanspruch wird in das Feld *Urlaubsanspruch für laufendes Jahr* aufgenommen.

Im Protokoll für den Monatsabschluss Dezember 2023 haben Sie bereits den Hinweis auf den Urlaubsanspruch erhalten, siehe Bild 18.3 unten.

Bild 18.3 Auszug aus dem Protokoll Monatsabschluss Dezember

> **Ausgangssituation**
> Die Urlaubstage der Mitarbeiter der Firma Perm GmbH für das Jahr 2024 sollen jetzt überprüft werden.

Am Beispiel des Urlaubsanspruches von Frau Marion Wegmann für das Jahr 2024 soll dies dargestellt werden, gehen Sie wie folgt vor:

1. Öffnen Sie die Mitarbeiterin Frau Marion Wegmann.
2. Wählen Sie den Menüpunkt *Erfassen* ▶ *Stammdaten* ▶ *Arbeitszeiten* ▶ *Urlaubsanspruch* oder öffnen Sie in der Übersicht mit Doppelklick den Ordner *Stammdaten* ❶, klicken Sie dann auf den Ordner *Arbeitszeiten* ❷ und anschließend doppelt auf den Eintrag *Urlaubsanspruch* ❸.
3. Der Urlaubsanspruch von Frau Marion Wegmann für das Jahr 2024 wird angezeigt. Wie Sie sehen, hat Frau Marion Wegmann 8 Tage Resturlaub aus dem Vorjahr. Der Gesamturlaubsanspruch für das Jahr 2024 beträgt daher - wie in Bild 18.4 - insgesamt 37 Tage.

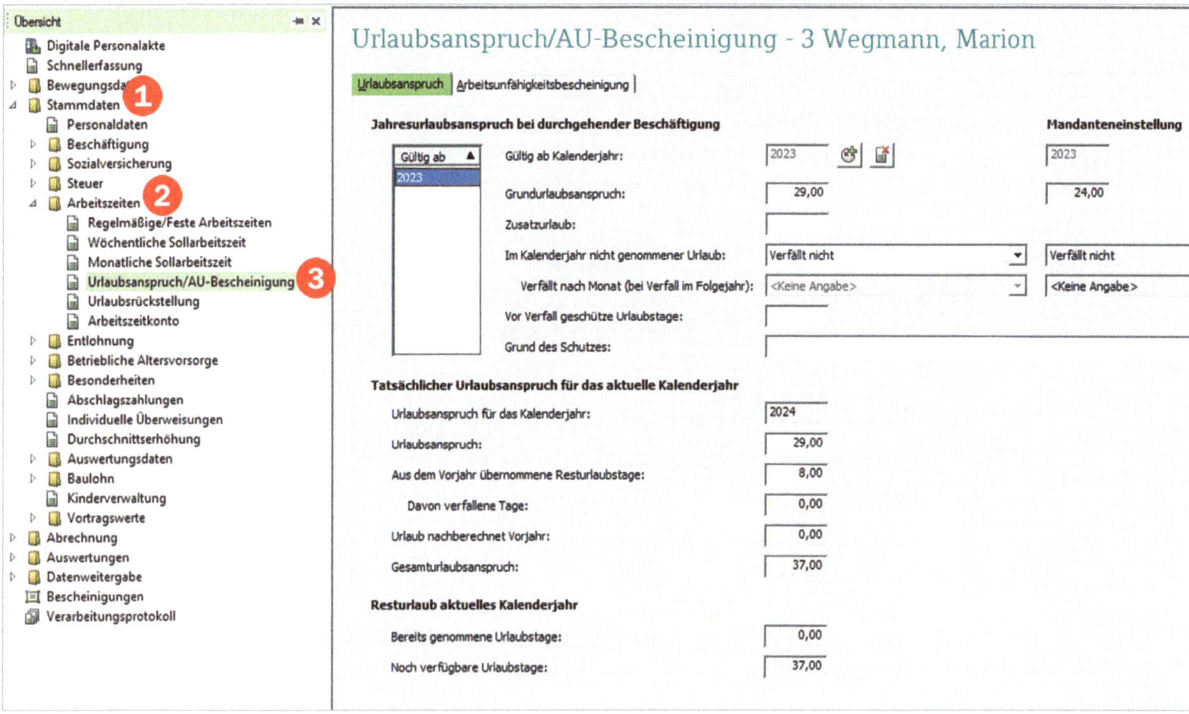

Bild 18.4 Urlaubsanspruch Marion Wegmann

Übung: Urlaubsanspruch für das Jahr 2024 kontrollieren

Kontrollieren Sie den Urlaubsanspruch aller Mitarbeiter der Firma Perm GmbH und passen Sie diesen ggf. nach der folgenden Tabelle an.

Name	Urlaubsanspruch 2024	Resturlaub aus 2023	Gesamt
Walther Vogel	29	2	31
Sabine Müller	24	6	30
Wolfgang Weber	29	3	32
Jeanette Beier	24	3	27
Marianne Hild	29	2	31

18.3 Notwendige Auswertungen für den Jahreswechsel erstellen

Mit der Abrechnung Dezember und dem Monatsabschluss Dezember werden automatisch die Jahresauswertungen zur Verfügung gestellt. Für die Jahresauswertungen sind zum Beispiel die Lohnjournale Jahreswerte, Lohnartenwerte, Lohnkonten und Lohnsteuer-Bescheinigungen und weitere von Bedeutung. Sie werden über die Auswertungen zum Druck bereit gestellt.

Ausgangssituation

Herr Wichtig möchte die Jahresauswertungen für das Jahr 2023 mit folgenden Listen erhalten:

- Die Lohnjournalwerte als Jahreswerte
- DÜ Protokoll LSt. Bescheinigungen
- Lohnartenwerte und die Verteilung der Lohnartenwerte
- Lohnkonten der Mitarbeiter

Um die Jahresauswertungen zu kontrollieren oder auszudrucken, gehen Sie - wie nachfolgend dargestellt - vor:

1. Schließen Sie die Mitarbeiterebene von Lohn und Gehalt.
2. Wählen Sie den Menüpunkt *Mandant* ▶ *Ausgeben…* oder klicken Sie auf das Symbol *Mandantenauswertungen ausgeben* in der Standardsymbolleiste oder drücken Sie die Tastenkombination Strg+D.

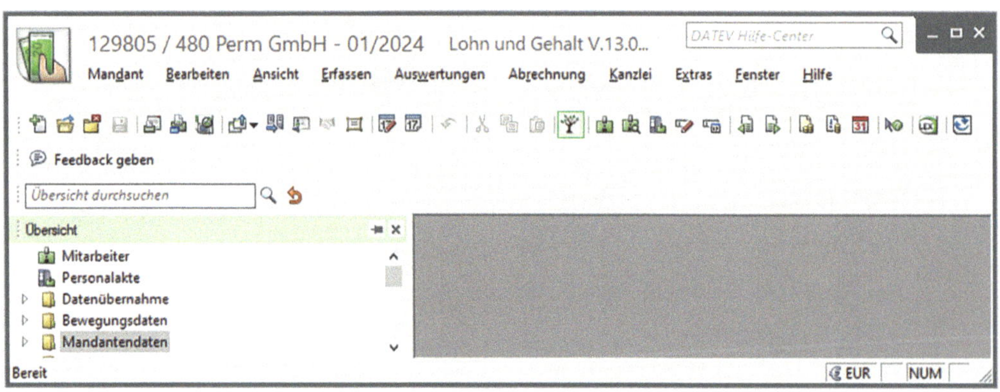

Bild 18.5 Mandantenebene Lohn und Gehalt

3. Wählen Sie - wie in Bild 18.6 - die entsprechenden Jahresauswertungen aus.
4. Markieren Sie dann alle Auswertungen im Bereich *Ausgewählte Auswertungen* und klicken Sie auf die Schaltfläche *Seitenansicht*.

   Hinweis: *DÜ Prot. LSt-Bescheinigung* und *Lohnkonto* nur vom Mitarbeiter Nr. 1, Walther Vogel, die anderen bitte aus der Liste *Ausgewählte Auswertungen* entfernen.

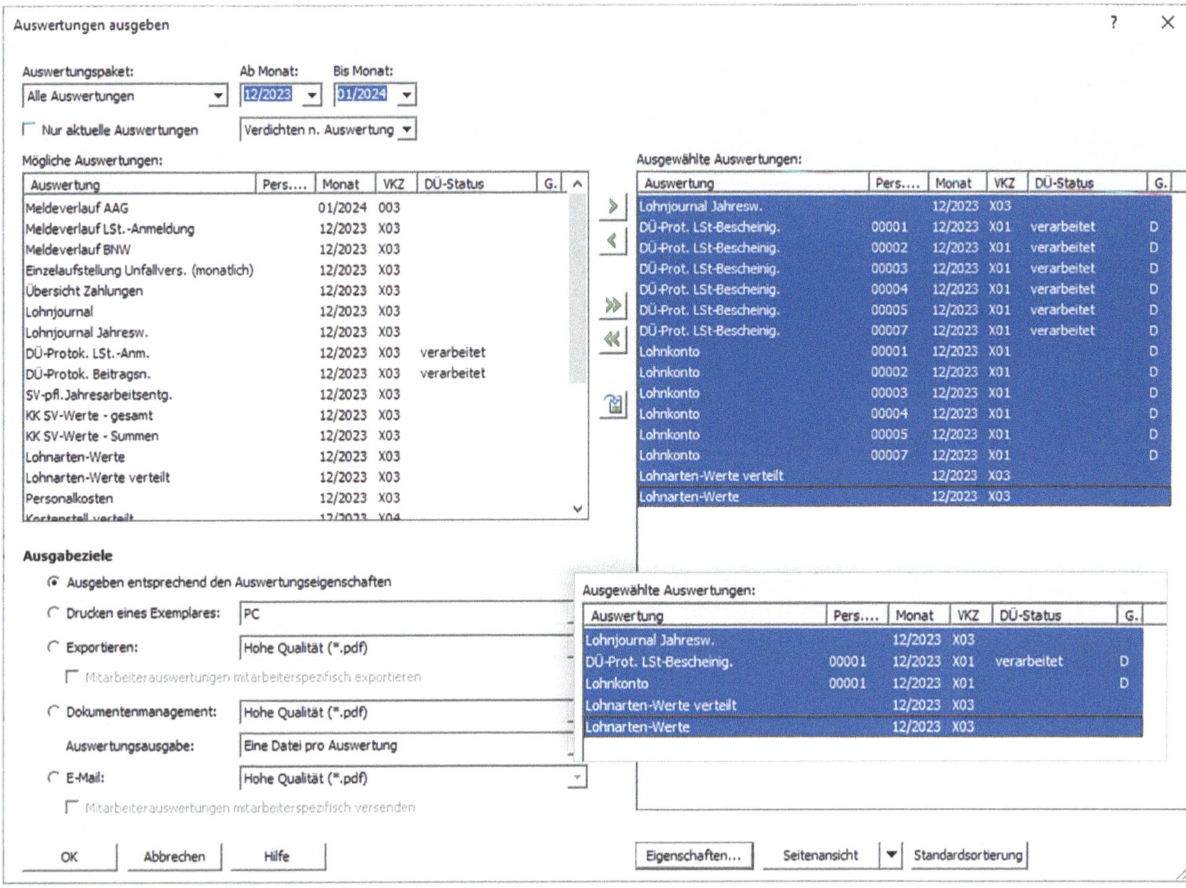

Bild 18.6 Auswertungen auswählen und drucken

Die Jahresabschlussauswertungen werden nun am Bildschirm in der Seitenansicht angezeigt. Mit der Schaltfläche *Nächste Seite* gelangen Sie weiter zur nächsten Auswertung.

Download

Sämtliche Auswertungen sind unter Diverse Mitarbeiterauswertungen_Dezember_2023.pdf und Mandantenauswertungen_Dezember_2023.pdf zum Download verfügbar. Ordner: Kap18_12_Dezember_2023.

Lohnjournal (Bild 18.7)

Aufstellung aller abgerechneten Mitarbeiter mit allen wesentlichen Abrechnungsergebnissen. Alle Abrechnungskriterien (Steuer, SV, Pauschalierung) sind ersichtlich und können auf Plausibilität geprüft werden. Inhalt des *Lohnjournals Jahresw.* (Lohnjournal Jahreswerte): Wie Lohnjournal, jedoch kumulierte Werte ab Januar.

Berater: 129805
Mandant: 480

Perm GmbH
Löhrstraße 45
56068 Koblenz

VKZ: X03

Datum: 23.01.2024
Seite: 1

Lohnjournal Jahreswerte bis einschließlich Dezember 2023

Pers.-Nr.	St.Kl. / AN-Typ / GV	Faktor / Freibetrag 1) / BGRS 2)	Ki.Frb. / Ki.PV	Konf AN/Eheg / St.Tg. / SV.Tg.	Name / Steuerbrutto / Pausch. verst. Bezüge	Lohnsteuer / Pausch. Lohnsteuer 3)	Förderbetrag / Kirchensteuer / Pausch. KiSt	Kindergeld / SolZ / Pausch. SolZ	KV-Brutto / KV-Beitrag AN 4) / KV-Beitrag AG 4)	RV-Brutto / RV-Beitrag AN 4) / RV-Beitrag AG 4)	AV-Brutto / AV-Beitrag AN / AV-Beitrag AG	PV-Brutto / PV-Beitrag AN 4)5) / PV-Beitrag AG 4)	Umlage 1 / Umlage 2 / Umlage Insolv.	Gesamtbrutto 6) / Nettobezüge/-abzüge 4) / Auszahlungsbetrag
00001	3		2,0	rkrk	Vogel, Walther E1N					87.60000	87.60000		2.25771	92.21031
	1	500		30	91.02411	14.89288	93173		4.78812	8.14680	1.13880	89028	33448	11.72351-
		9111	2	30	46620	7312	509	400	4.78800	8.14680	1.13880	96510	5256	55.37659
00002	4		0,5	ev	Müller, Sabine E1				39.06823	39.06823	39.06823	39.06823	99732	39.48648
	1			30	39.06823	4.84944	37987		3.14501	3.63335	50789	63116	19234	1.75694-
		1111	1	30					3.14501	3.63335	50789	63116	2343	24.58282
00003	1				Wegmann, Marion E1				58.58633	61.34028	61.34028	58.58633	1.97097	62.42028
	0			30	61.34028	10.76800			4.76014	5.70464	79740	Z 1.22429	37630	1.23200-
		1111		30	1.08000	16200	1134	891	4.76014	5.70464	79740	94524	3679	37.93381
00004	3		3,0	evev	Weber, Wolfgang E1				54.54370	56.85620	56.85620	54.54370	1.44199	58.43355
	0			30	56.90355	5.22400			4.36348	5.28764	73914	74029	21361	2.10000-
		1111	3	30	1.17000	17550	1224	963	4.36348	5.28764	73914	88107	3410	39.97900
00005	1			rk	Beier, Jeanette E1				12.22000	12.22000	12.22000	12.22000	33660	12.80710
	3			30	12.22000				98377	1.13646	15886	19733	4935	1.06710-
		1111		30					98377	1.13646	15886	19733	735	9.26358
00006					Rumpenhorst, Thomas				2.18400	2.18400			2404	2.18400
	5			30						7864			524	000
		6100		30	2.18400	4368			28392	32760			131	2.10536
00007	2		4,0		Hild, Marianne E1				14.96393	14.96393	14.96393	14.96393	39799	15.33893
	1			30	14.96393	81025			1.20461	1.39165	19454	14216	7675	37500-
		1111	4	30					1.20461	1.39165	19454	25439	898	11.22072
Summen aus Lohnabrechnung							000	000	181.56619	274.23264	272.04864	179.38219	7.42662	282.88065
					275.52010	36.54457	1.31160	000	19.24513	25.37918	3.53663	3.82551	1.24807	18.25455-
					4.90020	45430	2867	2254	19.52893	25.62814	3.53663	3.87429	16452	180.46188
davon geringfügig Beschäftigte 2%					Brutto	PauschSt								
					2.18400	4368								
Aus Pauschalversteuerung														
Fahrtkostenzu. 15 %					2.68470	40274	2813	2211						
Verpfl.mehraufw.					3150	788	054	043						
Summe Pauschalverst.					2.71620	41062	2867	2254						
Anzahl Arbeitnehmer					aus Lohnabrechnung		7	davon mit Entgelt	7					

1) H=Hinzurechnungsbetrag
2) Bei Versorgungsbezügen: Beitragsabführung
3) Bei geringfügiger Beschäftigung: Einheitliche Pauschsteuer
4) Beträge zur freiw./priv. KV/PV und für berufsständische Versorgungswerke sind unter Beitrag AN/AG und Nettobezüge/-abzüge enthalten
5) Z=Einschließlich Beitragszuschlag zur PV für Kinderlose
6) Das Gesamtbrutto enthält bis einschließlich Mai 2013 AG-Anteile zur Zukunftssicherung. Ab Juni 2013 setzt sich das Gesamtbrutto ohne diese AG-Anteile gemäß EntgeltBeschVO zusammen.

Form.-Nr. LNA312

DATEV

Bild 18.7 Lohnjournal Jahreswerte

DÜ Protokoll LSt. Bescheinigungen (Beispiel: Walther Vogel)

Nach Ablauf des Jahres oder bei Beendigung des Arbeitsverhältnisses wird der Arbeitgeber anhand der Angaben im Lohnkonto eine Lohnsteuerbescheinigung erstellen. Die Lohnsteuerbescheinigung wird nicht an den Arbeitgeber zurückgegeben. Die Lohnsteuerbescheinigung muss mittels ELSTER-Verfahren an das Finanzamt übermittelt werden.

Hinweis: Natürlich können bei der Auswahl der Lohnsteuerbescheinigungen alle Mitarbeiter ausgewählt werden. Um das Ergebnis einer Lohnsteuerbescheinigung zu zeigen, wurde als Beispiel lediglich Herr Vogel ausgewählt.

Bild 18.8 Vorab-DÜ LSt. Bescheinigungen - Beispiel: Herr Walther Vogel

Ausdruck der elektronischen Lohnsteuerbescheinigung für 2023 129805/480 X01

XXXXXXXXXXXXXXXXXXXXXXXXXXXXXXXXXXXXXXXXXXXXXXXXXX

```
*****************************************
*ACHTUNG:Die Daten wurden im Schulungs-*
*modus verarbeitet!                    *
*****************************************
```

Perm GmbH*Löhrstraße 45*56068 Koblenz

Pers.-Nr. 00001

LStB
X01
00480

Walther Vogel
Himmelsweg 5
56068 Koblenz

Datum: 23.01.2024
Identifikationsnummer: 89607512376
Personalnummer: 00001
Geburtsdatum: 15.02.1967

Dem Lohnsteuerabzug wurden im letzten Lohnzahlungszeitraum zugrunde gelegt:

Steuerklasse/Faktor
3

Zahl der Kinderfreibeträge
2,0

Steuerfreier Jahresbetrag
6.000

Jahreshinzurechnungsbetrag

Kirchensteuermerkmale
rk / rk

Anschrift und Steuernummer des Arbeitgebers:
Perm GmbH
Löhrstraße 45
56068 Koblenz
2212731666

Raum für weitere Angaben:

Bezeichnung	EUR	Ct
Freiw./Priv. KV/PV gesamt	11.431	50

1. Bescheinigungszeitraum	vom - bis 01.01.-31.12.	
2. Zeiträume ohne Anspruch auf Arbeitslohn	Anzahl "U"	
Großbuchstaben (S, M, F, FR)		
	EUR	Ct
3. Bruttoarbeitslohn einschl. Sachbezüge ohne 9. und 10.	91.024	11
4. Einbehaltene Lohnsteuer von 3.	14.892	88
5. Einbehaltener Solidaritätszuschlag von 3.	---	
6. Einbehaltene Kirchensteuer des Arbeitnehmers von 3.	931	73
7. Einbehaltene Kirchensteuer des Ehegatten/Lebenspartners von 3. (nur bei Konfessionsverschiedenheit)		
8. In 3. enthaltene Versorgungsbezüge		
9. Ermäßigt besteuerte Versorgungsbezüge für mehrere Kalenderjahre		
10. Ermäßigt besteuerter Arbeitslohn für mehrere Kalenderjahre (ohne 9.) und ermäßigt besteuerte Entschädigungen		
11. Einbehaltene Lohnsteuer von 9. und 10.		
12. Einbehaltener Solidaritätszuschlag von 9. und 10.		
13. Einbehaltene Kirchensteuer des Arbeitnehmers von 9. und 10.		
14. Einbehaltene Kirchensteuer des Ehegatten/Lebenspartners von 9. und 10. (nur bei Konfessionsverschiedenheit)		
15. (Saison-)Kurzarbeitergeld, Zuschuss zum Mutterschaftsgeld, Verdienstausfallentschädigung (Infektionsschutzgesetz), Aufstockungsbetrag und Altersteilzeitzuschlag		
16. Steuerfreier Arbeitslohn nach a) Doppelbesteuerungsabkommen (DBA)		
16. Steuerfreier Arbeitslohn nach b) Auslandstätigkeitserlass		
17. Steuerfreie Arbeitgeberleistungen, die auf die Entfernungspauschale anzurechnen sind		
18. Pauschal mit 15% besteuerte Arbeitgeberleistungen für Fahrten zwischen Wohnung und erster Tätigkeitsstätte	434	70
19. Steuerpflichtige Entschädigungen und Arbeitslohn für mehrere Kalenderjahre, die nicht ermäßigt besteuert wurden - in 3. enthalten		
20. Steuerfreie Verpflegungszuschüsse bei Auswärtstätigkeit		
21. Steuerfreie Arbeitgeberleistungen bei doppelter Haushaltsführung		
22. Arbeitgeberanteil/-zuschuss a) zur gesetzlichen Rentenversicherung	8.146	80
22. Arbeitgeberanteil/-zuschuss b) an berufsständische Versorgungseinrichtungen		
23. Arbeitnehmeranteil a) zur gesetzlichen Rentenversicherung	8.146	80
23. Arbeitnehmeranteil b) an berufsständische Versorgungseinrichtungen		
24. Steuerfreie Arbeitgeberzuschüsse a) zur gesetzlichen Krankenversicherung	4.788	00
24. Steuerfreie Arbeitgeberzuschüsse b) zur privaten Krankenversicherung		
24. Steuerfreie Arbeitgeberzuschüsse c) zur gesetzlichen Pflegeversicherung	965	10
25. Arbeitnehmerbeiträge zur gesetzlichen Krankenversicherung	9.576	12
26. Arbeitnehmerbeiträge zur sozialen Pflegeversicherung	1.855	38
27. Arbeitnehmerbeiträge zur Arbeitslosenversicherung	1.138	80
28. Beiträge zur privaten Kranken- und Pflege-Pflichtversicherung oder Mindestvorsorgepauschale		
29. Bemessungsgrundlage für den Versorgungsfreibetrag zu 8.		
30. Maßgebendes Kalenderjahr des Versorgungsbeginns zu 8. und/oder 9.		
31. Zu 8. bei unterjähriger Zahlung: Erster und letzter Monat, für den Versorgungsbezüge gezahlt wurden		
32. Sterbegeld;; Kapitalauszahlungen/Abfindungen und Nachzahlungen von Versorgungsbezügen - in 3. und 8. enthalten		
33. Ausgezahltes Kindergeld		
34. Freibetrag DBA Türkei		
Finanzamt, an das die Lohnsteuer abgeführt wurde **(Name und vierstellige Nr.)**	Koblenz	2722

Seite 1
KmID:
2023-LST-89607512376%%%-01013112-2212731666%%%-01298050048000001-20240123-144136-N

Form.-Nr. LN4725 DATEV

Lohnartenwerte verteilt Seite 4 - 6

Bild 18.9 Lohnartenwerte verteilt

Aufstellung aller, im aktuellen Monat verwendeten Lohnarten sowie der kumulierten Werte seit Jahresbeginn.

Berater: 129805
Mandant: 480

Perm GmbH
Löhrstraße 45
56068 Koblenz

VKZ: X03

Datum: 23.01.2024
Seite: 1

Lohnarten-Werte Dezember 2023

LA	Bezeichnung	Konto-Nr.	Laufender Monat			Jahreswerte 01 - 12/2023		
			Einheit	Menge	Betrag	Einheit	Menge	Betrag
1000	Stundenlohn lt. Tarif	6010	Stunden	144,00	3.510,80	Stunden	2.949,00	71.425,15
1012	Feiertagslohn	6010	Stunden	28,00	677,60	Stunden	140,00	3.430,00
1012	Feiertagslohn	6035				Stunden	4,00	52,00
1100	Überstundengrundvergütung	6010				Stunden	47,00	1.125,95
1110	Überstundengrundvergütung	6010				Stunden	17,00	450,28
1200	Überstundenzuschlag, 25%	6010				Stunden	60,50	371,70
1210	Überstundenzuschlag, 25%	6010	Stunden	15,50	105,70	Stunden	88,00	529,43
1300	Überstd.grundverg.+ FLA (	6010				Stunden	34,50	863,78
1310	Überstd.grundverg.+ FLA (	6010	Stunden	15,50	422,81	Stunden	71,00	1.667,40
1600	Urlaubslohn, Std	6010	Stunden	172,00	4.136,40	Stunden	332,00	8.008,40
1600	Urlaubslohn, Std	6035				Stunden	8,00	104,00
1650	Lohnfortzahlung, Std.	6010				Stunden	61,00	1.463,85
1852	Stücklohn Rechner	6010				Stück	6.500,00	13.000,00
1853	Stücklohn Monitor	6010				Stück	7.850,00	11.775,00
2000	Grundgehalt	6020			12.280,00			129.290,00
2010	Ausbildungsvergütung	6020			950,00			10.980,00
2200	Aushilfslohn, Std.	6035				Stunden	156,00	2.028,00
2410	Privatfahrten	6072			599,00			4.193,00
2420	Fahrten Wohnung/Arbeit	6090			99,63			697,41
2440	Fahrten Wohnung/Arbeit, p	6090			62,10			434,70
2900	AG-Zusch. f.Jobticket, st	6090			98,00			1.039,10
2951	Fahrtkostenzuschuss, p.St	6090			250,00			2.250,00
3040	Gehaltsverzicht, mtl.	6140			500,00-			1.680,00-
3100	AG-Anteil VWL,lfd	6080			60,00			720,00
3230	Verpflegungszuschuss, p.S	6664						31,50
4000	Urlaubsgeld	6000						7.000,00
4401	Weihnachtsgeld, jhrl, bru	6000						9.950,00
4700	Betriebl.AV,AG,lfd,§3Nr.6	6140			25,00			75,00
4720	Betr.AV,Geh.vz.lfd,§3Nr.6	6140			300,00			1.080,00
4750	Direktzusage/U-Kasse, GHV	6140			125,00			375,00
4810	Betriebl.AV, lfd, §10a ES	6140			75,00			225,00
5200	bAV AG-Pflichtz,lfd	6140			45,00			162,00
5240	bAV AG-Pflichtz,st-svpfl,	6140			11,25			33,75

AFP Form.-Nr. LNQN50

DATEV

Lohnkonto des Mitarbeiters (Beispiel: Walther Vogel) auf den Seiten 7 - 11

Am Jahresende werden die einzelnen Monatswerte im Lohnkonto addiert und das Lohnkonto wird abgeschlossen.

Hinweis: Herr Vogel wurde nur als Beispiel verwendet, um das Ergebnis eines Lohnkontos zu zeigen.

Berater: 129805 · Mandant: 480 Perm GmbH, Löhrstraße 45, 56068 Koblenz

X01 · Datum: 23.01.2024 · Version: Lohn und Gehalt 12.61 · Seite: 1 · Programmstand: 07.09.2023 · Pers.-Nr.: 00001

Lohnkonto für 2023

Name, Vorname:	Vogel, Walther	AN-Typ:	Ang.	Finanzamt:	Geb.-Dat.: 15.02.1967
Straße:	Himmelsweg 5	Tät.-S.:	612044511	FA-Nr.:	Ersteintr.: 01.08.1998
PLZ / Ort:	56068 Koblenz	Rentner:		Freibetr. jährl. 3): 6.000	Eintritt: 01.08.1998
Berufsbez.:	Betriebswirt	Mehrfachb.:		Steuer-IdNr.: 89607512376	Austritt:
Krankenkasse:	BKK Continentale	SV-Ausweis vorgelegt:		LSt-Satz Grenzgänger:	Altersentlast.-Betr.:
Versorgungsw.:		Nationalität:		ATZ-Beg.:	Großbuchstabe M:
Vers.-Nr.:	50150267V495	Wöch. Arb.-Z.:	42,00	ATZ-Ende:	Bundesknappschaft:
Betriebsnummer AG:	76472352	Familienstand:	VH	Beg. Entg. Guthaben:	
Bisherige / Weiterführende Pers.-Nr.:		Statuskennzeichen:		Ende Entg. Guthaben:	

Lohnsteuer

Mo	Mo der NB	VKZ	KZ 1)	M 2)	steuerpfl. Entgelt gesamt / davon Versorgungsbez.	laufender Arbeitslohn / sonstige Bezüge	steuerfreie Bezüge / Frei-/Hinzur.-Betr. 3)	4)	StKl / Konf.	Faktor / Ki.Frb.	St.-Tg. 5)	Lohnsteuer / Kindergeld	Kirchensteuer / SolZ
1		00K			6.10000	6.10000			4			1.05866	7061
							50000		rkrk	20			
2		304			6.10000	6.10000			4			1.05866	7061
							50000		rkrk	20			
3		608		W	6.51900	6.51900			4			1.20808	8289
							50000		rkrk	20			
4		902			6.10000	6.10000			4			1.05866	7061
							50000		rkrk	20			
4	5	C01	N		80000	80000			4			29117	2396
							50000		rkrk	20			
5		C01			6.90000	6.90000			4			1.34983	9457
							50000		rkrk	20			
6		F03			7.59863	7.59863			4			1.62758	11831
							50000		rkrk	20			
6		F03	E1		2.00000				4			76600	6894
						2.00000	6.00000		rkrk	20			
6	7	I02	N						3			58508-	6426-
							50000		rkrk	20			
6	7	I02	N						3			21000-	1890-
			E1				6.00000		rkrk	20			
7		I02			7.59863	7.59863			3			1.03966	5383
							50000		rkrk	20			
8		L01			7.83557	7.83557			3			1.11450	5983
							50000		rkrk	20			
9		001			7.41863	7.41863	20700		3			98366	4936
							50000		rkrk	20			
10		R01			7.67927	7.67927	20700		3			1.06500	5587
							50000		rkrk	20			
11		U01			7.75034	7.75034	20700		3			1.08750	5767
							50000		rkrk	20			

Sozialversicherung — Arbeitnehmerbeiträge / Arbeitgeberbeiträge

Mo	Mo der NB	KZ 1)	M 2)	meldepfl. Entgelt / tatsächl. Entgelt	RV-Brutto 6) mtl./jährl. / AV-Brutto 6) mtl./jährl.	KV-Brutto mtl./jährl. / PV-Brutto mtl./jährl.	BGRS 6) / PGRS 6) PV AN	G V / U M	RV Tg / AV Tg	KV Tg / PV Tg	AN: RV-Beitrag mtl./jährl. / AV-Beitrag mtl./jährl.	AN: KV-Beitrag mtl./jährl. / PV-Beitrag 8) mtl./jährl.	AG: RV-Beitrag mtl./jährl. / AV-Beitrag mtl./jährl.	AG: KV-Beitrag mtl./jährl. / PV-Beitrag mtl./jährl.	%-Satz KV 9) / Rechtskr. AV/RV
1				6.10000	6.10000		9111		30		56730		56730		1600
				6.10000	6.10000		101	1	30		7930		7930		W
2				6.10000	6.10000		9111		30		56730		56730		1600
				6.10000	6.10000		101	1	30		7930		7930		W
3			W	6.51900	6.51900		9111		30		60627		60627		1600
				6.51900	6.51900		101	1	30		8475		8475		W
4				6.10000	6.10000		9111		30		56730		56730		1600
				6.10000	6.10000		101	1	30		7930		7930		W
4	5	N		80000	80000		9111		30		7440		7440		1600
				80000	80000		101	1	30		1040		1040		W
5				6.90000	6.90000		9111		30		64170		64170		1600
				6.90000	6.90000		101	1	30		8970		8970		W
6				7.30000	7.30000		9111		30		67890		67890		1600
				7.30000	7.30000		101	1	30		9490		9490		W
6		E		2.00000	2.00000		9111		180		18600		18600		1600
				2.00000	2.00000		101	1	180		2600		2600		W
6	7	N					9111		30						1600
							101	1	30						W
6	7	N					9111		180						1600
		E					101	1	180						W
7				7.30000	7.30000		9111		30		67890		67890		1600
				7.30000	7.30000		101	1	30		9490	2K	9490		W
8				7.30000	7.30000		9111		30		67890		67890		1600
				7.30000	7.30000		101	1	30		9490	2K	9490		W
9				7.30000	7.30000		9111		30		67890		67890		1600
				7.30000	7.30000		101	1	30		9490	2K	9490		W
10				7.30000	7.30000		9111		30		67890		67890		1600
				7.30000	7.30000		101	1	30		9490	2K	9490		W
11				7.30000	7.30000		9111		30		67890		67890		1600
				7.30000	7.30000		101	1	30		9490	2K	9490		W

DATEV

Form.-Nr. LNT218

Bild 18.10 Lohnkonto des Mitarbeiters, Beispiel Walther Vogel

Download

Über das Symbol *Drucken* können Sie die Auswertungen ausdrucken. Schließen Sie zuletzt die Seitenansicht.

Hinweis: Mit der Dezember-Abrechnung werden keine Jahresentgeltmeldungen für die Sozialversicherung erstellt. Frühestens nach dem Monatsabschluss Januar des Folgejahres können diese auf der Mandantenebene unter dem *Menüpunkt Abrechnung DEÜV Jahresmeldun-*

gen erstellt werden. Um nachträgliche Änderungen zu vermeiden, sollten diese am besten erst nach der Februarabrechnung im Folgejahr aktiviert werden. Fälligkeitstermin für die Jahresentgeltmeldung zur Sozialversicherung ist der 15.04. des Folgejahres.

Bild 18.11 Fortsetzung Lohnkonto

Berater: 129805 Mandant: 480 Perm GmbH, Löhrstraße 45, 56068 Koblenz

X01 Datum: 23.01.2024 Pers.-Nr.: 00001
Version: Lohn und Gehalt 12.61 Seite: 2
Programmstand: 07.09.2023

Lohnkonto für 2023

Name, Vorname:	Vogel, Walther	AN-Typ:	Ang.	Finanzamt:	Geb.-Dat.: 15.02.1967
Straße:	Himmelsweg 5	Tät.-S.:	612044511	FA-Nr.:	Ersteintr.: 01.08.1998
PLZ / Ort:	56068 Koblenz	Rentner:		Freibetr. jährl. 3): 6.000	Eintritt: 01.08.1998
Berufsbez.:	Betriebswirt	Mehrfachb.:		Steuer-IdNr.: 89607512376	Austritt:
Krankenkasse:	BKK Continentale	SV-Ausweis vorgelegt:		LSt-Satz Grenzgänger:	Altersentlast.-Betr.:
Versorgungsw.:		Nationalität:		ATZ-Beg.:	Großbuchstabe M:
Vers.-Nr.:	50150267V495	Wöch. Arb.-Z.:	42,00	ATZ-Ende:	Bundesknappschaft:
Betriebsnummer AG:	76472352	Familienstand:	VH	Beg. Entg. Guthaben:	
Bisherige / Weiterführende Pers.-Nr.:		Statuskennzeichen:		Ende Entg. Guthaben:	

Lohnsteuer

Mo	Mo der NB	VKZ	KZ 1)	M 2)	steuerpfl. Entgelt gesamt / davon Versorgungsbez.	laufender Arbeitslohn / sonstige Bezüge	steuerfreie Bezüge / Frei-/Hinzur.-Betr. 3)	4)	StKl / Konf.	Faktor / Kl.Frb.	St.-Tg. 5)	Lohnsteuer / Kindergeld	Kirchensteuer / SolZ
11		U01	E	1	2.85000				3			88400	7956
						2.85000	6.00000		rkrk	20			
12		X01			7.77404	7.77404	20700		3			1.09500	5827
							50000		rkrk	20			
					91.02411	86.17411	82800					14.89288	93173
						4.85000							

Sozialversicherung

Mo	Mo der NB	KZ 1)	M 2)	meldepfl. Entgelt / tatsächl. Entgelt	RV-Brutto 6) mtl./jährl. / AV-Brutto 6) mtl./jährl.	KV-Brutto mtl./jährl. / PV-Brutto mtl./jährl.	BGRS 6) / PGRS 6)	GV / PV AN UM	RV Tg / AV Tg	KV Tg / PV Tg	Arbeitnehmerbeiträge: RV-Beitrag mtl./jährl. / AV-Beitrag mtl./jährl.	Arbeitnehmerbeiträge: KV-Beitrag mtl./jährl. / PV-Beitrag 8) mtl./jährl.	Arbeitgeberbeiträge: RV-Beitrag mtl./jährl. / AV-Beitrag mtl./jährl.	Arbeitgeberbeiträge: KV-Beitrag mtl./jährl. / PV-Beitrag mtl./jährl.	%-Satz KV 9) / Rechtskr. AV/RV
11		E		1.98100	1.98100		9111		330		18423		18423		1600
				1.98100	1.98100		101	1	330		2575		2575		W
12				7.30000	7.30000		9111		30		67890		67890		1600
				7.30000	7.30000		101	1	30		9490	2K	9490		W
				87.60000	87.60000				360		8.14680		8.14680		
					87.60000				360		1.13880		1.13880		

DATEV

Form.-Nr. LNT218

19 Lohn- und Gehaltsabrechnung Januar des Folgejahres

In diesem Kapitel erfahren Sie, wie ...

- ein geschäftsführender Gesellschafter angelegt und abgerechnet wird,
- Sie einen Arbeitnehmer im Übergangsbereich erfassen und abrechnen,
- Sie aufgrund gesetzlicher Bestimmungen für die private Nutzung von Dienstfahrzeugen ein Dienstrad anlegen und abrechnen,
- Sie Kurzarbeit für Mitarbeiter abrechnen,
- Sie die Jahresentgeltmeldungen für die Sozialversicherung einsehen können,
- Sie Inflationsausgleichsprämien abrechnen.

19.1 Geschäftsführenden Gesellschafter anlegen und abrechnen

Ausgangssituation

Mit Wirkung vom 01. Januar 2024 wird in unserer Übungsfirma Perm GmbH ein geschäftsführender Gesellschafter, Herr Dr. Peter Klein, eingestellt. Für einen geschäftsführenden Gesellschafter in einer GmbH gelten besondere Bestimmungen, die beim Anlegen der Mitarbeiterstammdaten zu beachten sind:

Aus sozialversicherungsrechtlicher Sicht hat diese Personengruppe keinen Arbeitnehmer-Status. Dies bedeutet, dass keine sv-rechtlichen Daten wie z. B. SV-Nummer, Umlagen und Beitragsgruppenschlüssel zu hinterlegen sind. Sie sind zumeist privat versichert. Steuerrechtlich gelten für diesen Personenkreis keine zusätzlichen Besonderheiten.

Wichtiger Hinweis: In der Praxis prüfen Sie allerdings die Gegebenheiten mit ihrem mitwirkenden Steuerberater bzw. Wirtschaftsprüfer ab, ob nicht doch eine SV-Pflicht besteht. Im Zweifelsfall lässt sich dies über ein Statusfeststellungsverfahren bei der Deutschen Rentenversicherung Bund verbindlich klären.

Wiederholungsübung: Mitarbeiter neu anlegen

Legen Sie die personenrelevanten Daten des neuen Geschäftsführers mit Hilfe der Checkliste neu an.

Personalblatt Herr Dr. Peter Klein

Teil 1 - Personenrelevante Daten

		Erfasst
Mitarbeiternummer	8	☐
Familienname	Klein	☐
Vorname	Peter	☐
Akademischer Grad	Dr.	☐
Eintrittsdatum	01.01.2024	☐
Straße	Im Bleidenberg 91	☐
PLZ	56077	☐
Wohnort	Koblenz-Niederberg	☐
Geburtsdatum	12.02.1974	☐
Geschlecht	männlich	☐
Sozialversicherungsnummer	Keine Eingabe	☐
Familienstand	verwitwet	☐
Staatsangehörigkeit	Deutsch	☐
Bankverbindung	Commerzbank Koblenz	☐
BIC	DRESDEFF570	☐
IBAN	DE36 5708 0070 0640 6683 00	☐

Im nächsten Schritt sind die tätigkeitsbezogenen Daten zu erfassen. Hier ist insbesondere der Personengruppenschlüssel 900 = Nicht meldepflichtig Beschäftigte und im Bereich der Organisationseinheiten die Mitarbeitergruppe Gesellschafter-Geschäftsführer anzugeben. Laut Checkliste müssen folgende Daten hinterlegt werden.

Erfassen Sie die Daten wie folgt:

Teil 2 - Tätigkeitsbezogene Daten

Eintrittsdatum im Brutto-Netto-Formular und Erstattungsantrag nach dem AAG verwenden		☐
Personengruppenschlüssel	900 – Nicht meldepflichtig Beschäftigte	☐
Arbeitnehmertyp	Angestellter	☐
Ausgeübte Tätigkeit	71104 – Kaufmännischer Geschäftsführer	☐
Höchster Schulabschluss	4 – Abitur/Fachabitur	☐
Höchster Ausbildungsabschluss	6 – Promotion	☐
Arbeitnehmerüberlassung	1 – Nein keine Arbeitnehmerüberlassung	☐
Vertragsform	1 – unbefristet Vollzeit	☐
Kostenstelle	Gültig ab: 01/2024 Verwaltung	☐
Berufsbezeichnung	Geschäftsführer	☐
Standardentlohnung	Gehalt	☐
Beschäftigungsbetrieb	Perm GmbH	☐
Mitarbeitergruppe für FIBU	2 – Gesellschafter-Geschäftsführer	☐

Hinweis: Im Bereich *Organisationseinheiten* klicken Sie beim Feld *Mitarbeitergruppe für FIBU* auf das Symbol *Historie bearbeiten* und wählen über das Symbol den Eintrag *2 Gesellschafter-Geschäftsführer* aus.

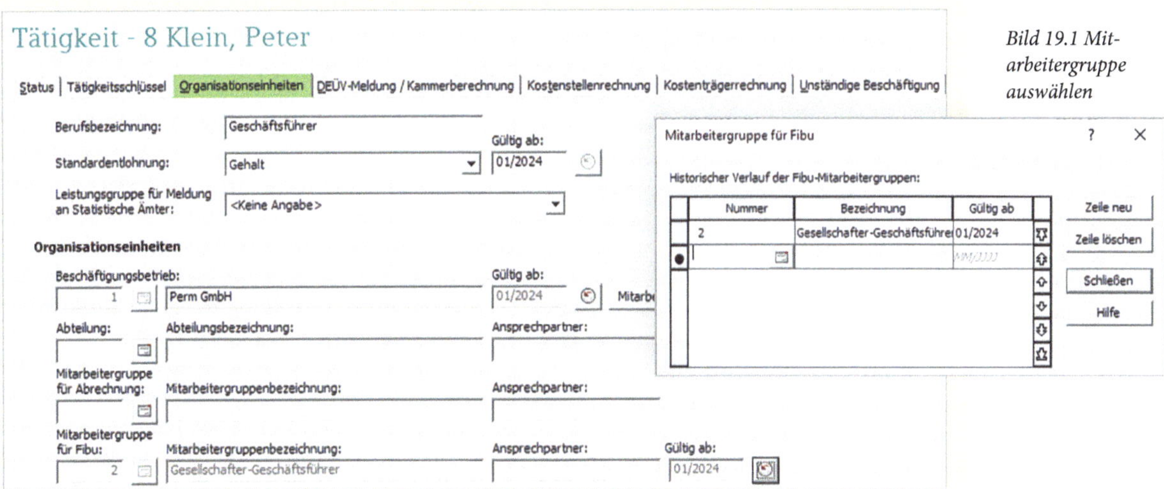

Bild 19.1 Mitarbeitergruppe auswählen

Sozialversicherungspflichtige Voreinstellungen deaktivieren

Als nächstes müssen die sozialversicherungspflichtigen Voreinstellungen für diesen Mitarbeitertyp ausgeschaltet werden. Dazu zählen:

- der Beitragsgruppenschlüssel,
- die Umlagepflicht,
- die Insolvenzgeldumlage und
- die Unfallversicherung.

Zusätzlich aktiviert werden muss die private Kranken- und Pflegeversicherung. Laut Checkliste müssen folgende Einstellungen aktiviert werden. Bitte noch nicht direkt erfassen.

Teil 3 - Sozialversicherungsbezogene Daten

Krankenversicherung	0 = Kein Beitrag (private KV oder freiwillige KV als Selbstzahler)	☐
Rentenversicherung	0 = Kein Beitrag	☐
Arbeitslosenversicherung	0 = Kein Beitrag	☐
Pflegeversicherung	0 = Kein Beitrag	☐
Umlage	Nein	☐
Insolvenzgeldumlage	Nicht berechnen	☐
Unfallversicherung	Nicht unfallversicherungspflichtig	☐
Krankenkasse	Privat kranken- und pflegeversichert	☐

Um die Einstellungen vorzunehmen, gehen Sie wie folgt vor:

1 Wählen Sie den Menüpunkt *Erfassen* ▶ *Stammdaten* ▶ *Sozialversicherung* ▶ *Allgemeine Daten* oder öffnen Sie in der Übersicht den Ordner *Sozialversicherung* und klicken dann doppelt auf den Eintrag *Allgemeine SV-Daten*.

2 Klicken Sie auf das Register *Berechnungsgrundlagen* und geben Sie den Beitragsgruppenschlüssel gemäß Checkliste an. *Gültig ab* wird automatisch mit *01/2024* vorbelegt.

Bild 19.2 Beitragsgruppenschlüssel

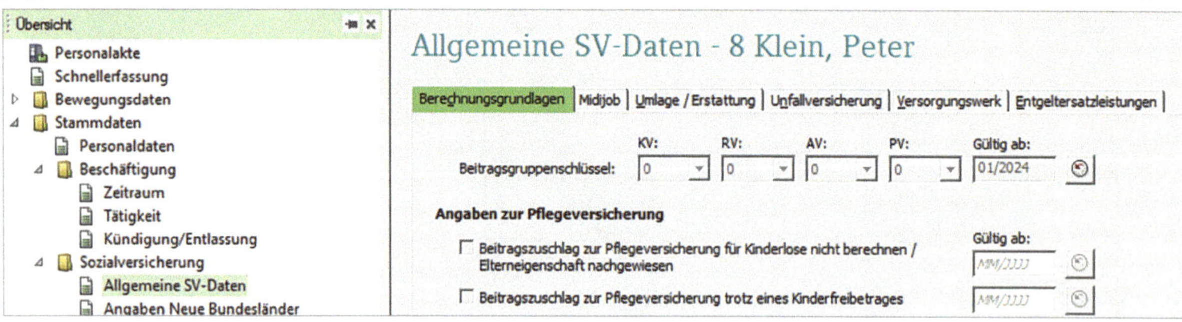

Krankenversicherung	0 = Kein Beitrag (private KV oder freiwillige KV als Selbstzahler)	☑
Rentenversicherung	0 = Kein Beitrag	☑

Arbeitslosenversicherung	0 = Kein Beitrag	☑
Pflegeversicherung	0 = Kein Beitrag	☑

3 Klicken Sie auf das Register *Umlage / Erstattung*.

Standardmäßig sind die Mandanteneinstellungen zur Umlage 1 und 2 sowie die Berechnung der Insolvenzgeldumlage voreingestellt.Diese müssen jetzt für den Gesellschafter Herrn Dr. Klein ausgeschaltet werden.

4 Klicken Sie im Bereich *Grundsätzliche Umlagepflicht zur Umlage 1 und 2* beim Feld *Mitarbeitereinstellung* auf das Symbol *Historie bearbeiten* ❶.

5 Wählen Sie im Auswahlfeld *Umlagepflicht* den Eintrag *Nein* aus ❷.

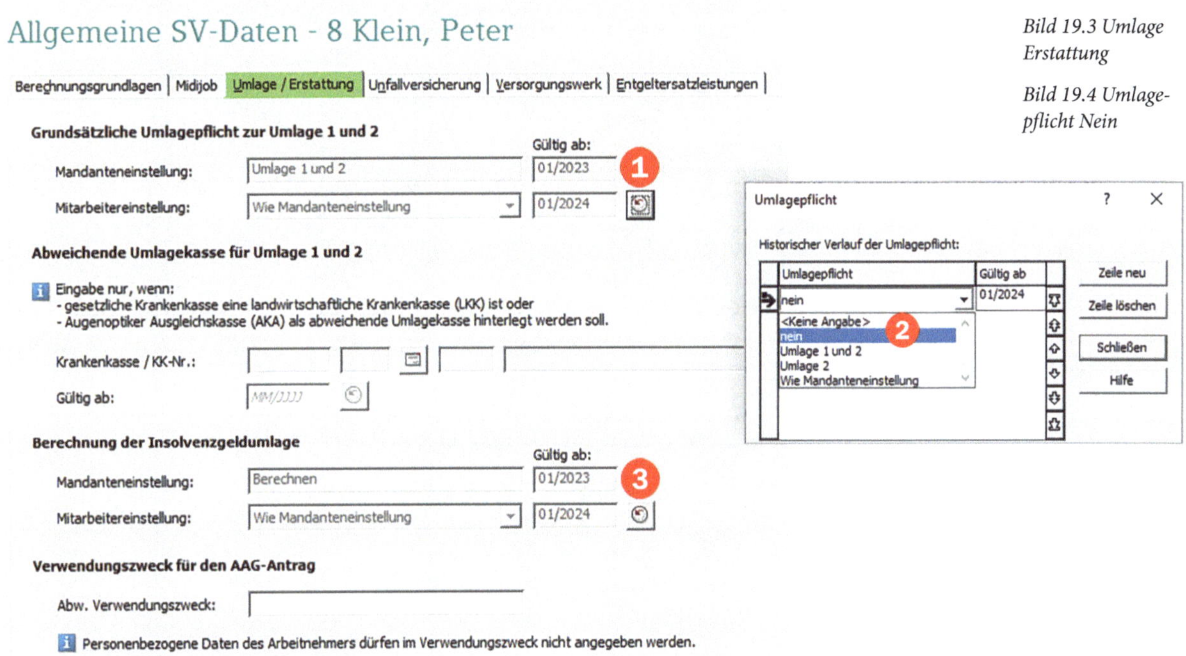

Bild 19.3 Umlage Erstattung

Bild 19.4 Umlagepflicht Nein

6 Im Bereich *Berechnung der Insolvenzgeldumlage* klicken Sie erneut beim Feld *Mitarbeitereinstellung* auf das Symbol *Historie bearbeiten* ❸.

7 Klicken Sie im Auswahlfeld *Insolvenzgeldumlage* auf den Pfeil und übernehmen Sie den Eintrag *Nicht berechnen*.

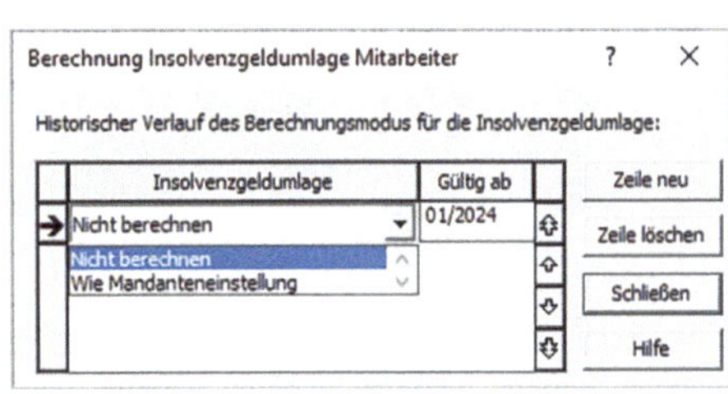

Bild 19.5 Insolvenzgeldumlage nicht berechnen

Ergebnis: Die Einstellungen zur Umlagepflicht U1 und U2 und zur Insolvenzgeldumlage sind entsprechend geändert.

Umlage	Nein	☑
Insolvenzgeldumlage	Nicht berechnen	☑
Unfallversicherung	Nicht unfallversicherungspflichtig	☐

Bild 19.6 Umlage Erstattung anpassen

8 Als nächstes muss die Unfallversicherungspflicht ausgeschaltet werden. Klicken Sie auf das Register *Unfallversicherung* und deaktivieren Sie das Kontrollkästchen *Unfallversicherungspflicht*.

Bild 19.7 Unfallversicherungspflicht deaktiviert

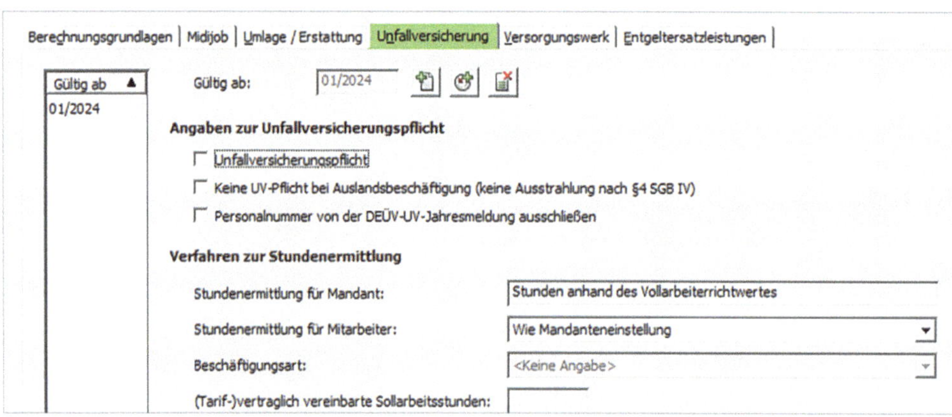

Private Kranken- und Pflegeversicherung

1 Im letzten Schritt sind Angaben zur privaten Kranken- und Pflegeversicherung zu erfassen. Klicken Sie hierzu in der Übersicht im Ordner *Sozialversicherung* doppelt auf *Private Versicherung*.

2 Erfassen Sie – wie nachfolgend abgebildet - die Daten zur privaten Kranken- und Pflegeversicherung.

Hinweis: Die automatische Berechnung des Arbeitergeberzuschusses muss für die private Krankenversicherung ❶ und private Pflegeversicherung ❷ unterdrückt werden.

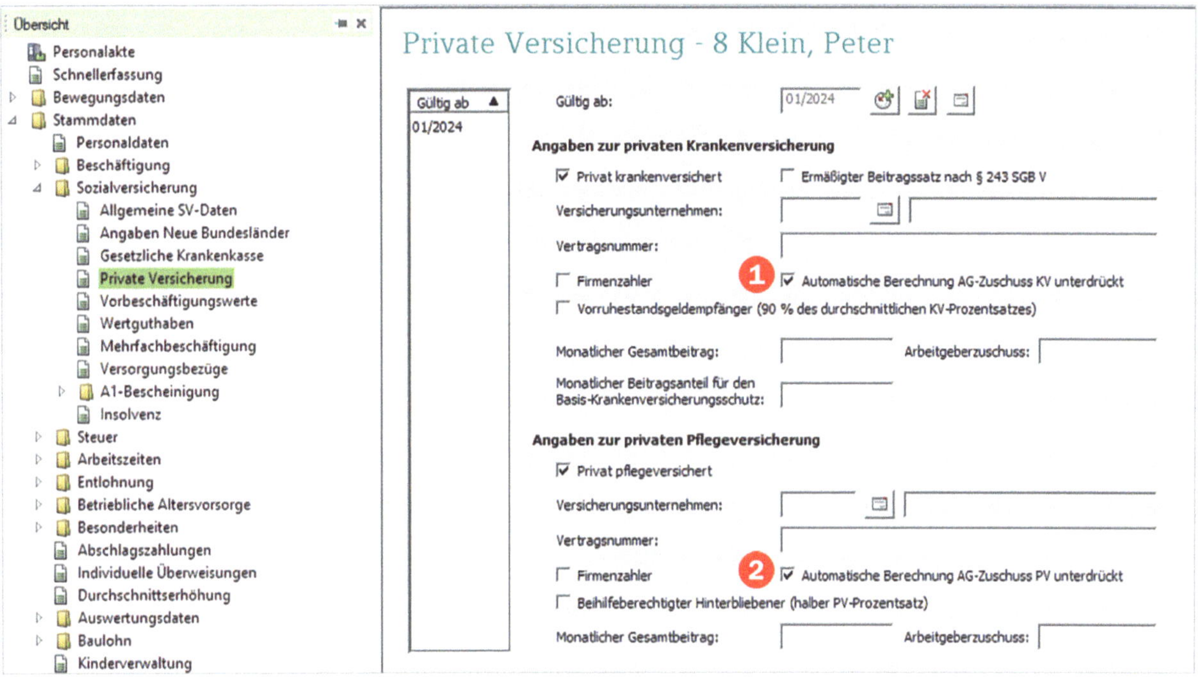

Bild 19.8 Private Kranken- und Pflegeversicherung

Die angepassten Einstellungen für den Gesellschafter Herrn Dr. Peter Klein sind somit erfasst. Prüfen Sie nochmals anhand der Checkliste, ob alle Einstellungen dazu hinterlegt sind.

Teil 3 – Sozialversicherungsbezogene Daten

		Erfasst
Krankenversicherung	0 = Kein Beitrag (private KV oder freiwillige KV als Selbstzahler)	☑
Rentenversicherung	0 = Kein Beitrag	☑
Arbeitslosenversicherung	0 = Kein Beitrag	☑
Pflegeversicherung	0 = Kein Beitrag	☑
Umlage	Nein	☑
Insolvenzgeldumlage	Nicht berechnen	☑
Unfallversicherung	Nicht unfallversicherungspflichtig	☑
Krankenkasse	Privat kranken- und pflegeversichert	☑

Wiederholungsübung: Mitarbeiterstammdaten Herr Dr. Peter Klein

Legen Sie abschließend die steuerlichen Daten, die Arbeitszeiten und den Urlaub sowie die Entlohnungsdaten des Geschäftsführers mithilfe der Checkliste neu an.

Teil 4 – Steuerliche Daten

Identifikationsnummer	12343567804	☐
Arbeitgeber	Hauptarbeitergeber	☐
Steuerklasse, Kinderfreibetrag	Klasse 3 / keine Kinder	☐
Konfession Arbeitnehmer	Keine Angabe	☐
Freibeträge jährlich	Keine	☐
Freibeträge monatlich	Keine	☐

Teil 5 – Arbeitszeiten und Urlaub

Laut Arbeitsvertrag		
Wöchentliche Arbeitszeit	45 Stunden / 6-Tage Woche	☐
Tägliche Arbeitszeit	Mo bis Fr 8 Stunden, Sa 5 Stunden	☐
Urlaubsanspruch pro Jahr	29 Tage	☐

Teil 6 – Entlohnung

Geschäftsführergehalt	6.800,00 EUR	☐

Um die Abrechnung zu testen, wählen Sie den Menüpunkt *Abrechnung* ▶ *Probeabrechnung…* oder klicken in der Standardsymbolleiste auf das Symbol *Probeabrechnung durchführen* und anschließend auf die Schaltfläche *OK*.

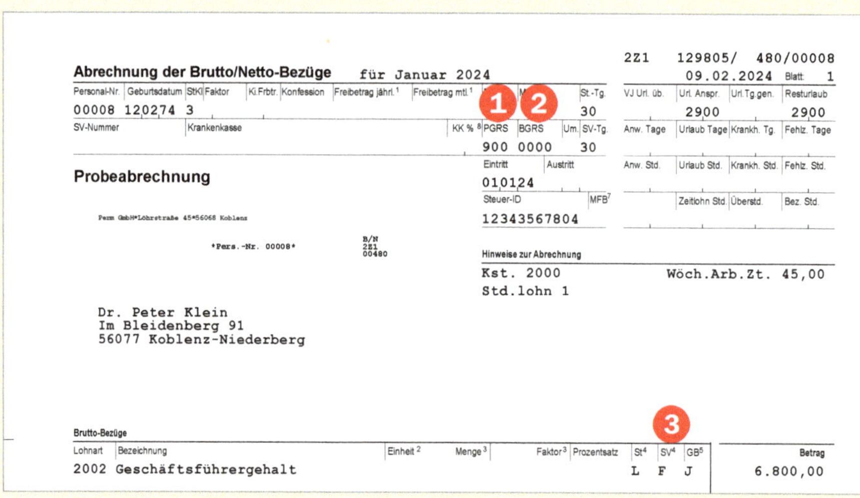

Bild 19.9 Probeabrechnung

Keine SV-Beiträge

1. Personengruppenschlüssel 900 Nicht meldepflichtige Beschäftigte
2. Beitragsgruppenschlüssel
3. sv-frei

2Z1 129805/ 480/00008

Abrechnung der Brutto/Netto-Bezüge für Januar 2024 — 09.02.2024 Blatt: 1

Personal-Nr.	Geburtsdatum	StKl	Faktor	Ki.Frbtr.	Konfession	Freibetrag jährl.[1]	Freibetrag mtl.[1]	DBA	Midijob	St.-Tg.
00008	120274	3								30

VJ Url. üb.	Url. Anspr.	Url.Tg.gen.	Resturlaub
	2900		2900

SV-Nummer	Krankenkasse	KK %[8]	PGRS	BGRS	Um.	SV-Tg.
			900	0000		30

Anw. Tage	Urlaub Tage	Krankh. Tg.	Fehlz. Tage

Eintritt	Austritt
010124	

Anw. Std.	Urlaub Std.	Krankh. Std.	Fehlz. Std.

Steuer-ID	MFB[7]
12343567804	

Zeitlohn Std.	Überstd.	Bez. Std.

Probeabrechnung

Perm GmbH*Löhrstraße 45*56068 Koblenz

Pers.-Nr. 00008

B/N
2Z1
00480

Hinweise zur Abrechnung

Kst. 2000 Wöch.Arb.Zt. 45,00
Std.lohn 1

Dr. Peter Klein
Im Bleidenberg 91
56077 Koblenz-Niederberg

Brutto-Bezüge

Lohnart	Bezeichnung	Einheit[2]	Menge[3]	Faktor[3]	Prozentsatz	St[4]	SV[4]	GB[5]	Betrag
2002	Geschäftsführergehalt					L	F	J	6.800,00

Gesamt-Brutto 6.800,00

Steuer/Sozialversicherung

St[4]	Steuer-Brutto	Lohnsteuer	Kirchensteuer	Solidaritätszuschlag
L	6.80000	1.17783		

Steuerrechtliche Abzüge 1.177,83

SV[4]	KV-Brutto	RV-Brutto	AV-Brutto	PV-Brutto	KV-Beitrag	RV-Beitrag	AV-Beitrag	PV-Beitrag[6]

SV-rechtliche Abzüge

Netto-Verdienst 5.622,17

Verdienstbescheinigung

Gesamt-Brutto	6.80000	SV-Brutto	
Steuer-Brutto	6.80000	KV-Beitrag	
Lohnsteuer	1.17783	RV-Beitrag	
Kirchensteuer		AV-Beitrag	
Solidaritätszuschlag		PV-Beitrag	
Steuerfreie Bezüge		VWL gesamt	
P. verst. Zuk.sich.		Kug-Auszahlung	
Pfändung Rest			
Darlehen Rest			

Netto-Bezüge/Netto-Abzüge

Lohnart	Bezeichnung	Betrag

Bank Commerzbank Koblenz
Konto DE36 5708 0070 0640 6XXX XX

SV-AG-Anteil	Zus. AG-Kosten	Gesamtkosten	Auszahlungsbetrag
000			5.622,17

[1] H = Hinzurechnungsbetrag
[2] Std = Stunden, T = Tage, Km = Kilometer, St = Stück
EUR = Euro, Tsd = Tausend Euro, Mio = Million Euro
[3] Gegebenenfalls Netto-Lohn/Netto-Stundenlohn
[4] L = Laufender Bezug, S = Sonstiger Bezug, F = Frei,
E = Einmalbezug, P = Pauschalierung, A = Abfindung,
M = mehrjährige Versteuerung, N = Nachberechnung
V = Vorjahr, W = Entgeltguthaben
[5] J = Bestandteil des Gesamt-Bruttos
[6] Z = Einschl. Beitragszuschlag zur PV für Kinderlose
[7] MFB = Mehrfachbeschäftigung
[8] Maßgeblicher Beitragssatz zur KV inkl.. Zusatzbeitrag

AFP Form.-Nr. PCGN14

- Dies ist eine Entgeltbescheinigung nach § 108 Abs. 3 Satz 1 der Gewerbeordnung -

DATEV

PROBEABRECHNUNG

19.2 Arbeitnehmer Übergangsbereich

Ausgangssituation

Neben Herrn Dr. Peter Klein wird zum 01.01.2024 eine weitere Mitarbeiterin neu eingestellt, die den Verkauf unterstützen soll.

Frau Mila Goossens wird mit einer wöchentlichen Arbeitszeit von 15 Stunden zu einem Festlohn von 1.150,00 EUR pro Monat eingestellt.

Wiederholungsübung

Legen Sie die Mitarbeiterin mit Hilfe der Checkliste neu an.

Personalblatt Frau Mila Goossens

Teil 1 – Personenrelevante Daten

Mitarbeiternummer	9	☐
Familienname	Goossens	☐
Vorname	Mila	☐
Eintrittsdatum	01.01.2024	☐
Straße	Antoniusstraße 7	☐
PLZ	56218	☐
Wohnort	Mülheim-Kärlich	☐
Geburtsdatum	08.04.1995	☐
Geschlecht	divers	☐
Sozialversicherungsnr.	16080495G520	☐
Familienstand	Lebenspartnerschaft eingetragen	☐
Staatsangehörigkeit	Belgisch	☐
Bankverbindung	Volksbank Rhein Ahr Eifel	☐
BIC	GENODED1BNA	☐
IBAN	DE10 5776 1591 7071 8405 00	☐

Teil 2 – Tätigkeitsbezogene Daten

Eintrittsdatum im Brutto-Netto-Formular und Erstattungsantrag nach dem AAG verwenden		☐
Personengruppenschlüssel	101 Sv- Beschäftigung ohne bes. Merkmale	☐
Arbeitnehmertyp	Arbeiter	☐
Ausgeübte Tätigkeit	62102 – Kauffrau im Einzelhandel	☐

Höchster Schulabschluss	2 – Haupt-/Volksschulabschluss	☐
Höchster Ausbildungsabschluss	2 – Abschluss einer anerkannten Berufsausb.	☐
Arbeitnehmerüberlassung	1 - Nein keine Arbeitnehmerüberlassung	☐
Vertragsform	2 – unbefristet Teilzeit	☐
Kostenstelle	Gültig ab: 01/2024 Verkauf	☐
Berufsbezeichnung	Kauffrau im Einzelhandel	☐
Standardentlohnung	Gehalt	☐
Beschäftigungsbetrieb	Perm GmbH	☐

Teil 3 - Sozialversicherungsbezogene Daten

Krankenversicherung	1 = Allgemeiner Beitrag	☐
Rentenversicherung	1 = Voller Beitrag	☐
Arbeitslosenversicherung	1 = Voller Beitrag	☐
Pflegeversicherung	1 = Voller Beitrag	☐
Zuschlag zur Pflegevers.	Keine Elterneigenschaft	☐
Umlage	Umlage 1 und 2	☐
Unfallversicherung	Unfallversicherungspflichtig	☐
Krankenkasse	IKK Südwest	☐

Teil 4 – Steuerliche Daten

Identifikationsnummer	12345678911	☐
Arbeitgeber	Hauptarbeitergeber	☐
Steuerklasse, Kinderfreibetrag	Klasse 5 / keine Kinder	☐
Konfession Arbeitnehmer	Keine Angabe	☐
Freibeträge jährlich	Keine	☐
Freibeträge monatlich	Keine	☐

Teil 5 – Arbeitszeiten und Urlaub

Laut Arbeitsvertrag		
Wöchentliche Arbeitszeit	15 Stunden / 3-Tage Woche	☐
Tägliche Arbeitszeit	Do – Sa 5 Stunden	☐
Urlaubsanspruch pro Jahr	15 Tage	☐

Teil 6 – Entlohnung

Festlohn, gewerblich	1.150,00 EUR	☐

Testen Sie anschließend die Lohnabrechnung über eine Probeabrechnung.

Ergebnis: Die Probeabrechnung der neuen Mitarbeiterin Frau Mila Goossens für den Monat Januar 2024 wird angezeigt. Vom Festlohn von 1.150,00 EUR werden steuerrechtliche Abzüge in Höhe von 111,91 EUR (Steuerklasse 5) und sozialversicherungsrechtliche Abzüge von 241,79 EUR abgezogen.

Bild 19.10 Probeabrechnung Goossens

2Z1 129805/ 480/00009

Abrechnung der Brutto/Netto-Bezüge für Januar 2024 — 08.02.2024 Blatt: 1

Personal-Nr.	Geburtsdatum	StKl	Faktor	Ki.Frbtr.	Konfession	Freibetrag jährl.[1]	Freibetrag mtl.[1]	DBA	Midijob	St.-Tg.
00009	080495	5								30

VJ Url. üb.	Url. Anspr.	Url.Tg.gen.	Resturlaub
	1500		1500

SV-Nummer	Krankenkasse	KK %[8]	PGRS	BGRS	Um.	SV-Tg.
16080495G520	IKK Südwest	16,5	101	1111	1	30

Anw. Tage	Urlaub Tage	Krankh. Tg.	Fehlz. Tage

Probeabrechnung

Eintritt	Austritt
010124	

Anw. Std.	Urlaub Std.	Krankh. Std.	Fehlz. Std.

Steuer-ID	MFB[7]
12345678911	

Zeitlohn Std.	Überstd.	Bez. Std.

Perm GmbH*Löhrstraße 45*56068 Koblenz

Pers.-Nr. 00009

B/N
2Z1
00480

Hinweise zur Abrechnung

Kst. 1000 Wöch.Arb.Zt. 15,00
Std.lohn 1

Mila Goossens
Antoniusstraße 7
56218 Mülheim-Kärlich

Brutto-Bezüge

Lohnart	Bezeichnung	Einheit[2]	Menge[3]	Faktor[3]	Prozentsatz	St[4]	SV[4]	GB[5]	Betrag
2020	Festlohn, gewerblich					L	L	J	1.150,00

Gesamt-Brutto 1.150,00

Steuer/Sozialversicherung

St[4]	Steuer-Brutto	Lohnsteuer	Kirchensteuer	Solidaritätszuschlag
L	1.15000	11191		

Steuerrechtliche Abzüge 111,91

SV[4]	KV-Brutto	RV-Brutto	AV-Brutto	PV-Brutto	KV-Beitrag	RV-Beitrag	AV-Beitrag		PV-Beitrag[6]
L	1.15000	1.15000	1.15000	1.15000	9344	10695	1495	Z	2645

SV-rechtliche Abzüge 241,79

Netto-Verdienst 796,30

Verdienstbescheinigung

Gesamt-Brutto	1.15000	SV-Brutto	1.15000
Steuer-Brutto	1.15000	KV-Beitrag	9344
Lohnsteuer	11191	RV-Beitrag	10695
Kirchensteuer		AV-Beitrag	1495
Solidaritätszuschlag		PV-Beitrag	2645
Steuerfreie Bezüge		VWL gesamt	
P. verst. Zuk.sich.		Kug-Auszahlung	
Pfändung Rest			
Darlehen Rest			

Netto-Bezüge/Netto-Abzüge

Lohnart	Bezeichnung	Betrag

Bank VR Bank RheinAhrEifel
Konto DE10 5776 1591 7071 8XXX XX

SV-AG-Anteil	Zus. AG-Kosten	Gesamtkosten
23489		

Auszahlungsbetrag 796,30

[1] H = Hinzurechnungsbetrag
[2] Std = Stunden, T = Tage, Km = Kilometer, St = Stück
EUR = Euro, Tsd = Tausend Euro, Mio = Million Euro
[3] Gegebenenfalls Netto-Lohn/Netto-Stundenlohn
[4] L = Laufender Bezug, S = Sonstiger Bezug, F = Frei,
E = Einmalbezug, P = Pauschalierung, A = Abfindung,
M = mehrjährige Versteuerung, N = Nachberechnung
V = Vorjahr, W = Entgeltguthaben
[5] J = Bestandteil des Gesamt-Bruttos
[6] Z = Einschl. Beitragszuschlag zur PV für Kinderlose
[7] MFB = Mehrfachbeschäftigung
[8] Maßgeblicher Beitragssatz zur KV inkl.. Zusatzbeitrag

AFP Form.-Nr. PCGN14

- Dies ist eine Entgeltbescheinigung nach § 108 Abs. 3 Satz 1 der Gewerbeordnung -

DATEV

PROBEABRECHNUNG

Schließen Sie danach die Probeabrechnung. Sie erhalten einen Hinweis, dass das Arbeitsentgelt in Höhe von 1.150,00 EUR innerhalb des Übergangsbereichs von 538,01 und 2.000,00 EUR liegt und dementsprechend als Midijob abgerechnet werden kann.

Regelungen für die Abrechnung von Midijobs (Übergangsbereich vormals Gleitzone)

Für die Abrechnung von Midijobs (Übergangsbereich) gelten seit dem Jahr 2019 neue Bestimmungen. Folgende Regelungen sind für Jobs in der Gleitzone zu beachten:

- **Bis Juni 2019**: Gleitzone für laufende Monatsentgelte von 450,01 und 850,00 EUR. Auf Rentenansprüche, die aus den geringeren beitragspflichtigen Einnahmen entstehen, konnte bei Anwendung der Gleitzone in der Rentenversicherung verzichtet werden.
- **Seit Juli 2019:** Ablösung des Wortes Gleitzone durch den Begriff Übergangsbereich für Monatsentgelte von 450,01 und 1.300,00 EUR.
  - **Ab Oktober 2022**: Übergangsbereich für Monatsentgelte von 520,01 bis 1.600,00 EUR
  - **Ab Januar 2023**: Übergangsbereich für Monatsentgelte von 520,01 bis 2.000,00 EUR
  - **Ab Januar 2024**: Übergangsbereich für Monatsentgelte von 538,01 bis 2.000,00 EUR. Der Mindestlohn ab 1. Januar 2024 beträgt 12,41 EUR. Die Minjobgrenze erhöht sich ab Januar 2024 auf monatlich 538,00 EUR.
- Rentenansprüche entstehen aus dem tatsächlichen Entgelt, d. h. ein Verzicht auf die Anwendung des Übergangsbereichs in der Rentenversicherung ist nicht erforderlich.
- Wird ein Arbeitnehmer im Übergangsbereich zwischen 538,01 EUR und 2.000,00 EUR abgerechnet, zahlt dieser verminderte SV-Beiträge. Der Beitragsanteil des Arbeitgebers wird ebenfalls aus einem verminderten Entgelt berechnet.
- Der Beitragsanteil des Arbeitnehmers ergibt sich daher als Differenz aus dem verringerten Gesamtbeitrag und dem unverminderten Arbeitgeberanteil. Die Berechnungsformel ist hierbei sehr komplex.

  Formel für die Berechnung Arbeitnehmerin Frau Mila Goossens:
  2023: 1,35135 * 1.150,00 EUR – 702,70270 = SV-Brutto AN = 851,35 EUR
  2024: 1,36799 * 1.150,00 EUR – 735,97811 = SV-Brutto AN = 837,21 EUR

  Formel für die Berechnung Arbeitgeber:
  2023: 1,1081459459 * 1.150 – 216,2918918918 = 1.058,08 EUR SV-AG
  2024: 1,116063748 * 1.150 – 232,1274986580 = 1.051,35 EUR SV-AG

Midijob (Übergangsbereich) erfassen

Für die Mitarbeiterin Frau Goossens bedeutet dies bei Anwendung des Übergangsbereiches folgende Berechnung:

1,36799 * 1.150,00 EUR - 735,97811
SV-Brutto AN = 837,21 EUR

Von diesem Betrag werden die Sozialversicherungsbeiträge vom Arbeitnehmer berechnet. Um den Midijob / die Gleitzonenregelung für die Mitarbeiterin zu hinterlegen, gehen Sie wie folgt vor:

1 Wählen Sie den Menüpunkt *Erfassen* ▶ *Stammdaten* ▶ *Sozialversicherung* ▶ *Allgemeine Daten* oder öffnen Sie in der Übersicht den Ordner *Sozialversicherung* und klicken dann doppelt auf den Eintrag *Allgemeine SV-Daten*.

2 Klicken Sie auf das Register *Midijob*.

3 Klicken Sie mehrmals auf das Kontrollkästchen *Midijob berechnen* bis dieses aktiviert ist. Das Feld *Gültig ab* wird automatisch mit 01/2024 vorbelegt.

Bild 19.11 Register Midijob / Gleitzone

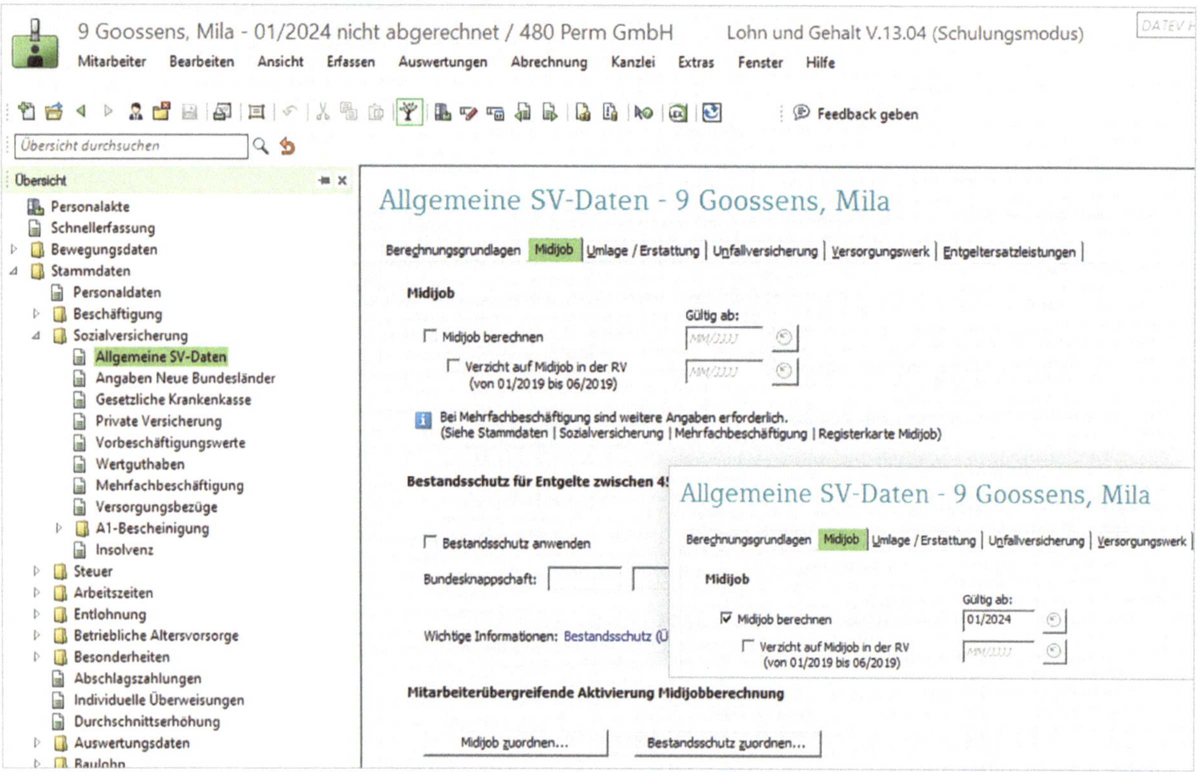

Hinweise

- Über das Kontrollkästchen *Verzicht auf Midijob in der RV* kann aktiviert werden, ob ggf. der Rentenversicherungsbeitrag vom gesamten SV-Brutto (also von 1.150,00 EUR) berechnet werden soll.
- Falls eine Mehrfachbeschäftigung des Arbeitnehmers vorliegt, müssen über *Stammdaten* ▶ *Sozialversicherung* ▶ *Mehrfachbeschäftigung* dazu zusätzliche Angaben hinterlegt werden.

4 Die Einstellungen für die Berechnung des Midijobs sind hiermit erfasst. Klicken Sie auf das Symbol *Speichern*.

5 Klicken Sie abschließend in der Standardsymbolleiste auf das Symbol *Probeabrechnung* und dann auf *OK*.

Die Probeabrechnung wird mit dem SV-Brutto von 837,21 EUR angezeigt. Von diesem Wert werden der KV-Beitrag, der RV-Beitrag, der AV-Beitrag und der PV-Beitrag für den Arbeitnehmer errechnet. Die SV-Beiträge für den Arbeitgeber werden vom SV-Brutto 1.051,35 EUR errechnet.

Mila Goossens
Antoniusstraße 7
56218 Mülheim-Kärlich

\- PV-Br.Ges Zuschl.Kinderlos 1.051,35

Brutto-Bezüge

Lohnart	Bezeichnung	Einheit [2]	Menge [3]	Faktor [3]	Prozentsatz	St [4]	SV [4]	GB [5]	Betrag
2020	Festlohn, gewerblich					L	L	J	1.150,00

Gesamt-Brutto: 1.150,00

Steuer/Sozialversicherung

St [4]	Steuer-Brutto	Lohnsteuer	Kirchensteuer	Solidaritätszuschlag
L	1.150,00	111,91		

Steuerrechtliche Abzüge: 111,91

SV [4]	KV-Brutto	RV-Brutto	AV-Brutto	PV-Brutto	KV-Beitrag	RV-Beitrag	AV-Beitrag	PV-Beitrag [6]
L	837,21	837,21	837,21	837,21	68,02	77,86	10,88 Z	20,54

SV-rechtliche Abzüge: 177,30

Verdienstbescheinigung

Gesamt-Brutto	1.150,00	SV-Brutto	1.051,35
Steuer-Brutto	1.150,00	KV-Beitrag	68,02
Lohnsteuer	111,91	RV-Beitrag	77,86
Kirchensteuer		AV-Beitrag	10,88
Solidaritätszuschlag		PV-Beitrag	20,54
Steuerfreie Bezüge		VWL gesamt	
P. verst. Zuk.sich.		Kug-Auszahlung	
Pfändung Rest			
Darlehen Rest			

Netto-Bezüge/Netto-Abzüge

Lohnart	Bezeichnung	Betrag

Netto-Verdienst: 860,79

Bank: VR Bank RheinAhrEifel
Konto: DE10 5776 1591 7071 8XXX XX

SV-AG-Anteil	Zus. AG-Kosten	Gesamtkosten	Auszahlungsbetrag
258,49			860,79

Bild 19.12 Probeabrechnung Goossens Übergangsbereich

6 Schließen Sie zuletzt die Mitarbeiterebene von Frau Mila Goossens.

19.3 Private Nutzung von Firmenrädern

Ausgangssituation

Am 01.01.2024 schafft Firma Perm GmbH zwei Dienstfahrräder an. Diese beiden Dienstfahrräder (E-Bikes) sollen den Mitarbeitern Goossens und Hild zur Verfügung gestellt werden.

Die beiden Mitarbeiter dürfen die E-Bikes auch für private Fahrten nutzen.

Hierbei muss unterschieden werden, ob es sich um E-Bikes mit einer Geschwindigkeitsbeschränkung bis 25 km/h, die verkehrsrechtlich als Fahrrad eingestuft werden, handelt oder bei Überschreitung der 25 km/h-Grenze, verkehrsrechtlich um Kraftfahrzeuge.

In unserem Fall handelt es sich um E-Bikes mit einer Geschwindigkeit bis maximal 25 km/h. Folgende E-Bikes wurden angeschafft:

Bezeichnung	E-Bike Mako Perm 1
Fahrradmarke	E-Bike Mako
Fahrradmodell	M7 Trek Professional (bis max. 25 km/h)
Beschreibung	Farbe: weiss, Serien-Nr. 52635852IH158
Erste Inbetriebnahme	01/2024
Bruttolistenpreis	3.536,00 EUR

Bezeichnung	E-Bike Mako Perm 2
Fahrradmarke	E-Bike Mako
Fahrradmodell	M9 City Professional (bis max. 25 km/h)
Beschreibung	Farbe: schwarz, Serien-Nr. 5268594523UM526
Erste Inbetriebnahme	01/2024
Bruttolistenpreis	4.225,00 EUR

Die Firmenräder sind in den Mandantenstammdaten der Firma Perm anzulegen. Außerdem sind die Privatfahrten der Mitarbeiter mit den E-Bikes zu erfassen. Aus der Überlassung der Firmenräder ergibt sich zusätzlich zum ohnehin geschuldeten Arbeitsentgelt ein steuerpflichtiger geldwerter Vorteil. Dieser ist im Abrechnungsmonat mit 1 % des Bruttolistenpreis, auf volle Hundert abzurunden, anzusetzen.

Dazu gilt seit dem Jahr 2020 bei erstmaliger Überlassung an einen Arbeitnehmer zwischen dem 01.01.2019 und 31.12.2030 eine Bemessungsgrundlage von ¼ des Bruttolistenpreises.

Geldwerten Vorteil berechnen

Der geldwerte Vorteil bei Diensträdern bis max. 25 km/h errechnet sich nach folgender Formel: Bruttolistenpreis, davon ¼, abgerundet auf volle Hundert * 1 %

E-Bike Mako Perm 1
3.536,00 EUR, davon ¼ = 884,00 EUR (abger. auf volle Hundert) = 800,00 EUR * 1 % = 8,00 EUR

E-Bike Mako Perm 2
4.225,00 EUR, davon ¼ = 1.056,25 EUR (abger. auf volle Hundert) = 1.000,00 EUR * 1 % = 10,00 EUR

Dieser geldwerte Vorteil ist bei Überlassung eines E-Bikes (bis 25 km/h) und für Fahrräder steuerfrei. Hierdurch soll das umweltfreundliche Engagement der Arbeitnehmer und Arbeitnehmerinnen und deren Arbeitgeber belohnt werden, da die Nutzung für Fahrten zwischen Wohnung und erster Tätigkeitsstätte und für Familienheimfahrten unentgeltlich oder verbilligt ermöglicht werden.

Hinweis: Handelt es sich bei dem Fahrzeug um ein E-Bike über 25 km/h, dann gelten wie bei Dienstfahrzeugen die 1 % Regelung und der 0,03 % Zuschlag für Fahrten zwischen Wohnung und erster Tätigkeitsstätte für die Berechnung des geldwerten Vorteils bei einer Bemessungsgrundlage (seit dem Januar 2020) abzüglich eines ¼ des Bruttolistenpreises.

Firmenrad in den Mandantenstammdaten erfassen

Um das erste Firmenrad, das E-Bike Mako Perm 1 in den Mandantenstammdaten zu erfassen, gehen Sie - wie nachfolgend dargestellt - vor:

1 Wählen Sie den Befehl *Erfassen* ▶ *Mandantendaten* ▶ *Organisationseinheiten* ▶ *Firmenrad* oder öffnen Sie in der Übersicht mit Doppelklick den Ordner *Mandantendaten*, dann den Ordner *Organisationseinheiten* und klicken hier doppelt auf *Firmenrad* (Bild 19.13).

2 Geben Sie im Feld *Bezeichnung* E-Bike Mako Perm 1 ein. Geben Sie anschließend im Feld *Erste Inbetriebnahme des Fahrrads (MM/JJJJ):* 01/2024 und im Feld *Voller Bruttolistenpreis* den Preis von 3.536,00 EUR ein (Bild 19.13).

Bild 19.13 Firmenrad erfassen

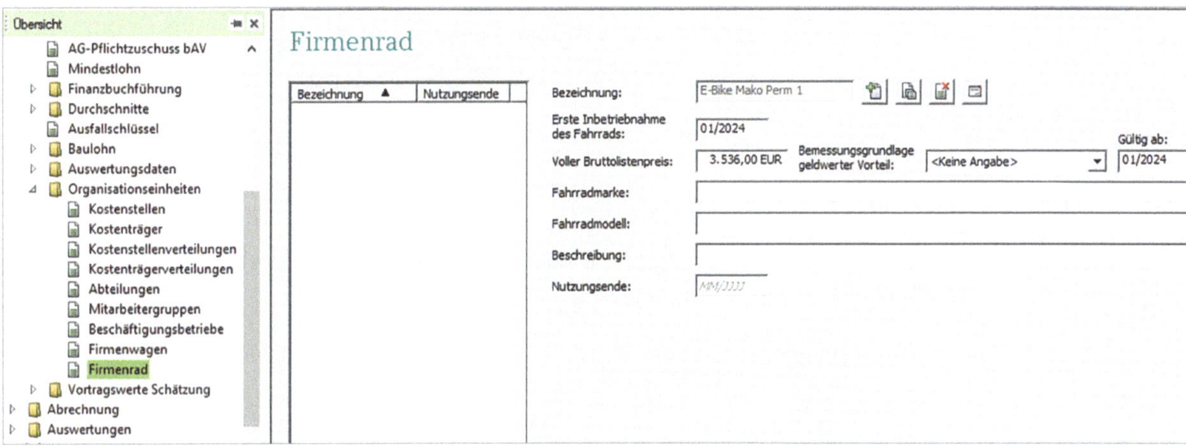

3 Im Feld *Bemessungsgrundlage geldwerter Vorteil* übernehmen Sie den Eintrag *Viertel Bruttolistenpreis*.

Bild 19.14 Bemessungsgrundlage Geldwerter Vorteil

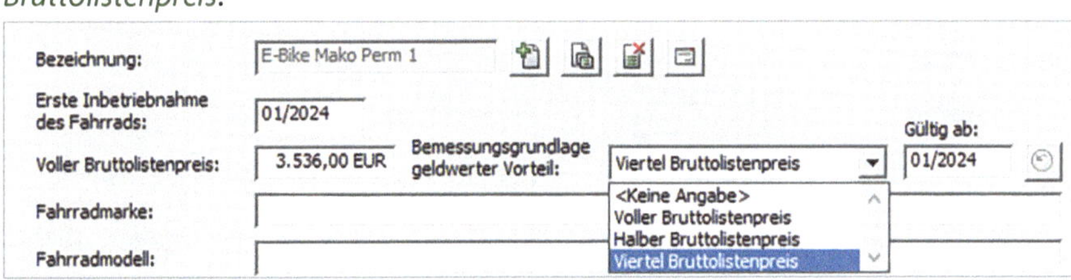

Hinweis: Vor 01.01.2020 galt die Regelung *Halber Bruttolistenpreis*. Das *Feld Gültig ab* wird automatisch mit *01/2024* belegt.

4 Geben Sie anschließend in den Feldern *Fahrradmarke*, *Fahrradmodell* und *Beschreibung* die übrigen Daten ein, siehe Bild 19.15. Speichern Sie dann die Eingaben mit Klick auf

das Symbol *Fensterinhalt speichern* . Damit ist das erste Firmenrad in den Mandantendaten zur Firma Perm GmbH hinterlegt.

Bild 19.15 Firmenrad Mako Perm 1

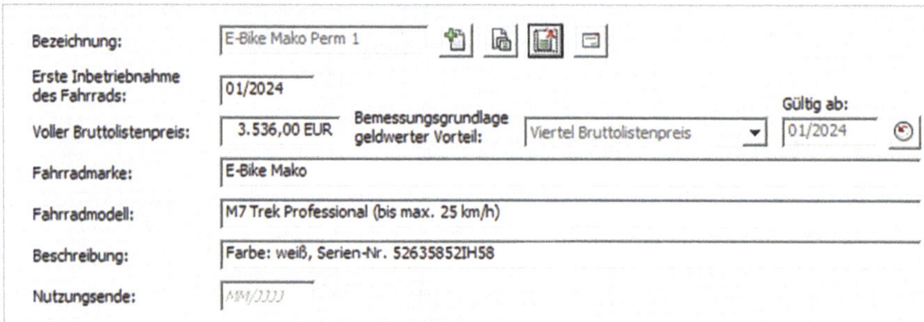

Hinweis: Wird das E-Bike über Gehaltsumwandlung des Arbeitnehmers abgerechnet, müssen in der Rubrik *Berechnungsgrundlagen Umsatzsteuer* im Feld *Ermittlung der USt* Angaben hierzu hinterlegt werden. Es kann zwischen der Auswahl aus übersteigender Gehaltsumwandlung (mindestens geldwerter Vorteil) oder aus 1 % des vollen Bruttolistenpreises (Mindestbemessungsgrundlage) gewählt werden. Für unseren Übungsfall trifft dies nicht zu, da die E-Bikes nicht über Gehaltsumwandlung zur Verfügung gestellt werden.

Übung: Dienstrad erfassen

Aufgabe 1

Klicken Sie auf das Symbol *Neuen Datensatz anlegen* und erfassen Sie das zweite E-Bike Mako Perm 2 mit folgenden Angaben:

Bezeichnung	E-Bike Mako Perm 2
Erste Inbetriebnahme des Fahrrads ab (mm/JJJJ)	01/2024
Voller Bruttolistenpreis	4.225,00 EUR
Bemessungsrundlage geldwerter Vorteil	¼ Bruttolistenpreis
Gültig ab	01/2024
Fahrradmarke	E-Bike Mako
Fahrradmodell	M9 City Professional (bis max. 25 km/h)
Beschreibung	Farbe: schwarz, Serien-Nr. 5268594523UM526

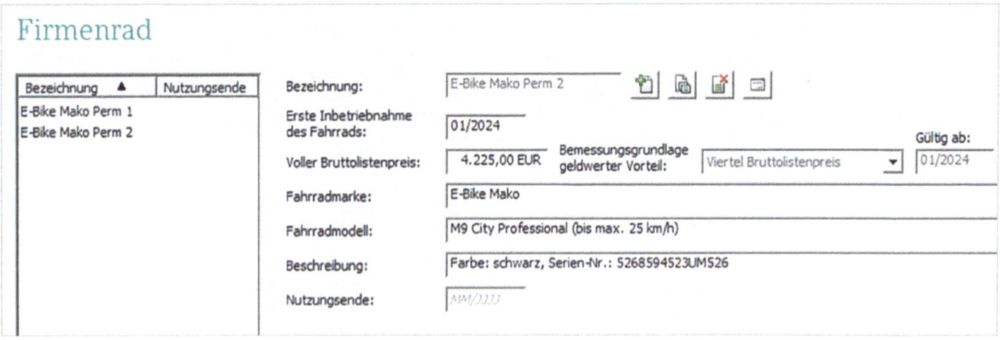

Bild 19.16 Zweites Firmenrad Mako Perm 2

Firmenrad in den Mitarbeiterstammdaten zuweisen

Im nächsten Schritt sind auf der Mitarbeiterebene von DATEV Lohn und Gehalt Angaben zur privaten Nutzung zu erfassen. Frau Hild erhält das erste E-Bike Mako Perm 1, dazu gehen Sie wie folgt vor:

1 Öffnen Sie die Mitarbeiterin Frau Marianne Hild.

2 Wählen Sie den Befehl *Erfassen* ▶ *Stammdaten* ▶ *Besonderheiten* ▶ *Firmenrad* oder öffnen Sie in der Übersicht den Ordner *Stammdaten*, öffnen dann den Ordner B*esonderheiten* und klicken hier doppelt auf *Firmenrad*.

Bild 19.17 Mitarbeiterstammdaten - Firmenrad

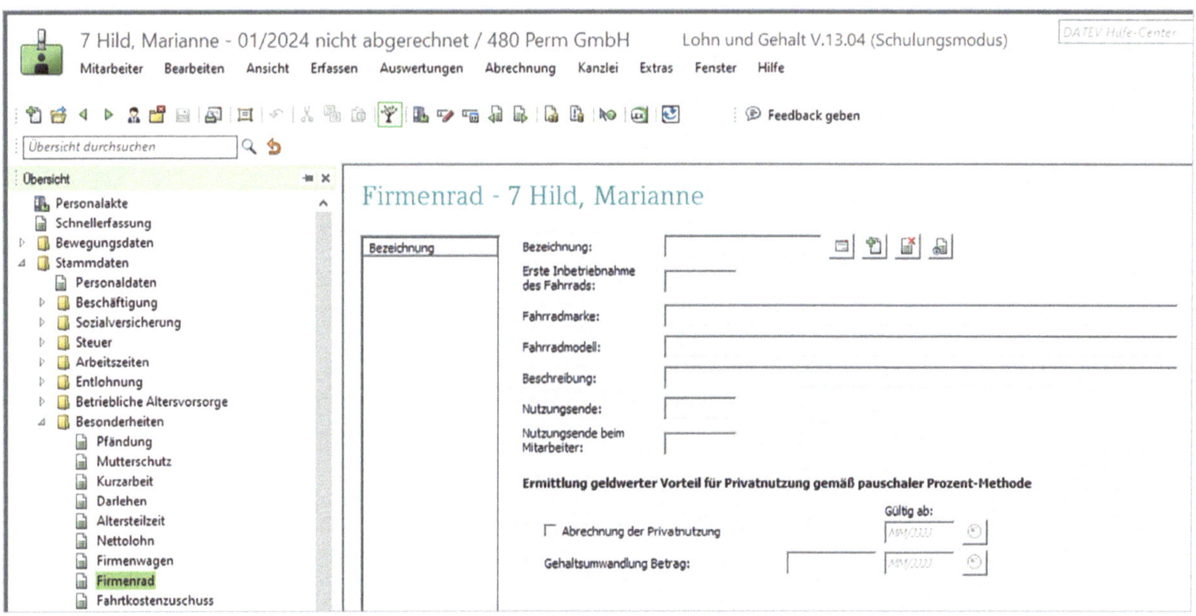

3 Klicken Sie beim Feld *Bezeichnung* auf das Symbol *Auswählen* , klicken Sie auf das, in den Mandantenstammdaten hinterlegte, Firmenrad *E-Bike Mako Perm 1* (Bild 19.18) und übernehmen Sie die Auswahl mit *OK*. Die übrigen Daten zum Firmenrad werden automatisch mit übernommen.

Bild 19.18 E-Bike aus dem Mandantenbestand auswählen

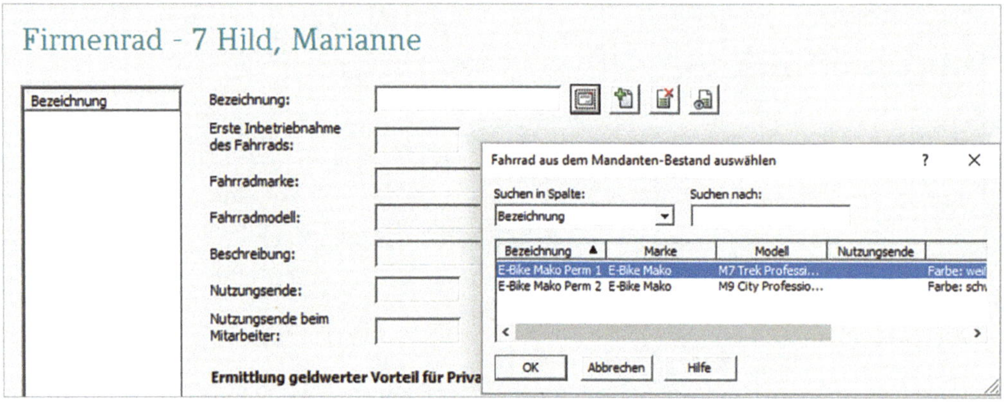

4 Da Frau Hild das E-Bike auch für private Fahrten nutzen darf, aktivieren Sie das Kontrollkästchen *Abrechnung der Privatnutzung*. Das Feld *Gültig ab* wird automatisch mit *01/2024* belegt. Damit ist der geldwerte Vorteil hinterlegt (Bild 19.19).

Bild 19.19 Privatfahrten

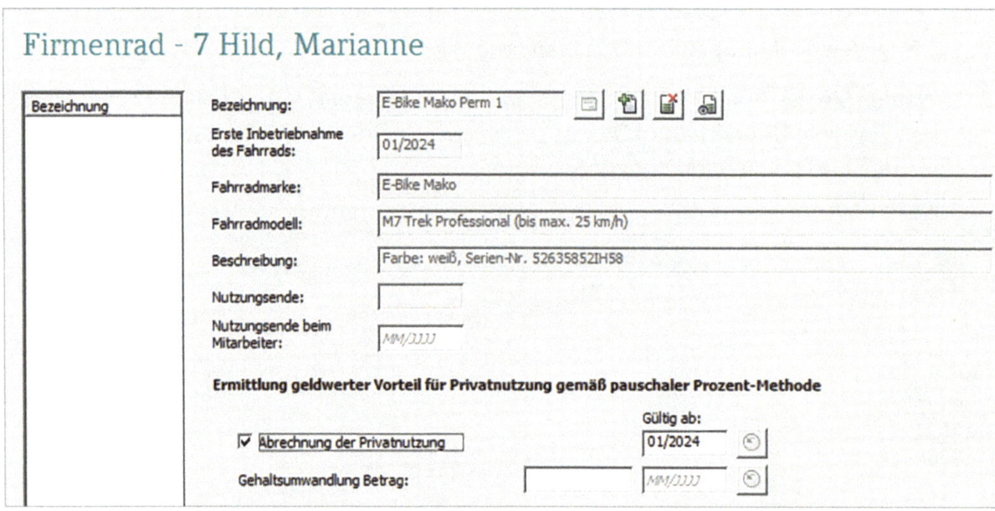

Hinweis: Wird das Firmenrad nicht kostenlos vom Arbeitgeber zur Verfügung gestellt, sondern der Arbeitnehmer übernimmt einen bestimmten Teil, kann dies im Feld *Gehaltsumwandlung Brutto* hinterlegt werden. Häufig kommt diese Regelung bei Leasingfahrrädern vor.

5 Speichern Sie anschließend die Einstellungen, indem Sie auf das Symbol *Fensterinhalt speichern* klicken.

6 Um die Abrechnung in der Probeabrechnung zu prüfen, wählen Sie den Menüpunkt *Abrechnung* ▶ *Probeabrechnung* oder klicken Sie in der Standardsymbolleiste auf das Symbol *Probeabrechnung durchführen* und anschließend auf die Schaltfläche *OK*.

Die Probeabrechnung von Frau Marianne Hild wird in der Seitenansicht geöffnet.

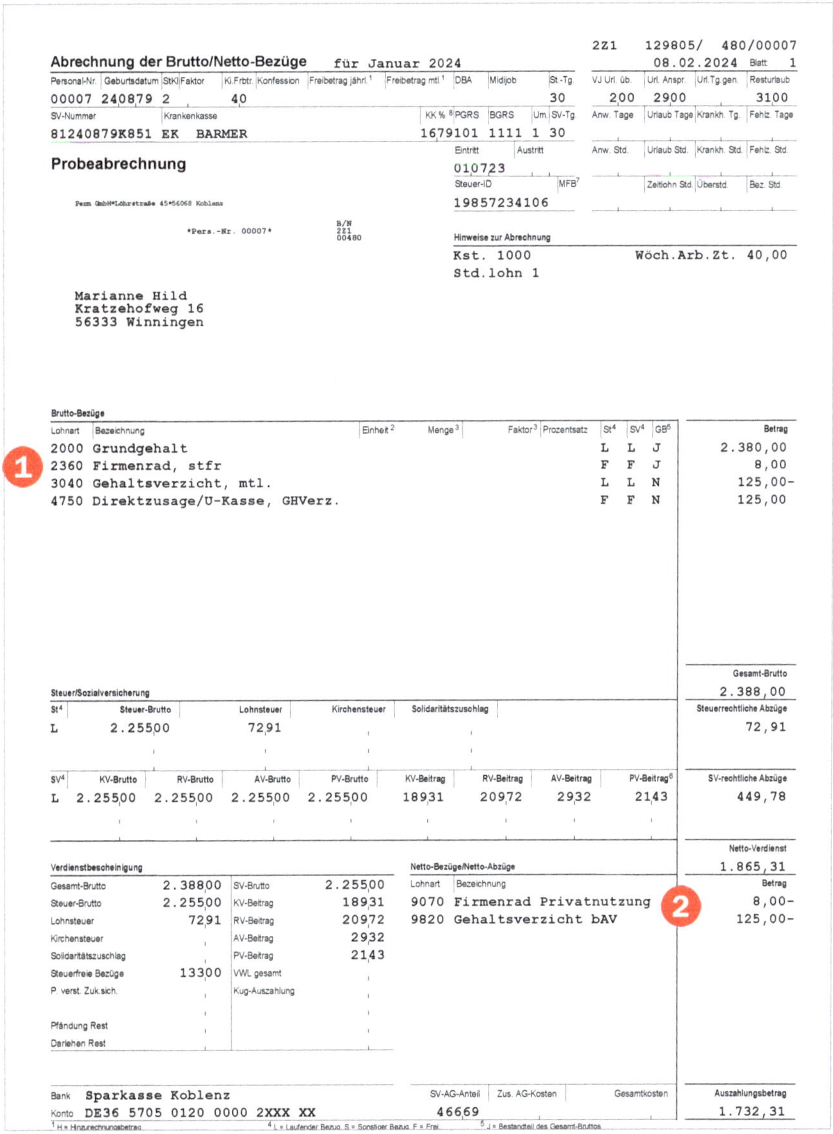

Abrechnung der Brutto/Netto-Bezüge für Januar 2024

2Z1 129805/ 480/00007
08.02.2024 Blatt 1

Personal-Nr.	Geburtsdatum	StKl	Faktor	Ki.Frbtr.	Konfession	Freibetrag jährl.[1]	Freibetrag mtl.[1]	DBA	Midijob	St.-Tg.
00007	240879	2		40						30

VJ Url. üb.	Url. Anspr.	Url.Tg.gen.	Resturlaub
2,00	29,00		31,00

SV-Nummer	Krankenkasse	KK %[8]	PGRS	BGRS	Um.	SV-Tg.
81240879K851	EK BARMER	16,79	101	1111	1	30

Anw. Tage | Urlaub Tage | Krankh. Tg. | Fehlz. Tage

Probeabrechnung

Eintritt 010723 | Austritt

Anw. Std. | Urlaub Std. | Krankh. Std. | Fehlz. Std.

Steuer-ID 19857234106 | MFB[7]

Zeitlohn Std. | Überstd. | Bez. Std.

Perm GmbH*Löhrstraße 45*56068 Koblenz

Pers.-Nr. 00007

B/N 2Z1 00480

Hinweise zur Abrechnung
Kst. 1000 Wöch.Arb.Zt. 40,00
Std.lohn 1

Marianne Hild
Kratzehofweg 16
56333 Winningen

Brutto-Bezüge

Lohnart	Bezeichnung	Einheit[2]	Menge[3]	Faktor[3]	Prozentsatz	St[4]	SV[4]	GB[5]	Betrag
2000	Grundgehalt					L	L	J	2.380,00
2360	Firmenrad, stfr					F	F	J	8,00
3040	Gehaltsverzicht, mtl.					L	L	N	125,00-
4750	Direktzusage/U-Kasse, GHVerz.					F	F	N	125,00

Gesamt-Brutto 2.388,00

Steuer/Sozialversicherung

St[4]	Steuer-Brutto	Lohnsteuer	Kirchensteuer	Solidaritätszuschlag	Steuerrechtliche Abzüge
L	2.255,00	72,91			72,91

SV[4]	KV-Brutto	RV-Brutto	AV-Brutto	PV-Brutto	KV-Beitrag	RV-Beitrag	AV-Beitrag	PV-Beitrag[6]	SV-rechtliche Abzüge
L	2.255,00	2.255,00	2.255,00	2.255,00	189,31	209,72	29,32	21,43	449,78

Netto-Verdienst 1.865,31

Verdienstbescheinigung

Gesamt-Brutto	2.388,00	SV-Brutto	2.255,00
Steuer-Brutto	2.255,00	KV-Beitrag	189,31
Lohnsteuer	72,91	RV-Beitrag	209,72
Kirchensteuer		AV-Beitrag	29,32
Solidaritätszuschlag		PV-Beitrag	21,43
Steuerfreie Bezüge	133,00	VWL gesamt	
P. verst. Zuk.sich.		Kug-Auszahlung	
Pfändung Rest			
Darlehen Rest			

Netto-Bezüge/Netto-Abzüge

Lohnart	Bezeichnung	Betrag
9070	Firmenrad Privatnutzung	8,00-
9820	Gehaltsverzicht bAV	125,00-

Bank Sparkasse Koblenz
Konto DE36 5705 0120 0000 2XXX XX

SV-AG-Anteil	Zus. AG-Kosten	Gesamtkosten	Auszahlungsbetrag
466,69			1.732,31

[1] H = Hinzurechnungsbetrag [4] L = Laufender Bezug, S = Sonstiger Bezug, F = Frei [5] J = Bestandteil des Gesamt-Bruttos

Bild 19.20 Probeabrechnung Marianne Hild Privatfahrten

- Mit der Lohnart *2360 Firmenrad, stfr.* wird der geldwerte Vorteil von 8,00 EUR angezeigt und verwendet ❶.
- **Verwendeter Nettoabzug:** Bei Verwendung der Lohnart *2360 Firmenrad, stfr.* erscheint automatisch bei *Nettoabzug* die Lohnart *9070 Firmenrad Privatnutzung* als Folgelohnart ❷.

7 Schließen Sie anschließend die Probeabrechnung und die Mitarbeiterebene DATEV Lohn und Gehalt.

Hinweis: Die Fehlermeldung bezüglich der UV-Jahresmeldung weist Sie darauf hin, dass keine rückgemeldeten UV-Stammdaten vorliegen. In unserem Übungsfall können natürlich auch keine UV-Stammdaten elektronisch abgerufen werden. In der Praxis muss das selbstverständlich erfolgen.

19.4 Kurzarbeit für Mitarbeiter abrechnen

Gesetzliche Grundlagen

Der Gesetzgeber hat die Erleichterungen auf den Anspruch auf Kurzarbeitergeld sowie die Erhöhung des Kurzarbeitergeldes aufgrund der Corona Krise bis zum 30.06.2022 befristet. Seit dem 01.07.2022 gelten die gesetzlichen Bestimmungen vor der Corona Pandemie. Hierzu einige Fakten:

- Das Unternehmen kann Kurzarbeit anmelden, wenn mindestens ein Drittel der Beschäftigten vom Arbeitsausfall betroffen sind.
- Beschäftigte Leiharbeiter sind vom Bezug von Kurzarbeitergeld ausgeschlossen, die Verträge müssen aufgelöst werden.
- Auszubildende genießen mehr Schutz und sind in der Regel vom Bezug des Kurzarbeitergeldes ausgeschlossen.
- Die Sozialversicherungsbeiträge werden vom Arbeitgeber aus dem fiktiven Entgelt alleine getragen. Eine Erstattung der Sozialversicherungsbeiträge durch die Bundesagentur für Arbeit an den Arbeitgeber ist aufgehoben.
- Soweit im Rahmen der Flexibilisierung der Arbeitszeit Arbeitszeitkonten geführt werden, sind die darin eingestellten Arbeitszeitkontenguthaben vor der Kurzarbeit einzubringen.
- Die Beiträge zur Kranken-, Pflege und Rentenversicherung für die Ausfallstunden bemessen sich nach dem fiktiven Arbeitsentgelt. Die Höhe dieser Beiträge wird bestimmt durch:
  - 80 v.H. des Unterschiedsbetrages zwischen den ungerundeten Werten des Soll-Entgeltes und des Ist-Entgeltes und
  - den Beitragssatz in der Kranken-, Renten- und Pflegeversicherung (ohne den Beitragszuschlag für Kinderlose).

  Die auf das fiktive Arbeitsentgelt entfallenden Beiträge hat der Arbeitgeber allein zu tragen.
- Die Bezugsdauer von Kurzarbeitergeld beträgt 12 Monate.

Allgemein gilt Kurzarbeitergeld in Höhe von 60 % oder 67 % (mit Kind) vom Nettoentgelt. Sofern wegen Arbeitsausfall Kurzarbeit für ihr Unternehmen ansteht, zeigen Sie diesen bei der Bundesagentur für Arbeit an. Dieser Kurzarbeiterantrag kann online gestellt werden.

Ausgangssituation

Firma Perm hat bei der Bundesagentur für Arbeit Koblenz für den Monat Januar 2024 Kurzarbeit beantragt. Sie wurde bis zum 31.03.2024 genehmigt.

- Frau Marion Wegmann, Abteilung Technik ist im Zeitraum vom 02.01. bis 06.01.2024 und 15.01. bis 20.01.2024 in Kurzarbeit.
- Herr Wolfgang Weber, Abteilung Technik ist im Zeitraum vom 08.01. bis 13.01.2024 und 22.01. bis 27.01.2024 in Kurzarbeit.

Die wöchentliche Sollarbeitszeit bei den beiden Mitarbeitern beträgt insgesamt 40 Stunden. Montag bis Freitag jeweils 7 Stunden und Samstag 5 Stunden. Die monatliche Sollarbeitszeit für den Monat Januar beträgt daher für die beiden Mitarbeiter 174 Stunden zuzüglich 7 Feiertagsstunden..

Firma Perm GmbH erhält von der Bundesagentur für Arbeit für die Erstattung des Kurzarbeitergeldes folgende Stammnummer: K54321890.

Teil 1: Mandantenstammdaten zum Kurzarbeitergeld in DATEV Lohn und Gehalt hinterlegen

Zunächst ist in den Mandantenstammdaten zur Firma Perm GmbH die Stammnummer zum Kurzarbeitergeld zu hinterlegen. Dazu gehen Sie wie folgt vor:

1 Wählen Sie den Menüpunkt *Erfassen* ▶ *Mandantendaten* ▶ *Sozialversicherung* ▶ *Kurzarbeit* oder klicken Sie in der Übersicht im Ordner *Sozialversicherung* doppelt auf den Eintrag *Kurzarbeit*.

2 Im Feld *Kug-Nummer (bisher Stammnummer)* geben Sie die von der Bundesagentur für Arbeit erhaltene Nr. K54321890 ein. Im Feld *Arbeitsausfallnummer* geben Sie die Nr. AA-1234567 ein (Bild 19.21).

Bild 19.21 Sozialversicherung Kurzarbeitergeld

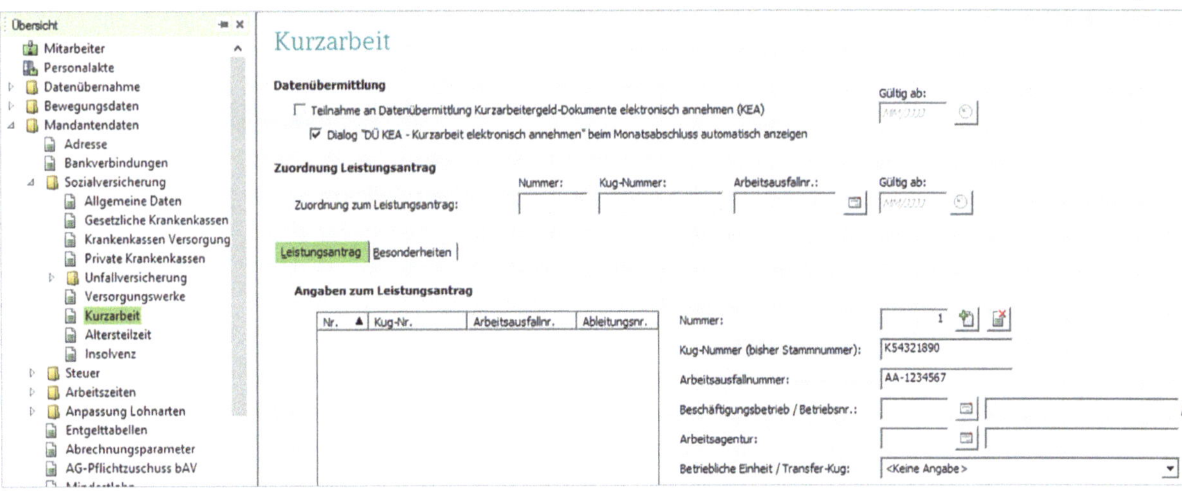

3 Klicken Sie beim Feld *Arbeitsagentur* auf das Symbol *Arbeitsagentur auswählen*.

4 Geben Sie im Feld *Schnellsuche* Koblenz ein (Bild 19.22), klicken Sie auf die Agentur für Arbeit *Koblenz-Mayen Sitz Koblenz* und übernehmen Sie diese mit Klick auf *OK*.

Bild 19.22 Arbeitsagentur auswählen

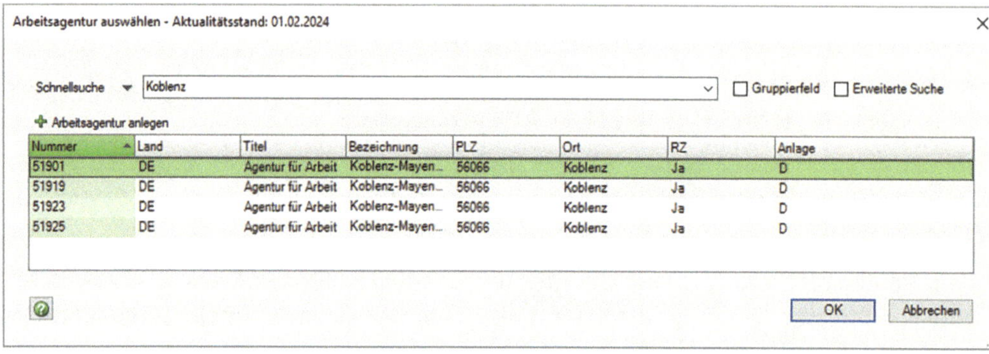

Bild 19.23 Betriebliche Einheit

5 Wählen Sie im Feld *Betriebliche Einheit / Tranfer-Kug* den Eintrag *Betrieb* aus.

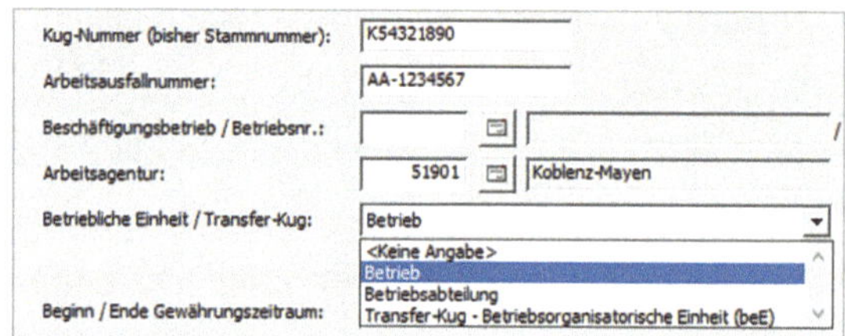

Hinweis: Die Kennzeichnung *Betrieb* oder *Betriebsabteilung* wird nur für den Leistungsantrag verwendet und hat keine Auswirkung auf die Berechnung des Kurzarbeitergeldes. Sollte es sich jedoch um Transfer-Kurzarbeitergeld handeln, dann wird für diese Stammnummer ein Leistungsantrag Transfer-Kug erstellt. Diese Einstellung muss bei der Abrechnung bekannt sein.

Bild 19.24 Angaben zum Leistungsantrag KuG

6 Nehmen Sie die übrigen Eingaben wie unten abgebildet vor:

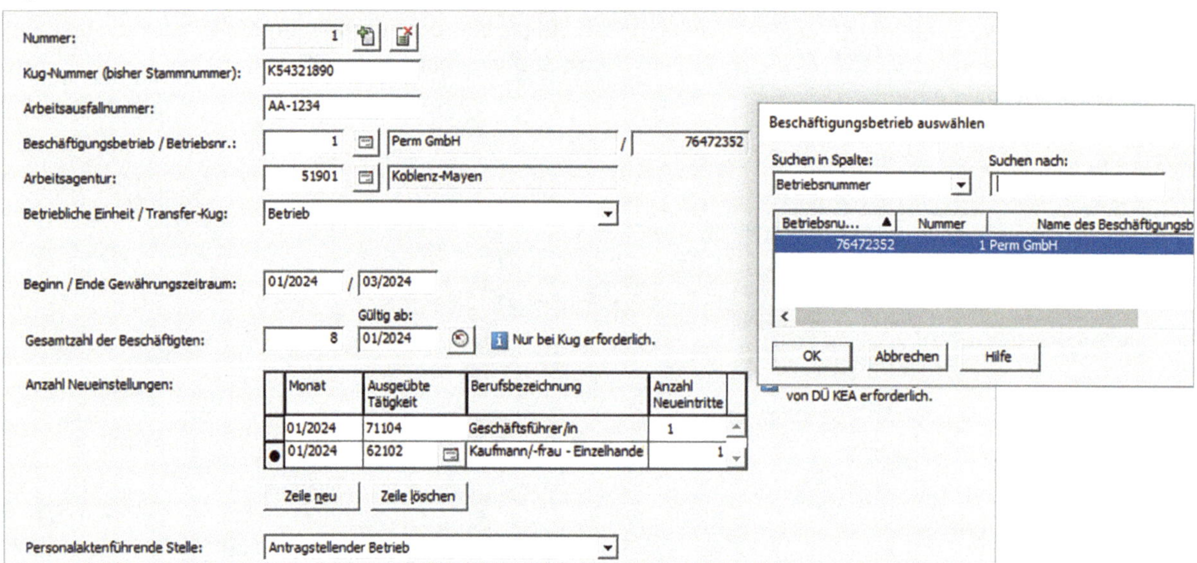

- Im Feld *Beschäftigungsbetrieb/ Betriebsnr.* erfassen Sie über das Auswahlfenster die Firma Perm mit der Betriebsnummer 76472352 wie abgebildet

- Im Feld *Beginn* ist der 01.01.2024 (Bewilligung des Leistungsantrags zum KuG) zu erfassen und im Feld *Ende* der 31.03.2024 (gewährter Zeitraum Leistungsantrag zum KuG).
- Im Feld *Gesamtzahl der Beschäftigten* ist die Anzahl der Mitarbeiter mit 8 zu erfassen, Gültig ab *01/2024* wird automatisch vorbelegt.
- Erfassen Sie in der Tabelle *Anzahl Neueinstellungen* die Mitarbeiter*innen Dr. Peter Klein und Frau Mila Goossens wie in Bild 19.24.
- Im Auswahlfeld *Personalaktenführende Stelle* wählen Sie über den Auswahlpfeil *Antragstellender Betrieb* aus.

7 Klicken Sie im Bereich *Zuordnung Leistungsantrag* auf das Symbol *Auswählen* und übernehmen Sie den Leistungsantrag mit der Nummer 1. Das Feld *Gültig ab* wird mit *01/2024* automatisch vorbelegt.

Bild 19.25 Zuordnung Leistungsantrag

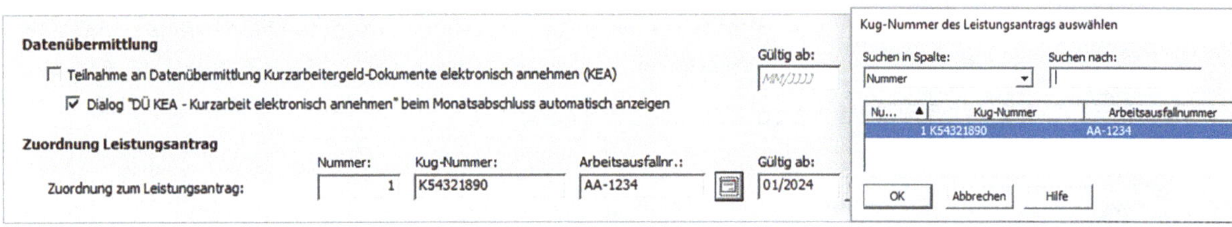

8 Speichern Sie anschließend die Einstellungen, indem Sie auf das Symbol *Fensterinhalt Speichern* klicken.

Bild 19.26 Mitarbeitern zuordnen

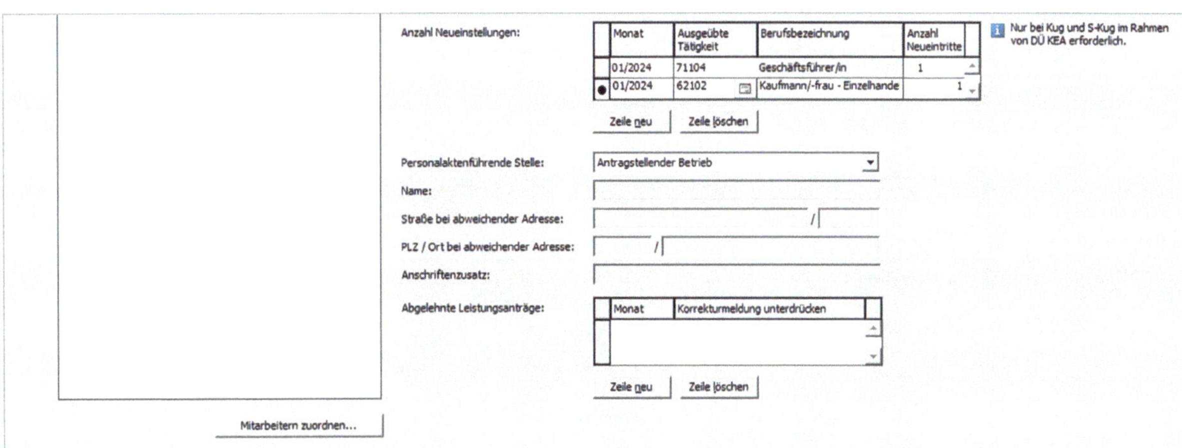

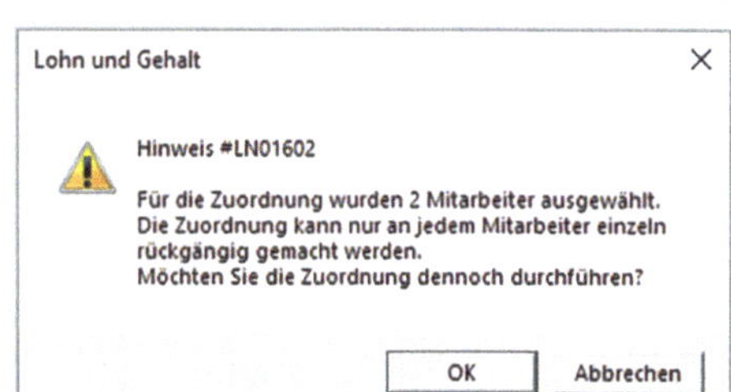

9 Im letzten Schritt können Sie die Mitarbeiter, für die Kurzarbeit angefallen ist, zuweisen. Klicken Sie auf die Schaltfläche *Mitarbeitern zuordnen…*.

10 Wählen Sie, wie im Bild 19.27 dargestellt, mit gedrückter Strg-Taste die Mitarbeiter Marion Wegmann und Wolfgang Weber aus und klicken Sie anschließend auf die Schaltfläche *Zuordnen*. Die nachfolgenden Hinweisfenster bestätigen Sie jeweils mit *OK*.

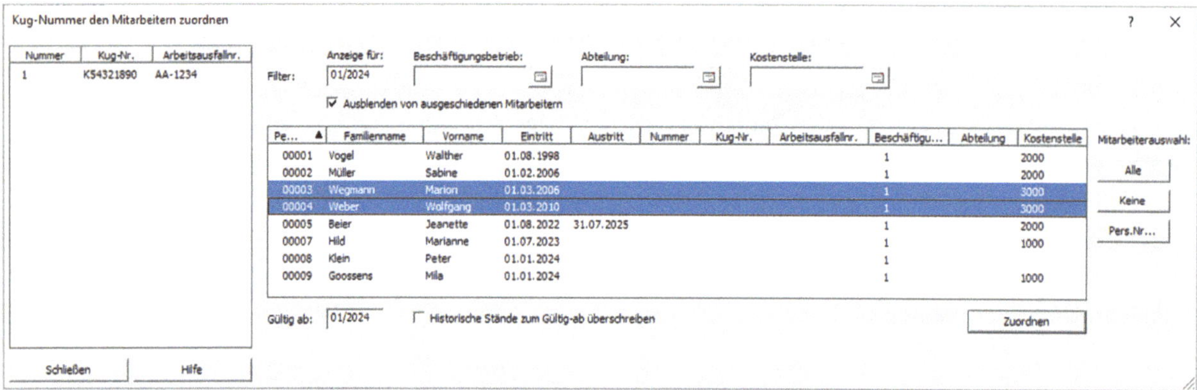

Bild 19.27 Mitarbeiter zuordnen

Hinweis: Über die Felder *Beschäftigungsbetrieb*, *Abteilung* und *Kostenstelle* können die Mitarbeiter nach verschiedenen Kriterien gefiltert werden. Die *Stammnr.* und *Ableitungsnr.* wird nach der Zuordnung bei den ausgewählten Mitarbeitern angezeigt.

11 Klicken Sie zuletzt auf die Schaltfläche *Schließen*.

Hinweis: Sollte Ihnen die Stammnummer-Ableitungsnummer noch nicht vorliegen, können Sie die Abrechnung des Kurzarbeitergeldes trotzdem durchführen und später die Daten vervollständigen.

Teil 2: Arbeitszeiten und Kurzarbeit erfassen

Da die spätere Abrechnung von Kurzarbeitergeld auf Stundenbasis erfolgt, sind in den Mandantendaten weitere Angaben zu überprüfen, wie die tägliche und wöchentliche Arbeitszeit und Kürzungseinstellungen.

1 Klicken Sie auf *Mandantendaten* ▶ *Arbeitszeiten* ▶ *Regelmäßige/Feste Arbeitszeiten.*

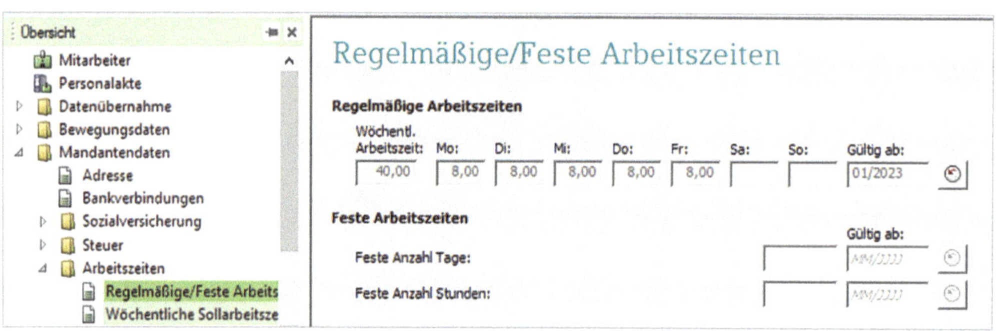

Bild 19.28 Mandanteneinstellungen Arbeitszeiten

Perm GmbH Standardeinstellung: tägliche Arbeitszeit 8 Stunden von Montag bis Freitag. **Hinweis**: Sind, wie in unserem Fall für die beiden Mitarbeiter, individuelle Arbeitszeiten (Mo. - Fr. 7 und Sa. 5 Stunden) festgelegt, werden diese für die Berechnung herangezogen.

2 Klicken Sie auf *Mandantendaten* ▶ *Abrechnungsparameter*.

In der Rubrik *Teilmonatsberechnung* wird die hinterlegte Umrechnungsformel (Kürzungsvorschrift für die Teilmonatsberechnung bei Behandlung von Mitarbeiterausfällen) für volle Tagen und Stunden angezeigt.

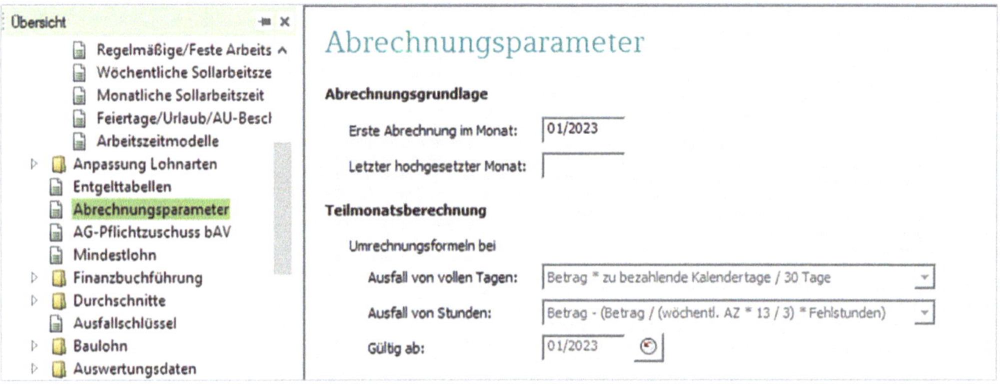

Bild 19.29 Abrechnungsparameter

Ausgangssituation
Frau Marion Wegmann, Steuerklasse I, ledig, keine Kinder, Abteilung Technik ist im Zeitraum vom 02.01. bis 06.01.2024 und vom 15.01. bis 20.01.2024 in Kurzarbeit. Die übrigen Kalendertage im Monat Januar hat sie 101 Zeitstunden gearbeitet. Für den Feiertag 01.01.2024 (Neujahr) sind 7 Feiertagsstunden zu erfassen.

Um die Iststunden, die Feiertagsstunden und die Kurzarbeitszeiträume für die Mitarbeiterin zu erfassen, gehen Sie – wie nachfolgend dargestellt – vor:

1 Öffnen Sie die Mitarbeiterin Frau Marion Wegmann.

2 Wählen Sie den Menüpunkt *Erfassen* ▶ *Bewegungsdaten* ▶ *Kalender* oder öffnen Sie in der Übersicht den Ordner *Bewegungsdaten* und klicken anschließend doppelt auf den Eintrag *Kalender* oder klicken Sie auf das Symbol *Kalendererfassung öffnen* .

Der Kalender von Frau Marion Wegmann mit dem Monat Januar 2024 und allen Kalendertagen wird angezeigt.

Bild 19.30 Kalender Marion Wegmann, Januar

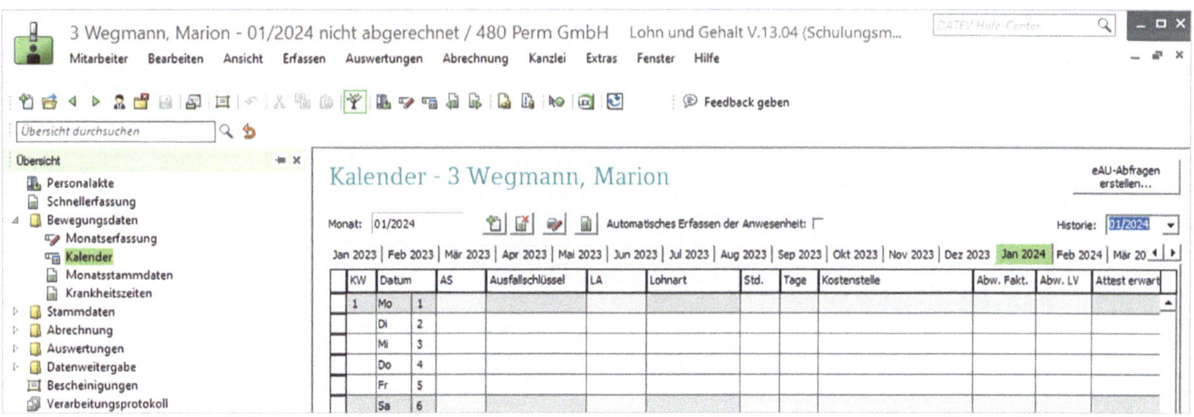

3 Erfassen Sie über den Kalender, wie in Bild 19.31 abgebildet, die geleisteten Stunden für den Zeitraum vom 08.01. bis 13.01.2023 und 22.01. bis 31.01.2024.

Die tatsächlich geleisteten 101 Stunden für den Monat Januar 2024 werden Ihnen angezeigt.

Bild 19.31 Geleistete Stunden im Januar

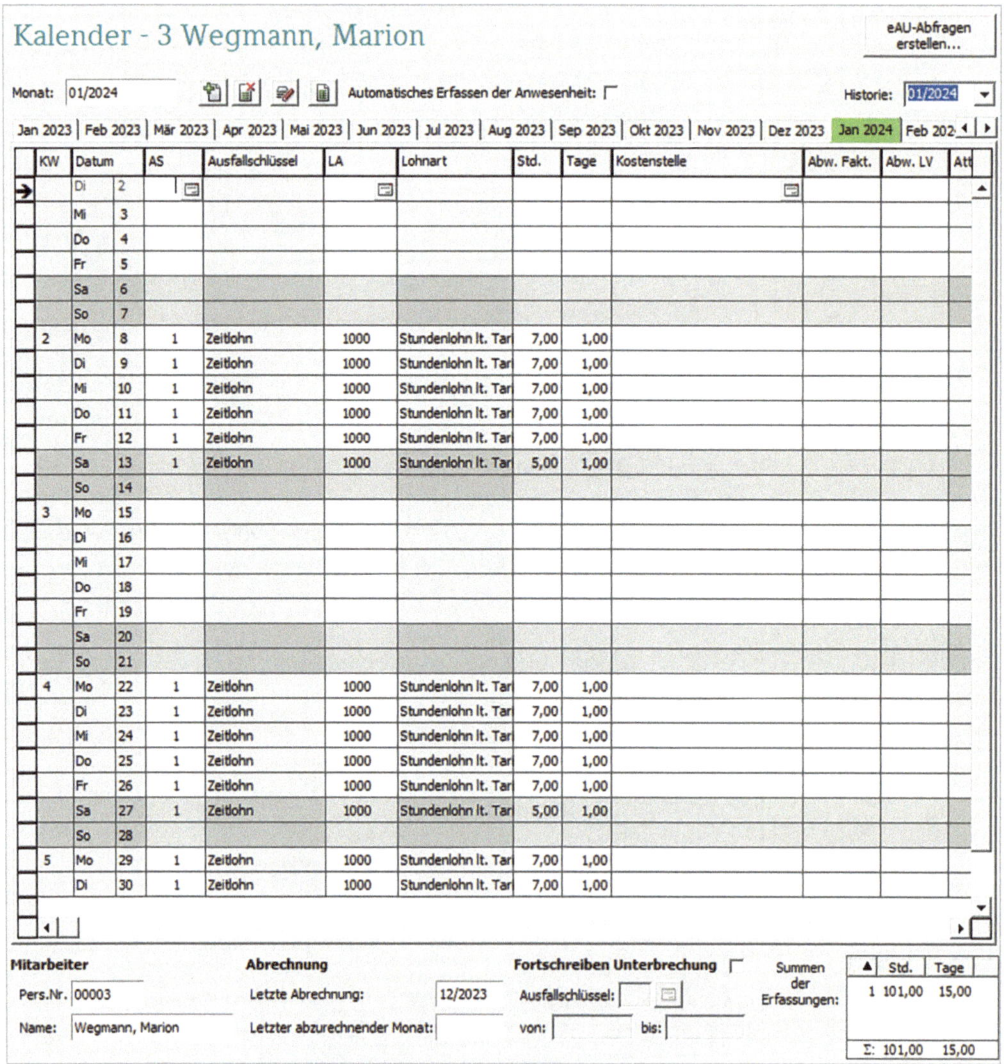

KW	Datum		AS	Ausfallschlüssel	LA	Lohnart	Std.	Tage	Kostenstelle	Abw. Fakt.	Abw. LV	Att
	Di	2										
	Mi	3										
	Do	4										
	Fr	5										
	Sa	6										
	So	7										
2	Mo	8	1	Zeitlohn	1000	Stundenlohn lt. Tar	7,00	1,00				
	Di	9	1	Zeitlohn	1000	Stundenlohn lt. Tar	7,00	1,00				
	Mi	10	1	Zeitlohn	1000	Stundenlohn lt. Tar	7,00	1,00				
	Do	11	1	Zeitlohn	1000	Stundenlohn lt. Tar	7,00	1,00				
	Fr	12	1	Zeitlohn	1000	Stundenlohn lt. Tar	7,00	1,00				
	Sa	13	1	Zeitlohn	1000	Stundenlohn lt. Tar	5,00	1,00				
	So	14										
3	Mo	15										
	Di	16										
	Mi	17										
	Do	18										
	Fr	19										
	Sa	20										
	So	21										
4	Mo	22	1	Zeitlohn	1000	Stundenlohn lt. Tar	7,00	1,00				
	Di	23	1	Zeitlohn	1000	Stundenlohn lt. Tar	7,00	1,00				
	Mi	24	1	Zeitlohn	1000	Stundenlohn lt. Tar	7,00	1,00				
	Do	25	1	Zeitlohn	1000	Stundenlohn lt. Tar	7,00	1,00				
	Fr	26	1	Zeitlohn	1000	Stundenlohn lt. Tar	7,00	1,00				
	Sa	27	1	Zeitlohn	1000	Stundenlohn lt. Tar	5,00	1,00				
	So	28										
5	Mo	29	1	Zeitlohn	1000	Stundenlohn lt. Tar	7,00	1,00				
	Di	30	1	Zeitlohn	1000	Stundenlohn lt. Tar	7,00	1,00				

4 Im nächsten Schritt sind jetzt die Ausfallstunden für das Kurzarbeitergeld zu erfassen: Klicken Sie auf das Symbol *Zeitraum erfassen*.

5 Im Dialogfenster *Zeitraum erfassen* geben Sie den ersten Zeitraum des Kurzarbeitergeldes vom 02.01. bis 06.01.2024 ein ❶.

6 Beim Feld *Auswahlschlüssel* klicken Sie auf das Symbol *Auswahlschlüssel auswählen* ❷, wählen den Schlüssel *KU Kurzarbeit (KuG)* aus ❸ und klicken anschließend auf *OK*.

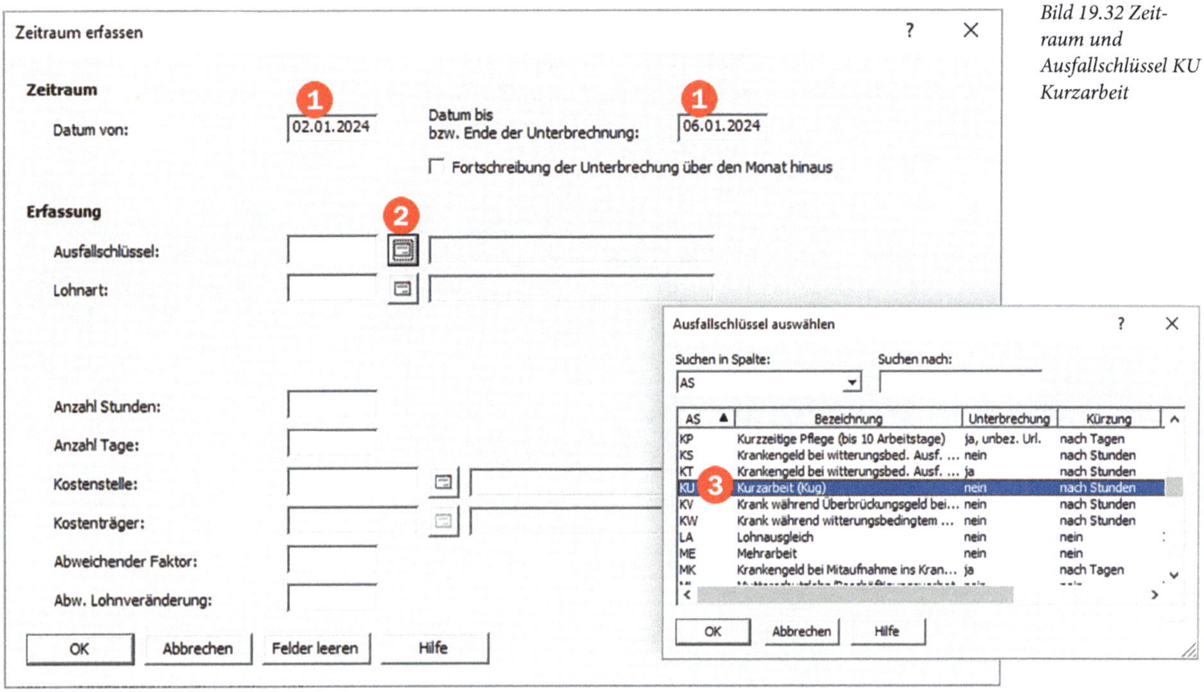

Bild 19.32 Zeitraum und Ausfallschlüssel KU Kurzarbeit

Achtung: Keine Lohnart, keine Anzahl Stunden, keine Anzahl Tage und auch keine Kostenstelle für den Erfassung des Kurzarbeitergeldes eintragen! Die Lohnart sowie die Ausfallstunden werden vom Programm automatisch hinterlegt.

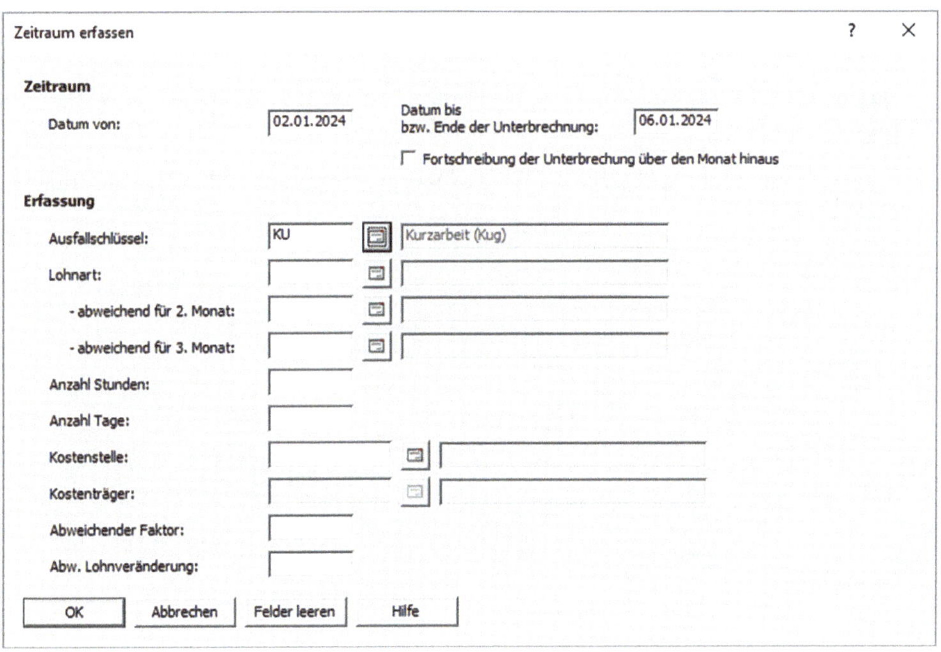

Bild 19.33 Kurzarbeitergeld erster Teil erfasst

7 Klicken Sie anschließend auf *OK*.

Der erste Kurzarbeitszeitraum ist somit erfasst. Aus den hinterlegten wöchentlichen Sollarbeitszeiten des Mitarbeiters fallen 33 Stunden Kurzarbeitergeld an.

Bild 19.34 Kalender Kurzarbeit erfasst

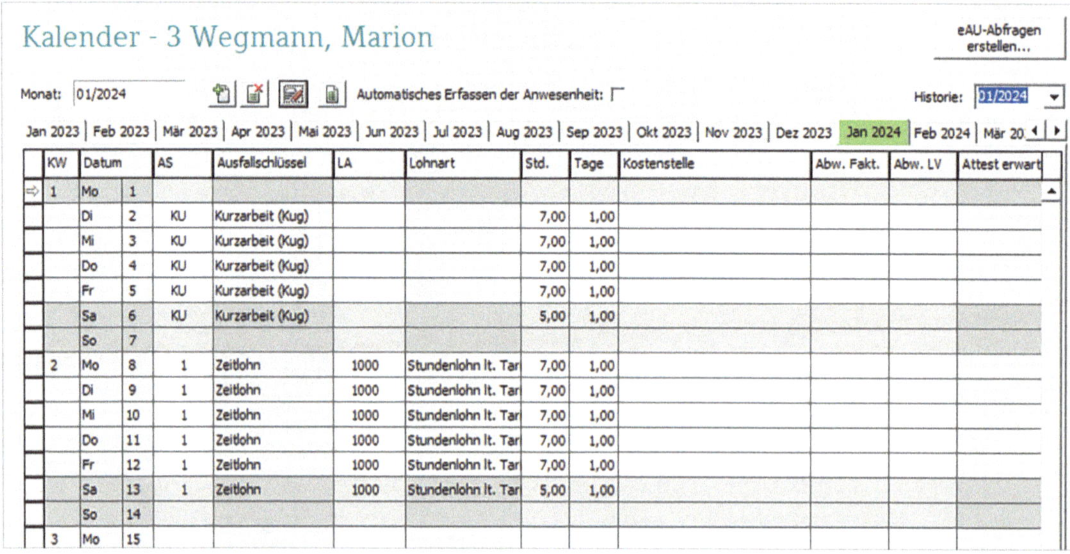

KW	Datum		AS	Ausfallschlüssel	LA	Lohnart	Std.	Tage	Kostenstelle	Abw. Fakt.	Abw. LV	Attest erwart
1	Mo	1										
	Di	2	KU	Kurzarbeit (Kug)			7,00	1,00				
	Mi	3	KU	Kurzarbeit (Kug)			7,00	1,00				
	Do	4	KU	Kurzarbeit (Kug)			7,00	1,00				
	Fr	5	KU	Kurzarbeit (Kug)			7,00	1,00				
	Sa	6	KU	Kurzarbeit (Kug)			5,00	1,00				
	So	7										
2	Mo	8	1	Zeitlohn	1000	Stundenlohn lt. Tar	7,00	1,00				
	Di	9	1	Zeitlohn	1000	Stundenlohn lt. Tar	7,00	1,00				
	Mi	10	1	Zeitlohn	1000	Stundenlohn lt. Tar	7,00	1,00				
	Do	11	1	Zeitlohn	1000	Stundenlohn lt. Tar	7,00	1,00				
	Fr	12	1	Zeitlohn	1000	Stundenlohn lt. Tar	7,00	1,00				
	Sa	13	1	Zeitlohn	1000	Stundenlohn lt. Tar	5,00	1,00				
	So	14										
3	Mo	15										

8 Klicken Sie erneut auf das Symbol *Zeitraum erfassen*, erfassen Sie den zweiten Zeitraum des Kurzarbeitergeldes vom 15.01. bis 20.01.2024 mit dem Ausfallschlüssel KU und übernehmen Sie diesen mit OK.

9 Erfassen Sie den Feiertag 01.01.2024 (Neujahr) mit Ausfallschlüssel F, 7 Feiertagsstunden und Lohnart 1012.

Ergebnis: Frau Marion Wegmann hat im Januar 101 Stunden gearbeitet, Kurzarbeitergeld (Kug) erhält sie für 73 Ausfallstunden (Bild 19.35).

Die Bewegungsdaten für die Mitarbeiterin Frau Marion Wegmann für den Monat Januar 2024 sind damit erfasst.

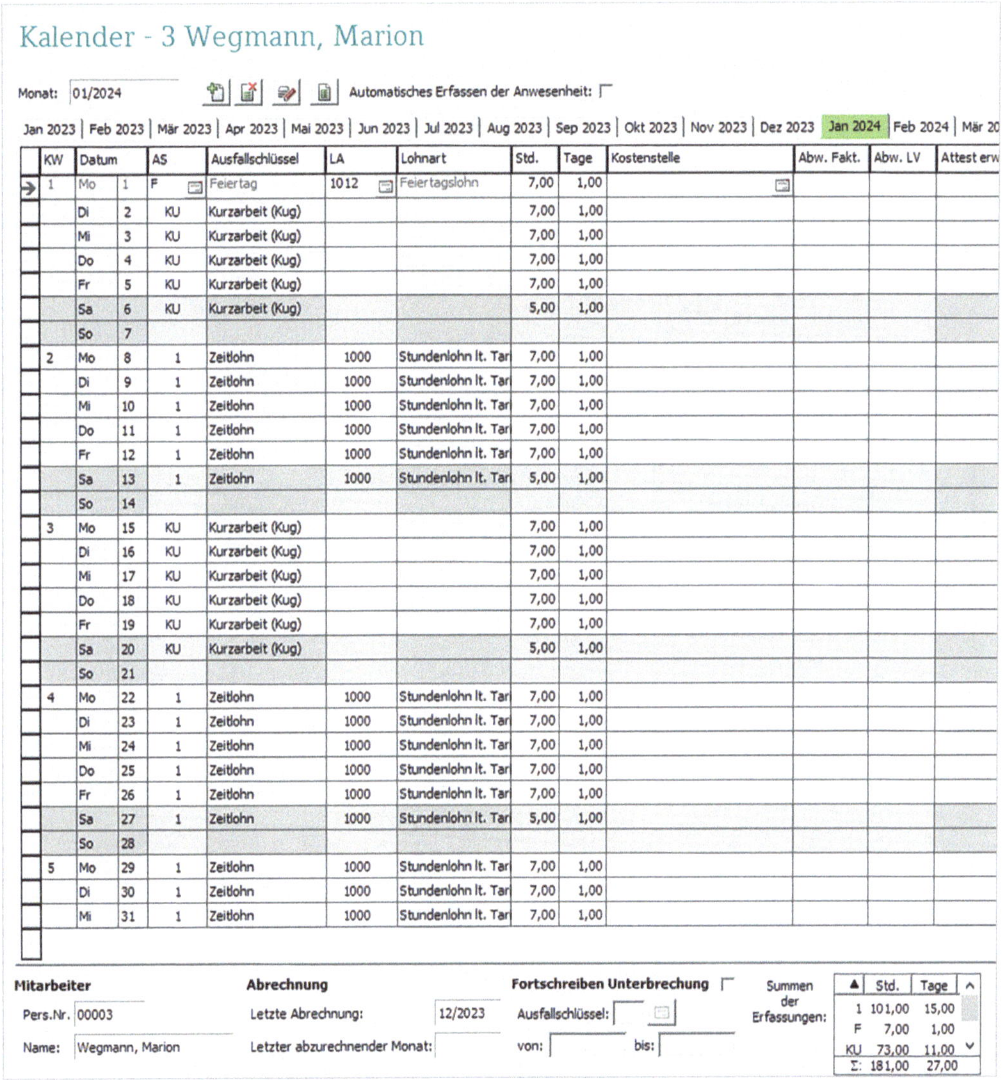

Kalender - 3 Wegmann, Marion

Monat: 01/2024 Automatisches Erfassen der Anwesenheit:

Jan 2023 | Feb 2023 | Mär 2023 | Apr 2023 | Mai 2023 | Jun 2023 | Jul 2023 | Aug 2023 | Sep 2023 | Okt 2023 | Nov 2023 | Dez 2023 | Jan 2024 | Feb 2024 | Mär 20

KW	Datum		AS	Ausfallschlüssel	LA	Lohnart	Std.	Tage	Kostenstelle	Abw. Fakt.	Abw. LV	Attest erw
1	Mo	1	F	Feiertag	1012	Feiertagslohn	7,00	1,00				
	Di	2	KU	Kurzarbeit (Kug)			7,00	1,00				
	Mi	3	KU	Kurzarbeit (Kug)			7,00	1,00				
	Do	4	KU	Kurzarbeit (Kug)			7,00	1,00				
	Fr	5	KU	Kurzarbeit (Kug)			7,00	1,00				
	Sa	6	KU	Kurzarbeit (Kug)			5,00	1,00				
	So	7										
2	Mo	8	1	Zeitlohn	1000	Stundenlohn lt. Tar	7,00	1,00				
	Di	9	1	Zeitlohn	1000	Stundenlohn lt. Tar	7,00	1,00				
	Mi	10	1	Zeitlohn	1000	Stundenlohn lt. Tar	7,00	1,00				
	Do	11	1	Zeitlohn	1000	Stundenlohn lt. Tar	7,00	1,00				
	Fr	12	1	Zeitlohn	1000	Stundenlohn lt. Tar	7,00	1,00				
	Sa	13	1	Zeitlohn	1000	Stundenlohn lt. Tar	5,00	1,00				
	So	14										
3	Mo	15	KU	Kurzarbeit (Kug)			7,00	1,00				
	Di	16	KU	Kurzarbeit (Kug)			7,00	1,00				
	Mi	17	KU	Kurzarbeit (Kug)			7,00	1,00				
	Do	18	KU	Kurzarbeit (Kug)			7,00	1,00				
	Fr	19	KU	Kurzarbeit (Kug)			7,00	1,00				
	Sa	20	KU	Kurzarbeit (Kug)			5,00	1,00				
	So	21										
4	Mo	22	1	Zeitlohn	1000	Stundenlohn lt. Tar	7,00	1,00				
	Di	23	1	Zeitlohn	1000	Stundenlohn lt. Tar	7,00	1,00				
	Mi	24	1	Zeitlohn	1000	Stundenlohn lt. Tar	7,00	1,00				
	Do	25	1	Zeitlohn	1000	Stundenlohn lt. Tar	7,00	1,00				
	Fr	26	1	Zeitlohn	1000	Stundenlohn lt. Tar	7,00	1,00				
	Sa	27	1	Zeitlohn	1000	Stundenlohn lt. Tar	5,00	1,00				
	So	28										
5	Mo	29	1	Zeitlohn	1000	Stundenlohn lt. Tar	7,00	1,00				
	Di	30	1	Zeitlohn	1000	Stundenlohn lt. Tar	7,00	1,00				
	Mi	31	1	Zeitlohn	1000	Stundenlohn lt. Tar	7,00	1,00				

Mitarbeiter
Pers.Nr. 00003
Name: Wegmann, Marion

Abrechnung
Letzte Abrechnung: 12/2023
Letzter abzurechnender Monat:

Fortschreiben Unterbrechung
Ausfallschlüssel:
von: bis:

Summen der Erfassungen:

▲	Std.	Tage
1	101,00	15,00
F	7,00	1,00
KU	73,00	11,00
Σ:	181,00	27,00

Bild 19.35 Bewegungsdaten Januar 2024 mit KuG erfasst

10 Klicken Sie auf das Symbol *Probeabrechnung durchführen* und anschließend auf *OK*, um die Lohnabrechnung zu überprüfen.

Die Probeabrechnung von Frau Marion Wegmann für den Monat Januar 2024 mit dem automatisch berechneten Kurzarbeitergeld wird in der Seitenansicht angezeigt.

Es werden für insgesamt 73 Arbeitsstunden Kurzarbeitergeld in Höhe von 600,60 EUR steuer- und sozialversicherungsfrei bezahlt.

Bild 19.36 Probeabrechnung Marion Wegmann, Januar mit Kurzarbeitergeld

2Z1 129805/ 480/00003

Abrechnung der Brutto/Netto-Bezüge für Januar 2024 — 08.02.2024 Blatt: 1

Personal-Nr.	Geburtsdatum	StKl	Faktor	Ki.Frbtr.	Konfession	Freibetrag jährl.[1]	Freibetrag mtl.[1]	DBA	Midijob	St.-Tg.
00003	251183	1								30

VJ Url. üb.	Url. Anspr.	Url.Tg.gen.	Resturlaub
800	2900		3700

SV-Nummer	Krankenkasse	KK %[8]	PGRS	BGRS	Um.	SV-Tg.
58251183W653	IKK Südwest	1625	101	1111	1	30

Anw. Tage	Urlaub Tage	Krankh. Tg.	Fehlz. Tage

Probeabrechnung

Eintritt	Austritt
010306	

Anw. Std.	Urlaub Std.	Krankh. Std.	Fehlz. Std.

Steuer-ID	MFB[7]
53410876827	

Zeitlohn Std.	Überstd.	Bez. Std.
10100		10800

Perm GmbH*Löhrstraße 45*56068 Koblenz

Pers.-Nr. 00003

B/N
2Z1
00480

Hinweise zur Abrechnung

Kst. 3000 Wöch.Arb.Zt. 40,00
Std.lohn 1 24,85

Marion Wegmann
Engerser Landstr. 218
56564 Neuwied

Brutto-Bezüge

Lohnart	Bezeichnung	Einheit[2]	Menge[3]	Faktor[3]	Prozentsatz	St[4]	SV[4]	GB[5]	Betrag
1000	Stundenlohn lt. Tarif	Std	101,00	24,85		L	L	J	2.509,85
1012	Feiertagslohn	Std	7,00	24,85		L	L	J	173,95
2951	Fahrtkostenzuschuss, p.St.					P	F	J	120,00
3100	AG-Anteil VWL,lfd					L	L	J	10,00
5000	Kurzarbeitergeld	Std	73,00			F	F	J	600,60

Gesamt-Brutto: 3.414,40

Steuer/Sozialversicherung

St[4]	Steuer-Brutto	Lohnsteuer	Kirchensteuer	Solidaritätszuschlag
L	2.69380	24983		

Steuerrechtliche Abzüge: 249,83

SV[4]	KV-Brutto	RV-Brutto	AV-Brutto	PV-Brutto	KV-Beitrag	RV-Beitrag	AV-Beitrag	PV-Beitrag[6]
L	4.14504	4.14504	2.69380	4.14504	21887	25052	3502	Z 6196

SV-rechtliche Abzüge: 566,37

Netto-Verdienst: 2.598,20

Verdienstbescheinigung

Gesamt-Brutto	3.41440	SV-Brutto	4.14504
Steuer-Brutto	2.69380	KV-Beitrag	21887
Lohnsteuer	24983	RV-Beitrag	25052
Kirchensteuer		AV-Beitrag	3502
Solidaritätszuschlag		PV-Beitrag	6196
Steuerfreie Bezüge	60060	VWL gesamt	3600
P. verst. Zuk.sich.		Kug-Auszahlung	60060
Pfändung Rest			
Darlehen Rest			

Netto-Bezüge/Netto-Abzüge

Lohnart	Bezeichnung	Betrag
9840	VWL	36,00-

Bank VR Bank Rhein-Mosel -alt
Konto DE78 5746 0117 0075 0XXX XX

SV-AG-Anteil	Zus. AG-Kosten	Gesamtkosten	Auszahlungsbetrag
1.10531			2.562,20

[1] H = Hinzurechnungsbetrag
[2] Std = Stunden, T = Tage, Km = Kilometer, St = Stück, EUR = Euro, Tsd = Tausend Euro, Mio = Million Euro
[3] Gegebenenfalls Netto-Lohn/Netto-Stundenlohn
[4] L = Laufender Bezug, S = Sonstiger Bezug, F = Frei, E = Einmalbezug, P = Pauschalierung, A = Abfindung, M = mehrjährige Versteuerung, N = Nachberechnung, V = Vorjahr, W = Entgeltguthaben
[5] J = Bestandteil des Gesamt-Bruttos
[6] Z = Einschl. Beitragszuschlag zur PV für Kinderlose
[7] MFB = Mehrfachbeschäftigung
[8] Maßgeblicher Beitragssatz zur KV inkl. Zusatzbeitrag

AFP Form.-Nr. PCGN14

- Dies ist eine Entgeltbescheinigung nach § 108 Abs. 3 Satz 1 der Gewerbeordnung -

DATEV

PROBEABRECHNUNG

11 Klicken Sie auf die Schaltfläche *Nächste*.

Über die Soll-/Istauswertung erhalten Sie das Berechnungsschema für die Berechnung des Kurzarbeitergeldes.

Soll-/Istentgelt für Kurzarbeitergeld (KuG) und Saison-KUG
für Januar 2024

2Z1 129805/ 480/00003
Datum:08.02.2024
Seite: 1

Perm GmbH*Löhrstraße 45*56068 Koblenz

Pers.-Nr. 00003

S/I
2Z1
00480

Marion Wegmann
Engerser Landstr. 218
56564 Neuwied

Berechnungsmodus	Automatische Berechnung
Standardentlohnung	Stundenlohn
Faktorschlüssel	
Lohnsteuerklasse/Leistungssatz	1/2
Faktor	

Sonstige Ausfallstunden	
Ausfallstunden Ein-/Austritt	
Ausfallstunden KUG	73,00
Ausfallstunden KUG-Krankengeld	
Ausfallstunden KUG-Feiertag	
Ausfallstunden Entgelt in Höhe von KUG	
Sollarbeitsstunden	181,00
Monatslohnstunden	

LA-Nr	LA-Name	Modus	Faktor	Wert	Sollentgelt	Istentgelt
1000	Stundenlohn lt. Tarif	Faktor	24,85	101,00 Std	2.509,85	2.509,85
1012	Feiertagslohn	Faktor	24,85	7,00 Std	173,95	173,95
3100	AG-Anteil VWL,lfd	Betrag			10,00	10,00
	Entgeltausfall KUG		24,85	73,00 Std	1.814,05	
	Summe Sollstunden			181,00 Std		
	Summe gebuchte Iststunden			108,00 Std		
	Summe				4.507,85	2.693,80
	Rechnerischer Leistungssatz				1.743,40	1.142,80

Unterschiedsbetrag rechnerischer Leistungssatz	73,00 Std	600,60
Durchschnittliche Leistung pro Stunde		8,23
davon entfallen auf:		
KUG	73,00 Std	600,60

Nicht berücksichtigte Entgeltbestandteile

LA-Nr	LA-Name	Faktor	Wert	Ungekürzt	Gekürzt
2951	Fahrtkostenzuschuss, p.St.				120,00
	Summe				120,00

Kürzungsformel Tage: Betrag * zu bezahlende Kalendertage / 30 Tage
Kürzungsformel Stunden: Betrag - (Betrag / (wöchentl. AZ * 13 / 3) * Fehlstunden)

Bild 19.37 Soll-Ist-Entgelt Kurzarbeitergeld Marion Wegmann, Januar 2024

Berechnung des Kurzarbeitergelds

Hätte die Arbeitnehmerin mit den Sollarbeitsstunden gearbeitet, würden insgesamt 181 Stunden (inkl. Feiertag Neujahr 01.01.2024) bezahlt. Das Istentgelt beträgt lediglich 108 Stunden (101 Zeitstunden zzgl. 7 Feiertagsstunden).

Die Berechnung des Kurzarbeitergeldes wird rechnerisch aus dem Sollentgelt und dem Istentgelt vorgenommen. Der rechnerische Leistungssatz wird aus Tabelle zur Berechnung des Kurzarbeitergeldes (Kug) der Bundesagentur für Arbeit übernommen. Bei der Ermittlung des Werts werden Mitarbeiterstammdaten wie Steuerklasse und Kinderfreibeträge mit in die Berechnung einbezogen.

Download

Die amtliche Tabelle der Bundesagentur für Arbeit steht Ihnen im Download Ordner: Kap19_01_Januar_2024 unter folgendem Namen zur Verfügung: Berechnung-des-Kurzarbeitergeldes-2024-67-60-prozent-ba046237.pdf.

Frau Marion Wegmann, Steuerklasse I, keine Kinder:

Leistungssatz 2:	keine Kinder
Sollentgelt:	4.507,85 EUR (Seite 12)
Rechnerischer Leistungssatz Sollentgelt:	1.743,40 EUR

Bild 19.38 Tabelle Sollentgelt rechnerischer Leistungssatz

Bruttoarbeitsentgelt von €	Bruttoarbeitsentgelt bis €	Leistungssatz	Rechnerische Leistungssätze nach den pauschalisierten monatlichen Nettoentgelten – Lohnsteuerklasse: ohne Steuer (monatlich €)	I / IV €	II €	III €	V €	VI €
4.330,00	4.349,99	1	2.326,24	1.889,74	1.965,56	2.115,86	1.590,47	1.560,77
		2	2.083,20	1.692,30	1.760,20	1.894,80	1.424,30	1.397,70
		1	2.336,96	1.896,88	1.972,88	2.123,79	1.596,61	1.566,91
		2	2.092,80	1.698,70	1.766,75	1.901,90	1.429,80	1.403,20
		1	2.347,68	1.904,03	1.980,25	2.131,72	1.602,75	1.573,05
		2	2.102,40	1.705,10	1.773,35	1.909,00	1.435,30	1.408,70
		1	2.358,40	1.911,18	1.987,56	2.139,76	1.608,90	1.579,19
		2	2.112,00	1.711,50	1.779,90	1.916,20	1.440,80	1.414,20
		1	2.369,12	1.918,32	1.994,87	2.147,69	1.615,10	1.585,39
		2	2.121,60	1.717,90	1.786,45	1.923,30	1.446,35	1.419,75
		1	2.379,84	1.925,47	2.002,13	2.155,62	1.621,23	1.591,53
		2	2.131,20	1.724,30	1.792,95	1.930,40	1.451,85	1.425,25
		1	2.390,56	1.932,56	2.009,44	2.163,66	1.627,38	1.597,68
		2	2.140,80	1.730,65	1.799,50	1.937,60	1.457,35	1.430,75
4.470,00	4.489,99	1	2.401,28	1.939,71	2.016,70	2.171,58	1.633,52	1.603,81
		2	2.150,40	1.737,05	1.806,00	1.944,70	1.462,85	1.436,25
4.490,00	4.509,99	1	2.412,00	1.946,80	2.024,02	2.179,51	1.639,66	1.609,96
		2	2.160,00	1.743,40	1.812,55	1.951,80	1.468,35	1.441,75
4.510,00	4.529,99	1	2.422,72	1.953,89	2.031,27	2.187,44	1.645,86	1.616,15
		2	2.169,60	1.749,75	1.819,05	1.958,90	1.473,90	1.447,30

Bild 19.39 Tabelle Istentgelt rechnerischer Leistungssatz

Bruttoarbeitsentgelt von €	Bruttoarbeitsentgelt bis €	Leistungssatz	Rechnerische Leistungssätze nach den pauschalisierten monatlichen Nettoentgelten – Lohnsteuerklasse: ohne Steuer (monatlich €)	I / IV €	II €	III €	V €	VI €
2.650,00	2.669,99	1	1.425,76	1.260,50	1.322,25	1.414,15	1.058,04	1.032,47
		2	1.276,80	1.128,80	1.184,10	1.266,40	947,50	924,60
2.670,00	2.689,99	1	1.436,48	1.268,31	1.330,23	1.423,19	1.064,86	1.039,17
		2	1.286,40	1.135,80	1.191,25	1.274,50	953,60	930,60
2.690,00	2.709,99	1	1.447,20	1.276,13	1.338,22	1.432,24	1.071,56	1.045,98
		2	1.296,00	1.142,80	1.198,40	1.282,60	959,60	936,70
2.710,00	2.729,99	1	1.457,92	1.283,89	1.346,20	1.441,17	1.078,48	1.052,57
		2	1.305,60	1.149,75	1.205,55	1.290,60	965,80	942,60

Istentgelt:		2.693,80 EUR (Seite 8)
Rechnerischer Leistungssatz Istentgelt:		1.142,80 EUR
Differenz = Kurzarbeitergeld:	1.743,40 EUR - 1.142,80 EUR =	600,60 EUR

12 Schließen Sie anschließend die Seitenansicht und das Verarbeitungsprotokoll.

Die Lohnabrechnung für den Monat Januar 2024 mit der Abrechnung des Kurzarbeitergeldes für die Mitarbeiterin Frau Marion Wegmann ist hiermit erfasst. Beim Monatsabschluss kann anschließend der Leistungsantrag zur Erstattung des Kurzarbeitergeldes an die Bundesagentur für Arbeit gestellt werden.

Besonderheiten zum Thema Kurzarbeitergeld

Um die für den Arbeitnehmer finanziell nachteiligen Auswirkungen der Kurzarbeit abzumildern, gewähren manche Arbeitgeber einen Zuschuss zum Kurzarbeitergeld. Auch mehrere Tarifverträge sehen die Zahlung eines Arbeitgeberzuschusses zum Kurzarbeitergeld vor.

Arbeitgeberzuschuss für Auszahlungen

Der Arbeitgeberzuschuss zum Kurzarbeitergeld (Kug) gehört nach § 1 Abs. 1 Satz 1 Nr. 8 SvEV nicht zum beitragspflichtigen Arbeitsentgelt, soweit er zusammen mit dem Kurzarbeitergeld

80 % des Unterschiedsbetrags von Soll-Entgelt und Ist-Entgelt nicht übersteigt. Das bedeutet, dass die Zuschüsse zum Kurzarbeitergeld im Normalfall bei der Berechnung der Sozialversicherungsbeiträge außer Betracht bleiben. Allerdings ist der Zuschuss steuerpflichtig.

Die Sozialversicherungsbeiträge, die der Arbeitgeber aus dem fiktiven Entgelt alleine tragen muss, werden von der Bundesagentur für Arbeit für die Zeit vom 01. Januar 2022 bis zum 31. März 2022 pauschaliert in Höhe von 50% erstattet. Ab dem 01. April 2022 werden keine Sozialversicherungsbeiträge mehr erstattet.

Weitere Besonderheiten Mitarbeiterstammdaten

- Gelten für die Abrechnung des Kurzarbeitergeldes für den Mitarbeiter individuelle Einstellungen, dann sind diese unter *Stammdaten* ▶ *Besonderheiten* ▶ *Kurzarbeit* zu hinterlegen.
- In die Berechnung des Sollentgelts sind das beitragspflichtige Bruttoarbeitsentgelt einzubeziehen, das der Arbeitnehmer ohne den Arbeitsausfall im Kalendermonat erzielt hätte, einschließlich VWL-Zuschüsse (Achtung! Teilmonat und Ausfallmonat kürzen), Anwesenheitsprämien, Erschwernis- und Leistungszulagen, sowie Zuschläge für Sonn-, Feiertags- und Nachtarbeit.
- Nicht zum Sollentgelt gehören Mehrarbeitsvergütung, Einmalzahlungen, steuer- und beitragsfreie SFN-Zuschläge und beitragsfreie Zahlungen.

Besonderheiten zum Thema Inflationsausgleichsprämie

- Das Bundesministerium für Finanzen hat mit den obersten Finanzbehörden der Länder die FAQ zur Inflationsausgleichsprämie (IAP) gemäß § 3 Nummer 11c Einkommensteuergesetz erstellt (Stand: 24. Mai 2023).
- Arbeitgeber können ihren Arbeitnehmern eine IAP bis zu einem Betrag von 3.000,00 EUR jährlich in dem Zeitraum vom 26. Oktober 2022 bis zum 31. Dezember 2024 steuer- und sozialabgabenfrei gewähren.

19.5 Lohn- und Gehaltsabrechnung Januar 2024

Wiederholungsübung

Teil 1 - Bewegungsdaten erfassen

Bearbeiten Sie für die Monatsabrechnung Januar folgende Vorgänge:

Die Lösungen finden Sie im Lösungsbuch

Aufgabe 1

Herr Walther Vogel, Kostenstelle Verwaltung, hat im Januar 2024 insgesamt 9 Überstunden geleistet.

Aufgabe 2

Frau Sabine Müller, Kostenstelle Verwaltung, hat im Januar 2024 insgesamt 14 Überstunden geleistet.

Aufgabe 3

Erfassen Sie über den Kalender die Kurzarbeitszeiträume für Herrn Wolfgang Weber, Kostenstelle Technik, für die Zeiträume vom 08.01. bis 13.01.2023 und 22.01. bis 27.01.2024.

- Für den Zeitraum vom 02.01. bis 06.01.2024, 15.01. bis 20.01.2024 und 29.01 bis 31.01.2024 erfassen Sie die regulären Arbeitsstunden zum Monat Januar 2024.
- Für den Feiertag 01.01.2024 (Neujahr) sind 7 Feiertagsstunden zu erfassen.
- Kürzen Sie anschließend den AG-Anteil VWL über den Eintrag *k/k (Teilmonat kürzen / Ausfallmonat kürzen)* siehe Bild 19.40.

Bild 19.40 Kürzung VWL-Zuschuss

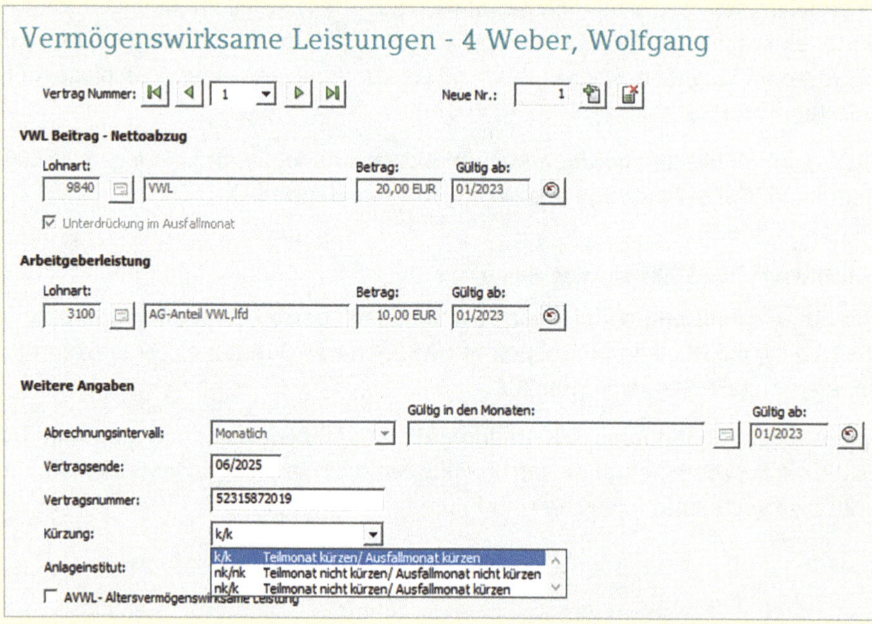

- Prüfen Sie abschließend über eine Probeabrechnung die Lohnabrechnung für den Mitarbeiter Wolfgang Weber.

Die Probeabrechnung finden Sie im Ordner Kap19_01_Januar_2024.

Aufgabe 4

Frau Marianne Hild, Kostenstelle Verkauf, hat im Januar 2024 zusätzlich 6,5 Überstunden geleistet.

Aufgabe 5

Frau Jeanette Beier ist erkrankt. Für sie liegt Ihnen eine Arbeitsunfähigkeitsbescheinigung vom 15.01.2024 bis einschließlich 19.01.2024 vor.

Aufgabe 6

Hinterlegen Sie das zweite E-Bike als Firmenrad der Mitarbeiterin Goossens. Privatfahrten sind erlaubt.

Aufgabe 7

Für alle Mitarbeiter*innen wird eine Inflationsausgleichsprämie (IAP) gezahlt. Rechnen Sie die Inflationsausgleichsprämie über die Stapelerfassung mit der Lohnart *5670 Inflationsausgleichsprämie* ab.

Herr Dr. Peter Klein erhält 1.000,00 EUR; Herr Walter Vogel 930,00 EUR, Frau Sabine Müller, Frau Marion Wegmann, Herr Wolfgang Weber und Frau Marianne Hild erhalten je 880,00 EUR; Frau Jeannette Beier 700,00 EUR und Frau Mila Goossens 330,00 EUR.

Alle Eingaben für den Monat Januar 2024 sind damit erfasst.

Teil 2 - Monatsabschluss

Aufgabe 1

Sichern Sie den Mandanten Perm GmbH.

Aufgabe 2

Führen Sie die Abrechnung aller Mitarbeiter für den Monat 01/2024 durch und senden Sie offene RZ-Aufträge.

Hinweis: Sie erhalten nach der Lohn- und Gehaltsabrechnung ein Verarbeitungsprotokoll, das Sie darauf hinweist, dass die UV-Jahresmeldung nicht erstellt werden kann. In unserem Übungsfall können wir natürlich keine erforderlichen UV-Stammdaten elektronisch abrufen.

Aufgabe 3

Schließen Sie den Monat 01/2024 ab und senden Sie die offenen RZ-Aufträge.

Aufgabe 4

Kontrollieren Sie die Lohnsteuerbescheinigung Januar 2024 mit dem Lohnjournal und prüfen Sie die DÜ Beitragsnachweise mit dem Buchungsbeleg und übergeben Sie den Buchungsbeleg an die Finanzbuchhaltung.

Aufgabe 5

Kontrollieren Sie über die Mandantenauswertungen den Leistungsantrag zum Kurzarbeitergeld sowie die Anlage LA zum KuG.

Die Musterlösungen mit der endgültigen Lohnabrechnung im Januar 2024, den Lohnkonten und den Monatsauswertungen finden Sie im PDF-Format zum Download. Ordner: Kap19_01_Januar_2024.

Download

19.6 Jahresentgeltmeldungen für die Sozialversicherung erstellen

Bis zum 15.4. des Folgejahres müssen die Jahresentgeltmeldungen bei den zuständigen Krankenkassen eingereicht werden. In DATEV Lohn und Gehalt werden die Jahresmeldungen vom Programm erstellt, über die RZ-Kommunikation an das Rechenzentrum übermittelt und von DATEV an die zuständigen Krankenkassen weitergeleitet.

Mit Lohn und Gehalt erstellte Jahresmeldungen können auch nach dem 15.4. des Folgejahres über das Rechenzentrum an die Krankenkassen übermittelt werden. Bitte klären Sie jedoch in solchen Fällen mit den Krankenkassen, ob die Jahresmeldungen noch angenommen werden.

Mit der Januarabrechnung wurde automatisch die DEÜV Jahresmeldung erstellt. Im Verarbeitungsprotokoll der einzelnen Mitarbeiter (hier: Herr Walther Vogel) wird Ihnen dies angezeigt (Bild 19.41).

Bild 19.41 Verarbeitungsprotokoll

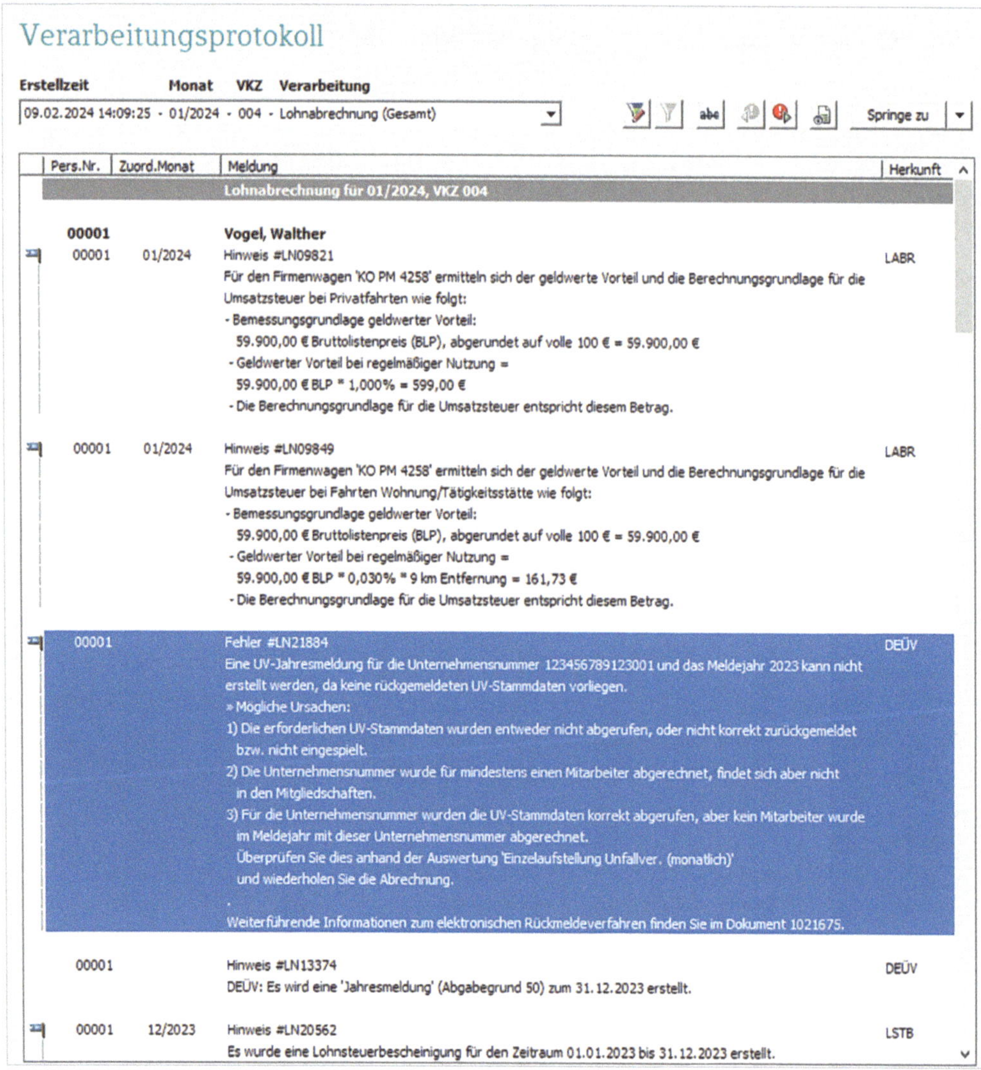

Um die DEÜV Jahresmeldungen anzeigen zu lassen, gehen Sie wie folgt vor:

1 Wählen Sie in der Mandantenebene von DATEV Lohn und Gehalt comfort den Menüpunkt *Auswertungen* ▶ *Mandantenauswertungen....*

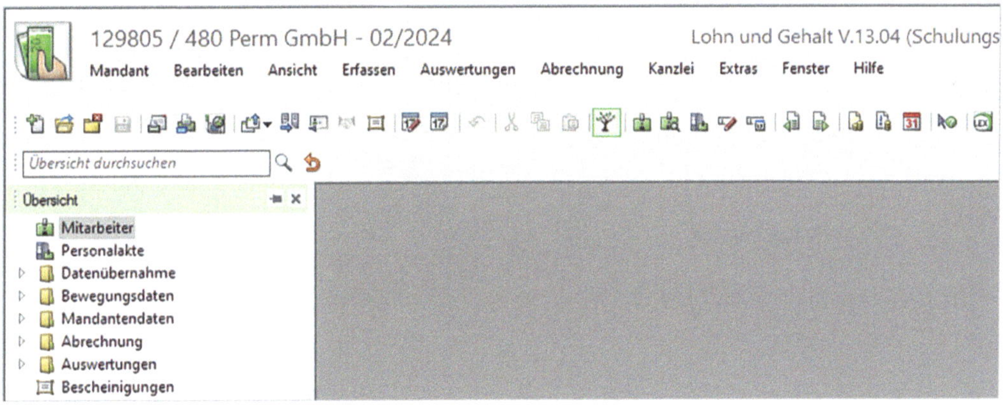

Bild 19.42 Mandantenebene

2 Wählen Sie den Eintrag *DEÜV Jahresmeldungen* (Bild 19.43) und klicken Sie auf die Schaltfläche *Anzeigen*.

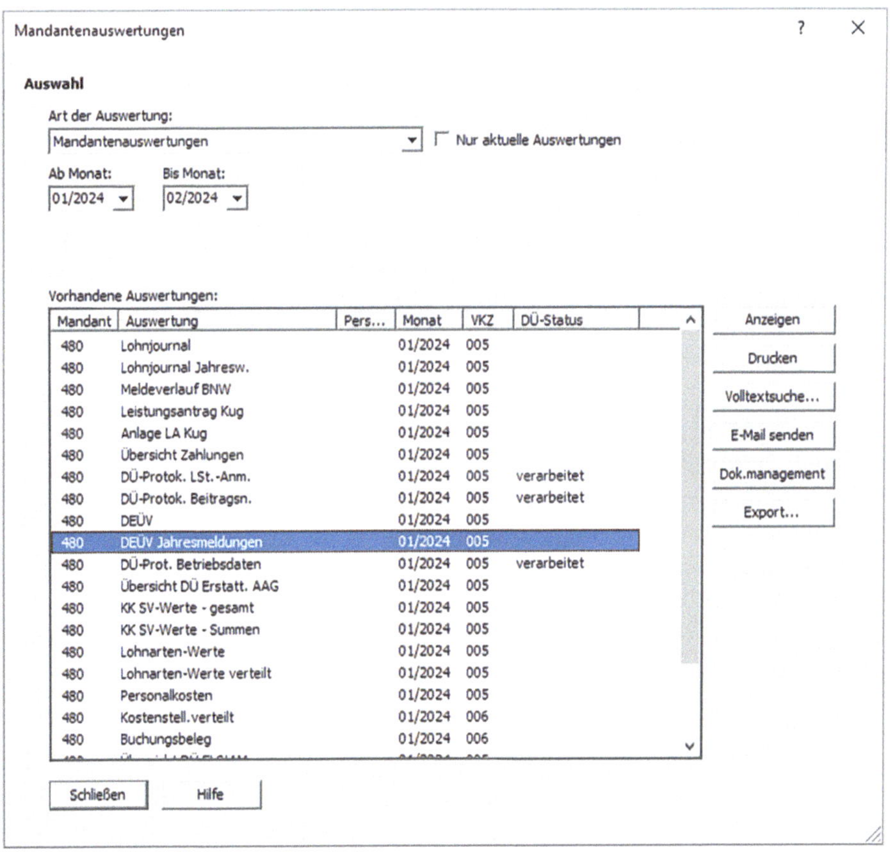

Bild 19.43 Mandantenauswertungen - DEÜV Jahresmeldungen auswählen

Die DEÜV Jahresentgeltmeldung wird in der Seitenansicht angezeigt.

Berater: 129805
Mandant: 480

Perm GmbH
Löhrstraße 45
56068 Koblenz

VKZ: 005

Datum: 09.02.2024
Seite: 1

Abgesetzte Jahresmeldungen

Januar 2024

Pers.-Nr.	GdA Art der Meldung Name Straße PLZ Ort	SV-Nummer / Haupt-Betriebsnummer AG Betr.-Nr. KK / Betr.-Nr. VWK Mitgliedsnummer VWK Betr.-Nr. AG / Betr.-Nr. StB	Nat. RK[1] MFB[2] MDJ[3]	Name der Krankenkasse Datum von - Datum bis / meldepfl. Entgelt BGRS / Tätigkeitsschlüssel / tatsächl. Entgelt PGRS / Statuskennz. [4] Meldedatum / VKZ	Betr.-Nr. BG/ Mitgliedsnummer BG o. UV-Unternehmens-Nr. Betr.-Nr. UV-Träger / Gefahrtarifstelle Entgelt Unfallversicherung UV-Grund	S[5] V[6] X[7]
00001	50 Jahresmeldung Walther Vogel Himmelsweg 5 56068 Koblenz	50150267V495 / 76472352 33865367 76472352 / 76472352	000 W 0	BKK Continentale 01.01.23 - 31.12.23 / 87.600 9111 / 612044511 101 / / 09.02.2024 / 004		
00002	50 Jahresmeldung Sabine Müller Hohlweg 80 56070 Koblenz	58020385W525 / 76472352 42938966 76472352 / 76472352	000 W 0	EK BARMER 01.01.23 - 31.12.23 / 39.068 1111 / 714022211 101 / / 09.02.2024 / 004		
00003	50 Jahresmeldung Marion Wegmann Engerser Landstr. 218 56564 Neuwied	58251183W653 / 76472352 55811201 76472352 / 76472352	000 W 0	IKK Südwest 01.01.23 - 31.12.23 / 61.340 1111 / 263124211 101 / / 09.02.2024 / 004		
00004	50 Jahresmeldung Wolfgang Weber Hoher Weg 5 56626 Andernach	63250473S226 / 76472352 33865367 76472352 / 76472352	000 W 0	BKK Continentale 01.01.23 - 31.12.23 / 56.856 1111 / 263123211 101 / / 09.02.2024 / 004		
00005	50 Jahresmeldung Jeanette Beier Moselstraße 11 56812 Cochem	15050105B525 / 76472352 29137937 76472352 / 76472352	000 W 0	EK KKH Kaufmännische Kranke 01.01.23 - 31.12.23 / 12.220 1111 / 714023113 102 / / 09.02.2024 / 004		
00007	50 Jahresmeldung Marianne Hild Kratzehofweg 16 56333 Winningen	81240879K851 / 76472352 42938966 76472352 / 76472352	000 W 0	EK BARMER 01.07.23 - 31.12.23 / 14.964 1111 / 622422211 101 / / 09.02.2024 / 004		

[1] RK = Rechtskreis
[2] MFB = Mehrfachbeschäftigung
[3] MDJ = Midijob: 0 = kein Entgelt im MDJ, 1 = Entgelt innerhalb des MDJ, 2 = Entgelt inner- und außerhalb des MDJ
[4] Statuskennz. = Statuskennzeichen: 1 = Ehegatte/Partner/Abkömmling, 2 = Geschäftsführender Gesellschafter einer GmbH

[5] S = Stornierung
[6] Bei VWK: M = DEÜV-Meldung an VWK, K = DEÜV-Meldung an VWK und KK
[7] X = Arbeitnehmer ist ein Saisonarbeitnehmer

Form.-Nr. LNDE73

DATEV

Bild 19.44 DEÜV Jahresmeldung in der Seitenansicht

3 Schließen Sie anschließend die Seitenansicht und dann das Fenster *Mandantenauswertungen*.

Hinweis

Die DEÜV Jahresmeldung wurde in unserem Übungsfall bereits beim Monatsabschluss Januar 2024 über den Menüpunkt *Daten senden* an die simulierte DATEV-Rechenzentrumanbindung gesendet. Falls Veränderungen erforderlich sind, können diese noch vor dem Senden an das RZ in den Stammdaten vorgenommen werden. Das Programm DATEV Lohn und Gehalt korrigiert in diesem Fall mit der Wiederholung der Lohnabrechnung die Daten. Wurde die Jahresentgeltmeldung bereits an das DATEV RZ gesendet, so erstellt DATEV Lohn und Gehalt comfort eine Stornierung der ursprünglichen Jahresmeldung und eine korrigierte Jahresmeldung.

20 Sonstiges

In diesem Kapitel erfahren Sie, ...

- was unter dem Begriff Beschäftigungsbetrieb zu verstehen ist,
- was man unter der Schätzung Beitragsnachweise versteht.

20.1 Definition Beschäftigungsbetrieb

Bestehen für Unternehmern örtlich (räumlich) getrennte Filialen oder Niederlassungen, können diese als weitere Beschäftigungsbetriebe erfasst werden. Jede Filiale bzw. Niederlassung hat eine eigene Betriebsnummer. In unserem Übungsfall Firma Perm GmbH gibt es nur einen Beschäftigungsbetrieb.

Mit der Erfassung der weiteren Beschäftigungsbetriebe müssen diesen auch Krankenkassen zugeordnet werden. In den Stammdaten der Mitarbeiter ist anzugeben, in welchem Beschäftigungsbetrieb die Tätigkeit ausgeübt wird. Die Lohnsteueranmeldung erfolgt unter dem Hauptbeschäftigungsbetrieb, Beitragsnachweise mit gleicher Beitragskontonummer werden allerdings zusammengefasst.

Über den Menüpunkt *Erfassen* ▶ *Mandantendaten* ▶ *Organisationseinheiten* ▶ *Beschäftigungsbetriebe* können Sie die bestehenden Beschäftigungsbetriebe einsehen und ggf. weitere Beschäftigungsbetriebe anlegen und verwalten (Bild 20.1).

Bild 20.1 Beschäftigungsbetriebe verwalten

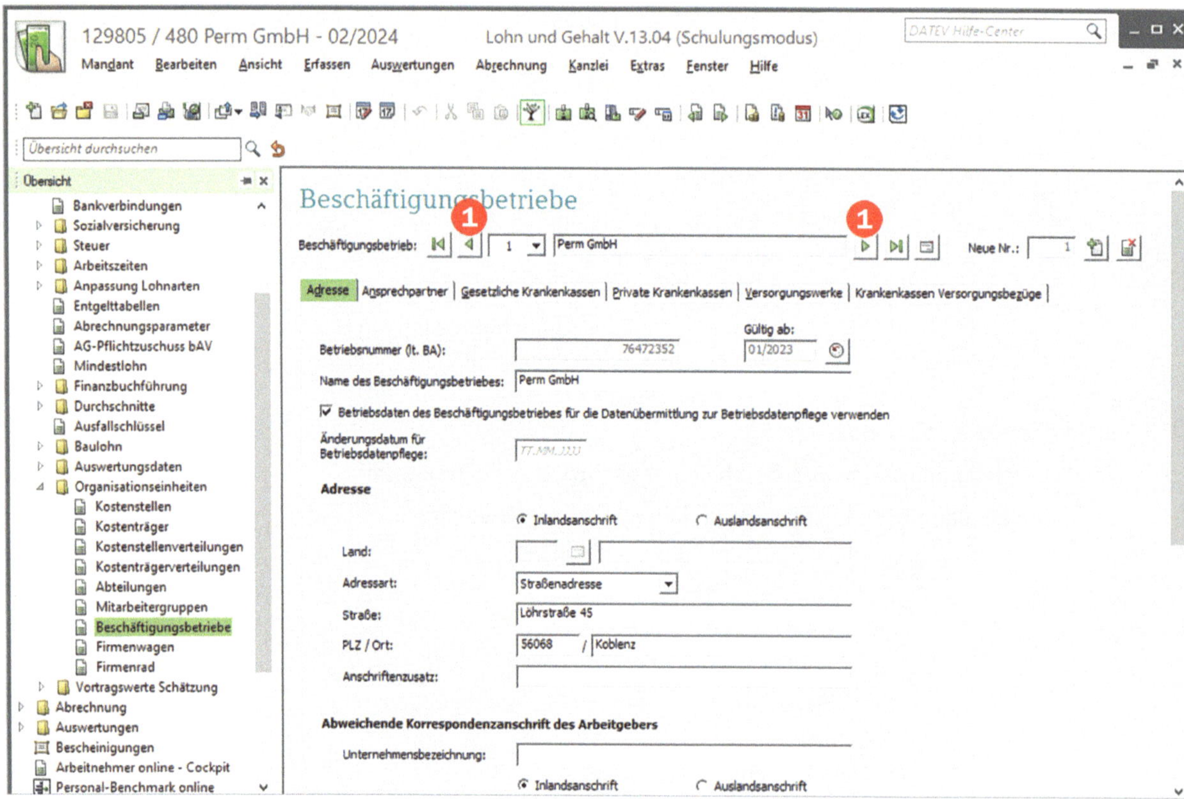

Mit den Pfeilen ❶ wechseln Sie zwischen mehreren Beschäftigungsbetrieben. Die Bedeutung der weiteren Symbole:

 Neuanlage Beschäftigungsbetrieb

 Beschäftigungsbetrieb löschen

 Beschäftigungsbetrieb auswählen

20.2 Schätzung der Beitragsnachweise

Sozialversicherungsbeiträge sind bis zum drittletzten Banktag des Abrechnungsmonats fällig. Die Beitragsnachweise sind entsprechend vorher zu erstellen und an die Krankenkassen zu übermitteln. Erfolgt für den Monat eine Entgeltabrechnung nach dem Stichtag, so ist die voraussichtliche Beitragsschuld auf der Basis des Vormonats so genau wie möglich zu schätzen. Falls im Monat Veränderungen vorhersehbar sind, müssen diese bekannten Veränderungen dann angegeben werden.

Dies können sein:

- Veränderung der Arbeitstage bzw. Arbeitsstunden
- Veränderung der Beitragssätze der Krankenkassen
- Einmalzahlungen, falls bekannt ist dass diese den aktuellen Monat betreffen
- Änderungen bei Gehältern, Stundenlöhnen und Zuschläge etc.
- Veränderung in der Anzahl der Beschäftigten

Die Vorgehensweise

1 Wählen Sie den Menüpunkt *Abrechnung* ▶ *Beitragsnachweis Schätzung…* oder klicken Sie in der Übersicht im geöffneten Ordner *Abrechnung* doppelt auf den Eintrag *Beitragsnachweis-Schätzung*.

Bild 20.2 Beitragsnachweis Schätzung

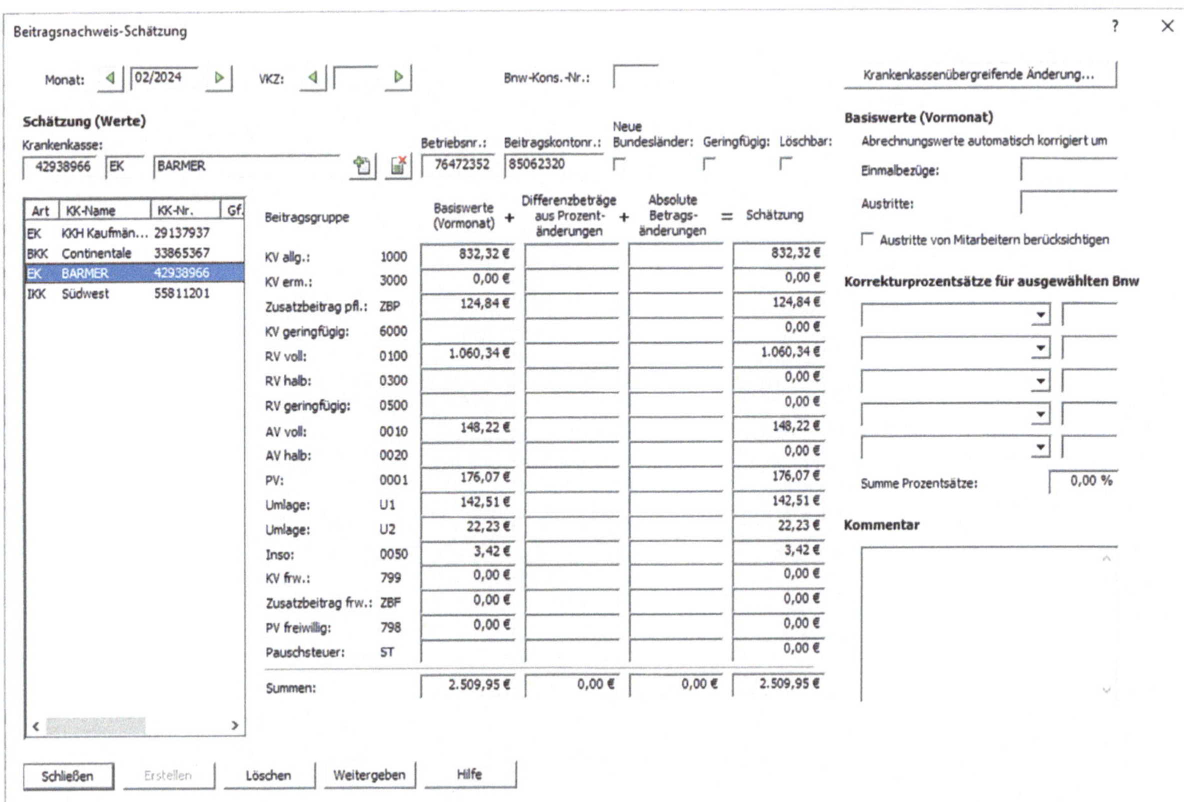

Die Korrekturen müssen möglichst genau prozentual angegeben werden.
Beispiel: Der Beitragsnachweis BARMER ist um 14,5 % gegenüber dem Vormonat zu erhöhen.

156 Std. Vormonat 178 Std. aktueller Monat = 14,5% Erhöhung

2 Klicken Sie auf die Krankenkasse BARMER (vormals BARMER GEK), Bild 20.2. Wählen Sie dann im Auswahlfeld *Korrekturprozentsätze für ausgewählten Bnw* den Eintrag *Bezahlte Arbeitszeit* aus ❶ und geben Sie daneben die Prozentzahl von 14,5 % ein ❷ (Bild 20.3). Das Programm führt augenblicklich die Schätzung aus.

Bild 20.3 Prozentwert eingeben

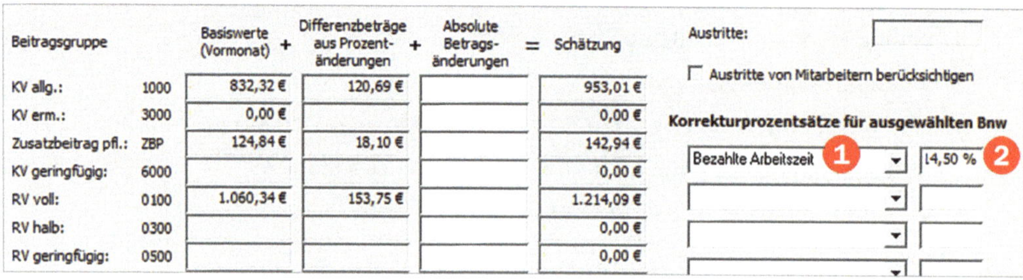

3 Klicken Sie auf die Schaltfläche *Weitergeben* und anschließend auf die Schaltfläche *Senden*. Damit wird die Beitragsschätzung an das DATEV RZ übermittelt. Bestätigen Sie anschließend das Fenster *Schulungsmodus* mit Klick auf die Schaltfläche *Ja*

Bild 20.4 Daten senden

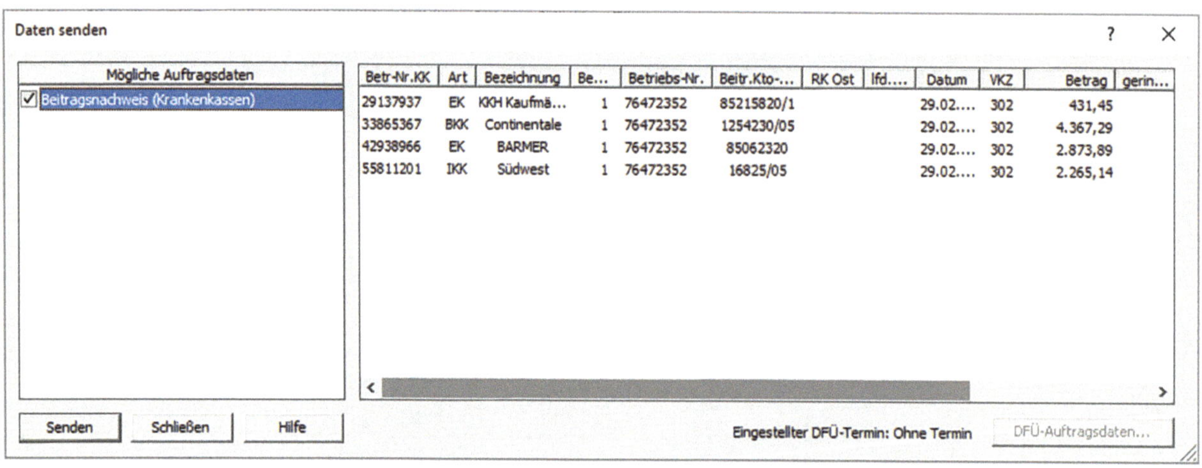

4 Als Ergebnis erhalten Sie das Verarbeitungsprotokoll mit der Meldung, dass die Beitragsschätzabrechnung verarbeitet wurde (Bild 20.5).

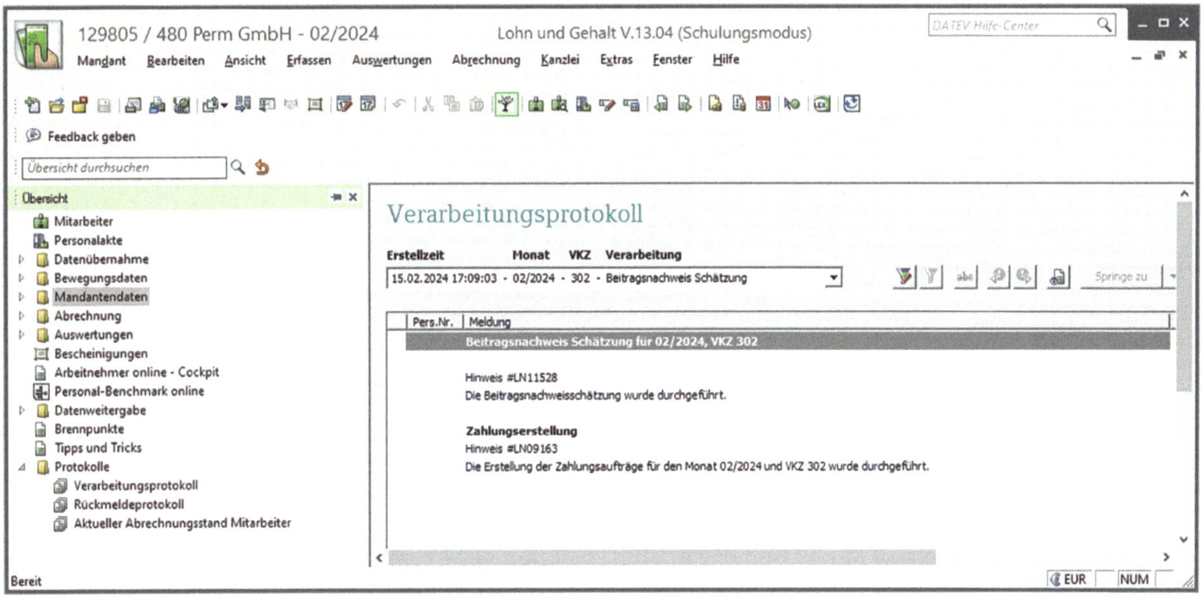

Bild 20.5 Verarbeitungsprotokoll Schätzung

Mit dem Versenden der Beitragsschätzung an die Krankenkassen endet dieses Schulungsbuch. Die anschließenden Lohn- und Gehaltsabrechnungen für das Jahr 2024 wiederholen sich ähnlich, wie in diesem Lehrbuch dargestellt.

Natürlich können in diesem Lehrbuch nicht alle Lohnarten und deren Besonderheiten behandelt werden. Das würde den Rahmen eines solchen Buches sprengen. In diesem Lehrbuch zur Lohn- und Gehaltsabrechnung mit DATEV Lohn und Gehalt comfort ging es darum, dem Neuanwender sowie dem Anwender mit Vorkenntnissen das Programm umfassend und seine Handhabung praxisorientiert näher zu bringen.

Index

E

F

G

H

I

J

K

L